머신 러닝과 데이터 사이언스 활용

해상풍력발전과 인공지능

노재규 · 강기원 공저

도서출판 GS인터비전

머리말

최근 몇 년 동안, 인공지능은 다양한 산업 분야에서 혁신적인 변화를 이끌어 왔다. 특히, 해상풍력발전은 인공지능 및 데이터사이언스 기술의 도입으로 효율성과 경제성 향상을 시도하고 있으며 이러한 변화는 지속 가능한 에너지 발전에 중요한 역할을 하고 있다. 본 교재는 이러한 트렌드를 반영하여, 해상풍력발전과 인공지능 기술의 융합에 초점을 맞춘 종합적인 학습 자료를 제공하고자 한다.

본 교재의 주요 목표는 독자들에게 해상풍력발전의 기본 개념과 인공지능 기술의 원리를 이해시키고, 이를 실제 응용에 적용할 수 있는 능력을 배양하는 데 있다. 특히, 머신러닝과 데이터사이언스를 활용하여 해상풍력발전 시스템의 성능을 최적화하고, 운영 효율성을 높이는 다양한 방법론을 다루고 있다. 이를 통해 독자들은 이론과 실무를 결합하여 해상풍력발전의 미래를 선도할 수 있는 기술적 통찰력을 얻게 될 것이다.

오늘날 해상풍력발전은 전 세계적으로 중요한 재생 가능 에너지원으로 주목받고 있다. 본 교재는 풍력 터빈의 구조와 원리, 기상 조건 분석, 데이터 기반 최적화 전략, 그리고 머신러닝 모델을 활용한 예측 기술 등 폭넓은 주제를 다루며, 특히 인공지능 기술이 해상풍력발전의 성능을 어떻게 향상시킬 수 있는지에 대해 심도 있게 설명하고 있다. 머신러닝과 데이터사이언스는 해상풍력발전의 운영 데이터 분석, 이상 탐지, 예측 유지보수 등 다양한 분야에서 중요한 도구로 사용되고 있으며, 이러한 기술들은 발전소의 효율성을 높이고, 운영 비용을 절감하는 데 기여할 것으로 예상된다.

본 교재는 크게 두 부분으로 구성되어 있다. 첫 번째 부분에서는 해상풍력발전의 기초 지식과 물리적 모델링을 다루며, 이를 통해 독자들이 해상풍력 시스템의 기본 원리를 이해할 수 있도록 돕는다. 두 번째 부분에서는 인공지능과 데이터사이언스를 활용한 고급 분석 기법을 다루며, 머신러닝 알고리즘의 원리와 응용 방법에 대해 구체적으로 설명하고 있다. 이 과정에서 다양한 실습을 위한 예제 코드를 통해 독자들이 실제 문제를 해결할 수 있는 능력을 배양할 수 있도록 설계하였다.

특히, 본 교재는 실제 데이터를 활용한 실습 예제를 풍부하게 제공하여 독자들이 이론을 바탕으로 실질적인 문제 해결 능력을 기를 수 있도록 구성하였다. 이러한 예제들은 해상풍력발전소에서 수집된 SCADA 데이터, 기상 조건 데이터 등을 포함하고 있으며, 이를 통해 독자들은 데이터 분석 및 예측 기술을 실제로 적용하는 경험을 쌓을 수 있다. 또한, Python 프로그래밍 언어와 머신러닝 라이브러리를 사용하여 독자들이 쉽게 따라 할 수 있도록 하였다.

본 교재는 해상풍력발전 분야에서 인공지능과 데이터 사이언스를 활용하여 문제를 해결하고자 하는 엔지니어, 연구자, 대학원생, 그리고 관련 분야에 관심이 있는 모든 이들에게 유용한 자료가 될 것이다.

마지막으로, 본 교재가 독자들의 학습 여정에 큰 도움이 되기를 바라며, 해상풍력발전과 인공지능 기술을 결합하여 새로운 에너지 혁신을 이끄는 데 중요한 역할을 할 수 있기를 기대한다. 교재의 모든 내용은 최신 연구와 기술 동향을 반영하여 작성되었으며, 지속 가능한 에너지 솔루션을 제공하는 데 중점을 두고 있다. 독자 여러분이 이 책을 통해 해상풍력발전과 인공지능 기술에 대한 깊은 이해를 갖추고, 실질적인 문제 해결 능력을 갖춘 전문가로 성장할 수 있기를 기원한다.

차례

Chapter 1

서론
(Introduction)

1.1 해상풍력 발전의 개요

1.2 인공지능과 데이터 사이언스의 개요

1.3 지능형 해상풍력 시스템의 필요성

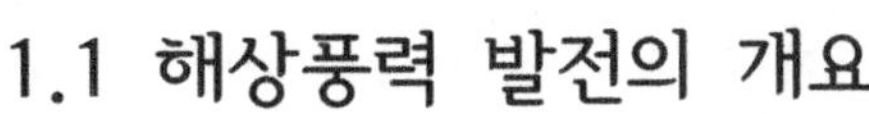

1.1 해상풍력 발전의 개요

1.1.1 해상풍력 발전의 역사와 발전 과정

(1) 해상풍력 발전의 초기 역사

1) 초기 풍력 발전의 개요

풍력 에너지는 인류가 오랜 세월 동안 사용해 온 재생 가능 에너지원 중 하나이다. 고대 문명은 바람의 힘을 이용하여 항해를 하고, 곡물을 분쇄하며, 물을 끌어올리는 데 풍차를 사용했다. 이처럼 풍력 에너지는 인류의 생활과 밀접한 관련을 맺어왔으며, 자연의 힘을 인간의 필요에 맞게 활용하는 초기 형태였다. 고대 그리스와 이집트 문명에서는 바람의 힘을 이용한 항해 기술이 발전하였고, 중세 유럽에서는 곡물 분쇄와 물을 퍼 올리는 데 사용된 풍차가 널리 보급되었다. 이 시기의 풍차는 주로 목재로 제작되었으며, 수평축으로 회전하는 날개를 통해 바람의 힘을 회전력으로 변환하였다.

19세기에 들어서면서 산업혁명과 더불어 에너지 수요가 급증하게 되었다. 이와 함께 석탄과 같은 화석 연료의 사용이 크게 증가하였으나, 풍력 에너지는 여전히 농촌 지역에서 중요한 에너지원으로 사용되었다. 1888년, 미국의 찰스 브러시(Charles F. Brush)는 최초로 전기를 생산하는 풍차를 개발하였다. 이 풍차는 12 kW의 전력을 생산할 수 있었으며, 이는 당시로서는 매우 혁신적인 기술이었다. 브러시의 풍차는 나무로 된 144개의 날개를 가지고 있었고, 17미터 높이의 타워 위에 설치되었다. 이 풍차는 오하이오 주 클리블랜드에 있는 브러시의 저택에 설치되어 전기를 공급하는 역할을 하였다. 이 풍차는 현대 풍력 발전의 선구자로 여겨진다.

20세기에 들어서면서 기술의 발전과 함께 풍력 발전에 대한 연구가 활발히 진행되었다. 특히, 1930년대에 대공황과 에너지 위기가 발생하면서 미국과 유럽에서는 재생 가능한 에너지에 대한 관심이 높아졌다. 이 시기에 개발된 풍력 터빈은 주로 농촌 지역의 전력 공급을 목적으로 하였으며, 소규모 전력 생산을 위한 설비로 사용되었다. 예를 들어, 덴마크의 구나르 크로이츠펠트(Gunnar Krohnfeldt)는 1927년에 최초의 유압식 풍력 터빈을 개발하였으며, 이는 풍력 에너지의 변환 효율을 크게 개선하였다.

그러나 20세기 중반에 이르러 풍력 발전은 상대적으로 주목받지 못하는 에너지원으로 전락하게 되었다. 이는 석유와 석탄과 같은 화석 연료의 풍부한 공급과 저렴한 비용 때문이었다. 1950년대와 1960년대는 전 세계적으로 화석 연료를 기반으로 한 대규모 전력 생산이 주류를 이루었다. 하지만 1970년대에 들어서면서 상황은 급격히 변화하였다. 1973년의 오일 쇼크는 에너지 안보에 대한 경각심을 불러일으켰고, 이에 따라 여러 나라들이 재생 가능한 에너지 개발에 다시 관심을 기울이게 되었다.

1970년대 에너지 위기 이후, 덴마크, 독일, 네덜란드와 같은 유럽 국가들은 풍력 발전에 대한 연구와 투자를 확대하기 시작하였다. 이들 국가는 바람 자원이 풍부한 해안 지역을 중심으로 풍력 발전소를 건설하기 시작하였다. 덴마크는 특히 풍력 발전의 선도 국가로 자리 잡았으며, 1978년에는 세계 최초의 대형 풍력 터빈을 설치하였다. 이 터빈은 2 MW의 전력을 생산할 수 있었으며, 이는 당시로서는 매우 높은 출력이었다. 이 시기의 풍력 발전 기술은 주로 육상에 설치된 터빈을 중심으로 발전하였으며, 효율성과 경제성을 동시에 고려한 설계가 이루어졌다.

해상풍력 발전에 대한 개념은 이와 같은 육상 풍력 발전의 성공을 바탕으로 1980년대 후반에 등장하기 시작하였다. 해상풍력 발전은 육상보다 더 강하고 일정한 바람을 활용할 수 있어 에너지 생산 효율이 높다는 장점이 있다. 또한, 해상 풍력 발전소는 인구 밀도가 높은 육상 지역에 비해 소음이나 시각적 영향을 줄일 수 있어, 점차 그 중요성이 부각되었다. 그러나 해상풍력 발전은 기술적, 경제적 도전 과제가 많았다. 해양 환경에서의 구조물 설치와 유지 보수는 높은 비용과 기술적 어려움을 동반하였기 때문에, 초기 연구는 주로 이 문제를 해결하는 데 중점을 두었다.

이러한 초기 연구와 개발 노력 덕분에 1990년대에 이르러 해상풍력 발전이 실현 가능성이 있는 기술로 평가되기 시작하였다. 1991년 덴마크의 Vindeby 해상풍력 단지 설치는 이러한 노력의 결실이었으며, 해상풍력 발전이 상업적으로도 성공할 수 있음을 보여준 중요한 사례로 기록되었다. Vindeby의 성공 이후, 해상풍력 발전은 점차 유럽 전역으로 확산되기 시작하였으며, 오늘날에는 전 세계적으로 중요한 재생 가능 에너지 원천으로 자리 잡게 되었다.

이처럼 해상풍력 발전의 초기 역사는 다양한 기술적 도전과 혁신의 과정을 거쳐 왔으며, 오늘날 우리가 사용하는 첨단 해상풍력 시스템의 토대를 마련하였다. 초기 풍력 발전의 역사와 개념을 이해하는 것은 해상풍력 발전의 발전 과정을 이해하는 데 필수적인 기초가 된다.

2) 해상풍력 발전의 개념 도입

1970년대의 에너지 위기는 전 세계적으로 재생 가능 에너지에 대한 관심을 높였다. 이 시기는 석유 의존에서 벗어나기 위한 대안 에너지원의 필요성이 대두되던 시기였다. 특히 유럽에서는 해상풍력 발전이 새로운 가능성으로 떠오르기 시작했다. 해상풍력 발전은 육상보다 더 강하고 일관된 바람을 활용할 수 있어 에너지 생산 효율이 높은 반면, 기술적 도전 과제도 많았다. 초기 연구는 주로 덴마크, 독일, 네덜란드에서 활발히 진행되었다.

① 덴마크의 선도적 역할

덴마크는 1970년대 후반부터 풍력 발전에 대한 집중적인 연구와 투자를 시작했다. 1978년 덴마크 정부는 풍력 발전소의 개발을 위한 국가 차원의 지원을 시작했으며, 이는 해상풍력 발전의 개념 도입에 중요한 역할을 했다. 당시 덴마크는 풍력 발전을 국가 에너지 전략의 중요한 축으로 삼았고, 육상 풍력 발전소의 성공을 바탕으로 해상풍력 발전에 대한 연구를 본격화했다.

그림 1 덴마크 초기 해상풍력터빈

② 해상풍력 발전의 초기 개념

해상풍력 발전의 초기 개념은 육상 풍력 발전의 확장으로 볼 수 있다. 육상에서 얻은 풍력 발전의 기술적 경험을 바탕으로, 바다에서 더 강력하고 일관된 바람을 활용할 수 있다는 아이디어가 제시되었다. 하지만 해양 환경에서의 발전소 설치는 육상과는 다른 여러 가지 문제를 동반했다. 특히, 바다의 깊이, 파도, 염분 등의 요소는 터빈과 기초 구조물의 설계에 큰 영향을 미쳤다.

③ 초기 연구와 실험

해상풍력 발전의 초기 연구는 주로 해양 기상 조건과 해저 지형에 대한 이해를 기반으로 이루어졌다. 1980년대에 들어서면서 덴마크와 독일은 해상풍력 터빈의 설치 가능성을 평가하기 위한 실험적인 프로젝트를 시작했다. 초기 실험은 주로 해안선에서 가까운 얕은 바다에서 이루어졌으며, 이는 기술적 위험을 줄이고 경제적 타당성을 검토하기 위한 목적이었다.

이 초기 연구들은 해상풍력 발전의 가능성을 입증하는 데 중요한 역할을 했다. 초기 실험에서 얻은 데이터는 터빈의 설계와 해양 기초 구조물의 개발에 필요한 기술적 요구사항을 정의하는 데 사용되었다. 또한, 해상풍력 발전이 경제적으로 타당한지 평가하기 위한 기초 데이터로 활용되었다.

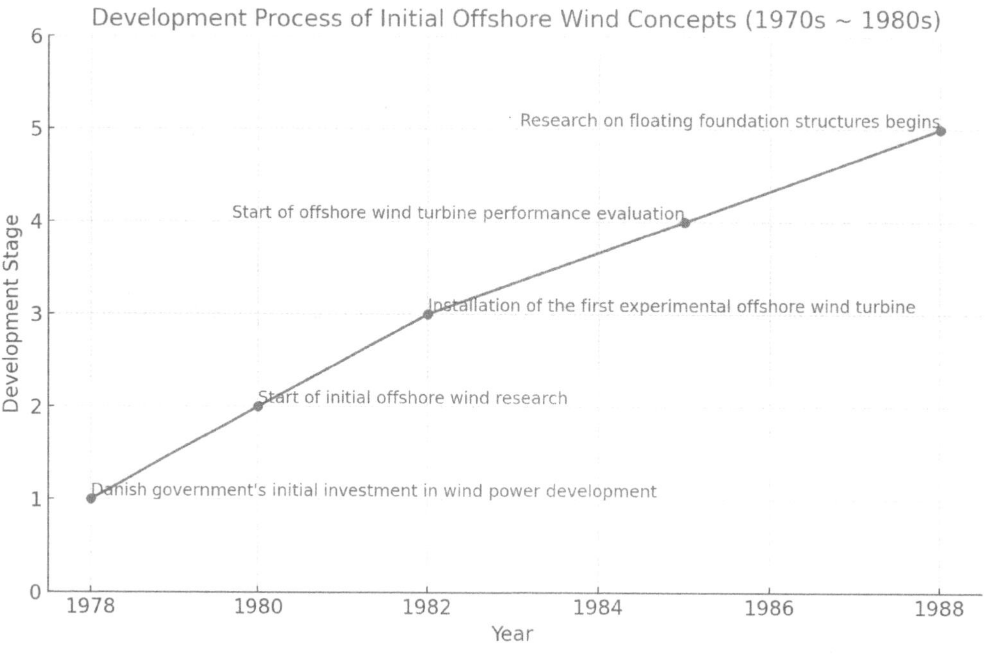

그림 2 해상풍력 발전의 초기 개념 개발 과정

④ 기술적 도전과 극복

초기 연구에서 가장 큰 기술적 도전은 해상 풍력 터빈의 기초 구조물 설계였다. 육상 터빈과 달리 해상 터빈은 수심과 해저 지형에 따라 기초 구조물이 크게 달라져야 했다. 얕은 바다에서는 고정식 기초가 사용될 수 있었지만, 깊은 바다에서는 이러한 접근이 불가능했다. 이러한 문제를 해결하기 위해 1980년대 후반에는 부유식 기초 구조물에 대한 연구가 시작되었다.

이러한 연구는 향후 해상풍력 발전소의 성공적인 개발에 중요한 기초가 되었다. 기술적 도전과 함께 경제적 타당성 검토도 이루어졌다. 초기 해상풍력 터빈은 설치 비용이 높았지만, 장기적인 운영 비용 절감과 재생 에너지의 중요성이 부각되면서 경제적 타당성이 입증되기 시작했다.

그림 3 초기 해상풍력 터빈의 기초 구조물 설계 개념

3) Vindeby 해상풍력 단지: 최초의 상업적 해상풍력 프로젝트

1991년 덴마크는 세계 최초의 상업적 해상풍력 단지인 Vindeby 해상풍력 단지를 건설하였다. Vindeby 프로젝트는 해상풍력 발전이 상업적으로도 성공할 수 있음을 보여준 첫 번째 사례로, 해상풍력 발전의 역사에서 중요한 이정표로 기록된다.

① Vindeby 해상풍력 단지의 배경

1980년대 말, 덴마크는 에너지 자립과 지속 가능한 발전을 목표로 재생 가능 에너지에 대한 투자를 확대하였다. 덴마크는 풍력 에너지가 이러한 목표를 달성하는 데 중요한 역할을 할 수 있다고 판단하고, 해상풍력 발전의 가능성을 탐색하기 시작했다. 당시 덴마크는 육상풍력 발전에서 선도적인 위치에 있었으며, 이 경험을 바탕으로 해상풍력 발전을 시도하였다.

Vindeby 해상풍력 단지는 덴마크의 라란디아 섬(Lolland) 근처에 위치하며, 총 11개의 풍력 터빈이 설치되었다. 각 터빈은 450 kW의 전력을 생산할 수 있으며, 전체 단지의 총 설치 용량은 4.95 MW이다. 이는 당시로서는 상당한 규모였으며, Vindeby는 세계 최초로 상업적으로 운영된 해상풍력 발전 단지로 기록되었다.

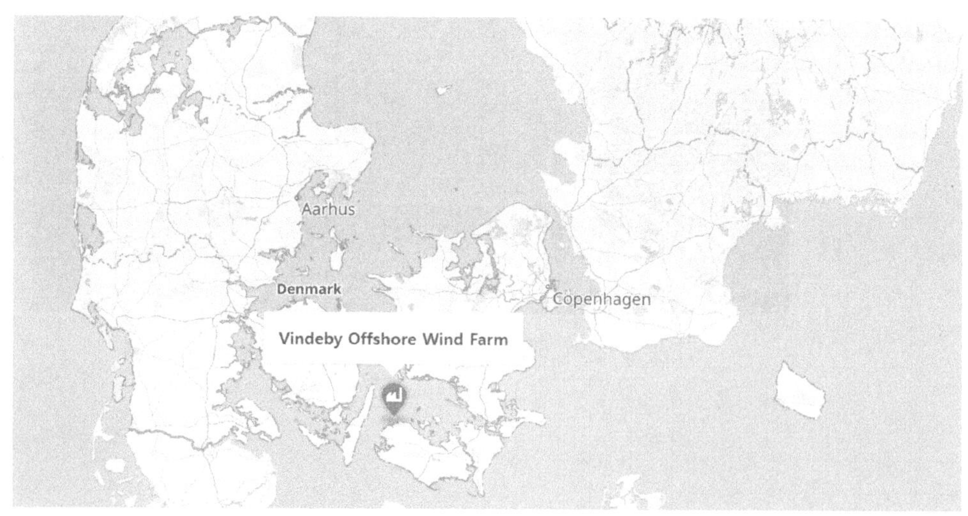

그림 4 Vindeby 해상풍력 단지

② Vindeby 해상풍력 단지의 주요 특징

- 위치: 덴마크 남부 해안, 라란디아 섬 근처
- 터빈 수: 11개
- 터빈 용량: 각 450 kW
- 총 설치 용량: 4.95 MW
- 설치 방식: 고정식 기초 구조 (fixed foundation), 수심이 얕은 해역에 설치
- 운영 시작: 1991년

③ 프로젝트의 기술적 도전과 극복

Vindeby 프로젝트는 여러 기술적 도전과제를 극복해야 했다. 당시 해상에서의 풍력 발전은 새로운 개념이었으며, 해양 환경에서의 설치와 유지 보수는 육상과 비교할 때 훨씬 더 복잡했다. 해양 기후 조건, 파도, 염분 등의 요인은 터빈과 기초 구조물의 내구성에 큰 영향을 미쳤다. 덴마크는 이러한 도전 과제를 해결하기 위해 고정식 기초 구조를 채택하였다. 이 구조는 비교적 얕은 해역에 설치된 터빈을 안정적으로 지지할 수 있었다.

Vindeby의 성과는 해상풍력 발전이 상업적으로도 성공할 수 있는 가능성을 열어주었다. 이 프로젝트는 해상풍력 발전이 단순한 실험적 시도를 넘어 실제 전력망에 중요한 기여를 할 수 있음을 입증했다. Vindeby의 성공 이후, 유럽 여러 국가에서 해상풍력 발전에 대한 투자가 급격히 증가하였으며, 이는 2000년대 이후 대형 해상풍력 단지의 건설로 이어졌다.

④ Vindeby 해상풍력 단지의 경제적 영향

Vindeby 프로젝트는 초기 설치 비용이 높았지만, 장기적인 운영 비용 절감과 덴마크의 에너지 자립 목표에 크게 기여하였다. Vindeby는 덴마크의 재생 가능 에너지 전략의 중요한 부분으로 자리 잡았으며, 이후 유럽 전체의 해상풍력 발전 투자 증가에 영향을 미쳤다.

경제적 효과

- 초기 투자 비용: 약 100만 덴마크 크로네 (DKK) per MW
- 예상 회수 기간: 10년
- 사회적 영향: 재생 가능 에너지에 대한 인식 확대 및 기술 혁신 촉진

4) Vindeby 이후의 초기 발전

Vindeby 해상풍력 단지의 성공 이후, 덴마크와 유럽 전역에서는 해상풍력 발전의 가능성에 대한 관심이 크게 증가했다. Vindeby가 해상풍력 발전의 상업적 가능성을 입증한 후, 여러 국가에서 추가적인 해상풍력 프로젝트가 계획되고 실행되기 시작했다. 이 초기 발전 단계에서는 기술적 개선과 비용 절감이 주요 목표로 설정되었다.

① Tunø Knob 해상풍력 단지 (1995년)

Vindeby의 성공을 이어받아 덴마크는 1995년에 Tunø Knob 해상풍력 단지를 건설하였다. 이 단지는 덴마크 중부의 작은 섬인 Tunø 근처에 위치하며, 총 10개의 풍력 터빈이 설치되었다. Tunø Knob 프로젝트는 Vindeby보다 더 발전된 기술을 사용하여, 해상풍력 발전의 효율성과 경제성을 더욱 높였다.

Tunø Knob 해상풍력 단지의 주요 특징

- 위치: 덴마크 Tunø 섬 근처
- 터빈 수: 10개
- 터빈 용량: 각 500 kW
- 총 설치 용량: 5 MW
- 설치 방식: 고정식 기초 구조, 수심 약 5~10미터

Tunø Knob 단지는 Vindeby와 마찬가지로 고정식 기초 구조를 사용하였으며, 얕은 수심에 설치되었다. 이 프로젝트는 터빈 용량을 500 kW로 증가시켜 더 많은 전력을 생산할 수 있었다.

그림 5 Tunø Knob 해상풍력 단지

② 초기 해상풍력 단지들의 성과와 문제점

Vindeby와 Tunø Knob은 초기 해상풍력 발전의 주요 사례로, 두 프로젝트 모두 안정적인 전력 생산을 달성하였다. 그러나 이들 초기 단지들은 몇 가지 문제점도 드러냈다. 특히 해상 환경에서의 터빈 유지 보수는 예상보다 더 복잡하고 비용이 많이 들었다. 터빈 블레이드의 부식, 해양 염분으로 인한 전기 시스템의 손상 등이 주요 문제로 지적되었다. 이러한 문제를 해결하기 위해, 기술적 개선이 필요하다는 점이 부각되었다. 특히 터빈 블레이드의 소재와 코팅 기술, 전기 시스템의 방수 및 부식 방지 기술에 대한 연구가 활발히 진행되었다. 이를 통해 해상풍력 발전의 내구성을 높이고, 장기적인 운영 비용을 절감할 수 있는 방안이 모색되었다.

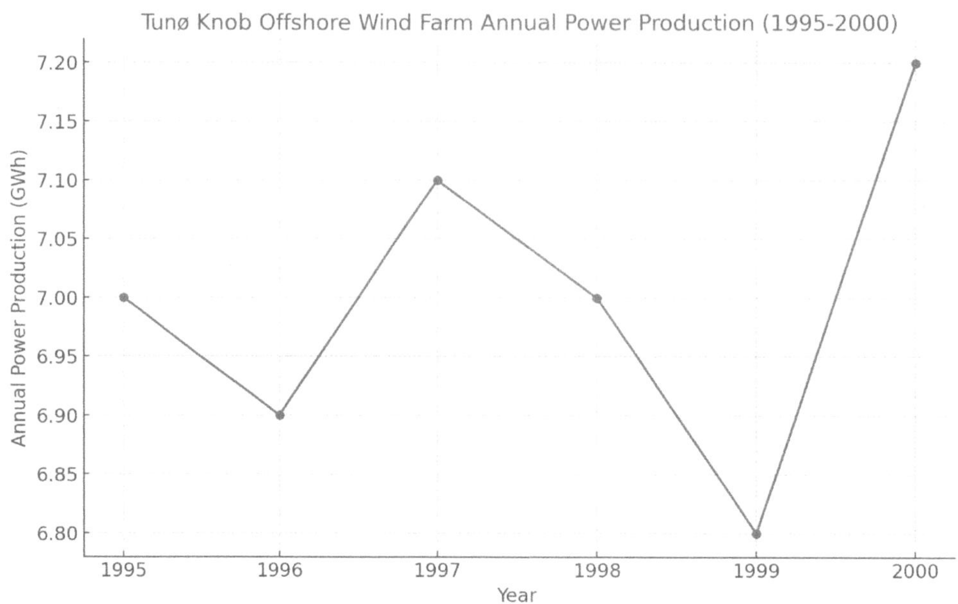

그림 6 Tunø Knob 해상풍력 단지의 연간 전력 생산량 추이 (1995-2000)

그림 6은 Tunø Knob 단지가 연간 약 7 GWh의 전력을 생산했음을 보여주며, 시간이 지나면서 약간의 변동이 있었지만 전반적으로 안정적인 성과를 유지했음을 나타낸다. 이러한 성과는 해상풍력 발전의 경제성을 입증하는 데 중요한 역할을 했다.

③ 유럽 전역으로의 확산

Vindeby와 Tunø Knob의 성공은 덴마크 외에도 다른 유럽 국가들로 해상풍력 발전의 확산을 이끌었다. 특히, 영국과 독일은 해상풍력 발전에 대한 대규모 투자를 시작하였다. 1997년, 영국은 블라이드(Blyth) 해상풍력 단지를 건설하였으며, 이는 영국 최초의 해상풍력 발전 프로젝트였다. 이 프로젝트는 초기 기술과 경험을 바탕으로, 이후 대형 해상풍력 단지로 발전해 나갔다.

Blyth 해상풍력 단지 (1997년)

- 위치: 영국 북동부 해안
- 터빈 수: 2개
- 터빈 용량: 각 2 MW
- 총 설치 용량: 4 MW

Blyth 해상풍력 단지는 Vindeby와 Tunø Knob에 비해 더 강력한 터빈을 사용했으며, 이는 해상풍력 발전이 더욱 대규모화될 수 있는 가능성을 보여주었다.

5) 초기 해상풍력 단지의 도전과제

Vindeby와 Tunø Knob과 같은 초기 해상풍력 단지들은 성공적으로 운영되었지만, 그 과정에서 다양한 기술적 도전과제에 직면해야 했다. 이들 도전과제는 해상풍력 발전이 기술적, 경제적으로 더 큰 규모로 확장되는 데 있어서 중요한 교훈을 제공하였다. 특히, 해양 환경에서의 구조물 설치와 유지보수, 터빈의 내구성 문제, 그리고 초기 고비용 구조는 주요한 도전 과제였다.

① 해양 환경에서의 구조물 설치

해상풍력 발전소는 육상과 달리 바다 위에 설치되기 때문에, 구조물의 설치가 훨씬 더 복잡하다. 초기 해상풍력 단지들은 주로 얕은 해역에 설치되었지만, 바다의 깊이, 조류, 파도, 그리고 해양 염분 등의 요소는 설치 과정에 큰 영향을 미쳤다. 이러한 환경적 요인은 기초 구조물의 설계와 설치 방법에 대한 새로운 접근이 필요함을 의미했다.

Vindeby 해상풍력 단지의 경우, 고정식 기초 구조물이 사용되었다. 이 구조물은 바다의 바닥에 고정되어 터빈을 지지하며, 주로 수심이 얕은 해역에서 효과적이었다. 그러나 이러한 고정식 기초 구조물은 깊은 바다에서는 사용할 수 없다는 한계가 있었다. 이를 극복하기 위해 1980년대 후반부터 부유식 기초 구조물에 대한 연구가 시작되었다. 부유식 구조물은 바다의 깊이에 상관없이 설치할 수 있으며, 더 넓은 해역에서 풍력 발전이 가능하게 한다.

② 터빈의 내구성 문제

해상 환경에서 터빈의 내구성은 초기 해상풍력 단지에서 중요한 문제로 부각되었다. 해상풍력 터빈은 강한 바람, 높은 파도, 그리고 염분이 많은 해양 환경에 지속적으로 노출된다. 이러한 환경적 요인은 터빈의 블레이드와 전기 시스템에 부식과 마모를 유발할 수 있었다.

Vindeby 단지에서의 초기 데이터는 터빈 블레이드와 전기 시스템에서 부식 문제가 발생했음을 보여주었다. 특히, 해양 염분이 터빈의 금속 부품에 부식 작용을 일으켜, 터빈의 성능 저하와 유지보수 비용 증가를 초래했다. 이를 해결하기 위해 터빈 블레이드의 소재 개선과 방수 및 부식 방지 코팅 기술이 개발되기 시작했다. 이후 설치된 Tunø Knob 단지에서는 이러한 기술적 개선이 반영되어 터빈의 내구성이 크게 향상되었다.

③ 유지보수의 어려움과 비용

해상풍력 단지의 또 다른 주요 도전과제는 유지보수였다. 육상에서의 유지보수와 달리, 해상에서는 접근성과 작업의 어려움이 컸다. 초기 해상풍력 단지에서는 유지보수 작업을 수행하기 위해 전용 선박과 해양 작업자가 필요했으며, 이는 상당한 비용을 초래했다.

Tunø Knob 단지에서의 경험은 해상풍력 단지의 유지보수가 예기치 않게 높은 비용을 초래할 수 있음을 보여주었다. 터빈의 부식 방지, 기초 구조물의 안정성 유지, 그리고 전기 시스템의 방수 처리 등은 모두 지속적인 유지보수가 필요했다. 초기의 높은 유지보수 비용은 해상풍력 발전의 경제성에 큰 영향을 미쳤으며, 이를 해결하기 위해 유지보수 비용을 줄이는 기술적 혁신이 필요했다.

이 그래프는 Tunø Knob 단지가 Vindeby에 비해 유지보수 비용을 절감했음을 보여주며, 기술적 개선이 유지보수 비용에 긍정적인 영향을 미쳤음을 나타낸다.

④ 초기 고비용 구조

초기 해상풍력 단지의 또 다른 도전 과제는 설치와 운영에 들어가는 높은 초기 비용이었다. Vindeby와 Tunø Knob 단지는 모두 정부의 지원과 보조금에 의해 건설되었으며, 상업적으로는 초기 비용 회수에 대한 불확실성이 컸다. 해상풍력 발전소는 육상에 비해 설치 비용이 훨씬 높았으며, 기술적 문제로 인해 운영 비용도 높았다.

하지만, 초기 투자와 기술적 개선이 이루어지면서, 해상풍력 발전의 비용 구조는 점차 개선되기 시작했다. Tunø Knob 단지에서의 경험은 초기 고비용 구조를 극복하기 위해 더 효율적인 터빈 설계와 내구성 강화를 통해 장기적인 비용 절감 효과를 거둘 수 있음을 보여주었다.

6) 초기 해상풍력 발전의 의미

Vindeby와 같은 초기 해상풍력 발전 프로젝트는 해상풍력 에너지의 상업적 가능성을 최초로 실현한 사례로, 재생 가능 에너지 발전사에서 매우 중요한 위치를 차지한다. 이러한 초기 프로젝트들은 단지 실험적 성격을 넘어, 실제로 전력을 생산하고 공급하며, 해상풍력 발전이 에너지 산업에서 중요한 역할을 할 수 있음을 입증하였다.

① 해상풍력 발전의 상업적 가능성 입증

Vindeby 해상풍력 단지는 세계 최초로 상업적 운영에 성공한 해상풍력 단지로서, 재생 가능 에너지의 발전 가능성을 입증하는 데 중요한 기여를 하였다. 이 프로젝트는 단지 기술적 성공에 그치지 않고, 실제로 상업적으로 유의미한 전력 생산량을 기록하며, 해상풍력 발전이 경제적 타당성을 가질 수 있음을 보여주었다. Vindeby의 사례는 이후 유럽 및 전 세계 여러 국가가 해상풍력 발전에 대한 투자를 확대하는 계기가 되었다.

Vindeby 단지의 성공 이후, 해상풍력 발전에 대한 인식이 크게 변화했다. 이전에는 해상풍력 발전이 단순히 실험적인 대안 에너지원으로 여겨졌지만, Vindeby의 운영 성과는 해상풍력 발전이 상업적 성공을 거둘 수 있음을 입증하였다. 이는 해상풍력 발전이 단순한 이론적 가능성을 넘어, 실제로 경제성을 확보할 수 있는 에너지원으로 자리매김하는 데 중요한 역할을 하였다.

② 기술적 혁신과 경험 축적

초기 해상풍력 발전 프로젝트들은 여러 가지 기술적 도전 과제를 해결하는 과정에서 중요한 기술적 혁신을 이루어냈다. Vindeby와 Tunø Knob 단지는 해상에서 터빈을 설치하고 운영하는 데 필요한 다양한 기술적 문제들을 해결하는 데 기여했다. 예를 들어, 해양 환경에서의 터빈 설치, 부식 방지 기술, 기초 구조물의 설계 및 유지보수 등의 문제들이 이들 프로젝트를 통해 다루어졌다.

이러한 기술적 경험은 이후의 대규모 해상풍력 발전 프로젝트에 중요한 기초가 되었다. 초기 프로젝트에서 축적된 경험과 노하우는 이후 건설된 해상풍력 단지들이 더 큰 규모로 성공할 수 있도록 하는 데 중요한 역할을 하였다. 이는 또한 해상풍력 발전이 단순한 대체 에너지원이 아니라, 장기적인 에너지 전략의 중요한 축으로 자리잡을 수 있게 하였다.

③ 재생 가능 에너지 산업의 성장 촉진

Vindeby와 같은 초기 해상풍력 발전 프로젝트는 재생 가능 에너지 산업의 성장에도 큰 기여를 하였다. 이들 프로젝트는 해상풍력 발전이 실제로 운영 가능하고, 경제적으로도 유의미한 성과를 낼 수 있음을 증명함으로써, 재생 가능 에너지에 대한 투자를 촉진하였다. 특히, 유럽에서는 해상풍력 발전이 재생 가능 에너지 정책의 중요한 축으로 자리잡게 되었고, 이는 이후의 대규모 해상풍력 단지 건설로 이어졌다.

Vindeby의 성공은 또한 다른 형태의 재생 가능 에너지, 예를 들어 태양광 발전이나 바이오매스 발전 등의 개발에도 긍정적인 영향을 미쳤다. Vindeby 프로젝트는 재생 가능 에너지 기술이 실제로 실현 가능하며, 상업적 성공을 거둘 수 있다는 중요한 교훈을 제공하였다. 이는 전 세계적으로 재생 가능 에너지에 대한 인식과 투자를 촉진하는 데 기여하였다.

1.1.2 해상풍력의 경제적, 환경적 이점

해상풍력 발전은 풍부하고 일관된 바람 자원을 활용해 높은 에너지 효율을 달성하며, 동시에 환경 보호와 경제 활성화를 도모하는 재생 가능 에너지 기술이다. 다음은 해상풍력 발전이 제공하는 주요 경제적 및 환경적 이점을 상세하게 설명한다.

(1) 경제적 이점

1) 에너지 비용 절감 및 경제적 지속 가능성

해상풍력 발전은 초기 설치 비용이 높지만, 기술 발전과 대규모 설치로 인해 단위 에너지 생산 비용(LCOE, Levelized Cost of Energy)이 빠르게 낮아지고 있다. 국제에너지기구(IEA)의 2020년 보고서에 따르면, 해상풍력 발전의 LCOE는 2010년 이후 약 30% 이상 감소했으며, 이는 주로 터빈 기술의 발전과 대규모 프로젝트의 경제성 덕분이다.

그림 7은 2010년부터 2020년까지 해상풍력 발전의 단위 에너지 생산 비용(LCOE)의 변화를 시각적으로 보여준다. 그림 7에서 볼 수 있듯이, 해상풍력 발전의 LCOE는 지속적으로 감소하여 2010년 약 150 USD/MWh에서 2020년 약 75 USD/MWh로 감소했다. 이는 해상풍력 발전이 점점 더 경제적으로 경쟁력 있는 에너지원이 되고 있음을 나타낸다.

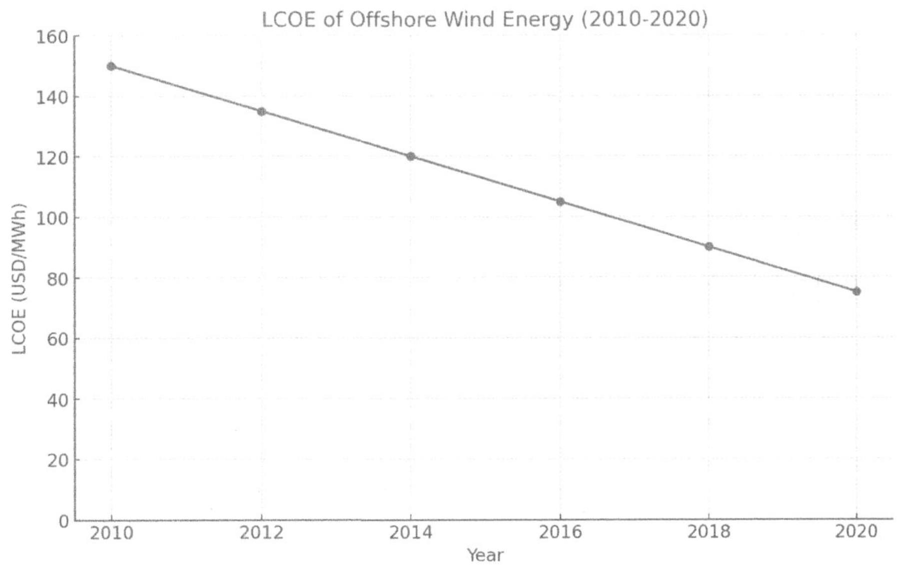

그림 7 해상풍력 발전의 단위 에너지 생산 비용(LCOE) 추이 (2010-2020)

2) 지역 경제 활성화 및 일자리 창출

해상풍력 발전은 지역 경제를 활성화하고 새로운 일자리를 창출하는 데 중요한 역할을 한다. 예를 들어, 영국은 해상풍력 발전 프로젝트를 통해 2030년까지 약 27,000개의 일자리를 창출할 것으로 예상하고 있다. 이는 해상풍력 발전이 지역 사회에 미치는 경제적 영향을 잘 보여준다.

이 표 1은 해상풍력 발전이 유럽 주요 국가들에서 어떻게 일자리 창출에 기여하고 있는지를 보여준다. 이로 인해 지역 경제가 활성화되고, 에너지 산업이 발전함에 따라 지역 사회에 긍정적인 경제적 영향을 미칠 수 있다.

표 3 유럽 주요 국가의 해상풍력 발전으로 인한 일자리 창출 예상 (2020년 기준)

국가	일자리 수 (직접 및 간접)
영국	27,000
독일	24,000
덴마크	15,000
네덜란드	10,000

(2) 환경적 이점

1) 온실가스 배출 감소 및 기후 변화 완화

해상풍력 발전은 화석 연료를 사용하는 발전 방식에 비해 온실가스 배출이 거의 없다. 유럽연합(EU)은 2020년 해상풍력 발전을 통해 약 36.5백만 톤의 CO_2 배출을 절감한 것으로 추산하고 있다. 이는 약 2,500만 대의 자동차가 연간 배출하는 CO_2와 맞먹는 양이다.

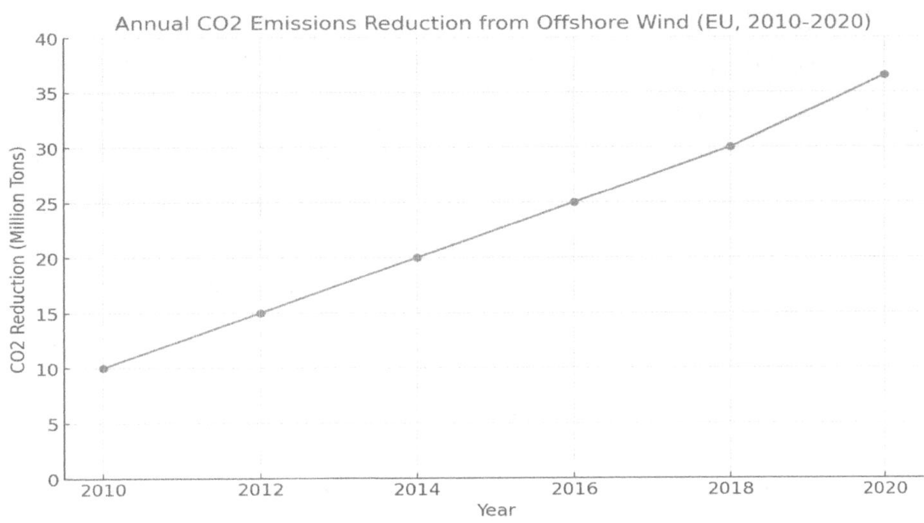

그림 8 해상풍력 발전으로 인한 연간 CO_2 배출 감소량 (EU, 2020년 기준)

그림 8은 2010년부터 2020년까지 유럽에서 해상풍력 발전을 통해 절감된 연간 CO_2 배출량을 시각적으로 보여준다. 그래프에서 볼 수 있듯이, 해상풍력 발전이 확산됨에 따라 CO_2 배출 감소량이 지속적으로 증가했으며, 2020년에는 약 36.5백만 톤의 CO_2가 절감되었다. 이는 해상풍력 발전이 기후 변화 완화에 중요한 역할을 하고 있음을 나타낸다.

2) 생태계 보전과 해양 환경 보호

해상풍력 발전은 재생 가능 에너지 중에서도 자연환경에 미치는 영향이 상대적으로 적은 것으로 평가되며, 특히 해양 생태계 보전에 긍정적인 영향을 미칠 수 있다. 이는 해상풍력 발전의 주요 환경적 이점 중 하나로, 환경 보호와 지속 가능한 에너지 생산을 동시에 달성할 수 있는 잠재력을 보여준다.

① 해양 생물 서식지 제공

해상풍력 터빈의 기초 구조물은 인공 암초 역할을 할 수 있다. 이러한 구조물은 해양 생물들에게 새로운 서식지를 제공하며, 특히 어류, 무척추동물, 해조류 등의 해양 생물들이 이 구조물 주위에 모여들게 된다. 연구에 따르면, 해상풍력 단지가 설치된 해역에서는 어류와 무척추동물의 개체 수가 증가하는 현상이 관찰되었다. 이러한 현상은 해상풍력 단지가 생물 다양성을 촉진하는 데 기여할 수 있음을 시사한다.

예를 들어, 북해에 설치된 여러 해상풍력 단지들은 설치 후 몇 년 이내에 그 주변에 다양한 해양 생물이 서식하게 된 사례가 보고되었다. 이들 해역에서 인공 암초로 작용하는 터빈 기초 구조물 주위에는 조개류, 갑각류, 그리고 다양한 어종들이 서식하고 있으며, 이는 해당 지역의 생태계 건강성에 긍정적인 영향을 미치고 있다.

② 소음 공해 및 경관 훼손의 최소화

해상풍력 발전은 육상풍력 발전에 비해 소음 공해와 경관 훼손이 적다는 장점이 있다. 육상풍력 발전의 경우, 터빈이 생성하는 소음이 인근 주민들에게 영향을 미칠 수 있으며, 터빈이 설치된 지역의 경관을 훼손할 수 있다. 반면, 해상풍력 발전은 바다 위에 설치되기 때문에 이러한 문제가 거의 발생하지 않는다.

해상풍력 터빈은 주로 해안선에서 멀리 떨어진 곳에 설치되므로, 육안으로 쉽게 보이지 않으며, 소음도 바다에서 확산되기 때문에 육지에서는 거의 들리지 않는다. 이로 인해, 해상풍력 발전은 인간 생활 환경에 미치는 부정적 영향을 최소화할 수 있다.

③ 해양보호구역(MPAs)과의 조화

해상풍력 발전은 해양보호구역(MPAs)과 같은 보호된 해양 지역에서 조화롭게 공존할 수 있는 가능성을 제시한다. 해상풍력 단지가 설치된 해역은 일반적으로 어업 활동이 제한되거나 금지되기 때문에, 이는 해양 생물들이 인간의 간섭 없이 서식할 수 있는 안전한 환경을 제공하게 된다. 이러한 특성은 해상풍력 단지가 해양 생태계 보전과 에너지 생산을 동시에 달성할 수 있는 잠재력을 가지고 있음을 보여준다.

유럽의 여러 해양보호구역에서는 해상풍력 발전이 생태계에 미치는 긍정적인 영향을 확인하는 연구가 진행되고 있다. 예를 들어, 독일 북해의 일부 해상풍력 단지는 해양보호구역 내에 위치해 있으며, 이 지역에서는 어업 활동이 제한되어 해양 생물들의 보호와 번식을 촉진하는 데 기여하고 있다. 이로 인해 해상풍력 단지는 단순한 에너지 생산을 넘어, 해양 생태계 보호에 기여하는 중요한 도구로 인식되고 있다.

④ 잠재적 환경 영향 및 관리 전략

해상풍력 발전이 생태계에 미치는 영향은 주로 긍정적이지만, 잠재적인 부정적 영향도 고려해야 한다. 예를 들어, 터빈 설치 과정에서 해저에 미치는 물리적 충격은 일시적으로 해저 생태계를 교란시킬 수 있으며, 설치 중 발생하는 소음이 해양 포유류나 어류에 영향을 미칠 가능성도 있다. 또한, 터빈 블레이드가 회전할 때 조류와의 충돌 위험도 존재한다.

이러한 잠재적 부정적 영향을 최소화하기 위해 다양한 관리 전략이 필요하다. 예를 들어, 설치 과정에서 발생하는 소음을 줄이기 위해 저소음 설치 기술을 개발하거나, 터빈 블레이드와 조류 충돌을 방지하기 위한 조류 보호 장치를 설치하는 등의 방법이 제시되고 있다. 또한, 해상풍력 단지 운영 중에는 정기적인 생태 모니터링을 통해 생태계에 미치는 영향을 지속적으로 평가하고, 필요한 경우 보호 조치를 취할 수 있다.

1.1.3 주요 해상풍력 발전 기술

해상풍력 발전은 해양 환경에서의 에너지 생산을 가능하게 하는 복잡한 기술 시스템으로, 다양한 기술 구성 요소들이 결합되어야 효율적이고 안정적인 전력 생산이 가능하다. 이 장에서는 해상풍력 발전의 주요 기술 요소들을 다루며, 각 기술이 해상풍력 발전의 효율성과 경제성에 어떻게 기여하는지 설명한다.

(1) 풍력 터빈 기술

1) 터빈 구조 및 설계

해상풍력 터빈은 육상풍력 터빈보다 더 크고, 강력한 구조를 갖추고 있으며, 해양 환경의 거친 조건을 견딜 수 있도록 설계되어 있다. 터빈 블레이드, 로터, 나셀(nacelle), 타워로 구성된 해상풍력 터빈은 공기역학적 효율성을 극대화하고, 내구성을 높이기 위해 고도로 정밀한 설계와 첨단 소재를 사용한다.

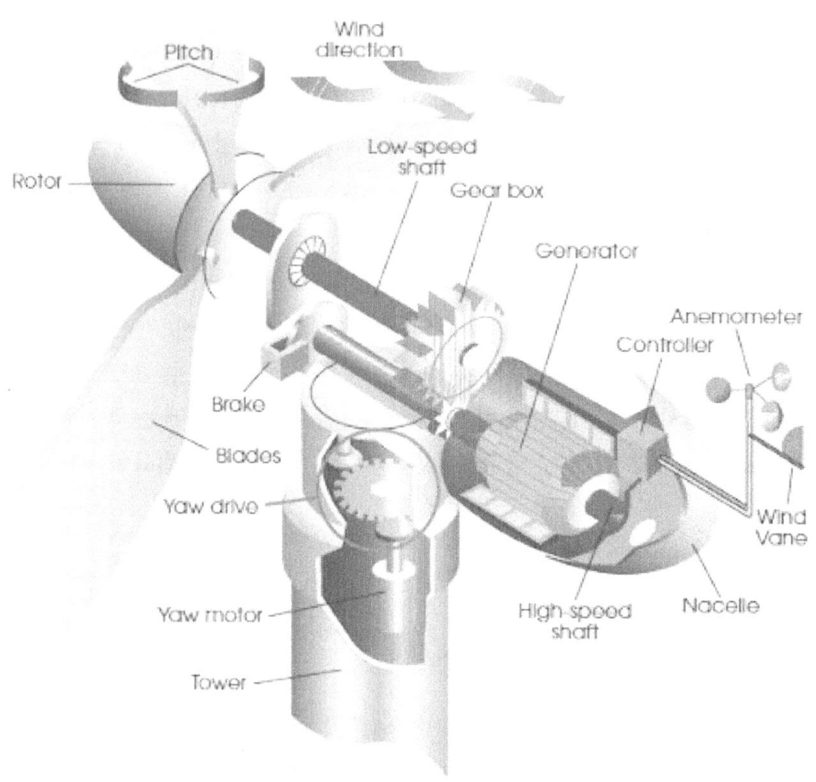

그림 9 해상풍력 터빈 구조

터빈 블레이드는 해상풍력 터빈의 핵심 구성 요소로, 바람의 에너지를 회전 운동으로 변환하는 역할을 한다. 해상풍력 터빈의 블레이드는 육상 터빈에 비해 길이가 더 길고, 공기역학적 성능을 극대화하기 위해 고강도 복합재료로 제작된다. 최신 블레이드는 80 m에서 100 m 이상 길어질 수 있으며, 이를 통해 더 많은 바람 에너지를 포착해 발전 효율을 높인다.

(2) 기초 구조물 기술

1) 고정식 기초 구조물

해상풍력 터빈을 해저에 안정적으로 고정하기 위해 다양한 고정식 기초 구조물이 사용된다. 고정식 기초 구조물은 해상풍력 발전소의 안정성과 내구성을 확보하는 데 필수적인 역할을 하며, 수심, 해저 지질, 파도의 강도, 터빈의 크기 등에 따라 적합한 기초 구조물이 선택된다. 아래에서는 고정식 기초 구조물의 주요 5가지 유형에 대해 설명한다.

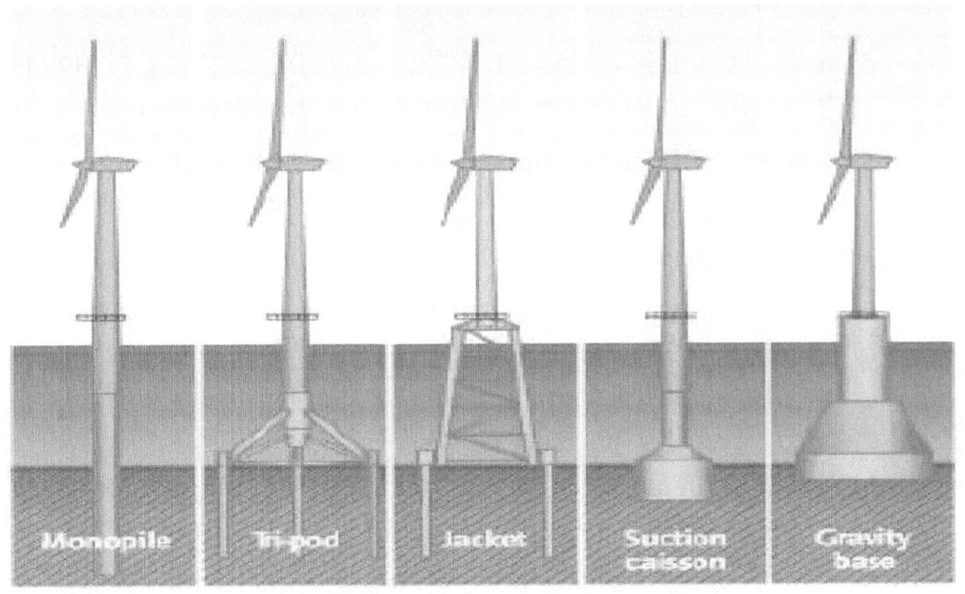

그림 10 해상풍력 터빈의 고정식 기초 구조물

① 모노파일(Monopile)

모노파일은 해상풍력 터빈의 가장 널리 사용되는 기초 구조물 유형으로, 지름이 4~8미터에 달하는 단일 강철 파일을 해저에 깊게 박아 터빈을 지지하는 구조물이다. 모노파일 기초는 주로 수심이 30미터 이하인 얕은 해역에서 사용되며, 해저 지질이 단단한 곳에서 특히 효과적이다.

- 특징: 설치가 비교적 간단하고 비용이 적게 들며, 대규모로 빠르게 설치할 수 있다. 해상풍력 터빈의 초기 프로젝트에서 널리 사용되었다.
- 적용 예: 북해와 발트해의 다수의 해상풍력 단지에서 사용됨.

② 재킷(Jacket)

재킷 기초는 트러스 구조로 이루어진 기초 구조물로, 수심이 30~60미터에 이르는 중간 수심에서 사용된다. 이 구조물은 강철관이 삼각형 형태로 결합된 다각형 구조를 가지고 있으며, 모노파일에 비해 더 깊은 해역에서 안정적인 지지력을 제공한다.

- 특징: 재킷 기초는 해저에서의 안정성이 뛰어나며, 수심이 깊은 해역에서도 사용할 수 있다. 그러나 설치가 복잡하고 비용이 상대적으로 높다.
- 적용 예: 스코틀랜드의 Beatrice 해상풍력 단지에서 사용됨.

③ 트라이포드(Tripod)

트라이포드 기초는 세 개의 기둥이 터빈 타워를 지지하는 구조물로, 재킷 기초와 유사한 설계를 가지고 있다. 트라이포드 기초는 모노파일에 비해 더 넓은 기초 면적을 제공하여 해저에서의 안정성을 높이고, 수심이 깊은 해역에서 사용될 수 있다.

- 특징: 트라이포드 기초는 큰 구조적 안정성을 제공하며, 깊은 해역에서도 사용할 수 있다. 그러나 설치 비용이 높고, 설치 시간이 오래 걸린다.
- 적용 예: 독일의 Alpha Ventus 해상풍력 단지에서 사용됨.

④ 중력식(Gravity Base)

중력식 기초는 터빈의 기초를 해저에 무게로 고정하는 구조물로, 해저에 큰 콘크리트 또는 강철 블록을 배치하여 터빈을 지지한다. 이 구조물은 해저 지형이 평탄하고 단단한 경우에 효과적이다.

- 특징: 설치가 비교적 간단하며, 해저에 직접 박지 않아도 되므로 환경에 미치는 영향이 적다. 그러나 설치를 위해 대형 크레인과 바지선이 필요하며, 무게가 많이 나가는 기초 구조물을 이동시키는 데 많은 비용이 들 수 있다.
- 적용 예: 덴마크의 Nysted 해상풍력 단지에서 사용됨.

⑤ 석션 버킷(Suction Bucket)

석션 버킷 기초는 해저에 역방향의 버킷을 놓고 진공을 사용해 해저 바닥에 고정시키는 기초 구조물이다. 이 구조물은 주로 수심이 60미터 이상인 깊은 해역에서 사용되며, 설치가 빠르고 환경에 미치는 영향이 적다.

- 특징: 설치 과정에서 해저를 파거나 콘크리트를 사용하지 않아 환경에 미치는 영향을 최소화할 수 있다. 또한, 해저에서 쉽게 분리할 수 있어, 터빈 해체 및 이동 시에도 유리하다.
- 적용 예: 노르웨이의 Hywind 부유식 해상풍력 단지에서 사용됨.

2) 부유식 기초 구조물

부유식 기초 구조물은 수심이 깊은 해역에서 해상풍력 터빈을 설치하기 위해 개발된 기술로, 수심이 60미터를 초과하는 곳에서 사용된다. 이러한 기술은 해양 바닥에 고정된 고정식 기초 구조물과 달리, 해양 바닥에 직접 고정되지 않고 물 위에 떠 있는 구조물을 통해 터빈을 지지한다. 부유식 기초 구조물은 전통적인 고정식 기초 구조물이 설치될 수 없는 깊은 바다에서도 풍력 발전을 가능하게 하며, 이를 통해 해양 풍력 자원이 풍부한 지역에서 에너지를 생산할 수 있게 한다. 부유식 기초 구조물의 설계는 터빈이 바람과 파도, 조류 등의 외부 힘에 견딜 수 있도록 안정성과 부력을 동시에 제공해야 한다.

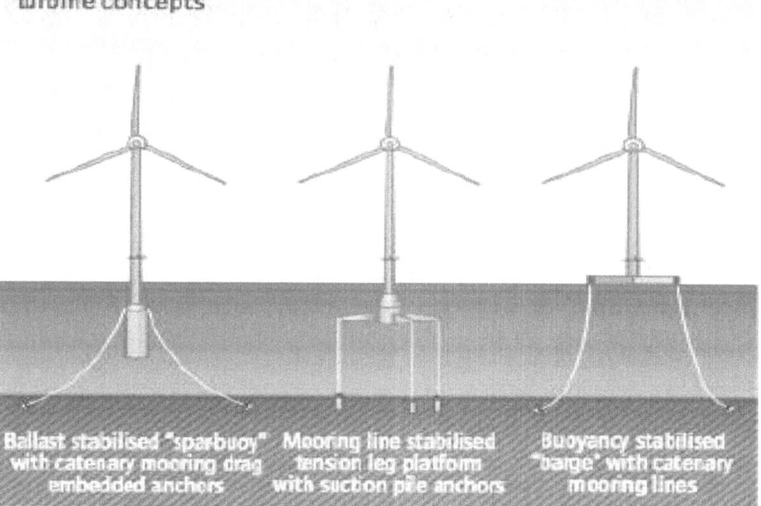

그림 11 부유식 해상풍력 터빈 플랫폼

① 부유식 기초 구조물의 종류

부유식 기초 구조물은 설계와 구조에 따라 몇 가지 주요 유형으로 나뉜다. 각 유형은 해양 환경과 터빈의 특성에 맞게 최적화되어 있으며, 다음과 같은 세 가지 주요 부유식 기초 구조물이 널리 사용된다.

가) 반잠수식(Semi-Submersible) 플랫폼

반잠수식 플랫폼은 부유식 기초 구조물 중 가장 널리 사용되는 유형으로, 여러 개의 부력 탱크가 물속에 부분적으로 잠긴 상태로 해상에 떠 있는 구조물이다. 이러한 부력 탱크는 물 속에서 플랫폼을 안정적으로 지지하며, 플랫폼 위에 터빈이 설치된다.

- 구조: 반잠수식 플랫폼은 일반적으로 3~4개의 부력 탱크로 이루어져 있으며, 이 탱크는 물속에 잠겨 부력을 제공한다. 플랫폼은 강철 또는 콘크리트로 제작되며, 부력 탱크는 해수에 강한 코팅으로 처리되어 내구성을 높인다.
- 장점: 반잠수식 플랫폼은 설치가 비교적 용이하며, 수심이 다양한 해역에서 사용할 수 있다. 또한, 플랫폼의 부력 탱크가 균형을 유지해 터빈의 안정성을 높인다.

- 적용 예: 세계 최초의 상업적 부유식 해상풍력 단지인 Hywind Scotland에서 사용된 반잠수식 플랫폼은 5개의 터빈을 지지하며, 각 터빈은 6 MW의 전력을 생산한다.

나) 스파(Spar) 플랫폼

스파 플랫폼은 길고 좁은 실린더 형태의 구조물이 수직으로 해상에 떠 있는 형태의 부유식 기초 구조물이다. 스파 플랫폼은 아래쪽에 무거운 안정 장치를 두어 무게 중심을 낮추고, 상부에 터빈을 설치한다.

- 구조: 스파 플랫폼은 주로 강철로 제작되며, 길이가 100미터가 넘는 긴 실린더 형태로 설계된다. 이 실린더는 해수에 잠겨 있으며, 무거운 안정 장치(보통 콘크리트 블록)가 실린더의 하단에 위치해 플랫폼이 수직으로 떠 있도록 한다.
- 장점: 스파 플랫폼은 깊은 해역에서도 매우 안정적이며, 강한 파도와 바람에 대한 저항력이 높다. 또한, 설치 후 유지보수 비용이 비교적 낮다.
- 적용 예: Hywind Scotland 프로젝트는 스파 플랫폼을 사용해 세계 최초의 부유식 해상풍력 발전소를 성공적으로 운영 중이다.

다) 텐션레그(Tension-Leg) 플랫폼

텐션레그 플랫폼은 수직으로 고정된 앵커 케이블을 사용해 터빈을 해양 바닥에 단단히 고정하는 부유식 기초 구조물이다. 이 구조물은 부유식 기초 구조물 중 가장 견고한 형태로, 깊은 해역에서도 높은 안정성을 제공한다.

- 구조: 텐션레그 플랫폼은 해양 바닥에 고정된 앵커와 연결된 긴 케이블을 통해 부력을 지지한다. 케이블은 해양 바닥과 플랫폼 사이에서 강한 장력을 유지해 터빈의 움직임을 최소화한다.
- 장점: 텐션레그 플랫폼은 파도와 조류의 영향을 거의 받지 않으며, 해양 환경에서 높은 안정성을 제공한다. 특히, 수심이 깊고 해저 지질이 불안정한 지역에서 효과적이다.

- 적용 예: Statoil(현재 Equinor)이 개발한 WindFloat Atlantic 프로젝트는 텐션 레그 플랫폼을 사용해 대서양에서 해상풍력 발전을 성공적으로 수행하고 있다.

② 부유식 기초 구조물의 장점과 도전 과제

가) 장점

부유식 기초 구조물은 기존의 고정식 기초 구조물이 설치될 수 없는 깊은 바다에서도 풍력 발전을 가능하게 한다. 이를 통해 해상풍력 발전의 입지 가능성이 크게 확장되며, 더 강력하고 일관된 바람 자원을 활용할 수 있다. 또한, 부유식 기초 구조물은 설치 및 해체 과정에서 해양 환경에 미치는 영향을 최소화할 수 있으며, 해저를 파거나 구조물을 박지 않기 때문에 환경 친화적이다.

나) 도전 과제

부유식 기초 구조물은 여전히 기술적 및 경제적 도전 과제에 직면해 있다. 가장 큰 도전 과제는 높은 설치 비용과 복잡한 기술 요구 사항이다. 부유식 구조물의 설계와 제작에는 고도의 기술이 필요하며, 해양 환경에서의 안정성을 유지하기 위해서는 정교한 엔지니어링이 필수적이다. 또한, 부유식 기초 구조물의 유지보수와 운영이 더 어려울 수 있으며, 해양 환경에서의 원격 모니터링과 점검이 필수적이다.

(3) 전력 변환 및 전송 기술

1) 해양 변전소

해상풍력 발전소에서 생성된 전력을 안정적이고 효율적으로 육지로 전달하기 위해서는 전력의 변환과 전송 과정이 필요하다. 이 과정에서 중요한 역할을 하는 것이 해양 변전소(offshore substation)이다. 해양 변전소는 해상풍력 발전소의 전력 인프라에서 핵심적인 역할을 하며, 터빈에서 생성된 전력을 모아 변압하고, 고전압으로 변환한 후 육지로 전송하는 역할을 수행한다.

① 해양 변전소의 구조와 구성 요소

해양 변전소는 복잡한 구조물로, 해양 환경의 거친 조건을 견딜 수 있도록 설계된다. 일반적으로 고정식 플랫폼에 설치되며, 해양 바닥에 고정되거나 부유식 플랫폼에 장착될 수 있다. 해양 변전소는 주로 다음과 같은 주요 구성 요소로 이루어져 있다.

- 변압기(Transformer): 변압기는 터빈에서 생성된 중저압(일반적으로 33 kV)의 전력을 고압(132 kV 이상)으로 변환하여 장거리 전송을 가능하게 한다. 변압기의 용량과 설계는 해상풍력 발전소의 규모와 전력 요구 사항에 따라 달라진다.
- 전력 변환 장치(Power Converter): 이 장치는 교류(AC) 전력을 직류(DC) 전력으로 변환하거나, 고전압 직류 전송(HVDC) 시스템을 통해 전력을 육지로 전송할 때 사용된다. HVDC 시스템은 장거리 전송 시 전력 손실을 최소화할 수 있는 기술로, 특히 해상풍력 발전소에서 널리 사용된다.
- 스위치기어(Switchgear): 스위치기어는 전력 시스템의 보호와 제어를 담당하는 장비로, 회로를 연결하거나 차단하는 역할을 한다. 이는 전력 시스템의 안정성을 유지하고, 비상 상황에서 전력 흐름을 차단할 수 있는 중요한 역할을 한다.
- 보호 및 제어 시스템(Protection and Control Systems): 이 시스템은 변전소의 모든 전력 장비를 모니터링하고 제어하며, 전력의 흐름과 변환 과정을 실시간으로 관리한다. 또한, 비상 상황에서 시스템을 자동으로 차단하여 사고를 예방한다.
- 냉각 시스템(Cooling Systems): 해양 변전소는 해상 환경에서 높은 전력을 처리해야 하기 때문에 열 관리는 매우 중요하다. 변압기와 전력 변환 장치에서 발생하는 열을 효율적으로 제거하기 위해 액체 냉각 시스템이 주로 사용된다.

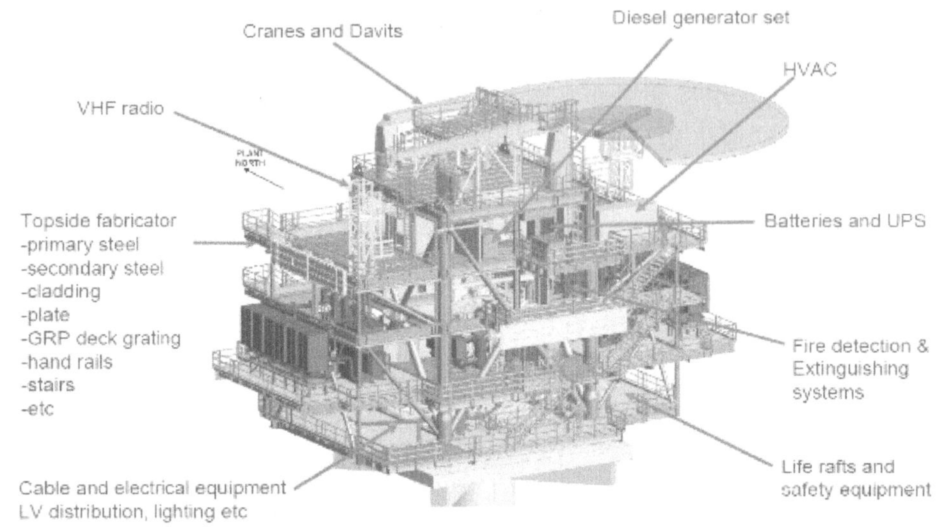

그림 12 해양 변전소 구조

② 해양 변전소의 기능

해양 변전소의 주요 기능은 터빈에서 생성된 전력을 집결시키고 변환하는 것이다. 터빈에서 나오는 전력은 변전소로 전달되며, 변전소는 다음과 같은 단계를 통해 전력을 처리한다.

그림 13은 해상풍력 터빈에서 생성된 전력이 해양 변전소를 통해 고압으로 변환되고, 해저 케이블을 통해 육지로 전송되는 과정을 시각적으로 나타낸다. 각 단계에서 전력의 변환과 전송이 어떻게 이루어지는지를 설명한다.

- 전력 수집: 해상풍력 발전소의 각 터빈에서 생성된 전력은 해저 케이블을 통해 변전소로 모인다. 이 전력은 일반적으로 중저압(33 kV) 상태에서 전달된다.
- 전력 변압: 변전소에 도착한 전력은 변압기를 통해 고압(132 kV 이상)으로 변환된다. 고전압은 전력 전송 시 손실을 줄이고, 더 먼 거리에 효율적으로 전력을 전송할 수 있도록 한다.

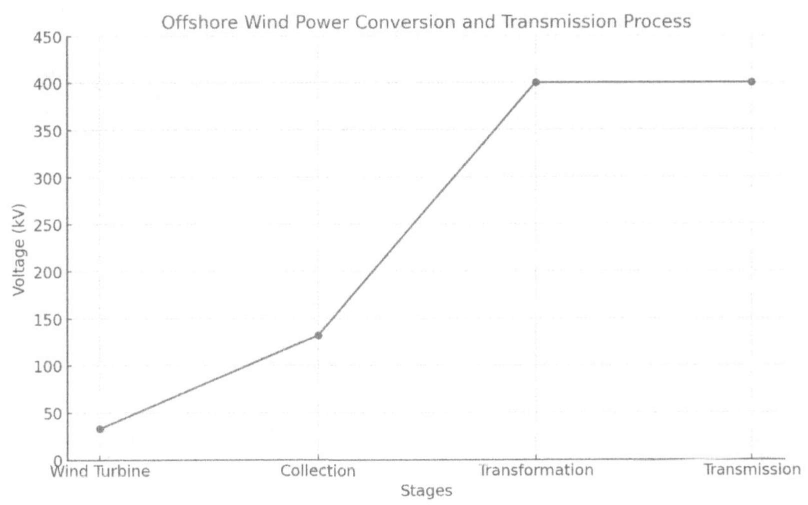

그림 13 해상풍력 발전소의 전송 과정에서의 전력 변환

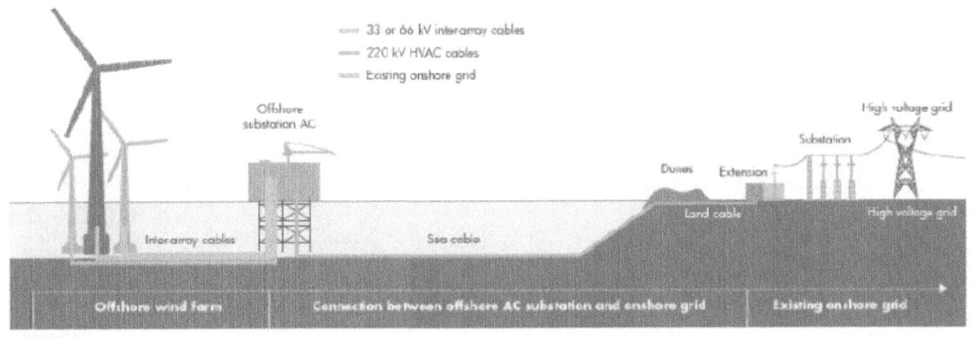

자료: GWEC

그림 14 해상풍력 전력망 구조

- 전력 변환: 필요에 따라 전력을 직류(DC)로 변환하여, HVDC 시스템을 통해 장거리 전송을 수행한다. 이는 특히 해상풍력 발전소와 육지 간의 거리가 먼 경우에 유리하다.
- 전력 전송: 변전소에서 고압으로 변환된 전력은 해저 케이블을 통해 육지의 변전소로 전송된다. 육지의 변전소는 이 전력을 다시 중저압으로 변환하여 전력망에 공급한다.

③ 해양 변전소의 설치 및 유지보수

해양 변전소의 설치는 고도의 기술이 요구되는 작업으로, 해상풍력 발전소 프로젝트의 중요한 부분이다. 변전소는 해양 플랫폼에 설치되며, 바다의 기상 조건과 해저 지질을 고려하여 설계된다.

- 설치 과정: 해양 변전소의 설치는 주로 대형 크레인과 특수 바지선을 사용하여 이루어진다. 변전소의 주요 장비는 육상에서 조립된 후 해상으로 운반되어 플랫폼에 설치된다. 이 과정에서 변전소가 안정적으로 해양 바닥에 고정되도록 기초 작업이 이루어진다.
- 유지보수: 해양 변전소는 해상 환경의 거친 조건에 노출되기 때문에 정기적인 유지보수가 필요하다. 유시보수 작업에는 전력 장비의 점검, 냉각 시스템의 유지, 부식 방지 코팅의 재도포 등이 포함된다. 해상 환경에서의 유지보수는 육상보다 더 복잡하고 비용이 많이 들지만, 변전소의 안정적인 작동을 보장하기 위해 필수적이다.

그림 15 해양 변전소의 설치 과정

④ 해양 변전소의 발전과 미래

해양 변전소 기술은 지속적으로 발전하고 있으며, 더욱 효율적이고 경제적인 솔루션이 개발되고 있다. 최신 해양 변전소는 더 높은 전력을 처리할 수 있으며, 고압직류(HVDC) 전송 기술을 통해 전력 손실을 최소화하고 있다.

또한, 부유식 해양 변전소와 같은 새로운 기술도 개발 중이다. 이러한 변전소는 고정식 플랫폼 대신 부유식 구조물을 사용하여 수심이 깊은 해역에서도 효율적으로 작동할 수 있다. 부유식 변전소는 설치와 유지보수가 더 쉽고 비용 효율적일 수 있으며, 이는 해상풍력 발전의 경제성을 더욱 높일 수 있다.

그림 16 부유식 해양 변전소(DolWin2 Beta HVDC platform, ABB)

2) 해저 전력 케이블

해상풍력 발전에서 중요한 기술 요소 중 하나는 해저 전력 케이블이다. 이 케이블은 해상풍력 터빈과 해양 변전소를 연결하고, 변전소에서 육지로 전력을 전송하는 역할을 한다. 해저 전력 케이블은 해양 환경의 물리적, 화학적 요인에 견딜 수 있도록 설계되며, 고압 직류(HVDC) 케이블이 주로 사용된다.

해저 전력 케이블의 설계와 설치는 매우 복잡하며, 케이블의 경로는 해저 지형과 해양 생태계를 고려해 신중하게 선정된다. 또한, 케이블 보호 기술도 중요하며, 해저에 매설되거나 보호 덮개로 감싸여야 한다.

해상풍력 발전은 지난 10년간 유럽과 아시아를 중심으로 급격히 성장해왔다. 이와 더불어 해저 전력 케이블 설치도 크게 증가하였다. 해저 전력 케이블은 해상풍력 발전소에서 생산된 전력을 육지로 전송하는 데 중요한 역할을 하며, 해상풍력 발전소의 규모가 커지면서 케이블 설치 길이도 급격히 늘어나고 있다.

WindEurope의 보고서에 따르면, 유럽에서는 2010년 이후 연간 약 1,000 km 이상의 해저 전력 케이블이 설치되었다. 특히, 2015년 이후 설치된 해저 케이블의 총 길이는 이전에 비해 두 배 이상 증가했으며, 2025년까지 더욱 큰 성장이 예상된다.

IEA의 자료에 따르면, 2010년대 초반에는 연간 약 1,000 km 내외의 해저 전력 케이블이 설치되었지만, 2020년 이후 이 숫자는 급격히 증가하고 있다. 특히, 유럽과 아시아에서의 대규모 해상풍력 프로젝트가 추진됨에 따라 2025년까지 연간 설치 길이가 5,000 km를 넘어설 것으로 보인다.

이러한 증가 추이는 해상풍력 발전의 지속적인 성장과 기술 발전에 따라 더욱 가속화되고 있다. 대형 해상풍력 단지의 개발로 인해 더 긴 거리에 전력을 전송해야 할 필요성이 커지면서, 해저 전력 케이블 기술도 지속적으로 발전하고 있다.

그림 17은 2010년부터 2025년까지 해저 전력 케이블 설치 길이의 증가 추이를 시각적으로 나타낸다. 이 그래프는 해상풍력 발전소의 확장에 따라 해저 전력 케이블 설치가 어떻게 증가했는지를 보여준다.

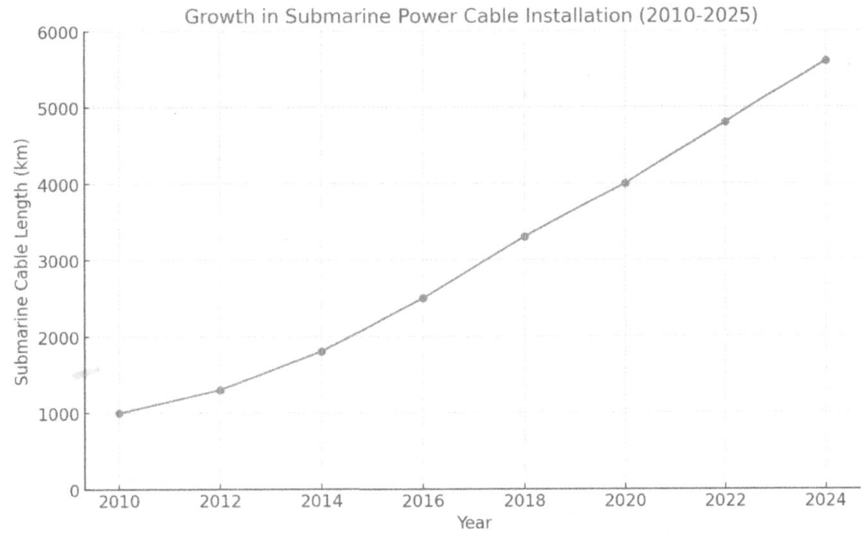

그림 17 해상풍력 발전소의 해저 전력 케이블 설치 증가 추이 (2010-2025 예상)

(4) 터빈 발전 효율 및 제어 기술

1) 발전기와 제어 시스템

해상풍력 터빈은 발전기와 제어 시스템을 통해 바람의 에너지를 전기 에너지로 변환하고, 그 효율을 최적화한다. 터빈 발전기는 주로 영구자석 동기 발전기(PMSG)가 사용되며, 이는 높은 전력 밀도와 효율성을 제공한다.

제어 시스템은 터빈의 모든 작동을 모니터링하고 조정하는 역할을 하며, 바람의 속도와 방향, 로터의 회전 속도, 발전기의 전력 출력 등을 실시간으로 감지하여 터빈의 효율성과 안전성을 최적화한다. 제어 시스템은 터빈 블레이드의 피치 각도를 조정하여 바람의 에너지를 최대한 흡수하고, 터빈이 손상되지 않도록 보호하는 기능도 수행한다.

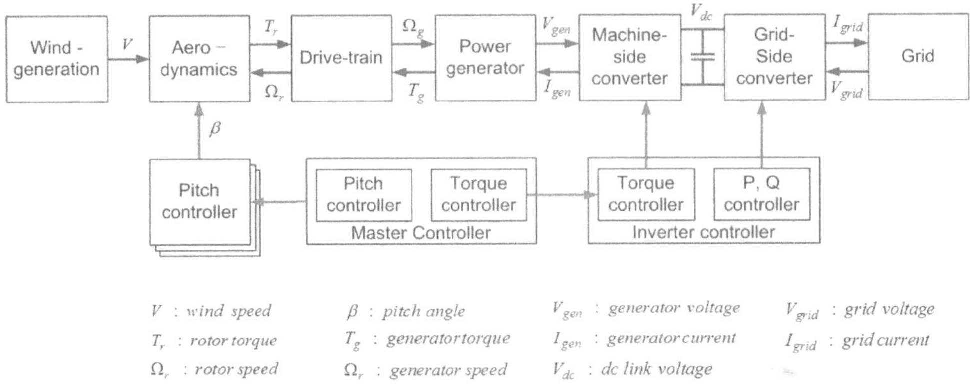

그림 18 해상풍력 터빈 제어 시스템 다이어그램

제어 시스템은 여러 센서와 함께 작동하여 실시간 데이터를 수집하고 분석함으로써 터빈의 성능을 최적화한다. 예를 들어, 터빈이 과도한 바람을 받아 손상될 위험이 있는 경우, 제어 시스템은 블레이드의 피치(angle)를 조정하여 바람의 영향을 줄이고, 안전하게 작동할 수 있도록 한다.

2) 터빈의 유지보수 및 관리

해상풍력 터빈은 육상 터빈과 달리 해상에서 운영되기 때문에 유지보수 작업이 더 어렵고 비용이 많이 든다. 이를 해결하기 위해, 터빈에는 원격 모니터링 시스템이 설치되어, 실시간으로 터빈의 상태를 감시하고, 문제가 발생하면 즉각적으로 경고를 보낸다. 이러한 원격 모니터링 시스템은 터빈의 다운타임을 최소화하고, 유지보수 비용을 절감하는 데 중요한 역할을 한다.

최근에는 드론과 자율 운항 로봇을 사용한 터빈 점검 기술이 개발되고 있다. 이 기술은 터빈의 외부와 내부를 정밀하게 검사할 수 있으며, 사람이 접근하기 어려운 해상 환경에서 안전하고 효율적인 점검을 가능하게 한다. 드론은 터빈 블레이드의 마모, 균열, 부식 등을 검사하는 데 사용되며, 자율 운항 로봇은 타워 내부와 나셀 내부의 점검을 수행한다.

그림 19 드론을 이용한 해상풍력 터빈 블레이드 점검

(5) 풍력 자원 평가 및 입지 선정 기술

1) 풍력 자원 평가

해상풍력 발전의 성공적인 운영을 위해서는 풍력 자원의 정확한 평가가 필수적이다. 풍력 자원 평가는 터빈이 설치될 위치에서 장기간의 풍속, 풍향, 바람의 일관성 등을 측정하고 분석하는 과정으로, 이를 통해 가장 효율적인 위치를 선정할 수 있다.

풍력 자원 평가는 기상 관측소, 해양 부표, 라이다(LiDAR), 소나(Sonar)와 같은 첨단 장비를 사용하여 이루어진다. 라이다는 레이저를 이용해 대기의 바람 속도와 방향을 측정하는 장치로, 해상풍력 터빈의 이상적인 위치를 선정하는 데 중요한 역할을 한다.

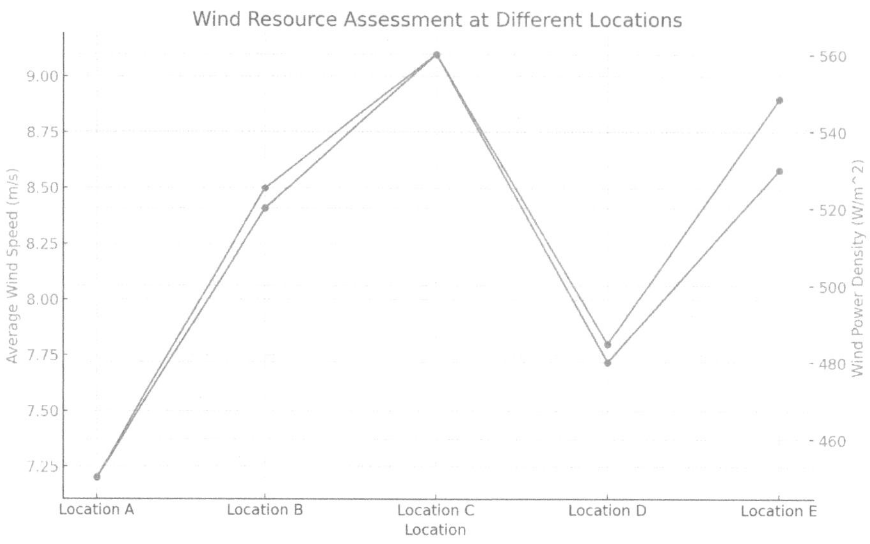

그림 20 풍력 자원 평가를 통한 해상풍력 발전 입지 선정

그림 20은 풍력 자원 평가 데이터를 기반으로, 최적의 입지를 선정하는 과정을 시각적으로 보여준다. 예를 들어, 해양의 다양한 지점에서 측정된 풍속 데이터를 분석하여, 터빈 설치에 가장 적합한 위치를 결정하는 방법을 설명한다.

2) 입지 선정 기술

해상풍력 발전의 입지 선정은 풍력 자원 평가와 함께 해양 환경, 수심, 해상 교통, 해양 생태계 등을 고려하여 이루어진다. 최적의 입지는 전력 생산의 경제성을 극대화할 수 있는 곳이어야 하며, 해양 생태계에 미치는 영향도 최소화해야 한다.

입지 선정 과정에서는 해양 지질학, 해양 생태학, 기상학, 경제성 분석 등의 다양한 분야의 전문가들이 참여한다. 이 과정은 터빈의 설치와 운영의 성공 여부를 결정짓는 중요한 단계이다. 또한, 해상풍력 발전소가 설치될 위치는 정부와 지역 사회의 이해관계를 반영해야 하며, 이를 위해 공청회와 환경 영향 평가가 함께 이루어진다.

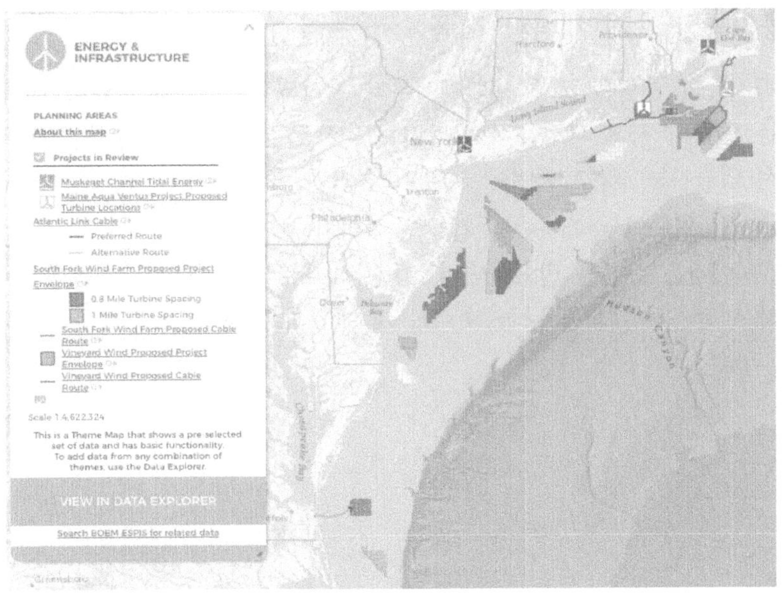

그림 21 해상풍력 발전소 입지 선정 과정

1.2 인공지능과 데이터 사이언스의 개요

1.2.1 인공지능의 역사와 발전

인공지능(AI)은 과학 기술의 한 분야로, 인간의 지능을 기계에 구현하려는 시도로 시작되었다. 오늘날 AI는 다양한 산업과 일상생활에서 중요한 역할을 하고 있으며, 지속적인 발전을 통해 점점 더 강력한 기술로 자리매김하고 있다.

(1) 인공지능의 초기 개념과 태동

인공지능의 개념은 고대 철학에서부터 시작되었다. 고대 그리스 철학자 아리스토텔레스는 인간의 사고 과정을 논리적인 규칙으로 설명하려고 했다. 그러나 현대적인 의미에서 인공지능이라는 용어는 20세기 중반에 등장했다.

1950년, 영국의 수학자이자 컴퓨터 과학자인 앨런 튜링(Alan Turing)은 "계산 기계와 지능"이라는 논문을 발표하면서 "튜링 테스트"라는 개념을 제안했다. 튜링 테스트는 기계가 인간처럼 대화를 나눌 수 있는지 평가하는 방법으로, 이후 인공지능 연구의 기초가 되었다.

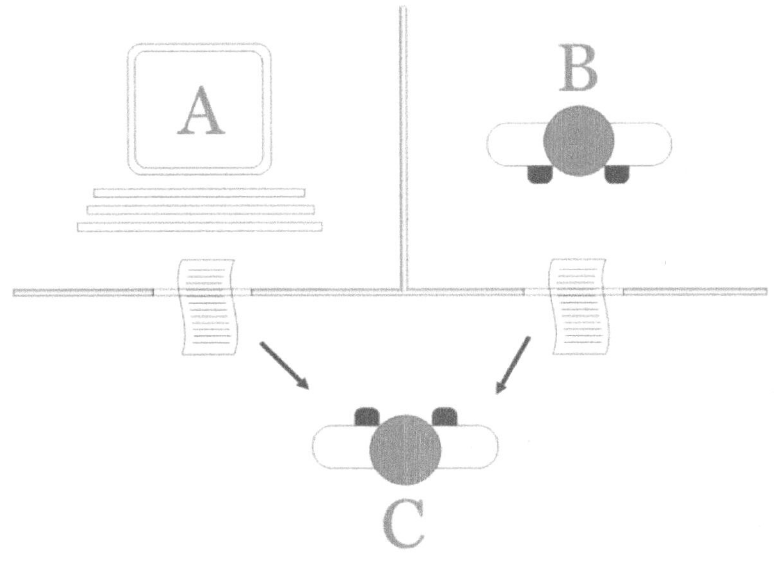

그림 22 튜링 테스트

(2) 인공지능의 탄생과 초기 연구 (1950~1970년대)

인공지능이라는 용어는 1956년 다트머스 학회(Dartmouth Conference)에서 처음 사용되었다. 존 매카시(John McCarthy), 마빈 민스키(Marvin Minsky), 클로드 섀넌(Claude Shannon) 등 여러 학자가 참여한 이 회의는 인공지능 연구의 출발점이 되었다. 이 시기는 인공지능의 개념과 목표가 정의된 시기로, 주로 기호 처리(symbolic processing)와 문제 해결(problem solving)에 관한 연구가 이루어졌다.

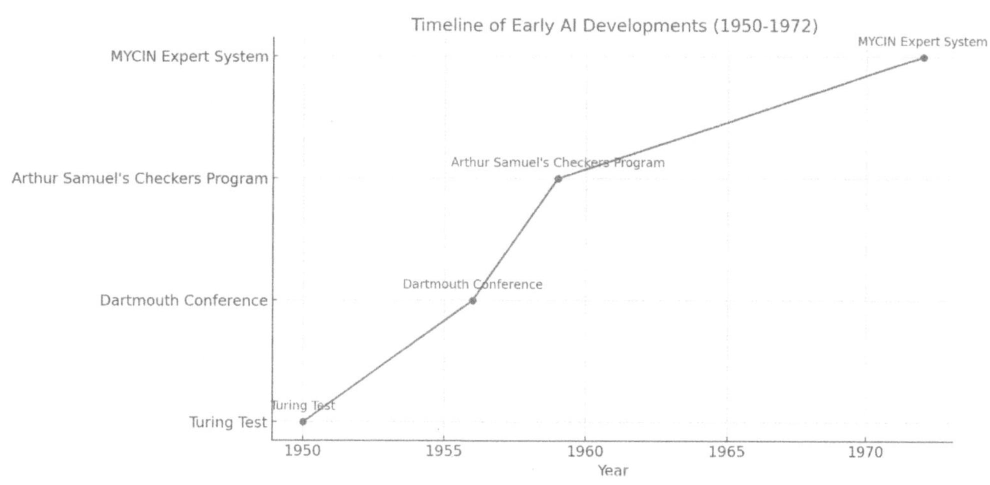

그림 23 1950-1970년대 인공지능 연구 발전 연표

1959년, 아서 새뮤얼(Arthur Samuel)은 체커(체스의 한 종류)를 두는 컴퓨터 프로그램을 개발했다. 이 프로그램은 경험을 통해 학습할 수 있었고, 인공지능이 스스로 학습하는 시스템으로 발전할 수 있음을 보여주었다. 이는 초기 머신러닝 알고리즘의 한 예로, 이후 인공지능 연구에 중요한 기여를 하게 된다.

그림 23은 1950년대부터 1970년대까지 인공지능 연구의 주요 사건들을 연도별로 나타낸다. 예를 들어, 1956년 다트머스 학회와 1959년 아서 새뮤얼의 체커 프로그램 개발 등이 포함된다.

(3) 전문가 시스템의 등장 (1970~1980년대)

1970년대에는 인공지능 연구가 활발해지면서 전문가 시스템(expert system)이 등장했다. 전문가 시스템은 특정 분야에서 인간 전문가의 지식을 컴퓨터 프로그램에 담아 문제를 해결하는 시스템이다. 이 시스템은 규칙 기반(rule-based) 접근법을 사용하여 의사결정을 내리며, 초기 인공지능 연구의 중요한 부분을 차지했다.

1972년, MYCIN이라는 의료 진단 전문가 시스템이 개발되었다. MYCIN은 혈액 감염과 같은 질병의 진단을 돕기 위해 개발되었으며, 약 450개의 규칙을 기반으로 의학적 결정을 내렸다. 이 시스템은 당시의 기술로는 혁신적인 성과였으며, 이후 다양한 산업 분야에서 전문가 시스템이 개발되었다.

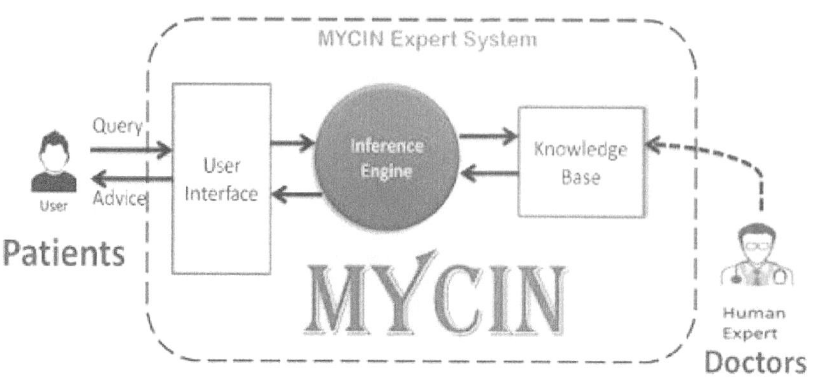

그림 24 MYCIN 전문가 시스템의 작동 원리

(4) 인공지능의 겨울 (1980~1990년대)

1980년대 중반부터 1990년대 초반까지 인공지능 연구는 일종의 정체기를 맞게 되었다. 이 시기를 흔히 "인공지능의 겨울(AI Winter)"이라고 부른다. 인공지능에 대한 기대가 과도하게 높아졌으나, 실제 성과는 이를 따라가지 못했기 때문이다. 전문가 시스템의 한계가 드러났고, 초기 머신러닝 알고리즘은 복잡한 문제를 해결하는 데 어려움을 겪었다.

특히, 하드웨어와 소프트웨어의 제한된 성능으로 인해 복잡한 계산이 요구되는 인공지능 시스템의 구현이 어려웠다. 이로 인해 인공지능 연구에 대한 자금 지원이 줄어들었고, 많은 연구 프로젝트가 중단되었다.

그림 25는 1980년대부터 1995년까지 인공지능 연구에 대한 자금 지원이 감소하는 추이를 나타낸다. 예를 들어, 1980년대 중반부터 1990년대 초반까지 자금 지원이 급격히 줄어들었음을 시각적으로 보여준다.

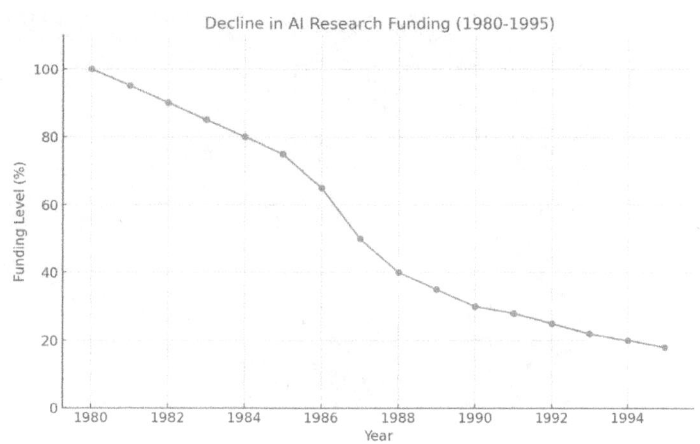

그림 25 인공지능 연구 자금 지원 감소 추이 (1980-1995)

(5) 기계학습과 인공지능의 부활 (1990년대 후반~2000년대 초반)

1990년대 후반부터 기계학습(machine learning) 알고리즘의 발전과 함께 인공지능 연구가 다시 활성화되기 시작했다. 특히, 인공신경망(Artificial Neural Networks, ANN)이 발전하면서, 인공지능이 복잡한 문제를 더 잘 해결할 수 있게 되었다. 이 시기에 머신러닝은 통계적 접근 방식을 채택하여 데이터로부터 학습하고 예측하는 능력을 개선했다.

1997년, IBM의 딥 블루(Deep Blue)가 체스 세계 챔피언인 가리 카스파로프(Garry Kasparov)를 이기면서 인공지능의 가능성을 세계에 알렸다. 딥 블루는 고도로 발달된 탐색 알고리즘과 휴리스틱을 사용하여 수백만 개의 체스 수를 평가하고 최적의 수를 선택할 수 있었다.

그림 26 IBM 딥 블루와 가리 카스파로프

(6) 딥러닝의 부상과 현대 인공지능 (2010년대 이후)

2010년대 초반, 딥러닝(Deep Learning) 기술의 발전으로 인해 인공지능은 다시 한 번 큰 도약을 하게 되었다. 딥러닝은 다층 인공신경망을 사용하여 대규모 데이터로부터 복잡한 패턴을 학습하는 기술이다. 이는 이미지 인식, 음성 인식, 자연어 처리 등에서 놀라운 성과를 거두며 인공지능의 새로운 시대를 열었다.

2012년, 제프리 힌튼(Geoffrey Hinton)과 그의 연구팀은 딥러닝 알고리즘을 사용하여 이미지넷(ImageNet) 대회에서 압도적인 성과를 거두었다. 이 사건은 딥러닝의 효용성을 입증했으며, 이후 많은 기업과 연구소들이 딥러닝 연구에 집중하게 되었다.

그림 27은 010년부터 2015년까지 이미지넷 대회에서 딥러닝 알고리즘의 성과를 보여준다. 이 기간 동안 에러율이 급격히 감소했으며, 특히 2012년 딥러닝이 도입된 이후 성과가 크게 향상되었다. 이 그래프는 딥러닝 기술이 이미지 인식 분야에서 얼마나 강력한 도구로 자리잡았는지를 시각적으로 나타낸다.

2016년, 구글 딥마인드(DeepMind)의 알파고(AlphaGo)는 바둑 세계 챔피언 이세돌을 이기면서 또 다른 인공지능의 도약을 알렸다. 알파고는 딥러닝과 강화학습(Reinforcement Learning)을 결합하여 바둑의 복잡한 수를 학습하고 최적의 수를 선택할 수 있었다. 이 사건은 인공지능이 매우 복잡하고 창의적인 문제에서도 인간을 능가할 수 있음을 보여주었고, 전 세계적으로 큰 반향을 일으켰다.

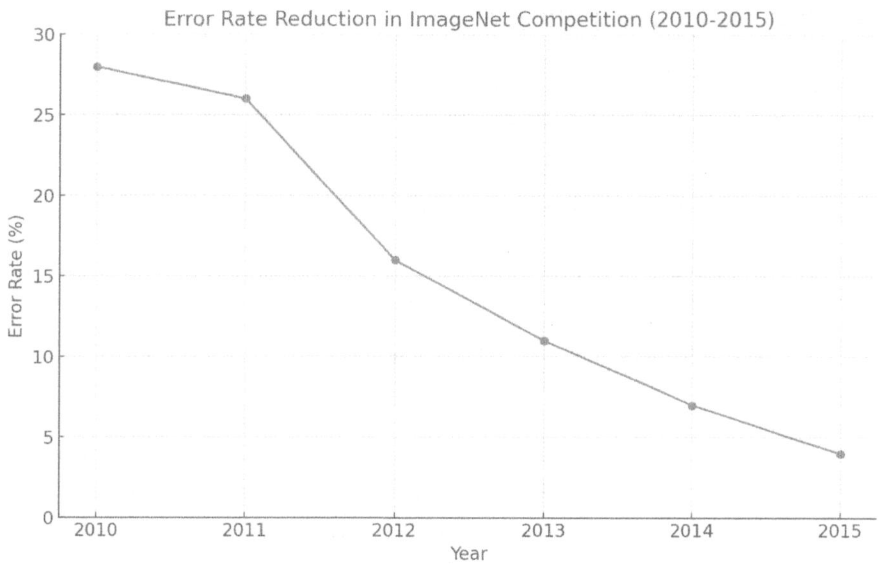

그림 27 이미지넷 대회에서의 딥러닝 알고리즘 성과 (2010-2015)

그림 28 알파고와 이세돌의 대국(출처:서울신문)

(7) 인공지능의 최신 발전과 미래 전망

최근 인공지능은 자율주행, 자연어 처리, 로봇공학, 의료 진단 등 다양한 분야에서 놀라운 성과를 보이고 있다. 특히, 생성적 적대 신경망(Generative Adversarial Networks, GANs), 트랜스포머(Transformer) 모델, 강화학습 등 다양한 딥러닝 기술들이 개발되어 인공지능의 응용 범위가 크게 확대되었다.

2020년, OpenAI는 GPT-3(Generative Pre-trained Transformer 3)라는 자연어 처리 모델을 발표했다. GPT-3는 다양한 언어 작업을 수행할 수 있는 뛰어난 능력을 보여주었다. 이 모델은 텍스트 생성, 번역, 요약, 질문 답변 등에서 인간과 유사한 수준의 성능을 발휘할 수 있다.

GPT-3(Generative Pre-trained Transformer 3)는 트랜스포머(Transformer) 아키텍처를 기반으로 한다. GPT-3는 1750억 개의 매개변수를 가지며, 이는 이전 버전인 GPT-2(15억 개)보다 약 100배 더 많은 수치이다. 이 모델은 대규모 텍스트 데이터로 사전 학습(pre-training)되었으며, 다양한 자연어 작업을 수행할 수 있다.

GPT-3는 비지도 학습(unsupervised learning) 방식으로 훈련되며, 입력된 텍스트의 다음 단어를 예측하는 방식으로 학습한다. 트랜스포머 아키텍처의 핵심 요소인 셀프 어텐션(self-attention) 메커니즘을 통해, 문맥을 이해하고 긴 텍스트 내에서 단어 간의 관계를 파악할 수 있다. 이로 인해 GPT-3는 문장 생성, 번역, 질문 답변, 요약 등 다양한 언어 작업에서 뛰어난 성능을 발휘한다.

GPT-3의 방대한 매개변수와 학습 데이터 덕분에, 특정 작업에 대한 별도의 추가 학습 없이도 자연스러운 대화와 창의적인 글쓰기 등 다양한 분야에서 활용될 수 있다.

그림 29는 2010년부터 2020년까지 인공지능 관련 연구 출판물의 수가 어떻게 증가했는지를 시각적으로 보여준다. 이 기간 동안 인공지능 연구의 출판물이 급격히 증가했으며, 특히 딥러닝 기술이 주목받으면서 연구 활동이 더욱 활발해진 것을 나타낸다.

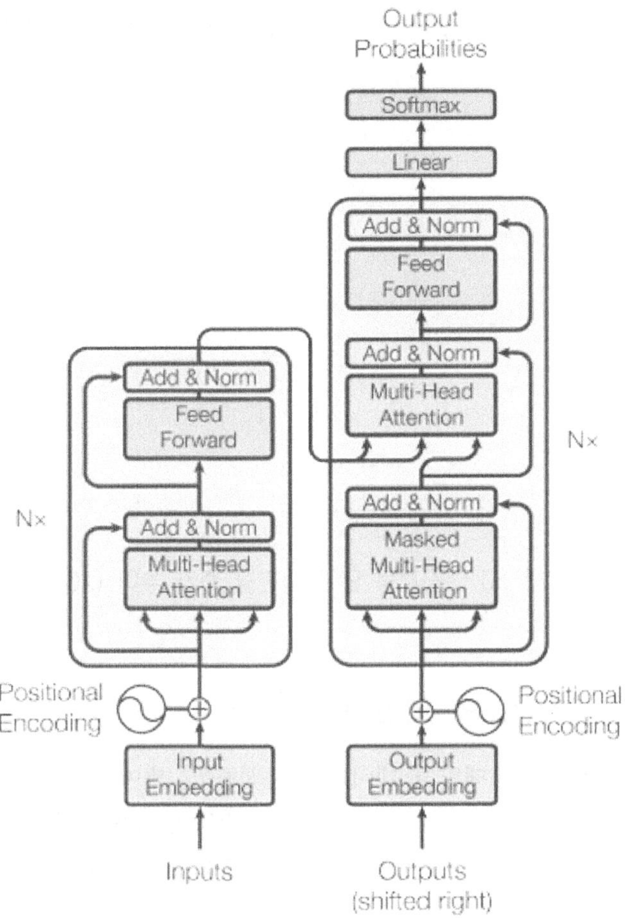

그림 29 GPT-3 아키텍처 다이어그램

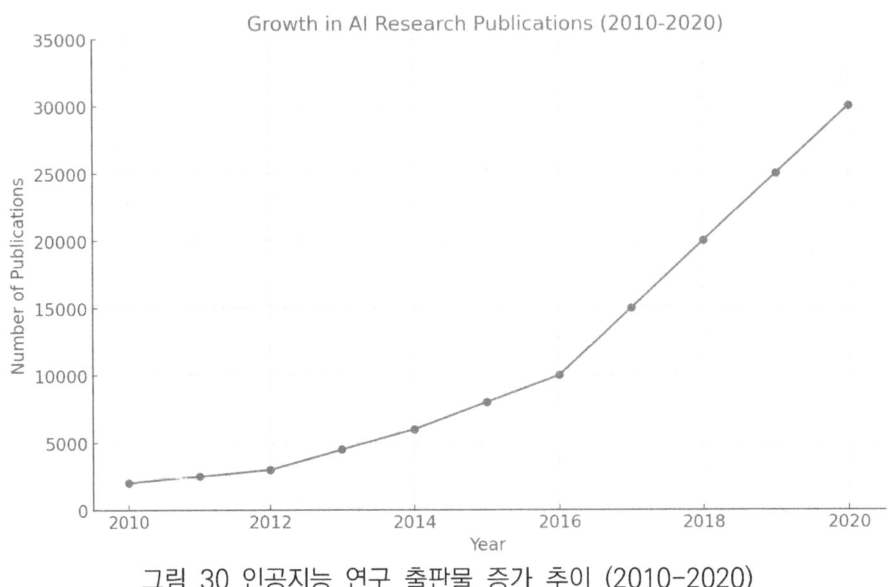

그림 30 인공지능 연구 출판물 증가 추이 (2010-2020)

1.2.2 데이터 사이언스의 역할과 중요성

데이터 사이언스는 대량의 데이터를 분석하고, 의미 있는 정보를 추출하여 의사결정에 활용하는 학문이다. 데이터 사이언스는 다양한 분야에서 필수적인 역할을 하며, 특히 공학적 관점에서 데이터 분석과 처리의 중요성이 날로 커지고 있다.

(1) 데이터 사이언스의 역할

1) 데이터 수집 및 전처리

데이터 사이언스의 첫 번째 단계는 데이터 수집과 전처리이다. 공학적 시스템에서 데이터는 다양한 센서와 장비에서 실시간으로 수집된다. 예를 들어, 제조 공정에서 수집되는 온도, 압력, 속도 등의 데이터는 제품의 품질을 좌우하는 중요한 요소이다. 이 데이터를 수집하고 정리하는 과정에서 불완전하거나 오류가 있는 데이터를 제거하고, 분석 가능한 형태로 변환하는 것이 필요하다.

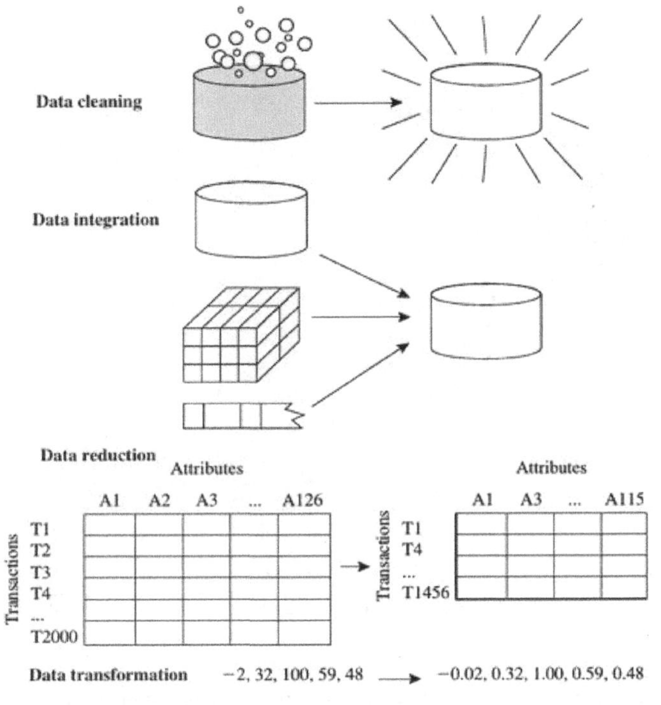

그림 31 데이터 수집 및 전처리 과정

데이터 전처리는 데이터 사이언스의 성공을 결정짓는 중요한 과정으로, 잘못된 데이터가 분석에 사용되면 잘못된 결론을 도출할 수 있다. 따라서 이 단계에서 결측 데이터의 처리, 이상치 제거, 데이터 정규화 등의 작업이 수행된다.

2) 데이터 분석 및 모델링

데이터가 수집되고 전처리된 후, 다음 단계는 데이터 분석과 모델링이다. 공학적 시스템에서는 이 단계에서 데이터로부터 시스템의 상태를 예측하거나 최적의 설계를 찾는 등의 작업이 이루어진다. 예를 들어, 항공기 엔진의 센서 데이터를 분석하여 엔진의 이상 상태를 조기에 감지하거나, 건물의 에너지 소비 데이터를 분석하여 최적의 에너지 관리 방안을 도출할 수 있다.

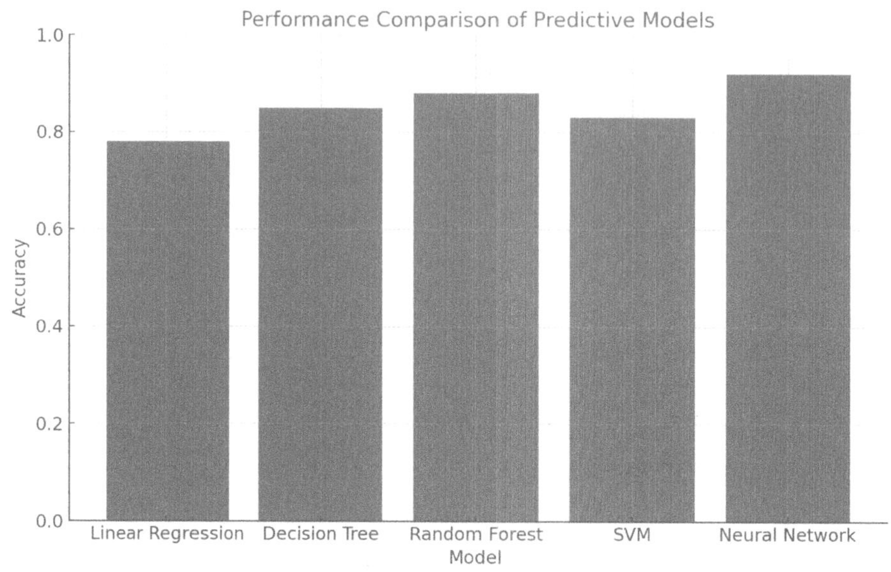

그림 32 센서 데이터 기반 예측 모델 성능 비교

그림 32는 다양한 예측 모델들의 성능을 비교한 결과를 시각적으로 보여준다. 각 모델의 예측 정확도를 비교하여, 어떤 모델이 가장 높은 성능을 발휘하는지를 알 수 있다. 이 그래프는 데이터 사이언스에서 모델 선택 과정의 중요성을 강조하는 데 유용하다.

모델링 과정에서는 통계적 방법과 기계 학습 알고리즘이 주로 사용된다. 이 과정에서 생성된 모델은 공학적 시스템의 의사결정에 직접적인 영향을 미치며, 제품 개발, 유지보수, 운영 효율성 개선 등의 다양한 분야에서 활용된다.

3) 데이터 시각화 및 해석

데이터 분석 결과를 시각화하는 것은 매우 중요한 과정이다. 공학적 시스템에서는 복잡한 데이터 분석 결과를 이해하기 쉽게 시각화하여, 의사결정자에게 직관적인 정보를 제공해야 한다. 이를 통해 시스템의 상태를 실시간으로 모니터링하거나, 문제 발생 시 빠르게 대응할 수 있다.

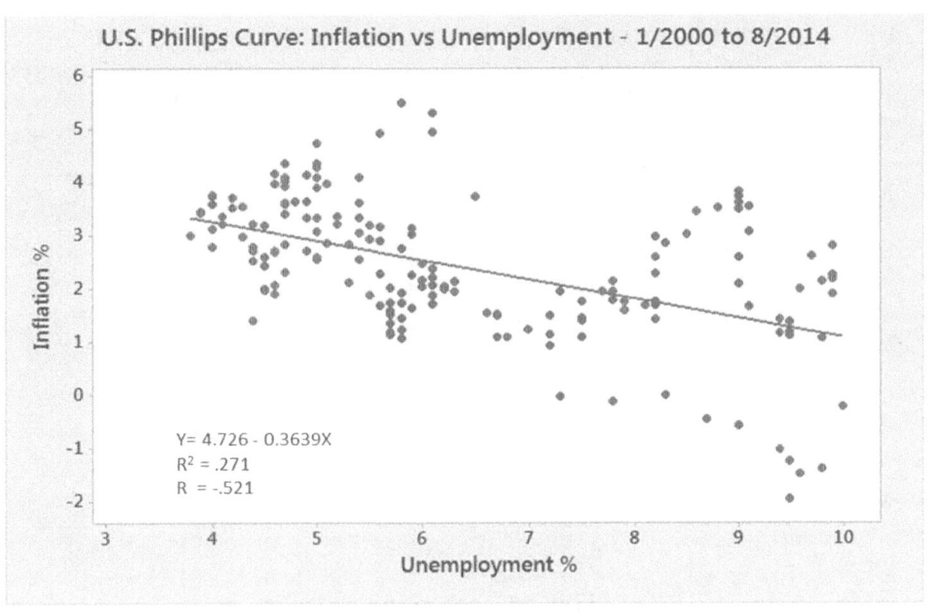

그림 33 데이터 시각화 예시

데이터 시각화 도구는 데이터를 그래프, 차트, 지도 등 다양한 형태로 표현하며, 이 과정에서 데이터 사이언티스트는 공학적 이해를 바탕으로 중요한 정보를 강조하고, 복잡한 데이터를 명확하게 전달하는 역할을 한다.

4) 시스템 최적화 및 자동화

데이터 사이언스는 공학적 시스템의 최적화와 자동화에서도 중요한 역할을 한다. 제조 공정에서 데이터를 분석하여 최적의 공정 조건을 찾거나, 에너지 관리 시스템에서 최적의 에너지 소비 방안을 도출하는 등의 작업이 여기에 해당된다. 이를 통해 시스템의 효율성을 극대화하고, 비용을 절감하며, 품질을 개선할 수 있다.

예를 들어, 데이터 기반 예측 유지보수(Predictive Maintenance)는 기계의 센서 데이터를 분석하여 고장이 발생하기 전에 예방 조치를 취할 수 있게 한다. 이는 공학적 시스템의 가동 시간을 극대화하고, 불필요한 유지보수 비용을 절감하는 데 크게 기여한다.

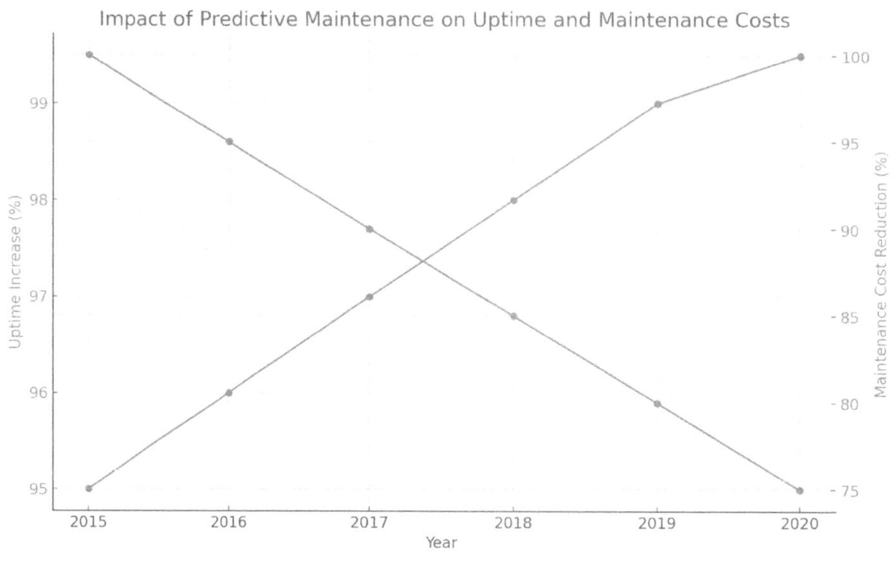

그림 34 예측 유지보수의 효과

그림 34는 예측 유지보수가 시스템 가동 시간 증가와 유지보수 비용 감소에 미친 영향을 시각적으로 보여준다. 파란색 선은 가동 시간 증가율을 나타내며, 예측 유지보수 도입 이후 꾸준히 가동 시간이 증가하는 추세를 보인다. 반면, 빨간색 선은 유지보수 비용의 감소율을 나타내며, 시간이 지남에 따라 유지보수 비용이 점진적으로 감소하고 있음을 보여준다. 이 그래프는 예측 유지보수를 통해 시스템의 효율성을 높이고 비용을 절감할 수 있음을 강조한다.

(2) 데이터 사이언스의 중요성

1) 산업 혁신과 경쟁력 강화

데이터 사이언스는 공학적 시스템에서 혁신을 가능하게 하는 핵심 요소이다. 대량의 데이터를 효과적으로 분석하고 활용함으로써, 산업 전반에 걸쳐 새로운 가치 창출이 가능하다. 이는 기업의 경쟁력을 강화하고, 시장에서의 우위를 점할 수 있게 한다.

그림 35 GE Aviation의 스마트 공장

예를 들어, 제조업에서는 데이터 사이언스를 활용하여 스마트 공장(Smart Factory)을 구축하고, 생산성을 극대화하는 방향으로 나아가고 있다. GE(GE Aviation)의 사례를 보면, 항공기 엔진 데이터를 실시간으로 분석하여 엔진의 성능을 최적화하고 유지보수 비용을 절감하는 데 성공하였다.

2) 효율성 개선과 비용 절감

공학적 시스템에서 데이터 사이언스는 효율성을 크게 개선하고 비용을 절감하는 데 중요한 역할을 한다. 에너지 관리 시스템의 경우, 데이터를 분석하여 건물이나 공장의 에너지 소비를 최적화함으로써 에너지 비용을 크게 줄일 수 있다.

또한, 공학적 설계에서 데이터 기반 최적화를 통해 재료비와 제작비를 절감할 수 있다. 예를 들어, 보잉(Boeing)은 항공기 설계에서 데이터 사이언스를 활용하여 경량화 설계를 최적화하고, 이를 통해 연료 소비를 줄이고 비용을 절감하였다.

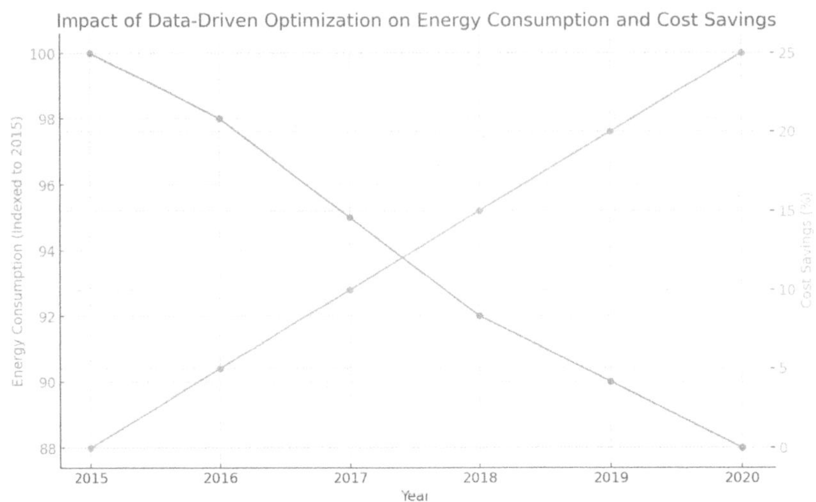

그림 36 에너지 관리 시스템의 데이터 기반 최적화 효과

그림 36은 데이터 기반 최적화가 에너지 소비와 비용 절감에 미친 영향을 시각적으로 보여준다. 녹색 선은 에너지 소비량을 나타내며, 데이터 기반 최적화 도입 이후 에너지 소비가 점진적으로 감소하는 추세를 보여준다. 반면, 주황색 선은 비용 절감율을 나타내며, 시간이 지남에 따라 비용 절감 효과가 꾸준히 증가하고 있음을 보여준다. 이 그래프는 데이터 사이언스를 활용한 최적화가 공학적 시스템의 효율성을 높이고, 비용을 절감하는 데 얼마나 중요한 역할을 하는지를 강조한다.

3) 안전성과 신뢰성 향상

데이터 사이언스는 공학적 시스템의 안전성과 신뢰성을 향상시키는 데도 필수적이다. 데이터 분석을 통해 잠재적인 문제를 조기에 발견하고, 시스템의 고장 가능성을 예측함으로써, 사고를 예방하고 안전성을 높일 수 있다.

예를 들어, 석유 및 가스 산업에서는 데이터 사이언스를 활용하여 시추 장비의 상태를 실시간으로 모니터링하고, 잠재적인 위험 요소를 사전에 파악하여 사고를 예방하고 있다. 이는 환경 보호와 인명 안전을 위해 매우 중요한 역할을 한다.

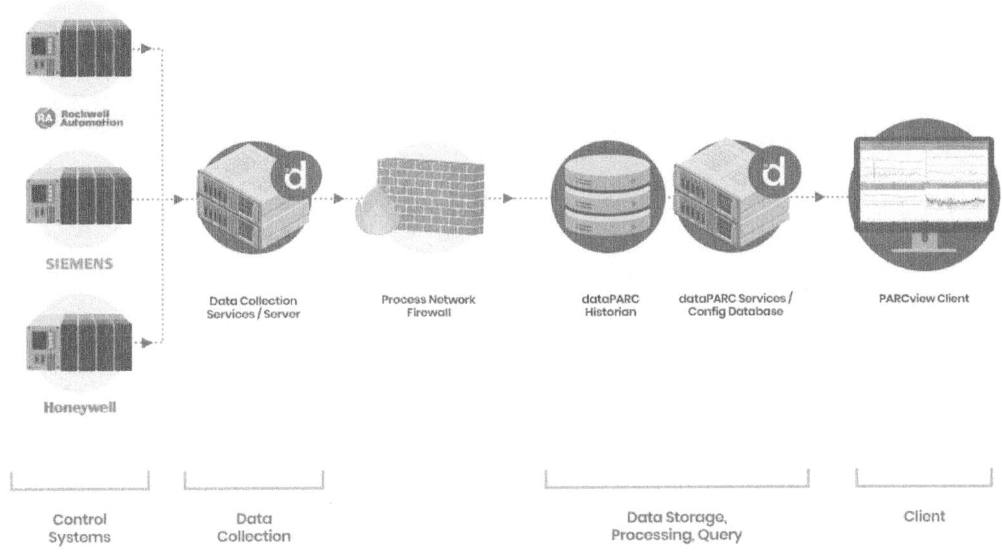

그림 37 산업에서의 데이터 기반 모니터링

4) 데이터 사이언스의 미래와 확장 가능성

데이터 사이언스는 계속해서 발전하고 있으며, 공학적 시스템의 모든 측면에서 그 역할이 확장되고 있다. 빅데이터(Big Data), 인공지능(AI), 사물인터넷(IoT)과 결합하여 공학적 혁신을 이끌어가는 핵심 기술로 자리잡고 있다.

미래에는 데이터 사이언스가 더 많은 데이터를 처리하고 분석할 수 있는 능력을 갖추게 되면서, 자율주행차, 스마트 시티, 그리고 더욱 정교한 예측 모델링에 이르기까지 그 활용 범위가 더욱 넓어질 것이다. 이는 공학적 시스템의 효율성을 극대화하고, 새로운 산업을 창출하는 원동력이 될 것이다.

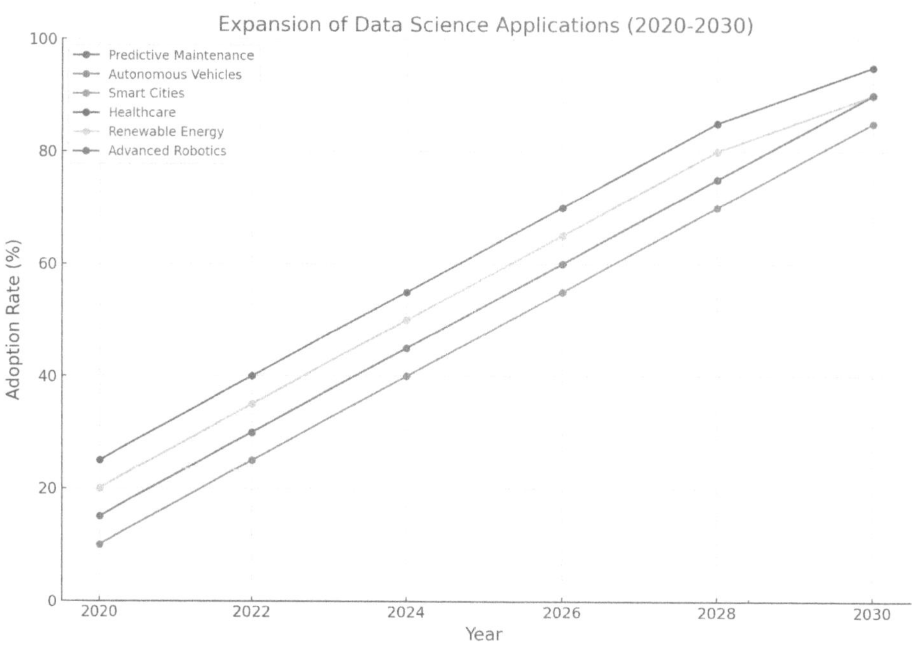

그림 38 데이터 사이언스의 확장 가능성

그림 38은 2020년부터 2030년까지 데이터 사이언스 기술이 다양한 응용 분야에서 채택되는 비율을 시각적으로 보여준다. 예측 유지보수, 자율주행차, 스마트 시티, 헬스케어, 재생 가능 에너지, 그리고 첨단 로봇 공학 등 다양한 분야에서 데이터 사이언스의 활용이 점진적으로 증가하고 있음을 나타낸다. 2020년에는 상대적으로 낮은 채택률을 보였으나, 2030년에 이르러 거의 모든 분야에서 데이터 사이언스의 채택률이 90%에 이르는 높은 수준으로 증가할 것으로 예상된다. 이 그래프는 데이터 사이언스가 미래의 기술 발전과 산업 혁신에 필수적인 역할을 할 것임을 시사하며, 그 중요성과 영향력이 지속적으로 확대되고 있음을 강조한다.

데이터 사이언스는 단순한 데이터 분석을 넘어 공학적 시스템 전체에 걸쳐 깊숙이 통합되고 있다. 특히, 자율주행차에서는 데이터 사이언스가 차량의 주행 데이터, 환경 인식 데이터를 실시간으로 분석하여 안전한 주행을 가능하게 한다. 또한, 스마트 시티에서는 도시 전체의 데이터 흐름을 분석하여 교통 관리, 에너지 사용 최적화, 공공 안전 등을 개선하는 데 중요한 역할을 하고 있다.

사물인터넷(IoT) 기술의 발전과 결합된 데이터 사이언스는 산업 현장에서의 변화를 촉진하고 있다. 수십억 개의 연결된 장치들이 생성하는 방대한 데이터를 실시간으로 분석하고 처리함으로써, 제조 공정의 실시간 모니터링, 자동화된 공정 제어, 그리고 예측 분석을 통해 더욱 효율적이고 유연한 제조 환경을 구현할 수 있게 되었다.

데이터 사이언스는 공학 분야에서만 중요한 것이 아니다. 의료, 금융, 마케팅 등 다양한 산업에서도 데이터 사이언스의 중요성은 점점 커지고 있다. 예를 들어, 의료 분야에서는 환자의 데이터를 분석하여 개인화된 치료 계획을 수립하거나, 질병의 조기 진단에 활용할 수 있다. 금융 분야에서는 리스크 관리와 사기 탐지에 데이터 분석이 중요한 역할을 하고 있다.

또한, 데이터 사이언스는 환경 문제를 해결하는 데도 기여하고 있다. 예를 들어, 기후 변화를 예측하고, 이를 기반으로 재생 에너지 사용을 최적화하거나, 물 자원 관리를 개선하는 데 데이터 분석이 사용된다. 이러한 응용은 지속 가능한 발전을 지원하며, 환경 보호와 자원 관리를 위한 중요한 도구로 자리잡고 있다.

(3) 데이터 사이언스와 윤리적 고려사항

데이터 사이언스가 발전함에 따라 윤리적 고려사항도 중요해지고 있다. 특히, 공학적 시스템에서 데이터의 투명성, 프라이버시, 보안 문제는 매우 중요한 이슈이다. 데이터를 어떻게 수집하고 사용하는지가 공학적 시스템의 신뢰성에 큰 영향을 미치기 때문에, 윤리적 원칙에 따라 데이터 처리 과정을 설계하고 실행해야 한다.

예를 들어, 자율주행차 시스템에서는 데이터가 어떻게 수집되고 사용되는지, 그리고 사고 발생 시 책임이 누구에게 있는지에 대한 윤리적 논의가 필요하다. 또한, 데이터 사이언스 알고리즘이 공정하고 비차별적으로 설계되었는지 검토하는 것도 중요하다. 이는 데이터 사이언스가 공정하고 책임 있는 방식으로 사회에 기여할 수 있도록 하는 데 필수적이다.

1.2.3 머신러닝의 기본 개념과 응용

머신러닝(Machine Learning)은 인공지능(AI)의 한 분야로, 데이터에서 패턴을 학습하고 이를 바탕으로 새로운 데이터에 대한 예측이나 결정을 내리는 기술이다. 머신러닝은 다양한 공학적 문제를 해결하는 데 중요한 역할을 하며, 산업 전반에 걸쳐 폭넓게 활용되고 있다.

(1) 머신러닝의 기본 개념

1) 머신러닝의 정의와 원리

머신러닝은 컴퓨터가 명시적으로 프로그래밍되지 않고도 데이터를 통해 학습하고, 그 학습 결과를 바탕으로 예측이나 결정을 수행하는 기술이다. 머신러닝은 데이터에서 패턴을 학습하여 새로운 데이터에 대한 예측을 가능하게 하며, 이 과정에서 다양한 학습 방법론이 적용된다. 머신러닝은 크게 지도 학습(Supervised Learning), 비지도 학습(Unsupervised Learning), 준지도 학습(Semi-Supervised Learning), 강화 학습(Reinforcement Learning)으로 나눌 수 있다. 각 방법론은 데이터의 특성과 목표에 따라 적절히 선택된다.

지도 학습은 학습 데이터에 입력(input)과 출력(output) 라벨이 명시적으로 제공되는 방식이다. 이 방법에서는 주어진 입력 데이터와 그에 상응하는 출력 라벨을 기반으로 학습이 진행된다. 목표는 새로운 입력 데이터가 주어졌을 때, 올바른 출력을 예측하는 모델을 만드는 것이다.

예를 들어, 이미지 분류 문제에서 입력 데이터는 이미지, 출력 라벨은 이미지에 해당하는 객체(예: 고양이, 개)이다. 지도 학습 알고리즘은 이미지와 객체 라벨을 학습하여, 새로운 이미지가 주어졌을 때 객체를 올바르게 분류할 수 있도록 한다.

대표적인 알고리즘으로는 선형 회귀(Linear Regression), 로지스틱 회귀(Logistic Regression), 서포트 벡터 머신(Support Vector Machine, SVM), 결정 트리(Decision Tree), 랜덤 포레스트(Random Forest) 등이 있다.

비지도 학습은 라벨이 없는 데이터를 학습하는 방식이다. 이 방법에서는 입력 데이터만 제공되며, 데이터의 구조나 패턴을 자동으로 학습한다. 목표는 데이터 내의 유사한 특성을 가진 그룹을 찾거나, 데이터의 숨겨진 구조를 파악하는 것이다.

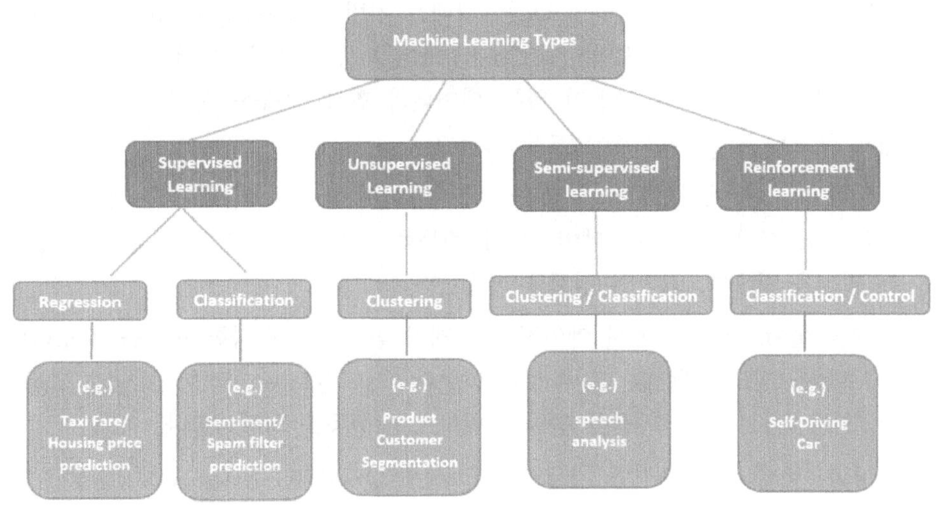

그림 39 머신러닝의 주요 유형

예를 들어, 고객 데이터를 분석하여 고객 그룹을 찾아내는 클러스터링(Clustering) 문제가 있을 수 있다. 라벨이 없기 때문에, 비지도 학습 알고리즘은 고객들의 구매 패턴을 기반으로 유사한 특성을 가진 고객들을 그룹화한다.

대표적인 알고리즘으로는 k-평균 클러스터링(k-means Clustering), 계층적 클러스터링(Hierarchical Clustering), 주성분 분석(Principal Component Analysis, PCA), 자기조직화 지도(Self-Organizing Maps, SOM) 등이 있다.

준지도 학습은 지도 학습과 비지도 학습의 중간에 위치한 방법론이다. 이 방법에서는 일부 데이터만 라벨이 있고, 나머지 데이터는 라벨이 없는 경우에 사용된다. 준지도 학습은 라벨이 부족한 상황에서 라벨이 없는 데이터를 활용하여 모델의 성능을 향상시킬 수 있다.

예를 들어, 텍스트 분류 문제에서 전체 텍스트 데이터 중 일부만 라벨이 있는 경우가 있을 수 있다. 준지도 학습은 이 라벨이 있는 소량의 데이터와 라벨이 없는 대량의 데이터를 함께 사용하여, 라벨이 없는 데이터를 효과적으로 학습에 활용할 수 있도록 한다.

대표적인 준지도 학습 방법으로는 그래프 기반 방법(Graph-based Methods), 자기 학습(Self-training), 코트레이닝(Co-training) 등이 있다. 이러한 방법들은 라벨이 없는 데이터를 기반으로 라벨이 있는 데이터와 함께 학습을 진행하며, 모델이 데이터의 전체 구조를 잘 이해할 수 있도록 돕는다.

강화 학습은 에이전트가 환경과 상호작용하며 보상을 최대화하는 방향으로 학습하는 방식이다. 이 방법에서는 에이전트가 행동을 취하고, 그 행동의 결과에 따라 보상 또는 벌점을 받으며, 최적의 정책을 학습한다.

예를 들어, 게임 AI에서 에이전트는 게임 환경에서 다양한 행동을 시도하며, 승리할 때 보상을 받고, 패배할 때 벌점을 받는다. 에이전트는 이러한 보상과 벌점을 학습하여, 최종적으로 승리 확률을 높이는 방향으로 행동을 최적화한다.

강화 학습의 대표적인 알고리즘으로는 Q-러닝(Q-learning), 정책 경사(Policy Gradient), 심층 Q-네트워크(Deep Q-Network, DQN) 등이 있으며, 이는 자율주행, 로봇 공학, 금융 모델링 등 다양한 분야에서 활용된다.

2) 학습 과정과 알고리즘

머신러닝 모델의 학습 과정은 일반적으로 다음과 같은 단계를 포함한다.

- 데이터 수집 및 전처리: 학습을 위해 데이터를 수집하고, 결측값 처리, 정규화 등 전처리 과정을 거친다.
- 모델 선택: 문제에 적합한 머신러닝 알고리즘을 선택한다. 예를 들어, 회귀 문제에는 선형 회귀(Linear Regression), 분류 문제에는 서포트 벡터 머신(SVM)이나 랜덤 포레스트(Random Forest) 등을 사용할 수 있다.
- 모델 학습: 학습 데이터를 사용하여 모델을 훈련시킨다. 이 과정에서 손실 함수(Loss Function)를 최소화하는 방향으로 학습이 진행된다.
- 모델 평가 및 검증: 테스트 데이터를 사용하여 모델의 성능을 평가한다. 과적합(Overfitting)을 방지하기 위해 교차 검증(Cross-Validation) 기법을 사용할 수 있다.
- 모델 배포 및 사용: 학습된 모델을 실제 환경에 배포하여 예측이나 의사결정에 활용한다.

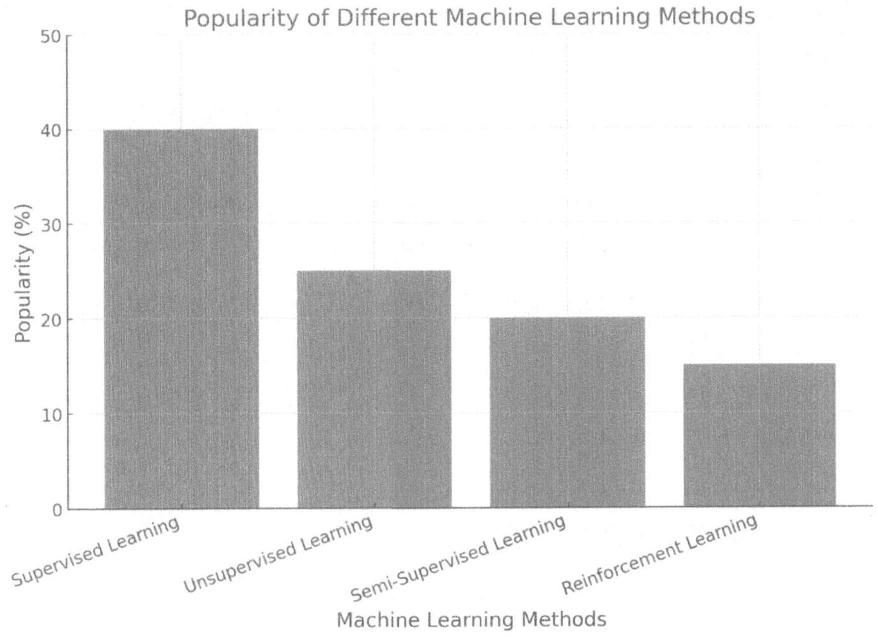

그림 40 머신러닝 모델 학습 과정의 개요

그림 40은 머신러닝의 주요 학습 방법론들의 인기 비율을 시각적으로 보여준다. 지도 학습(Supervised Learning)이 40%로 가장 많이 사용되며, 그 뒤를 비지도 학습(Unsupervised Learning), 준지도 학습(Semi-Supervised Learning), 그리고 강화 학습(Reinforcement Learning)이 따른다. 지도 학습이 널리 사용되는 이유는 라벨이 있는 데이터로 명확한 예측을 할 수 있기 때문이며, 비지도 학습과 준지도 학습은 데이터의 라벨이 부족하거나 없는 상황에서 유용하다. 강화 학습은 보상을 통한 학습으로, 복잡한 환경에서 최적의 행동을 찾는 문제에 적합하다. 이 그래프는 각 방법론의 상대적 중요성과 활용도를 한눈에 보여준다.

3) 머신러닝 알고리즘의 종류

머신러닝에는 다양한 알고리즘이 있으며, 각 알고리즘은 특정 유형의 문제에 적합하다. 다음은 몇 가지 주요 머신러닝 알고리즘이다.

- 선형 회귀(Linear Regression): 연속적인 값을 예측하기 위한 알고리즘으로, 데이터 사이의 선형 관계를 모델링한다.
- 로지스틱 회귀(Logistic Regression): 이진 분류 문제를 해결하기 위한 알고리즘으로, 특정 사건이 발생할 확률을 예측한다.
- 서포트 벡터 머신(Support Vector Machine, SVM): 데이터 포인트 사이의 결정 경계를 찾는 분류 알고리즘으로, 높은 차원의 데이터에서도 잘 작동한다.
- 결정 트리(Decision Tree): 데이터를 트리 구조로 분류하는 알고리즘으로, 직관적이고 해석 가능하다.
- 랜덤 포레스트(Random Forest): 여러 개의 결정 트리를 결합하여 성능을 향상시키는 앙상블 학습 방법이다.
- k-평균 클러스터링(k-means Clustering): 비지도 학습에서 데이터 포인트를 k개의 클러스터로 묶는 알고리즘이다.
- 신경망(Neural Networks): 뇌의 뉴런 구조를 모방한 알고리즘으로, 이미지 인식, 자연어 처리 등에서 사용된다.

(2) 머신러닝의 응용

1) 제조업에서의 머신러닝

머신러닝은 제조업에서 품질 관리, 예측 유지보수, 생산 최적화 등 다양한 분야에 적용된다. 예를 들어, 센서 데이터를 분석하여 장비의 고장을 예측하고, 이를 바탕으로 유지보수 작업을 사전에 수행할 수 있다. 이로 인해 다운타임을 줄이고, 생산성을 향상시킬 수 있다.

또한, 머신러닝은 제조 공정에서 발생하는 다양한 데이터를 분석하여 공정의 효율성을 높이고, 제품의 품질을 개선하는 데 중요한 역할을 한다. 예를 들어, 머신러닝 모델을 사용하여 불량품 발생을 예측하고, 이를 줄이기 위한 최적의 공정 조건을 찾을 수 있다.

2) 헬스케어에서의 머신러닝

헬스케어 분야에서 머신러닝은 질병 진단, 치료 계획 수립, 환자 모니터링 등에서 중요한 역할을 한다. 머신러닝 알고리즘을 통해 대량의 의료 데이터를 분석하고, 환자의 상태를 예측하여 맞춤형 치료를 제공할 수 있다.

예를 들어, 암 진단에서 머신러닝은 병리학적 이미지를 분석하여 암세포를 식별하고, 조기 진단을 가능하게 한다. 또한, 환자의 건강 데이터를 실시간으로 모니터링하여 이상 징후를 조기에 감지하고, 이를 바탕으로 신속한 대응을 할 수 있다.

3) 금융 분야에서의 머신러닝

금융 분야에서 머신러닝은 리스크 관리, 사기 탐지, 알고리즘 트레이딩 등에서 폭넓게 활용된다. 머신러닝 알고리즘은 대량의 금융 데이터를 분석하여 리스크를 예측하고, 잠재적인 사기 행위를 탐지할 수 있다.

예를 들어, 은행에서는 머신러닝을 활용하여 고객의 신용 점수를 평가하고, 대출 상환 가능성을 예측한다. 또한, 거래 패턴을 분석하여 비정상적인 거래를 실시간으로 탐지하고, 사기 행위를 예방할 수 있다.

4) 자율주행에서의 머신러닝

자율주행차는 머신러닝을 통해 주변 환경을 인식하고, 실시간으로 주행 결정을 내린다. 자율주행차에 탑재된 다양한 센서(예: 카메라, 라이다, 레이더 등)에서 수집된 데이터를 머신러닝 알고리즘이 분석하여, 차량의 위치를 파악하고, 도로 상황을 이해하며, 장애물을 회피하고, 최적의 경로를 결정한다.

예를 들어, 객체 탐지 알고리즘은 도로 위의 다른 차량, 보행자, 표지판 등을 인식하며, 경로 계획 알고리즘은 이 정보를 바탕으로 안전한 주행 경로를 생성한다. 이러한 머신러닝 모델은 자율주행차가 복잡한 교통 환경에서 안전하게 운행할 수 있도록 도와준다.

자율주행의 핵심은 머신러닝을 통해 지속적으로 학습하고, 다양한 주행 시나리오에 적응하는 능력이다. 특히, 강화학습(Reinforcement Learning)과 같은 기법은 자율주행차가 실제 도로 주행 데이터를 통해 학습하고, 다양한 상황에서 최적의 주행 결정을 내릴 수 있도록 돕는다.

5) 에너지 관리 및 스마트 그리드

에너지 관리 및 스마트 그리드(Smart Grid) 시스템에서 머신러닝은 에너지 소비 패턴을 분석하고, 효율적인 에너지 사용을 최적화하는 데 중요한 역할을 한다. 스마트 그리드는 전력 공급과 수요를 실시간으로 조정하여 에너지 효율성을 높이는 시스템으로, 여기에서 머신러닝은 소비자의 에너지 사용 데이터를 분석하고, 최적의 에너지 관리 전략을 수립하는 데 활용된다.

예를 들어, 머신러닝 알고리즘은 각 가정의 전력 사용 패턴을 학습하여, 전력 피크 타임에 소비를 줄이도록 권장하거나, 재생 에너지의 사용을 극대화하는 방법을 제시할 수 있다. 또한, 에너지 수요 예측을 통해 발전소의 운영을 최적화하고, 에너지 비용을 절감할 수 있다.

스마트 그리드에서의 머신러닝 응용은 환경 보호와 비용 절감뿐만 아니라, 전력 시스템의 안정성 및 신뢰성 향상에도 기여한다. 특히, 재생 에너지의 변동성을 예측하고, 전력망의 균형을 유지하는 데 머신러닝이 중요한 역할을 하고 있다.

6) 소셜 미디어 분석

소셜 미디어에서 생성되는 방대한 양의 데이터는 기업의 마케팅 전략 수립과 고객 관계 관리에서 중요한 자원이 된다. 머신러닝은 이 데이터를 분석하여 소비자 행동을 예측하고, 트렌드를 파악하며, 효과적인 마케팅 캠페인을 설계하는 데 활용된다.

소셜 미디어 분석에서는 감정 분석(Sentiment Analysis), 텍스트 마이닝(Text Mining), 추천 시스템(Recommendation System) 등이 주요하게 사용된다. 예를 들어, 감정 분석을 통해 소비자의 긍정적, 부정적 반응을 파악하고, 이를 바탕으로 제품 개선이나 고객 지원 전략을 수립할 수 있다.

소셜 미디어에서의 머신러닝 응용은 실시간으로 변화하는 소비자 선호도를 파악하고, 기업의 경쟁력을 높이는 데 중요한 도구로 자리잡고 있다. 이를 통해 기업은 더욱 효과적이고 개인화된 마케팅 전략을 개발할 수 있으며, 고객과의 상호작용을 개선할 수 있다.

(3) 머신러닝의 도전과제와 미래 전망

1) 데이터 품질과 양

머신러닝 모델의 성능은 주로 데이터의 품질과 양에 의해 좌우된다. 데이터가 불완전하거나 노이즈가 많으면, 모델이 올바른 패턴을 학습하기 어렵다. 따라서 데이터 전처리 과정에서 결측값 처리, 이상치 제거, 정규화 등 다양한 작업이 필요하다. 또한, 대규모 데이터 세트를 효과적으로 관리하고 처리하기 위한 기술적 인프라가 요구된다.

2) 설명 가능성(Explainability)

머신러닝 모델, 특히 딥러닝 모델은 그 복잡성 때문에 "블랙박스"로 불리며, 그 내부 동작을 이해하거나 설명하기 어려운 경우가 많다. 이는 특히 의료나 금융과 같은 고위험 분야에서 큰 문제로, 모델의 결정 과정에 대한 투명성과 설명 가능성을 높이기 위한 연구가 활발히 진행되고 있다. 이러한 연구는 신뢰할 수 있는 AI 시스템을 구축하는 데 중요한 역할을 한다.

3) 윤리적 문제와 데이터 프라이버시

머신러닝 기술의 발전과 함께 윤리적 문제와 데이터 프라이버시 보호에 대한 논의가 중요해지고 있다. 알고리즘의 편향성(Bias)은 특정 그룹에 불공정한 결과를 초래할 수 있으며, 개인 데이터의 무분별한 수집과 사용은 프라이버시 침해의 위험이 있다. 따라서 머신러닝 모델의 개발과 적용 과정에서 윤리적 기준을 준수하고, 데이터 보호를 위한 기술적, 법적 장치가 필요하다.

4) 머신러닝의 미래

머신러닝은 계속해서 발전하고 있으며, 새로운 알고리즘과 기술들이 등장하고 있다. 강화학습, 생성적 적대 신경망(Generative Adversarial Networks, GANs), 연합 학습(Federated Learning) 등의 새로운 접근법은 머신러닝의 응용 범위를 더욱 넓히고 있다.

또한, 양자 컴퓨팅(Quantum Computing)과 결합된 머신러닝은 기존의 한계를 극복하고, 더욱 강력한 계산 능력을 제공할 것으로 기대된다. 이는 의료, 금융, 자율주행 등 다양한 분야에서 혁신을 이끌어갈 것이다.

1.3 지능형 해상풍력 시스템의 필요성

1.3.1 기존 해상풍력 시스템의 한계

해상풍력 발전은 지속 가능한 에너지 생산의 핵심 기술로 자리잡고 있지만, 기존 해상풍력 시스템에는 여러 가지 기술적, 경제적 한계가 존재한다.

(1) 비용 문제

해상풍력 발전의 가장 큰 한계 중 하나는 초기 설치와 유지보수 비용이 매우 높다는 것이다. 해상풍력 터빈은 해양 환경에 설치되기 때문에 육상풍력에 비해 설치비용이 훨씬 많이 든다. 이는 주로 해저 케이블 설치, 해상 기초 구조물, 해상 변전소, 그리고 터빈 운반 및 설치와 관련된 고비용 때문이며, 유지보수 비용 또한 매우 크다.

예를 들어, 영국의 Hornsea Project One 해상풍력 단지의 경우, 전체 설치 비용이 약 42억 파운드(약 55억 달러)에 달한다. 이처럼 대규모 해상풍력 프로젝트는 막대한 초기 자본을 필요로 하며, 이는 전력 생산 비용(LCOE, Levelized Cost of Energy)을 높이는 주된 요인 중 하나다.

그림 41은 육상풍력(Onshore Wind)과 해상풍력(Offshore Wind)의 MW당 설치 비용을 비교한 것이다. 육상풍력의 설치 비용은 MW당 약 150만 달러인 반면, 해상풍력의 설치 비용은 MW당 약 350만 달러로, 해상풍력이 육상풍력에 비해 훨씬 높은 설치 비용을 필요로 함을 보여준다. 이러한 비용 차이는 해상풍력 발전소의 복잡한 해양 환경, 해저 케이블 설치, 해상 기초 구조물, 그리고 운반 및 설치의 어려움 등에서 기인한다. 결과적으로, 해상풍력의 높은 설치 비용은 그 경제성을 저해하는 주요 요인 중 하나로 작용하며, 해상풍력 발전의 경제적 타당성을 평가할 때 중요한 고려사항이 된다.

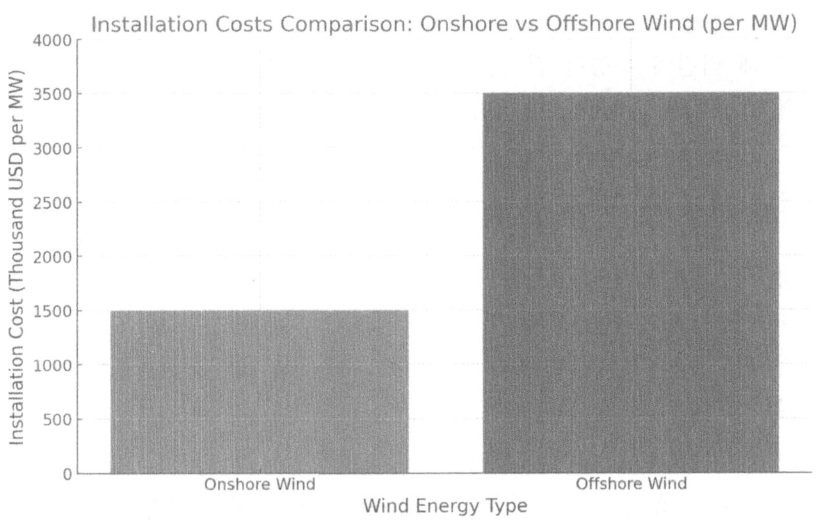

그림 41 육상풍력과 해상풍력의 설치비용 비교 (MW당 비용)

(2) 유지보수 및 접근성 문제

해상풍력 터빈은 가혹한 해양 환경에 노출되기 때문에, 유지보수 작업이 어렵고 비용이 많이 든다. 해상풍력 발전소는 대개 육지에서 멀리 떨어져 있어, 유지보수 팀이 터빈에 접근하는 데 시간과 비용이 많이 소요된다. 예를 들어, 풍속이 높거나 파도가 심한 날에는 유지보수 작업이 불가능할 수 있으며, 이는 시스템 가동 중단으로 이어진다.

그림 42 해상풍력 터빈의 유지보수

또한, 해상풍력 터빈은 부식, 침식, 생물 오염 등으로 인해 자주 점검이 필요하다. 이로 인해 터빈의 수명이 단축될 수 있으며, 유지보수 비용이 증가한다. 이에 따라 해상풍력 발전소의 운영비용이 상승하고, 경제적 효율성이 낮아진다.

(3) 에너지 전송 및 변환 문제

해상풍력 발전소에서 생산된 전력을 육지로 전송하는 과정에서도 기술적 한계가 존재한다. 해저 케이블을 통해 전력을 전송하는 과정에서 전력 손실이 발생하며, 특히 장거리 전송 시 이러한 손실이 더 크다. 이는 해상풍력 발전소의 효율성을 저하시킬 수 있는 요인이다.

예를 들어, 북해에 위치한 Dogger Bank 해상풍력 단지의 경우, 전력을 육지로 전송하기 위해 수백 킬로미터의 해저 케이블이 사용되며, 이 과정에서 전력 손실이 발생한다. 이를 보완하기 위해 고압 직류(HVDC) 전송 기술이 도입되지만, 이는 추가적인 비용을 초래한다.

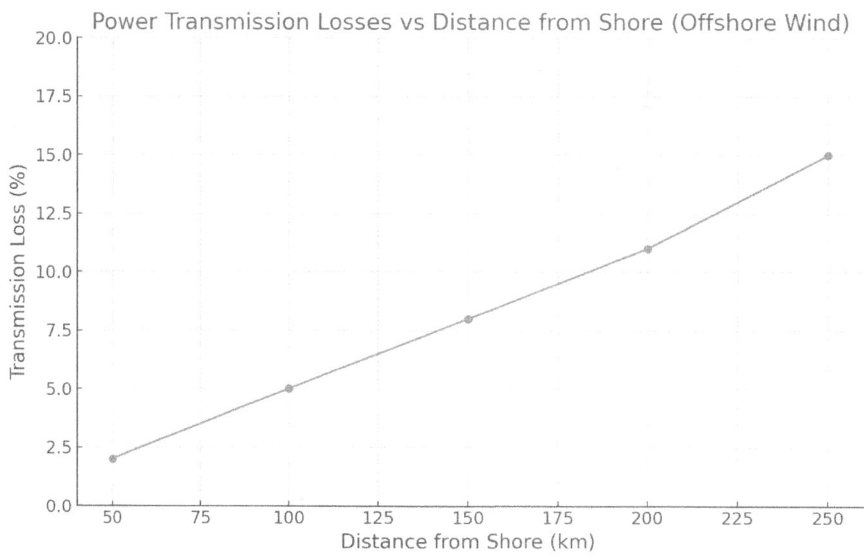

그림 43 해상풍력 발전소의 전력 전송 손실률

그림 43은 해상풍력 발전소의 육지로부터의 거리와 전력 전송 손실률 간의 관계를 시각적으로 보여준다. 그래프에 따르면, 발전소가 육지에서 멀어질수록 전력 전송 손실률이 증가한다. 예를 들어, 육지로부터 50 km 떨어진 해상풍력 발전소의 전력 손실률은 약 2%이지만, 250 km 떨어진 경우에는 손실률이 15%에 이른다. 이러한 전력 손실은 해상풍력 발전의 효율성을 저하시킬 수 있는 중요한 요인 중 하나이며, 전력을 장거리로 전송할 때 고효율 전송 기술이 필요하다는 것을 시사한다. 고압 직류(HVDC) 기술이 이러한 손실을 줄이기 위해 사용될 수 있지만, 추가 비용이 발생할 수 있다.

(4) 환경적 영향

해상풍력 발전은 비교적 청정한 에너지원으로 간주되지만, 해양 생태계에 미치는 영향은 여전히 중요한 문제로 남아 있다. 터빈 설치 과정에서 해저 지형을 변경하거나, 해양 생물을 방해할 수 있다. 또한, 터빈의 회전하는 블레이드가 조류나 해양 포유류에 영향을 미칠 수 있으며, 소음 공해도 발생할 수 있다.

예를 들어, 해양 포유류 보호를 위해 일부 지역에서는 해상풍력 발전소 건설이 제한되거나, 설치 과정에서 엄격한 환경 규제가 적용된다. 이러한 환경적 요인은 해상풍력 발전소의 입지 선정과 운영에 있어 큰 제약이 될 수 있다.

(5) 간헐성 문제

해상풍력 발전은 풍속에 크게 의존하는 간헐적인 에너지원이다. 바람이 불지 않거나 너무 강하게 불 때, 터빈이 멈추거나 손상될 수 있다. 이러한 간헐성은 전력 공급의 안정성을 저하시킬 수 있으며, 특히 대규모 전력망에서의 통합에 문제를 야기할 수 있다.

예를 들어, 독일의 해상풍력 발전소는 특정 계절이나 기후 조건에 따라 발전량이 급격히 변동할 수 있으며, 이는 전력망 운영의 불안정을 초래할 수 있다. 이러한 간헐성을 보완하기 위해 배터리 저장 시스템이나 다른 형태의 에너지 저장 기술이 필요하지만, 이는 추가적인 비용을 초래한다.

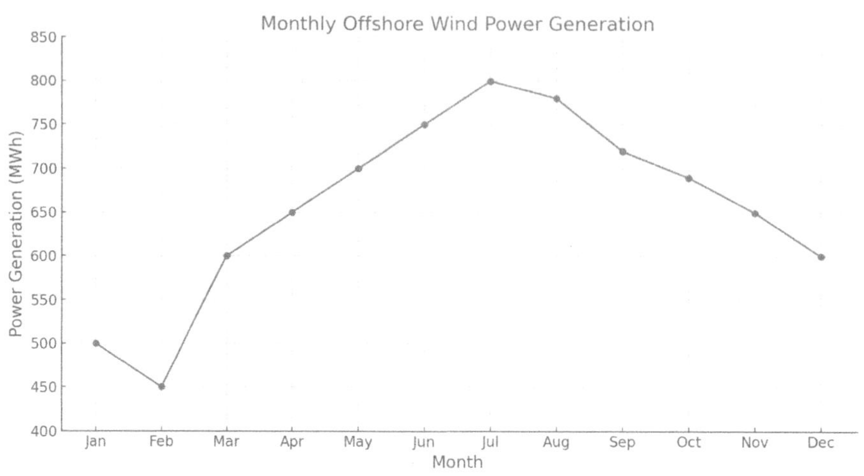

그림 44 해상풍력 발전의 계절별 발전량 변동

그림 44는 월별 해상풍력 발전량의 변동을 시각적으로 보여준다. 발전량은 1월부터 12월까지 계절에 따라 크게 변동하며, 여름철인 6월과 7월에 가장 높은 발전량을 기록하고, 겨울철인 1월과 2월에 가장 낮은 발전량을 보인다. 이러한 변동성은 해상풍력 발전의 간헐성 문제를 잘 보여주며, 바람의 세기와 빈도에 따라 발전량이 크게 달라질 수 있음을 시사한다. 이러한 특성은 전력망 운영에 도전 과제가 될 수 있으며, 이를 보완하기 위해 에너지 저장 시스템이나 다른 보완적 에너지원과의 통합이 필요하다.

(6) 기술적 복잡성 및 운영의 어려움

해상풍력 시스템은 복잡한 공학적 시스템으로, 설치, 운영, 유지보수 과정에서 고도의 기술이 요구된다. 특히, 터빈의 블레이드, 기초 구조물, 전력 전송 시스템 등 다양한 요소가 상호작용하는 복잡한 시스템이기 때문에, 시스템의 신뢰성과 효율성을 유지하는 것이 쉽지 않다.

예를 들어, 해상풍력 터빈의 블레이드는 바람의 영향을 받아 높은 기계적 하중을 받으며, 이로 인해 피로 손상이 발생할 수 있다. 또한, 해상 환경의 부식 및 침식으로 인해 터빈의 구조적 강도가 저하될 수 있으며, 이러한 문제를 예방하기 위해 정교한 모니터링 및 유지보수 전략이 필요하다.

(7) 정책적 및 경제적 제약

해상풍력 발전의 확산은 정책적, 경제적 요인에도 제약을 받는다. 많은 국가에서 해상풍력 발전을 장려하기 위한 정책적 지원이 부족하거나, 복잡한 규제 절차가 존재한다. 또한, 전력망 인프라의 부족이나, 시장 가격 변동으로 인해 해상풍력 발전 프로젝트가 경제성을 확보하기 어려운 경우도 있다.

예를 들어, 일부 국가에서는 해상풍력 발전 프로젝트를 추진하기 위해 복잡한 인허가 절차를 거쳐야 하며, 이 과정에서 시간이 지연되거나 추가적인 비용이 발생할 수 있다. 또한, 해상풍력 발전소가 생산하는 전력의 시장 가격이 낮을 경우, 발전소 운영이 경제적으로 타당하지 않을 수 있다. 이러한 문제는 해상풍력 발전의 확산을 저해하는 요인으로 작용하고 있다.

또한, 재생 에너지에 대한 정부 보조금이나 인센티브 정책의 변화는 해상풍력 발전의 경제성에 직접적인 영향을 미칠 수 있다. 예를 들어, 독일에서는 초기에는 해상풍력 발전을 장려하기 위한 높은 보조금을 제공했지만, 시간이 지남에 따라 보조금이 축소되면서 새로운 해상풍력 프로젝트의 수익성이 감소했다. 이러한 정책 변화는 투자자들이 해상풍력 발전 프로젝트에 참여하는 데 주저하게 만들 수 있다.

(8) 사회적 수용성과 공공 인식

해상풍력 발전소는 사회적 수용성(social acceptance) 문제도 직면하고 있다. 해상풍력 발전소의 건설이 환경에 미치는 영향뿐만 아니라, 지역 주민들에게 미치는 시각적, 소음적 영향에 대한 우려가 제기되면서 공공 인식이 중요한 역할을 하고 있다. 특히, 해안 근처에 위치한 해상풍력 발전소는 지역 주민들의 반대에 부딪히기도 한다.

예를 들어, 미국의 Cape Wind 프로젝트는 지역 주민들의 반대와 환경단체의 우려로 인해 프로젝트가 지연되었고, 결국 취소되었다. 이러한 사례는 해상풍력 발전소 건설이 사회적 수용성과 공공 인식에 의해 큰 영향을 받을 수 있음을 보여준다.

(9) 기술 혁신의 필요성

기존 해상풍력 시스템의 한계는 새로운 기술 혁신의 필요성을 부각시킨다. 예를 들어, 터빈의 블레이드 소재를 경량화하면서도 강도를 높이기 위한 연구, 해상풍력 발전소의 유지보수 자동화를 위한 로봇 기술 개발, 전력 전송 효율성을 향상시키기 위한 고효율 해저 케이블 개발 등이 요구된다.

또한, 해상풍력 발전의 효율성을 높이기 위해 인공지능(AI)과 데이터 분석 기술을 도입하는 것도 중요한 혁신 과제로 대두되고 있다. AI 기반 예측 유지보수 시스템을 도입하면, 터빈의 고장을 사전에 예측하고 필요한 유지보수를 적시에 수행할 수 있어 운영 효율성이 크게 향상될 수 있다.

1.3.2 지능형 시스템의 도입 배경

해상풍력 발전의 효율성과 신뢰성을 높이기 위해 지능형 시스템의 도입이 필수적이다. 지능형 시스템은 인공지능(AI), 머신러닝, 데이터 분석, 사물인터넷(IoT)과 같은 첨단 기술을 활용하여 해상풍력 발전소의 운영을 최적화하고, 유지보수 비용을 절감하며, 전력 생산의 안정성을 확보하는 데 기여한다.

(1) 해상풍력 발전의 기술적 복잡성과 운영의 어려움

해상풍력 발전은 복잡한 공학적 시스템을 필요로 하며, 해양 환경에서의 운영은 많은 도전과제를 동반한다. 해상풍력 터빈은 가혹한 해양 조건에서 운용되기 때문에, 유지보수 작업이 어렵고 비용이 많이 든다. 이로 인해 발전소의 가동 중단 시간이 길어질 수 있으며, 전체적인 경제성이 저하될 수 있다.

지능형 시스템은 이러한 복잡한 운영 환경에서 터빈의 상태를 실시간으로 모니터링하고, 데이터를 분석하여 잠재적인 문제를 사전에 예측함으로써 가동 중단 시간을 최소화할 수 있다. 예를 들어, AI 기반 예측 유지보수 시스템은 터빈의 진동, 온도, 풍속 등의 데이터를 분석하여 고장이 발생하기 전에 적절한 조치를 취할 수 있도록 한다.

(2) 유지보수 비용 절감의 필요성

해상풍력 발전소의 유지보수 비용은 육상풍력에 비해 훨씬 높다. 해상에서의 유지보수 작업은 접근이 어렵고, 날씨 조건에 따라 작업이 제한될 수 있기 때문에 유지보수 비용이 크게 증가한다. 또한, 해상풍력 터빈은 부식, 생물 오염, 기계적 피로 등의 문제로 인해 자주 점검이 필요하다.

지능형 시스템은 이러한 유지보수 비용을 절감하는 데 중요한 역할을 한다. 예를 들어, AI와 머신러닝 기술을 활용하여 터빈의 상태를 실시간으로 모니터링하고, 필요한 경우에만 유지보수를 수행하는 상태 기반 유지보수(CBM, Condition-Based Maintenance)를 구현할 수 있다. 이를 통해 불필요한 유지보수를 줄이고, 비용을 절감하며, 터빈의 가동 시간을 극대화할 수 있다.

(3) 전력 생산의 안정성 확보

해상풍력 발전은 바람의 간헐성으로 인해 전력 생산의 변동성이 크다. 바람이 불지 않거나 너무 강하게 불 때 터빈이 멈추거나 손상될 수 있으며, 이로 인해 전력 공급의 안정성이 저하될 수 있다. 이러한 간헐성 문제를 해결하기 위해 지능형 시스템이 도입되고 있다.

지능형 시스템은 풍력 자원의 변동성을 예측하고, 이를 바탕으로 전력 생산을 최적화할 수 있다. 예를 들어, AI 기반 예측 모델은 기상 데이터를 분석하여 풍속과 방향을 예측하고, 이를 바탕으로 터빈의 작동을 조정할 수 있다. 또한, 지능형 시스템은 배터리 저장 시스템과 통합하여 전력 생산의 변동성을 완화하고, 전력망의 안정성을 유지할 수 있다.

(4) 환경적 영향 관리

해상풍력 발전은 해양 생태계에 잠재적인 영향을 미칠 수 있다. 터빈 설치 과정에서 해저 지형을 변경하거나, 해양 생물을 방해할 수 있으며, 터빈의 회전하는 블레이드가 조류나 해양 포유류에 영향을 미칠 수 있다. 또한, 터빈의 소음은 해양 환경에 부정적인 영향을 미칠 수 있다.

지능형 시스템은 이러한 환경적 영향을 최소화하는 데 기여할 수 있다. 예를 들어, AI 기반 생태계 모니터링 시스템은 해양 생물의 이동 패턴을 분석하여 터빈의 작동을 조정하거나, 설치 시기를 최적화하여 생물에 미치는 영향을 줄일 수 있다. 또한, 소음 감지 시스템을 통해 터빈의 소음 수준을 실시간으로 모니터링하고, 필요한 경우 소음을 줄이는 조치를 취할 수 있다.

(5) 데이터의 중요성과 빅데이터 분석

해상풍력 발전소는 대량의 데이터를 생성한다. 터빈의 작동 상태, 기상 조건, 전력 생산량 등 다양한 데이터가 실시간으로 수집되며, 이 데이터를 효과적으로 분석하는 것이 발전소의 운영 효율성을 높이는 데 필수적이다. 빅데이터 분석 기술은 이러한 데이터를 처리하고, 의미 있는 인사이트를 도출하여 운영을 최적화하는 데 중요한 역할을 한다.

지능형 시스템은 빅데이터 분석을 통해 해상풍력 발전소의 성능을 개선할 수 있다. 예를 들어, 터빈의 운전 데이터를 분석하여 최적의 작동 조건을 찾고, 이를 바탕으로 운영 전략을 조정할 수 있다. 또한, 데이터 분석을 통해 터빈의 고장 패턴을 파악하고, 고장 발생 전에 예방 조치를 취할 수 있다.

(6) 정책적 지원과 시장 요구

지능형 시스템의 도입은 정부의 정책적 지원과 시장 요구에 의해 더욱 촉진되고 있다. 많은 국가에서 재생 에너지 확대를 위한 정책적 지원이 강화되고 있으며, 이는 해상풍력 발전소의 지능형 시스템 도입을 촉진하는 요인이 되고 있다. 또한, 전력망의 안정성을 높이고, 에너지 비용을 절감하려는 시장 요구도 지능형 시스템 도입의 중요한 배경이 된다.

예를 들어, 유럽연합(EU)은 해상풍력 발전 확대를 위한 전략을 발표하고, 이를 지원하기 위한 다양한 정책을 시행하고 있다. 이러한 정책적 지원은 지능형 시스템 도입을 가속화하는 중요한 요인으로 작용하며, 해상풍력 발전의 경쟁력을 높이는 데 기여한다.

1.3.3 지능형 시스템의 기대 효과

해상풍력 발전소에서 지능형 시스템을 도입함으로써 얻을 수 있는 기대 효과는 매우 다양하다. 이러한 시스템은 인공지능(AI), 머신러닝, 빅데이터 분석, 사물인터넷(IoT) 등의 첨단 기술을 활용하여 해상풍력 발전소의 운영 효율성을 극대화하고, 비용을 절감하며, 환경적 영향을 최소화하는 데 기여할 수 있다.

(1) 운영 효율성 향상

지능형 시스템의 가장 큰 기대 효과 중 하나는 해상풍력 발전소의 운영 효율성을 크게 향상시킬 수 있다는 점이다. 예를 들어, 인공지능과 머신러닝 알고리즘은 터빈의 실시간 상태를 모니터링하고, 데이터를 분석하여 최적의 운영 조건을 도출할 수 있다. 이를 통해 터빈의 가동 시간을 최대화하고, 에너지 생산량을 최적화할 수 있다.

특히, 터빈 블레이드의 회전 속도, 각도, 방향 등을 실시간으로 조정하여 풍력 자원의 활용도를 극대화할 수 있다. 이러한 최적화는 발전소의 전반적인 성능을 향상시키며, 더 많은 전력을 생산할 수 있게 한다. 또한, 지능형 시스템은 날씨 예측 데이터를 활용하여 바람의 세기와 방향을 예측하고, 이에 따라 터빈의 작동을 조정할 수 있다.

(2) 유지보수 비용 절감

지능형 시스템은 유지보수 비용 절감에도 큰 기여를 할 수 있다. 해상풍력 터빈은 가혹한 해양 환경에서 운용되기 때문에 유지보수 작업이 자주 필요하며, 이로 인해 높은 비용이 발생한다. 지능형 시스템은 터빈의 상태를 실시간으로 모니터링하고, 예측 유지보수(Predictive Maintenance) 전략을 통해 고장을 사전에 예측하여 필요한 경우에만 유지보수를 수행할 수 있게 한다.

이러한 상태 기반 유지보수(CBM, Condition-Based Maintenance) 접근법은 불필요한 유지보수 작업을 줄이고, 고장이 발생하기 전에 예방 조치를 취함으로써 터빈의 가동 중단 시간을 최소화할 수 있다. 결과적으로, 유지보수 비용이 크게 절감되며, 발전소의 전체 운영 비용을 낮출 수 있다.

(3) 전력 생산의 안정성 확보

해상풍력 발전의 간헐성 문제는 전력 생산의 변동성을 초래하여 전력망 운영에 어려움을 줄 수 있다. 지능형 시스템은 이러한 변동성을 예측하고 관리함으로써 전력 생산의 안정성을 확보하는 데 중요한 역할을 한다. 예를 들어, AI 기반 예측 모델은 기상 데이터를 분석하여 향후 바람의 세기와 방향을 예측하고, 이에 따라 터빈의 작동을 최적화할 수 있다.

또한, 지능형 시스템은 에너지 저장 시스템과 통합되어 전력망에 대한 영향을 최소화하면서 전력을 공급할 수 있다. 예를 들어, 풍력 자원이 부족할 때는 저장된 에너지를 활용하고, 풍력 자원이 풍부할 때는 전력을 저장하는 방식으로 전력 공급의 일관성을 유지할 수 있다. 이러한 시스템은 전력망의 안정성을 높이고, 해상풍력 발전의 경제성을 개선하는 네 기여한다.

(4) 환경적 영향 최소화

지능형 시스템은 해상풍력 발전소의 환경적 영향을 최소화하는 데도 중요한 역할을 한다. 해상풍력 발전은 해양 생태계에 잠재적인 영향을 미칠 수 있으며, 지능형 시스템은 이러한 영향을 줄이기 위한 다양한 솔루션을 제공할 수 있다. 예를 들어, AI 기반 생태계 모니터링 시스템은 해양 생물의 이동 패턴을 실시간으로 추적하고, 이를 바탕으로 터빈의 작동을 조정하여 생물에 미치는 영향을 줄일 수 있다.

또한, 지능형 시스템은 터빈의 소음 수준을 실시간으로 모니터링하고, 필요시 소음을 줄이는 조치를 취함으로써 해양 환경에 미치는 부정적인 영향을 최소화할 수 있다. 이러한 시스템은 해상풍력 발전소가 환경 규제를 준수하면서도 효율적으로 운영될 수 있도록 지원한다.

(5) 데이터 기반 의사결정 지원

지능형 시스템의 도입으로 해상풍력 발전소는 대량의 데이터를 효과적으로 관리하고 분석할 수 있게 된다. 빅데이터 분석 기술은 발전소 운영에 대한 심층적인 인사이트를 제공하며, 이를 바탕으로 데이터 기반 의사결정을 지원한다. 예를 들어, 터빈의 운전 데이터를 분석하여 최적의 운영 전략을 수립하고, 에너지 생산량을 극대화할 수 있다.

또한, 데이터를 활용하여 발전소의 장기적인 성능을 평가하고, 필요한 개선 조치를 신속하게 취할 수 있다. 데이터 중심의 접근법은 해상풍력 발전소의 운영 효율성을 높이고, 비용을 절감하며, 전반적인 성능을 향상시키는 데 기여한다.

Chapter 2

해상풍력 발전의 이론적 배경 (Theoretical Background of Offshore Wind Power)

2.1 풍력 터빈의 구조와 원리

2.1.1 풍력 터빈의 구성 요소

풍력 터빈은 바람의 운동 에너지를 전기 에너지로 변환하는 복잡한 기계 시스템으로, 다양한 구성 요소들로 이루어져 있다. 이 장에서는 풍력 터빈의 주요 구성 요소와 그 역할을 상세히 설명한다.

(1) 로터와 블레이드

로터(Rotor)는 풍력 터빈의 핵심 구성 요소 중 하나로, 블레이드(Blade)로 구성되어 있다. 로터는 바람을 받아 회전 운동을 일으키며, 이 운동 에너지가 전기 에너지로 변환된다. 블레이드는 로터에 부착된 날개로, 일반적으로 3개가 장착되며, 각각 길이가 40~90미터에 이른다. 블레이드의 길이가 길수록 더 많은 바람 에너지를 포착할 수 있다.

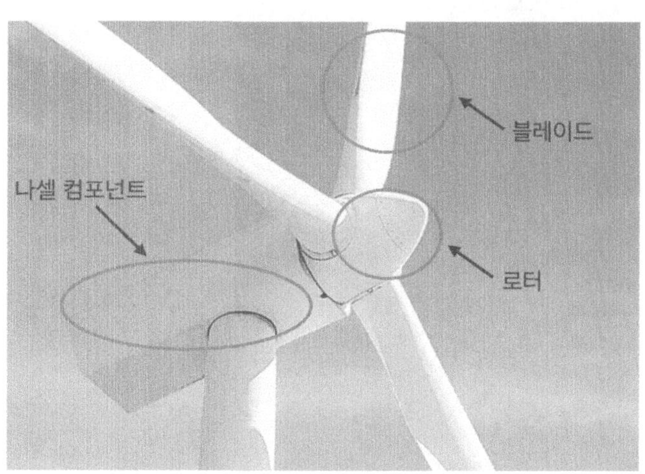

그림 45 풍력 터빈의 로터와 블레이드

블레이드는 공기역학적 설계가 적용되어 있어, 바람이 블레이드를 통과할 때 양력(lift)을 생성한다. 이 양력이 블레이드를 회전시키며, 로터의 회전 운동을 유도한다. 현대적인 풍력 터빈에서는 블레이드의 길이가 길어짐에 따라 회전 속도는 느려지지만, 더 많은 에너지를 포착할 수 있어 효율이 증가한다.

(2) 허브와 너셀

허브(Hub)는 로터의 중심부에 위치하여 블레이드를 연결하는 역할을 한다. 허브는 로터의 회전 운동을 기어박스(Gearbox)로 전달하며, 이 운동이 전기 에너지로 변환되는 과정을 시작한다. 허브는 견고한 소재로 제작되어, 바람의 하중을 견딜 수 있도록 설계되어 있다.

너셀(Nacelle)은 풍력 터빈의 기계적, 전기적 구성 요소를 보호하는 구조물이다. 너셀 내부에는 기어박스, 발전기(Generator), 변압기(Transformer), 냉각 시스템 등이 포함되어 있다. 너셀은 블레이드와 함께 타워 위에 설치되며, 바람의 방향에 따라 회전하여 최적의 에너지 생산을 도모한다.

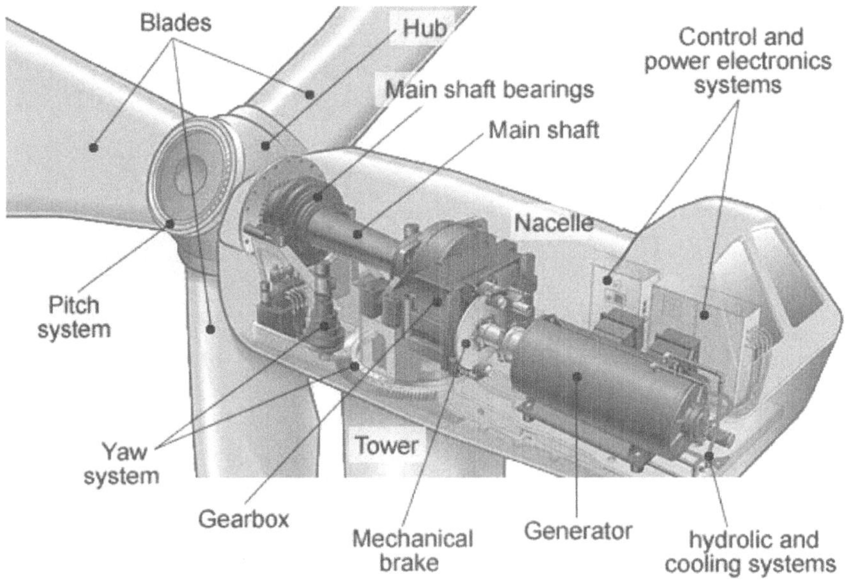

그림 46 풍력 터빈의 너셀

(3) 기어박스와 발전기

기어박스(Gearbox)는 로터의 저속 회전을 고속 회전으로 변환하여 발전기에 전달하는 역할을 한다. 로터는 일반적으로 분당 10~20회 회전하지만, 발전기는 전기를 생산하기 위해 훨씬 높은 회전 속도가 필요하다. 기어박스는 이러한 속도 변환을 담당하며, 발전기가 효율적으로 작동할 수 있도록 돕는다.

발전기(Generator)는 기어박스에서 전달된 고속 회전을 이용하여 전기 에너지를 생산하는 장치이다. 발전기는 로터에서 생성된 기계적 에너지를 전기 에너지로 변환하며, 생산된 전기는 변압기를 통해 전력망으로 공급된다. 현대적인 풍력 터빈에서는 주로 유도 발전기(Induction Generator)나 동기 발전기(Synchronous Generator)가 사용된다.

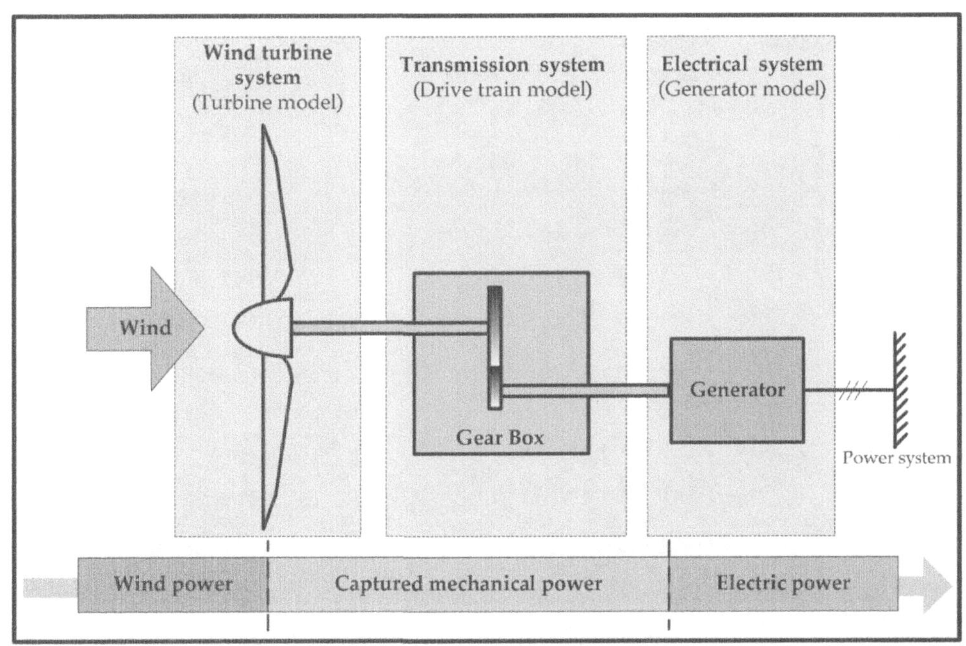

그림 47 풍력 터빈 발전기의 에너지 변환 과정

(4) 타워와 기초 구조물

타워(Tower)는 로터와 너셀을 지탱하는 구조물로, 바람을 더 잘 받기 위해 지면에서 일정 높이 이상으로 설치된다. 타워는 일반적으로 강철이나 콘크리트로 제작되며, 높이는 약 80~120미터에 이른다. 타워의 높이가 높을수록 더 강력하고 일관된 바람을 받을 수 있어 에너지 생산량이 증가한다.

타워는 바람에 의해 발생하는 진동과 하중을 견딜 수 있도록 설계되어야 하며, 바람의 하중이 타워와 기초 구조물로 안전하게 전달되도록 해야 한다. 기초 구조물(Foundation)은 타워를 지지하는 역할을 하며, 해상풍력 터빈의 경우 해저에 설치된다. 기초 구조물은 해상 조건에 따라 말뚝(pile), 중력식(gravity-based), 플로팅(floating) 기초 등이 사용된다.

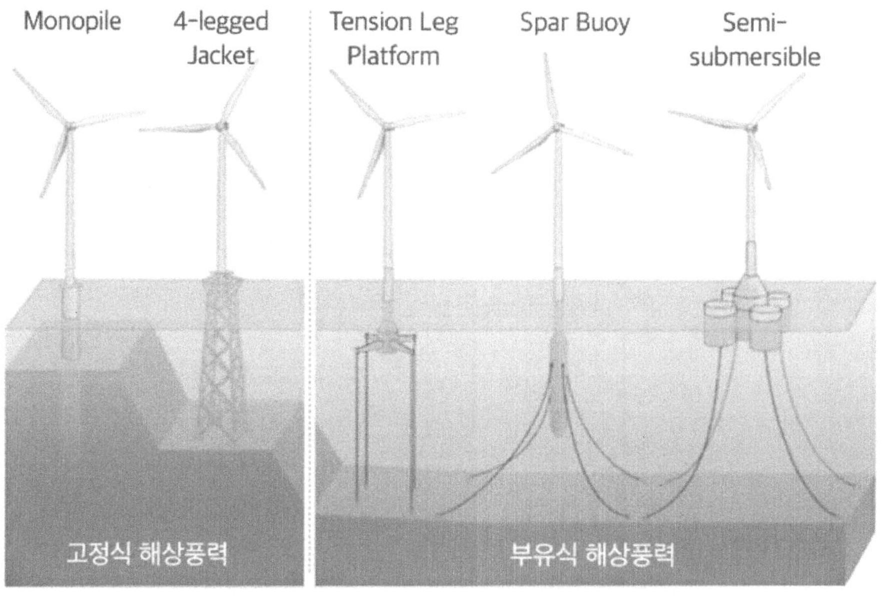

그림 48 풍력 터빈 타워와 기초 구조물

(5) 변압기와 전력 변환 시스템

변압기(Transformer)는 발전기에서 생산된 전기를 변압하여 전력망으로 송전하는 역할을 한다. 풍력 터빈의 발전기는 일반적으로 690 V의 전압을 생산하며, 변압기는 이를 전력망에 맞는 전압으로 변환한다. 변압기는 너셀 내부 또는 타워 하단에 설치되며, 전력 변환 효율을 높이기 위해 고효율 변압기가 사용된다.

전력 변환 시스템(Power Conversion System)은 풍력 터빈에서 생산된 전기를 교류(AC)에서 직류(DC)로 변환하거나, 주파수를 조정하는 역할을 한다. 이 시스템은 전력 품질을 보장하고, 전력망에 안정적으로 전기를 공급할 수 있도록 한다.

(6) 제어 시스템과 센서

제어 시스템(Control System)은 풍력 터빈의 작동을 모니터링하고 최적화하는 역할을 한다. 이 시스템은 로터의 회전 속도, 블레이드의 각도, 발전기의 전력 생산량 등을 제어하며, 바람의 세기와 방향에 따라 터빈의 작동을 조정한다. 제어 시스템은 안전성을 보장하고, 터빈의 효율을 극대화하기 위해 필수적이다.

센서(Sensors)는 풍력 터빈의 다양한 데이터를 실시간으로 수집하는 장치들로, 제어 시스템과 함께 작동한다. 예를 들어, 풍속 센서, 회전 속도 센서, 온도 센서 등이 있으며, 이들 센서는 터빈의 상태를 모니터링하고, 필요시 제어 시스템에 정보를 전달하여 조치를 취할 수 있도록 한다.

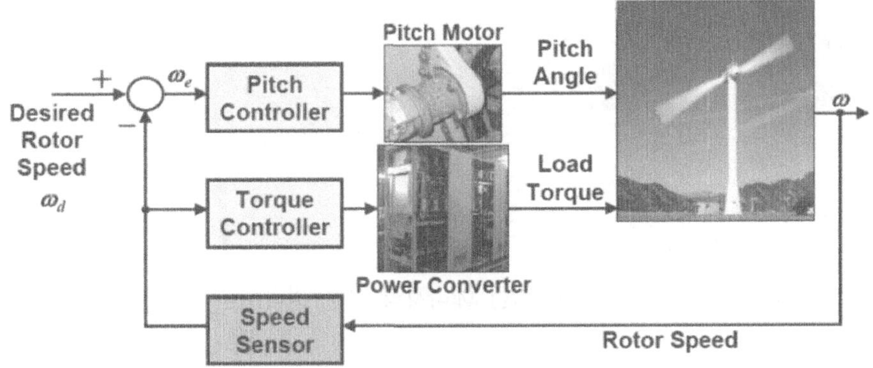

그림 49 풍력터빈 제어시스템

2.1.2 터빈의 작동 원리

풍력 터빈의 작동 원리는 바람의 운동 에너지를 전기 에너지로 변환하는 과정에 기초한다. 이 과정은 여러 물리적 원리와 복잡한 기계적 시스템의 상호작용을 통해 이루어진다. 이 장에서는 풍력 터빈의 작동 원리를 단계별로 설명한다.

(1) 바람의 에너지 변환

바람의 에너지는 대기의 압력 차이로 인해 발생한다. 태양열에 의해 지구의 표면이 불균등하게 가열되면서, 고온 지역에서 저온 지역으로 공기가 이동하게 된다. 이 공기의 흐름이 바로 바람이다. 풍력 터빈은 이 바람의 운동 에너지를 포착하여 회전 운동으로 변환한다.

바람이 터빈의 블레이드에 닿으면, 블레이드의 공기역학적 디자인에 의해 양력(lift)과 항력(drag)이 발생한다. 이 양력은 블레이드를 회전시키는 힘으로 작용하며, 로터 전체가 회전하게 된다. 이때, 바람의 속도와 방향에 따라 블레이드의 회전 속도가 달라지며, 이는 터빈의 출력에 직접적인 영향을 미친다.

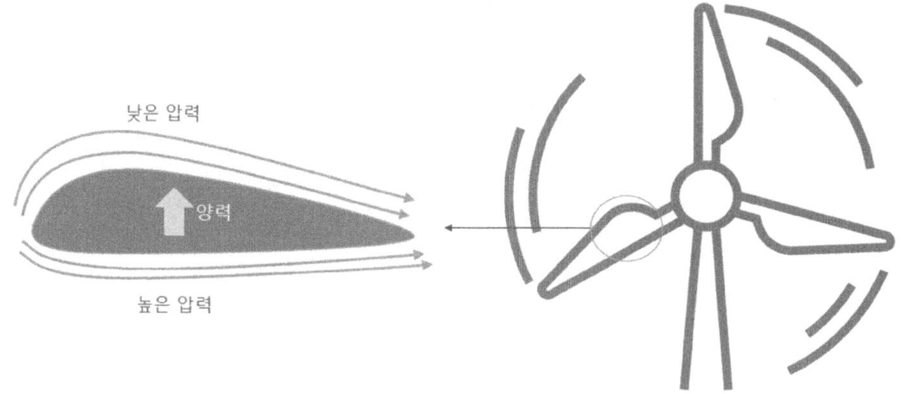

그림 50 바람 에너지의 발생 원리

(2) 로터의 회전과 기계적 에너지 생성

로터는 바람의 에너지를 받아 회전 운동을 일으킨다. 일반적으로 로터는 3개의 블레이드로 구성되어 있으며, 이 블레이드가 바람을 받아 회전하면서 기계적 에너지를 생성한다. 로터의 회전 속도는 바람의 속도에 따라 변하지만, 대부분의 상업용 풍력 터빈은 분당 10~20회 회전한다.

로터의 회전 운동은 터빈의 기계적 에너지를 생성하는 핵심 과정이다. 이 에너지는 터빈의 축을 통해 기어박스로 전달되며, 기어박스는 로터의 저속 회전을 고속 회전으로 변환한다. 이를 통해 발전기에서 전기를 생산할 수 있는 회전 속도가 확보된다.

(3) 기어박스와 발전기의 역할

기어박스는 로터에서 발생한 저속 회전을 고속 회전으로 변환하여 발전기에 전달하는 역할을 한다. 기어박스는 다단 기어를 사용하여 로터의 회전 속도를 수십 배로 증가시킨다. 예를 들어, 로터가 분당 15회 회전한다면, 기어박스를 통해 이 속도는 분당 1,500회 이상의 회전으로 변환된다.

이 고속 회전은 발전기로 전달되어 전기 에너지를 생산한다. 발전기는 기계적 에너지를 전기 에너지로 변환하는 장치로, 일반적으로 유도 발전기나 동기 발전기가 사용된다. 발전기는 로터의 회전 에너지를 전기로 변환하여 변압기를 통해 전력망으로 송전한다.

(4) 전력 변환과 송전

발전기에서 생산된 전기는 변압기를 통해 전력망에 적합한 전압으로 변환된다. 일반적으로 풍력 터빈에서 생산된 전기는 690 V 정도의 전압을 가지며, 이는 변압기를 통해 수십 킬로볼트(kV)로 변환된다. 변압된 전력은 해저 케이블이나 지상 전선을 통해 전력망으로 송전된다.

전력 변환 과정에서는 교류(AC)를 직류(DC)로 변환하거나 주파수를 조정하는 전력 변환 시스템이 사용된다. 이 시스템은 전력 품질을 보장하고, 안정적인 전력 공급을 가능하게 한다. 또한, 해상풍력 발전의 경우 전력 손실을 최소화하기 위해 고압 직류(HVDC) 전송 기술이 자주 사용된다.

(5) 제어 시스템과 터빈의 효율성 관리

풍력 터빈의 효율성을 극대화하기 위해서는 제어 시스템이 필수적이다. 제어 시스템은 풍속, 풍향, 터빈의 회전 속도 등을 실시간으로 모니터링하며, 최적의 작동 조건을 유지하도록 터빈의 블레이드 각도(피치)와 로터의 방향을 조정한다.

또한, 제어 시스템은 과속 방지(overspeed protection) 기능을 통해 강풍이나 돌풍이 발생할 때 터빈이 손상되지 않도록 한다. 제어 시스템은 터빈이 안전하고 효율적으로 작동할 수 있도록 보장하며, 전력 생산을 최적화하는 데 중요한 역할을 한다.

(6) 에너지 저장과 스마트 그리드 통합

현대의 풍력 발전 시스템에서는 에너지 저장 시스템과 스마트 그리드(Smart Grid) 통합이 중요해지고 있다. 풍력 발전은 간헐성(intermittency) 문제를 가지고 있기 때문에, 바람이 약할 때에도 안정적으로 전력을 공급할 수 있도록 에너지를 저장하는 것이 필요하다.

에너지 저장 시스템은 배터리나 압축 공기 저장소 등을 이용하여 생산된 전기를 저장하며, 필요할 때 전력망으로 공급한다. 스마트 그리드는 풍력 발전과 같은 재생 가능 에너지원의 변동성을 관리하고, 전력 수요에 맞게 공급을 조절하는 역할을 한다.

2.1.3 다양한 풍력 터빈 기술 비교

풍력 터빈은 바람의 운동 에너지를 전기 에너지로 변환하는 기술로, 그 설계와 구조에 따라 다양한 유형이 존재한다.

(1) 수평축 풍력 터빈 (Horizontal Axis Wind Turbines, HAWT)

수평축 풍력 터빈(HAWT)은 가장 일반적으로 사용되는 터빈 유형으로, 로터 축이 지면과 평행하게 수평으로 위치한다. 로터는 바람을 받아 회전하며, 블레이드는 일반적으로 3개가 사용된다. HAWT는 높은 효율성과 신뢰성을 제공하며, 대규모 풍력 발전소에서 주로 사용된다.

HAWT의 주요 장점은 다음과 같다.

- 높은 에너지 변환 효율: HAWT는 바람의 방향에 따라 블레이드를 최적의 각도로 조정할 수 있어, 에너지 변환 효율이 매우 높다.
- 대규모 설치 가능: HAWT는 대형화가 가능하여, 해상 풍력 발전소 등에서 대규모로 설치될 수 있다.
- 기술적 성숙도: HAWT는 오랜 기간 동안 개발되고 상용화되어 기술적으로 매우 성숙한 상태이다.
- 그러나 HAWT에도 몇 가지 단점이 있다:
  - 높은 설치 비용: HAWT는 설치 및 유지보수 비용이 높으며, 특히 해상에 설치할 경우 비용이 더욱 증가한다.
  - 복잡한 구조: HAWT의 기어박스와 발전기는 고도의 기술적 요구 사항을 필요로 하며, 유지보수가 복잡하다.

그림 51 수평축 풍력 터빈(HAWT)

(2) 수직축 풍력 터빈 (Vertical Axis Wind Turbines, VAWT)

수직축 풍력 터빈(VAWT)은 로터 축이 지면에 수직으로 위치하는 터빈이다. VAWT는 바람의 방향에 관계없이 작동할 수 있어, 다양한 방향에서 바람을 받을 수 있는 장점이 있다. 또한, 지면에 가까운 곳에 설치할 수 있어 유지보수가 용이하다.

VAWT의 주요 장점은 다음과 같다.

- 바람 방향에 무관한 작동: VAWT는 바람의 방향에 관계없이 회전할 수 있어, 바람의 변동성이 큰 지역에서도 효율적으로 작동할 수 있다.
- 용이한 유지보수: VAWT는 지면에 가까운 위치에 설치되기 때문에 유지보수가 상대적으로 용이하다.
- 간단한 구조: VAWT는 HAWT에 비해 구조가 간단하며, 기어박스와 발전기 등이 지면에 위치할 수 있어 관리가 편리하다.
- VAWT의 단점은 다음과 같다:
  - 낮은 효율성: VAWT는 HAWT에 비해 에너지 변환 효율이 낮으며, 대규모 발전에 적합하지 않을 수 있다.
  - 높은 피로 부담: VAWT의 블레이드는 회전할 때마다 바람의 힘을 받는 방향이 바뀌므로, 피로 부담이 커질 수 있다.

그림 52 수직축 풍력 터빈(VAWT)

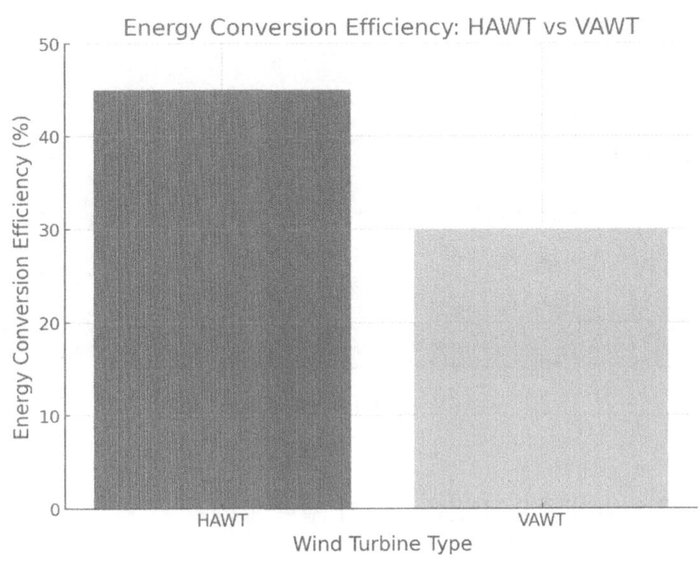

그림 53 HAWT와 VAWT의 에너지 변환 효율 비교

그림 53는 수평축 풍력 터빈(HAWT)과 수직축 풍력 터빈(VAWT)의 에너지 변환 효율을 비교한 것이다. HAWT의 에너지 변환 효율은 약 45%로, VAWT의 30%에 비해 더 높은 효율을 보여준다. 이는 HAWT가 바람의 방향에 따라 블레이드를 최적의 각도로 조정할 수 있어, 더 많은 바람 에너지를 전기 에너지로 변환할 수 있기 때문이다. 반면, VAWT는 바람의 방향에 상관없이 회전할 수 있는 장점이 있지만, 효율 면에서는 HAWT에 비해 다소 낮다. 이러한 차이는 각 터빈의 설계와 구조에서 기인하며, 대규모 에너지 생산을 위해서는 HAWT가 더 적합한 기술로 평가된다.

(3) 해상 풍력 터빈 (Offshore Wind Turbines)

해상 풍력 터빈은 바다에 설치되는 풍력 터빈으로, 육상보다 강력하고 일관된 바람 자원을 활용할 수 있다. 해상 풍력 터빈은 대형화가 가능하며, 해양 공간을 활용할 수 있어 에너지 생산 잠재력이 매우 크다.

그림 54 해상 풍력 터빈

해상 풍력 터빈의 주요 장점은 다음과 같다.

- 더 강력한 바람: 해상에서는 육상보다 바람이 더 강하고 일정하여, 에너지 생산 효율이 높다.
- 대규모 발전 가능: 해상 풍력 터빈은 육상 터빈에 비해 크기가 크며, 넓은 해양 공간을 활용하여 대규모 발전이 가능하다.
- 환경적 장점: 해상에 설치되기 때문에 소음이나 시각적 영향이 적어 환경적 부담이 줄어든다.
- 그러나 해상 풍력 터빈에도 몇 가지 단점이 있다:
  - 높은 설치 및 유지보수 비용: 해상에서의 설치와 유지보수는 육상에 비해 비용이 매우 높다.
  - 복잡한 기술 요구: 해상 풍력 터빈은 해양 환경에서 견딜 수 있도록 고도의 기술적 요구 사항이 필요하며, 기초 구조물과 전력 전송 시스템 등이 복잡하다.

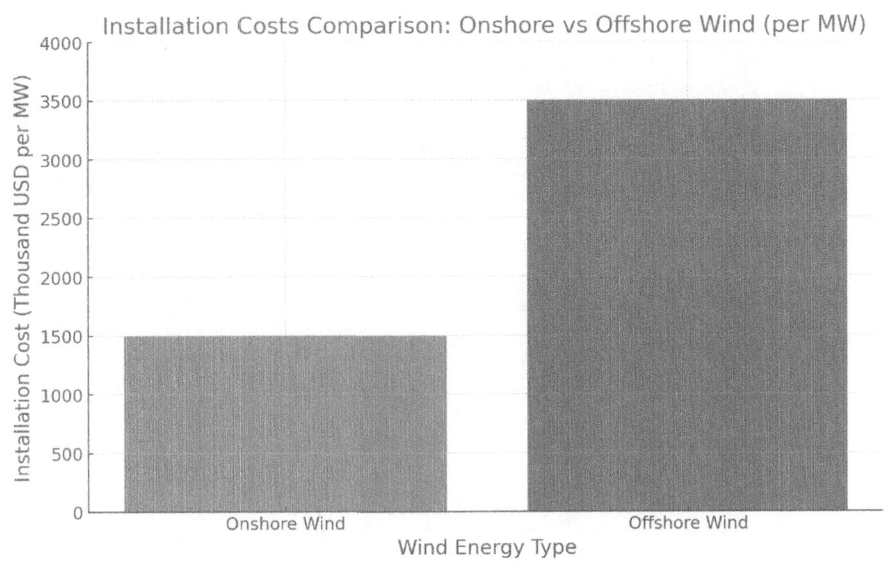

그림 55 해상 풍력 터빈의 설치 비용과 육상 풍력 터빈의 설치 비용 비교

그림 55은 육상풍력(Onshore Wind)과 해상풍력(Offshore Wind)의 MW당 설치 비용을 비교한 것이다. 육상풍력의 설치 비용은 MW당 약 150만 달러인 반면, 해상풍력의 설치 비용은 MW당 약 350만 달러로, 해상풍력이 육상풍력에 비해 훨씬 높은 설치 비용을 필요로 함을 보여준다. 이러한 비용 차이는 해상풍력 발전소의 복잡한 해양 환경, 해저 케이블 설치, 해상 기초 구조물, 그리고 운반 및 설치의 어려움 등에서 기인한다. 결과적으로, 해상풍력의 높은 설치 비용은 그 경제성을 저해하는 주요 요인 중 하나로 작용하며, 해상풍력 발전의 경제적 타당성을 평가할 때 중요한 고려사항이 된다.

(4) 소형 풍력 터빈 (Small Wind Turbines)

소형 풍력 터빈은 가정이나 소규모 시설에서 사용할 수 있도록 설계된 터빈으로, 일반적으로 발전 용량이 100 kW 이하이다. 소형 풍력 터빈은 독립적인 전력 공급원으로 사용되거나, 전력망과 연결되어 에너지를 공급할 수 있다.

그림 56 소형 풍력 터빈

소형 풍력 터빈의 주요 장점은 다음과 같다.

- 자급자족 전력 공급: 소형 풍력 터빈은 가정이나 농장 등에서 독립적인 전력 공급원으로 사용될 수 있다.
- 낮은 설치 비용: 대형 터빈에 비해 설치 비용이 낮으며, 관리가 용이하다.
- 다양한 용도: 소형 풍력 터빈은 가정용, 농업용, 상업용 등 다양한 용도로 활용될 수 있다.

단점은 다음과 같다:

- 제한된 발전 용량: 소형 터빈은 발전 용량이 제한적이므로, 대규모 에너지 수요를 충족시키기에는 부적합하다.
- 바람 조건의 영향: 소형 터빈은 바람의 세기와 변동성에 큰 영향을 받아, 효율이 낮을 수 있다.

2.2 해상풍력 발전의 환경적 요인

2.2.1 해양 기후와 바람 자원 평가

해상풍력 발전은 해양 기후와 바람 자원에 의해 크게 영향을 받는다. 해상풍력 발전소를 성공적으로 설계하고 운영하기 위해서는 이러한 환경적 요인을 면밀히 평가해야 한다. 이 장에서는 해상풍력 발전에 중요한 해양 기후와 바람 자원 평가에 대해 자세히 설명하고, 이 과정에서 사용되는 주요 방법론과 관련된 데이터를 다룬다.

(1) 해양 기후의 중요성

해양 기후는 해상풍력 발전소의 설계, 설치, 운영에 중요한 영향을 미친다. 해상풍력 발전소는 강풍, 높은 파도, 소금기 있는 환경 등 다양한 해양 기후 조건에 직면하게 된다. 이로 인해 해양 기후를 정확히 이해하고 평가하는 것이 매우 중요하다. 예를 들어, 강풍이 자주 발생하는 지역에서는 풍력 터빈이 높은 하중을 받을 수 있으며, 이로 인해 터빈의 설계와 유지보수 전략이 달라져야 한다.

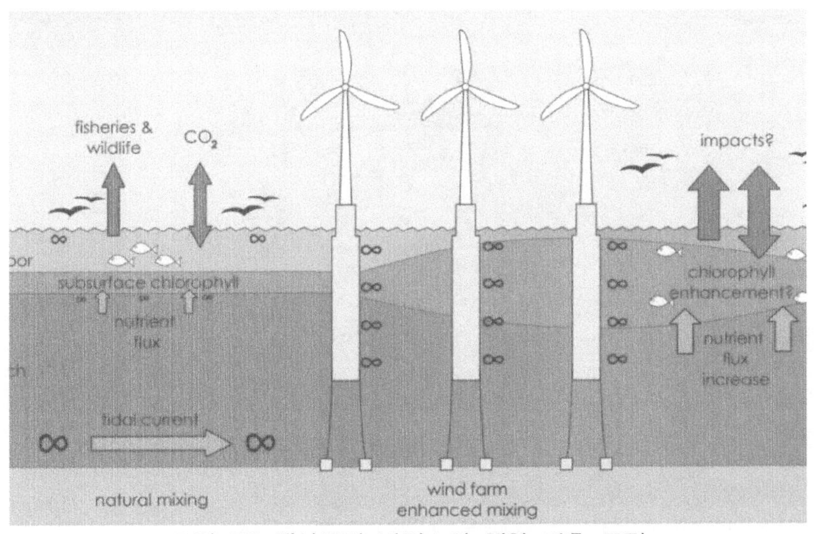

그림 57 해상풍력 발전소의 해양 기후 조건

그림 57은 해상풍력 발전소가 해양 환경에 미치는 영향을 나타낸 것이다. 풍력 터빈이 해양의 혼합 과정을 강화하여 해양 바닥에서 표면으로 영양분을 끌어올리는 역할을 함을 보여준다. 이로 인해 클로로필 농도가 증가하고, 해양 생태계의 생산성이 향상될 수 있다. 또한, 그림은 풍력 터빈이 수질에 미치는 영향과 조류 및 야생동물에 대한 잠재적인 영향을 시사하고 있다. 이러한 변화는 해양 생태계에 긍정적이거나 부정적인 영향을 미칠 수 있다.

(2) 바람 자원 평가의 중요성

바람 자원 평가(Wind Resource Assessment)는 해상풍력 발전 프로젝트의 타당성을 평가하는 데 필수적이다. 바람 자원 평가를 통해 특정 지역의 바람 속도, 방향, 강도 등을 분석하며, 이를 바탕으로 발전소의 예상 출력과 경제성을 평가할 수 있다. 바람 자원 평가에서 가장 중요한 요소 중 하나는 연간 평균 풍속이며, 이는 해상풍력 발전소의 에너지 생산량을 결정하는 주요 지표가 된다.

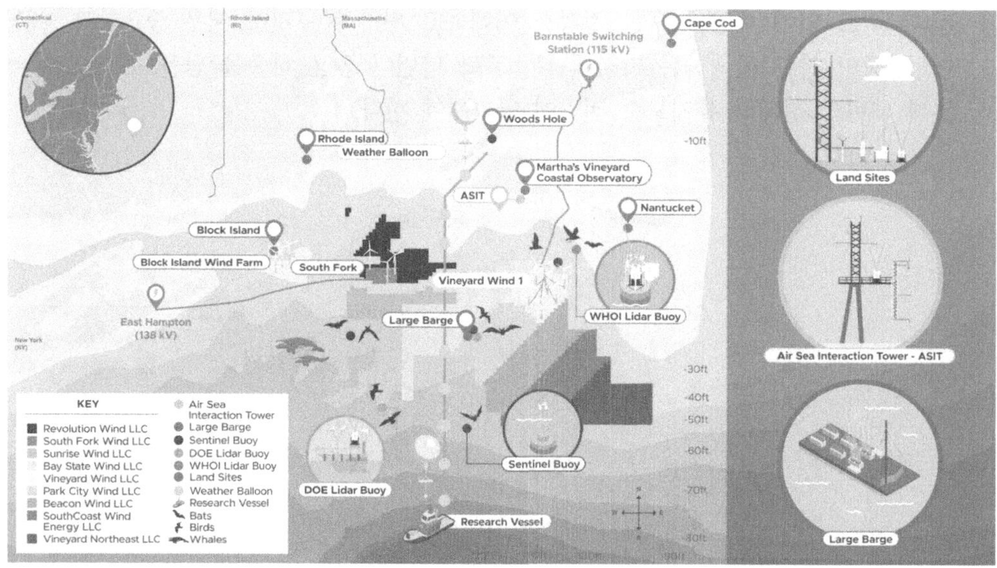

그림 58 바람 자원 평가

그림 58는 미국 북동부 해안의 해상풍력 발전 프로젝트와 그와 관련된 다양한 인프라와 관측 장비를 자세히 나타내고 있다. 다음은 주요 요소들에 대한 상세 설명이다.

- Block Island Wind Farm: 미국 최초의 상업용 해상풍력 발전소로, 그림에서 그 위치를 확인할 수 있다.
- Vineyard Wind 1: 대규모 해상풍력 프로젝트로, Massachusetts 근해에 위치해 있다. 이 프로젝트는 미국에서 가장 큰 해상풍력 발전소 중 하나로 계획되어 있다.
- 해양 기후 관측 장비:
  - Lidar Buoy: 해상풍력 터빈이 설치될 위치에서 바람의 속도와 방향을 측정하기 위해 사용된다. WHOI Lidar Buoy와 DOE Lidar Buoy가 그림에 표시되어 있다.
  - Air-Sea Interaction Tower (ASIT): 해양과 대기 사이의 상호작용을 연구하기 위해 설계된 타워이다. 이 타워는 바람, 파도, 조류 등을 실시간으로 모니터링하는 데 사용된다.
  - Sentinel Buoy: 해양 환경과 기후 조건을 모니터링하기 위한 부표로, 해상풍력 프로젝트의 안정적인 운영을 지원한다.
- 에너지 전송 인프라:
  East Hampton (138 kV)와 Barnstable Switching Station (115 kV): 해상풍력 발전소에서 생산된 전기를 육지의 전력망으로 전송하기 위한 주요 변전소이다.
  그림 58에는 이들 전력망과 해상풍력 발전소가 어떻게 연결되어 있는지가 상세히 표시되어 있다.
- 기타 요소들:
  - Research Vessel: 연구선으로, 해양 기후 조건을 모니터링하고 데이터 수집을 지원하는 역할을 한다.
  - Wildlife 및 환경 요소: 그림에는 새, 박쥐, 고래 등 해양 생물의 그림이 포함되어 있으며, 이는 해상풍력 발전이 해양 생태계에 미치는 잠재적 영향을 시사한다.

그림 58는 해상풍력 발전 프로젝트의 복잡성과 다양한 관련 요소들을 시각적으로 표현하고 있으며, 해상풍력 발전소의 계획, 설치, 운영 과정에서 고려해야 할 중요한 인프라와 환경적 요인들을 잘 나타내고 있다.

(3) 바람 자원 평가 방법론

바람 자원 평가에는 여러 가지 방법이 사용되며, 주로 장기적인 기상 데이터 수집과 시뮬레이션 모델링이 활용된다. 기상 데이터는 주로 해상 풍속, 풍향, 기온, 압력 등의 요소를 포함하며, 이러한 데이터는 육상 기상 관측소나 해양 부표, 위성 데이터를 통해 수집된다.

바람 자원 평가에는 풍력 터빈의 높이에서의 바람 특성을 이해하기 위한 풍속 프로파일과 바람 자원의 시간적 변동성을 분석하기 위한 풍력 시간 시리즈가 사용된다. 이러한 분석은 해상풍력 발전소의 설계와 운영에 중요한 기초 데이터를 제공한다.

그림 59는 풍력 터빈의 성능과 관련된 세 가지 중요한 그래프를 보여준다. 왼쪽 위 그래프는 연간 평균 바람 속도 분포를 나타낸다. 측정된 바람 속도 데이터(보라색 막대)와 웨이블 분포(주황색 선)를 비교하여 특정 지역에서의 바람 분포를 보여준다. 오른쪽 위 그래프는 풍력 터빈의 출력 곡선을 나타낸다. 바람 속도에 따라 출력 전력이 어떻게 변화하는지를 보여준다. 아래쪽 그래프는 각 바람 속도 구간에 대한 연간 에너지 생산량을 나타낸다. 이 그래프는 바람 속도와 에너지 생산 간의 관계를 시각화한다. 이 세 가지 그래프는 특정 위치에서 풍력 터빈의 성능을 평가하고 예측하는 데 중요한 역할을 한다.

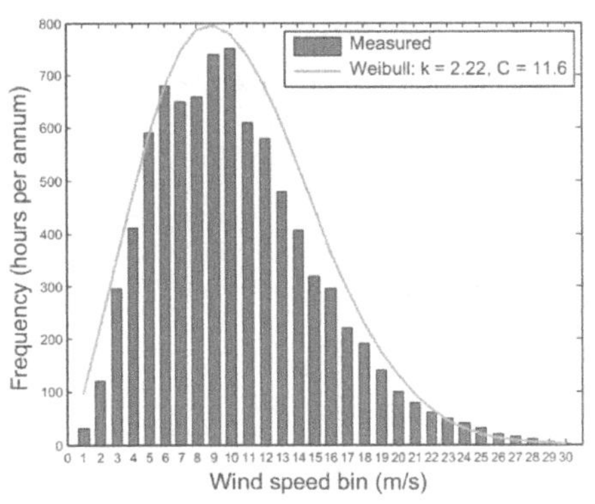

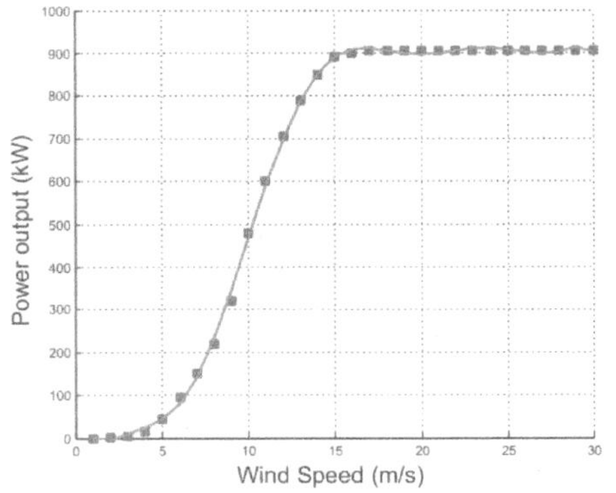

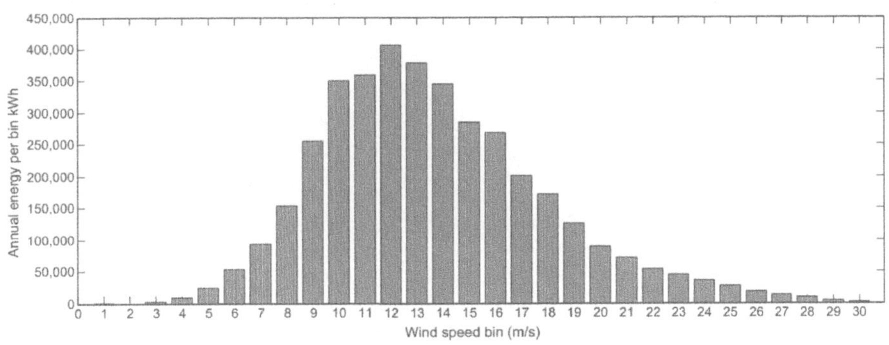

그림 59 연간 평균 풍속 변화 추이 예시

(4) 해양 기후와 바람 자원의 상관관계

해양 기후와 바람 자원은 상호 밀접하게 연관되어 있으며, 바람 자원의 변동성은 해양 기후 조건에 크게 의존한다. 예를 들어, 해양 폭풍이나 기압 차이에 의해 바람의 속도와 방향이 급격히 변할 수 있다. 이러한 변동성은 해상풍력 발전소의 에너지 생산량을 예측하는 데 있어 중요한 고려 사항이 된다.

또한, 해양 기후의 특성에 따라 바람 자원의 분포가 달라질 수 있다. 예를 들어, 해양 표면 온도나 해류의 흐름은 특정 지역의 바람 패턴에 영향을 미칠 수 있으며, 이는 바람 자원 평가에 고려되어야 한다. 이를 위해 해양 기후와 바람 자원 간의 상관관계를 분석하는 연구가 활발히 진행되고 있다.

그림 60은 해수면 온도(Sea Surface Temperature)와 바람 속도(Wind Speed) 간의 상관관계를 나타낸 것이다. X축은 해수면 온도(°C)를, Y축은 바람 속도(m/s)를 나타내며, 각각의 점은 가상의 데이터 포인트를 의미한다. 해수면 온도가 증가함에 따라 바람 속도가 감소하는 경향이 있다. 오른쪽에 표시된 상관계수는 -0.62로, 이는 해수면 온도와 바람 속도 간에 부정적인 상관관계가 있음을 나타낸다. 즉, 해수면 온도가 높을수록 바람 속도가 낮아질 가능성이 있다는 것을 의미한다. 이러한 분석은 해양 기후와 바람 자원의 관계를 이해하는 데 중요한 역할을 하며, 해상풍력 발전소의 위치 선정 및 운영 전략 수립에 유용한 정보를 제공한다.

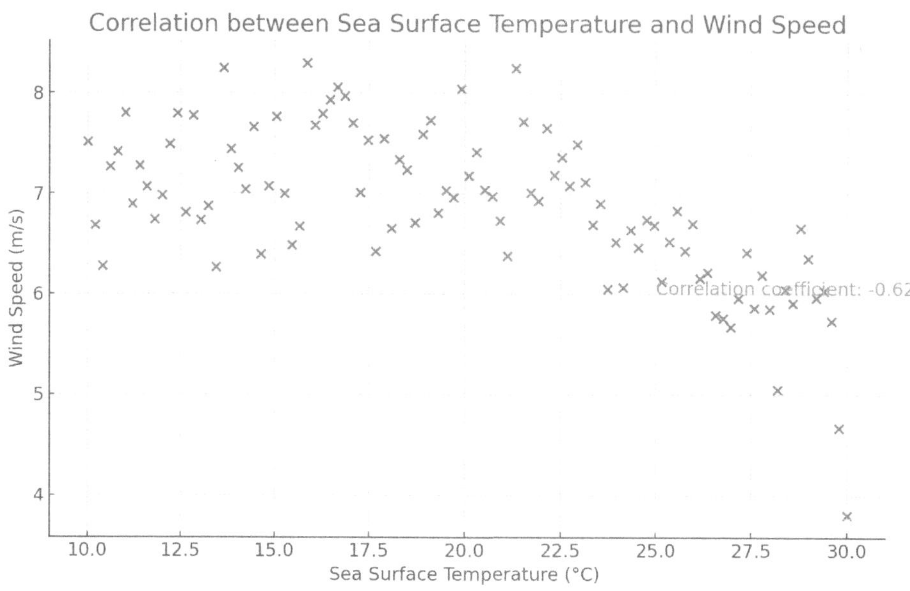

그림 60 해양 기후와 바람 자원 간의 상관관계 분석 예시

(5) 해상풍력 발전소 입지 선정에서의 바람 자원 평가

해상풍력 발전소의 입지를 선정할 때, 바람 자원 평가가 결정적인 역할을 한다. 바람 자원이 풍부한 지역을 선택하는 것이 발전소의 에너지 생산량을 극대화하는 핵심 요소이다. 일반적으로 연간 평균 풍속이 높고, 바람의 방향이 일정한 지역이 해상풍력 발전소의 최적 입지로 평가된다.

또한, 바람 자원 평가에서는 바람의 강도뿐만 아니라 바람의 지속성도 중요한 요소로 고려된다. 바람의 지속성이 높을수록 발전소의 연간 가동률이 증가하며, 이는 발전소의 경제성에 긍정적인 영향을 미친다.

(6) 해양 기후와 바람 자원 평가의 기술적 도전과제

해양 기후와 바람 자원 평가에는 몇 가지 기술적 도전과제가 있다. 첫째, 해양 기후 데이터 수집은 육상보다 어렵고 비용이 많이 든다. 해양 부표나 드론, 위성 데이터를 활용하여 데이터를 수집하지만, 이러한 방법들은 높은 비용과 유지보수 문제를 동반한다.

둘째, 해양 기후와 바람 자원의 변동성을 정확히 예측하는 것은 기술적으로 매우 복잡하다. 바람의 시간적, 공간적 변동성을 정확히 모델링하고 예측하기 위해서는 고도의 컴퓨팅 능력과 복잡한 시뮬레이션 모델이 필요하다. 이러한 기술적 도전과제는 바람 자원 평가의 정확도를 제한할 수 있다.

(7) 최신 기술 동향과 미래 전망

최근에는 인공지능(AI)과 빅데이터 분석 기술을 활용한 바람 자원 평가가 주목받고 있다. AI를 활용하면 대규모 기상 데이터를 실시간으로 분석하여 바람 자원의 변동성을 보다 정확히 예측할 수 있다. 또한, 머신러닝 알고리즘을 통해 바람 자원의 패턴을 학습하고, 이를 바탕으로 장기적인 바람 자원 예측 모델을 구축할 수 있다.

미래에는 AI와 기상 데이터를 결합한 통합 플랫폼이 개발되어, 해상풍력 발전소의 설계와 운영에 더욱 정교한 데이터를 제공할 것으로 기대된다. 이러한 기술 발전은 해상풍력 발전의 효율성을 높이고, 경제성을 향상시키는 데 중요한 역할을 할 것이다.

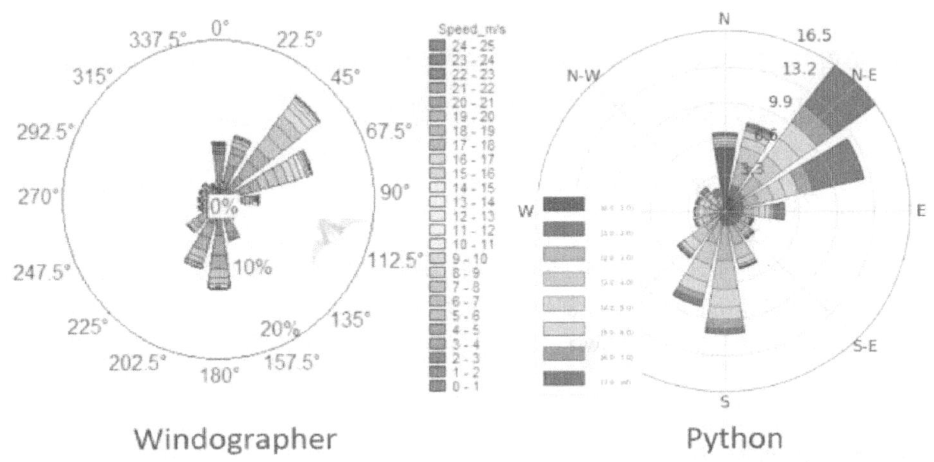

그림 61 인공지능을 활용한 바람 자원 평가 시스템

2.2.2 해상풍력의 입지 선정 기준

해상풍력 발전은 바람의 힘을 이용하여 전기를 생산하는 재생 가능 에너지 기술 중 하나로, 해양에서의 설치가 이루어지기 때문에 육상풍력과는 다른 입지 선정 기준을 필요로 한다. 해상풍력 발전소의 성공적인 운영과 경제성을 보장하기 위해서는 입지 선정이 매우 중요하다. 입지 선정 과정에서는 다양한 환경적, 경제적, 기술적 요인을 종합적으로 고려해야 한다.

(1) 바람 자원의 풍부성

해상풍력 발전소의 입지 선정에서 가장 중요한 기준은 바람 자원의 풍부성이다. 바람 자원의 풍부성은 풍력 발전소의 에너지 생산량에 직접적인 영향을 미친다. 바람 자원은 일반적으로 평균 풍속과 풍력 밀도를 통해 평가된다. 높은 풍속과 일정한 풍향을 가진 지역이 이상적인 해상풍력 입지로 간주된다.

- 평균 풍속: 연간 평균 풍속이 높은 지역은 해상풍력 발전소의 주요 입지로 고려된다. 일반적으로 연간 평균 풍속이 7 m/s 이상인 지역이 해상풍력 발전에 적합하다.
- 풍력 밀도: 풍력 밀도는 바람이 특정 지역에서 가질 수 있는 에너지를 나타내며, 풍력 밀도가 높은 지역일수록 발전 잠재력이 크다.

(2) 해양 기후 조건

해양 기후 조건도 해상풍력 발전소의 입지 선정에 중요한 영향을 미친다. 해양 기후는 바람 외에도 파고, 조류, 해수면 온도, 해양 기압 등의 요소로 구성되며, 이러한 요소들은 터빈의 구조적 안정성, 설치 및 유지보수 작업의 용이성 등에 영향을 미친다.

- 파고와 파도 조건: 파도의 높이와 주기는 해상풍력 터빈의 설계와 운영에 큰 영향을 미친다. 지나치게 높은 파고는 설치와 유지보수 작업을 어렵게 만들 수 있으므로, 파고가 상대적으로 낮은 지역이 선호된다.
- 조류: 조류의 속도와 방향은 해상풍력 터빈의 기초 구조물에 가해지는 하중을 결정하는 중요한 요소이다. 강한 조류는 기초 구조물의 안정성을 저해할 수 있다.

- 해수면 온도: 해수면 온도는 터빈의 작동 효율과 해양 생태계에 미치는 영향을 결정짓는 중요한 요인이다. 지나치게 높은 해수면 온도는 터빈의 냉각 효율을 떨어뜨리고, 해양 생물의 생태에 부정적인 영향을 미칠 수 있다.

(3) 수심과 해저 지형

수심과 해저 지형은 해상풍력 발전소의 설치 비용과 기술적 난이도에 직접적인 영향을 미친다. 수심이 얕은 지역은 일반적으로 설치 비용이 낮고, 기초 구조물의 설계가 비교적 간단하다. 그러나 수심이 깊은 지역에서는 부유식 기초 구조물이 필요하며, 이로 인해 설치 비용이 증가할 수 있다.

- 얕은 수심(0-30 m): 이 범위의 수심에서는 중력식 기초(gravity-based foundation) 또는 말뚝식 기초(pile foundation)를 사용하여 터빈을 설치할 수 있다. 설치 비용이 비교적 낮고 기술적 난이도가 낮다.
- 중간 수심(30-60 m): 중간 수심에서는 자켓형 기초(jacket foundation)나 삼각형 기초(tripod foundation)를 사용한다. 설치 비용이 증가하지만, 더 큰 터빈을 설치할 수 있는 가능성이 있다.
- 깊은 수심(60 m 이상): 깊은 수심에서는 부유식 기초(floating foundation)가 필요하다. 부유식 기초는 기술적으로 복잡하며 설치 비용이 가장 높지만, 심해 지역에서 해상풍력 발전소를 운영할 수 있는 유일한 방법이다.

해저 지형도 중요한 요소로 작용한다. 해저의 평탄함과 해저 토질은 기초 구조물의 안정성에 영향을 미치며, 해저에 암석이 많거나 지형이 복잡한 경우 설치가 어려워질 수 있다.

(4) 인프라와 접근성

해상풍력 발전소의 인프라와 접근성은 입지 선정에서 중요한 고려사항이다. 발전소에서 생산된 전기를 육지로 송전하기 위해서는 해저 전력 케이블이 필요하며, 이 케이블의 설치 비용과 유지보수 편의성도 중요한 요인이다. 또한, 발전소의 설치와 유지보수를 위해 접근성이 좋은 지역이 선호된다.

- 송전 인프라: 해상풍력 발전소와 육지 간의 거리가 멀수록 송전 비용이 증가하며, 송전 손실이 발생할 수 있다. 따라서 송전 인프라가 이미 구축된 지역이나 구축이 용이한 지역이 입지로 적합하다.
- 항구와 해양 작업 기지: 해상풍력 발전소의 설치와 유지보수를 위한 항구와 해양 작업 기지가 가까운 지역이 선택될 가능성이 높다. 이러한 인프라는 작업의 효율성을 높이고, 운영 비용을 절감하는 데 중요한 역할을 한다.

(5) 환경적 영향

해상풍력 발전소의 환경적 영향은 입지 선정 과정에서 중요한 요소이다. 해상풍력 발전은 재생 가능 에너지원으로서 환경에 긍정적인 영향을 미칠 수 있지만, 해양 생태계, 조류, 어업 등에 미치는 부정적인 영향도 고려해야 한다.

- 해양 생태계 보호: 발전소가 해양 생태계에 미치는 영향을 최소화하기 위해, 민감한 생태계나 해양 보호 구역 근처에는 설치를 피해야 한다. 특히, 어류 산란장이나 해양 포유류의 서식지를 보호하기 위한 조치가 필요하다.
- 조류와 야생동물 보호: 해상풍력 터빈이 조류나 박쥐와 같은 야생동물에 미치는 영향도 고려해야 한다. 발전소 설치로 인한 야생동물의 이동 경로 방해나 서식지 파괴를 방지하기 위한 환경 평가가 필수적이다.
- 어업과의 조화: 어업 활동이 활발한 지역에서는 해상풍력 발전소 설치로 인해 어업에 미치는 영향을 평가하고, 어업과 발전소 운영 간의 조화를 이루기 위한 방안을 모색해야 한다.

(6) 사회적 수용성과 정책적 지원

해상풍력 발전소의 성공적인 입지 선정을 위해서는 사회적 수용성과 정책적 지원이 중요하다. 지역 주민의 동의와 지원이 없다면 프로젝트는 성공적으로 진행되기 어렵다. 또한, 정부의 정책적 지원과 규제 완화도 해상풍력 발전소 입지 선정에 중요한 영향을 미친다.

- 지역 주민의 수용성: 발전소 건설이 지역 경제에 미치는 긍정적 영향을 강조하고, 지역 주민과의 협의를 통해 갈등을 최소화하는 것이 중요하다. 발전소 운영으로 인한 지역 사회의 경제적 이익과 환경적 보호를 동시에 달성하기 위한 전략이 필요하다.
- 정책적 지원: 정부의 재정적 지원, 세제 혜택, 규제 완화 등은 해상풍력 발전소의 입지 선정과 성공적인 운영에 중요한 역할을 한다. 정부가 재생 가능 에너지 목표를 설정하고 이를 달성하기 위한 정책적 지원을 제공할 경우, 발전소의 경제성이 크게 향상될 수 있다.

(7) 경제성 분석

해상풍력 발전소의 입지 선정에서 경제성 분석은 필수적인 단계이다. 입지에 따라 설치 비용, 운영 비용, 유지보수 비용, 송전 비용 등이 달라지며, 이 모든 요소를 종합적으로 고려하여 경제성을 평가해야 한다.

- 설치 비용: 수심, 해저 지형, 송전 거리 등은 설치 비용에 큰 영향을 미친다. 경제성이 낮은 지역에서는 발전소 설치가 비경제적일 수 있다.
- 운영 및 유지보수 비용: 바람 자원, 해양 기후 조건, 인프라 접근성 등은 운영 및 유지보수 비용을 결정짓는 중요한 요소이다. 유지보수가 용이한 지역이 경제성 면에서 더 유리할 수 있다.
- 송전 비용: 발전소와 육지 전력망 간의 거리가 멀수록 송전 비용이 증가하며, 전력 손실도 발생할 수 있다.

이러한 요소를 고려하여 최적의 입지를 선정하는 것이 중요하다. 송전 비용이 과도하게 높아지는 경우 발전소의 전체 경제성을 저해할 수 있으므로, 송전 인프라와의 접근성이 좋은 지역을 선호하는 것이 일반적이다.

(8) 해상풍력 발전의 법적 및 규제적 고려사항

해상풍력 발전소의 입지를 선정할 때는 관련 법률 및 규제를 철저히 준수해야 한다. 해상풍력 발전 프로젝트는 다양한 법적, 규제적 요구사항을 충족해야 하며, 이는 입지 선정 과정에서 중요한 고려사항으로 작용한다.

- 해양 사용 권리: 해상풍력 발전소를 설치하기 위해서는 해당 해역의 사용 권리를 확보해야 한다. 이는 정부 기관이나 해양 관할권을 가진 당국으로부터 허가를 받아야 하며, 이를 위해 장기간의 협상과 절차가 필요할 수 있다.
- 환경 영향 평가(EIA): 모든 해상풍력 프로젝트는 환경 영향 평가를 통해 프로젝트가 해양 생태계, 어업, 관광, 기타 해양 사용에 미치는 영향을 분석해야 한다. 환경 영향 평가의 결과는 입지 선정에 중요한 영향을 미친다.
- 국제 및 지역 규제: 해상풍력 발전소는 국제적 또는 지역적 규제를 준수해야 한다. 이는 해양 보호구역, 해양 보전 계획, 어업 보호 구역 등에 대한 규제를 포함하며, 이러한 규제를 위반하지 않도록 세심한 주의가 필요하다.

(9) 기술적 가능성과 발전 잠재력

해상풍력 발전소의 입지 선정에서는 기술적 가능성과 발전 잠재력을 고려해야 한다. 이는 해양 조건, 바람 자원, 기술적 인프라, 유지보수 용이성 등을 종합적으로 평가하여 발전소가 장기적으로 안정적으로 운영될 수 있는지를 판단하는 과정이다.

- 기술적 가능성: 특정 입지에서 해상풍력 발전소를 설치하고 운영할 수 있는 기술적 가능성을 평가해야 한다. 이는 기초 구조물의 설치 가능성, 터빈의 성능, 해저 케이블의 안정성 등을 포함한다.
- 발전 잠재력: 바람 자원이 풍부한 지역일수록 발전소의 발전 잠재력이 크다. 이 잠재력을 최대한 활용하기 위해서는 최적의 터빈 선택, 효율적인 에너지 변환 시스템, 그리고 안정적인 송전 인프라가 필요하다.

(10) 예비 입지의 비교 분석

최종 입지 선정을 위해서는 여러 예비 입지를 비교 분석하는 단계가 필요하다. 이 과정에서는 앞서 언급한 모든 요소들을 종합적으로 고려하여 경제성, 환경성, 기술적 가능성 등을 비교한다.

- 다중 기준 의사결정(MCDM) 기법: 여러 입지를 평가하기 위해 다중 기준 의사결정 기법을 활용할 수 있다. 이 기법은 경제성, 환경성, 사회적 수용성, 기술적 가능성 등을 수치화하여 비교하는 방법이다. 이를 통해 최적의 입지를 객관적으로 선정할 수 있다.
- 시나리오 분석: 다양한 시나리오를 설정하고 각 입지가 각 시나리오 하에서 어떻게 반응하는지를 분석하는 것도 중요하다. 예를 들어, 기후 변화로 인한 바람 패턴의 변화, 경제 상황의 변화 등이 입지 선정에 미치는 영향을 평가할 수 있다.

2.2.3 해상 환경이 터빈에 미치는 영향

해상풍력 발전소는 육상풍력과는 다른 여러 가지 독특한 환경적 도전과제에 직면해 있다. 해양 환경은 풍력 터빈의 설계, 설치, 운영, 유지보수에 직접적인 영향을 미치며, 이러한 영향을 충분히 이해하고 관리하지 않으면 발전소의 성능과 수명에 심각한 문제를 초래할 수 있다.

(1) 해상풍력 터빈에 작용하는 물리적 힘

해양 환경은 육상과 비교해 매우 다이내믹하며, 풍력 터빈에 가해지는 물리적 힘은 이들 환경적 요인에 의해 크게 좌우된다. 해양에서 작용하는 주요 물리적 힘은 다음과 같다.

- 바람 하중: 바람은 해상풍력 터빈의 로터와 타워에 작용하는 주요 힘이다. 바람의 속도, 방향, 난류 등의 특성은 터빈의 설계에 큰 영향을 미치며, 특히 바람이 강하고 일관된 해양 환경에서는 터빈에 가해지는 스트레스가 크다. 바람 하중은 터빈의 블레이드에 피로를 일으켜 구조적 손상을 초래할 수 있으며, 장기적으로 터빈의 수명을 단축시킬 수 있다.
- 파도 하중: 해상풍력 터빈은 파도의 하중을 견뎌야 한다. 파도는 터빈 기초 구조물에 주기적인 힘을 가하며, 이로 인해 터빈이 불안정해질 수 있다. 파도의 높이와 주기는 터빈의 설계에 중요한 요소로 작용하며, 특히 폭풍우와 같은 극한 조건에서는 파도 하중이 급격히 증가할 수 있다.
- 조류 하중: 조류는 해저 기초에 지속적으로 작용하는 힘이다. 조류의 방향과 속도는 기초 구조물에 큰 영향을 미치며, 강한 조류는 터빈을 고정하는 기초 구조물에 상당한 스트레스를 가할 수 있다. 특히 조류의 흐름이 빠른 지역에서는 기초 구조물의 설계가 더 복잡하고 견고해야 한다.
- 해수면 상승: 기후 변화로 인한 해수면 상승은 해상풍력 터빈에 추가적인 하중을 가할 수 있다. 해수면이 상승하면 파도의 하중이 증가하고, 기초 구조물의 안정성에 부정적인 영향을 미칠 수 있다.

(2) 부식 및 방청 문제

해양 환경은 풍력 터빈의 재료에 심각한 부식 문제를 일으킬 수 있다. 염분이 많은 해양 대기와 해수는 금속 구조물의 부식을 촉진하며, 이로 인해 터빈의 구조적 강도가 저하되고 유지보수 비용이 증가할 수 있다.

- 염분에 의한 부식: 해양 대기 중의 염분은 터빈의 금속 부분, 특히 타워와 기초 구조물에 부식을 일으킬 수 있다. 염분은 금속 표면에 침투하여 부식 반응을 촉진하며, 이로 인해 금속 표면이 손상되고, 장기적으로는 구조적 결함이 발생할 수 있다. 부식 방지를 위해 해양 환경에서 사용되는 터빈은 일반적으로 특수 코팅이나 부식 방지 처리를 적용받는다.
- 갈바닉 부식: 해양 환경에서는 서로 다른 금속 간의 전기화학적 반응으로 인해 갈바닉 부식이 발생할 수 있다. 이는 특히 해수에 잠겨 있는 기초 구조물에서 자주

발생하며, 전기적 연결을 통해 서로 다른 금속 간에 전자가 이동하여 부식을 촉진한다. 이를 방지하기 위해 전기 절연 또는 희생양극(sacrificial anode)과 같은 방법이 사용된다.

- 부식 방지 기술: 부식을 방지하기 위해 다양한 기술이 적용된다. 코팅 기술은 금속 표면을 보호하는 가장 일반적인 방법이며, 해양 환경에서는 특히 내염성이 강한 코팅이 필요하다. 아노다이징(anodizing)이나 양극 보호(cathodic protection)와 같은 전기화학적 보호 기법도 사용된다. 이 외에도 부식 저항성이 높은 합금이나 비금속 재료를 사용하는 것도 효과적인 방법이다.

(3) 해양 생물과의 상호작용

해상풍력 터빈은 해양 생태계와 상호작용하며, 이 과정에서 다양한 생물학적 영향을 받을 수 있다. 해양 생물과의 상호작용은 터빈의 성능에 영향을 미칠 수 있으며, 반대로 터빈이 해양 생물에 미치는 영향도 중요한 고려사항이다.

- 생물막 형성: 해양 환경에서는 조류, 따개비, 굴 등 다양한 해양 생물이 터빈의 기초 구조물에 부착하여 생물막을 형성할 수 있다. 이 생물막은 터빈의 유체역학적 성능을 저하시키고, 기초 구조물의 무게를 증가시켜 구조적 안정성에 부정적인 영향을 미칠 수 있다. 생물막을 제거하기 위해 주기적인 청소와 유지보수가 필요하며, 방오 처리(anti-fouling treatment)가 적용될 수 있다.
- 해양 포유류와의 충돌 위험: 해양 포유류, 특히 고래와 돌고래와 같은 종은 해상풍력 터빈의 기초 구조물과 충돌할 위험이 있다. 이로 인해 터빈이 손상되거나 해양 포유류가 부상을 입을 수 있다. 이를 방지하기 위해, 해양 생물의 서식지와 이동 경로를 고려한 입지 선정이 중요하며, 터빈의 설계에 생물 충돌을 최소화할 수 있는 기술을 적용할 수 있다.
- 해양 생물의 서식지 변화: 해상풍력 발전소는 인공 구조물을 제공함으로써 일부 해양 생물의 서식지로 작용할 수 있다. 예를 들어, 터빈 기초 구조물 주변에 인공 암초가 형성될 수 있으며, 이는 어류와 무척추동물의 서식지를 제공할 수 있다. 그러나 이는 일부 종에게 긍정적인 영향을 미칠 수 있지만, 다른 종에게는 서식지 상실 또는 서식 환경의 변화로 인한 부정적인 영향을 미칠 수 있다.

(4) 극한 기후 조건의 영향

해상풍력 터빈은 폭풍, 태풍, 혹한 등 극한 기후 조건에 노출될 수 있으며, 이러한 조건은 터빈의 구조적 무결성에 심각한 영향을 미칠 수 있다.

- 폭풍과 태풍: 폭풍과 태풍은 매우 강한 바람과 파도를 동반하며, 해상풍력 터빈에 극한 하중을 가할 수 있다. 이러한 조건에서 터빈의 블레이드, 타워, 기초 구조물에 가해지는 스트레스는 평상시보다 훨씬 크며, 이로 인해 구조적 손상이 발생할 수 있다. 특히, 태풍과 같은 기상 현상에서는 급격한 풍향 변화와 강한 바람이 터빈의 피로를 가중시켜 블레이드의 파손이나 타워의 붕괴를 초래할 수 있다.
- 혹한과 얼음 부착: 북극이나 한대 해양 환경에서는 해상풍력 터빈이 혹한과 얼음 부착의 영향을 받을 수 있다. 얼음이 블레이드나 타워에 부착되면 무게가 증가하여 구조적 부담을 가중시킬 수 있으며, 블레이드의 공기역학적 성능이 저하되어 에너지 생산 효율이 떨어질 수 있다. 이를 방지하기 위해, 얼음 부착 방지 기술(anti-icing 또는 de-icing)이 적용되며, 내한성 재료를 사용한 설계가 필요하다.
- 극한 기후 조건에 대한 대비책: 해상풍력 터빈이 극한 기후 조건에서도 안정적으로 운영될 수 있도록 다양한 대비책이 마련되어야 한다. 강한 바람에 견딜 수 있는 강화된 구조 설계, 태풍 예보에 따른 터빈의 작동 중지 및 안전 모드 전환, 얼음 부착 방지 및 제거 시스템 도입 등이 이에 해당한다.

(5) 유지보수와 접근성의 문제

해양 환경은 터빈의 유지보수와 접근성을 복잡하게 만들 수 있다. 특히 원거리에 위치한 해상풍력 발전소에서는 유지보수 작업이 더욱 어렵고 비용이 많이 들 수 있다.

- 접근성 문제: 해상풍력 터빈의 유지보수를 위해서는 해양 작업이 필수적이다. 그러나 해상풍력 터빈은 바다에 위치하고 있어, 유지보수를 위해 접근하는 것이 육상풍력보다 훨씬 더 복잡하고 도전적일 수 있다. 날씨와 해양 조건이 유지보수 작업의 일정에 큰 영향을 미칠 수 있으며, 특히 강한 파도나 폭풍이 발생하는 시기에는 터빈에 접근하는 것이 위험할 수 있다. 이러한 이유로, 해상풍력 발전소에서는 유지보수를 위한 계획과 일정 조정이 매우 중요하다.

- 원격 감시 및 자동화 기술: 해상풍력 터빈의 접근성 문제를 해결하기 위해 원격 감시 시스템과 자동화 기술이 점점 더 많이 사용되고 있다. 이러한 기술은 터빈의 성능을 실시간으로 모니터링하고, 고장이나 이상 징후를 조기에 감지하여 유지보수 작업이 필요할 때 신속하게 대응할 수 있도록 한다. 드론이나 자율 로봇을 이용한 자동화된 점검과 유지보수도 도입되고 있으며, 이를 통해 접근성이 떨어지는 해상 터빈의 유지보수 효율성을 크게 향상시킬 수 있다.
- 유지보수 비용: 해상풍력 터빈의 유지보수 비용은 육상풍력에 비해 훨씬 높을 수 있다. 이는 터빈에 접근하는 데 필요한 선박과 장비, 인력 비용이 증가하기 때문이다. 또한, 해양 환경에서의 유지보수 작업은 더 많은 시간과 노력을 요구하며, 악천후로 인해 작업이 지연될 경우 추가 비용이 발생할 수 있다. 이러한 비용을 줄이기 위해, 유지보수 계획을 최적화하고, 예측 유지보수 전략을 도입하는 것이 중요하다.
- 기초 구조물의 유지보수: 해상풍력 터빈의 기초 구조물은 해양 환경에서 지속적으로 작용하는 하중과 부식에 의해 손상될 수 있으며, 정기적인 유지보수가 필요하다. 특히, 해수에 잠겨 있는 부분은 염분에 의한 부식이 심각할 수 있어, 부식 방지 처리와 정기적인 점검이 필수적이다. 기초 구조물의 손상이 발견되면 신속한 보수 작업이 이루어져야 하며, 이를 위해 특수 장비와 기술이 필요할 수 있다.

(6) 해상풍력 터빈의 설계 및 기술적 고려사항

해상풍력 터빈은 해양 환경의 특수성을 고려한 설계가 필요하다. 이러한 설계는 터빈이 해양의 다양한 도전과제를 극복하고 장기간 안정적으로 작동할 수 있도록 보장한다.

- 구조적 설계: 해상풍력 터빈의 구조적 설계는 강한 바람, 파도, 조류 하중 등을 견딜 수 있도록 고안되어야 한다. 터빈 타워는 이러한 하중을 효율적으로 분산시키기 위해 강도와 유연성을 동시에 가져야 하며, 블레이드와 타워의 재료는 내구성과 내식성이 뛰어나야 한다. 또한, 기초 구조물은 수심, 해저 지형, 조류 등을 고려하여 안정적이고 견고하게 설계되어야 한다.
- 재료 선택: 해상풍력 터빈에 사용되는 재료는 부식에 강하고, 해양 환경에서의 장기간 노출을 견딜 수 있어야 한다. 고강도 스틸, 복합 재료, 내식성 합금 등이 주로 사용되며, 코팅 및 표면 처리 기술을 통해 재료의 내구성을 더욱 향상시킬 수 있다.

- 부유식 기초 구조물: 수심이 깊은 해역에서는 부유식 기초 구조물이 필요하다. 부유식 구조물은 바닥에 고정되지 않고 부유 상태에서 터빈을 지탱하며, 강한 조류와 파도에도 안정성을 유지할 수 있도록 설계된다. 부유식 구조물의 설계는 매우 복잡하며, 이를 위한 고도의 기술이 요구된다. 이 구조물은 특히 심해 지역에서 해상풍력 발전의 가능성을 크게 확대시킬 수 있다.
- 에너지 전송: 해상풍력 발전소에서 생산된 전기는 해저 케이블을 통해 육지로 전송된다. 해저 케이블은 파도와 조류에 의해 발생하는 물리적 힘과 해저 지형의 변화에 견딜 수 있도록 설계되어야 하며, 전력 손실을 최소화할 수 있는 고압 직류(HVDC) 전송 시스템이 자주 사용된다. 또한, 해저 케이블의 설치와 유지보수 작업도 매우 중요하며, 이는 발전소의 전반적인 경제성에 영향을 미칠 수 있다.

(7) 환경 및 생태계에 미치는 영향

해상풍력 발전소는 해양 환경과 생태계에 다양한 영향을 미칠 수 있으며, 이러한 영향은 터빈의 성능과 장기적인 지속 가능성에도 중요한 요인이 된다.

- 해양 소음 공해: 해상풍력 터빈의 작동 소음은 해양 생물에게 영향을 미칠 수 있다. 특히 해양 포유류는 소리에 민감하며, 터빈 작동 소음이 그들의 이동 경로와 서식지에 영향을 줄 수 있다. 이를 줄이기 위해 터빈의 소음 발생을 최소화하는 기술이 필요하며, 해양 생물 보호를 위한 환경 관리 계획이 요구된다.
- 해양 생태계 변화: 터빈 설치로 인해 해양 생태계가 변화할 수 있다. 예를 들어, 터빈 기초 구조물이 인공 암초 역할을 하여 새로운 해양 생물이 서식할 수 있는 공간을 제공할 수 있지만, 이는 기존 생태계의 균형을 깨뜨릴 수도 있다. 따라서, 터빈 설치 전후의 해양 생태계 변화를 지속적으로 모니터링하고, 필요한 경우 복구 및 보호 조치를 취해야 한다.
- 어업 활동과의 상충: 해상풍력 발전소의 설치와 운영이 어업 활동에 영향을 미칠 수 있다. 터빈 설치 지역이 전통적인 어장과 겹칠 경우 어민들과의 갈등이 발생할 수 있으며, 이는 지역 사회와의 관계에 영향을 미칠 수 있다. 이러한 문제를 해결하기 위해 어업 활동과 조화를 이루는 발전소 운영 계획이 필요하며, 어민들과의 협력을 통해 상생할 수 있는 방안을 모색해야 한다.

(8) 기후 변화와 해상풍력 터빈의 적응

기후 변화는 해상풍력 발전소의 운영 환경에 장기적으로 영향을 미칠 수 있다. 특히 해수면 상승, 기온 상승, 해양 기후 패턴의 변화 등은 터빈의 성능과 수명에 중요한 변수로 작용할 수 있다.

- 해수면 상승: 기후 변화로 인한 해수면 상승은 터빈 기초 구조물의 설계에 영향을 미친다. 해수면이 상승하면 파도의 하중이 증가하고, 조류와의 상호작용이 변할 수 있다. 이를 대비하기 위해, 해수면 상승을 고려한 기초 구조물 설계와 운영 전략이 필요하다.
- 바람 패턴의 변화: 기후 변화는 바람 패턴에 영향을 미칠 수 있으며, 이는 해상풍력 발전소의 에너지 생산량에 직접적인 영향을 준다. 예를 들어, 바람이 더 강해지거나 방향이 변할 경우 터빈의 설계와 운영에 대한 재평가가 필요할 수 있다. 기후 모델링을 통해 미래의 바람 조건을 예측하고, 이에 따라 터빈의 성능을 최적화하는 것이 중요하다.
- 기온 상승: 기온 상승은 터빈의 냉각 시스템과 재료 선택에 영향을 미칠 수 있다. 특히 열에 민감한 전자 장비와 재료는 기온 상승에 대한 대비가 필요하며, 냉각 효율을 높이기 위한 기술적 개선이 요구된다.

(9) 해상풍력 터빈의 수명 연장과 성능 최적화

해상풍력 터빈의 수명을 연장하고 성능을 최적화하기 위한 다양한 전략이 존재한다. 이는 해양 환경에서의 터빈 운영 비용을 줄이고, 장기적인 경제성을 확보하는 데 필수적이다.

- 예측 유지보수: 해상풍력 터빈의 예측 유지보수는 성능 최적화와 수명 연장을 위한 중요한 전략이다. 센서와 데이터 분석 기술을 활용하여 터빈의 상태를 실시간으로 모니터링하고, 고장이나 이상이 발생하기 전에 유지보수를 수행함으로써 터빈의 성능을 유지하고, 예기치 않은 중단을 방지할 수 있다.
- 블레이드 성능 개선: 해상풍력 터빈 블레이드의 성능을 개선함으로써 에너지 생산 효율을 높일 수 있다. 이는 블레이드의 공기역학적 설계를 최적화하거나, 더 가벼

운 재료를 사용하여 블레이드의 중량을 줄이고, 강성을 높이는 등의 방법으로 성능을 향상시킬 수 있다. 또한, 블레이드에 부착되는 해양 생물의 영향을 줄이기 위한 방오 처리 기술을 적용하여 블레이드의 효율을 장기간 유지할 수 있다.

- 타워와 기초 구조물의 강화: 해상풍력 터빈의 타워와 기초 구조물은 해양 환경에서의 다양한 하중과 부식에 견딜 수 있도록 강화되어야 한다. 이를 위해 내구성이 높은 재료를 사용하거나, 구조적 설계를 최적화하여 터빈의 안정성을 높일 수 있다. 또한, 부식 방지를 위해 주기적인 코팅과 표면 처리를 실시함으로써 구조물의 수명을 연장할 수 있다.
- 소프트웨어 및 제어 시스템의 업그레이드: 해상풍력 터빈의 제어 시스템과 소프트웨어를 최신 기술로 업그레이드함으로써 터빈의 운영 효율성을 높일 수 있다. 예를 들어, 더 정교한 예측 알고리즘과 인공지능 기반의 제어 시스템을 도입하여 바람의 변화에 빠르게 대응하고, 터빈의 출력과 안정성을 최적화할 수 있다.

(10) 해상풍력 터빈의 해체 및 재활용

해상풍력 터빈의 운영 수명이 종료되면, 터빈을 해체하고 재활용하는 과정이 필요하다. 이 과정에서 환경에 미치는 영향을 최소화하고, 재활용 가능한 자원을 최대한 회수하는 것이 중요하다.

- 터빈 해체 과정: 해상풍력 터빈을 해체하는 과정은 매우 복잡하고 비용이 많이 들 수 있다. 기초 구조물, 타워, 블레이드, 전력 전송 케이블 등 다양한 구성 요소를 안전하게 제거해야 하며, 이 과정에서 해양 환경에 미치는 영향을 최소화해야 한다. 해체 작업은 주로 전문적인 해양 작업 선박과 장비를 사용하여 이루어진다.
- 재활용 기술: 터빈 구성 요소의 재활용은 지속 가능한 해상풍력 발전을 위한 중요한 부분이다. 스틸, 알루미늄, 구리 등의 금속 재료는 재활용이 가능하며, 블레이드와 같은 복합 재료도 최근에는 재활용 기술이 개발되고 있다. 재활용 가능성을 고려한 설계가 이루어진다면, 해체 후의 환경적 영향을 줄이고 자원 회수율을 높일 수 있다.
- 환경적 고려사항: 터빈 해체 시 해양 생태계에 미치는 영향을 최소화하는 것이 중요하다. 해체 작업 중에 발생할 수 있는 해양 오염을 방지하기 위한 조치가 필요하며, 터빈 해체 후에는 해당 지역의 해양 생태계를 복원하는 데 필요한 노력이 요구될 수 있다.

2.3 해상풍력 발전의 경제적 분석

2.3.1 설치 비용과 운영 비용

해상풍력 발전은 신재생 에너지의 한 축을 담당하며, 지속 가능한 에너지 공급을 위한 중요한 기술로 자리잡고 있다. 그러나, 해상풍력 발전소의 성공적인 설치와 운영을 위해서는 경제적인 측면에서의 철저한 분석이 필요하다. 특히 설치 비용과 운영 비용은 해상풍력 발전 프로젝트의 전체 경제성을 결정짓는 중요한 요소이다.

(1) 해상풍력 발전의 설치 비용 개요

해상풍력 발전소의 설치 비용은 프로젝트 초기 투자비용의 대부분을 차지하며, 여러 요인에 의해 크게 좌우된다. 설치 비용은 풍력 터빈의 제작, 해상 설치, 기초 구조물, 해저 케이블, 전력 전송 인프라, 연구 개발 및 인허가 비용 등을 포함한다. 이러한 비용은 주로 프로젝트의 위치, 기술적 요구사항, 시장 조건 등에 따라 변동한다.

1) 풍력 터빈 비용

- 터빈 자체 비용: 해상풍력 터빈의 비용은 육상풍력 터빈에 비해 더 높다. 이는 해상 환경에서의 가혹한 조건을 견딜 수 있도록 설계된 터빈이 필요하기 때문이다. 터빈 비용에는 블레이드, 타워, 나셀(nacelle), 발전기, 변압기 등 주요 구성 요소들이 포함된다.
- 터빈 운송 비용: 대형 풍력 터빈을 제작지에서 설치지까지 운송하는 데 드는 비용도 상당하다. 특히, 해상에서의 운송은 특수 선박과 장비가 필요하며, 해상 운송 비용이 크게 증가할 수 있다.

2) 기초 구조물 비용

- 고정식 기초 구조물: 수심이 얕은 지역에서는 주로 고정식 기초 구조물이 사용된다. 이 유형의 기초 구조물은 일반적으로 중력식, 말뚝식 또는 자켓형 기초로 구성되며, 설치 비용은 수심과 해저 지질에 따라 달라진다.
- 부유식 기초 구조물: 깊은 수심에서는 부유식 기초 구조물이 필요하다. 부유식 기초 구조물은 기술적으로 복잡하며, 설치 비용이 매우 높다. 이 기초 구조물은 터빈을 바다에 부유시키면서도 안정적으로 유지할 수 있는 기술이 필요하다.

3) 해저 케이블 및 전력 전송 인프라

- 해저 케이블 비용: 해상풍력 발전소에서 생산된 전기를 육지로 전송하기 위해서는 해저 케이블이 필요하다. 해저 케이블의 비용은 설치 거리, 수심, 해저 지질 등에 따라 달라진다. 해저 케이블은 고압 직류(HVDC) 또는 교류(AC) 전송을 사용하며, 해저 케이블의 설치와 유지보수는 매우 비용이 많이 드는 작업이다.
- 전력 변환 및 전송 인프라: 해상풍력 발전소에서 생산된 전기를 변압하고, 육지로 전송하기 위한 변환소와 변전소가 필요하다. 이 인프라의 비용은 발전소의 규모와 전송 거리, 전압 수준에 따라 결정된다.

4) 해상 설치 및 시운전 비용

- 설치 장비와 인력 비용: 해상풍력 터빈을 설치하는 데 필요한 장비와 인력의 비용도 상당하다. 특수 설치 선박, 해양 크레인, 잠수사 등의 사용이 필요하며, 해양 작업 환경에서의 작업이기 때문에 위험 부담이 크고, 그에 따라 인건비가 높아진다.
- 시운전 비용: 해상풍력 발전소가 완전히 설치된 후, 초기 테스트와 시운전 작업이 필요하다. 이 과정에서 시스템이 제대로 작동하는지 확인하고, 필요한 조정을 통해 최적의 성능을 확보한다. 시운전 과정에서 발생하는 비용도 설치 비용에 포함된다.

5) 연구 개발 및 인허가 비용

- 연구 개발 비용: 해상풍력 발전 프로젝트는 초기 단계에서 광범위한 연구와 개발을 필요로 한다. 바람 자원 평가, 환경 영향 평가, 기술적 타당성 조사 등이 이에 포함되며, 이러한 연구 개발 비용은 전체 프로젝트 비용의 중요한 부분을 차지한다.

- 인허가 비용: 해상풍력 발전소를 설치하기 위해서는 정부와 규제 기관의 인허가가 필요하다. 인허가 과정에서 발생하는 법적 비용, 협상 비용, 환경 보상 비용 등이 포함되며, 이 과정에서 발생하는 비용이 상당할 수 있다.

(2) 해상풍력 발전의 운영 비용 개요

해상풍력 발전소의 운영 비용은 설치 후 발생하는 모든 비용을 포함하며, 운영 비용의 효율적인 관리가 프로젝트의 경제성에 중요한 영향을 미친다. 운영 비용에는 유지보수 비용, 운영 인력 비용, 보험 비용, 그리고 전력 판매 관리 비용 등이 포함된다.

1) 유지보수 비용

- 정기 유지보수: 해상풍력 터빈은 해양 환경의 가혹한 조건에 노출되기 때문에 정기적인 유지보수가 필요하다. 정기 유지보수에는 블레이드와 나셀 점검, 기초 구조물의 부식 방지, 전기 시스템의 점검 등이 포함된다.
- 예방적 유지보수: 예측 유지보수 시스템을 도입하여 터빈의 상태를 실시간으로 모니터링하고, 예상되는 고장을 사전에 방지하는 전략이 운영 비용 절감에 도움이 된다. 이는 센서 데이터와 인공지능 기술을 활용하여 터빈의 성능을 최적화하는 데 중점을 둔다.
- 긴급 유지보수: 예기치 않은 고장이나 사고로 인해 발생하는 긴급 유지보수 비용도 고려해야 한다. 해상에서의 유지보수 작업은 육상보다 비용이 많이 들며, 악천후로 인해 접근이 어려울 경우 작업이 지연되어 추가 비용이 발생할 수 있다.

2) 운영 인력 비용

- 운영 인력: 해상풍력 발전소의 운영을 위해 필요한 인력의 비용도 상당하다. 운영 인력은 주로 원격 감시 및 제어 센터에서 근무하며, 해양 작업을 지원하기 위해 필요시 현장 작업도 수행한다. 숙련된 기술자와 엔지니어의 인건비가 포함되며, 해상 작업의 특성상 이들의 급여가 높을 수 있다.

- 해양 작업 지원 인력: 해양 작업을 지원하는 선박 운영자, 잠수사, 해양 엔지니어 등의 인력도 필요하다. 이들은 주로 유지보수 작업이나 긴급 상황 대응에 투입되며, 이들의 운영 비용도 고려해야 한다.

3) 보험 비용

- 터빈 보험: 해상풍력 터빈은 높은 자산 가치를 가지고 있으며, 폭풍, 태풍, 해양 사고 등으로 인한 손실을 대비하기 위해 보험이 필수적이다. 보험 비용은 터빈의 위치, 환경 조건, 보험 보장 범위에 따라 달라지며, 해상보험료는 육상보험료보다 일반적으로 높다.
- 환경 책임 보험: 해상풍력 발전소가 환경에 미치는 영향을 고려하여 환경 책임 보험을 가입해야 할 수도 있다. 이는 해상풍력 발전소의 운영이 해양 생태계나 지역 어업에 미치는 부정적인 영향을 보상하기 위한 보험이다.

4) 전력 판매 관리 비용

- 전력 거래 비용: 해상풍력 발전소에서 생산된 전기를 시장에 판매하기 위해서는 전력 거래 비용이 발생한다. 이는 전력 중개인, 거래 플랫폼, 정부 규제에 따른 비용 등을 포함한다.
- 재생 에너지 인증 비용: 재생 에너지 인증서(RECs) 발급과 관련된 비용도 운영 비용에 포함된다. RECs는 발전소가 생산한 전기가 재생 가능 에너지임을 증명하며, 이를 판매하거나 거래할 수 있다.

(3) 설치 비용과 운영 비용의 상호작용

해상풍력 발전소의 설치 비용과 운영 비용은 상호 연관되어 있으며, 초기 투자 결정 시 이러한 요소들을 종합적으로 고려해야 한다. 설치 비용을 줄이기 위한 선택이 장기적으로 운영 비용을 증가시킬 수 있으며, 반대로 초기 설치 비용을 높게 설정하여 고품질의 설비를 선택함으로써 운영 비용을 절감할 수도 있다.

1) 기초 구조물 선택과 유지보수 비용

- 기초 구조물의 설계와 재료: 초기 설치 단계에서 고품질의 내구성이 강한 재료를 선택하여 기초 구조물을 설계하면, 장기적으로 유지보수 비용을 절감할 수 있다. 예를 들어, 내식성이 뛰어난 재료를 사용하거나, 부식을 방지하기 위한 고급 코팅을 적용하면 기초 구조물의 수명을 연장하고, 정기적인 유지보수의 빈도를 줄일 수 있다. 반면, 초기 설치 비용을 절감하기 위해 저가의 재료나 단순한 설계를 선택하면, 장기적으로는 유지보수 비용이 증가하고, 터빈의 수명이 단축될 위험이 있다.

2) 터빈 설계와 성능 최적화

- 고효율 터빈의 선택: 초기 설치 비용을 높여 고효율의 최신 터빈을 설치하면, 더 많은 전력을 생산할 수 있어 장기적으로 운영 수익을 극대화할 수 있다. 고효율 터빈은 더 적은 바람에도 높은 전력 생산을 가능하게 하며, 이는 특히 바람 자원이 불규칙한 지역에서 중요한 이점이 된다.
- 터빈의 내구성 강화: 초기 설치 시 터빈의 내구성을 높이기 위한 설계를 채택하면, 터빈의 수명을 연장하고, 예기치 않은 고장으로 인한 긴급 유지보수 비용을 줄일 수 있다. 예를 들어, 내구성이 강한 블레이드와 타워를 선택하면 바람 하중과 부식에 대한 저항력이 높아져 장기적인 유지보수 비용이 감소할 수 있다.

3) 해저 케이블과 전력 전송 인프라

- 해저 케이블의 품질과 설치 방법: 해저 케이블은 초기 설치 비용에서 상당한 비중을 차지하지만, 고품질의 케이블을 선택하고, 설치 과정에서 케이블의 손상을 최소화하는 방법을 사용하면 장기적인 운영 비용을 절감할 수 있다. 특히, 해저 케이블의 손상은 수리가 어려우므로 초기 설치 시 신중한 선택이 필요하다.
- 전력 전송의 효율성: 초기 설치 단계에서 고효율의 전력 변환 및 전송 시스템을 구축하면, 전력 손실을 줄이고, 전력 판매 수익을 높일 수 있다. 예를 들어, HVDC 전송 시스템은 장거리 전송에서의 전력 손실을 크게 줄여줄 수 있으며, 이는 운영 비용 절감과 직결된다.

4) 위치 선정과 경제성 분석

- 입지 선정의 중요성: 해상풍력 발전소의 입지 선정은 초기 설치 비용과 운영 비용 모두에 영향을 미친다. 바람 자원이 풍부하고, 해양 조건이 비교적 안정적인 지역을 선택하면, 설치 비용을 최적화하고, 운영 비용을 낮출 수 있다. 반대로, 설치 비용이 낮다고 하더라도 바람 자원이 부족하거나, 유지보수가 어려운 지역을 선택하면 장기적인 경제성에 부정적인 영향을 미칠 수 있다.
- 경제성 분석: 설치 비용과 운영 비용 간의 상호작용을 종합적으로 분석하기 위해 경제성 분석이 필요하다. 이는 총 소유 비용(Total Cost of Ownership, TCO) 분석을 통해 초기 투자와 운영 기간 동안 발생할 수 있는 모든 비용을 평가하는 방식으로 이루어진다. 이를 통해 설치와 운영의 균형을 맞추고, 최적의 경제성을 달성할 수 있다.

(4) 설치 비용 절감 전략

해상풍력 발전소의 설치 비용을 절감하기 위해 다양한 전략이 사용될 수 있다. 이러한 전략은 프로젝트의 초기 경제성을 개선하고, 투자 회수 기간을 단축하는 데 중요한 역할을 한다.

1) 표준화와 모듈화

- 표준화된 터빈 설계: 터빈 설계를 표준화함으로써 생산 비용을 절감할 수 있다. 표준화된 설계는 대량 생산이 가능하게 하며, 설치 과정에서도 효율성을 높일 수 있다. 이는 프로젝트 전체의 비용 절감으로 이어진다.
- 모듈화된 설치 방법: 모듈화된 설치 방법을 통해 설치 시간을 단축하고, 설치 비용을 줄일 수 있다. 터빈과 기초 구조물, 전력 전송 장비 등을 모듈 단위로 사전에 제작하여 현장에서 빠르게 조립할 수 있도록 하는 방법이다. 이를 통해 해양 작업 시간을 줄이고, 설치 비용을 최적화할 수 있다.

2) 기술 혁신과 자동화

- 첨단 설치 기술의 도입: 드론, 자율 로봇, AI 기반 설치 시스템 등 첨단 기술을 도입하여 설치 과정을 자동화하고, 인건비와 작업 시간을 줄일 수 있다. 예를 들어, 드론을 이용한 터빈 설치 전후의 상태 점검은 인간 작업자의 접근이 어려운 지역에서도 정확한 설치를 가능하게 한다.
- 해상 설치 선박의 개선: 최신 해상 설치 선박은 더 많은 터빈과 장비를 한 번에 운송하고 설치할 수 있으며, 이는 설치 비용을 줄이는 데 기여한다. 또한, 이러한 선박은 악천후에도 작업을 수행할 수 있는 기술적 능력을 갖추고 있어, 기상 조건으로 인한 작업 지연을 최소화할 수 있다.

3) 규모의 경제

- 대규모 프로젝트: 해상풍력 발전소의 규모가 클수록 설치 비용의 단가가 낮아질 수 있다. 대규모 프로젝트에서는 자재 구매, 설치 장비 사용, 인력 배치 등의 비용을 효율적으로 관리할 수 있으며, 이는 전체 설치 비용의 절감으로 이어진다.
- 공동 인프라 사용: 인근 해상풍력 발전소와 인프라를 공유함으로써 설치 비용을 절감할 수 있다. 예를 들어, 해저 케이블이나 변전소를 여러 발전소가 공유함으로써 개별 설치 비용을 줄이고, 경제성을 높일 수 있다.

(5) 운영 비용 절감 전략

해상풍력 발전소의 운영 비용을 절감하기 위해서는 유지보수 전략의 최적화, 기술적 개선, 운영 인력의 효율적 배치 등이 중요하다. 운영 비용을 효과적으로 관리하면 발전소의 경제성을 높이고, 투자 회수 기간을 단축할 수 있다.

1) 예측 유지보수의 도입

- 상태 기반 유지보수(CBM): 터빈의 상태를 실시간으로 모니터링하여, 실제 사용 상태에 따라 유지보수를 수행하는 방법이다. 이는 터빈의 성능 저하를 조기에 감지하고, 필요한 유지보수를 적시에 실시함으로써 불필요한 비용을 절감할 수 있다.

- 빅데이터와 AI 활용: 빅데이터와 인공지능 기술을 활용하여 터빈의 고장 예측 모델을 구축할 수 있다. 이를 통해 유지보수 계획을 최적화하고, 운영 중단 시간을 최소화할 수 있다. 이러한 예측 유지보수 시스템은 운영 비용 절감과 터빈 수명 연장에 중요한 역할을 한다.

2) 운영 인력의 효율적 배치

- 원격 감시와 제어 시스템: 해상풍력 발전소는 원격 감시와 제어 시스템을 통해 운영할 수 있다. 이를 통해 현장 인력을 최소화하고, 운영 비용을 줄일 수 있다. 원격 제어 시스템은 터빈의 성능을 실시간으로 모니터링하고, 필요시 원격으로 문제를 해결할 수 있다.
- 멀티 스킬 인력 배치: 다양한 기술을 갖춘 멀티 스킬 인력을 배치하여 운영 인력을 효율화할 수 있다. 예를 들어, 한 명의 기술자가 여러 작업을 수행할 수 있도록 교육함으로써 인건비를 절감하고, 작업 효율을 높일 수 있다.

3) 기술적 개선과 운영 효율성

- 블레이드 성능 최적화: 블레이드의 성능을 최적화함으로써 터빈의 에너지 생산 효율을 높일 수 있다. 이는 터빈 운영 비용을 절감하는 데 중요한 요소로 작용하며, 고성능 블레이드를 사용하면 유지보수 빈도도 줄어들 수 있다.
- 냉각 시스템 개선: 터빈의 냉각 시스템을 개선하여 전자 장비의 과열을 방지하고, 장비 수명을 연장할 수 있다. 이는 장기적으로 유지보수 비용 절감과 운영 효율성 향상에 기여한다.

4) 장기 계약과 비용 관리

- 전력 구매 계약(PPA): 안정적인 전력 판매 수익을 확보하기 위해 장기 전력 구매 계약을 체결할 수 있다. 이를 통해 전력 가격 변동에 따른 위험을 줄이고, 수익성을 높일 수 있다.
- 장기 유지보수 계약: 유지보수 비용을 예측 가능하게 하기 위해 장기 유지보수 계약을 체결하는 것도 비용 관리에 도움이 된다. 이러한 계약은 유지보수 서비스 제

공 업체와의 협상을 통해 이루어지며, 장기적인 관점에서 운영 비용을 효율적으로 관리할 수 있도록 도와준다. 장기 유지보수 계약은 예기치 않은 비용 상승을 방지하고, 발전소 운영에 안정성을 제공하는 데 중요한 역할을 한다.

5) 자재 및 부품의 효율적 관리

- 예비 부품 관리: 해상풍력 터빈의 예비 부품을 효율적으로 관리하는 것도 운영 비용 절감에 중요한 요소이다. 필요한 부품을 적절히 비축하여 유지보수 작업이 지연되지 않도록 하며, 불필요한 재고 비용을 최소화할 수 있다.
- 현지화된 공급망 구축: 부품과 자재의 공급망을 현지화하여 운송 비용과 시간을 줄일 수 있다. 이는 특히 긴급 유지보수 시 신속하게 대응할 수 있도록 하며, 운영 중단 시간을 최소화하는 데 기여한다.

6) 효율적인 에너지 관리

- 에너지 저장 시스템 도입: 해상풍력 발전소에 에너지 저장 시스템(ESS)을 도입하면, 전력 생산의 변동성을 줄이고, 전력 공급을 안정화할 수 있다. 이는 전력 시장에서 높은 가격에 전력을 판매할 수 있는 기회를 제공하며, 수익성을 높이는 데 기여한다.
- 전력 손실 최소화: 전력 전송 과정에서 발생하는 손실을 최소화하는 것도 중요하다. 이를 위해 고효율의 전력 변환 장비와 전송 시스템을 사용하여 에너지 효율을 극대화할 수 있다.

(6) 설치 비용과 운영 비용의 최적화

해상풍력 발전소의 경제성을 극대화하기 위해서는 설치 비용과 운영 비용의 균형을 맞추는 것이 중요하다. 이는 장기적인 투자 수익률을 높이고, 프로젝트의 지속 가능성을 확보하는 데 필수적이다.

1) 설계 단계에서의 최적화

- 통합 설계 접근: 설치와 운영을 통합적으로 고려한 설계 접근 방식을 통해 비용 최적화를 도모할 수 있다. 이는 설계 초기 단계에서 설치와 운영에 영향을 미치는 모든 요소를 고려하여, 장기적인 비용 절감 효과를 극대화하는 것이다.
- 라이프 사이클 비용 분석: 터빈의 전체 수명 동안 발생할 수 있는 모든 비용을 고려하여 설계하는 것이 중요하다. 라이프 사이클 비용 분석을 통해 설치와 운영의 최적 지점을 찾고, 경제성을 높일 수 있다.

2) 기술 혁신을 통한 비용 절감

- 기술 발전 활용: 해상풍력 발전 기술이 발전함에 따라, 설치와 운영 비용을 줄일 수 있는 새로운 기술이 도입되고 있다. 이러한 기술 혁신을 적극 활용함으로써 비용을 절감하고, 경쟁력을 강화할 수 있다.
- 스마트 유지보수 시스템: 스마트 센서와 AI 기술을 활용한 유지보수 시스템을 도입하여 터빈의 상태를 실시간으로 모니터링하고, 유지보수 주기를 최적화할 수 있다. 이를 통해 운영 비용을 줄이고, 터빈의 가동률을 높일 수 있다.

3) 경제적 시나리오 분석

- 시나리오 기반 비용 분석: 다양한 경제적 시나리오를 가정하고, 각 시나리오에서 발생할 수 있는 설치 비용과 운영 비용을 분석하는 것이 중요하다. 이를 통해 최악의 경우에도 경제성을 확보할 수 있는 전략을 수립할 수 있다.
- 리스크 관리: 해상풍력 발전소의 설치와 운영에서 발생할 수 있는 리스크를 사전에 식별하고, 이에 대한 대응 전략을 마련하는 것이 중요하다. 예를 들어, 기상 변화, 기술적 문제, 규제 변동 등에 대한 리스크를 관리함으로써 비용 초과를 방지할 수 있다.

4) 정책 및 규제 지원 활용

- 정부 보조금과 인센티브: 해상풍력 발전 프로젝트는 종종 정부 보조금과 인센티브를 통해 경제성을 강화할 수 있다. 이러한 지원을 최대한 활용하여 초기 설치 비용을 절감하고, 운영 비용을 보조할 수 있는 방법을 모색해야 한다.
- 규제 준수와 비용 관리: 해상풍력 발전소의 운영에 필요한 규제와 법적 요구사항을 철저히 준수하면서, 이를 효율적으로 관리하는 것이 중요하다. 규제 준수 비용을 줄이기 위해 프로세스를 최적화하고, 법적 리스크를 최소화하는 전략을 수립할 수 있다.

2.3.2 경제적 타당성 평가 방법

해상풍력 발전소의 경제적 타당성 평가는 프로젝트의 성공 여부를 결정하는 중요한 단계이다. 경제적 타당성 평가를 통해 투자 비용, 운영 비용, 수익성, 리스크 등을 종합적으로 분석하고, 이를 바탕으로 프로젝트의 경제적 효율성을 판단한다.

(1) 경제적 타당성 평가의 중요성

해상풍력 발전소는 초기 투자 비용이 매우 크고, 운영 및 유지보수 비용도 상당히 발생하는 고비용 프로젝트이다. 따라서 프로젝트를 시작하기 전에 철저한 경제적 타당성 평가를 통해 경제적 이익과 리스크를 분석하고, 프로젝트가 장기적으로 지속 가능한지 여부를 판단하는 것이 필수적이다. 경제적 타당성 평가는 투자자, 금융기관, 정부, 지역 사회 등 다양한 이해관계자에게 중요한 의사결정 도구로 사용된다.

(2) 비용-수익 분석 (Cost-Benefit Analysis, CBA)

비용-수익 분석(Cost-Benefit Analysis, CBA)은 해상풍력 발전소의 경제적 타당성을 평가하는 가장 기본적인 방법 중 하나이다. CBA는 프로젝트의 총 비용과 총 수익을 비교하여, 프로젝트의 경제적 이익을 계산하는 방법이다. 이를 통해 프로젝트가 경제적으로 타당한지 여부를 판단할 수 있다.

1) 총 비용의 계산

- 초기 설치 비용: 터빈, 기초 구조물, 해저 케이블, 전력 전송 인프라, 연구 개발, 인허가 등의 초기 설치 비용을 계산한다. 이는 프로젝트의 총 투자 비용 중 가장 큰 부분을 차지한다.
- 운영 및 유지보수 비용: 프로젝트 운영 기간 동안 발생할 수 있는 모든 비용을 포함한다. 유지보수, 인력, 보험, 전력 판매 관리 등의 비용이 이에 해당된다.
- 해체 및 복구 비용: 프로젝트 종료 후 터빈과 기초 구조물의 해체, 해양 환경 복구 등의 비용도 고려해야 한다.

2) 총 수익의 계산

- 전력 판매 수익: 해상풍력 발전소에서 생산된 전기를 판매하여 얻는 수익을 계산한다. 이는 발전소의 연간 발전량과 전력 판매 가격을 기준으로 계산할 수 있다.
- 재생 에너지 인증서(RECs): 해상풍력 발전소에서 생산된 전기는 재생 에너지 인증서(RECs)를 발급받을 수 있으며, 이를 통해 추가적인 수익을 창출할 수 있다.
- 탄소 배출권: 해상풍력 발전은 탄소 배출이 없는 청정 에너지원으로, 탄소 배출권 거래를 통해 추가 수익을 얻을 수 있다.

3) 순현재가치 (Net Present Value, NPV) 계산

- NPV의 개념: NPV는 특정 프로젝트가 가져올 예상 현금 흐름의 현재 가치를 계산한 것이다. NPV가 양수이면, 프로젝트는 경제적으로 타당하며, 음수이면 경제적 타당성이 낮다고 판단할 수 있다.
- 할인율의 적용: NPV를 계산할 때, 미래의 현금 흐름을 현재 가치로 환산하기 위해 할인율을 적용한다. 할인율은 투자자의 기대 수익률, 프로젝트의 리스크 수준 등에 따라 달라질 수 있다.

4) 비용-수익 비율 (Benefit-Cost Ratio, BCR) 계산

- BCR의 개념: BCR은 프로젝트의 총 수익을 총 비용으로 나눈 값이다. BCR이 1보

다 크면, 프로젝트는 경제적으로 타당하며, 1보다 작으면 경제적 타당성이 낮다고 볼 수 있다.

- BCR의 활용: BCR은 여러 대안 프로젝트 간의 경제적 타당성을 비교할 때 유용하게 사용된다. BCR이 높은 프로젝트일수록 경제적 이익이 크다고 평가된다.

(3) 내부수익률 (Internal Rate of Return, IRR)

내부수익률(IRR)은 해상풍력 발전소의 경제적 타당성을 평가하는 또 다른 중요한 지표이다. IRR은 NPV를 0으로 만드는 할인율로 정의되며, 이는 투자자가 기대하는 최소한의 수익률을 의미한다. IRR이 투자자의 요구 수익률보다 높다면, 프로젝트는 경제적으로 타당하다고 판단할 수 있다.

1) IRR의 계산 방법

- NPV와 IRR의 관계: IRR은 NPV가 0이 되는 지점을 찾는 과정에서 도출된다. 이때 적용되는 할인율이 바로 IRR이다.
- 시뮬레이션을 통한 계산: IRR은 일반적으로 시뮬레이션 기법을 통해 계산된다. 예상 현금 흐름을 기반으로 다양한 할인율을 적용하여 NPV를 계산한 후, NPV가 0이 되는 할인율을 찾는 방식이다.

2) IRR의 해석

- IRR이 높은 경우: IRR이 투자자의 기대 수익률보다 높다면, 프로젝트는 높은 경제적 수익성을 가질 가능성이 있다. 이는 프로젝트가 경제적으로 타당하다는 신호로 간주된다.
- IRR이 낮은 경우: IRR이 투자자의 기대 수익률보다 낮다면, 프로젝트는 경제적 타당성이 부족하다고 판단할 수 있다. 이 경우, 프로젝트를 재검토하거나 다른 대안을 고려할 필요가 있다.

3) IRR의 장점과 한계

- 장점: IRR은 쉽게 해석할 수 있는 지표로, 투자자에게 직관적인 정보를 제공한다. 또한, IRR은 다양한 대안 프로젝트 간의 수익성을 비교할 때 유용하다.
- 한계: IRR은 단일 할인율을 사용하여 계산되기 때문에, 프로젝트의 위험 요소나 비용 구조의 변화에 대한 민감도 분석이 어렵다는 한계가 있다. 또한, 다수의 IRR이 존재할 수 있는 경우, 해석이 복잡해질 수 있다.

(4) 투자 회수 기간 (Payback Period)

투자 회수 기간(Payback Period)은 해상풍력 발전소의 초기 투자 비용을 회수하는 데 걸리는 시간을 평가하는 방법이다. 이 지표는 투자자가 프로젝드에 대한 초기 투자 회수가 얼마나 빠르게 이루어지는지를 파악하는 데 도움을 준다.

1) 투자 회수 기간의 계산

- 현금 흐름 기반 계산: 투자 회수 기간은 해상풍력 발전소가 생성하는 순 현금 흐름이 초기 투자 비용을 상쇄할 때까지 걸리는 기간을 의미한다.
- 누적 현금 흐름 분석: 각 연도의 현금 흐름을 누적하여 초기 투자 비용을 회수하는 시점을 찾는다. 이 시점이 투자 회수 기간이다.

2) 투자 회수 기간의 해석

- 짧은 회수 기간: 투자 회수 기간이 짧을수록, 프로젝트의 초기 투자 비용을 빠르게 회수할 수 있어 경제적으로 유리하다. 이는 프로젝트가 리스크를 빨리 완화할 수 있다는 장점이 있다.
- 긴 회수 기간: 투자 회수 기간이 길다면, 초기 투자 회수가 더디게 이루어져 경제적 부담이 증가할 수 있다. 이는 프로젝트의 리스크가 더 크다는 신호일 수 있다.

3) 투자 회수 기간의 장점과 한계

- 장점: 투자 회수 기간은 계산이 쉽고, 투자자가 프로젝트의 초기 경제성을 빠르게 판단하는 데 유용하다. 또한, 프로젝트의 리스크 평가에 있어서도 중요한 역할을 한다.
- 한계: 투자 회수 기간은 현금 흐름의 전체 기간을 고려하지 않으며, 회수 기간 이후의 경제적 수익을 평가하지 않는다. 따라서, 프로젝트의 전체 경제성을 평가하는 데는 부족한 면이 있다.

(5) 민감도 분석 (Sensitivity Analysis)

민감도 분석은 해상풍력 발전소의 경제적 타당성 평가 과정에서 중요한 요소이다. 이는 프로젝트의 주요 변수들이 변동할 때, 경제적 성과에 미치는 영향을 분석하는 방법이다. 민감도 분석을 통해 프로젝트의 리스크와 불확실성을 평가할 수 있다.

1) 주요 변수의 식별

- 바람 자원: 해상풍력 발전소의 수익성은 바람 자원에 크게 의존한다. 바람 속도, 풍향, 바람의 일관성 등이 주요 변수로 고려된다.
- 전력 판매 가격: 전력 시장의 가격 변동성은 해상풍력 발전소의 경제적 성과에 직접적인 영향을 미친다. 전력 판매 가격이 주요 변수로 식별된다.
- 설치 및 운영 비용: 설치 비용, 유지보수 비용, 운영 비용 등은 해상풍력 발전소의 전체 비용 구조에서 중요한 비중을 차지한다. 이러한 비용 항목들이 변동할 경우, 프로젝트의 경제적 타당성에 미치는 영향을 평가해야 한다.
- 할인율: 할인율은 NPV와 IRR 계산에 중요한 역할을 한다. 할인율의 변화는 프로젝트의 현재 가치에 직접적인 영향을 미치므로, 할인율에 대한 민감도 분석이 필요하다.

2) 변수 변동에 따른 시나리오 설정

- 최소, 최대 시나리오: 각 변수의 최저치와 최고치를 설정하여, 해당 시나리오에서의 경제적 성과를 평가한다. 예를 들어, 바람 자원의 최소치와 최대치에 따른 NPV와 IRR을 계산해볼 수 있다.
- 단일 변수 변화: 하나의 변수만 변동시키고 다른 변수는 고정한 상태에서 경제적 성과를 평가하는 방법이다. 이를 통해 특정 변수의 변화가 경제성에 미치는 영향을 명확히 파악할 수 있다.
- 다중 변수 변화: 여러 변수를 동시에 변동시켜 경제적 성과를 평가하는 방법이다. 이는 복합적인 리스크를 평가할 수 있는 유용한 도구이며, 실제 환경에서 발생할 수 있는 다양한 상황을 반영할 수 있다.

3) 결과 해석 및 리스크 관리

- 변수의 영향력 평가: 민감도 분석 결과, 경제적 성과에 큰 영향을 미치는 변수를 식별할 수 있다. 예를 들어, 바람 자원이 프로젝트의 NPV에 가장 큰 영향을 미친다면, 바람 자원 평가와 예측의 정확성을 높이는 데 중점을 둬야 한다.
- 리스크 완화 전략 수립: 민감도 분석을 통해 식별된 주요 리스크에 대한 대응 전략을 마련한다. 예를 들어, 전력 판매 가격 변동에 대한 리스크가 크다면, 장기 전력 구매 계약(PPA)을 통해 가격 변동성을 줄일 수 있는 전략을 고려할 수 있다.
- 리스크 관리 계획: 리스크 관리 계획을 수립하여, 프로젝트 운영 중 발생할 수 있는 불확실성을 최소화한다. 이는 프로젝트의 경제성을 장기적으로 유지하는 데 중요한 역할을 한다.

(6) 시나리오 분석 (Scenario Analysis)

시나리오 분석은 경제적 타당성 평가에서 민감도 분석과 함께 사용될 수 있는 방법이다. 시나리오 분석은 여러 가지 가능한 미래 상황을 가정하고, 그 상황에서 프로젝트의 경제적 성과를 평가하는 방법이다.

1) 시나리오 설정

- 기본 시나리오: 현재 시장 상황과 예상되는 환경을 반영한 기본 시나리오를 설정한다. 이는 프로젝트의 기준이 되는 시나리오로, 다른 시나리오와 비교할 때 사용된다.
- 낙관적 시나리오: 긍정적인 변수 가정 하에서의 시나리오를 설정한다. 예를 들어, 전력 판매 가격 상승, 바람 자원 증가, 설치 비용 감소 등을 가정할 수 있다.
- 비관적 시나리오: 부정적인 변수 가정 하에서의 시나리오를 설정한다. 예를 들어, 전력 판매 가격 하락, 바람 자원 감소, 운영 비용 증가 등을 가정할 수 있다.

2) 시나리오 평가

- 경제적 성과 비교: 각 시나리오에서 NPV, IRR, 투자 회수 기간 등의 경제적 성과를 평가하고 비교한다. 이를 통해 프로젝트의 강점과 약점을 파악할 수 있다.
- 리스크 평가: 비관적 시나리오에서 발생할 수 있는 리스크를 분석하고, 이에 대한 대응 방안을 마련한다. 또한, 최악의 시나리오에서도 프로젝트가 지속 가능한지 평가한다.

3) 의사결정에의 활용

- 전략적 의사결정: 시나리오 분석 결과를 바탕으로 전략적 의사결정을 내릴 수 있다. 예를 들어, 특정 시나리오에서 프로젝트가 경제적으로 타당하지 않다면, 초기 계획을 수정하거나 추가적인 리스크 완화 전략을 도입할 수 있다.
- 투자자 설득: 시나리오 분석은 다양한 가능성을 고려한 경제적 타당성 평가를 통해 투자자들에게 프로젝트의 안정성을 설득하는 도구로 사용될 수 있다. 이를 통해 투자 유치 가능성을 높일 수 있다.

(7) 실물옵션 분석 (Real Options Analysis)

실물옵션 분석(Real Options Analysis)은 해상풍력 발전소의 경제적 타당성 평가에서 보다 유연한 접근 방식을 제공하는 방법이다. 실물옵션 분석은 프로젝트의 불확실성을 관리하고, 향후 발생할 수 있는 기회와 위험을 평가하는 데 사용된다.

1) 실물옵션의 개념

- 옵션 개념 도입: 실물옵션 분석은 금융시장의 옵션 개념을 도입하여, 투자자가 프로젝트의 특정 시점에서 의사결정을 유연하게 할 수 있도록 한다. 예를 들어, 프로젝트를 확장하거나, 중단하거나, 지연하는 옵션을 평가할 수 있다.
- 불확실성 관리: 실물옵션 분석은 프로젝트의 불확실성을 관리하는 데 유용하다. 이는 특히 해상풍력 발전소와 같은 고위험, 고비용 프로젝트에서 중요한 평가 도구이다.

2) 옵션의 종류

- 확장 옵션: 프로젝트가 성공적으로 진행될 경우, 추가적인 투자를 통해 프로젝트 규모를 확장할 수 있는 옵션이다. 예를 들어, 초기 설치한 터빈 외에 추가 터빈을 설치하는 경우가 이에 해당한다.
- 중단 옵션: 프로젝트가 예상보다 경제적 성과를 거두지 못할 경우, 프로젝트를 중단하거나 축소할 수 있는 옵션이다. 이는 손실을 최소화하는 전략으로 사용될 수 있다.
- 지연 옵션: 시장 상황이나 기술 발전을 기다리기 위해 프로젝트를 지연시킬 수 있는 옵션이다. 이는 최적의 투자 시점을 선택하는 데 유리할 수 있다.

3) 실물옵션 분석의 계산 방법

- 옵션 평가 모형: 블랙-숄즈 모델(Black-Scholes Model)이나 이항 모형(Binomial Model)과 같은 금융 옵션 평가 모델을 실물옵션 분석에 적용할 수 있다. 이를 통해 각 옵션의 가치를 계산하고, 최적의 의사결정을 도출할 수 있다.
- 시뮬레이션 기법: 몬테카를로 시뮬레이션(Monte Carlo Simulation)과 같은 기법을 사용하여, 실물옵션의 다양한 시나리오를 평가할 수 있다. 이를 통해 불확실성 하에서의 의사결정을 지원할 수 있다.

4) 실물옵션 분석의 장점과 한계

- 장점: 실물옵션 분석은 투자 의사결정을 유연하게 할 수 있는 도구를 제공한다. 이는 고위험 프로젝트에서 특히 유용하며, 투자자의 리스크 관리 능력을 향상시킨다.

- 한계: 실물옵션 분석은 복잡한 계산을 필요로 하며, 실물옵션의 정확한 평가를 위해서는 전문적인 지식과 경험이 필요하다. 또한, 모든 프로젝트에서 실물옵션을 적용할 수 있는 것은 아니며, 특정 조건에서만 유용할 수 있다.

(8) 리스크 분석과 관리

해상풍력 발전소의 경제적 타당성 평가는 리스크 분석과 관리 없이는 완전하지 않다. 리스크 분석은 프로젝트의 성공에 영향을 미칠 수 있는 다양한 위험 요소들을 식별하고, 이를 평가하며, 관리 전략을 수립하는 과정을 포함한다.

1) 리스크 식별

- 기술적 리스크: 터빈 기술, 해저 케이블, 기초 구조물 등의 기술적 요소에서 발생할 수 있는 리스크를 식별한다. 이는 특히 새로운 기술이 적용되는 프로젝트에서 중요한 부분이다.
- 환경적 리스크: 해양 기후 변화, 해양 생태계 영향, 환경 규제 등의 환경적 리스크를 식별한다. 이는 프로젝트의 장기적 지속 가능성과 관련된 중요한 요소이다.
- 경제적 리스크: 전력 시장의 변동성, 자재 가격 상승, 금융 조건의 변화 등 경제적 요소에서 발생할 수 있는 리스크를 식별한다.
- 법적 리스크: 인허가 과정, 환경 규제 준수, 계약 조건 등 법적 리스크를 식별한다. 이는 프로젝트의 법적 안정성에 중요한 영향을 미친다.

2) 리스크 평가

- 리스크 발생 가능성: 각 리스크가 발생할 가능성을 평가한다. 예를 들어, 기술적 리스크가 발생할 확률이 높은 경우, 이에 대한 대비책을 우선적으로 마련해야 한다. 발생 가능성은 과거 데이터, 전문가 의견, 시나리오 분석 등을 통해 추정할 수 있다.
- 리스크의 영향도: 각 리스크가 발생했을 때 프로젝트에 미치는 영향을 평가한다. 이는 경제적 손실, 일정 지연, 이미지 손상 등 다양한 측면에서 분석할 수 있다. 특히, 영향도가 큰 리스크는 우선적으로 관리 전략을 수립해야 한다.

- 리스크 우선순위 결정: 발생 가능성과 영향도를 종합적으로 고려하여 리스크의 우선순위를 결정한다. 우선순위가 높은 리스크는 즉각적인 대응이 필요하며, 우선순위가 낮은 리스크는 감시 및 경고 시스템을 통해 지속적으로 모니터링할 수 있다.

3) 리스크 관리 전략

- 리스크 회피: 가능한 리스크를 사전에 회피할 수 있는 전략을 수립한다. 예를 들어, 기술적 리스크를 줄이기 위해 검증된 기술을 사용하거나, 환경적 리스크를 줄이기 위해 환경 영향 평가를 철저히 수행하는 것이 포함된다.
- 리스크 완화: 리스크가 발생할 경우 피해를 최소화할 수 있는 방안을 마련한다. 예를 들어, 비용 초과 리스크를 줄이기 위해 예비 비용을 설정하거나, 기술적 문제 발생 시 긴급 대응 계획을 마련할 수 있다.
- 리스크 이전: 일부 리스크는 보험이나 계약 조건을 통해 타인에게 이전할 수 있다. 예를 들어, 천재지변으로 인한 피해는 보험을 통해 대비할 수 있으며, 계약서에 명시된 손해 배상 조항을 통해 리스크를 이전할 수 있다.
- 리스크 수용: 발생 가능성이 낮거나, 영향도가 적은 리스크는 수용할 수 있다. 이러한 리스크는 관리 전략을 수립하지 않고, 모니터링하면서 대응할 수 있다.

4) 리스크 모니터링 및 재평가

- 지속적인 모니터링: 프로젝트 진행 중 리스크의 상태를 지속적으로 모니터링하여 변화가 발생할 경우 신속하게 대응할 수 있도록 한다. 이를 위해 정기적인 리스크 평가와 감시 시스템을 도입할 수 있다.
- 리스크 재평가: 프로젝트 진행 상황이나 외부 환경의 변화에 따라 리스크를 재평가해야 한다. 새로운 리스크가 식별되거나 기존 리스크의 우선순위가 변경될 경우, 이에 맞는 새로운 관리 전략을 수립해야 한다.

(9) 민간 및 공공 재원 조달 방안

해상풍력 발전소는 막대한 초기 투자 비용이 요구되는 프로젝트이므로, 경제적 타당성 평가에서 재원 조달 방안이 중요한 역할을 한다. 민간 투자, 정부 보조금, 금융기관의 대출 등 다양한 자금을 어떻게 확보하고, 효과적으로 사용하는지에 대한 전략을 수립해야 한다.

1) 민간 투자 유치

- 투자자 설득 전략: 민간 투자를 유치하기 위해서는 해상풍력 발전소의 경제적 타당성을 증명하는 것이 중요하다. 이를 위해 NPV, IRR, 투자 회수 기간 등의 재무 지표를 사용하여 투자자에게 프로젝트의 수익성을 설득할 수 있다.
- 투자 유치 방법: 주식 발행, 사모펀드, 인프라 펀드 등을 통해 투자금을 유치할 수 있다. 또한, 기존 투자자들에게 프로젝트의 장기적인 경제적 이익을 강조하여 추가적인 투자 유치를 시도할 수 있다.

2) 정부 보조금 및 인센티브 활용

- 정부 지원 프로그램: 정부는 재생 가능 에너지 프로젝트에 다양한 보조금과 인센티브를 제공할 수 있다. 이러한 프로그램을 적극 활용하여 초기 설치 비용을 절감하고, 경제적 타당성을 높일 수 있다.
- 탄소 배출권 거래: 해상풍력 발전소는 탄소 배출권 거래를 통해 추가적인 수익을 창출할 수 있다. 이는 정부의 재생 에너지 목표 달성에 기여할 수 있으며, 이를 통해 추가적인 재정적 지원을 받을 수 있다.

3) 금융기관 대출 및 프로젝트 파이낸싱

- 금융기관 대출: 해상풍력 발전소의 경제적 타당성을 바탕으로 금융기관으로부터 대출을 받을 수 있다. 이를 위해서는 신용 평가, 프로젝트의 리스크 관리 계획 등이 필요하며, 안정적인 현금 흐름을 바탕으로 대출 상환 계획을 수립해야 한다.
- 프로젝트 파이낸싱: 프로젝트 파이낸싱은 프로젝트의 현금 흐름을 담보로 하여 자금을 조달하는 방법이다. 이는 해상풍력 발전소와 같은 대규모 인프라 프로젝트에 적합하며, 프로젝트의 성공 여부에 따라 대출금 상환이 이루어진다. 프로젝트 파이낸싱을 통해 자금을 조달하면, 투자자와 금융기관 간의 리스크를 효과적으로 분산할 수 있다.

4) 공공 및 민간의 협력 모델

- 공공-민간 파트너십(PPP): 공공 기관과 민간 기업이 협력하여 프로젝트를 진행하는 PPP 모델은 해상풍력 발전소의 경제적 타당성을 높이는 데 중요한 역할을 할 수 있다. 공공 기관은 인프라 구축, 규제 완화, 보조금 지원 등을 제공하고, 민간 기업은 기술과 자본을 제공하여 프로젝트를 추진한다.
- 클러스터 개발: 특정 지역에 해상풍력 발전 클러스터를 개발하여 여러 프로젝트를 통합적으로 추진하는 방식도 효과적일 수 있다. 이를 통해 인프라를 공유하고, 설치 및 운영 비용을 절감할 수 있다.

2.4 해상풍력 발전의 주요 과제

2.4.1 기술적 도전과제

해상풍력 발전은 재생 가능 에너지의 핵심적인 요소로 자리잡고 있지만, 그 성공적인 운영과 확산을 위해서는 다양한 기술적 도전과제를 극복해야 한다. 해양 환경의 특성상 육상풍력에 비해 훨씬 더 복잡하고 까다로운 기술적 요구사항들이 존재하며, 이러한 도전과제들은 해상풍력 발전소의 경제성, 안정성, 장기적인 지속 가능성에 직접적인 영향을 미친다.

(1) 해상풍력 터빈의 설계와 구조적 도전

해상풍력 터빈의 설계는 해양 환경에서의 극한 조건을 견딜 수 있도록 해야 하며, 이로 인해 육상풍력 터빈과는 다른 구조적 도전과제가 발생한다.

1) 강한 바람 하중

해양에서의 바람은 육지에 비해 강하고 일관성이 있지만, 그만큼 터빈에 가해지는 하중도 크다. 특히 태풍이나 폭풍과 같은 극한 기후 조건에서 바람 하중이 급격히 증가할 수 있으며, 이를 견디기 위해 터빈 구조는 매우 견고하게 설계되어야 한다.

블레이드와 타워는 이러한 강한 바람 하중을 효과적으로 분산시킬 수 있어야 하며, 이를 위해 고강도 소재와 공기역학적 설계가 필요하다.

2) 파도와 조류에 의한 기초 구조물의 안정성

해상풍력 터빈의 기초 구조물은 파도와 조류에 지속적으로 노출되며, 이로 인해 구조적 안정성이 위협받을 수 있다. 특히 수심이 깊은 지역에서는 부유식 기초 구조물이 사용되며, 이 경우 해상에서의 안정성을 유지하는 것이 더 어려워진다.

기초 구조물은 해저에 고정되어야 하며, 이를 위해 중력식, 자켓형, 말뚝식 등 다양한 형태의 기초 구조물이 사용된다. 각 기초 구조물은 설치 지역의 해저 지질, 수심, 조류 속도 등을 고려하여 설계되어야 한다.

3) 재료의 내구성과 부식 방지

해상풍력 터빈은 염분이 높은 해양 환경에 노출되기 때문에, 금속 재료의 부식이 큰 문제로 작용한다. 특히 타워, 블레이드, 기초 구조물 등 금속 재료가 사용되는 부분에서 부식이 발생할 경우, 구조적 강도가 약해져 터빈의 수명과 안전성에 치명적인 영향을 미칠 수 있다.

부식을 방지하기 위해 내식성이 높은 합금이나 복합 소재가 사용되며, 추가적으로 특수 코팅이나 보호 처리도 필수적이다. 또한, 정기적인 유지보수를 통해 부식을 예방하고, 필요시 부식된 부분을 보수해야 한다.

4) 블레이드의 공기역학적 성능

해상풍력 터빈의 블레이드는 바람을 효율적으로 전기에너지로 변환하는 역할을 한다. 해상에서는 바람의 강도와 방향이 육지와는 다르게 변화하기 때문에, 블레이드는 이러한 변화에 빠르게 적응할 수 있어야 한다.

공기역학적 설계를 통해 블레이드의 효율성을 극대화해야 하며, 이를 위해 최적의 블레이드 형상과 길이를 설계하는 것이 중요하다. 또한, 블레이드에 부착되는 해양 생물로 인해 성능이 저하되지 않도록 방오 처리 기술이 필요하다.

(2) 해상풍력 발전소의 설치 및 운영 도전

해상풍력 발전소의 설치와 운영 과정에서 발생하는 기술적 도전과제는 프로젝트의 경제성과 성공에 중요한 영향을 미친다. 특히 해상에서의 작업은 육상에 비해 훨씬 복잡하고 위험이 따르며, 이를 효과적으로 관리하기 위해서는 고도의 기술과 경험이 필요하다.

1) 설치 장비와 기술의 복잡성

해상풍력 터빈의 설치는 육상 설치에 비해 훨씬 더 복잡하다. 터빈과 기초 구조물을 해상으로 운송하고, 해저에 안정적으로 설치하기 위해 특수한 설치 장비와 기술이 필요하다.

설치 과정에서는 특수 설치 선박, 해양 크레인, 잠수사 등의 사용이 필수적이며, 악천후나 해양 조건의 변화로 인해 설치 일정이 지연될 수 있다. 이러한 불확실성을 줄이기 위해, 고도의 계획과 기술적 준비가 필요하다.

2) 기초 구조물의 설치와 해저 지질 문제

해상풍력 터빈의 기초 구조물을 해저에 설치하기 위해서는 해저 지질과 수심에 따라 적합한 기초 설계가 필요하다. 특히, 해저 지질이 불안정하거나 암반층이 얇은 경우, 기초 구조물의 설치가 어렵고 추가적인 보강 작업이 필요할 수 있다.

또한, 기초 구조물의 설치 과정에서 해저 생태계에 미치는 영향을 최소화하기 위한 조치가 필요하다. 이를 위해 환경 영향 평가를 철저히 수행하고, 생태계를 보호하기 위한 기술적 해결책을 마련해야 한다.

3) 전력 전송 인프라 구축

해상풍력 발전소에서 생산된 전기를 육지로 송전하기 위해서는 해저 전력 케이블이 필요하다. 해저 전력 케이블의 설치는 고도의 기술을 요구하며, 케이블 손상 방지를 위한 특수한 보호 장치가 필요하다.

특히, 케이블 설치 과정에서 해양 조류, 파도, 해저 지형 등을 고려하여 최적의 설치 경로를 선택해야 하며, 케이블이 파손되지 않도록 해저에 안전하게 고정해야 한다. 또한, 케이블 손상이 발생할 경우 수리 비용이 막대하므로, 예방적 유지보수도 중요하다.

4) 원격 감시 및 제어 시스템의 복잡성

해상풍력 발전소는 육지에서 원격으로 감시 및 제어해야 하므로, 고도의 원격 감시 및 제어 시스템이 필요하다. 이 시스템은 실시간으로 터빈의 상태를 모니터링하고, 이상이 발생할 경우 신속하게 대응할 수 있어야 한다.

원격 제어 시스템의 신뢰성은 발전소의 운영 효율성과 안전성에 직접적인 영향을 미치며, 이를 위해 최신 정보통신 기술과 데이터 분석 기술이 적용된다. 특히, 해상에서의 데이터 통신 안정성을 확보하기 위해 위성 통신, 해저 광케이블 등의 인프라가 필요하다.

(3) 유지보수와 운영 효율성 도전

해상풍력 발전소는 해양 환경에서 장기간 안정적으로 운영되어야 하며, 이를 위해 유지보수와 운영 효율성을 높이는 것이 필수적이다. 해상에서의 유지보수는 육상에 비해 훨씬 더 어렵고 비용이 많이 들기 때문에, 효율적인 유지보수 전략이 필요하다.

1) 정기 유지보수의 복잡성

해상풍력 터빈은 정기적인 유지보수가 필수적이며, 이를 통해 터빈의 성능을 유지하고 예기치 않은 고장을 방지할 수 있다. 정기 유지보수 작업은 블레이드 점검, 타워의 부식 방지, 전기 시스템 점검 등을 포함한다.

해상에서의 유지보수는 육상보다 훨씬 더 복잡하며, 접근성 문제로 인해 작업이 지연될 수 있다. 이를 해결하기 위해 원격 감시 시스템을 통한 예측 유지보수 전략이 필요하며, 이를 통해 유지보수 주기를 최적화하고, 운영 비용을 절감할 수 있다.

2) 긴급 유지보수의 복잡성

해상풍력 터빈이 고장나거나 예상치 못한 문제가 발생할 경우, 긴급 유지보수가 필요하다. 해상에서의 긴급 유지보수는 작업 환경이 더 가혹하고, 날씨나 해양 조건으로 인해 접근이 어려운 경우가 많아 신속한 대응이 어렵다.

긴급 유지보수를 효과적으로 수행하기 위해서는 유지보수 장비와 부품을 항상 준비하고 있어야 하며, 필요한 경우 드론이나 자율 로봇을 이용해 접근이 어려운 터빈의 상태를 점검하고 수리할 수 있어야 한다.

3) 운영 효율성 개선을 위한 기술 도입

해상풍력 발전소의 운영 효율성을 높이기 위해 다양한 기술적 혁신이 필요하다. 예를 들어, 빅데이터와 인공지능을 활용하여 터빈의 운영 데이터를 분석하고 운영 최적화 전략을 수립하는 것이 중요하다. 이러한 데이터 분석을 통해 터빈의 성능을 실시간으로 모니터링하고, 예기치 못한 문제를 사전에 감지하여 유지보수 작업을 계획할 수 있다. 또한, 터빈의 운영 효율성을 지속적으로 개선할 수 있는 알고리즘을 개발하여, 에너지 생산량을 극대화하고 운영 비용을 최소화할 수 있다.

4) 예측 유지보수와 디지털 트윈

- 예측 유지보수: 예측 유지보수는 센서 데이터를 활용하여 터빈의 상태를 실시간으로 모니터링하고, 고장이 발생하기 전에 유지보수를 수행하는 전략이다. 이를 통해 고장의 위험을 줄이고, 터빈의 가동 시간을 최대화할 수 있다. 예측 유지보수는 빅데이터 분석, 인공지능 알고리즘 등을 통해 구현되며, 이를 통해 운영 비용을 절감할 수 있다.
- 디지털 트윈 기술: 디지털 트윈은 해상풍력 터빈의 실제 상태를 가상 환경에서 실시간으로 모니터링하고, 시뮬레이션할 수 있는 기술이다. 디지털 트윈을 활용하면 터빈의 운영 상태를 정확하게 파악하고, 최적의 운영 전략을 수립할 수 있다. 또한, 디지털 트윈을 통해 다양한 시나리오를 시뮬레이션하여, 터빈의 성능을 개선하고 운영 효율성을 높일 수 있다.

5) 원격 운영 및 유지보수 시스템

- 원격 감시 및 제어: 해상풍력 발전소의 운영 효율성을 높이기 위해 원격 감시 및 제어 시스템이 필수적이다. 이 시스템은 터빈의 실시간 상태를 모니터링하고, 문제가 발생했을 때 신속하게 대응할 수 있도록 도와준다. 원격 감시 시스템은 특히 해상에서의 접근성이 낮은 상황에서 유용하며, 운영 비용을 절감하는 데 중요한 역할을 한다.
- 자동화된 유지보수 시스템: 자동화된 유지보수 시스템은 자율 로봇, 드론, 원격 조종 차량 등을 활용하여 터빈의 유지보수를 자동화하는 기술이다. 이를 통해 해상에서의 작업 위험을 줄이고, 유지보수 작업의 효율성을 크게 향상시킬 수 있다. 또한, 자동화된 시스템은 유지보수 작업의 일관성을 보장하고, 인간의 오류를 최소화할 수 있다.

6) 블레이드 성능 유지와 해양 생물 부착 방지

- 블레이드 성능 최적화: 해상풍력 터빈의 블레이드는 바람 에너지를 전기로 변환하는 핵심 요소이므로, 블레이드의 성능을 최적화하는 것이 중요하다. 블레이드에 부착된 해양 생물은 블레이드의 공기역학적 성능을 저하시키고, 에너지 생산 효율을 감소시킬 수 있다. 이를 방지하기 위해 블레이드 표면에 특수 코팅을 적용하거나, 방오 처리 기술을 도입할 수 있다.
- 해양 생물 부착 방지 기술: 블레이드와 기초 구조물에 해양 생물이 부착되는 것을 방지하기 위한 기술도 중요한 도전과제이다. 해양 생물이 부착되면 구조물의 무게가 증가하고, 부식이 가속화될 수 있으며, 구조적 안정성이 저하될 수 있다. 방오 처리, 초음파 방지 시스템, 전기적 방오 기술 등 다양한 방안이 연구되고 있으며, 이를 통해 해양 생물 부착을 최소화할 수 있다.

(4) 해상풍력 발전소의 확장성과 경제성 도전

해상풍력 발전의 확장성과 경제성을 확보하기 위해서는 대규모 프로젝트의 효율적인 추진과 비용 절감이 필수적이다. 기술적 도전과제를 해결하지 않으면 해상풍력 발전소의 경제성이 낮아지고, 확장성이 제한될 수 있다.

1) 대규모 해상풍력 단지 개발

- 클러스터형 개발 전략: 해상풍력 발전소의 경제성을 높이기 위해 클러스터형 개발 전략이 필요하다. 이는 여러 개의 해상풍력 발전소를 하나의 클러스터로 묶어 개발함으로써, 인프라를 공유하고 설치 및 운영 비용을 절감하는 방식이다. 클러스터형 개발을 통해 발전소 간의 시너지 효과를 극대화할 수 있으며, 대규모 전력 생산이 가능해진다.
- 해상풍력 단지의 통합 운영: 대규모 해상풍력 단지의 경우, 개별 터빈뿐만 아니라 전체 단지를 통합적으로 운영할 수 있는 기술이 필요하다. 통합 운영 시스템을 통해 발전소 간의 전력 생산을 최적화하고, 송전망 연결을 효율적으로 관리할 수 있다. 또한, 통합 운영을 통해 유지보수 작업의 일정을 조정하고, 운영 비용을 절감할 수 있다.

2) 비용 절감과 경제성 확보

- 설치 비용 절감 기술: 해상풍력 발전소의 초기 설치 비용은 경제성에 큰 영향을 미친다. 설치 비용을 절감하기 위해 모듈화된 설계, 표준화된 부품 사용, 자동화된 설치 기술 등을 도입할 수 있다. 예를 들어, 모듈화된 터빈과 기초 구조물을 사전에 조립하여 현장에서 빠르게 설치할 수 있으며, 이를 통해 설치 시간을 단축하고 비용을 줄일 수 있다.
- 운영 비용 절감 전략: 운영 비용을 절감하기 위해서는 유지보수 작업의 효율성을 높이고, 자재와 부품의 재고 관리를 최적화해야 한다. 또한, 에너지 저장 시스템(ESS)과 같은 기술을 도입하여 전력 생산의 변동성을 줄이고, 전력 판매 수익을 극대화할 수 있다. 이를 통해 해상풍력 발전소의 장기적인 경제성을 확보할 수 있다.

3) 기술적 혁신과 경쟁력 강화

- 신기술 도입: 해상풍력 발전소의 경쟁력을 높이기 위해 지속적인 기술 혁신이 필요하다. 예를 들어, 고효율 터빈, 부유식 기초 구조물, 스마트 그리드와의 연계 기술 등이 이에 해당된다. 이러한 신기술은 에너지 생산 효율을 높이고, 설치 및 운영 비용을 절감하며, 발전소의 경제성을 높이는 데 기여할 수 있다.

- 국제 협력과 기술 교류: 글로벌 시장에서 경쟁력을 확보하기 위해 국제 협력과 기술 교류가 중요하다. 이를 통해 최신 기술을 빠르게 도입하고, 국내 기술력을 강화할 수 있다. 또한, 국제 협력을 통해 해상풍력 발전의 표준화를 추진하고, 글로벌 시장 진출의 기회를 확대할 수 있다.

(5) 기후 변화와 해상풍력 발전의 적응

기후 변화는 해상풍력 발전소의 운영 환경에 중대한 영향을 미칠 수 있다. 해수면 상승, 기상 패턴의 변화, 극한 기후 조건 등은 발전소의 성능과 안정성에 도전과제를 제시하며, 이를 해결하기 위한 적응 전략이 필요하다.

1) 해수면 상승 대응

- 기초 구조물 설계의 강화: 해수면 상승은 해상풍력 터빈의 기초 구조물에 추가적인 하중을 가할 수 있다. 이를 대비하기 위해 기초 구조물의 설계를 강화하고, 해수면 상승에 따른 구조적 변화를 고려한 설계가 필요하다. 특히, 부유식 기초 구조물의 경우, 해수면 상승에 따른 부력 조정 기술이 필요할 수 있다.
- 해안선 후퇴와 보호 전략: 해수면 상승으로 인한 해안선 후퇴는 해상풍력 발전소의 접근성과 유지보수에 영향을 미칠 수 있다. 이를 방지하기 위해 해안선 보호 전략을 마련하고, 발전소와 육지 간의 연결성을 유지할 수 있는 방안을 마련해야 한다.

2) 극한 기후 조건 대응

- 태풍 및 폭풍 대응 기술: 해상풍력 발전소는 태풍과 폭풍과 같은 극한 기후 조건에 노출될 수 있으며, 이에 대한 대응 기술이 필요하다. 터빈의 설계를 강화하고, 폭풍이 발생할 경우 자동으로 터빈을 안전 모드로 전환하는 시스템을 도입할 수 있다. 또한, 기상 예보 시스템을 통해 태풍의 접근을 사전에 예측하고, 발전소의 안전을 확보할 수 있다.
- 혹한과 얼음 부착 방지: 혹한 지역에서의 해상풍력 발전은 블레이드와 타워에 얼음이 부착되는 문제를 초래할 수 있다. 얼음 부착은 터빈의 성능을 저하시킬 뿐만 아니라, 구조적 안정성에도 영향을 미칠 수 있다. 이를 방지하기 위해 열선이나 제빙

장치(anti-icing system)를 블레이드와 타워에 설치하여 얼음이 형성되지 않도록 해야 한다. 이러한 기술은 특히 겨울철 혹한기 동안 터빈의 가동 시간을 최대화하고, 안전성을 유지하는 데 중요한 역할을 한다.

(6) 부유식 해상풍력 발전의 도전과제

부유식 해상풍력 발전은 깊은 수심에서의 발전 가능성을 열어주며, 해상풍력 발전의 잠재력을 크게 확대할 수 있는 기술이다. 그러나, 이 기술은 아직 초기 단계에 있으며, 여러 가지 기술적 도전과제를 극복해야 한다.

1) 부유식 기초 구조물의 안정성

- 부력과 안정성: 부유식 해상풍력 터빈은 해저에 고정되지 않고, 부력을 이용해 수면 위에 떠 있게 된다. 이 과정에서 터빈의 안정성을 유지하는 것이 가장 큰 도전과제 중 하나이다. 부유식 기초 구조물은 파도, 바람, 조류 등 다양한 힘에 노출되며, 이를 효과적으로 상쇄할 수 있는 설계가 필요하다.
- 앵커링 시스템: 부유식 구조물을 해저에 고정하기 위해 앵커링 시스템이 사용된다. 이 시스템은 부유식 터빈의 위치를 유지하고, 이동을 방지하는 역할을 한다. 앵커링 시스템은 해저 지형, 수심, 조류 등을 고려하여 설계되어야 하며, 설치와 유지보수가 어려운 환경에서도 안정적으로 작동해야 한다.

2) 전력 전송 기술

- 해저 전력 케이블의 유연성: 부유식 해상풍력 터빈에서 생산된 전기를 육지로 송전하기 위해서는 해저 전력 케이블이 필요하다. 그러나, 부유식 터빈은 파도와 바람에 의해 움직이기 때문에 케이블의 유연성이 중요하다. 케이블이 파손되지 않도록 유연한 전력 전송 케이블과 이를 보호하는 시스템이 필요하다.
- 동적 전력 전송 시스템: 부유식 터빈은 고정식 터빈과 달리 위치가 변동될 수 있으므로, 이를 감안한 동적 전력 전송 시스템이 필요하다. 이러한 시스템은 터빈의 위치 변화에 따라 케이블의 길이를 자동으로 조절하고, 전력 전송의 안정성을 유지할 수 있도록 설계되어야 한다.

3) 부유식 터빈의 유지보수

- 접근성 문제: 부유식 해상풍력 터빈은 대개 먼 바다에 위치하므로, 유지보수 작업이 어렵고 비용이 많이 든다. 접근성을 높이기 위해 드론, 자율 로봇, 해상 플랫폼 등의 기술이 필요하며, 이를 통해 유지보수 작업의 효율성을 높일 수 있다.
- 유지보수의 복잡성: 부유식 터빈의 경우, 기초 구조물의 움직임으로 인해 유지보수 작업이 더욱 복잡해질 수 있다. 터빈의 블레이드, 타워, 나셀(nacelle) 등을 점검하고 수리하는 과정에서 안전을 보장하기 위한 기술적 대책이 필요하다.

(7) 해양 환경 보호와 지속 가능성 도전

해상풍력 발전소는 해양 생태계와 환경에 일정한 영향을 미치며, 이를 최소화하고 지속 가능한 발전을 추구하는 것이 중요한 도전과제이다.

1) 해양 생물과의 상호작용

- 어류와 해양 포유류 보호: 해상풍력 발전소가 설치된 지역에서는 어류와 해양 포유류의 서식지와 이동 경로에 변화가 생길 수 있다. 특히, 터빈 설치로 인한 해저 생태계의 변화는 해양 생물에게 부정적인 영향을 미칠 수 있다. 이를 해결하기 위해 생물 다양성을 고려한 환경 영향 평가를 수행하고, 해양 생물 보호를 위한 조치를 마련해야 한다.
- 소음 공해 최소화: 터빈의 작동 소음은 해양 포유류, 특히 고래와 돌고래와 같은 종에게 스트레스를 줄 수 있다. 소음 공해를 줄이기 위해 터빈의 소음 발생을 최소화하는 기술이 필요하며, 이를 통해 해양 생물의 서식 환경을 보호할 수 있다.

2) 해저 생태계 보호

- 해저 서식지 보전: 해상풍력 발전소의 기초 구조물 설치는 해저 서식지에 영향을 미칠 수 있다. 특히, 자켓형이나 중력식 기초 구조물은 해저 생태계를 변경시킬 수 있으며, 이는 어류와 무척추동물의 서식에 영향을 줄 수 있다. 해저 생태계를 보호하기 위해, 구조물의 설치 방법을 최적화하고, 가능한 한 해저에 미치는 영향을 최소화하는 설계가 필요하다.

- 환경 복구 계획: 터빈의 설치와 운영 후 해양 생태계가 복구될 수 있도록 환경 복구 계획을 마련해야 한다. 예를 들어, 터빈 철거 시 해저 생태계를 원래 상태로 복원하기 위한 조치가 필요하며, 이를 위해 환경 복구 기술을 도입할 수 있다.

3) 지속 가능한 해상풍력 발전

- 재생 가능 에너지의 확산: 해상풍력 발전은 탄소 배출이 없는 청정 에너지원으로, 지속 가능한 에너지 공급을 위한 중요한 역할을 한다. 이를 통해 기후 변화에 대응하고, 해양 환경을 보호할 수 있다. 또한, 지속 가능한 해상풍력 발전을 위해 재생 가능 에너지의 확산을 촉진하고, 관련 기술을 발전시키는 것이 필요하다.
- 국제적 기준 준수: 해상풍력 발전소의 운영은 국제적 환경 기준과 규제를 준수해야 한다. 특히, 해양 보호 구역, 어업 보호 구역 등의 규제를 철저히 준수하여 지속 가능한 발전을 도모해야 한다. 이를 위해 국제 협력과 법적 준수를 강화할 필요가 있다.

2.4.2 환경 및 사회적 과제

해상풍력 발전은 재생 가능 에너지원으로서의 잠재력이 매우 크지만, 그 발전 과정에서 환경적 및 사회적 과제가 함께 나타난다. 이러한 과제들은 해양 생태계에 미치는 영향, 지역 사회와의 갈등, 그리고 해상풍력 발전의 장기적인 지속 가능성에 관한 문제들을 포함한다.

(1) 환경적 과제

해상풍력 발전은 대기오염을 줄이고, 탄소 배출을 감소시키는 데 중요한 역할을 하지만, 해양 생태계에 미치는 영향도 고려해야 한다. 특히, 터빈 설치 및 운영 과정에서 해양 생물, 해저 환경, 그리고 해양 보호 구역에 미치는 영향을 최소화하는 것이 중요하다.

1) 해양 생물에 미치는 영향

- 해양 포유류와 어류: 해상풍력 발전소의 터빈 설치와 운영은 해양 포유류와 어류에 물리적, 소음적 영향을 미칠 수 있다. 예를 들어, 터빈 설치 과정에서 발생하는 소음은 해양 포유류, 특히 고래와 돌고래의 이동 경로에 방해가 될 수 있으며, 이로 인해 스트레스와 혼란을 초래할 수 있다. 또한, 어류는 터빈 설치와 해저 케이블로 인해 서식지가 변형될 수 있다.
- 해양 생태계 변화: 터빈 기초 구조물이 해저에 설치되면, 해양 생태계의 구조가 변화할 수 있다. 예를 들어, 기초 구조물이 인공 암초 역할을 하여 새로운 생물들이 서식하게 되지만, 기존의 해양 생태계에 불균형을 초래할 수 있다. 이러한 생태계 변화는 해양 생물의 다양성과 생존에 영향을 줄 수 있다.

2) 해양 환경 보호 구역과의 충돌

- 해양 보호 구역: 해상풍력 발전소가 해양 보호 구역에 인접해 있거나 그 안에 위치할 경우, 발전소 운영이 해양 보호 구역의 생태계를 위협할 수 있다. 해양 보호 구역은 생물 다양성을 보호하고, 어업 자원을 관리하기 위해 설정된 구역으로, 이곳에서의 인간 활동은 엄격하게 규제된다.
- 환경 규제와 인허가: 해양 보호 구역 근처에 해상풍력 발전소를 설치하려면 엄격한 환경 규제를 준수해야 하며, 인허가 절차도 복잡해진다. 환경 영향 평가를 통해 해양 생태계에 미치는 영향을 최소화할 수 있는 방안을 마련하고, 이에 따른 보완 조치를 시행해야 한다.

3) 해양 오염과 부식

- 해저 케이블과 터빈의 부식: 해상풍력 터빈과 해저 케이블은 염분이 높은 해양 환경에서 부식 위험이 높다. 부식된 구조물은 해양 오염을 일으킬 수 있으며, 이는 해양 생물과 수질에 부정적인 영향을 미칠 수 있다. 이를 방지하기 위해 내식성 재료를 사용하고, 정기적인 유지보수를 통해 부식을 방지해야 한다.
- 해양 오염 방지 전략: 터빈의 운영 과정에서 해양 오염을 방지하기 위한 다양한 전략이 필요하다. 예를 들어, 터빈에서 사용되는 윤활유나 냉각수의 유출을 방지하기 위한 장치가 필요하며, 오염 발생 시 신속하게 대응할 수 있는 시스템을 마련해야 한다.

(2) 사회적 과제

해상풍력 발전소는 환경적 과제 외에도 사회적 과제를 안고 있다. 특히, 발전소 건설과 운영 과정에서 지역 사회와의 상호작용이 중요하며, 이에 따른 갈등과 이해 관계를 적절히 관리하는 것이 필요하다.

1) 지역 주민과의 갈등

- 경관 훼손: 해상풍력 발전소는 해안에서 멀리 떨어져 있더라도, 터빈의 크기와 수에 따라 해안선 경관에 영향을 미칠 수 있다. 지역 주민들은 경관 훼손으로 인해 관광 수입 감소, 생활 환경 변화 등의 우려를 제기할 수 있다. 이러한 갈등을 해결하기 위해 주민들과의 사전 협의와 경관 보호를 위한 디자인 개선이 필요하다.
- 어업 활동과의 상충: 해상풍력 발전소가 어업 활동이 활발한 지역에 위치할 경우, 어민들과의 갈등이 발생할 수 있다. 발전소 설치로 인해 어업 구역이 제한되거나, 어획량이 감소하는 등 어업 경제에 부정적인 영향을 미칠 수 있다. 이를 해결하기 위해 어민들과의 협력을 통해 어업 보상금 지급, 대체 어업 구역 제공 등의 방안을 마련해야 한다.

2) 지역 경제와의 상생 방안

- 지역 일자리 창출: 해상풍력 발전소는 지역 경제에 긍정적인 영향을 미칠 수 있다. 발전소 건설과 운영 과정에서 지역 주민들을 위한 일자리를 창출하고, 지역 사회와의 경제적 연계를 강화할 수 있다. 이를 위해 지역 인력을 우선 채용하거나, 지역 기업과의 협력 관계를 구축하는 방안을 고려해야 한다.
- 지역 사회 지원 프로그램: 발전소 운영으로 인한 이익을 지역 사회와 공유하는 프로그램을 마련하여 상생을 도모할 수 있다. 예를 들어, 발전소 운영 수익의 일부를 지역 사회 개발 기금으로 조성하여 지역 사회의 복지와 발전에 기여할 수 있다. 또한, 교육, 건강, 환경 보호 등 다양한 분야에서 지역 사회 지원 프로그램을 운영할 수 있다.

3) 사회적 수용성과 인식

- 사회적 수용성 제고: 해상풍력 발전소의 성공적인 운영을 위해서는 지역 주민들과의 신뢰 구축이 필수적이다. 이를 위해 발전소의 장점과 단점을 투명하게 공유하고, 주민들의 의견을 적극 반영하는 것이 중요하다. 또한, 주민들의 참여를 장려하여 발전소가 지역 사회의 일부로 받아들여질 수 있도록 해야 한다.
- 교육과 홍보: 해상풍력 발전에 대한 긍정적인 인식을 확산시키기 위해 교육과 홍보가 필요하다. 이를 통해 해상풍력 발전의 환경적 이점과 경제적 혜택을 알리고, 지역 주민들이 발전소 운영에 대해 긍정적으로 인식할 수 있도록 해야 한다. 학교와 지역 사회 단체와의 협력을 통해 해상풍력 발전의 중요성을 교육하고, 다양한 홍보 활동을 통해 인식을 제고할 수 있다.

Chapter 3

데이터 과학과 머신러닝 기초 (Fundamentals of Data Science and Machine Learning)

3.1 데이터 과학의 기초

3.1.1 데이터 수집 및 정제

데이터 과학에서 데이터 수집과 정제는 매우 중요한 과정이다. 데이터 수집은 분석할 데이터를 획득하는 단계이며, 데이터 정제는 수집된 데이터를 분석 가능한 상태로 만드는 단계이다. 이 두 단계는 데이터 과학 프로젝트의 성패를 좌우하는 핵심 요소로, 데이터의 품질이 분석 결과의 신뢰성과 정확성에 큰 영향을 미친다.

(1) 데이터 수집의 중요성

데이터 수집은 데이터 과학의 첫 번째 단계로, 분석에 필요한 데이터를 효율적으로 수집하는 것이 목표이다. 데이터는 다양한 소스에서 수집될 수 있으며, 각 소스의 특성과 데이터 형식에 따라 수집 방법이 달라진다.

1) 데이터 소스의 종류

- 구조화된 데이터: 데이터베이스, 스프레드시트, API 등을 통해 수집되는 정형화된 데이터이다. 이러한 데이터는 일반적으로 테이블 형식으로 저장되며, SQL이나 파이썬의 pandas 라이브러리를 사용하여 쉽게 접근할 수 있다.
- 비구조화된 데이터: 텍스트, 이미지, 비디오 등 정형화되지 않은 데이터로, 자연어 처리(NLP)나 이미지 처리 기술을 사용해 분석할 수 있다. 웹 크롤링, API, 로그 파일 등에서 수집되는 비구조화된 데이터가 이에 해당한다.
- 반구조화된 데이터: JSON, XML 등 구조화되지 않은 데이터 형식이지만 일정한 규칙에 따라 데이터를 저장하는 형식이다. API나 웹에서 주로 사용되며, 데이터를 처리하는 데 특정 라이브러리나 도구가 필요하다.

2) 데이터 수집 방법

- 웹 크롤링(Web Crawling): 웹사이트에서 데이터를 자동으로 수집하는 방법으로, 웹 크롤러를 사용해 웹 페이지의 데이터를 구조화된 형식으로 수집한다. 웹 크롤링은 방대한 양의 데이터를 빠르게 수집할 수 있지만, 웹사이트의 사용 약관을 준수해야 하며, 법적 문제를 피하기 위해 로봇 배제 표준(Robots.txt)을 확인해야 한다.
- API 활용: 다양한 서비스에서 제공하는 API(Application Programming Interface)를 통해 데이터를 수집할 수 있다. API는 데이터베이스에 직접 접근하지 않고도 데이터를 수집할 수 있도록 해주며, RESTful API가 일반적으로 사용된다.
- 로그 데이터: 서버나 애플리케이션에서 생성되는 로그 데이터를 활용하여 사용자 활동이나 시스템 성능에 대한 데이터를 수집할 수 있다. 로그 데이터는 대규모 시스템 모니터링과 성능 최적화에 유용하게 사용된다.
- 센서 데이터: 사물 인터넷(IoT) 장치나 센서를 통해 실시간으로 데이터를 수집할 수 있다. 이는 기상 데이터, 환경 데이터, 교통 데이터 등을 수집하는 데 사용된다.

3) 데이터 수집의 도전과제

- 데이터 접근성: 데이터 소스에 접근하는 것이 어렵거나 제한된 경우, 데이터 수집이 큰 도전이 될 수 있다. 예를 들어, 상용 데이터베이스나 API의 경우, 사용 권한이나 요금이 발생할 수 있다.
- 데이터 품질: 수집된 데이터의 품질은 매우 중요하다. 데이터가 불완전하거나 오류가 포함되어 있으면, 이후의 분석 과정에서 문제를 일으킬 수 있다.
- 법적 및 윤리적 고려사항: 데이터 수집 과정에서는 법적 및 윤리적 측면을 고려해야 한다. 개인 정보 보호 규정(GDPR 등)을 준수하고, 데이터를 적법하게 수집하는 것이 중요하다.

4) 데이터 수집 예시

그림 62은 파이썬을 사용하여 API를 통해 데이터를 수집하는 예시이다. 이 예시는 OpenWeatherMap API를 사용하여 서울의 기상 데이터를 수집하는 방법을 보여준다. 이 코드에서는 OpenWeatherMap API를 호출한 후, JSON 포맷의 데이터를 파이썬 딕셔너리로 변환하여 필요한 정보를 추출한다.

```
import requests
import json

# API key and base URL setup
api_key = "YOUR_API_KEY"
base_url = "http://api.openweathermap.org/data/2.5/weather?"

# City name to request
city_name = "Seoul"
complete_url = base_url + "q=" + city_name + "&appid=" + api_key

# Sending request and receiving response
response = requests.get(complete_url)

# Converting JSON response to Python dictionary
data = response.json()

# Printing data
if data["cod"] != "404":
    main = data["main"]
    wind = data["wind"]
    weather = data["weather"][0]

    temperature = main["temp"]
    pressure = main["pressure"]
    humidity = main["humidity"]
    wind_speed = wind["speed"]
    description = weather["description"]

    print(f"Temperature: {temperature}")
    print(f"Pressure: {pressure}")
    print(f"Humidity: {humidity}")
    print(f"Wind Speed: {wind_speed}")
    print(f"Description: {description}")
else:
    print("City Not Found!")
```

그림 62 OpenWeatherMap API를 사용한 서울 기상 데이터 수집 코드

(2) 데이터 정제의 중요성

데이터 정제는 수집된 데이터를 분석 가능한 상태로 만드는 과정이다. 데이터 정제는 데이터 과학 프로젝트에서 매우 중요한 단계로, 잘못된 데이터나 결측치가 포함된 데이터를 분석하면 잘못된 결과가 나올 수 있다. 따라서 데이터 정제 과정을 통해 데이터의 품질을 높이는 것이 필수적이다.

1) 데이터 정제의 주요 단계

- 결측치 처리: 데이터 수집 과정에서 발생할 수 있는 결측치를 처리하는 것이 중요하다. 결측치는 데이터를 삭제하거나, 평균값, 중앙값 등으로 대체할 수 있다. 결측치가 많으면 분석 결과에 큰 영향을 미칠 수 있으므로 신중하게 처리해야 한다.
- 이상치 처리: 데이터 중에서 다른 값들과 현저히 차이나는 값을 이상치라고 한다. 이상치는 오류나 예외적인 상황을 나타낼 수 있으며, 분석 결과를 왜곡할 수 있다. 이상치를 탐지하여 제거하거나 적절히 처리하는 것이 필요하다.
- 중복 데이터 제거: 데이터 수집 과정에서 동일한 데이터가 여러 번 수집될 수 있다. 중복 데이터를 제거하여 데이터의 정확성과 신뢰성을 높이는 것이 중요하다.
- 데이터 형식 변환: 수집된 데이터의 형식이 분석에 적합하지 않을 경우, 데이터를 변환해야 한다. 예를 들어, 날짜 형식의 데이터를 타임스탬프 형식으로 변환하거나, 문자열 데이터를 수치형 데이터로 변환할 수 있다.
- 범주형 데이터 인코딩: 범주형 데이터는 문자열로 표현되는 데이터로, 분석을 위해 수치형 데이터로 변환해야 한다. 원-핫 인코딩(One-Hot Encoding)이나 레이블 인코딩(Label Encoding) 등을 사용하여 범주형 데이터를 수치형으로 변환할 수 있다.

2) 결측치 처리 예시

그림 63는 파이썬의 pandas 라이브러리를 사용하여 결측치를 처리하는 예시이다.

이 코드에서는 결측치를 처리하는 다양한 방법을 보여준다. 결측치를 0으로 대체하거나, 각 열의 평균값으로 대체할 수 있으며, 결측치가 포함된 행을 제거할 수도 있다.

```
import pandas as pd
import numpy as np

# Example data creation
data = {'A': [1, 2, np.nan, 4, 5],
        'B': [5, np.nan, np.nan, 8, 10],
        'C': [10, 11, 12, np.nan, 14]}

df = pd.DataFrame(data)

print("Original DataFrame:")
print(df)

# Replace missing values with 0
df_filled = df.fillna(0)

print("\nDataFrame with NaN filled with 0:")
print(df_filled)

# Replace missing values with column mean
df_filled_mean = df.apply(lambda col: col.fillna(col.mean()), axis=0)

print("\nDataFrame with NaN filled with column mean:")
print(df_filled_mean)

# Drop rows with any missing values
df_dropped = df.dropna()

print("\nDataFrame with rows containing NaN dropped:")
print(df_dropped)
```

그림 63 결측치 처리 코드

3) 이상치 처리 예시

그림 64은 이상치를 탐지하고 처리하는 방법을 보여주는 파이썬 코드이다.

```
import pandas as pd
import numpy as np

# Example data creation
data = {'A': [1, 2, 3, 100, 5],
        'B': [5, 6, 7, 8, 1000],
        'C': [10, 11, 12, 13, 14]}

df = pd.DataFrame(data)

print("Original DataFrame:")
print(df)

# Identifying outliers using the Z-score
z_scores = (df - df.mean())/df.std()

print("\nZ-scores:")
print(z_scores)

# Removing outliers (keeping only those rows where Z-score is less than 3)
df_no_outliers = df[(z_scores < 3).all(axis=1)]

print("\nDataFrame without outliers:")
print(df_no_outliers)
```

그림 64 이상치 탐지 및 처리 코드

3.1.2 데이터 탐색적 분석(EDA)

데이터 탐색적 분석(Exploratory Data Analysis, EDA)은 데이터 과학에서 중요한 단계로, 데이터의 기본 특성을 이해하고, 데이터가 가지고 있는 패턴, 이상치, 관계 등을 시각화하고 분석하는 과정이다. EDA는 데이터에 대한 통찰력을 얻고, 데이터 전처리, 모델링, 해석 과정에서 필요한 결정을 내리는 데 필수적이다.

(1) 데이터 탐색적 분석의 중요성

EDA는 데이터 과학 프로젝트에서 매우 중요한 단계이다. 데이터의 특성과 구조를 이해하지 못하면 잘못된 분석이나 모델링 결과를 초래할 수 있다. EDA는 데이터의 분포, 이상치, 상관관계 등을 시각화하여 직관적으로 이해할 수 있게 해준다. 이를 통해 데이터의 문제점을 파악하고, 데이터 전처리 방법이나 분석 방법을 결정하는 데 도움을 준다.

1) 데이터의 이해

- 분포 확인: EDA는 데이터의 분포를 확인하는 데 도움을 준다. 예를 들어, 연속형 변수의 경우 히스토그램을 통해 데이터가 정규 분포를 따르는지, 또는 치우쳐 있는지 확인할 수 있다.
- 이상치 탐지: 데이터 탐색 과정에서 이상치(outliers)를 탐지할 수 있다. 이상치는 분석 결과를 왜곡할 수 있기 때문에, 이를 미리 파악하고 처리하는 것이 중요하다.
- 결측치 파악: 데이터 내 결측치(missing values)가 어디에 존재하는지, 얼마나 많은지 파악할 수 있다. 결측치는 분석 결과에 큰 영향을 미칠 수 있으므로, 이를 적절히 처리해야 한다.

2) 데이터 전처리를 위한 기초 작업

- 변수 간의 상관관계 확인: EDA를 통해 변수 간의 상관관계를 확인할 수 있다. 상관관계는 두 변수 간의 관계를 나타내며, 이를 통해 모델링 과정에서 유의미한 변수를 선택할 수 있다.
- 데이터 변환의 필요성 평가: EDA 과정에서 데이터 변환이 필요한지를 평가할 수 있다. 예를 들어, 데이터의 분포가 비대칭적일 경우 로그 변환(log transformation)이나 제곱근 변환(square root transformation)을 고려할 수 있다.
- 데이터 샘플링: 데이터가 너무 크거나 복잡할 경우, EDA를 통해 데이터 샘플링 전략을 수립할 수 있다. 샘플링은 데이터의 일부분만 사용하여 전체 데이터의 특성을 파악하는 데 사용된다.

3) 모델링 전 단계로서의 EDA

- 특징 선택: EDA는 모델링에 사용할 특징(feature)을 선택하는 데 중요한 역할을 한다. 데이터의 패턴과 변수 간의 관계를 파악하여, 모델의 성능을 높일 수 있는 중요한 변수를 식별할 수 있다.
- 모델 가설 설정: EDA는 모델링을 위한 가설 설정에 도움을 준다. 예를 들어, 특정 변수가 타깃 변수와 강한 상관관계를 가질 경우, 해당 변수를 포함한 모델을 구축할 수 있다.
- 데이터 정제: EDA 과정에서 발견된 이상치나 결측치, 불필요한 변수 등을 처리하여, 정제된 데이터를 모델링에 사용할 수 있다.

(2) EDA의 주요 기법과 방법

EDA에는 다양한 기법과 방법이 존재하며, 이를 통해 데이터의 특성을 깊이 있게 탐색할 수 있다. EDA는 주로 통계적 기법과 시각화 기법을 결합하여 사용되며, 이를 통해 데이터의 구조와 관계를 파악할 수 있다.

1) 기초 통계 분석

- 기술 통계량(Descriptive Statistics): EDA의 첫 단계는 기술 통계량을 계산하는 것이다. 평균(mean), 중앙값(median), 표준편차(standard deviation), 사분위수(quartiles) 등의 통계량을 통해 데이터의 중심 경향과 변동성을 파악할 수 있다.
- 빈도 분석(Frequency Analysis): 범주형 데이터에 대해 빈도 분석을 수행하여 각 범주가 데이터 내에서 얼마나 자주 나타나는지 확인할 수 있다. 이는 데이터의 분포를 이해하는 데 도움을 준다.

2) 시각화 기법

- 히스토그램(Histogram): 연속형 데이터의 분포를 시각화하는 데 사용된다. 히스토그램은 데이터가 특정 범위 내에서 얼마나 자주 발생하는지를 보여주며, 데이터의 분포를 직관적으로 파악할 수 있게 한다.

- 상자 그림(Boxplot): 데이터의 분포와 이상치를 시각화하는 데 유용하다. 상자 그림은 데이터의 중앙값, 사분위수, 그리고 이상치를 보여주며, 데이터의 변동성과 분포를 한눈에 파악할 수 있다.
- 산점도(Scatter Plot): 두 변수 간의 관계를 시각화하는 데 사용된다. 산점도는 두 변수 간의 상관관계를 파악하는 데 유용하며, 회귀선을 추가하여 변수 간의 관계를 더 명확하게 시각화할 수 있다.
- 히트맵(Heatmap): 변수 간의 상관관계를 시각화하는 데 사용된다. 히트맵은 상관계수를 색상으로 표현하여, 변수 간의 관계를 쉽게 파악할 수 있게 한다.

3) 다변량 분석

- 상관 분석(Correlation Analysis): 변수 간의 상관관계를 분석하여, 어떤 변수가 서로 강한 관계를 가지는지 파악할 수 있다. 상관 계수(correlation coefficient)는 두 변수 간의 관계를 수치로 표현하며, -1에서 1 사이의 값을 가진다.
- 주성분 분석(Principal Component Analysis, PCA): 데이터의 차원을 축소하는 기법으로, 다차원 데이터를 몇 개의 주성분으로 변환하여 데이터의 구조를 파악할 수 있게 한다. PCA는 데이터의 분산을 최대한 설명하는 주성분을 찾아내어, 시각화하거나 모델링에 사용할 수 있다.

4) EDA의 과정과 파이썬 구현

그림 65는 EDA의 각 단계를 파이썬 코드로 구현한 예시이다. 이 코드는 데이터의 기초 통계량을 계산하고, 다양한 시각화를 통해 데이터를 탐색하는 과정을 보여준다.

```
import pandas as pd
import numpy as np
import matplotlib.pyplot as plt
import seaborn as sns

# Example data creation
np.random.seed(42)
data = {
    'A': np.random.normal(0, 1, 100),
    'B': np.random.normal(5, 2, 100),
    'C': np.random.exponential(1, 100),
    'D': np.random.uniform(0, 10, 100)
}

df = pd.DataFrame(data)

# 1. Descriptive Statistics
print("Descriptive Statistics:")
print(df.describe())

# 2. Histogram
plt.figure(figsize=(10, 6))
plt.hist(df['A'], bins=20, color='blue', alpha=0.7, label='A')
plt.hist(df['B'], bins=20, color='red', alpha=0.7, label='B')
plt.xlabel('Value')
plt.ylabel('Frequency')
plt.title('Histogram of A and B')
plt.legend()
plt.show()

# 3. Boxplot
plt.figure(figsize=(8, 6))
sns.boxplot(data=df)
plt.title('Boxplot of A, B, C, D')
plt.show()

# 4. Scatter Plot
plt.figure(figsize=(8, 6))
plt.scatter(df['A'], df['B'], color='green', alpha=0.6)
plt.xlabel('A')
plt.ylabel('B')
plt.title('Scatter Plot of A vs B')
plt.show()

# 5. Heatmap
plt.figure(figsize=(8, 6))
corr = df.corr()
sns.heatmap(corr, annot=True, cmap='coolwarm', vmin=-1, vmax=1)
plt.title('Heatmap of Correlations')
plt.show()
```

그림 65 데이터 기본 통계량 계산, 히스토그램, 상자 그림, 산점도, 히트맵 시각화 코드

위 코드는 데이터의 기본 통계량을 계산하고, 히스토그램, 상자 그림, 산점도, 히트맵을 통해 데이터를 시각화하는 예제를 보여준다. 이 코드는 데이터 탐색적 분석의 기본 단계를 포함하며, 실제 프로젝트에서 데이터를 탐색할 때 사용할 수 있는 방법들을 제공한다.

5) EDA의 결과 해석

EDA의 결과는 데이터 분석과 모델링의 방향을 결정하는 데 중요한 역할을 한다. 예를 들어, 상관관계가 높은 변수는 모델링에서 중요한 변수로 고려될 수 있으며, 이상치는 모델의 성능을 저하시킬 수 있으므로 적절히 처리해야 한다. 또한, 데이터의 분포가 비대칭적인 경우, 로그 변환이나 다른 데이터 변환 방법을 고려할 수 있다. EDA의 결과를 바탕으로 데이터 전처리, 모델링 전략, 그리고 해석 방법을 결정하는 것은 데이터 과학에서 매우 중요한 과정이다.

(3) EDA의 실전 활용

실제 데이터 과학 프로젝트에서 EDA는 데이터의 특성을 이해하고, 분석 및 모델링의 기반을 마련하는 중요한 단계로 활용된다. 아래에서는 다양한 시나리오에서 EDA가 어떻게 활용될 수 있는지, 그리고 각 시나리오에서 중요한 고려사항을 살펴본다.

1) 비즈니스 데이터 분석

- 매출 분석: EDA는 매출 데이터를 분석하는 데 유용하다. 예를 들어, 매출이 시간에 따라 어떻게 변화하는지, 특정 제품군의 매출이 다른 제품군과 비교하여 어떤 패턴을 보이는지 분석할 수 있다. 히스토그램, 시계열 플롯, 상자 그림 등을 활용하여 매출 데이터의 분포와 변동성을 시각화하고, 이상치나 패턴을 탐색할 수 있다.
- 고객 세분화: 고객 데이터를 분석하여 다양한 고객 세그먼트를 탐색할 수 있다. 상관 분석과 클러스터링 기법을 사용하여 유사한 특성을 가진 고객 그룹을 식별하고, 이들을 대상으로 한 맞춤형 마케팅 전략을 수립할 수 있다.

2) 공공 데이터 분석

- 인구통계 데이터 분석: EDA는 인구통계 데이터를 분석하여 인구 구조, 경제 지표, 건강 상태 등의 관계를 이해하는 데 도움을 줄 수 있다. 상관 분석과 회귀 분석을 통해 인구통계 데이터 간의 관계를 파악하고, 이를 바탕으로 정책 수립에 활용할 수 있다.
- 교통 데이터 분석: 교통 데이터 분석에서 EDA는 교통 흐름, 사고 발생 패턴, 시간대별 교통량 등을 탐색하는 데 사용될 수 있다. 히트맵과 시계열 분석을 통해 교통 데이터의 패턴을 시각화하고, 이를 바탕으로 교통 체증 완화 방안을 마련할 수 있다.

3) 과학 데이터 분석

- 기상 데이터 분석: 기상 데이터는 매우 복잡하고 다양한 변수를 포함한다. EDA는 이러한 데이터를 탐색하여 기온, 습도, 강수량 등의 변수 간 관계를 파악하고, 기후 변화의 패턴을 탐색하는 데 유용하다. 시계열 분석과 상관 분석을 통해 기후 데이터의 주요 특징을 파악할 수 있다.
- 유전학 데이터 분석: 유전학 데이터는 고차원의 데이터를 포함하며, EDA는 이러한 데이터를 탐색하여 유전자 간의 상관관계, 유전자 변이의 패턴 등을 분석하는 데 중요한 역할을 한다. PCA와 같은 차원 축소 기법을 활용하여 유전 데이터의 주요 성분을 추출할 수 있다.

(4) 파이썬을 활용한 EDA의 고급 기법

EDA를 수행할 때, 보다 고급 기법을 활용하여 데이터의 특성을 더욱 깊이 이해할 수 있다. 파이썬은 이러한 고급 기법을 구현하는 데 매우 유용한 도구이며, 다양한 라이브러리와 함께 사용할 수 있다.

1) 다차원 데이터 시각화

- 페어플롯(Pairplot): 다차원 데이터를 시각화하는 강력한 도구로, 각 변수 간의 산점도를 한 번에 볼 수 있다. 페어플롯은 상관관계를 쉽게 파악하고, 다차원 데이터에서 중요한 패턴을 발견하는 데 유용하다.

- 차원 축소와 시각화: PCA와 t-SNE는 차원 축소 기법으로, 고차원의 데이터를 2차원 또는 3차원으로 축소하여 시각화할 수 있다. 이러한 기법은 데이터의 구조를 이해하고, 주요 성분이나 클러스터를 식별하는 데 도움이 된다.

2) 시계열 데이터 분석

- 트렌드와 계절성 분석: 시계열 데이터에서는 트렌드(장기적인 증가 또는 감소 경향)와 계절성(반복적인 패턴)을 분석하는 것이 중요하다. EDA를 통해 이러한 요소를 분리하고 분석할 수 있으며, 이를 바탕으로 예측 모델을 개발할 수 있다.
- 자기상관 분석(Autocorrelation): 자기상관 함수(ACF)와 부분 자기상관 함수(PACF)를 사용하여 시계열 데이터 내에서 시점 간의 상관관계를 분석할 수 있다. 이러한 분석은 시계열 모델링의 기초를 마련하는 데 중요하다.

3) 이상치 탐지

- IQR(Interquartile Range) 기법: 상자 그림에서 사용되는 IQR 기법을 활용하여 이상치를 탐지할 수 있다. IQR 기법은 데이터의 중간 50% 범위를 기반으로 이상치를 식별하며, 이를 시각화하여 이상치를 탐지할 수 있다.
- Z-스코어(Z-score) 기법: Z-스코어는 데이터의 각 값이 평균으로부터 얼마나 떨어져 있는지를 표준편차 단위로 나타낸 것이다. Z-스코어를 활용하여 통계적 이상치를 탐지하고 제거할 수 있다.

4) EDA의 자동화

- Pandas Profiling: Pandas Profiling은 데이터프레임에 대한 자동화된 EDA 보고서를 생성하는 도구로, 데이터의 요약 통계, 상관관계, 분포, 이상치 등을 자동으로 분석해준다. 이 도구를 활용하면 대규모 데이터셋의 EDA를 효율적으로 수행할 수 있다.
- Sweetviz: Sweetviz는 또 다른 EDA 자동화 도구로, 데이터 분석 결과를 시각적으로 풍부하게 표현해준다. 이 도구는 비교 분석 기능을 제공하여, 두 데이터셋 간의 차이점을 시각적으로 쉽게 파악할 수 있다.

```
import pandas as pd
import numpy as np
import seaborn as sns
import matplotlib.pyplot as plt

# Example advanced EDA on a dataset

# Loading dataset
df = sns.load_dataset('titanic')

# 1. Pairplot
sns.pairplot(df[['age', 'fare', 'pclass', 'survived']], hue='survived')
plt.show()

# 2. Heatmap for correlations
corr = df.corr()
plt.figure(figsize=(10, 8))
sns.heatmap(corr, annot=True, cmap='coolwarm')
plt.show()

# 3. Boxplot with subcategories
sns.boxplot(x='pclass', y='age', hue='survived', data=df)
plt.title('Boxplot of Age vs Pclass grouped by Survival')
plt.show()

# 4. FacetGrid for multiple distributions
g = sns.FacetGrid(df, col="survived", row="sex", margin_titles=True)
g.map(sns.histplot, "age", kde=False)
plt.show()
```

그림 66 고급 EDA 기법 구현 코드 예시

위 그림 66의 파이썬 코드는 Titanic 데이터셋을 사용하여 고급 EDA 기법을 구현한 예시이다. 이 코드는 페어플롯, 상관관계 히트맵, 상자 그림, 그리고 다차원 분포를 시각화하는 방법을 보여준다. 이러한 기법들은 데이터의 복잡한 구조를 탐색하고 이해하는 데 매우 유용하다.

3.1.3 데이터 시각화 기법

데이터 시각화는 데이터를 시각적 형태로 표현하여 쉽게 이해할 수 있도록 돕는 중요한 과정이다. 시각화를 통해 데이터의 패턴, 관계, 이상치를 쉽게 파악할 수 있으며, 데이터 분석의 결과를 효과적으로 전달할 수 있다. 데이터 시각화는 데이터 과학, 비즈니스 분석, 연구 등 다양한 분야에서 널리 사용된다.

(1) 데이터 시각화의 중요성

- 직관적인 이해: 복잡한 데이터를 시각화하면 패턴과 트렌드를 쉽게 이해할 수 있다. 시각화는 숫자나 텍스트로 표현된 데이터를 그래프나 차트로 변환하여, 데이터를 직관적으로 파악할 수 있게 해준다.
- 패턴과 관계 발견: 데이터 시각화는 변수 간의 관계를 이해하는 데 유용하다. 예를 들어, 산점도를 통해 두 변수 간의 상관관계를 쉽게 파악할 수 있으며, 히트맵은 다변량 데이터의 상관관계를 한눈에 보여준다.
- 의사결정 지원: 데이터 시각화는 데이터 기반 의사결정을 지원하는 데 중요한 역할을 한다. 시각적 자료는 의사결정자에게 중요한 정보를 제공하며, 복잡한 문제를 해결하는 데 도움을 준다.
- 스토리텔링: 데이터 시각화는 데이터를 기반으로 한 스토리텔링에 유용하다. 데이터를 시각적으로 표현하여 정보를 효과적으로 전달할 수 있으며, 청중에게 데이터의 핵심 메시지를 명확하게 전달할 수 있다.

(2) 주요 데이터 시각화 기법

1) 막대 그래프(Bar Chart)

- 용도: 막대 그래프는 범주형 데이터의 비교를 시각적으로 표현하는 데 사용된다. 각 막대는 특정 범주의 값을 나타내며, 막대의 길이나 높이는 그 값의 크기를 나타낸다.
- 예시: 특정 기간 동안의 제품 판매량 비교, 각 국가별 GDP 비교 등.

2) 히스토그램(Histogram)

- 용도: 히스토그램은 연속형 데이터의 분포를 시각화하는 데 사용된다. 데이터의 값 범위를 여러 구간으로 나누고, 각 구간에 해당하는 데이터 포인트의 수를 막대로 표현한다.
- 예시: 학생들의 시험 점수 분포, 도시의 인구 밀도 분포 등.

3) 선 그래프(Line Chart)

- 용도: 선 그래프는 시간에 따른 데이터의 변화를 시각화하는 데 사용된다. 각 데이터 포인트를 선으로 연결하여 트렌드나 패턴을 쉽게 파악할 수 있다.
- 예시: 주식 가격의 시간별 변화, 기온의 일간 변화 등.

4) 산점도(Scatter Plot)

- 용도: 산점도는 두 연속형 변수 간의 관계를 시각화하는 데 사용된다. 각 점은 두 변수의 값을 나타내며, 점들의 분포를 통해 변수 간의 상관관계를 파악할 수 있다.
- 예시: 키와 몸무게의 관계, 광고 비용과 판매량의 관계 등.

5) 상자 그림(Box Plot)

- 용도: 상자 그림은 데이터의 분포와 이상치를 시각화하는 데 사용된다. 데이터의 중앙값, 사분위수, 이상치 등을 직관적으로 표현하여 데이터의 분포를 파악할 수 있다.
- 예시: 다양한 학급의 성적 분포, 각 지역의 주택 가격 분포 등.

6) 히트맵(Heatmap)

- 용도: 히트맵은 다변량 데이터의 상관관계를 시각화하는 데 사용된다. 상관관계 값은 색상으로 표현되며, 색상의 농도로 변수 간의 관계를 파악할 수 있다.
- 예시: 변수 간의 상관관계 분석, 유전자 데이터의 상관 분석 등.

7) 파이 차트(Pie Chart)

- 용도: 파이 차트는 전체에서 각 부분이 차지하는 비율을 시각적으로 표현하는 데 사용된다. 원형 차트의 각 조각은 특정 범주의 비율을 나타낸다.
- 예시: 회사 매출의 제품별 구성 비율, 선거에서의 후보별 득표율 등.

8) 분포도(Violin Plot)

- 용도: 분포도는 데이터의 분포와 밀도를 시각화하는 데 사용된다. 상자 그림과 커널 밀도 추정이 결합된 형태로, 데이터의 분포 형태를 보다 자세히 보여준다.
- 예시: 시험 성적의 밀도 분포, 실험 결과의 변동성 등.

9) 페어플롯(Pairplot)

- 용도: 페어플롯은 다차원 데이터를 시각화하는 데 유용하다. 각 변수 쌍 간의 산점도를 한 화면에 표현하여, 변수들 간의 상관관계를 쉽게 파악할 수 있다.
- 예시: 다양한 변수 간의 관계 분석, 다차원 데이터의 패턴 발견 등.

(3) 데이터 시각화의 구현 예시

그림 67과 68은 파이썬의 matplotlib와 seaborn 라이브러리를 사용하여 다양한 데이터 시각화 기법을 구현한 예시 코드이다. 이 코드는 데이터 시각화의 기초를 이해하는 데 도움을 줄 것이다.

```
# Bar Chart Code
import pandas as pd
import matplotlib.pyplot as plt

data = {'Category': ['A', 'B', 'C', 'D'], 'Values': [23, 45, 56, 78]}
df = pd.DataFrame(data)

plt.figure(figsize=(8, 5))
plt.bar(df['Category'], df['Values'], color='green')
plt.title('Bar Chart Example')
plt.xlabel('Category')
plt.ylabel('Values')
plt.show()

# Histogram Code
import numpy as np
np.random.seed(42)
ages = np.random.randint(18, 50, 100)

plt.figure(figsize=(8, 5))
plt.hist(ages, bins=10, color='blue')
plt.title('Histogram Example')
plt.xlabel('Ages')
plt.ylabel('Frequency')
plt.show()

# Line Chart Code
data = {'Ages': np.random.randint(18, 50, 100), 'Scores': np.random.normal(70, 10, 100)}
df = pd.DataFrame(data)

plt.figure(figsize=(8, 5))
plt.plot(df['Ages'], df['Scores'], color='red')
plt.title('Line Chart Example')
plt.xlabel('Ages')
plt.ylabel('Scores')
plt.show()

# Scatter Plot Code
data = {'Ages': np.random.randint(18, 50, 100), 'Income': np.random.uniform(2000, 5000, 100)}
df = pd.DataFrame(data)

plt.figure(figsize=(8, 5))
plt.scatter(df['Ages'], df['Income'], color='purple')
plt.title('Scatter Plot Example')
plt.xlabel('Ages')
plt.ylabel('Income')
plt.show()

# Box Plot Code
import seaborn as sns
data = {'Scores': np.random.normal(70, 10, 100), 'Income': np.random.uniform(2000, 5000, 100)}
df = pd.DataFrame(data)

plt.figure(figsize=(8, 5))
sns.boxplot(data=df)
plt.title('Box Plot Example')
plt.show()
```

그림 67 시각화 코드 예시 1

```
# Heatmap Code
corr = df.corr()
plt.figure(figsize=(8, 5))
sns.heatmap(corr, annot=True, cmap='coolwarm', vmin=-1, vmax=1)
plt.title('Heatmap Example')
plt.show()

# Pie Chart Code
data = {'Category': ['A', 'B', 'C', 'D'], 'Values': [23, 45, 56, 78]}
df = pd.DataFrame(data)

plt.figure(figsize=(8, 5))
plt.pie(df['Values'], labels=df['Category'], autopct='%1.1f%%', startangle=140, colors=['yellow', 'blue', 'green', 'red'])
plt.title('Pie Chart Example')
plt.show()

# Violin Plot Code
data = {'Scores': np.random.normal(70, 10, 100), 'Income': np.random.uniform(2000, 5000, 100)}
df = pd.DataFrame(data)

plt.figure(figsize=(8, 5))
sns.violinplot(data=df)
plt.title('Violin Plot Example')
plt.show()

# Pairplot Code
df = sns.load_dataset('titanic')

sns.pairplot(df[['age', 'fare', 'pclass', 'survived']], hue='survived')
plt.title('Pairplot Example')
plt.show()
```

그림 68 시각화 코드 예시 2

(4) 데이터 시각화의 실전 활용

데이터 시각화는 다양한 분야에서 실전적으로 활용되며, 데이터를 효과적으로 전달하고 이해하는 데 중요한 도구이다. 다음은 여러 분야에서 데이터 시각화가 어떻게 활용되는지에 대한 설명이다.

1) 비즈니스 인텔리전스(BI)

데이터 시각화는 비즈니스 인텔리전스에서 중요한 역할을 한다. 예를 들어, 매출 데이터나 고객 데이터를 시각화하여 패턴을 분석하고, 이를 통해 경영진이 전략적 결정을 내리는 데 도움을 준다. 매출 트렌드, 제품별 판매 비교, 고객 세그먼트 분석 등 다양한 비즈니스 지표를 시각적으로 표현하여 의사결정을 지원하는 것이다.

2) 과학 연구

연구 데이터의 시각화는 복잡한 데이터를 명확하게 전달하고, 연구 결과를 효과적으로 설명하는 데 필수적이다. 예를 들어, 실험 데이터나 시뮬레이션 결과를 그래프로 시각화하여 데이터의 패턴과 관계를 쉽게 파악할 수 있다. 연구자는 데이터 시각화를 통해 결과를 해석하고, 새로운 연구 방향을 설정할 수 있다.

3) 공공 데이터 분석

정부나 공공 기관은 대규모 데이터를 분석하고 시각화하여 정책 결정에 활용한다. 예를 들어, 인구 통계 데이터를 시각화하여 특정 지역의 인구 변동 추이를 분석하거나, 교통 데이터를 시각화하여 교통 체증 문제를 파악할 수 있다. 공공 데이터의 시각화는 일반 시민에게도 중요한 정보를 쉽게 전달하는 역할을 한다.

4) 교육

데이터 시각화는 교육 분야에서 복잡한 개념을 설명하거나 데이터를 기반으로 한 논의를 촉진하는 데 유용하다. 학생들은 시각적 자료를 통해 데이터를 더 잘 이해하고, 분석 결과를 쉽게 해석할 수 있다. 교육자는 시각화 도구를 사용하여 데이터를 기반으로 한 학습 자료를 제공하고, 학생들의 참여를 유도할 수 있다.

5) 데이터 저널리즘

데이터 저널리즘에서는 데이터를 시각화하여 독자들에게 복잡한 정보를 쉽게 전달한다. 예를 들어, 선거 결과, 경제 지표, 환경 변화 등의 데이터를 시각화하여 독자들이 중요한 정보를 빠르게 이해할 수 있도록 돕는다. 데이터 저널리스트들은 차트, 그래프, 대시보드 등을 활용하여 스토리텔링에 데이터를 효과적으로 통합한다.

6) 의료 데이터 분석

의료 분야에서 데이터 시각화는 환자 데이터를 분석하고 질병의 패턴과 추세를 파악하는 데 중요한 역할을 한다. 예를 들어, 환자의 생체 신호를 시각화하여 병의 진행 상황을 모니터링하거나, 임상 시험 결과를 시각화하여 신약의 효과를 평가할 수 있다. 의료 데이터의 시각화는 의사결정과 치료 계획 수립에 있어서도 중요한 도구이다.

(5) 데이터 시각화의 베스트 프랙티스

데이터 시각화는 단순히 데이터를 그래프로 표현하는 것이 아니라, 데이터를 정확하고 효과적으로 전달하는 것을 목표로 한다. 다음은 데이터 시각화를 효과적으로 수행하기 위한 몇 가지 베스트 프랙티스이다.

1) 단순화

그래프나 차트를 지나치게 복잡하게 만들지 않는 것이 중요하다. 간결하고 명확한 시각화는 정보를 쉽게 전달할 수 있다. 불필요한 장식 요소를 제거하고, 핵심 정보를 강조하는 것이 바람직하다.

2) 적절한 시각화 기법 선택

데이터의 성격에 따라 가장 적합한 시각화 기법을 선택해야 한다. 예를 들어, 범주형 데이터는 막대 그래프가 적합하고, 연속형 데이터의 분포는 히스토그램이 적합하다. 데이터의 특성에 맞는 시각화 기법을 사용해야 효과적인 분석이 가능하다.

3) 일관성 유지

시각화 스타일을 일관되게 유지해야 한다. 동일한 데이터셋이나 보고서에서는 색상, 폰트, 레이블링 등을 일관되게 사용하여 독자들이 쉽게 정보를 해석할 수 있도록 해야 한다. 일관된 시각화는 분석 결과를 더 신뢰성 있게 전달하는 데 기여한다.

4) 색상 사용 주의

색상은 중요한 정보를 전달하는 데 사용될 수 있지만, 남용하지 않도록 주의해야 한다. 너무 많은 색상은 시각적으로 혼란을 초래할 수 있으며, 색맹이 있는 사람들을 고려한 색상 팔레트를 선택하는 것이 중요하다. 색상은 시각화를 더 직관적으로 만들 수 있는 중요한 요소이다.

5) 데이터 레이블과 축의 명확성

모든 그래프와 차트에는 명확한 레이블과 축이 있어야 한다. 레이블과 축 제목은 데이터를 설명하고, 독자들이 그래프를 이해하는 데 도움을 줄 수 있다. 명확한 레이블링은 데이터 해석의 정확성을 높인다.

6) 레퍼런스 라인과 주석 사용

중요 지점이나 패턴을 강조하기 위해 레퍼런스 라인(reference line)이나 주석(annotation)을 사용할 수 있다. 이를 통해 독자들이 그래프에서 중요한 정보를 쉽게 파악할 수 있다. 주석과 레퍼런스 라인은 데이터의 주요 포인트를 명확하게 전달하는 데 유용하다.

(6) 데이터 시각화 도구와 라이브러리

데이터 시각화를 위해 사용할 수 있는 다양한 도구와 라이브러리가 있다. 이들 도구는 사용 목적, 데이터 유형, 사용자 경험 수준에 따라 선택할 수 있다.

1) Matplotlib

파이썬에서 가장 많이 사용되는 시각화 라이브러리 중 하나로, 매우 유연하고 강력한 기능을 제공한다. 다양한 종류의 차트와 그래프를 생성할 수 있으며, 커스터마이징이 가능하다. Matplotlib은 시각화의 기본을 이해하고 구현하는 데 매우 유용한 도구이다.

2) Seaborn

Matplotlib을 기반으로 한 고급 시각화 라이브러리로, 미려한 시각화를 쉽게 생성할 수 있다. 특히 통계적 시각화에 강점을 가지고 있으며, 데이터프레임과 잘 통합된다. Seaborn은 Matplotlib의 기능을 확장하고, 더욱 심미적인 그래프를 제공한다.

3) Plotly

인터랙티브 시각화를 생성하는 데 유용한 라이브러리로, 웹 기반의 대화형 그래프를 쉽게 만들 수 있다. 다양한 차트 유형을 지원하며, Dash라는 프레임워크를 통해 웹 애플리케이션으로 확장할 수 있다. Plotly는 데이터 시각화를 웹과 모바일 환경에서 활용할 때 매우 효과적이다.

4) Tableau

강력한 비즈니스 인텔리전스 도구로, 데이터 시각화와 대시보드를 쉽게 생성할 수 있다. 다양한 데이터 소스를 연결하여 시각화를 만들 수 있으며, 드래그 앤 드롭 인터페이스를 제공하여 사용자 친화적이다. Tableau는 비즈니스 사용자들이 복잡한 데이터를 쉽게 분석하고 시각화하는 데 적합한 도구이다.

5) Power BI

Microsoft에서 제공하는 비즈니스 인텔리전스 도구로, 데이터 시각화와 대시보드를 쉽게 생성할 수 있다. Excel과 잘 통합되며, 다양한 데이터 소스에 연결할 수 있다. Power BI는 비즈니스 환경에서 데이터를 분석하고 시각화하는 데 널리 사용된다.

6) D3.js

웹 기반의 데이터 시각화를 위해 사용되는 JavaScript 라이브러리로, 매우 유연한 시각화를 생성할 수 있다. SVG, HTML, CSS를 사용하여 커스터마이징된 시각화를 만들 수 있다. D3.js는 웹 개발자들이 복잡한 시각화를 웹 페이지에 통합하는 데 매우 강력한 도구이다.

3.2 머신러닝의 이론적 기초

머신러닝은 데이터를 기반으로 학습하고 예측을 수행하는 알고리즘의 집합이다. 머신러닝의 기초 이론은 지도학습과 비지도학습으로 크게 나눌 수 있다. 이 두 가지 학습 방법은 머신러닝 알고리즘의 작동 방식과 적용되는 문제 유형에 따라 구분된다.

3.2.1 지도학습과 비지도학습

(1) 지도학습 (Supervised Learning)

지도학습은 주어진 입력 데이터와 해당 데이터에 대한 정답(레이블)을 학습하는 방식이다. 이 학습 방식에서는 모델이 주어진 데이터를 통해 입력과 출력 간의 관계를 학습하게 된다. 학습이 완료되면, 모델은 새로운 입력 데이터에 대해 예측을 할 수 있다.

1) 지도학습의 기본 개념

- 입력과 출력: 지도학습에서 입력 데이터는 특징(feature)으로 표현되며, 출력 데이터는 레이블(label)로 표현된다. 예를 들어, 집의 크기, 방의 수, 위치 등이 특징이고, 집의 가격이 레이블이 될 수 있다.
- 목표: 지도학습의 목표는 주어진 입력과 출력 간의 함수 관계를 학습하는 것이다. 이 함수는 새로운 입력 데이터에 대해 정확한 출력을 예측하는 데 사용된다.
- 훈련 데이터: 지도학습 모델은 레이블이 포함된 훈련 데이터에서 학습한다. 훈련 데이터는 입력과 출력의 쌍으로 이루어져 있으며, 모델은 이 데이터를 통해 입력과 출력 간의 패턴을 학습한다.

2) 지도학습의 유형

- 회귀(Regression): 회귀는 연속형 값을 예측하는 지도학습의 한 유형이다. 예를 들어, 집의 가격, 주식의 가격, 온도 등을 예측하는 데 회귀 알고리즘이 사용된다.

- 분류(Classification): 분류는 이산형 값을 예측하는 지도학습의 한 유형이다. 예를 들어, 이메일이 스팸인지 아닌지, 질병의 유무 등을 예측하는 데 분류 알고리즘이 사용된다.

3) 지도학습의 대표적인 알고리즘

- 선형 회귀(Linear Regression): 입력 데이터와 출력 데이터 간의 선형 관계를 학습하는 알고리즘이다. 출력값은 입력값의 선형 조합으로 표현된다.
- 로지스틱 회귀(Logistic Regression): 이진 분류 문제에 주로 사용되는 알고리즘으로, 출력이 0과 1 사이의 확률로 나타난다. 로지스틱 함수(sigmoid 함수)를 사용하여 예측값을 확률로 변환한다.
- 서포트 벡터 머신(SVM): SVM은 분류 문제에 사용되는 알고리즘으로, 데이터를 분리하는 최적의 경계를 찾는다. 이 경계는 데이터 포인트 사이의 최대 마진을 유지하도록 설정된다.
- k-최근접 이웃(k-Nearest Neighbors, k-NN): k-NN은 새로운 데이터 포인트가 가장 가까운 k개의 이웃 데이터 포인트에 의해 분류되는 알고리즘이다. 이 알고리즘은 간단하지만, 계산 비용이 많이 들 수 있다.

4) 지도학습의 한계

- 레이블링 비용: 지도학습은 많은 양의 레이블된 데이터가 필요하다. 그러나 데이터를 레이블링하는 과정은 비용이 많이 들고 시간이 소요될 수 있다.
- 오버피팅(Overfitting): 지도학습 모델이 훈련 데이터에 너무 적합하게 학습되면, 새로운 데이터에 대한 일반화 성능이 떨어질 수 있다. 이는 오버피팅의 문제로 이어질 수 있다.
- 데이터 편향: 훈련 데이터에 편향이 있으면, 모델이 편향된 결정을 내릴 수 있다. 이는 잘못된 예측을 초래할 수 있다.

(2) 비지도학습 (Unsupervised Learning)

비지도학습은 입력 데이터만을 사용하여 데이터를 학습하는 방식이다. 이 학습 방식에서는 레이블이 없는 데이터를 분석하고, 데이터의 구조나 패턴을 발견하는 것이 목적이다.

1) 비지도학습의 기본 개념

- 입력 데이터: 비지도학습에서는 레이블이 없는 입력 데이터만을 사용한다. 데이터의 구조나 군집을 학습하는 것이 목표이다.
- 목표: 비지도학습의 목표는 데이터의 숨겨진 구조를 발견하는 것이다. 예를 들어, 데이터 내의 군집을 찾아내거나, 차원을 축소하여 중요한 특징을 추출하는 것이다.
- 훈련 데이터: 비지도학습은 레이블이 없는 데이터를 사용하여 훈련된다. 모델은 입력 데이터의 패턴이나 구조를 기반으로 학습한다.

2) 비지도학습의 유형

- 군집화(Clustering): 군집화는 데이터를 유사한 속성을 가진 그룹으로 나누는 비지도학습의 한 유형이다. 예를 들어, 고객 데이터를 분석하여 유사한 구매 패턴을 가진 고객 그룹을 식별할 수 있다.
- 차원 축소(Dimensionality Reduction): 차원 축소는 데이터의 중요한 특징을 유지하면서 데이터의 차원을 줄이는 비지도학습의 한 유형이다. 주성분 분석(PCA)이 대표적인 차원 축소 기법이다.

3) 비지도학습의 대표적인 알고리즘

- k-평균 군집화(k-Means Clustering): k-평균 군집화는 데이터를 k개의 군집으로 나누는 알고리즘이다. 각 데이터 포인트는 가장 가까운 중심점(centroid)에 할당되며, 중심점은 반복적으로 업데이트된다.
- 주성분 분석(Principal Component Analysis, PCA): PCA는 데이터의 차원을 축소하는 알고리즘으로, 데이터의 분산을 최대한 설명하는 새로운 축을 찾아내는 방식으로 작동한다.

- 연관 규칙 학습(Association Rule Learning): 이 알고리즘은 데이터 간의 연관성을 발견하는 데 사용된다. 예를 들어, 장바구니 분석을 통해 어떤 제품들이 함께 구매되는지를 분석할 수 있다.

4) 비지도학습의 한계

- 모델 평가의 어려움: 비지도학습은 레이블이 없기 때문에 모델의 성능을 평가하기가 어렵다. 결과의 유효성을 평가하려면 추가적인 분석이 필요할 수 있다.
- 해석의 어려움: 비지도학습 모델이 발견한 패턴이나 구조를 해석하는 것이 어려울 수 있다. 특히 군집화 결과의 의미를 파악하는 데 어려움이 있을 수 있다.
- 복잡한 계산: 비지도학습 알고리즘은 계산 비용이 높을 수 있으며, 특히 대규모 데이터셋에서는 효율성이 떨어질 수 있다.

(3) 지도학습과 비지도학습의 비교

지도학습과 비지도학습은 서로 다른 접근 방식을 가지며, 각기 다른 유형의 문제를 해결하는 데 사용된다.

- 레이블 유무: 지도학습은 레이블이 있는 데이터를 필요로 하지만, 비지도학습은 레이블이 없는 데이터를 사용한다.
- 목표: 지도학습의 목표는 예측 모델을 만드는 것이고, 비지도학습의 목표는 데이터의 패턴이나 구조를 발견하는 것이다.
- 알고리즘의 유형: 지도학습에는 회귀와 분류 알고리즘이 포함되며, 비지도학습에는 군집화와 차원 축소 알고리즘이 포함된다.
- 적용 분야: 지도학습은 예측과 분류 문제에 주로 사용되며, 비지도학습은 데이터 탐색과 패턴 발견에 사용된다.

1) 예시 코드: 지도학습과 비지도학습

아래 그림 69은 지도학습과 비지도학습의 예시를 보여주는 파이썬 코드이다. 첫 번째 예시는 지도학습의 대표적인 알고리즘인 로지스틱 회귀를 사용한 이진 분류 예제이고, 두 번째 예시는 비지도학습의 대표적인 알고리즘인 k-평균 군집화를 사용한 군집화 예제이다.

```
# Example 1: Supervised Learning - Logistic Regression

# Train the Logistic Regression model
model = LogisticRegression()
model.fit(X_train, y_train)

# Make predictions on the test set
y_pred = model.predict(X_test)

# Calculate accuracy
accuracy = accuracy_score(y_test, y_pred)
print(f"Logistic Regression Model Accuracy: {accuracy * 100:.2f}%")

# Example 2: Unsupervised Learning - K-Means Clustering

# Generate a synthetic dataset for clustering
from sklearn.datasets import make_blobs
X_cluster, _ = make_blobs(n_samples=1000, centers=3, n_features=2, random_state=42)

# Apply K-Means Clustering
kmeans = KMeans(n_clusters=3, random_state=42)
kmeans.fit(X_cluster)

# Predict cluster labels
cluster_labels = kmeans.predict(X_cluster)

# Plot the clusters
plt.figure(figsize=(8, 6))
plt.scatter(X_cluster[:, 0], X_cluster[:, 1], c=cluster_labels, cmap='viridis', marker='o')
plt.title('K-Means Clustering Example')
plt.xlabel('Feature 1')
plt.ylabel('Feature 2')
plt.show()
```

그림 69 지도학습과 비지도학습의 예시

3.2.2 주요 머신러닝 알고리즘: 회귀, 분류, 클러스터링

머신러닝에서 사용되는 주요 알고리즘은 크게 회귀(Regression), 분류(Classification), 클러스터링(Clustering)으로 나눌 수 있다. 이들은 각기 다른 유형의 문제를 해결하는 데 사용되며, 각 알고리즘의 특성에 따라 특정한 유형의 데이터와 문제에 적합하다.

(1) 회귀 (Regression)

회귀는 연속적인 값을 예측하는 문제를 해결하는 데 사용된다. 예를 들어, 주식 가격, 주택 가격, 온도 등을 예측할 때 회귀 알고리즘이 사용된다. 회귀 분석은 종속 변수와 독립 변수 간의 관계를 모델링하며, 이러한 관계를 통해 예측을 수행한다.

1) 선형 회귀 (Linear Regression)

선형 회귀는 가장 기본적인 회귀 알고리즘으로, 입력 변수와 출력 변수 간의 선형 관계를 모델링한다. 이 모델은 독립 변수의 선형 결합으로 종속 변수를 예측한다.

- 모델: 선형 회귀 모델은 다음과 같이 표현된다.

$$y = \beta_0 + \beta_1 x_1 + \beta_2 x_2 + \ldots + \beta_n x_n + \varepsilon$$

여기서 y는 예측값, β_0는 절편, β_1, β_2, …, β_n은 회귀 계수, x_1, x_2, …, x_n은 독립 변수, ε은 오차(term)이다.

- 예시: 주택의 크기와 가격 사이의 관계를 모델링하여, 주택 크기에 따른 가격을 예측하는 데 사용될 수 있다.

2) 다중 선형 회귀 (Multiple Linear Regression)

다중 선형 회귀는 여러 개의 독립 변수를 사용하는 회귀 분석이다. 이는 여러 요인이 결과에 영향을 미치는 경우 사용된다.

- 모델: 다중 선형 회귀 모델은 여러 독립 변수의 선형 결합으로 표현된다.

$$y = \beta_0 + \beta_1 x_1 + \beta_2 x_2 + \ldots + \beta_m x_m + \varepsilon$$

여기서 m은 독립 변수의 개수이다.

- 예시: 주택 가격을 예측할 때, 크기, 방의 수, 위치 등 다양한 요인을 고려할 수 있다.

3) 릿지 회귀 (Ridge Regression)

릿지 회귀는 선형 회귀에 정규화(term)를 추가하여 다중공선성 문제를 해결한다. 이는 회귀 계수의 크기를 줄이는 방향으로 작동하며, 과적합(overfitting)을 방지하는 데 도움을 준다.

- 모델: 릿지 회귀는 다음과 같은 목적 함수를 최소화한다

$$L(\beta) = \Sigma(y_i - \hat{y}_i)^2 + \lambda\Sigma\beta_j^2$$

여기서 λ는 정규화 파라미터이다.

- 예시: 다양한 변수들 간의 관계가 복잡할 때, 이를 효과적으로 모델링하기 위해 릿지 회귀를 사용할 수 있다.

4) 라쏘 회귀 (Lasso Regression)

라쏘 회귀는 릿지 회귀와 유사하지만, 회귀 계수 중 일부를 0으로 만들 수 있는 특성을 가지고 있다. 이는 변수 선택과 관련된 문제를 해결하는 데 유용하다.

- 모델: 라쏘 회귀는 다음과 같은 목적 함수를 최소화한다:

$$L(\beta) = \Sigma(y_i - \hat{y}_i)^2 + \lambda\Sigma|\beta_j|$$

여기서 λ는 정규화 파라미터이다.

- 예시: 많은 독립 변수 중에서 중요한 변수를 선택하여 모델을 단순화하는 데 사용될 수 있다.

5) 폴리노미얼 회귀 (Polynomial Regression)

폴리노미얼 회귀는 선형 회귀를 확장하여 다항식을 사용하여 데이터를 모델링하는 방법이다. 이는 비선형 관계를 모델링할 때 유용하다.

- 모델: 폴리노미얼 회귀는 다음과 같이 표현된다:

$$y = \beta_0 + \beta_1 x + \beta_2 x^2 + \dots + \beta_k x_k + \varepsilon$$

여기서 k는 다항식의 차수이다.

- 예시: 곡선 형태의 데이터를 모델링하여 예측할 때 사용할 수 있다.

(2) 분류 (Classification)

분류는 주어진 데이터를 특정 클래스나 카테고리로 분류하는 문제를 해결하는 데 사용된다. 예를 들어, 이메일을 스팸 또는 스팸이 아닌 것으로 분류하거나, 질병 진단에서 환자를 건강 또는 질병 상태로 분류하는 데 사용될 수 있다.

1) 로지스틱 회귀 (Logistic Regression)

로지스틱 회귀는 이진 분류 문제에서 주로 사용되며, 주어진 데이터가 특정 클래스에 속할 확률을 예측한다. 출력값은 0과 1 사이의 확률 값으로 나타나며, 특정 임계값을 기준으로 클래스를 예측한다.

- 모델: 로지스틱 회귀 모델은 다음과 같은 로지스틱 함수를 사용한다:

$$P(y=1 \mid x) = 1 / (1 + e^{-(\beta_0 + \beta_1 x_1 + \ldots + \beta_n x_n)})$$

여기서 $P(y=1 \mid x)$는 클래스 1에 속할 확률이다.

- 예시: 스팸 메일 필터링, 환자의 질병 진단 등에 사용될 수 있다.

2) 서포트 벡터 머신 (Support Vector Machine, SVM)

SVM은 데이터를 선형 또는 비선형 경계로 분류하는 강력한 알고리즘이다. SVM은 클래스 간의 최대 마진을 유지하는 초평면을 찾아 데이터를 분류한다.

- 모델: SVM은 다음과 같은 최적화 문제를 해결한다:

$$\text{maximize margin} = 2 / ||w||$$

여기서 w는 초평면의 기울기를 나타낸다.

- 예시: 얼굴 인식, 이미지 분류 등 다양한 분야에서 사용될 수 있다.

3) k-최근접 이웃 (k-Nearest Neighbors, k-NN)

k-NN은 새로운 데이터 포인트를 가장 가까운 k개의 이웃 데이터 포인트의 다수결에 따라 분류하는 알고리즘이다. 이 알고리즘은 단순하면서도 강력하지만, 계산 비용이 많이 들 수 있다.

- 모델: k-NN은 특정 거리 척도(예: 유클리드 거리)를 사용하여 이웃을 선택한다.
- 예시: 추천 시스템, 문서 분류, 이미지 검색 등에 사용될 수 있다.

4) 의사결정나무 (Decision Tree)

의사결정나무는 데이터를 기준에 따라 분할하여 분류하는 알고리즘이다. 각 노드는 특정 특징에 따라 데이터를 분할하며, 최종 노드는 예측 결과를 나타낸다.

- 모델: 의사결정나무는 엔트로피(entropy)나 지니 지수(Gini index)를 사용하여 분할 기준을 선택한다.
- 예시: 고객 이탈 예측, 질병 진단 등에 사용될 수 있다.

5) 랜덤 포레스트 (Random Forest)

랜덤 포레스트는 여러 개의 의사결정나무를 결합하여 예측하는 앙상블 학습 방법이다. 각 나무는 독립적으로 학습하며, 최종 예측은 다수결 투표에 의해 결정된다.

- 모델: 랜덤 포레스트는 다양한 의사결정나무의 결과를 결합하여 더 정확한 예측을 제공한다.
- 예시: 주식 예측, 고객 세분화, 의료 진단 등에 사용될 수 있다.

(3) 클러스터링 (Clustering)

클러스터링은 주어진 데이터를 유사한 특성을 가진 그룹으로 나누는 비지도 학습 방법이다. 이 방법은 레이블이 없는 데이터에서 유사한 특성을 가진 데이터 포인트들을 군집으로 묶어 그들의 내재된 구조를 발견하는 데 사용된다.

1) k-평균 군집화 (k-Means Clustering)

k-평균 군집화는 가장 널리 사용되는 클러스터링 알고리즘 중 하나로, 데이터를 k 개의 군집으로 나눈다. 알고리즘은 각 데이터 포인트를 가장 가까운 군집 중심점(centroid)에 할당하며, 반복적으로 중심점을 조정하도록 하여 군집을 형성한다.

- 모델: k-평균 군집화는 다음과 같은 목표 함수를 최소화한다:

$$J = \Sigma_k \Sigma(x_j \in C_i) ||x_j - \mu_i||^2$$

  여기서 C_i는 i번째 군집, μ_i는 i번째 군집의 중심점이다.
- 예시: 고객 세분화, 문서 군집화, 이미지 세그먼트화 등에 사용될 수 있다.

2) 계층적 군집화 (Hierarchical Clustering)

계층적 군집화는 데이터 포인트를 계층 구조로 그룹화하는 클러스터링 알고리즘이다. 이 방법은 데이터의 계층 구조를 시각적으로 표현할 수 있는 덴드로그램(dendrogram)을 생성한다.

- 모델: 계층적 군집화는 다음 두 가지 방법으로 수행된다:
  - 병합(agglomerative): 각 데이터 포인트를 개별 군집으로 시작해, 유사한 군집끼리 병합해 나가는 방식.
  - 분할(divisive): 전체 데이터를 하나의 군집으로 시작해, 반복적으로 분할하여 세분화하는 방식.
- 예시: 유전자 데이터 분석, 문서 분류, 사회 네트워크 분석 등에 사용될 수 있다.

3) 밀도 기반 군집화 (DBSCAN: Density-Based Spatial Clustering of Applications with Noise)

DBSCAN은 데이터의 밀도에 따라 군집을 형성하는 알고리즘으로, 밀도가 높은 영역에서 군집을 찾고, 밀도가 낮은 영역을 노이즈로 간주한다. 이 방법은 비구형의 군집을 탐지할 수 있는 장점이 있다.

- 모델: DBSCAN은 다음과 같은 방식으로 군집을 형성한다.
  주어진 반경(ε) 내에서 최소한의 데이터 포인트(minPts)를 포함하는 영역을 군집으로 정의한다.이 군집에 포함되지 않는 데이터 포인트는 노이즈로 간주된다.

- 예시: 위성 이미지 분석, 교통 데이터 분석, 이상치 탐지 등에 사용될 수 있다.

4) 가우시안 혼합 모델 (Gaussian Mixture Model, GMM)

GMM은 데이터를 여러 개의 가우시안 분포로 표현하고, 각 데이터 포인트가 특정 가우시안 분포에 속할 확률을 계산하는 군집화 방법이다. 이 방법은 데이터가 여러 개의 정상 분포로 이루어진 경우에 적합하다.

- 모델: GMM은 데이터 포인트가 특정 가우시안 분포에서 생성될 확률을 계산하는 방식으로 동작한다:

$$P(x) = \Sigma_k \phi_i * N(x \mid \mu_i, \Sigma_i)$$

  여기서 ϕ_i는 i번째 가우시안 분포의 가중치, $N(x \mid \mu_i, \Sigma_i)$는 i번째 가우시안 분포이다.
- 예시: 음성 인식, 이미지 분할, 금융 데이터 분석 등에 사용될 수 있다.

5) 스펙트럴 군집화 (Spectral Clustering)

스펙트럴 군집화는 그래프 이론을 기반으로 한 군집화 방법으로, 데이터 포인트 간의 연결 강도를 분석하여 군집을 형성한다. 이 방법은 비선형 구조를 가진 데이터에 특히 효과적이다.

- 모델: 스펙트럴 군집화는 데이터 포인트 간의 유사성을 나타내는 인접 행렬(adjacency matrix)을 사용하여, 이를 그래프의 고유 벡터로 변환하고, 이를 기반으로 군집을 형성한다.
- 예시: 사회 네트워크 분석, 이미지 분할, 생물 정보학 등에 사용될 수 있다.

(4) 주요 머신러닝 알고리즘의 응용 및 비교

머신러닝 알고리즘은 데이터의 특성과 문제의 유형에 따라 적절하게 선택되어야 한다. 회귀, 분류, 클러스터링 알고리즘은 각각의 강점과 약점을 가지고 있으며, 특정 응용 분야에 더 적합한 알고리즘이 있다.

- 회귀 알고리즘의 응용: 회귀 알고리즘은 주로 연속형 데이터를 예측하는 데 사용된다. 주택 가격 예측, 주식 시장 예측, 온도 변화 예측 등 다양한 분야에서 응용될 수 있다. 회귀 알고리즘은 입력 변수와 출력 변수 간의 관계를 모델링하여, 새로운 입력에 대한 예측을 가능하게 한다.
- 분류 알고리즘의 응용: 분류 알고리즘은 주로 범주형 데이터를 예측하는 데 사용된다. 예를 들어, 질병 진단, 스팸 메일 필터링, 얼굴 인식, 음성 인식 등에서 활용될 수 있다. 분류 알고리즘은 데이터를 다양한 클래스나 카테고리로 분류하는 데 사용되며, 새로운 데이터를 적절한 클래스에 할당하는 데 도움을 준다.
- 클러스터링 알고리즘의 응용: 클러스터링 알고리즘은 데이터를 유사한 특성을 가진 그룹으로 나누는 데 사용된다. 예를 들어, 고객 세분화, 문서 군집화, 이미지 세그먼트화, 유전자 데이터 분석 등에서 활용될 수 있다. 클러스터링 알고리즘은 레이블이 없는 데이터에서 유사성을 기반으로 그룹을 형성하고, 이를 통해 데이터의 내재된 구조를 이해하는 데 도움을 준다.
- 알고리즘 선택의 중요성: 특정 문제에 맞는 알고리즘을 선택하는 것은 머신러닝 모델의 성능에 큰 영향을 미친다. 예를 들어, 회귀 문제에 분류 알고리즘을 적용하거나, 비선형 데이터에 선형 회귀를 사용하는 것은 부적절할 수 있다. 따라서 데이터의 특성, 문제의 유형, 요구되는 성능 등을 고려하여 적절한 알고리즘을 선택하는 것이 중요하다.

(5) 알고리즘의 한계와 개선 방법

각 머신러닝 알고리즘은 강점과 약점이 있으며, 이를 적절히 이해하고 개선하는 것이 중요하다.

1) 회귀 알고리즘의 한계와 개선 방법

① 한계:

- 선형성 가정: 선형 회귀는 데이터 간의 관계가 선형일 때만 효과적이다. 비선형 데이터에 적용할 경우, 모델의 성능이 떨어질 수 있다.
- 오버피팅: 다중 선형 회귀나 다항 회귀의 경우, 모델이 너무 복잡해져 훈련 데이터에 과적합될 수 있다.

② 개선 방법:

- 비선형 회귀: 비선형성을 다룰 수 있도록 폴리노미얼 회귀나 비선형 회귀 모델을 사용할 수 있다.
- 정규화 기법 사용: 릿지 회귀나 라쏘 회귀와 같은 정규화 기법을 사용하여 회귀 계수를 제어하고, 모델의 복잡성을 줄일 수 있다.

2) 분류 알고리즘의 한계와 개선 방법:

① 한계:

- 데이터 불균형: 많은 분류 알고리즘은 클래스 간 데이터 불균형에 민감하다. 한 클래스의 데이터가 다른 클래스에 비해 훨씬 많을 경우, 모델이 대부분의 데이터를 우세한 클래스에 분류할 수 있다.
- 고차원 데이터: SVM과 같은 분류 알고리즘은 고차원 데이터에서 계산 비용이 많이 들고, 모델이 복잡해질 수 있다.

② 개선 방법:

- 데이터 리샘플링: SMOTE(Synthetic Minority Over-sampling Technique)와 같은 기법을 사용하여 불균형한 데이터를 균형있게 만들 수 있다.
- 차원 축소: PCA(Principal Component Analysis)와 같은 차원 축소 기법을 사용하여 고차원 데이터를 낮은 차원으로 축소할 수 있다.

3) 클러스터링 알고리즘의 한계와 개선 방법:

① 한계:

- 클러스터 수 설정: k-평균 군집화와 같은 알고리즘은 사전에 군집 수를 설정해야 한다. 이 경우 적절한 군집 수를 결정하기 어려울 수 있다.
- 복잡한 데이터 구조: DBSCAN과 같은 밀도 기반 군집화 알고리즘은 데이터의 밀도가 고르지 않을 경우, 군집을 정확히 구분하지 못할 수 있다.

② 개선 방법:

- 최적의 군집 수 찾기: 엘보우 방법(Elbow Method)이나 실루엣 분석(Silhouette Analysis)을 통해 최적의 군집 수를 찾을 수 있다.
- 혼합 모델 사용: GMM과 같은 혼합 모델을 사용하여 데이터를 보다 유연하게 군집화할 수 있으며, 데이터의 복잡한 구조를 보다 잘 반영할 수 있다.

3.2.3 머신러닝 모델 평가 및 성능 지표

머신러닝 모델의 성능을 평가하는 것은 모델이 실제 데이터에서 얼마나 잘 작동하는지를 확인하는 데 매우 중요하다. 이를 위해 다양한 평가 방법과 성능 지표를 사용하여 모델의 예측 능력을 측정하고, 이를 통해 모델을 개선할 수 있는 방향을 찾는다.

(1) 모델 평가의 기본 개념

모델 평가의 목표는 훈련된 모델이 새로운 데이터에 대해 얼마나 잘 예측하는지, 즉 일반화 능력을 측정하는 것이다. 이를 위해 모델 평가에는 훈련 데이터와 별도의 테스트 데이터를 사용하여 모델이 훈련되지 않은 데이터에서도 잘 동작하는지 확인한다.

1) 훈련 데이터와 테스트 데이터:

- 훈련 데이터: 모델을 학습시키는 데 사용되는 데이터이다. 모델은 이 데이터를 통해 패턴을 학습하고, 입력 변수와 출력 변수 간의 관계를 파악하게 된다.
- 테스트 데이터: 모델을 평가하기 위해 사용되는 데이터이다. 훈련 데이터와는 별도

로 보관되며, 모델이 새로운 데이터에 대해 어떻게 예측하는지 확인하기 위해 사용된다.

- 교차 검증 (Cross-Validation):교차 검증은 데이터를 여러 개의 부분으로 나누어, 각 부분을 테스트 데이터로 사용하고 나머지 부분을 훈련 데이터로 사용하는 평가 방법이다. 이를 통해 모델의 일반화 능력을 보다 정확하게 평가할 수 있다.
- k-폴드 교차 검증: 데이터를 k개의 폴드(fold)로 나누고, k번 반복하여 각 폴드를 테스트 데이터로 사용한다. 나머지 k-1개의 폴드는 훈련 데이터로 사용된다. 최종 성능 지표는 k번의 평가 결과의 평균으로 계산된다.
- LOOCV (Leave-One-Out Cross-Validation): 데이터셋에서 하나의 샘플만을 테스트 데이터로 사용하고, 나머지를 훈련 데이터로 사용하는 방법이다. 데이터셋의 크기가 작을 때 유용하지만, 계산 비용이 매우 크다.

(2) 회귀 모델 평가 지표

회귀 모델은 연속형 변수를 예측하는 데 사용되며, 예측값과 실제값 간의 차이를 기반으로 성능을 평가한다. 대표적인 회귀 모델 평가 지표는 다음과 같다.

평균 제곱 오차 (Mean Squared Error, MSE):MSE는 예측값과 실제값 간의 차이의 제곱을 평균한 값이다. 값이 작을수록 모델의 성능이 좋다는 것을 의미한다.

$$MSE = 1/n * \Sigma(y_i - \hat{y}_i)^2$$

여기서 y_i는 실제값, $\hat{y}_i$는 예측값, n은 데이터 포인트의 수이다.

평균 절대 오차 (Mean Absolute Error, MAE):MAE는 예측값과 실제값 간의 차이의 절대값을 평균한 값이다. MSE와 달리 오차의 제곱을 하지 않으므로, 이상치(outlier)에 덜 민감하다.

$$MAE = 1/n * \Sigma|y_i - \hat{y}_i|$$

R^2 점수 (R-Squared Score):R^2 점수는 모델이 데이터를 얼마나 잘 설명하는지를 나타내는 지표이다. 1에 가까울수록 모델이 데이터를 잘 설명한다는 것을 의미한다.

$$R^2 = 1 - (\Sigma(y_i - \hat{y}_i)^2 / \Sigma(y_i - \bar{y})^2)$$

여기서 $\bar{y}$는 실제값의 평균이다.

평균 절대 백분율 오차 (Mean Absolute Percentage Error, MAPE):MAPE는 예측값과 실제값 간의 차이의 절대값을 실제값으로 나눈 후 백분율로 나타낸 지표이다. 백분율로 표현되기 때문에 직관적으로 이해하기 쉽다.

$$MAPE = 100/n * \Sigma|y_i - \hat{y}_i| / |y_i|$$

(3) 분류 모델 평가 지표

분류 모델은 데이터를 특정 클래스나 카테고리로 분류하는 데 사용되며, 정확도와 다양한 오류 지표를 통해 성능을 평가한다.

- 정확도 (Accuracy):정확도는 전체 데이터 중에서 모델이 올바르게 분류한 데이터의 비율을 나타낸다.

$$Accuracy = (TP + TN) / (TP + TN + FP + FN)$$

여기서 TP는 True Positive, TN은 True Negative, FP는 False Positive, FN은 False Negative를 의미한다.

- 정밀도 (Precision):정밀도는 모델이 양성으로 예측한 데이터 중 실제로 양성인 데이터의 비율을 나타낸다.

$$Precision = TP / (TP + FP)$$

- 재현율 (Recall):재현율은 실제 양성인 데이터 중에서 모델이 양성으로 예측한 데이터의 비율을 나타낸다.

Recall = TP / (TP + FN)

- F1 점수 (F1 Score):F1 점수는 정밀도와 재현율의 조화 평균으로, 두 지표의 균형을 고려한 성능 평가 지표이다.

F1 Score =2 *(Precision *Recall)/(Precision +Recall)

- ROC 곡선 (Receiver Operating Characteristic Curve):ROC 곡선은 분류 모델의 성능을 평가하기 위한 시각적인 도구로, True Positive Rate (TPR)와 False Positive Rate (FPR)의 관계를 나타낸다.
- AUC (Area Under the ROC Curve):AUC는 ROC 곡선 아래의 면적으로, 모델의 성능을 수치화한 값이다. AUC 값이 1에 가까울수록 모델의 성능이 뛰어나다는 것을 의미한다.
- 혼동 행렬 (Confusion Matrix):혼동 행렬은 분류 모델의 성능을 직관적으로 평가할 수 있는 도구로, 실제 클래스와 예측된 클래스 간의 관계를 나타낸다. 행렬의 각 요소는 TP, TN, FP, FN을 나타낸다.

(4) 클러스터링 모델 평가 지표

클러스터링 모델은 레이블이 없는 데이터에서 유사한 특성을 가진 그룹을 형성하는 데 사용되며, 군집 내 데이터의 밀집도와 군집 간 분리를 통해 성능을 평가한다.

- 실루엣 점수 (Silhouette Score):실루엣 점수는 각 데이터 포인트가 속한 군집 내에서 얼마나 밀접하게 위치하고, 다른 군집과 얼마나 잘 분리되어 있는지를 평가하는 지표이다. -1에서 1 사이의 값을 가지며, 1에 가까울수록 군집이 잘 형성된 것이다.

$$\text{Silhouette Score} = (b - a) / \max(a, b)$$

여기서 a는 같은 군집 내 데이터 포인트 간의 평균 거리, b는 가장 가까운 다른 군집과의 평균 거리이다.

- 다비즈-볼딘 지수 (Davies-Bouldin Index):다비즈-볼딘 지수는 군집 내 분산과 군집 간 거리의 비율을 측정하여 군집의 품질을 평가하는 지표이다. 값이 작을수록 군집이 잘 형성된 것이다.

$$\text{DBI} = (1/n) * \Sigma(\max((\sigma_i + \sigma_j) / d(\mu_i, \mu_j)))$$

여기서 σ_i는 i번째 군집의 분산, $d(\mu_i, \mu_j)$는 i번째 군집과 j번째 군집의 중심점 간 거리이다.

- 군집 간 분산 비율 (Between-Cluster Variance):군집 간 분산 비율은 전체 분산 중에서 군집 간 분산이 차지하는 비율을 측정하여, 군집 간의 명확한 분리를 평가하는 지표이다.

$$\text{BCV} = \Sigma(d(\mu_i, \mu_0)^2) / \Sigma(d(x, \mu_0)^2)$$

여기서 μ_i는 i번째 군집의 중심점, μ_0는 전체 데이터의 중심점, x는 데이터 포인트이다.

- 정밀도, 재현율 기반 지표 (Precision, Recall in Clustering):정밀도와 재현율을 클러스터링 문제에도 적용할 수 있으며, 군집이 실제로 잘 정의된 범주와 얼마나 일치하는지를 평가하는 데 사용된다. 이 지표들은 주로 지도 클러스터링 (supervised clustering) 문제에서 사용되며, 군집 결과가 사전 정의된 클래스 레이블과 얼마나 일치하는지를 평가한다.
- 정밀도 기반 지표 (Cluster Purity):클러스터 순도(Purity)는 각 군집에서 가장 많이 나타나는 클래스의 비율을 계산하여 전체 군집의 순도를 평가하는 지표이다.

$$\text{Purity} = (1/n) * \Sigma \max(|C_i \cap L_j|)$$

여기서 C_i는 i번째 군집, L_j는 j번째 레이블 집합, n은 전체 데이터 포인트의 수이다.

- NMI (Normalized Mutual Information):NMI는 군집화 결과와 실제 레이블 간의 상호 정보를 정규화하여 측정한 지표이다. 0에서 1 사이의 값을 가지며, 1에 가까울수록 군집화가 잘 된 것이다.

$$\text{NMI}(C, L) = (2 * I(C; L)) / (H(C) + H(L))$$

여기서 I(C; L)는 군집과 레이블 간의 상호 정보(Mutual Information), H(C)는 군집의 엔트로피(Entropy), H(L)는 레이블의 엔트로피이다.

(5) 모델 선택과 튜닝

모델 평가 지표를 바탕으로 최적의 모델을 선택하고, 성능을 최대화하기 위해 모델을 튜닝하는 과정이 필요하다. 이 과정에서 고려해야 할 요소는 다음과 같다.

1) 성능 지표의 비교

- 단일 지표 비교: 모델 성능을 평가할 때는 특정 지표에만 의존하기보다는 여러 지표를 함께 고려해야 한다. 예를 들어, 분류 문제에서는 정확도, 정밀도, 재현율, F1 점수를 함께 비교하여 모델을 평가할 수 있다.
- ROC 곡선과 AUC: 이진 분류 문제에서는 ROC 곡선과 AUC 값을 통해 모델의 성능을 시각적으로 비교할 수 있다. AUC 값이 높은 모델이 일반적으로 더 나은 성능을 보인다.

2) 하이퍼파라미터 튜닝

- 그리드 서치 (Grid Search): 그리드 서치는 하이퍼파라미터의 다양한 조합을 시도하여 최적의 하이퍼파라미터를 찾는 방법이다. 모든 조합을 시도하기 때문에 계산 비용이 많이 들 수 있다.

- 랜덤 서치 (Random Search): 랜덤 서치는 하이퍼파라미터 공간에서 임의로 선택된 조합을 시도하여 최적의 하이퍼파라미터를 찾는 방법이다. 그리드 서치보다 빠르게 최적값을 찾을 수 있다.
- 베이지안 최적화 (Bayesian Optimization): 베이지안 최적화는 하이퍼파라미터의 탐색 공간을 모델링하고, 최적의 하이퍼파라미터를 찾기 위한 효율적인 방법이다. 과거의 결과를 바탕으로 새로운 하이퍼파라미터 조합을 선택하여 탐색 시간을 줄일 수 있다.

3) 모델의 해석 가능성

- 모델의 복잡성: 간단한 모델이 복잡한 모델보다 더 쉽게 해석될 수 있으며, 실제 응용에서 이해와 신뢰를 얻는 데 유리하다. 예를 들어, 의사결정나무는 직관적이고 해석하기 쉬운 반면, 랜덤 포레스트나 심층 신경망은 해석하기 어려울 수 있다.
- 피처 중요도 (Feature Importance): 모델이 예측에 사용하는 주요 피처를 파악하여, 모델의 의사결정 과정을 이해할 수 있다. 피처 중요도를 분석함으로써 불필요한 피처를 제거하고, 모델을 간소화할 수 있다.

4) 모델의 일반화 능력

- 오버피팅 방지: 훈련 데이터에 과적합된 모델은 테스트 데이터에 대해 일반화 능력이 떨어질 수 있다. 이를 방지하기 위해 정규화, 교차 검증, 조기 종료(early stopping) 등의 기법을 사용한다.
- 모델 앙상블 (Ensemble Methods): 여러 개의 모델을 결합하여 예측 성능을 향상시키는 방법이다. 배깅(Bagging), 부스팅(Boosting), 스태킹(Stacking) 등의 방법이 있다. 앙상블 기법은 개별 모델의 약점을 보완하여 더 나은 예측 성능을 제공할 수 있다.

(6) 모델 평가의 실제 예시

그림 70에는 다양한 머신러닝 모델의 성능을 평가하는 코드를 보여주는 예시가 포함되어 있다. 이 코드는 회귀, 분류, 클러스터링 모델의 성능을 평가하기 위한 다양한

```
import numpy as np
import pandas as pd
from sklearn.model_selection import train_test_split, cross_val_score
from sklearn.linear_model import LinearRegression, LogisticRegression
from sklearn.metrics import mean_squared_error, accuracy_score, confusion_matrix, classification_report, roc_auc_score
from sklearn.datasets import load_boston, load_iris
from sklearn.cluster import KMeans
import matplotlib.pyplot as plt
import seaborn as sns

# Example 1: Regression Model Evaluation
boston = load_boston()
X_train, X_test, y_train, y_test = train_test_split(boston.data, boston.target, test_size=0.3, random_state=42)
model = LinearRegression()
model.fit(X_train, y_train)
y_pred = model.predict(X_test)
mse = mean_squared_error(y_test, y_pred)
r2 = model.score(X_test, y_test)
print(f"Mean Squared Error: {mse}")
print(f"R-squared: {r2}")

# Example 2: Classification Model Evaluation
iris = load_iris()
X_train, X_test, y_train, y_test = train_test_split(iris.data, iris.target, test_size=0.3, random_state=42)
model = LogisticRegression(max_iter=200)
model.fit(X_train, y_train)
y_pred = model.predict(X_test)
accuracy = accuracy_score(y_test, y_pred)
cm = confusion_matrix(y_test, y_pred)
print(f"Accuracy: {accuracy}")
print("Confusion Matrix:")
print(cm)
print("Classification Report:")
print(classification_report(y_test, y_pred))

# Example 3: Clustering Model Evaluation
X, _ = make_blobs(n_samples=1000, centers=3, n_features=2, random_state=42)
kmeans = KMeans(n_clusters=3, random_state=42)
cluster_labels = kmeans.fit_predict(X)
silhouette_avg = silhouette_score(X, cluster_labels)
print(f"Silhouette Score: {silhouette_avg}")

# Plot the clusters
plt.figure(figsize=(8, 6))
plt.scatter(X[:, 0], X[:, 1], c=cluster_labels, cmap='viridis', marker='o')
plt.title('K-Means Clustering Example')
plt.xlabel('Feature 1')
plt.ylabel('Feature 2')
plt.show()
```

그림 70 회귀, 분류, 클러스터링 모델 성능 평가 지표 예시 코드

지표와 방법을 포함하고 있다. 각 알고리즘에 대한 모델 평가를 통해 실제로 머신러닝 모델을 적용하는 방법을 이해하고, 평가 결과를 바탕으로 모델을 개선할 수 있다. 예시 코드에 대한 상세한 설명은 다음과 같다.

1) 회귀 모델 평가 (Regression Model Evaluation)

① 데이터셋: boston 데이터셋

이 데이터셋은 보스턴 주택 가격과 관련된 다양한 특징들을 포함하고 있으며, 회귀 분석에서 주택 가격을 예측하는 데 사용된다.

- 데이터 로드: load_boston() 함수를 사용하여 보스턴 주택 가격 데이터를 로드한다.
- 데이터 분할: train_test_split 함수를 사용하여 데이터를 훈련용 데이터와 테스트용 데이터로 나눈다. 70%의 데이터를 훈련에 사용하고, 나머지 30%는 테스트에 사용한다.
- 모델 학습: LinearRegression() 모델을 생성하고, 훈련 데이터를 사용하여 모델을 학습시킨다 (fit 메서드).
- 예측 및 평가: 테스트 데이터에 대해 예측을 수행하고 (predict 메서드), 평균제곱 오차(mean_squared_error)와 R^2 점수(model.score)를 계산하여 모델의 성능을 평가한다.

② 평가 지표:

- MSE (Mean Squared Error): 예측값과 실제값 간의 차이의 제곱의 평균을 나타낸다. 값이 작을수록 모델의 성능이 좋음을 의미한다.
- R^2 점수: 모델이 데이터를 얼마나 잘 설명하는지를 나타내는 지표이다. 1에 가까울수록 모델이 데이터를 잘 설명한다.

2) 분류 모델 평가 (Classification Model Evaluation)

① 데이터셋: iris 데이터셋

이 데이터셋은 세 종류의 붓꽃(iris) 품종을 분류하는 데 사용되며, 각각 4개의 특징을 가지고 있다.

- 데이터 로드: load_iris() 함수를 사용하여 붓꽃 데이터를 로드한다.
- 데이터 분할: train_test_split 함수를 사용하여 데이터를 훈련용 데이터와 테스트용 데이터로 나눈다.
- 모델 학습: LogisticRegression() 모델을 생성하고, 훈련 데이터를 사용하여 모델을 학습시킨다 (fit 메서드).

- 예측 및 평가: 테스트 데이터에 대해 예측을 수행하고, 정확도(accuracy_score), 혼동 행렬(confusion_matrix), 그리고 분류 보고서(classification_report)를 출력하여 모델의 성능을 평가한다.

② 평가 지표:

- 정확도 (Accuracy): 전체 데이터 중에서 모델이 올바르게 분류한 데이터의 비율을 나타낸다.
- 혼동 행렬 (Confusion Matrix): 실제 클래스와 예측된 클래스 간의 관계를 나타내며, True Positive, True Negative, False Positive, False Negative 값을 제공한다.
- 분류 보고서 (Classification Report): 정밀도(Precision), 재현율(Recall), F1 점수를 포함한 분류 모델의 성능 지표를 제공한다.

3) 클러스터링 모델 평가 (Clustering Model Evaluation)

- 데이터 생성: make_blobs 함수를 사용하여 클러스터링에 사용될 임의의 데이터를 생성한다. 이 데이터는 3개의 중심을 가진 2차원 데이터이다.
- 모델 생성: KMeans 모델을 생성하고, 클러스터의 수를 3으로 설정하여 데이터를 군집화한다.
- 클러스터링: fit_predict 메서드를 사용하여 데이터를 클러스터링하고, 각 데이터 포인트의 군집 레이블을 반환한다.
- 성능 평가: 실루엣 점수(silhouette_score)를 계산하여 클러스터링의 품질을 평가한다. 실루엣 점수는 각 데이터 포인트가 속한 군집 내에서 얼마나 밀접하게 위치하고, 다른 군집과 얼마나 잘 분리되어 있는지를 나타낸다.

① 평가 지표:

- 실루엣 점수 (Silhouette Score): 군집화가 얼마나 잘 이루어졌는지를 평가하는 지표이다. 1에 가까울수록 군집화가 잘 되었다는 것을 의미한다.

② 클러스터 시각화:

- 클러스터링 결과를 2차원 평면에 시각화하여, 각 군집의 데이터 포인트들이 어떻게 분포되어 있는지 확인할 수 있다.

3.3 해상풍력 데이터의 특성 분석

3.3.1 해상풍력 데이터의 종류와 특성

해상풍력 발전은 복잡한 시스템으로, 다양한 유형의 데이터가 수집되고 분석된다. 이 데이터들은 풍력 터빈의 성능을 평가하고, 운영 효율성을 향상시키며, 유지보수 전략을 수립하는 데 사용된다. 해상풍력 데이터는 주로 기상 데이터, 운영 데이터, 유지보수 데이터, 환경 데이터 등으로 분류될 수 있으며, 각 데이터는 고유한 특성과 수집 방법을 가진다.

(1) 기상 데이터 (Meteorological Data)

기상 데이터는 해상풍력 발전에서 가장 중요한 데이터 중 하나이다. 이 데이터는 풍력 터빈의 에너지 생산량에 직접적인 영향을 미치기 때문에, 정확한 기상 데이터를 수집하고 분석하는 것이 중요하다. 기상 데이터의 주요 요소는 다음과 같다.

1) 풍속 (Wind Speed):

풍속은 풍력 터빈의 전력 생산량을 결정하는 가장 중요한 요소이다. 풍속 데이터는 일반적으로 풍력 터빈의 허브 높이에서 수집되며, 터빈이 설치된 해역의 풍속 분포를 분석하여 터빈의 최적 설계 및 배치를 결정할 수 있다. 풍속은 다음과 같은 수식으로 표현될 수 있다:

$$P = 0.5 * \rho * A * v^3 * Cp$$

여기서 P는 전력, ρ는 공기 밀도, A는 로터 면적, v는 풍속, Cp는 파워 계수이다.

2) 풍향 (Wind Direction):

풍향은 풍력 터빈의 방향을 조정하는 데 중요한 데이터이다. 터빈이 항상 바람을 맞도록 방향을 조정함으로써 최대의 전력 생산을 가능하게 한다. 풍향 데이터는 풍속 데이터와 함께 분석되어 터빈의 최적화된 운영을 지원한다.

3) 기압 (Air Pressure):

기압은 풍력 터빈의 전력 생산에 영향을 미치는 요소 중 하나이다. 낮은 기압에서는 공기 밀도가 감소하여 터빈의 전력 생산량이 줄어들 수 있다. 기압 데이터는 풍속 데이터와 함께 분석되어 터빈의 성능을 평가하는 데 사용된다.

4) 온도 (Temperature):

온도는 터빈의 성능과 유지보수 요구 사항에 영향을 미친다. 극한의 온도 조건에서는 터빈 부품의 마모와 손상이 증가할 수 있으며, 이로 인해 유지보수 주기가 짧아질 수 있다. 온도 데이터는 터빈의 안정적인 운영을 위해 중요하다.

5) 습도 (Humidity):

높은 습도는 부식과 같은 터빈 부품의 손상을 초래할 수 있다. 특히 해상 풍력 터빈은 높은 습도와 염분에 노출되기 때문에, 습도 데이터는 터빈의 내구성을 평가하는 데 중요한 역할을 한다.

(2) 운영 데이터 (Operational Data)

운영 데이터는 풍력 터빈의 실제 운영 상태를 반영하는 데이터로, 터빈의 성능과 효율성을 평가하는 데 사용된다. 이 데이터는 일반적으로 실시간으로 수집되며, 운영 상태를 모니터링하고, 문제가 발생할 경우 신속하게 대응할 수 있도록 지원한다.

1) 회전 속도 (Rotor Speed):

회전 속도는 터빈 블레이드의 회전 속도를 나타내는 데이터이다. 이 데이터는 터빈이 얼마나 효율적으로 운영되고 있는지를 평가하는 데 사용되며, 회전 속도가 너무 낮거나 높을 경우, 터빈의 효율성이 떨어지거나 손상이 발생할 수 있다.

2) 발전 출력 (Power Output):

발전 출력은 터빈이 생성하는 전력의 양을 나타낸다. 이 데이터는 터빈의 성능을 직접적으로 반영하며, 기상 데이터와 함께 분석되어 터빈의 에너지 생산량을 예측하고, 운영 전략을 최적화할 수 있다.

3) 진동 데이터 (Vibration Data):

진동 데이터는 터빈의 구조적 상태를 평가하는 데 중요한 역할을 한다. 과도한 진동은 터빈의 부품에 손상을 줄 수 있으며, 이러한 손상은 터빈의 성능 저하나 고장을 유발할 수 있다. 진동 데이터는 유지보수 전략을 수립하는 데 중요한 정보를 제공한다.

4) 기어박스 상태 (Gearbox Condition):

기어박스는 터빈의 중요한 부품 중 하나로, 회전 속도를 조절하여 발전기에 적합한 속도로 전달한다. 기어박스의 상태 데이터는 터빈의 운영 효율성을 평가하고, 기어박스의 고장을 예방하는 데 사용된다.

5) 제동 시스템 상태 (Brake System Condition):

제동 시스템은 터빈의 안전성을 보장하는 중요한 시스템이다. 제동 시스템의 상태 데이터를 통해 터빈이 정상적으로 정지할 수 있는지, 혹은 긴급 상황에서 안전하게 작동할 수 있는지를 평가한다.

(3) 유지보수 데이터 (Maintenance Data)

유지보수 데이터는 터빈의 유지보수 이력과 관련된 데이터를 포함하며, 터빈의 장기적인 성능과 내구성을 관리하는 데 사용된다. 이 데이터는 계획된 유지보수, 예기치 않은 고장, 수리 내역 등을 포함한다.

1) 예방적 유지보수 데이터 (Preventive Maintenance Data):

예방적 유지보수는 터빈의 고장을 예방하기 위해 사전에 수행되는 유지보수 작업을 포함한다. 이 데이터는 터빈의 일정에 따라 계획된 유지보수 활동, 교체된 부품, 사용된 자재 등을 포함한다.

2) 수리 이력 (Repair History):

수리 이력은 터빈의 과거 고장 및 수리 내역을 기록한 데이터이다. 이 데이터는 특정 부품의 수명 주기를 평가하고, 반복적인 문제를 식별하여 장기적인 유지보수 전략을 개선하는 데 사용된다.

3) 비용 데이터 (Cost Data):

유지보수와 관련된 비용 데이터는 터빈의 운영 비용을 평가하는 데 중요한 역할을 한다. 이 데이터는 예비 부품, 인력, 자재 등의 비용을 포함하며, 전체 운영 비용을 최적화하는 데 사용된다.

(4) 환경 데이터 (Environmental Data)

환경 데이터는 터빈이 설치된 지역의 해양 환경과 관련된 데이터를 포함한다. 이 데이터는 터빈의 성능과 내구성에 직접적인 영향을 미치며, 환경 조건에 따라 터빈의 운영 전략이 달라질 수 있다.

1) 파고 (Wave Height):

파고는 터빈이 설치된 해역의 파도의 높이를 나타낸다. 높은 파도는 터빈의 구조적 안정성에 영향을 미칠 수 있으며, 파고 데이터는 터빈의 설계와 운영 전략을 수립하는 데 중요한 정보를 제공한다.

2) 조류 속도 (Current Speed):

조류 속도는 해양 조류의 속도를 나타내며, 터빈의 안정성과 에너지 생산량에 영향을 미친다. 조류 속도 데이터는 터빈의 기초 구조물 설계와 운영에 중요한 역할을 한다.

3) 수온 (Sea Temperature):

수온은 해양 생태계와 터빈의 냉각 시스템에 영향을 미치는 중요한 환경 요소이다. 수온 데이터는 터빈의 장기적인 성능과 내구성을 평가하는 데 사용된다.

4) 염도 (Salinity):

염도는 해수의 염분 농도를 나타내며, 터빈의 부식 및 재료 선택에 영향을 미친다. 염도 데이터는 터빈의 부식 방지 대책을 수립하는 데 중요한 정보를 제공한다.

5) 해양 생태계 데이터 (Marine Ecosystem Data):

해양 생태계 데이터는 터빈이 설치된 지역의 생태계와 관련된 데이터를 포함한다. 이 데이터는 터빈의 설치와 운영이 환경에 미치는 영향을 평가하는 데 사용되며, 환경 보호 정책을 수립하는 데 중요한 역할을 한다.

(5) 풍속과 발전 출력의 상관관계 분석

풍속과 발전 출력 간의 관계는 다음과 같은 수식으로 표현될 수 있다:

$$P = 0.5 * \rho * A * v^3 * Cp$$

여기서 P는 발전 출력, ρ는 공기 밀도, A는 로터 면적, v는 풍속, Cp는 파워 계수이다. 이 수식은 풍속이 발전 출력에 미치는 영향을 명확하게 보여준다. 풍속이 증가하면, 발전 출력은 세제곱 비율로 증가하므로 풍속이 터빈의 에너지 생산에 중요한 요소임을 알 수 있다.

(6) 풍속-발전 출력 그래프

풍속과 발전 출력 간의 관계를 시각화하기 위해 풍속-발전 출력 그래프를 그릴 수 있다. 이 그래프는 풍속이 증가할수록 발전 출력이 어떻게 변화하는지를 시각적으로 보여준다.

```
import numpy as np
import matplotlib.pyplot as plt

# Setting wind speed range
wind_speeds = np.linspace(0, 25, 500)  # Wind speeds from 0 to 25 m/s

# Power coefficient (typically between 0.4 and 0.5)
Cp = 0.45

# Air density (typically 1.225 kg/m^3)
rho = 1.225

# Rotor area (e.g., 1000 m^2)
A = 1000

# Calculating power output
power_output = 0.5 * rho * A * (wind_speeds ** 3) * Cp

# Plotting the graph
plt.figure(figsize=(10, 6))
plt.plot(wind_speeds, power_output, color='blue')
plt.title('Wind Speed vs. Power Output')
plt.xlabel('Wind Speed (m/s)')
plt.ylabel('Power Output (Watts)')
plt.grid(True)
plt.show()
```

그림 71 풍속-발전 출력 코드

이 코드는 풍속과 발전 출력 간의 관계를 시각화하는 그래프를 생성한다. 위 코드에서는 풍속의 범위를 0에서 25 m/s로 설정하고, 발전 출력이 풍속에 따라 어떻게 증가하는지를 보여준다.

(7) 해상풍력 데이터의 특성 분석 요약

해상풍력 데이터는 다양한 유형과 특성을 가지며, 각 데이터는 터빈의 성능을 평가하고 운영을 최적화하는 데 중요한 역할을 한다. 기상 데이터는 터빈의 에너지 생산량을 예측하는 데 필수적이며, 운영 데이터는 터빈의 실제 성능을 모니터링하는 데 사용된다. 유지보수 데이터는 터빈의 장기적인 성능과 내구성을 보장하는 데 기여하며, 환경 데이터는 터빈의 설치 및 운영이 해양 환경에 미치는 영향을 평가하는 데 사용된다.

이러한 데이터를 효과적으로 수집하고 분석함으로써, 해상풍력 발전의 효율성을 극대화하고, 운영 비용을 최소화할 수 있다. 또한, 데이터를 기반으로 한 의사 결정은 터빈의 고장을 예방하고, 유지보수 주기를 최적화하며, 해상풍력 발전의 경제성을 향상시키는 데 중요한 역할을 한다.

(8) 해상풍력 데이터의 활용

해상풍력 데이터는 단순히 수집되는 것에서 끝나는 것이 아니라, 다양한 분석 및 활용 방법을 통해 풍력 발전의 효율성과 안정성을 높이는 데 사용된다. 이 데이터들은 풍력 자원의 평가, 터빈의 상태 모니터링, 유지보수 전략 수립, 환경 영향 평가 등 여러 방면에서 활용된다.

1) 풍력 자원 평가

풍력 자원 평가에는 주로 풍속, 풍향, 기압 등의 기상 데이터가 사용된다. 이 데이터를 활용하여 특정 지역의 풍력 자원을 평가하고, 그 지역에서 얼마나 많은 에너지를 생산할 수 있는지 예측할 수 있다. 이 과정에서 장기적인 기상 데이터 분석이 필요하며, 이를 통해 풍력 발전소의 입지 선정 및 터빈 배치 최적화를 할 수 있다.

- 장기적 기상 데이터 분석:기상 데이터는 연간, 월간, 일간으로 나눠 분석될 수 있으며, 특정 패턴이나 변동성을 식별하는 데 사용된다. 이를 통해 장기적인 풍력 자원의 가용성을 평가할 수 있다.
- 풍력 밀도 지도 작성:풍력 밀도 지도는 특정 지역의 평균 풍속과 그로 인해 발생할 수 있는 에너지 생산량을 시각적으로 나타낸다. 이 지도는 풍력 발전소의 입지 선정에 필수적인 도구이다.

2) 터빈의 상태 모니터링 및 진단

터빈의 실시간 운영 데이터를 활용하여 터빈의 상태를 모니터링하고, 이상 징후를 조기에 감지할 수 있다. 이러한 데이터는 터빈의 성능을 최적화하고, 예기치 않은 고장을 방지하는 데 사용된다.

- 실시간 상태 모니터링:터빈의 회전 속도, 발전 출력, 진동, 기어박스 상태 등의 데이터를 실시간으로 모니터링하여, 정상적인 작동 상태를 유지할 수 있다. 데이터 분석을 통해 터빈이 최적의 조건에서 운영되고 있는지를 평가할 수 있다.
- 예측 유지보수:터빈의 진동 데이터, 기어박스 상태 데이터 등을 분석하여, 고장 발생 가능성을 예측하고, 예방적 유지보수를 수행할 수 있다. 이를 통해 터빈의 가동 시간을 최대화하고, 유지보수 비용을 절감할 수 있다.

3) 환경 영향 평가

해상풍력 발전소가 해양 환경에 미치는 영향을 평가하기 위해 환경 데이터가 사용된다. 이는 발전소의 설계 및 운영이 해양 생태계에 미치는 영향을 최소화하기 위한 필수적인 과정이다.

- 해양 생태계 모니터링:해양 생태계 데이터는 터빈 설치 이후 해양 생물 및 생태계 변화에 대한 정보를 제공한다. 이를 통해 발전소 운영이 환경에 미치는 영향을 최소화할 수 있는 방법을 모색할 수 있다.

- 환경 영향 분석:염도, 수온, 파고 등의 데이터를 분석하여, 해상풍력 발전소가 설치된 해역의 환경 변화에 대한 영향을 평가할 수 있다. 이를 통해 환경 보호와 에너지 생산 간의 균형을 맞출 수 있다.

4) 데이터 기반 의사 결정

해상풍력 발전의 모든 단계에서 데이터 기반 의사 결정을 통해 효율성과 경제성을 높일 수 있다. 데이터 분석 결과는 새로운 터빈 설계, 운영 전략, 유지보수 계획 수립 등에 중요한 영향을 미친다.

- 운영 전략 최적화:수집된 데이터를 바탕으로 터빈의 운영 전략을 최적화할 수 있다. 예를 들어, 특정 기상 조건에서 터빈의 출력을 조정하거나, 에너지 저장 시스템을 통합하여 전력 공급의 일관성을 유지할 수 있다.
- 비용 효율성 분석:유지보수 데이터와 운영 데이터를 통합하여 터빈의 총 운영 비용을 분석할 수 있다. 이를 통해 가장 비용 효율적인 유지보수 주기를 설정하고, 운영 비용을 최소화할 수 있다.

(9) 예시 코드: 데이터 시각화 및 분석

아래는 해상풍력 데이터를 시각화하고 분석하는 예시 코드이다. 이 예시 코드는 해상풍력 데이터의 다양한 측면을 시각화하고 분석하는 방법을 보여준다. 이를 통해 데이터의 주요 패턴을 식별하고, 터빈 운영 및 유지보수 전략을 최적화할 수 있다.

```
import pandas as pd
import matplotlib.pyplot as plt
import seaborn as sns

# Load wind turbine data (e.g., from a CSV file)
df = pd.read_csv('wind_turbine_data.csv')

# Data summary
print(df.describe())

# Visualizing the relationship between wind speed and power output
plt.figure(figsize=(10, 6))
sns.scatterplot(x='Wind Speed', y='Power Output', data=df)
plt.title('Wind Speed vs Power Output')
plt.xlabel('Wind Speed (m/s)')
plt.ylabel('Power Output (Watts)')
plt.grid(True)
plt.show()

# Monitoring turbine status: Visualizing rotor speed over time
plt.figure(figsize=(10, 6))
sns.lineplot(x='Timestamp', y='Rotor Speed', data=df)
plt.title('Rotor Speed Over Time')
plt.xlabel('Time')
plt.ylabel('Rotor Speed (RPM)')
plt.grid(True)
plt.show()

# Maintenance cost analysis: Visualizing maintenance costs over months
plt.figure(figsize=(10, 6))
sns.barplot(x='Month', y='Maintenance Cost', data=df)
plt.title('Monthly Maintenance Cost')
plt.xlabel('Month')
plt.ylabel('Cost ($)')
plt.grid(True)
plt.show()
```

그림 72 풍력 데이터 가시화 예시 코드

3.3.2 시계열 데이터 분석 기법

시계열 데이터(Time Series Data)는 시간의 흐름에 따라 수집된 데이터로, 시간에 따른 변화를 분석하고 예측하는 데 사용된다. 해상풍력 발전에서 시계열 데이터는 주로 풍력 터빈의 운영 상태, 기상 조건, 에너지 생산량 등을 기록한 데이터로 나타난다. 이러한 데이터를 분석함으로써 패턴을 파악하고, 미래의 변화를 예측할 수 있다.

(1) 시계열 데이터의 기본 개념

시계열 데이터(Time Series Data)는 시간의 흐름에 따라 수집된 관측값의 연속적인 순서를 나타내며, 시간에 따른 데이터의 변화를 분석하고 예측하는 데 매우 중요한 역할을 한다. 이러한 데이터는 금융, 경제, 기상, 공학, 의료, 에너지 등 다양한 분야에서 사용되며, 시간의 흐름에 따른 변동 패턴을 이해하는 데 필수적이다.

시계열 데이터는 단순히 시간에 따라 수집된 데이터 이상의 의미를 가지며, 이 데이터를 분석함으로써 과거의 패턴을 이해하고 미래를 예측할 수 있다. 시계열 데이터는 일반적으로 다음과 같은 형식으로 표현된다.

$$Y_t = (y_1, y_2, y_3, \ldots, y_t)$$

여기서 Y_t는 시간 t에서의 시계열 데이터, y_i는 시간 i에서의 관측값을 의미한다. 시계열 데이터를 분석하는 주요 목적은 이 연속된 데이터 포인트 간의 패턴을 분석하여 트렌드, 계절성, 주기성, 불규칙성을 식별하고, 이를 기반으로 미래의 값을 예측하는 것이다.

1) 트렌드 (Trend)

트렌드는 시계열 데이터에서 장기적인 증가나 감소의 경향을 나타내는 요소이다. 예를 들어, 인구 증가나 경제 성장처럼 시간이 지남에 따라 지속적으로 증가하거나 감소하는 패턴을 트렌드라고 한다. 트렌드는 데이터를 통해 시간에 따른 변화를 관찰할 때, 기본적인 방향성을 이해하는 데 중요하다.

트렌드는 일반적으로 선형 또는 비선형 형태로 나타날 수 있다. 선형 트렌드는 일정한 속도로 증가하거나 감소하는 경향을 나타내며, 다음과 같은 수식으로 표현할 수 있다.

$$T_t = a + b \cdot t$$

여기서 T_t는 시간 t에서의 트렌드 값, a는 초기값(절편), b는 시간에 따른 변화율(기울기)을 의미한다. 이때, b가 양수이면 트렌드는 증가하고, 음수이면 감소한다. 비선형 트렌드는 곡선 형태를 가지며, 지수 함수나 다항 함수를 사용하여 표현할 수 있다.

트렌드를 추정하는 방법으로는 이동 평균(Moving Average)이나 회귀 분석(Regression Analysis)이 자주 사용된다. 이동 평균은 데이터의 변동성을 줄여주고, 장기적인 트렌드를 더욱 명확하게 해준다. 예를 들어, 12개월 이동 평균은 각 시점에서 이전 12개월의 평균값을 계산하여 시계열 데이터의 변동성을 완화하고 트렌드를 파악하는 데 유용하다.

2) 계절성 (Seasonality)

계절성은 일정한 주기를 가지고 반복되는 패턴을 의미하며, 주로 시간의 단위가 주기적인 성격을 띨 때 나타난다. 예를 들어, 계절에 따른 기온 변화, 월별 소비 패턴, 주간 교통량 변화 등이 계절성 패턴의 예이다.

계절성은 특정 주기 p에 따라 반복되며, 다음과 같은 수식으로 표현할 수 있다.

$$S_t = S_{t-p}$$

여기서 S_t는 시간 t에서의 계절성 요소, p는 주기의 길이를 의미한다. 계절성은 주로 월, 분기, 연도 등의 주기에 따라 나타나며, 이는 시계열 데이터를 분석할 때 중요한 요소 중 하나이다.

계절성을 분석하는 방법으로는 시계열 분해(Time Series Decomposition)가 있다. 시계열 분해는 시계열 데이터를 트렌드, 계절성, 잔차(Residual)로 분리하여 각각의 요소를 독립적으로 분석할 수 있게 한다. 이러한 분해 과정을 통해 계절성 패턴을 명확하게 식별할 수 있으며, 이를 바탕으로 예측 모델을 개선할 수 있다.

3) 주기성 (Cyclicity)

주기성은 계절성과는 구별되는 개념으로, 특정 주기를 가지고 반복되는 패턴이지만, 그 주기가 고정되지 않고 변동할 수 있는 패턴을 의미한다. 주기성은 경제 순환 주기나 장기적인 비즈니스 사이클과 같은 장기적인 변동 패턴에서 자주 나타난다.

주기성은 일반적으로 계절성보다 더 긴 주기를 가지며, 경제 데이터에서 나타나는 예측 가능한 패턴이 그 예이다. 주기성 분석은 경제 예측, 주식 시장 분석 등에서 중요하게 다뤄지며, 주기적인 변동을 식별하고 분석함으로써 장기적인 전략 수립에 도움을 줄 수 있다.

4) 불규칙성 (Irregularity)

불규칙성은 시계열 데이터에서 예측할 수 없는 요소로, 트렌드와 계절성을 제거한 후 남는 잔차(Residual)로 나타난다. 불규칙성은 주로 외부 요인에 의해 발생하며, 데이터의 변동성을 증가시키는 역할을 한다. 예를 들어, 자연 재해, 정치적 사건, 경제적 충격 등이 불규칙성 요소에 해당한다.

불규칙성은 다음과 같은 수식으로 표현된다.

$$Y_t = T_t + S_t + I_t$$

여기서 Y_t는 실제 관측값, T_t는 트렌드 요소, S_t는 계절성 요소, I_t는 불규칙성 요소이다. 불규칙성 요소는 주로 잔차 분석을 통해 식별되며, 이는 예측 모델에서의 오차를 분석하고, 모델의 정확성을 평가하는 데 중요한 역할을 한다.

5) 정상성 (Stationarity)

정상성은 시계열 데이터 분석에서 중요한 개념 중 하나로, 시계열 데이터가 시간에 따라 일정한 평균과 분산을 가지는 성질을 말한다. 정상성 시계열 데이터는 예측 모델에서 주로 가정되는 특성으로, 데이터의 통계적 특성이 시간에 따라 변하지 않음을 의미한다. 정상성은 다음과 같이 정의된다.

$$E(Y_t) = \mu, \ Var(Y_t) = \sigma^2$$

여기서 $E(Y_t)$는 시계열의 평균, $Var(Y_t)$는 분산을 의미한다. 정상성 시계열은 시간이 지나도 평균과 분산이 일정하며, 자기상관도 또한 시간의 차이에만 의존한다.

정상성은 시계열 모델링에서 중요한 이유는 비정상(non-stationary) 시계열 데이터는 일반적으로 예측 모델을 만드는 데 적합하지 않기 때문이다. 비정상 시계열 데이터는 평균, 분산, 계절성 등의 특성이 시간에 따라 변동하므로, 이를 분석하고 예측하는 데 어려움이 있다. 정상성을 확인하기 위해 ADF(Augmented Dickey-Fuller) 테스트나 KPSS(Kwiatkowski-Phillips-Schmidt-Shin) 테스트와 같은 통계적 검정을 사용한다.

비정상 시계열 데이터를 정상 시계열 데이터로 변환하는 방법으로는 차분(Differencing), 로그 변환(Log Transformation), 이동 평균(Moving Average) 등이 있다. 예를 들어, 1차 차분(First Differencing)은 데이터의 각 시점에서 이전 시점의 값을 빼줌으로써 트렌드를 제거하고 정상성을 확보할 수 있다.

6) 자기상관 (Autocorrelation)

자기상관은 시계열 데이터의 각 시점이 이전 시점의 값과 얼마나 연관되어 있는지를 나타내는 개념이다. 자기상관이 높은 시계열 데이터는 이전 시점의 값이 현재 시점의 값에 강한 영향을 미치는 경향이 있다. 예를 들어, 날씨 데이터에서 오늘의 기온이 어제의 기온과 유사할 가능성이 높다면, 이는 높은 자기상관을 가진다고 할 수 있다.

자기상관 함수(ACF, Autocorrelation Function)는 시차(Lag) 간의 상관관계를 분석하는 데 사용되며, 이를 통해 데이터의 패턴을 파악할 수 있다. 또한, 부분자기상관 함수(PACF, Partial Autocorrelation Function)는 특정 시점과 과거의 특정 시점 간의 직접적인 상관관계를 분석하는 데 유용하다.

자기상관은 시계열 데이터의 패턴을 이해하고, 예측 모델을 구축할 때 중요한 역할을 한다. 예를 들어, ARIMA 모델(Autoregressive Integrated Moving Average)은 자기상관을 이용하여 시계열 데이터를 예측하는 데 사용된다.

(2) 시계열 데이터 분석의 주요 기법

시계열 데이터는 시간에 따른 변화를 분석하고 미래를 예측하는 데 매우 중요한 역할을 한다. 이를 분석하기 위해 다양한 기법이 사용되며, 각각의 기법은 데이터의 특정 특성을 분석하거나 예측 모델을 구축하는 데 도움이 된다. 여기서는 시계열 데이터 분석에서 널리 사용되는 주요 기법들을 상세하게 설명하고, 필요한 수식을 포함하여 설명한다.

1) 이동 평균 (Moving Average)

이동 평균(Moving Average)은 시계열 데이터에서 단기적인 변동을 제거하고, 장기적인 트렌드를 파악하는 데 사용되는 기본적인 기법 중 하나이다. 이동 평균은 일정 기간 동안의 데이터 포인트의 평균을 계산하여, 데이터의 변동성을 줄이고 트렌드를 명확하게 보여준다.

① 단순 이동 평균 (Simple Moving Average, SMA)

단순 이동 평균은 주어진 기간 동안의 관측값들의 평균을 계산하여 각 시점에 적용하는 방법이다. 예를 들어, 3일 단순 이동 평균(SMA)은 다음과 같은 수식으로 계산된다.

$$SMA_t = (y_t + y_{t-1} + y_{t-2}) / 3$$

여기서 SMA_t는 시점 t에서의 단순 이동 평균, y_t는 시점 t에서의 실제 관측값을 의미한다. 이 방법은 데이터를 평활화하여 단기적인 변동성을 제거하고, 장기적인 트렌드나 주기를 파악하는 데 유용하다.

② 가중 이동 평균 (Weighted Moving Average, WMA)

가중 이동 평균은 최근 데이터에 더 높은 가중치를 부여하여 이동 평균을 계산하는 방법이다. 이는 최근 데이터가 더 중요한 경우에 사용된다. 예를 들어, 3일 가중 이동 평균(WMA)은 다음과 같이 계산된다.

$$WMA_t = (w_1 \cdot y_t + w_2 \cdot y_{t-1} + w_3 \cdot y_{t-2}) / (w_1 + w_2 + w_3)$$

여기서 w_1, w_2, w_3는 각각의 시점에 대한 가중치이다. 일반적으로 최근의 데이터에 더 높은 가중치를 부여하며, $w_1 > w_2 > w_3$의 관계를 가진다.

이동 평균 기법은 주로 금융 데이터 분석, 재고 관리, 수요 예측 등에서 널리 사용되며, 데이터의 기본적인 패턴을 파악하는 데 필수적인 도구이다.

2) 자기상관함수 (Autocorrelation Function, ACF) 및 부분자기상관함수 (Partial Autocorrelation Function, PACF)

자기상관함수(ACF)와 부분자기상관함수(PACF)는 시계열 데이터의 시간 지연(lag)에 따른 상관관계를 분석하는 중요한 도구이다. 이 두 함수는 시계열 데이터의 종속성을 분석하고, 모델을 구축하는 데 필수적이다.

① 자기상관함수 (ACF)

자기상관함수는 현재 시점의 데이터와 이전 시점들 간의 상관관계를 측정하는 함수이다. 시차가 1인 자기상관은 다음과 같이 계산될 수 있다.

$$ACF(1) = (\Sigma(y_t - \bar{y})(y_{t-1} - \bar{y})) / (\Sigma(y_t - \bar{y})^2)$$

여기서 y_t는 시점 t에서의 실제값, $\bar{y}$는 전체 데이터의 평균값이다. ACF는 시차(lag)에 따라 여러 개의 값을 가지며, 각 시차에 대한 상관관계를 나타낸다.

ACF는 시계열 데이터가 특정 시차에서 자기상관이 존재하는지를 확인하고, 이를 바탕으로 예측 모델(예: ARIMA 모델)을 구축하는 데 중요한 역할을 한다.

② 부분자기상관함수 (PACF)

부분자기상관함수는 특정 시점과 그 이전 시점 간의 직접적인 상관관계를 측정하는 함수이다. 이는 중간 시점의 영향을 제거하고, 두 시점 간의 순수한 상관관계를 파악하는 데 사용된다.

PACF(1)은 다음과 같이 계산될 수 있다.

$$PACF(1) = Corr(y_t,\ y_{t-1})$$

PACF는 AR(자기회귀) 모델에서 중요한 역할을 하며, 모델의 차수를 결정하는 데 사용된다. ACF와 PACF를 함께 사용하면 시계열 데이터의 패턴을 더 깊이 이해하고, 적절한 모델을 선택할 수 있다.

3) 시계열 분해 (Time Series Decomposition)

시계열 분해(Time Series Decomposition)는 시계열 데이터를 트렌드(Trend), 계절성(Seasonality), 잔차(Residual)로 분리하여 각각의 구성 요소를 독립적으로 분석할 수 있게 하는 방법이다. 이 방법은 복잡한 시계열 데이터를 더 잘 이해하고, 각 구성 요소가 데이터에 미치는 영향을 분석하는 데 유용하다.

시계열 분해는 다음과 같은 수식으로 표현할 수 있다.

$$Y_t = T_t + S_t + I_t \text{ (Additive Model)}$$
$$Y_t = T_t \times S_t \times I_t \text{ (Multiplicative Model)}$$

여기서 Y_t는 시점 t에서의 시계열 데이터, T_t는 트렌드 요소, S_t는 계절성 요소, I_t는 불규칙성 요소이다.

Additive Model은 각 요소가 독립적으로 더해져 전체 시계열 데이터를 구성하는 경우에 사용된다. 이는 트렌드와 계절성이 일정한 크기로 나타날 때 적합하다.

Multiplicative Model은 각 요소가 서로 곱해져 전체 시계열 데이터를 구성하는 경우에 사용된다. 이는 계절성의 크기가 트렌드에 따라 변동할 때 적합하다.

시계열 분해는 트렌드와 계절성을 제거한 후, 잔차를 분석함으로써 시계열 데이터를 더 잘 이해하고, 이를 기반으로 예측을 수행할 수 있다. 이는 예를 들어 매출 데이터 분석, 생산량 예측 등 다양한 분야에서 활용된다.

4) ARIMA 모델 (AutoRegressive Integrated Moving Average)

ARIMA 모델은 시계열 데이터의 예측에 널리 사용되는 통계적 모델로, 자기회귀(AR), 차분(I), 이동 평균(MA) 세 가지 요소를 결합한 모델이다. ARIMA 모델은 데이터의 과거 값과 오차를 사용하여 미래 값을 예측한다.

ARIMA(p, d, q) 모델은 다음과 같이 표현된다.

$$(1 - \phi_1 B - \phi_2 B^2 - \dots - \phi_p B^p)Y_t = (1 - \theta_1 B - \theta_2 B^2 - \dots - \theta_q B^q)\varepsilon_t$$

여기서 B는 시차 연산자(Backshift operator), ϕ_1, ϕ_2, … ϕ_p는 AR(자기회귀) 계수, θ_1, θ_2, … θq는 MA(이동 평균) 계수, ε_t는 시점 t에서의 오차(term)를 의미한다. p는 AR의 차수, d는 차분의 차수, q는 MA의 차수를 나타낸다.

① 자기회귀 (AR, Autoregressive)

자기회귀 모델은 과거 시점의 데이터가 현재 시점의 값에 미치는 영향을 나타낸다. AR(p) 모델은 p개의 이전 시점의 데이터를 사용하여 현재 시점의 값을 예측한다.

② 차분 (I, Integrated)

차분은 비정상(non-stationary) 데이터를 정상(stationary) 데이터로 변환하기 위해 사용된다. d는 차분의 횟수를 나타내며, 차분을 통해 트렌드나 계절성을 제거할 수 있다.

③ 이동 평균 (MA, Moving Average)

이동 평균 모델은 과거의 예측 오차를 기반으로 현재 시점의 값을 예측하는 방법이다. MA(q) 모델은 q개의 이전 시점의 오차를 사용하여 현재 시점의 값을 예측한다.

ARIMA 모델은 시계열 데이터의 복잡한 패턴을 이해하고, 이를 기반으로 정확한 예측을 수행하는 데 유용하다. 이는 경제 예측, 재고 관리, 수요 예측 등 다양한 분야에서 활용된다.

5) LSTM (Long Short-Term Memory)

LSTM(Long Short-Term Memory)은 딥러닝 기반의 순환 신경망(RNN) 구조로, 시계열 데이터를 처리하고 예측하는 데 매우 강력한 도구이다. LSTM은 장기 의존성(Long-term dependency) 문제를 해결하기 위해 설계되었으며, 이전의 중요한 정보를 장기적으로 기억하고 필요할 때 참조할 수 있는 능력을 갖추고 있다.

① 기본 구조

LSTM은 기본적으로 세 개의 게이트(Gate)로 구성된다: 입력 게이트(Input Gate), 출력 게이트(Output Gate), 망각 게이트(Forget Gate)이다. 각 게이트는 LSTM 셀이 어떤 정보를 기억할지, 얼마나 오랫동안 기억할지를 결정하는 역할을 한다.

② 입력 게이트 (Input Gate):

새로운 정보가 셀 상태에 얼마나 추가될지를 결정한다. 입력 게이트는 현재 입력값과 이전의 숨겨진 상태(hidden state)를 사용하여 새로운 정보를 셀 상태에 얼마나 반영할지를 계산한다.

③ 망각 게이트 (Forget Gate)

과거 정보를 얼마나 잊어버릴지를 결정한다. 망각 게이트는 이전 셀 상태와 현재 입력값을 사용하여 어떤 정보를 버릴지를 결정하며, 이를 통해 LSTM 셀은 오래된 정보를 제거하고 새로운 정보를 반영할 수 있다.

④ 출력 게이트 (Output Gate)

현재 셀 상태에서 얼마나 많은 정보를 출력할지를 결정한다. 출력 게이트는 셀 상태와 현재 입력값을 사용하여 다음 숨겨진 상태를 계산하고, 이 상태를 통해 LSTM의 출력을 생성한다. LSTM의 수식은 다음과 같다.

- 입력 게이트

$$i_t = \sigma(W_i \cdot [h_{t-1}, x_t] + b_i)$$

- 망각 게이트

$$f_t = \sigma(W_f \cdot [h_{t-1}, x_t] + b_f)$$

- 셀 상태

$$C_t = f_t * C_{t-1} + i_t * \tanh(W_c \cdot [h_{t-1}, x_t] + b_c)$$

- 출력 게이트

$$o_t = \sigma(W_o \cdot [h_{t-1}, x_t] + b_o)$$

- LSTM 셀의 출력

$$h_t = o_t * \tanh(C_t)$$

여기서 i_t, f_t, o_t는 각각 입력, 망각, 출력 게이트의 활성화 값이며, W는 가중치 행렬, b는 편향(bias), σ는 시그모이드 함수, tanh는 하이퍼볼릭 탄젠트 함수이다.

LSTM은 일반 RNN에 비해 시계열 데이터의 장기적 패턴을 더 잘 기억하고 학습할 수 있는 능력을 가지고 있다. 이는 특히 데이터의 과거 패턴이 미래에 영향을 미치는 문제에 매우 유용하며, 금융 시계열 예측, 주식 가격 예측, 기상 데이터 예측 등 다양한 분야에서 응용된다.

(3) 시계열 데이터 분석 예제 코드

그림 73는 시계열 데이터 분석의 주요 기법들을 파이썬으로 구현한 예제 코드이다. 이 코드는 시계열 데이터를 시각화하고, 이동 평균, ACF, PACF 분석을 수행하며, ARIMA 모델을 적용하는 예제를 포함한다.

이 코드는 시계열 데이터의 주요 분석 기법들을 구현한 예제이다. 이동 평균을 통해 데이터의 장기적 트렌드를 확인할 수 있으며, ACF와 PACF를 통해 시계열 데이터의 자기상관성을 분석할 수 있다. 또한, ARIMA 모델을 사용하여 시계열 데이터를 예측하고, 그 결과를 시각화하여 예측 모델의 성능을 평가할 수 있다.

```
import pandas as pd
import numpy as np
import matplotlib.pyplot as plt
from statsmodels.graphics.tsaplots import plot_acf, plot_pacf
from statsmodels.tsa.arima.model import ARIMA
from sklearn.model_selection import train_test_split

# Load time series data
df = pd.read_csv('time_series_data.csv', index_col='Date', parse_dates=True)

# Visualize the original time series data
plt.figure(figsize=(10, 6))
plt.plot(df, label='Original Time Series')
plt.title('Original Time Series')
plt.xlabel('Date')
plt.ylabel('Value')
plt.legend()
plt.grid(True)
plt.show()

# Calculate and visualize the moving average
window = 12  # 12-month moving average
df_ma = df.rolling(window=window).mean()

plt.figure(figsize=(10, 6))
plt.plot(df, label='Original')
plt.plot(df_ma, label=f'{window}-month Moving Average', color='red')
plt.title(f'{window}-month Moving Average')
plt.xlabel('Date')
plt.ylabel('Value')
plt.legend()
plt.grid(True)
plt.show()

# Visualize ACF and PACF
plot_acf(df, lags=20)
plt.show()

plot_pacf(df, lags=20)
plt.show()

# Fit ARIMA model
train, test = train_test_split(df, test_size=0.3, shuffle=False)
model = ARIMA(train, order=(5, 1, 0))
model_fit = model.fit()
print(model_fit.summary())

# Forecast and visualize
forecast = model_fit.forecast(steps=len(test))
plt.figure(figsize=(10, 6))
plt.plot(test, label='Actual')
plt.plot(forecast, label='Forecast', color='red')
plt.title('ARIMA Model Forecast')
plt.xlabel('Date')
plt.ylabel('Value')
plt.legend()
plt.grid(True)
plt.show()
```

그림 73 ACF, PACF, ARIMA 모델 코드

시계열 데이터 분석은 다양한 기법과 도구를 활용하여 데이터를 분석하고 예측하는 과정이다. 이 절에서는 시계열 데이터를 분석하는 데 사용되는 주요 기법들을 예시를 통해 상세하게 설명한다.

1) 데이터 불러오기 및 시각화

시계열 데이터를 분석하기 전에 가장 먼저 해야 할 일은 데이터를 불러오고 시각화하는 것이다. 데이터 시각화를 통해 데이터의 트렌드, 계절성, 주기성 등을 직관적으로 파악할 수 있다.

그림 74의 코드에서는 시계열 데이터를 CSV 파일에서 불러온 후, 데이터를 시각화하여 시간에 따른 변동을 확인한다. 시계열 데이터의 시각화를 통해 데이터에 내재된 패턴을 확인할 수 있으며, 분석 및 모델링을 위한 중요한 인사이트를 제공한다.

```
import pandas as pd
import matplotlib.pyplot as plt

# Load time series data
df = pd.read_csv('time_series_data.csv', index_col='Date', parse_dates=True)

# Visualize the original time series data
plt.figure(figsize=(10, 6))
plt.plot(df, label='Original Time Series')
plt.title('Original Time Series')
plt.xlabel('Date')
plt.ylabel('Value')
plt.legend()
plt.grid(True)
plt.show()
```

그림 74 데이터 불러오기

2) 이동 평균을 통한 데이터 평활화

이동 평균(Moving Average)은 시계열 데이터의 단기적인 변동을 제거하고 장기적인 트렌드를 파악하는 데 유용한 방법이다. 이동 평균을 계산하여 데이터를 평활화하면, 데이터의 변동성을 줄이고 트렌드를 명확하게 볼 수 있다.

① 단순 이동 평균 (Simple Moving Average, SMA)

단순 이동 평균은 주어진 기간 동안의 관측값들의 평균을 계산하여 각 시점에 적용하는 방법이다. 예를 들어, 12개월 단순 이동 평균(SMA)은 다음과 같은 수식으로 계산된다.

$$SMA_t = (y_t + y_{t-1} + \ldots + y_{t-n+1}) / n$$

여기서 SMA_t는 시점 t에서의 단순 이동 평균, y_t는 시점 t에서의 실제 관측값, n은 이동 평균에 사용된 기간의 길이를 의미한다.

그림 75의 예제 코드에서는 12개월 단순 이동 평균을 계산하고, 이를 원본 데이터와 함께 시각화하여 트렌드를 분석한다. 이동 평균은 특히 데이터의 변동이 클 때, 트렌드를 더 명확하게 이해하는 데 도움이 된다.

```
# Calculate the 12-month moving average
window = 12
df_ma = df.rolling(window=window).mean()

# Visualize the moving average
plt.figure(figsize=(10, 6))
plt.plot(df, label='Original')
plt.plot(df_ma, label=f'{window}-month Moving Average', color='red')
plt.title(f'{window}-month Moving Average')
plt.xlabel('Date')
plt.ylabel('Value')
plt.legend()
plt.grid(True)
plt.show()
```

그림 75 이동평균

3) ACF 및 PACF를 통한 자기상관 분석

자기상관함수(ACF, Autocorrelation Function)와 부분자기상관함수(PACF, Partial Autocorrelation Function)는 시계열 데이터의 시간 지연(lag)에 따른 상관관계를 분석하는 중요한 도구이다. ACF와 PACF를 통해 시계열 데이터의 종속성을 분석하고, 예측 모델의 적합성을 평가할 수 있다.

① 자기상관함수 (ACF)

ACF는 현재 시점의 데이터와 이전 시점들 간의 상관관계를 측정하는 함수이다. 시차가 1인 자기상관은 다음과 같은 수식으로 계산된다.

$$ACF(1) = (\Sigma(y_t - \bar{y})(y_{t-1} - \bar{y})) / (\Sigma(y_t - \bar{y})^2)$$

여기서 y_t는 시점 t에서의 실제값, $\bar{y}$는 전체 데이터의 평균값이다.

② 부분자기상관함수 (PACF)

PACF는 특정 시점과 그 이전 시점 간의 직접적인 상관관계를 측정하는 함수이다. 이는 중간 시점의 영향을 제거하고, 두 시점 간의 순수한 상관관계를 파악하는 데 사용된다. PACF(1)은 다음과 같이 계산될 수 있다.

$$PACF(1) = Corr(y_t, y_{t-1})$$

```
from statsmodels.graphics.tsaplots import plot_acf, plot_pacf

# Visualize ACF
plot_acf(df, lags=20)
plt.show()

# Visualize PACF
plot_pacf(df, lags=20)
plt.show()
```

그림 76 ACF와 PACF 시각화

이 코드에서는 ACF와 PACF를 시각화하여 시계열 데이터의 자기상관성을 분석한다. ACF와 PACF를 통해 데이터의 시차(lag)에 따른 상관관계를 파악하고, 이를 바탕으로 예측 모델의 적합성을 평가할 수 있다.

4) 시계열 분해를 통한 트렌드 및 계절성 분석

시계열 분해(Time Series Decomposition)는 시계열 데이터를 트렌드(Trend), 계절성(Seasonality), 잔차(Residual)로 분리하여 각각의 구성 요소를 독립적으로 분석할 수 있게 하는 방법이다. 이 방법을 통해 복잡한 시계열 데이터를 더 잘 이해하고, 각 구성 요소가 데이터에 미치는 영향을 분석할 수 있다.

시계열 분해는 다음과 같은 수식으로 표현할 수 있다.

$$Y_t = T_t + S_t + I_t \text{ (Additive Model)}$$

$$Y_t = T_t \times S_t \times I_t \text{ (Multiplicative Model)}$$

여기서 Y_t는 시점 t에서의 시계열 데이터, T_t는 트렌드 요소, S_t는 계절성 요소, I_t는 불규칙성 요소이다.

```
from statsmodels.tsa.seasonal import seasonal_decompose

# Perform time series decomposition
decomposition = seasonal_decompose(df, model='additive')
decomposition.plot()
plt.show()
```

그림 77 시계열 데이터 분해

이 코드에서는 시계열 데이터를 분해하여 트렌드, 계절성, 잔차를 각각 시각화한다. 시계열 분해를 통해 각 요소를 분석함으로써 데이터의 구조를 더 잘 이해할 수 있다.

5) ARIMA 모델을 통한 시계열 예측

ARIMA(Autoregressive Integrated Moving Average) 모델은 시계열 데이터를 예측하는 데 널리 사용되는 통계적 모델이다. ARIMA 모델은 자기회귀(AR), 차분(I), 이동 평균(MA) 세 가지 요소를 결합하여 데이터를 분석하고 예측한다.

ARIMA(p, d, q) 모델은 다음과 같이 표현된다.

$$(1 - \phi_1 B - \phi_2 B^2 - \ldots - \phi_p B^p) Y_t = (1 - \theta_1 B - \theta_2 B^2 - \ldots - \theta q B q) \varepsilon_t$$

여기서 B는 시차 연산자(Backshift operator), ϕ_1, ϕ_2, ... ϕ_p는 AR(자기회귀) 계수, θ_1, θ_2, ... θq는 MA(이동 평균) 계수, ε_t는 시점 t에서의 오차(term)를 의미한다. p는 AR의 차수, d는 차분의 차수, q는 MA의 차수를 나타낸다.

이 코드에서는 ARIMA 모델을 사용하여 시계열 데이터를 예측하고, 그 결과를 시각화한다. ARIMA 모델은 시계열 데이터를 예측하는 데 매우 강력한 도구이며, 이를 통해 정확한 미래 값을 예측할 수 있다.

ARIMA 모델은 시계열 데이터를 예측하는 데 매우 효과적인 도구로, 과거의 데이터 패턴을 바탕으로 미래의 값을 예측하는 데 사용된다. 이러한 기법들을 결합하여 시계열 데이터를 분석하면, 데이터의 복잡한 패턴을 이해하고, 이를 바탕으로 더 정확한 예측을 수행할 수 있다.

6) 시계열 분석 기법의 실제 활용

시계열 데이터 분석은 다양한 분야에서 중요한 역할을 한다. 금융 시장의 주식 가격 예측, 경제 지표의 장기적 전망, 기상 데이터 분석, 에너지 수요 예측, 심지어는 마케팅 분석에 이르기까지 시계열 데이터는 어디에나 존재하며, 이를 분석하고 예측하는 능력은 비즈니스와 과학에서 매우 중요하다.

예를 들어, 금융 시장에서는 주식 가격 데이터를 분석하여 시장의 방향을 예측하는 데 ARIMA 모델이 사용된다. 주식 시장은 매우 복잡하고 변동성이 크기 때문에, 시계열 데이터의 패턴을 파악하고 예측하는 능력은 투자 결정을 내리는 데 필수적이다.

또한, 기상 데이터 분석에서도 시계열 데이터 분석 기법이 널리 사용된다. 예를 들어, 특정 지역의 기온, 강수량, 바람 등의 데이터를 분석하여 날씨를 예측하고, 장기적인 기후 변화를 모니터링하는 데 활용된다. 이러한 예측은 농업, 재난 관리, 에너지 생산 등 여러 분야에서 중요한 역할을 한다.

에너지 산업에서도 시계열 데이터 분석은 중요한 역할을 한다. 특히, 전력 수요 예측에서 시계열 데이터 분석 기법이 널리 사용된다. 전력 수요는 시간에 따라 변동하며, 이를 정확하게 예측하는 것은 에너지 공급 계획을 세우는 데 필수적이다. 시계열 데이터를 분석함으로써 전력 수요의 패턴을 이해하고, 피크 수요를 예측하며, 효율적인 에너지 공급 전략을 수립할 수 있다.

7) 시계열 데이터 분석의 한계와 극복 방법

시계열 데이터 분석에는 몇 가지 한계가 존재한다. 첫째, 시계열 데이터는 비정상적인 경우가 많다. 이는 데이터의 평균, 분산이 시간에 따라 변하는 경우를 의미하며, 이러한 데이터는 일반적인 시계열 모델로 분석하기 어렵다. 이러한 문제를 극복하기 위해 차분(Differencing)이나 로그 변환(Log Transformation)과 같은 기법을 사용하여 데이터를 정상화시킬 수 있다.

둘째, 시계열 데이터는 종종 불규칙성을 포함한다. 예를 들어, 자연 재해나 정치적 사건과 같은 예기치 않은 이벤트는 시계열 데이터의 불규칙성을 증가시키며, 이는 예측 모델의 정확성을 저하시킬 수 있다. 이러한 문제를 해결하기 위해, 불규칙성을 모델링하고 분석하는 방법이 필요하다. 예를 들어, ARIMA 모델의 잔차 분석을 통해 모델의 예측 오차를 평가하고, 이를 기반으로 모델을 개선할 수 있다.

셋째, 시계열 데이터는 종종 복잡한 다중 계절성(Multiple Seasonality)을 포함할 수 있다. 이는 데이터가 여러 주기를 가지며, 각 주기가 서로 다른 길이를 가진다는 것을 의미한다. 이러한 경우, 단순한 시계열 모델로는 데이터를 충분히 설명할 수 없으므로, 다중 계절성을 고려한 복합 모델(예: TBATS, Prophet)을 사용하는 것이 필요하다.

마지막으로, 시계열 데이터 분석에서 중요한 또 다른 문제는 데이터의 누락이다. 누락된 데이터는 분석 결과에 큰 영향을 미칠 수 있으며, 이를 적절히 처리하지 않으면 예측 모델의 정확성을 저하시킬 수 있다. 누락된 데이터를 처리하기 위해서는 보간법(Interpolation), 데이터 보강(Data Augmentation) 등의 기법을 사용할 수 있다.

8) 미래의 시계열 데이터 분석

시계열 데이터 분석은 지속적으로 발전하고 있으며, 인공지능(AI)과 머신러닝(ML)

기법의 도입으로 더욱 정교해지고 있다. 특히, 딥러닝 기반의 모델인 LSTM(Long Short-Term Memory)은 시계열 데이터를 처리하고 예측하는 데 강력한 도구로 자리 잡았다.

LSTM은 RNN(Recurrent Neural Network)의 한 종류로, 시계열 데이터의 장기 의존성을 효과적으로 처리할 수 있다. 이는 금융 데이터, 기상 데이터, 에너지 수요 데이터 등에서 뛰어난 성능을 발휘하며, 기존의 통계적 모델보다 더 정확한 예측을 가능하게 한다.

또한, 강화 학습(Reinforcement Learning) 기법을 시계열 데이터 분석에 적용하려는 연구가 활발히 진행되고 있다. 강화 학습은 시계열 데이터의 예측뿐만 아니라, 예측 결과를 바탕으로 최적의 의사 결정을 내리는 데 도움을 줄 수 있다. 예를 들어, 금융 시장에서 주식 매매 전략을 강화 학습을 통해 최적화할 수 있으며, 이는 투자 수익률을 극대화하는 데 중요한 역할을 한다.

3.3.3 데이터 전처리 방법론

데이터 전처리는 데이터 분석과 머신러닝 모델링에서 중요한 단계로, 데이터의 품질을 개선하고 분석 결과의 정확성을 높이기 위해 필요하다. 데이터 전처리에는 데이터 정제, 결측값 처리, 데이터 변환, 특성 스케일링, 이상치 탐지 및 제거 등이 포함된다. 이러한 작업은 모델의 성능을 극대화하고, 데이터의 왜곡을 최소화하는 데 필수적이다.

(1) 데이터 정제

데이터 정제는 원시 데이터(raw data)에서 불필요한 부분을 제거하고, 분석에 필요한 유용한 데이터를 추출하는 과정이다. 데이터 정제는 데이터의 품질을 향상시키고, 분석 결과의 신뢰성을 높이기 위해 필수적이다.

1) 결측값 처리

결측값(missing values)은 데이터 전처리에서 가장 일반적인 문제 중 하나이다. 결측값이 있는 데이터는 모델의 성능을 저하시킬 수 있으며, 결측값을 적절하게 처리하지 않으면 분석 결과가 왜곡될 수 있다. 결측값 처리 방법에는 삭제, 대체, 예측 모델을 통한 보완 등이 있다.

① 결측값 삭제

결측값이 포함된 행 또는 열을 제거하는 방법이다. 이 방법은 결측값의 비율이 매우 낮을 때 효과적이지만, 데이터 손실이 발생할 수 있다는 단점이 있다.

```
import pandas as pd

# 결측값이 있는 행 삭제
df = pd.read_csv('data.csv')
df_dropped = df.dropna()
```

② 결측값 대체

결측값을 평균, 중앙값, 최빈값 등으로 대체하는 방법이다. 이 방법은 데이터의 손실을 최소화할 수 있지만, 대체된 값이 실제 데이터의 분포를 왜곡할 수 있다.

```
# 결측값을 열의 평균값으로 대체
df_filled = df.fillna(df.mean())
```

③ 예측 모델을 통한 결측값 보완

결측값을 예측 모델을 사용하여 보완하는 방법이다. 이 방법은 결측값이 많은 경우에 유용하며, 데이터의 패턴을 유지하는 데 도움이 된다. 예를 들어, KNN(K-Nearest Neighbors) 또는 회귀 분석을 사용하여 결측값을 예측할 수 있다.

```
from sklearn.impute import KNNImputer

# KNN을 사용하여 결측값 보완
imputer = KNNImputer(n_neighbors=5)
df_imputed = pd.DataFrame(imputer.fit_transform(df), columns=df.columns)
```

(2) 데이터 변환

데이터 변환은 데이터를 모델링에 적합한 형식으로 변경하는 과정이다. 여기에는 로그 변환, 제곱근 변환, Box-Cox 변환 등이 포함된다. 데이터 변환은 비정상적인 데이터나 비선형 관계를 처리할 때 사용된다.

1) 로그 변환

로그 변환은 데이터의 분포를 정규화하거나, 비선형 관계를 선형으로 변환하는 데 사용된다. 로그 변환은 특히 분포가 치우쳐 있거나, 데이터의 변동 폭이 클 때 유용하다.

```
import numpy as np

# 로그 변환
df['Log_Value'] = np.log(df['Value'] + 1)
```

여기서, +1은 로그 변환 중에 0 또는 음수 값을 피하기 위해 추가된다.

2) 제곱근 변환

제곱근 변환은 데이터의 분포를 정규화하고, 분산을 줄이는 데 사용된다. 이는 특히 양수의 데이터에서 유용하며, 큰 값의 영향을 줄이는 데 효과적이다.

```
# 제곱근 변환
df['Sqrt_Value'] = np.sqrt(df['Value'])
```

3) Box-Cox 변환

Box-Cox 변환은 비정규 분포를 정규 분포로 변환하는 데 사용되며, 데이터의 분산을 안정화하는 데 유용하다. 이 변환은 특정 변환 파라미터(λ)를 사용하여 데이터를 변환한다.

```
from scipy import stats

# Box-Cox 변환
df['BoxCox_Value'], _ = stats.boxcox(df['Value'] + 1)
```

(3) 특성 스케일링

특성 스케일링은 데이터의 각 특성(feature)이 동일한 스케일을 가지도록 변환하는 과정이다. 이는 머신러닝 모델에서 특정 특성이 다른 특성보다 더 큰 영향을 미치는 것을 방지하기 위해 중요하다. 주요 방법으로는 표준화(Standardization)와 정규화(Normalization)가 있다.

1) 표준화

표준화는 데이터의 평균을 0, 표준편차를 1로 변환하는 방법이다. 이는 특성들이 동일한 분포를 가지도록 하여, 모델의 성능을 향상시킨다.

```
from sklearn.preprocessing import StandardScaler

# 데이터 표준화
scaler = StandardScaler()
df_standardized = pd.DataFrame(scaler.fit_transform(df), columns=df.columns)
```

2) 정규화

정규화는 데이터의 값을 0과 1 사이로 변환하는 방법이다. 이는 데이터의 범위가 클 때, 각 특성을 동일한 스케일로 조정하는 데 유용하다.

```
from sklearn.preprocessing import MinMaxScaler

# 데이터 정규화
scaler = MinMaxScaler()
df_normalized = pd.DataFrame(scaler.fit_transform(df), columns=df.columns)
```

(4) 이상치 탐지 및 제거

이상치(outlier)는 데이터에서 다른 관측값과 현저히 다른 값을 의미하며, 모델의 성능을 저하시킬 수 있다. 이상치 탐지 및 제거는 데이터의 정확성을 높이고, 분석 결과의 왜곡을 방지하기 위해 필수적이다.

1) IQR 방법

IQR(Interquartile Range) 방법은 상자 그림(box plot)을 사용하여 이상치를 탐지하는 방법이다. 이는 데이터의 1사분위수(Q1)와 3사분위수(Q3) 간의 범위를 사용하여 이상치를 식별한다. 이상치는 다음과 같이 계산된 범위를 벗어나는 값으로 정의된다.

IQR = Q3 - Q1

Lower Bound = Q1 - 1.5 * IQR
Upper Bound = Q3 + 1.5 * IQR

```
# IQR을 사용한 이상치 탐지
Q1 = df.quantile(0.25)
Q3 = df.quantile(0.75)
IQR = Q3 - Q1

df_outliers_removed = df[~((df < (Q1 - 1.5 * IQR)) |(df > (Q3 + 1.5 *
IQR))).any(axis=1)]
```

2) Z-Score 방법

Z-Score 방법은 데이터가 평균으로부터 얼마나 떨어져 있는지를 나타내는 점수로, 이를 통해 이상치를 탐지할 수 있다. 일반적으로 Z-Score가 3 이상인 값을 이상치로 간주한다.

```
from scipy.stats import zscore

# Z-Score를 사용한 이상치 탐지
df['Z_Score'] = zscore(df['Value'])
df_outliers_removed = df[df['Z_Score'].abs() <= 3]
```

(5) 데이터 샘플링

데이터 샘플링은 전체 데이터셋에서 일부 데이터를 추출하여 분석에 사용하는 방법이다. 이는 데이터가 너무 크거나, 데이터의 특정 부분만을 분석하고자 할 때 사용된다.

1) 무작위 샘플링

무작위 샘플링(Random Sampling)은 데이터셋에서 무작위로 샘플을 선택하는 방법이다. 이는 데이터의 대표성을 유지하는 데 효과적이다.

```
# 무작위 샘플링
df_sample = df.sample(frac=0.1, random_state=42)
```

2) 층화 샘플링

층화 샘플링(Stratified Sampling)은 데이터셋을 특정 기준으로 층화한 후, 각 층에서 무작위로 샘플을 선택하는 방법이다. 이는 데이터의 균형을 유지하면서 다양한 계층을 대표하는 샘플을 선택할 수 있다.

```
from sklearn.model_selection import StratifiedShuffleSplit

# 층화 샘플링
split = StratifiedShuffleSplit(n_splits=1, test_size=0.1, random_state=42)
for train_index, test_index in split.split(df, df['Category']):
    df_sample = df.loc[test_index]
```

이 코드에서는 데이터프레임 df에서 Category 열을 기준으로 층화 샘플링을 수행하고, 각 층에서 10%의 샘플을 무작위로 선택한다. 층화 샘플링은 데이터의 균형을 유지하면서 각 계층을 대표하는 샘플을 선택하는 데 유용하다.

(6) 데이터 증강 (Data Augmentation)

데이터 증강은 기존 데이터를 변형하여 새로운 데이터를 생성하는 방법이다. 이는 특히 데이터가 부족한 경우, 모델의 일반화 성능을 향상시키기 위해 사용된다. 데이터 증강은 주로 이미지 처리나 자연어 처리에서 사용되지만, 시계열 데이터나 기타 구조화된 데이터에서도 사용할 수 있다.

1) 시계열 데이터 증강

시계열 데이터에서는 데이터를 변형하거나, 새로운 패턴을 추가하여 증강할 수 있다. 예를 들어, 시계열 데이터를 이동하거나, 노이즈를 추가하거나, 스무딩(Smoothing)을 적용하여 새로운 데이터셋을 생성할 수 있다.

```
# 시계열 데이터 이동
df_shifted = df.shift(periods=1)

# 노이즈 추가
df_noisy = df + np.random.normal(0, 0.01, size=df.shape)

# 데이터 스무딩
df_smoothed = df.rolling(window=3).mean()
```

이 코드에서는 시계열 데이터를 한 기간 이동시키고, 노이즈를 추가하며, 이동 평균을 사용하여 데이터를 스무딩하는 방법을 보여준다. 이러한 방법은 시계열 데이터를 변형하여 데이터 증강을 수행할 수 있다.

2) 이미지 데이터 증강

이미지 데이터 증강은 이미지에 다양한 변환을 적용하여 새로운 학습 데이터를 생성하는 방법이다. 예를 들어, 회전, 뒤집기, 확대, 색상 조정 등을 통해 이미지를 증강할 수 있다.

```
from tensorflow.keras.preprocessing.image import ImageDataGenerator

# 이미지 데이터 증강 생성기 설정
datagen = ImageDataGenerator(
    rotation_range=40,
    width_shift_range=0.2,
    height_shift_range=0.2,
    shear_range=0.2,
    zoom_range=0.2,
    horizontal_flip=True,
    fill_mode='nearest'
)

# 이미지 데이터 증강
img = np.expand_dims(image, axis=0)
augmented_images = datagen.flow(img)
```

이 코드에서는 TensorFlow의 ImageDataGenerator를 사용하여 이미지 데이터를 증강하는 방법을 보여준다. 이러한 데이터 증강은 특히 딥러닝 모델의 학습 과정에서 데이터 부족 문제를 해결하는 데 유용하다.

(7) 피처 엔지니어링 (Feature Engineering)

피처 엔지니어링은 모델의 성능을 개선하기 위해 기존 데이터에서 새로운 특성(피처)을 생성하는 과정이다. 피처 엔지니어링은 데이터를 모델에 최적화하는 데 중요한 역할을 하며, 도메인 지식을 기반으로 수행된다.

1) 파생 변수 생성

파생 변수 생성은 기존 변수들을 결합하거나 변환하여 새로운 특성을 만드는 과정이다. 예를 들어, 시간 데이터에서 '연도', '월', '일' 등의 파생 변수를 생성할 수 있다.

```
# 날짜 변수에서 연도, 월, 일 파생 변수 생성
df['Year'] = df['Date'].dt.year
df['Month'] = df['Date'].dt.month
df['Day'] = df['Date'].dt.day
```

이 코드에서는 날짜 데이터를 사용하여 '연도', '월', '일'과 같은 새로운 변수를 생성한다. 이러한 파생 변수는 모델이 데이터를 더 잘 이해하고, 예측 성능을 높이는 데 도움이 된다.

2) 다항 특성 생성

다항 특성 생성은 기존 특성들의 조합을 통해 새로운 다항식 특성을 생성하는 과정이다. 이는 모델이 비선형 관계를 더 잘 학습할 수 있도록 도와준다.

```
from sklearn.preprocessing import PolynomialFeatures

# 다항 특성 생성
poly = PolynomialFeatures(degree=2)
df_poly = poly.fit_transform(df[['Feature1', 'Feature2']])
```

이 코드에서는 두 개의 특성 'Feature1'과 'Feature2'를 결합하여 2차 다항식을 생성하는 예를 보여준다. 다항 특성은 모델이 데이터의 복잡한 관계를 더 잘 학습하는 데 도움이 된다.

(8) 데이터 축소 (Dimensionality Reduction)

데이터 축소는 고차원의 데이터를 낮은 차원으로 변환하여 분석의 효율성을 높이는 과정이다. 주로 차원 축소 기법(예: PCA, LDA)이 사용된다.

1) 주성분 분석 (PCA)

주성분 분석(PCA, Principal Component Analysis)은 데이터의 분산을 최대화하는 새로운 축을 찾아 데이터를 변환하는 차원 축소 기법이다. PCA는 고차원 데이터를 저차원으로 변환하여, 계산 효율성을 높이고, 시각화를 용이하게 한다.

```
from sklearn.decomposition import PCA

# PCA를 사용한 차원 축소
pca = PCA(n_components=2)
df_pca = pca.fit_transform(df)
```

이 코드에서는 PCA를 사용하여 2개의 주성분으로 데이터를 축소하는 예를 보여준다. PCA는 특히 데이터가 많은 차원을 가지고 있을 때, 이를 효과적으로 축소하여 모델의 성능을 높일 수 있다.

2) 선형 판별 분석 (LDA)

선형 판별 분석(LDA, Linear Discriminant Analysis)은 클래스 간 분산을 최대화하면서 클래스 내 분산을 최소화하는 축을 찾아 데이터를 변환하는 기법이다. LDA는 주로 분류 문제에서 사용되며, 차원 축소와 분류 성능 향상을 동시에 달성할 수 있다.

```
from sklearn.discriminant_analysis import LinearDiscriminantAnalysis

# LDA를 사용한 차원 축소
lda = LinearDiscriminantAnalysis(n_components=2)
df_lda = lda.fit_transform(df, y)
```

이 코드에서는 LDA를 사용하여 2개의 판별 축으로 데이터를 축소하는 예를 보여준다. LDA는 특히 분류 문제에서 성능을 높이는 데 유용하다.

3.4 데이터 사이언스를 위한 도구

3.4.1 Python과 R의 사용법

데이터 사이언스는 다양한 도구와 프로그래밍 언어를 사용하여 데이터를 분석하고 모델링하는 학문이다. 이 절에서는 데이터 사이언스에서 가장 널리 사용되는 두 가지 언어인 Python과 R의 사용법에 대해 설명하고, 각 언어의 주요 특징과 장단점, 사용 사례를 다룬다.

Python과 R은 데이터 사이언스에서 가장 널리 사용되는 프로그래밍 언어로, 각각의 언어는 고유한 장점과 특성을 가지고 있다. Python은 범용 프로그래밍 언어로, 다양한 라이브러리와 도구를 통해 데이터 분석, 머신러닝, 웹 개발 등 다양한 분야에서 활용된다. R은 통계 분석에 특화된 언어로, 데이터 시각화와 통계 모델링에 강점을 가지고 있다.

(1) Python의 사용법

Python은 간결하고 읽기 쉬운 문법을 가지고 있어, 초보자부터 전문가까지 다양한 사용자가 데이터 분석에 활용할 수 있다. Python의 강력한 라이브러리 생태계는 데이터 처리, 시각화, 머신러닝, 웹 스크래핑 등 다양한 작업을 쉽게 수행할 수 있게 한다.

1) Python의 주요 라이브러리와 도구

Python의 데이터 사이언스 작업을 위한 주요 라이브러리로는 NumPy, Pandas, Matplotlib, Seaborn, Scikit-learn, TensorFlow, Keras 등이 있다. 이러한 라이브러리들은 데이터 처리를 효율적으로 수행하고, 복잡한 모델을 구축하는 데 필수적이다.

① NumPy: 수치 연산을 위한 필수 라이브러리

NumPy는 Python의 과학 계산을 위한 핵심 라이브러리로, 다차원 배열 객체와 함께 다양한 수치 계산 기능을 제공한다. NumPy는 데이터 처리의 기본 요소를 제공하며, 다른 많은 데이터 과학 라이브러리들이 NumPy를 기반으로 구축되어 있다.

```
import numpy as np

# NumPy 배열 생성
arr = np.array([1, 2, 3, 4, 5])

# 배열의 기본 연산
sum_arr = np.sum(arr)
mean_arr = np.mean(arr)
```

이 예제에서는 NumPy 배열을 생성하고, 배열의 합계와 평균을 계산하는 방법을 보여준다. NumPy는 수학적 연산과 배열 조작을 빠르고 효율적으로 수행할 수 있게 해준다.

② Pandas: 데이터 조작과 분석을 위한 강력한 도구

Pandas는 데이터 구조와 데이터 분석 도구를 제공하는 Python 라이브러리로, 특히 데이터프레임(DataFrame)을 통해 구조화된 데이터를 처리하는 데 유용하다. Pandas는 데이터 전처리, 데이터 정제, 데이터 변환, 결측값 처리 등의 작업을 간편하게 수행할 수 있도록 도와준다.

```
import pandas as pd

# CSV 파일에서 데이터프레임 생성
df = pd.read_csv('data.csv')

# 데이터프레임의 기본 정보 출력
print(df.info())
```

```
# 특정 열의 결측값 처리
df['column_name'].fillna(df['column_name'].mean(), inplace=True)
```

이 예제에서는 CSV 파일에서 데이터를 불러와 데이터프레임을 생성하고, 데이터프레임의 기본 정보를 출력한 후, 특정 열의 결측값을 평균으로 대체하는 방법을 보여준다. Pandas는 데이터 분석의 기본 도구로서 데이터 처리의 전 과정을 지원한다.

③ Matplotlib과 Seaborn: 데이터 시각화를 위한 도구

Matplotlib은 Python에서 데이터 시각화를 위한 가장 기본적인 라이브러리로, 다양한 종류의 플롯을 생성할 수 있다. Seaborn은 Matplotlib을 기반으로 만들어진 고수준 인터페이스로, 더 세련된 시각화 기능을 제공한다.

```
import matplotlib.pyplot as plt
import seaborn as sns

# 데이터프레임에서 특정 열의 분포 시각화
sns.histplot(df['column_name'], kde=True)
plt.title('Distribution of column_name')
plt.xlabel('Value')
plt.ylabel('Frequency')
plt.show()
```

이 예제에서는 Seaborn을 사용하여 데이터프레임의 특정 열에 대한 분포를 시각화하는 방법을 보여준다. Seaborn은 간단한 코드로 세련된 그래프를 생성할 수 있으며, Matplotlib과의 호환성도 뛰어나다.

④ Scikit-learn: 머신러닝을 위한 필수 라이브러리

Scikit-learn은 Python의 머신러닝 라이브러리로, 데이터 전처리, 모델 학습, 예측, 평가 등 머신러닝의 거의 모든 단계에서 사용될 수 있다. 다양한 알고리즘을 손쉽게 적용할 수 있으며, 모델링 과정에서 필수적인 도구이다.

```
from sklearn.model_selection import train_test_split
from sklearn.linear_model import LinearRegression
from sklearn.metrics import mean_squared_error

# 데이터셋을 훈련용과 테스트용으로 분할
X = df[['feature1', 'feature2']]
y = df['target']
X_train, X_test, y_train, y_test = train_test_split(X, y, test_size=0.2,
random_state=42)

# 선형 회귀 모델 학습
model = LinearRegression()
model.fit(X_train, y_train)

# 예측 및 성능 평가
y_pred = model.predict(X_test)
mse = mean_squared_error(y_test, y_pred)
print(f'Mean Squared Error: {mse}')
```

이 예제에서는 Scikit-learn을 사용하여 데이터를 훈련용과 테스트용으로 분할하고, 선형 회귀 모델을 학습한 후, 테스트 데이터에 대한 예측을 수행하며, 성능을 평가하는 방법을 보여준다. Scikit-learn은 Python에서 머신러닝을 시작하는 데 매우 유용한 라이브러리이다.

(2) R의 사용법

R은 통계 분석과 데이터 시각화에 강점을 가진 프로그래밍 언어로, 주로 통계학자와 데이터 과학자들 사이에서 널리 사용된다. R은 다양한 통계 기법과 시각화 도구를 제공하며, 복잡한 데이터를 분석하고 해석하는 데 매우 유용하다.

1) R의 주요 패키지와 도구

R은 데이터 분석과 통계 모델링을 위한 다양한 패키지를 제공한다. 대표적인 패키지로는 dplyr, ggplot2, tidyr, caret, randomForest 등이 있다. 이러한 패키지들은 R의 강력한 통계 분석 능력을 지원하며, 데이터를 직관적으로 이해할 수 있도록 돕는다.

① dplyr: 데이터 조작을 위한 패키지

dplyr은 R에서 데이터를 조작하고 변환하는 데 널리 사용되는 패키지로, 데이터프레임을 쉽게 처리할 수 있도록 다양한 함수들을 제공한다. dplyr은 데이터 필터링, 선택, 변환, 요약 등을 효율적으로 수행할 수 있다.

```
library(dplyr)

# 데이터프레임에서 특정 조건에 맞는 행 필터링
filtered_data <- df %>% filter(column_name >10)

# 특정 열 선택 및 요약
summarized_data <- df %>% select(column_name)%>% summarise(mean_value
= mean(column_name))
```

이 예제에서는 dplyr 패키지를 사용하여 데이터프레임에서 특정 조건에 맞는 행을 필터링하고, 특정 열을 선택하여 평균을 계산하는 방법을 보여준다. dplyr은 데이터 조작을 간단하고 명확하게 수행할 수 있게 한다.

② ggplot2: 데이터 시각화를 위한 패키지

ggplot2는 R에서 데이터 시각화를 위한 가장 강력한 패키지 중 하나로, 그래픽 문법(Grammar of Graphics)에 기반하여 데이터를 시각화한다. ggplot2는 복잡한 데이터를 직관적으로 이해할 수 있도록 다양한 그래프를 생성할 수 있다.

```
library(ggplot2)

# ggplot2를 사용한 산점도 시각화
ggplot(df, aes(x = column_name1, y = column_name2))+
  geom_point()+
  labs(title ="Scatter plot", x ="X axis", y ="Y axis")
```

이 예제에서는 ggplot2 패키지를 사용하여 두 열 간의 산점도를 시각화하는 방법을 보여준다. ggplot2는 강력한 시각화 도구로, 다양한 시각화 요구를 충족할 수 있다.

③ caret: 머신러닝을 위한 패키지

caret(Classification and Regression Training) 패키지는 R에서 머신러닝 모델을 훈련하고 평가하는 데 사용되는 강력한 도구이다. 이 패키지는 다양한 머신러닝 알고리즘을 단일 인터페이스로 제공하며, 데이터 전처리, 모델 훈련, 튜닝, 평가 등의 작업을 간편하게 수행할 수 있게 한다.

```
library(caret)

# 데이터셋을 훈련용과 테스트용으로 분할
set.seed(42)
trainIndex <- createDataPartition(df$target, p =.8,
                                  list =FALSE,
                                  times =1)
trainData <- df[ trainIndex,]
testData  <- df[-trainIndex,]

# 선형 회귀 모델 학습
model <- train(target ~ ., data = trainData, method ="lm")

# 예측 및 성능 평가
predictions <- predict(model, newdata = testData)
mse <- mean((testData$target - predictions)^2)
print(paste("Mean Squared Error:", mse))
```

이 예제에서는 caret 패키지를 사용하여 데이터셋을 훈련용과 테스트용으로 분할하고, 선형 회귀 모델을 학습하며, 예측 결과를 평가하는 방법을 보여준다. caret은 다양한 머신러닝 모델을 손쉽게 구현할 수 있는 강력한 도구이다.

2) R과 Python의 통합

R과 Python은 각각의 강점을 살려서 함께 사용할 수 있다. 데이터 분석 작업에서 R과 Python을 결합하여 더 강력한 분석을 수행할 수 있으며, 특히 R의 통계적 강점과 Python의 머신러닝 및 데이터 처리 능력을 결합하면 더욱 효과적이다.

① reticulate 패키지를 사용한 R과 Python의 통합

reticulate 패키지는 R과 Python을 통합할 수 있는 도구로, R 스크립트에서 Python 코드를 호출하거나, Python 객체를 R에서 직접 사용할 수 있게 한다. 이를 통해 R과 Python의 장점을 모두 활용한 복합 분석을 수행할 수 있다.

```
library(reticulate)

# Python 모듈 가져오기
py_run_string("import numpy as np")
py_run_string("a = np.array([1, 2, 3, 4, 5])")

# Python 객체를 R에서 사용하기
a <- py$a
print(a)
```

이 예제에서는 reticulate 패키지를 사용하여 Python의 numpy 라이브러리를 불러오고, Python에서 생성된 객체를 R에서 사용하는 방법을 보여준다. reticulate를 사용하면 두 언어의 강점을 결합한 분석을 수행할 수 있다.

(3) Python과 R의 비교

Python과 R은 데이터 사이언스에서 널리 사용되는 언어로, 각각의 강점과 사용 사례가 다르다. Python은 범용성, 풍부한 라이브러리 생태계, 머신러닝에 대한 강력한 지원으로 인해 널리 사용되며, 특히 소프트웨어 개발과 머신러닝 모델 배포에서 강점을 가진다. 반면, R은 통계 분석과 데이터 시각화에서 매우 강력한 도구로, 통계학자와 데이터 분석가들 사이에서 널리 사용된다.

1) Python의 장점과 단점

장점:

- 범용성: Python은 데이터 분석, 머신러닝, 웹 개발, 스크립팅 등 다양한 용도로 사용할 수 있는 범용 프로그래밍 언어이다.
- 풍부한 라이브러리: Python은 데이터 분석 및 머신러닝을 위한 방대한 라이브러리를 제공하여, 복잡한 작업을 쉽게 수행할 수 있다.
- 커뮤니티 지원: Python은 매우 활발한 커뮤니티를 가지고 있으며, 다양한 문제에 대한 풍부한 자료와 도움을 제공받을 수 있다.

단점:

- 실행 속도: Python은 인터프리터 언어로, 컴파일된 언어에 비해 실행 속도가 느릴 수 있다.
- 메모리 사용: 대규모 데이터 처리 시 메모리 사용량이 높아질 수 있으며, 이는 성능 저하로 이어질 수 있다.

2) R의 장점과 단점

장점:

- 통계 분석에 특화: R은 통계 분석에 매우 강력한 도구이며, 다양한 통계 기법과 모델링 도구를 제공한다.
- 데이터 시각화: R의 ggplot2와 같은 패키지는 매우 강력하고 유연한 시각화 도구를 제공하여, 데이터를 직관적으로 표현할 수 있다.

- 패키지의 풍부함: R은 통계학 및 데이터 분석을 위한 방대한 패키지를 제공하며, 이는 특정한 분석 요구를 충족시키는 데 매우 유용하다.

단점:

- 범용성 부족: R은 주로 데이터 분석과 통계 작업에 특화되어 있으며, 소프트웨어 개발이나 웹 개발과 같은 다른 영역에서는 덜 사용된다.
- 배우기 어려움: Python에 비해 문법이 복잡하고, 배우기 어려울 수 있다.

3) R과 Python의 협업 전략

Python과 R은 각각의 장점을 살려 협업할 수 있는 다양한 방법이 있다. 예를 들어, R에서 데이터를 전처리하고 통계 분석을 수행한 후, Python을 사용하여 머신러닝 모델을 구축하거나, 대규모 데이터 처리 작업을 수행할 수 있다. 이러한 협업은 R과 Python의 강점을 결합하여, 보다 포괄적이고 효율적인 데이터 분석을 가능하게 한다.

예시 협업 전략:

데이터 전처리와 시각화는 R에서 수행하고, 머신러닝 모델링은 Python에서 수행 -->이 전략은 R의 데이터 시각화 및 통계 분석 능력을 활용하고, Python의 머신러닝 라이브러리를 사용하여 복잡한 모델을 구축하는 데 적합하다.

Python에서 데이터 수집과 대규모 데이터 처리 작업을 수행하고, R에서 통계 모델링과 결과 시각화-->이 전략은 Python의 데이터 수집과 처리 능력을 활용하여 대규모 데이터를 관리하고, R의 통계적 도구를 사용하여 심층 분석을 수행하는 데 유용하다.

3.4.2 주요 라이브러리: Pandas, NumPy, Scikit-Learn

데이터 사이언스를 위한 Python의 주요 라이브러리로 Pandas, NumPy, Scikit-Learn이 있다. 이들 라이브러리는 각각 데이터 조작, 수치 연산, 머신러닝에 필수적인 기능을 제공하며, 데이터 사이언스 작업을 보다 효율적이고 강력하게 수행할 수 있게 해준다. 이 절에서는 이러한 라이브러리의 주요 기능과 사용법을 상세히 설명한다.

(1) Pandas: 데이터 조작 및 분석을 위한 필수 라이브러리

Pandas는 데이터 조작과 분석을 위한 강력한 도구로, 특히 데이터프레임(DataFrame)을 통해 구조화된 데이터를 처리하는 데 매우 유용하다. Pandas는 데이터 전처리, 변환, 조작, 분석, 시각화 등의 작업을 간편하게 수행할 수 있게 해준다.

1) Pandas의 기본 구조

Pandas의 기본 데이터 구조는 Series와 DataFrame이다. Series는 일차원 배열 형태의 데이터 구조로, 인덱스를 가지며, DataFrame은 이차원 테이블 형태의 데이터 구조로, 행과 열을 가진다. 이 두 구조는 데이터 조작과 분석의 기본 요소를 제공한다.

① Series의 생성과 조작

Series는 일차원 데이터로, 배열과 비슷하지만 인덱스를 함께 사용하여 데이터를 조작할 수 있다.

```
import pandas as pd

# Series 생성
s = pd.Series([1, 3, 5, 7, 9], index=['a', 'b', 'c', 'd', 'e'])

# Series 조작: 값 접근 및 연산
print(s['b'])  # 출력: 3
s['a'] = 10
print(s + 2)  # 모든 값에 2를 더함
```

이 예제에서는 Series를 생성하고, 인덱스를 사용하여 값에 접근하거나 값을 변경하는 방법을 보여준다. Series는 리스트보다 더 강력한 기능을 제공하며, 데이터 분석에 필수적인 역할을 한다.

② DataFrame의 생성과 조작

DataFrame은 행과 열을 가지는 이차원 데이터 구조로, 다양한 형식의 데이터를 처리할 수 있다. DataFrame은 여러 개의 Series로 구성되며, 테이블 형식으로 데이터를 조작하고 분석할 수 있게 해준다.

```
# DataFrame 생성
data = {'Name': ['John', 'Anna', 'Peter', 'Linda'],
        'Age': [28, 24, 35, 32],
        'City': ['New York', 'Paris', 'Berlin', 'London']}
df = pd.DataFrame(data)

# DataFrame 조작: 행과 열 선택
print(df['Name'])  # 특정 열 선택
print(df.loc[1])    # 특정 행 선택
```

이 예제에서는 DataFrame을 생성하고, 특정 열과 행을 선택하는 방법을 보여준다. DataFrame은 데이터 분석 작업에서 가장 중요한 구조로, 다양한 조작과 분석을 지원한다.

2) Pandas를 사용한 데이터 전처리

Pandas는 데이터 전처리 작업에서 강력한 기능을 제공한다. 여기에는 결측값 처리, 중복 제거, 데이터 정렬, 데이터 변환 등이 포함된다. Pandas의 다양한 기능을 통해 데이터의 품질을 향상시키고, 분석에 필요한 형태로 데이터를 변환할 수 있다.

① 결측값 처리

결측값은 데이터 분석에서 자주 발생하는 문제 중 하나로, Pandas는 결측값을 처리하는 다양한 방법을 제공한다. 예를 들어, 결측값을 삭제하거나 특정 값으로 대체할 수 있다.

```
# 결측값 확인 및 처리
df['Age'].fillna(df['Age'].mean(), inplace=True)  # 결측값을 평균으로 대체
df.dropna(subset=['City'], inplace=True)           # 특정 열의 결측값이 있는 행 삭제
```

이 예제에서는 결측값을 평균으로 대체하고, 특정 열의 결측값이 있는 행을 삭제하는 방법을 보여준다. Pandas는 결측값을 효율적으로 처리할 수 있게 해준다.

② 데이터 정렬과 필터링

Pandas는 데이터 정렬과 필터링을 통해 데이터를 원하는 형태로 조작할 수 있다. 이는 데이터 분석의 기본 작업으로, 필요한 데이터를 추출하고 정렬된 상태로 분석할 수 있게 한다.

```
# 데이터 정렬
df.sort_values(by='Age', ascending=False, inplace=True)

# 데이터 필터링
filtered_df = df[df['Age'] > 30]
```

이 예제에서는 데이터를 특정 열을 기준으로 정렬하고, 특정 조건을 만족하는 데이터를 필터링하는 방법을 보여준다. Pandas는 데이터 조작을 위한 다양한 도구를 제공한다.

3) Pandas를 사용한 데이터 시각화

Pandas는 기본적인 데이터 시각화 기능도 제공하며, 특히 Matplotlib과 함께 사용하여 데이터의 패턴을 시각적으로 분석할 수 있다.

```
# 데이터 시각화
df['Age'].plot(kind='hist', title='Age Distribution')
plt.xlabel('Age')
```

```
plt.ylabel('Frequency')
plt.show()
```

이 예제에서는 Pandas의 plot 함수를 사용하여 연령 분포를 히스토그램으로 시각화하는 방법을 보여준다. Pandas는 간단한 시각화 도구를 제공하며, Matplotlib과의 통합을 통해 더 복잡한 그래프를 생성할 수 있다.

(2) NumPy: 수치 연산을 위한 필수 라이브러리

NumPy는 Python의 과학 계산을 위한 핵심 라이브러리로, 다차원 배열 객체와 함께 다양한 수치 계산 기능을 제공한다. NumPy는 데이터 처리의 기본 요소를 제공하며, 다른 많은 데이터 과학 라이브러리들이 NumPy를 기반으로 구축되어 있다.

1) NumPy의 기본 구조

NumPy의 핵심 데이터 구조는 다차원 배열인 ndarray이다. 이 배열은 대규모 데이터 집합을 효율적으로 처리할 수 있으며, 다양한 수학적 연산을 지원한다.

① ndarray 생성과 조작

ndarray는 NumPy의 기본 배열 객체로, 다양한 방법으로 생성하고 조작할 수 있다. 이는 대규모 데이터의 수치 연산에 매우 효율적이다.

```
import numpy as np

# ndarray 생성
arr = np.array([[1, 2, 3], [4, 5, 6], [7, 8, 9]])

# 배열 조작: 요소 접근 및 슬라이싱
print(arr[0, 2])  # 출력: 3
print(arr[:, 1])  # 특정 열 선택
```

이 예제에서는 2차원 배열을 생성하고, 배열의 요소에 접근하거나 특정 열을 선택하는 방법을 보여준다. ndarray는 고차원 배열을 쉽게 처리할 수 있게 해준다.

② 배열 연산

NumPy는 배열 간의 기본적인 연산을 효율적으로 처리할 수 있다. 이는 데이터의 수치 계산에서 매우 유용하며, 벡터화된 연산을 통해 성능을 극대화할 수 있다.

```
# 배열 연산
arr_sum = np.add(arr, 10)          # 모든 요소에 10을 더함
arr_product = np.dot(arr, arr)  # 행렬 곱셈
```

이 예제에서는 배열의 요소에 값을 더하거나, 배열 간의 행렬 곱셈을 수행하는 방법을 보여준다. NumPy는 벡터화된 연산을 통해 매우 빠르고 효율적으로 계산을 수행할 수 있다.

2) NumPy를 사용한 고급 연산

NumPy는 기본적인 수치 연산 외에도 선형대수, 통계, 난수 생성 등 고급 연산 기능을 제공한다. 이러한 기능들은 데이터 과학에서 복잡한 계산을 수행하는 데 필수적이다.

① 선형대수 연산

NumPy는 선형대수 연산을 위해 다양한 함수들을 제공한다. 이는 데이터 분석과 모델링에서 매우 중요한 역할을 하며, 특히 고차원 데이터의 처리에 필수적이다.

```
# 선형대수 연산
matrix_inv = np.linalg.inv(arr)       # 행렬 역행렬
matrix_det = np.linalg.det(arr)       # 행렬 행렬식
matrix_eig = np.linalg.eig(arr)       # 행렬 고유값 및 고유벡터
```

이 예제에서는 행렬의 역행렬, 행렬식, 고유값 및 고유벡터를 계산하는 방법을 보여준다. 이러한 선형대수 연산은 머신러닝 알고리즘의 기초가 되는 수학적 개념으로, 데이터의 패턴을 분석하거나 모델을 최적화하는 데 중요한 역할을 한다.

② 통계 연산

NumPy는 기본적인 통계 함수들도 제공하여, 데이터를 분석하고 요약하는 데 도움을 준다. 이러한 함수들은 데이터의 중심 경향, 분산, 상관관계 등을 계산하는 데 유용하다.

```
# 통계 연산
mean_val = np.mean(arr)                    # 평균값 계산
std_dev = np.std(arr)                    # 표준편차 계산
correlation_matrix = np.corrcoef(arr)  # 상관행렬 계산
```

이 예제에서는 배열의 평균값, 표준편차, 상관행렬을 계산하는 방법을 보여준다. 이러한 통계 연산은 데이터의 특성을 이해하고, 분석 결과를 해석하는 데 필수적이다.

③ 난수 생성

NumPy는 다양한 분포에서 난수를 생성할 수 있는 기능도 제공한다. 이 기능은 샘플링, 데이터 증강, 몬테카를로 시뮬레이션 등에서 중요한 역할을 한다.

```
# 난수 생성
random_vals = np.random.random((3, 3))            # 0에서 1 사이의 난수로 구성된
3x3 배열 생성
normal_vals = np.random.normal(0, 1, (3, 3))  # 평균이 0이고 표준편차가 1인 정
규분포에서 난수 생성
```

이 예제에서는 난수를 생성하고, 정규분포에서 난수를 샘플링하는 방법을 보여준다. 이러한 난수 생성 기능은 데이터 시뮬레이션 및 모델링에 자주 사용된다.

(3) Scikit-Learn: 머신러닝을 위한 필수 라이브러리

Scikit-Learn은 Python의 머신러닝 라이브러리로, 데이터 전처리, 모델 학습, 예측, 평가 등 머신러닝의 거의 모든 단계에서 사용될 수 있다. 다양한 알고리즘을 손쉽게 적용할 수 있으며, 모델링 과정에서 필수적인 도구이다.

1) Scikit-Learn의 기본 구조

Scikit-Learn은 일관된 API를 제공하여, 머신러닝 모델의 학습, 예측, 평가를 간편하게 수행할 수 있다. Scikit-Learn은 다양한 머신러닝 알고리즘을 포함하며, 이를 사용하여 데이터를 모델링하고 예측할 수 있다.

① 데이터 전처리

Scikit-Learn은 데이터 전처리를 위한 다양한 도구를 제공한다. 여기에는 데이터 스케일링, 인코딩, 결측값 처리 등이 포함된다. 이러한 전처리 작업은 데이터의 품질을 높이고, 모델의 성능을 향상시키는 데 필수적이다.

```
from sklearn.preprocessing import StandardScaler, OneHotEncoder
from sklearn.impute import SimpleImputer

# 데이터 스케일링
scaler = StandardScaler()
X_scaled = scaler.fit_transform(X)

# 범주형 데이터 인코딩
encoder = OneHotEncoder()
X_encoded = encoder.fit_transform(X_categorical)

# 결측값 처리
imputer = SimpleImputer(strategy='mean')
X_imputed = imputer.fit_transform(X)
```

이 예제에서는 Scikit-Learn의 전처리 도구를 사용하여 데이터를 스케일링하고, 범주형 데이터를 인코딩하며, 결측값을 처리하는 방법을 보여준다. 이러한 전처리 작업은 머신러닝 모델의 입력 데이터를 준비하는 데 중요한 단계이다.

② 모델 학습 및 예측

Scikit-Learn은 다양한 머신러닝 모델을 제공하며, 이를 사용하여 데이터를 학습하고 예측할 수 있다. 모델 학습과 예측은 매우 간단한 API를 통해 수행되며, 모델의 성능을 쉽게 평가할 수 있다.

```
from sklearn.linear_model import LinearRegression
from sklearn.model_selection import train_test_split
from sklearn.metrics import mean_squared_error

# 데이터셋 분할
X_train, X_test, y_train, y_test = train_test_split(X, y, test_size=0.2,
random_state=42)

# 모델 학습
model = LinearRegression()
model.fit(X_train, y_train)

# 예측
y_pred = model.predict(X_test)

# 모델 성능 평가
mse = mean_squared_error(y_test, y_pred)
print(f'Mean Squared Error: {mse}')
```

이 예제에서는 선형 회귀 모델을 사용하여 데이터를 학습하고, 테스트 데이터에 대한 예측을 수행한 후, 모델의 성능을 평가하는 방법을 보여준다. Scikit-Learn은 다양한 알고리즘을 지원하며, 각 알고리즘에 대해 일관된 인터페이스를 제공한다.

2) Scikit-Learn을 사용한 모델 평가 및 선택

Scikit-Learn은 모델의 성능을 평가하고, 최적의 모델을 선택하기 위한 다양한 도구를 제공한다. 모델 평가에는 교차 검증, 그리드 서치, ROC 곡선 등이 포함되며, 이러한 도구들은 모델의 일반화 성능을 측정하고 최적의 하이퍼파라미터를 선택하는 데 필수적이다.

① 교차 검증

교차 검증(Cross-Validation)은 데이터를 여러 부분으로 나누어 모델을 학습시키고 평가하는 방법이다. 이를 통해 모델의 일반화 성능을 더 정확하게 평가할 수 있다.

```
from sklearn.model_selection import cross_val_score

# 교차 검증 수행
cv_scores = cross_val_score(model, X, y, cv=5)
print(f'Cross-Validation Scores: {cv_scores}')
```

이 예제에서는 교차 검증을 사용하여 모델의 성능을 평가하는 방법을 보여준다. 교차 검증은 모델의 성능 변동을 줄이고, 일반화 성능을 개선하는 데 중요한 역할을 한다.

② 그리드 서치

그리드 서치(Grid Search)는 모델의 하이퍼파라미터를 최적화하기 위해 모든 조합을 시도하는 방법이다. Scikit-Learn은 그리드 서치를 위한 도구를 제공하여, 최적의 하이퍼파라미터를 자동으로 검색할 수 있다.

```
from sklearn.model_selection import GridSearchCV

# 하이퍼파라미터 그리드 설정
param_grid = {'alpha': [0.1, 1, 10]}
```

```
# 그리드 서치 수행
grid_search = GridSearchCV(model, param_grid, cv=5)
grid_search.fit(X_train, y_train)

# 최적의 하이퍼파라미터 출력
print(f'Best Parameters: {grid_search.best_params_}')
```

이 예제에서는 그리드 서치를 사용하여 모델의 최적 하이퍼파라미터를 찾는 방법을 보여준다. 그리드 서치는 모델의 성능을 극대화하기 위한 중요한 기법이다.

3) Scikit-Learn의 고급 기능

Scikit-Learn은 기본적인 머신러닝 작업 외에도 다양한 고급 기능을 제공한다. 여기에는 앙상블 학습, 비지도 학습, 클러스터링 등이 포함된다. 이러한 기능들은 복잡한 데이터 문제를 해결하는 데 유용하다.

① 앙상블 학습

앙상블 학습(Ensemble Learning)은 여러 모델을 결합하여 예측 성능을 향상시키는 방법이다. Scikit-Learn은 랜덤 포레스트(Random Forest), 부스팅(Boosting) 등 다양한 앙상블 기법을 제공한다.

```
from sklearn.ensemble import RandomForestClassifier

# 랜덤 포레스트 모델 학습
rf_model = RandomForestClassifier(n_estimators=100)
rf_model.fit(X_train, y_train)

# 예측 및 성능 평가
y_pred_rf = rf_model.predict(X_test)
accuracy = np.mean(y_pred_rf == y_test)
print(f'Accuracy: {accuracy}')
```

이 예제에서는 랜덤 포레스트 모델을 사용하여 분류 작업을 수행하는 방법을 보여준다. 앙상블 학습은 단일 모델보다 더 나은 성능을 제공할 수 있다.

② 비지도 학습

비지도 학습(Unsupervised Learning)은 라벨이 없는 데이터를 학습하여 패턴을 찾는 방법이다. 클러스터링(Clustering)은 비지도 학습의 대표적인 방법으로, 데이터의 구조를 이해하고 그룹을 찾는 데 사용된다.

```
from sklearn.cluster import KMeans

# K-Means 클러스터링 수행
kmeans = KMeans(n_clusters=3, random_state=42)
kmeans.fit(X)

# 클러스터 할당 결과
labels = kmeans.labels_

# 클러스터 중심 출력
centroids = kmeans.cluster_centers_
print(f'Cluster Centers: {centroids}')
```

이 예제에서는 K-Means 클러스터링을 사용하여 데이터를 세 개의 클러스터로 분류하는 방법을 보여준다. K-Means는 비지도 학습에서 가장 널리 사용되는 알고리즘 중 하나로, 데이터의 구조를 이해하고 패턴을 발견하는 데 유용하다.

③ 특성 선택 및 추출

Scikit-Learn은 데이터의 특성(피처)을 선택하고 추출하는 도구도 제공한다. 특성 선택은 모델의 성능을 향상시키고, 계산 효율성을 높이기 위해 중요하다.

```
from sklearn.feature_selection import SelectKBest, f_classif

# 특성 선택
selector = SelectKBest(score_func=f_classif, k=5)
X_new = selector.fit_transform(X, y)

# 선택된 특성의 인덱스 출력
selected_features = selector.get_support(indices=True)
print(f'Selected Features: {selected_features}')
```

이 예제에서는 SelectKBest를 사용하여 가장 유용한 다섯 개의 특성을 선택하는 방법을 보여준다. 특성 선택은 데이터를 줄이고, 모델의 성능을 개선하는 데 필수적인 작업이다.

4) Scikit-Learn의 실전 활용

Scikit-Learn은 데이터 사이언스 프로젝트에서 매우 실용적으로 활용될 수 있다. 데이터 전처리, 모델링, 평가까지 전 과정을 지원하며, 특히 다양한 알고리즘을 쉽게 시도하고 비교할 수 있게 한다.

① 데이터 전처리 파이프라인 구축

Scikit-Learn은 전처리와 모델링 과정을 하나의 파이프라인으로 연결할 수 있는 기능을 제공한다. 이를 통해 전체 프로세스를 일관되게 처리하고, 코드의 재사용성을 높일 수 있다.

```
from sklearn.pipeline import Pipeline

# 전처리와 모델링을 위한 파이프라인 구축
pipeline = Pipeline([
    ('scaler', StandardScaler()),
    ('model', LinearRegression())
])
```

```
# 파이프라인 학습
pipeline.fit(X_train, y_train)

# 예측
y_pred_pipeline = pipeline.predict(X_test)

# 모델 성능 평가
mse_pipeline = mean_squared_error(y_test, y_pred_pipeline)
print(f'Mean Squared Error (Pipeline): {mse_pipeline}')
```

이 예제에서는 전처리와 모델링을 파이프라인으로 연결하여, 데이터를 일관되게 처리하고 예측하는 방법을 보여준다. 파이프라인은 특히 복잡한 작업을 간소화하고 관리하기 쉽게 만들어준다.

② 모델 성능 평가와 튜닝

Scikit-Learn은 다양한 모델 평가 방법과 튜닝 도구를 제공하여, 모델의 성능을 최적화할 수 있다. 예를 들어, 교차 검증과 그리드 서치를 결합하여 모델을 최적화할 수 있다.

```
from sklearn.model_selection import GridSearchCV

# 그리드 서치를 통한 모델 튜닝
param_grid = {'model__alpha': [0.1, 1, 10]}
grid_search = GridSearchCV(pipeline, param_grid, cv=5)
grid_search.fit(X_train, y_train)

# 최적의 하이퍼파라미터와 성능 평가
best_params = grid_search.best_params_
best_score = grid_search.best_score_
print(f'Best Parameters: {best_params}')
print(f'Best Cross-Validation Score: {best_score}')
```

이 예제에서는 파이프라인을 사용한 그리드 서치로 모델의 하이퍼파라미터를 튜닝하고, 최적의 모델을 선택하는 방법을 보여준다. 모델 튜닝은 성능을 극대화하는 데 중요한 과정이다.

3.4.3 데이터 분석과 시각화를 위한 도구: Matplotlib, Seaborn

데이터 분석과 시각화는 데이터 사이언스의 중요한 부분이며, 이를 효과적으로 수행하기 위해 Python에서는 다양한 도구들이 제공된다. Matplotlib과 Seaborn은 그 중 가장 널리 사용되는 두 가지 시각화 도구로, 데이터를 시각적으로 분석하고, 직관적인 인사이트를 얻는 데 매우 유용하다. 이 절에서는 Matplotlib과 Seaborn의 주요 기능과 사용법을 하부 장, 절, 목, 항 형식으로 상세히 설명하겠다.

(1) Matplotlib: Python의 기본 시각화 도구

Matplotlib은 Python에서 가장 기본적이고 강력한 데이터 시각화 라이브러리로, 다양한 형태의 플롯을 생성할 수 있다. 이 라이브러리는 매우 유연하며, 사용자가 원하는 대로 그래프를 커스터마이징할 수 있게 해준다.

1) Matplotlib의 기본 구조

Matplotlib의 핵심 요소는 Figure와 Axes 객체이다. Figure는 그래프 전체를 포함하는 컨테이너 역할을 하며, Axes는 실제 그래프가 그려지는 영역을 의미한다. 이 두 객체를 조합하여 복잡한 시각화를 생성할 수 있다.

① Figure와 Axes의 생성과 사용

Figure와 Axes는 Matplotlib의 시각화 작업의 중심이다. 다양한 플롯을 생성하고, 그래프를 구성하는 각 요소를 제어할 수 있다.

```
import matplotlib.pyplot as plt

# Figure와 Axes 생성
fig, ax = plt.subplots()

# Axes에 데이터 플로팅
ax.plot([1, 2, 3, 4], [10, 20, 25, 30])

# 그래프 제목과 축 레이블 설정
ax.set_title('Simple Plot')
ax.set_xlabel('X-axis Label')
ax.set_ylabel('Y-axis Label')

# 그래프 표시
plt.show()
```

이 예제에서는 Figure와 Axes 객체를 생성하고, 데이터를 플로팅하며, 그래프의 제목과 축 레이블을 설정하는 방법을 보여준다. Matplotlib은 매우 유연한 시각화 도구로, 그래프의 모든 요소를 제어할 수 있다.

② 기본 플롯 유형

Matplotlib은 다양한 기본 플롯 유형을 제공하여, 사용자가 데이터의 특성에 맞는 시각화를 선택할 수 있게 해준다. 여기에는 선형 그래프(line plot), 막대 그래프(bar plot), 히스토그램(histogram), 산점도(scatter plot) 등이 포함된다.

```
# 선형 그래프
plt.plot([1, 2, 3, 4], [10, 20, 25, 30])
plt.title('Line Plot')
plt.xlabel('X-axis')
plt.ylabel('Y-axis')
plt.show()
```

```
# 막대 그래프
plt.bar(['A', 'B', 'C'], [5, 7, 3])
plt.title('Bar Plot')
plt.xlabel('Categories')
plt.ylabel('Values')
plt.show()

# 히스토그램
data = [1, 1, 2, 2, 2, 3, 3, 4, 5]
plt.hist(data, bins=5)
plt.title('Histogram')
plt.xlabel('Value')
plt.ylabel('Frequency')
plt.show()

# 산점도
plt.scatter([1, 2, 3, 4], [10, 20, 25, 30])
plt.title('Scatter Plot')
plt.xlabel('X-axis')
plt.ylabel('Y-axis')
plt.show()
```

이 예제에서는 다양한 플롯 유형을 생성하는 방법을 보여준다. Matplotlib은 기본적인 시각화 작업을 매우 쉽게 수행할 수 있게 해준다.

2) Matplotlib을 사용한 그래프 커스터마이징

Matplotlib은 그래프의 스타일을 세부적으로 조정할 수 있는 다양한 기능을 제공한다. 이를 통해 그래프를 목적에 맞게 커스터마이징할 수 있으며, 더 나은 시각적 표현을 제공할 수 있다.

① 색상과 선 스타일 설정

Matplotlib은 그래프의 색상, 선 스타일, 마커 등을 쉽게 변경할 수 있는 기능을 제공한다. 이를 통해 그래프를 시각적으로 더 매력적이고 명확하게 표현할 수 있다.

```
# 색상과 선 스타일 설정
plt.plot([1, 2, 3, 4], [10, 20, 25, 30], color='red', linestyle='--', marker='o')
plt.title('Customized Line Plot')
plt.xlabel('X-axis')
plt.ylabel('Y-axis')
plt.show()
```

이 예제에서는 선의 색상, 스타일, 마커를 설정하여 그래프를 커스터마이징하는 방법을 보여준다. Matplotlib은 이러한 세부 설정을 통해 그래프를 더욱 명확하고 효과적으로 표현할 수 있다.

② 축 설정과 범례 추가

Matplotlib은 축의 범위, 스케일, 레이블 등을 설정할 수 있으며, 그래프에 범례를 추가하여 여러 데이터 시리즈를 명확히 구분할 수 있다.

```
# 축 범위 설정과 범례 추가
plt.plot([1, 2, 3, 4], [10, 20, 25, 30], label='Data 1')
plt.plot([1, 2, 3, 4], [30, 25, 20, 15], label='Data 2')
plt.title('Plot with Legend')
plt.xlabel('X-axis')
plt.ylabel('Y-axis')
plt.xlim(0, 5)
plt.ylim(0, 35)
plt.legend()
plt.show()
```

이 예제에서는 축의 범위를 설정하고, 범례를 추가하는 방법을 보여준다. Matplotlib은 다양한 커스터마이징 옵션을 제공하여, 데이터의 비교를 쉽게 할 수 있도록 도와준다.

3) Matplotlib의 고급 기능

Matplotlib은 기본적인 플롯 생성 외에도 다양한 고급 기능을 제공한다. 이를 통해 더 복잡하고 정교한 시각화를 생성할 수 있으며, 데이터의 특성을 깊이 있게 분석할 수 있다.

① 서브플롯 생성

Matplotlib은 하나의 Figure 내에 여러 개의 그래프를 배치할 수 있는 서브플롯 기능을 제공한다. 이를 통해 데이터를 다각적으로 분석하고, 여러 그래프를 비교할 수 있다.

```
# 서브플롯 생성
fig, axs = plt.subplots(2, 2)

axs[0, 0].plot([1, 2, 3, 4], [10, 20, 25, 30])
axs[0, 0].set_title('Plot 1')

axs[0, 1].bar(['A', 'B', 'C'], [5, 7, 3])
axs[0, 1].set_title('Plot 2')

axs[1, 0].hist([1, 1, 2, 2, 3, 3, 4, 5], bins=5)
axs[1, 0].set_title('Plot 3')

axs[1, 1].scatter([1, 2, 3, 4], [10, 20, 25, 30])
axs[1, 1].set_title('Plot 4')

plt.tight_layout()
plt.show()
```

이 예제에서는 서브플롯을 생성하여 여러 개의 그래프를 하나의 Figure 내에 배치하는 방법을 보여준다. 서브플롯은 복잡한 데이터를 시각적으로 비교할 때 매우 유용하다.

② 3D 플롯 생성

Matplotlib은 3차원 데이터를 시각화할 수 있는 기능도 제공한다. 3D 플롯은 데이터의 공간적 구조를 분석하거나, 복잡한 관계를 시각적으로 표현하는 데 유용하다.

```
from mpl_toolkits.mplot3d import Axes3D

# 3D 플롯 생성
fig = plt.figure()
ax = fig.add_subplot(111, projection='3d')

x = [1, 2, 3, 4]
y = [10, 20, 25, 30]
z = [2, 3, 4, 5]

ax.scatter(x, y, z)
ax.set_title('3D Scatter Plot')
ax.set_xlabel('X-axis')
ax.set_ylabel('Y-axis')
ax.set_zlabel('Z-axis')

plt.show()
```

이 예제에서는 3D 플롯을 생성하여 3차원 데이터를 시각화하는 방법을 보여준다. Matplotlib은 기본적인 3D 시각화 기능을 제공하여, 데이터의 공간적 특성을 분석할 수 있게 한다.

(2) Seaborn: 고급 데이터 시각화를 위한 도구

Seaborn은 Matplotlib을 기반으로 만들어진 고수준의 시각화 라이브러리로, 복잡한 데이터 구조를 쉽게 시각화할 수 있도록 다양한 기능을 제공한다. Seaborn은 통계적 데이터 시각화에 특히 강점이 있으며, 간단한 코드로 세련된 그래프를 생성할 수 있다.

1) Seaborn의 기본 구조

Seaborn은 Matplotlib의 기능을 확장하여 더 많은 시각화 옵션을 제공한다. Seaborn은 특히 데이터셋에 대한 통계적 시각화를 자동으로 수행하여, 사용자가 데이터의 분포, 관계, 카테고리별 차이를 쉽게 이해할 수 있도록 돕는다.

① 데이터셋 로딩과 기본 시각화

Seaborn은 내장 데이터셋을 쉽게 로딩할 수 있는 기능을 제공하며, 이를 통해 다양한 시각화 예제를 빠르게 시도해볼 수 있다. 또한, Seaborn은 기본적인 통계 그래프를 간단한 명령으로 생성할 수 있다.

```
import seaborn as sns
import matplotlib.pyplot as plt

# 내장 데이터셋 로딩
tips = sns.load_dataset("tips")

# 기본 시각화: 산점도
sns.scatterplot(x="total_bill", y="tip", data=tips)
plt.title('Scatter Plot of Tips vs. Total Bill')
plt.show()
```

이 예제에서는 Seaborn의 내장 데이터셋을 로딩하고, 간단한 산점도를 생성하는 방법을 보여준다. Seaborn은 Matplotlib과 달리 다양한 통계적 기능을 기본적으로 제공하며, 데이터의 패턴을 쉽게 파악할 수 있도록 돕는다.

② 색상 팔레트와 스타일 설정

Seaborn은 다양한 색상 팔레트와 스타일 옵션을 제공하여, 그래프를 더 세련되게 표현할 수 있게 한다. 이를 통해 데이터의 특성을 강조하거나, 시각적으로 일관된 그래프를 생성할 수 있다.

```
# 색상 팔레트 설정
sns.set_palette("pastel")

# 스타일 설정
sns.set_style("whitegrid")

# 히스토그램 생성
sns.histplot(tips['total_bill'], kde=True)
plt.title('Histogram with KDE of Total Bill')
plt.show()
```

이 예제에서는 Seaborn의 색상 팔레트와 스타일을 설정하여, 그래프의 외관을 커스터마이징하는 방법을 보여준다. Seaborn은 기본적으로 세련된 스타일을 제공하며, 사용자가 추가적인 설정을 통해 그래프의 시각적 품질을 높일 수 있다.

2) Seaborn을 사용한 고급 시각화

Seaborn은 고급 시각화를 위한 다양한 도구를 제공한다. 이는 데이터의 복잡한 관계를 명확하게 시각화하고, 통계적 비교를 시각적으로 표현하는 데 유용하다.

① 카테고리별 데이터 시각화

Seaborn은 카테고리별 데이터의 차이를 시각화하는 데 매우 강력한 도구를 제공한다. 박스플롯, 바이올린플롯, 바플롯 등 다양한 그래프를 통해 카테고리별 분포와 차이를 시각적으로 비교할 수 있다.

```
# 박스플롯 생성
sns.boxplot(x="day", y="total_bill", data=tips)
plt.title('Box Plot of Total Bill by Day')
plt.show()

# 바이올린플롯 생성
sns.violinplot(x="day", y="total_bill", data=tips)
plt.title('Violin Plot of Total Bill by Day')
plt.show()
```

이 예제에서는 Seaborn을 사용하여 카테고리별 데이터의 분포를 박스플롯과 바이올린플롯으로 시각화하는 방법을 보여준다. 이러한 시각화 도구는 데이터의 특성을 명확하게 나타내고, 카테고리 간의 차이를 쉽게 파악할 수 있게 해준다.

② 히트맵을 사용한 상관관계 분석

히트맵은 데이터 간의 상관관계를 시각적으로 표현하는 데 매우 유용한 도구이다. Seaborn은 상관행렬을 히트맵으로 변환하여, 데이터 간의 관계를 직관적으로 이해할 수 있게 한다.

```
# 상관행렬 계산
corr = tips.corr()

# 히트맵 생성
sns.heatmap(corr, annot=True, cmap='coolwarm', linewidths=.5)
plt.title('Correlation Heatmap')
plt.show()
```

이 예제에서는 데이터셋의 상관관계를 계산하고, 이를 히트맵으로 시각화하는 방법을 보여준다. 히트맵은 데이터 간의 상관관계를 색상으로 표현하여, 중요한 관계를 빠르게 파악할 수 있게 한다.

3) Seaborn의 고급 기능

Seaborn은 단순한 시각화 외에도, 다양한 고급 기능을 통해 복잡한 데이터 구조를 쉽게 시각화할 수 있도록 돕는다. 이를 통해 데이터를 다각도로 분석하고, 중요한 인사이트를 얻을 수 있다.

① 페어플롯과 조인트플롯

페어플롯(Pairplot)과 조인트플롯(Jointplot)은 여러 변수 간의 관계를 시각화하는 데 사용된다. 페어플롯은 데이터셋의 모든 변수 간의 관계를 일괄적으로 시각화하며, 조인트플롯은 두 변수 간의 관계를 집중적으로 시각화한다.

```
# 페어플롯 생성
sns.pairplot(tips)
plt.title('Pairplot of Tips Dataset')
plt.show()

# 조인트플롯 생성
sns.jointplot(x="total_bill", y="tip", data=tips, kind="reg")
plt.title('Jointplot of Tips vs. Total Bill')
plt.show()
```

이 예제에서는 페어플롯을 사용하여 모든 변수 간의 관계를 시각화하고, 조인트플롯을 사용하여 두 변수 간의 관계를 집중적으로 분석하는 방법을 보여준다. 이러한 시각화 도구는 데이터의 복잡한 관계를 명확히 드러내는 데 유용하다.

② 다중 플롯과 그리드 레이아웃

Seaborn은 다중 플롯을 생성하고 그리드 레이아웃을 사용하여 그래프를 정렬할 수 있는 기능을 제공한다. 이를 통해 복잡한 시각화를 쉽게 관리하고, 데이터를 체계적으로 분석할 수 있다.

```
# 그리드 레이아웃을 사용한 다중 플롯 생성
g = sns.FacetGrid(tips, col="time", row="sex")
g.map(sns.scatterplot, "total_bill", "tip")
plt.show()
```

이 예제에서는 그리드 레이아웃을 사용하여 다중 플롯을 생성하는 방법을 보여준다. Seaborn의 그리드 기능은 데이터를 다양한 관점에서 분석하고, 시각화를 구조적으로 정리할 수 있게 한다.

Chapter 4

해상풍력 데이터 분석과 모델링 (Analysis and Modeling of Offshore Wind Data)

4.1 SCADA 데이터의 이해

SCADA(Supervisory Control and Data Acquisition) 시스템은 해상풍력 발전소의 운영과 관리를 위한 핵심적인 데이터 수집 및 제어 시스템이다. SCADA 시스템은 풍력 터빈의 다양한 센서와 계측 장비로부터 데이터를 수집하고, 이를 실시간으로 모니터링하며, 필요한 경우 제어 명령을 전달하는 역할을 한다. 이 절에서는 SCADA 시스템의 구성 요소와 그 기능에 대해 상세히 설명하고, 이러한 시스템이 해상풍력 발전에서 어떻게 활용되는지를 논의한다.

4.1.1 SCADA 시스템의 구성과 기능

SCADA 시스템은 크게 하드웨어, 소프트웨어, 통신 네트워크로 구성된다. 이들 요소는 상호작용하여 데이터 수집, 제어, 모니터링, 알람 생성 등의 기능을 수행한다. 각 구성 요소는 특정 역할을 담당하며, 이들이 어떻게 조화를 이루어 해상풍력 발전소의 운영을 최적화하는지 살펴보겠다.

(1) 하드웨어 구성 요소 (Hardware Components)

SCADA 시스템의 하드웨어 구성 요소는 데이터 수집과 제어의 핵심 역할을 담당한다. 주요 구성 요소로는 센서, 프로그래머블 로직 컨트롤러(PLC), 원격 터미널 유닛(RTU), 서버 등이 있다.

1) 센서 (Sensors)

센서는 SCADA 시스템의 가장 기본적인 구성 요소로, 풍력 터빈의 다양한 물리적 상태를 측정한다. 여기에는 풍속, 풍향, 온도, 진동, 전압, 전류 등의 측정값이 포함된다. 센서는 이러한 데이터를 실시간으로 측정하여, PLC나 RTU로 전송한다.

```
# 센서 데이터 예시
import random

def simulate_sensor_data():
    wind_speed = random.uniform(3.0, 25.0)  # 풍속 (m/s)
    wind_direction = random.uniform(0, 360) # 풍향 (도)
    temperature = random.uniform(-20, 40)   # 온도 (섭씨)
    return wind_speed, wind_direction, temperature

# 센서 데이터 출력
sensor_data = simulate_sensor_data()
print(f"Wind Speed: {sensor_data[0]} m/s, Wind Direction: {sensor_data[1]}
degrees, Temperature: {sensor_data[2]} °C")
```

이 예제에서는 풍속, 풍향, 온도와 같은 센서 데이터를 시뮬레이션하여 출력하는 방법을 보여준다. 센서는 이러한 데이터를 실시간으로 측정하여 SCADA 시스템으로 전송한다.

2) 프로그래머블 로직 컨트롤러 (PLC, Programmable Logic Controller)

PLC는 센서로부터 수집된 데이터를 처리하고, 필요에 따라 제어 명령을 내리는 역할을 한다. PLC는 주로 현장에서 직접 설치되며, 실시간 제어 및 데이터 수집의 핵심 요소이다. PLC는 고속의 데이터 처리와 다양한 제어 기능을 제공하며, 시스템의 안정적인 운영을 보장한다.

```
# PLC 제어 로직 예시
def plc_control_logic(wind_speed):
    if wind_speed > 20.0:
        return "Reduce Turbine Speed"
    elif wind_speed < 5.0:
        return "Increase Turbine Speed"
    else:
        return "Maintain Turbine Speed"
```

```
# PLC 제어 명령 출력
plc_command = plc_control_logic(sensor_data[0])
print(f"PLC Command: {plc_command}")
```

이 예제에서는 풍속 데이터를 기반으로 PLC가 터빈 속도를 제어하는 간단한 로직을 보여준다. PLC는 이러한 로직을 실시간으로 실행하여 터빈의 안전하고 효율적인 운영을 보장한다.

3) 원격 터미널 유닛 (RTU, Remote Terminal Unit)

RTU는 원격 위치에서 센서 데이터를 수집하고, 이를 중앙 SCADA 서버로 전송하는 역할을 한다. RTU는 주로 통신이 어려운 해상 풍력 발전소와 같은 원격 위치에 설치되며, 데이터를 안정적으로 전송하기 위해 다양한 통신 프로토콜을 지원한다.

```
# RTU 데이터 전송 예시
import json

def send_data_to_server(sensor_data):
    data_packet = {
        "wind_speed": sensor_data[0],
        "wind_direction": sensor_data[1],
        "temperature": sensor_data[2]
    }
    return json.dumps(data_packet)

# RTU 데이터 전송 시뮬레이션
data_packet = send_data_to_server(sensor_data)
print(f"Data Packet Sent to Server: {data_packet}")
```

이 예제에서는 RTU가 센서 데이터를 서버로 전송하는 과정을 시뮬레이션하여 보여준다. RTU는 원격지의 데이터를 중앙 시스템으로 안정적으로 전송하는 중요한 역할을 한다.

4) 서버 및 데이터 저장소 (Server and Data Storage)

SCADA 서버는 모든 데이터를 중앙에서 관리하고, 실시간으로 모니터링하며, 데이터 저장소는 수집된 데이터를 장기적으로 보관하는 역할을 한다. 서버는 RTU나 PLC로부터 데이터를 수신하여, 이를 분석하거나 보고서를 생성하며, 필요 시 운영자가 데이터를 실시간으로 확인할 수 있도록 한다.

```
# 서버에 데이터 저장 예시
import sqlite3

def store_data_in_database(data_packet):
    conn = sqlite3.connect('scada_data.db')
    c = conn.cursor()
    c.execute('''CREATE TABLE IF NOT EXISTS sensor_data
                 (wind_speed REAL, wind_direction REAL, temperature REAL)''')
    c.execute("INSERT INTO sensor_data VALUES (?, ?, ?)",
              (data_packet['wind_speed'],              data_packet['wind_direction'],
data_packet['temperature']))
    conn.commit()
    conn.close()

# 데이터 저장 시뮬레이션
store_data_in_database(json.loads(data_packet))
print("Data stored in database.")
```

이 예제에서는 SCADA 시스템에서 수집된 데이터를 데이터베이스에 저장하는 과정을 보여준다. 서버와 데이터 저장소는 대규모 데이터를 관리하고, 분석 작업에 필요한 기반을 제공한다.

(2) 소프트웨어 구성 요소 (Software Components)

SCADA 시스템의 소프트웨어 구성 요소는 데이터의 처리, 분석, 시각화, 그리고 제어 명령의 전달 등을 담당한다. 소프트웨어는 주로 운영자 인터페이스, 데이터 분석 도구, 알람 관리 시스템으로 구성된다.

1) 운영자 인터페이스 (Operator Interface)

운영자 인터페이스는 SCADA 시스템의 주요 데이터를 실시간으로 모니터링하고, 제어 명령을 내릴 수 있는 사용자 인터페이스를 제공한다. 운영자 인터페이스는 데이터를 시각적으로 표현하여, 운영자가 시스템의 상태를 빠르게 파악할 수 있도록 돕는다.

```
# 운영자 인터페이스 시뮬레이션 예시 (간단한 콘솔 기반)
def operator_interface(sensor_data):
    print(f"Wind Speed: {sensor_data[0]} m/s")
    print(f"Wind Direction: {sensor_data[1]} degrees")
    print(f"Temperature: {sensor_data[2]} °C")
    decision = plc_control_logic(sensor_data[0])
    print(f"Recommended Action: {decision}")

# 운영자 인터페이스 실행
operator_interface(sensor_data)
```

이 예제에서는 SCADA 시스템의 운영자 인터페이스가 센서 데이터를 실시간으로 표시하고, 제어 명령을 추천하는 과정을 시뮬레이션하여 보여준다.

2) 데이터 분석 도구 (Data Analysis Tools)

SCADA 시스템의 소프트웨어는 수집된 데이터를 분석하여 운영의 효율성을 높이기 위한 도구를 제공한다. 이 도구들은 데이터의 패턴을 분석하고, 예측 모델을 생성하며, 시스템의 성능을 평가하는 데 사용된다.

```
import numpy as np

# 데이터 분석 예시: 풍속 데이터의 평균과 표준편차 계산
wind_speeds = np.random.uniform(3.0, 25.0, 100)
mean_speed = np.mean(wind_speeds)
std_dev_speed = np.std(wind_speeds)
print(f"Mean Wind Speed: {mean_speed} m/s, Standard Deviation: {std_dev_speed} m/s")
```

이 예제에서는 SCADA 시스템에서 수집된 풍속 데이터를 분석하여 평균값과 표준편차를 계산하는 방법을 보여준다. 데이터 분석 도구는 시스템의 운영 상태를 평가하고, 개선 방안을 도출하는 데 중요한 역할을 한다.

3) 알람 관리 시스템 (Alarm Management System)

알람 관리 시스템은 SCADA 시스템에서 중요한 역할을 하며, 특정 조건이 충족될 때 운영자에게 경고를 발송한다. 이 시스템은 시스템의 안전성을 보장하고, 신속한 대응을 가능하게 한다.

```
# 알람 관리 시스템 예시
def alarm_management(sensor_data):
    if sensor_data[0] > 25.0:
        return "High Wind Speed Alert!"
    elif sensor_data[2] < -10 or sensor_data[2] > 50:
        return "Temperature Out of Range Alert!"
    else:
        return "System Operating Normally."

# 알람 상태 출력
alarm_status = alarm_management(sensor_data)
print(f"Alarm Status: {alarm_status}")
```

이 예제에서는 SCADA 시스템의 알람 관리 시스템이 특정 조건을 감지하고, 해당 조건에 따라 알람을 발송하는 과정을 시뮬레이션하여 보여준다. 알람 관리 시스템은 운영자가 즉각적인 조치를 취할 수 있도록 도와주며, 시스템의 안전성을 유지하는 데 필수적이다.

(3) 통신 네트워크 (Communication Network)

통신 네트워크는 SCADA 시스템의 다양한 구성 요소 간의 데이터 전송을 담당하는 중요한 요소이다. 통신 네트워크는 데이터의 안정적인 전송을 보장하며, 시스템의 성능과 신뢰성에 큰 영향을 미친다.

1) 유선 네트워크 (Wired Network)

유선 네트워크는 주로 광케이블이나 동축 케이블을 사용하여 데이터를 전송하며, 고속의 데이터 전송과 안정성을 제공한다. 해상풍력 발전소에서는 발전소 내에서 터빈 간의 통신이나, 터빈과 중앙 제어실 간의 통신에 주로 사용된다.

```
# 유선 네트워크를 통한 데이터 전송 예시 (간단한 시뮬레이션)
def wired_network_transmission(data_packet):
    print(f"Transmitting via Wired Network: {data_packet}")
    return "Transmission Successful"

# 데이터 전송 시뮬레이션
wired_network_status = wired_network_transmission(data_packet)
print(f"Network Status: {wired_network_status}")
```

이 예제에서는 유선 네트워크를 통해 데이터 패킷을 전송하는 과정을 시뮬레이션한다. 유선 네트워크는 높은 대역폭과 낮은 지연 시간을 제공하여, 데이터 전송의 신뢰성을 보장한다.

2) 무선 네트워크 (Wireless Network)

무선 네트워크는 유선 네트워크가 닿지 않는 원격지의 터빈이나 센서와의 통신을 가능하게 한다. 무선 네트워크는 주로 Wi-Fi, LTE, 위성 통신을 사용하며, 설치와 유지보수가 용이하지만, 데이터 전송의 지연 시간과 안정성 측면에서 유선 네트워크보다 다소 취약할 수 있다.

```
# 무선 네트워크를 통한 데이터 전송 예시 (간단한 시뮬레이션)
def wireless_network_transmission(data_packet):
    print(f"Transmitting via Wireless Network: {data_packet}")
    return "Transmission Successful"

# 데이터 전송 시뮬레이션
wireless_network_status = wireless_network_transmission(data_packet)
print(f"Network Status: {wireless_network_status}")
```

이 예제에서는 무선 네트워크를 통해 데이터 패킷을 전송하는 과정을 시뮬레이션한다. 무선 네트워크는 유연성과 편리성을 제공하지만, 데이터 전송의 신뢰성을 유지하기 위해 추가적인 관리가 필요할 수 있다.

(4) SCADA 시스템의 주요 기능 (Key Functions of SCADA System)

SCADA 시스템은 다양한 기능을 통해 해상풍력 발전소의 운영을 효율적으로 관리하고 제어한다. 주요 기능으로는 데이터 수집 및 모니터링, 제어 명령의 실행, 데이터 저장 및 분석, 알람 관리 등이 있다.

1) 데이터 수집 및 모니터링 (Data Acquisition and Monitoring)

SCADA 시스템의 기본적인 기능은 풍력 터빈의 상태와 성능 데이터를 실시간으로 수집하고 모니터링하는 것이다. 이 기능은 운영자가 발전소의 현재 상태를 정확하게 파악하고, 필요한 조치를 즉시 취할 수 있도록 한다.

```
# 데이터 수집 및 모니터링 예시
def data_acquisition_and_monitoring(sensor_data):
    print(f"Monitoring Data: Wind Speed = {sensor_data[0]} m/s, Temperature = {sensor_data[2]} °C")

# 데이터 모니터링 시뮬레이션
data_acquisition_and_monitoring(sensor_data)
```

이 예제에서는 SCADA 시스템이 센서 데이터를 실시간으로 모니터링하는 과정을 보여준다. 이 기능은 발전소의 안정적인 운영을 보장하는 데 필수적이다.

2) 제어 명령의 실행 (Execution of Control Commands)

SCADA 시스템은 수집된 데이터를 기반으로 제어 명령을 생성하고 실행한다. 이러한 제어 명령은 터빈의 작동 상태를 최적화하거나, 안전한 운영을 보장하기 위해 필요하다.

```
# 제어 명령 실행 예시
def execute_control_command(command):
    print(f"Executing Command: {command}")
    return "Command Executed Successfully"

# 제어 명령 실행 시뮬레이션
execution_status = execute_control_command(plc_command)
print(f"Execution Status: {execution_status}")
```

이 예제에서는 SCADA 시스템이 PLC로부터 받은 제어 명령을 실행하는 과정을 시뮬레이션한다. 제어 명령의 실행은 시스템의 성능을 유지하고, 안전한 운영을 보장하는 데 중요한 역할을 한다.

3) 데이터 저장 및 분석 (Data Storage and Analysis)

SCADA 시스템은 수집된 데이터를 장기적으로 저장하고, 이를 분석하여 시스템의 성능을 평가하거나 문제를 진단하는 데 사용한다. 데이터 분석을 통해 터빈의 성능을 최적화하고, 유지보수 계획을 수립할 수 있다.

```
# 데이터 분석 예시: 과거 데이터와의 비교 분석
historical_wind_speeds = np.random.uniform(3.0, 25.0, 100)
current_mean_speed = np.mean(wind_speeds)
historical_mean_speed = np.mean(historical_wind_speeds)
performance_deviation = current_mean_speed - historical_mean_speed
print(f"Performance Deviation: {performance_deviation} m/s")
```

이 예제에서는 SCADA 시스템이 현재의 데이터를 과거 데이터와 비교하여 성능의 변화를 분석하는 방법을 보여준다. 데이터 분석은 시스템의 성능을 지속적으로 개선하는 데 필수적이다.

4) 알람 관리와 보고 (Alarm Management and Reporting)

SCADA 시스템은 특정 조건에서 알람을 생성하고, 이를 운영자에게 보고한다. 또한, 이러한 알람과 관련된 데이터를 기록하여 이후 분석에 활용할 수 있다.

```
# 알람 보고 예시
def report_alarm(alarm_status):
    if alarm_status != "System Operating Normally.":
        print(f"Reporting Alarm: {alarm_status}")
    else:
        print("No Alarms to Report.")

# 알람 보고 시뮬레이션
report_alarm(alarm_status)
```

이 예제에서는 SCADA 시스템이 발생한 알람을 보고하는 과정을 시뮬레이션하여 보여준다. 알람 관리는 시스템의 안전성을 유지하고, 문제 발생 시 신속하게 대응할 수 있도록 하는 중요한 기능이다.

4.1.2 해상풍력 터빈의 SCADA 데이터 구조

해상풍력 터빈의 SCADA(Supervisory Control and Data Acquisition) 시스템은 풍력 발전소의 운영 및 관리를 위해 필수적인 데이터를 실시간으로 수집하고 분석한다. 이 데이터는 터빈의 상태와 성능을 평가하는 데 사용되며, 다양한 센서와 장비로부터 수집된다.

(1) SCADA 데이터의 기본 개념 (Basic Concepts of SCADA Data)

SCADA 시스템에서 수집되는 데이터는 풍력 터빈의 상태와 성능을 나타내는 다양한 파라미터로 구성된다. 이러한 데이터는 시간에 따라 기록되며, 각 파라미터는 특정 센서 또는 장비로부터 수집된다. SCADA 데이터는 주로 시계열 데이터로 구성되며, 데이터의 시간 해상도는 시스템의 설정에 따라 다를 수 있다.

1) SCADA 데이터의 주요 구성 요소 (Key Components of SCADA Data)

SCADA 데이터는 주로 다음과 같은 구성 요소로 나뉜다. 각 구성 요소는 터빈의 특정 상태나 성능을 나타내며, 다양한 분석에 사용된다.

① 풍력 데이터 (Wind Data)

풍력 데이터는 터빈이 위치한 지역의 바람 상태를 나타내는 주요한 데이터이다. 이는 주로 풍속과 풍향으로 구성되며, 터빈의 발전 성능과 밀접한 관련이 있다.

```
import random

# 풍력 데이터 시뮬레이션
def simulate_wind_data():
    wind_speed = random.uniform(3.0, 25.0)  # 풍속 (m/s)
    wind_direction = random.uniform(0, 360) # 풍향 (도)
    return wind_speed, wind_direction

# 풍력 데이터 생성
wind_data = simulate_wind_data()
print(f"Wind Speed: {wind_data[0]} m/s, Wind Direction: {wind_data[1]} degrees")
```

이 예제에서는 풍속과 풍향 데이터를 시뮬레이션하여 출력하는 방법을 보여준다. 풍력 데이터는 터빈의 효율성을 평가하는 데 매우 중요한 역할을 한다.

② 전력 데이터 (Power Data)

전력 데이터는 터빈이 생성하는 전기 에너지의 양을 나타낸다. 이는 터빈의 출력 전력, 전압, 전류 등으로 구성되며, 터빈의 성능과 전기 출력의 효율성을 평가하는 데 사용된다.

```
# 전력 데이터 시뮬레이션
def simulate_power_data():
    power_output = random.uniform(0, 5000)  # 출력 전력 (kW)
    voltage = random.uniform(600, 690)       # 전압 (V)
    current = random.uniform(0, 1000)        # 전류 (A)
    return power_output, voltage, current

# 전력 데이터 생성
power_data = simulate_power_data()
print(f"Power Output: {power_data[0]} kW, Voltage: {power_data[1]} V, Current: {power_data[2]} A")
```

이 예제에서는 출력 전력, 전압, 전류 데이터를 시뮬레이션하여 출력하는 방법을 보여준다. 전력 데이터는 터빈의 전기적 성능을 평가하는 데 필수적이다.

③ 기계적 데이터 (Mechanical Data)

기계적 데이터는 터빈의 기계적 구성 요소의 상태를 나타내는 데이터로, 주로 회전 속도, 기어박스 온도, 진동 등을 포함한다. 이러한 데이터는 터빈의 기계적 성능과 안정성을 평가하는 데 사용된다.

```
# 기계적 데이터 시뮬레이션
def simulate_mechanical_data():
    rotor_speed = random.uniform(5, 15)     # 로터 속도 (rpm)
    gearbox_temp = random.uniform(20, 90)   # 기어박스 온도 (°C)
    vibration = random.uniform(0.1, 5.0)    # 진동 (mm/s)
    return rotor_speed, gearbox_temp, vibration

# 기계적 데이터 생성
mechanical_data = simulate_mechanical_data()
print(f"Rotor Speed: {mechanical_data[0]} rpm, Gearbox Temperature: {mechanical_data[1]} °C, Vibration: {mechanical_data[2]} mm/s")
```

이 예제에서는 로터 속도, 기어박스 온도, 진동 데이터를 시뮬레이션하여 출력하는 방법을 보여준다. 기계적 데이터는 터빈의 상태 모니터링과 예방적 유지보수에 중요한 정보를 제공한다.

④ 환경 데이터 (Environmental Data)

환경 데이터는 터빈 주변의 환경 조건을 나타내는 데이터로, 온도, 습도, 기압 등을 포함한다. 이러한 데이터는 터빈의 운영 환경을 이해하고, 환경 조건이 터빈 성능에 미치는 영향을 평가하는 데 사용된다.

```
# 환경 데이터 시뮬레이션
def simulate_environmental_data():
    temperature = random.uniform(-20, 40)   # 온도 (°C)
    humidity = random.uniform(0, 100)        # 습도 (%)
    pressure = random.uniform(950, 1050)     # 기압 (hPa)
    return temperature, humidity, pressure

# 환경 데이터 생성
environmental_data = simulate_environmental_data()
print(f"Temperature: {environmental_data[0]} °C, Humidity: {environmental_data[1]} %,
Pressure: {environmental_data[2]} hPa")
```

이 예제에서는 온도, 습도, 기압 데이터를 시뮬레이션하여 출력하는 방법을 보여준다. 환경 데이터는 터빈의 장기적인 성능 분석과 운영 전략 수립에 중요한 정보를 제공한다.

2) SCADA 데이터의 시간 해상도 (Time Resolution of SCADA Data)

SCADA 시스템에서 수집된 데이터는 특정 시간 간격으로 기록되며, 이 간격을 시간 해상도라고 한다. 시간 해상도는 일반적으로 몇 초에서 몇 분까지 다양하며, 데이터의 분석 목적에 따라 설정된다. 높은 시간 해상도는 터빈의 상태 변화를 보다 정밀하게 포착할 수 있지만, 데이터의 양이 증가하여 저장과 처리의 부담이 커질 수 있다.

① 시간 해상도의 설정 (Setting the Time Resolution)

시간 해상도는 SCADA 시스템 설정에서 중요한 요소로, 터빈의 운영 모드, 분석 요구 사항, 데이터 저장 용량 등에 따라 결정된다. 일반적으로, 짧은 시간 해상도는 터빈의 동적 상태를 모니터링하는 데 유리하며, 긴 시간 해상도는 장기적인 트렌드 분석에 적합하다.

```
# 시간 해상도 설정 예시
def set_time_resolution(resolution_seconds):
    print(f"SCADA Time Resolution Set to: {resolution_seconds} seconds")
    return resolution_seconds

# 시간 해상도 설정
time_resolution = set_time_resolution(10)  # 10초 간격
```

이 예제에서는 SCADA 시스템의 시간 해상도를 10초로 설정하는 방법을 보여준다. 시간 해상도는 데이터 수집의 빈도를 결정하며, 분석의 목적에 따라 유연하게 조정될 수 있다.

② 시간 해상도가 데이터 분석에 미치는 영향 (Impact of Time Resolution on Data Analysis)

시간 해상도는 데이터 분석의 정밀도와 해석에 중요한 영향을 미친다. 높은 시간 해상도는 터빈의 상태 변화를 더 세밀하게 추적할 수 있지만, 데이터의 노이즈가 증가할 수 있으며, 낮은 시간 해상도는 장기적인 트렌드를 명확히 보여줄 수 있지만, 단기적인 변동을 놓칠 수 있다.

```
# 시간 해상도가 데이터 분석에 미치는 영향 예시
import numpy as np

def analyze_data_with_different_resolutions(data, resolution):
    aggregated_data = np.mean(data.reshape(-1, resolution), axis=1)
    print(f"Analyzed Data with Resolution {resolution} seconds: {aggregated_data}")

# 시간 해상도에 따른 데이터 분석 시뮬레이션
wind_speed_data = np.random.uniform(3.0, 25.0, 100)
analyze_data_with_different_resolutions(wind_speed_data, 10)  # 10초 간격으로 데이터
분석
```

이 예제에서는 시간 해상도가 다른 데이터셋을 분석하는 과정을 보여준다. 시간 해상도는 분석 결과에 큰 영향을 미치며, 데이터의 목적에 따라 적절하게 설정해야 한다.

(2) SCADA 데이터의 구조와 형식 (Structure and Format of SCADA Data)

SCADA 데이터는 다양한 센서와 장비로부터 수집된 데이터를 구조화된 형식으로 저장한다. 이러한 데이터는 시계열 데이터로 구성되며, 일반적으로 CSV, SQL 데이터베이스, 또는 HDF5와 같은 형식으로 저장된다. 데이터의 구조는 시스템에서 수집하는 파라미터의 수와 유형에 따라 다르며, 각 데이터 포인트는 특정 시점에 기록된 여러 센서의 값을 포함한다.

1) 시계열 데이터의 구조 (Structure of Time-Series Data)

SCADA 데이터는 시간에 따라 수집된 연속적인 데이터 포인트로 구성된다. 이러한 시계열 데이터는 특정 시간 간격으로 기록되며, 각 데이터 포인트는 특정 시점의 다양한 센서 데이터를 포함한다. 시계열 데이터의 구조는 주로 날짜와 시간, 그리고 각 센서의 측정값으로 구성된다.

① 데이터 포인트의 구성 (Composition of Data Points)

각 데이터 포인트는 특정 시간에 수집된 다양한 센서의 측정값을 포함하며, 이들은 주로 행렬 형태로 저장된다. 일반적인 데이터 포인트는 시간 스탬프와 여러 개의 센서 값을 포함한다.

```
import pandas as pd
from datetime import datetime

# 시계열 데이터 포인트 예시
def generate_time_series_data():
    timestamp = datetime.now().strftime('%Y-%m-%d %H:%M:%S')
    wind_speed = random.uniform(3.0, 25.0)
    wind_direction = random.uniform(0, 360)
    power_output = random.uniform(0, 5000)
    rotor_speed = random.uniform(5, 15)
    return [timestamp, wind_speed, wind_direction, power_output, rotor_speed]
```

```
# 데이터 포인트 생성
data_point = generate_time_series_data()
print(f"Timestamp: {data_point[0]}, Wind Speed: {data_point[1]} m/s, Wind Direction: {data_point[2]} degrees, Power Output: {data_point[3]} kW, Rotor Speed: {data_point[4]} rpm")
```

이 예제에서는 하나의 데이터 포인트가 특정 시간에 수집된 다양한 센서 값을 포함하는 방법을 보여준다. 각 데이터 포인트는 SCADA 시스템의 여러 센서로부터 수집된 데이터를 하나의 구조화된 형식으로 나타낸다.

② 데이터의 시각화 (Visualization of Time-Series Data)

시계열 데이터는 시간에 따라 변하는 데이터를 시각화하여 분석하는 데 중요한 도구이다. SCADA 데이터의 시각화를 통해 시간에 따른 패턴을 분석하고, 이상치나 트렌드를 파악할 수 있다.

```
import matplotlib.pyplot as plt

# 시계열 데이터 시각화 예시
def visualize_time_series_data(time_series_data):
    timestamps = [data[0] for data in time_series_data]
    wind_speeds = [data[1] for data in time_series_data]
    power_outputs = [data[3] for data in time_series_data]

    plt.figure(figsize=(10, 5))
    plt.plot(timestamps, wind_speeds, label='Wind Speed (m/s)')
    plt.plot(timestamps, power_outputs, label='Power Output (kW)')
    plt.xlabel('Time')
    plt.ylabel('Value')
    plt.title('SCADA Time-Series Data')
    plt.legend()
    plt.xticks(rotation=45)
    plt.tight_layout()
    plt.show()
```

```
# 시계열 데이터 시뮬레이션 및 시각화
time_series_data = [generate_time_series_data() for _ in range(100)]
visualize_time_series_data(time_series_data)
```

이 예제에서는 시계열 데이터를 시각화하여 시간에 따른 풍속과 전력 출력의 변화를 보여준다. 시계열 데이터의 시각화는 터빈의 성능을 평가하고, 운영상의 문제를 파악하는 데 중요한 도구이다.

2) SCADA 데이터의 저장 형식 (Storage Formats of SCADA Data)

SCADA 데이터는 대량의 시계열 데이터를 저장하고 관리하기 위해 다양한 형식으로 저장될 수 있다. 각 저장 형식은 데이터의 저장, 검색, 처리 성능에 따라 선택되며, 일반적으로 CSV, SQL 데이터베이스, HDF5 등이 사용된다.

① CSV 형식 (CSV Format)

CSV(Comma-Separated Values) 형식은 가장 일반적으로 사용되는 데이터 저장 형식 중 하나로, 텍스트 기반이며 데이터를 간단한 구조로 저장할 수 있다. CSV 파일은 읽기와 쓰기가 쉬우며, 대부분의 데이터 분석 도구와 호환된다.

```
# SCADA 데이터의 CSV 저장 예시
def save_data_to_csv(data_points, filename='scada_data.csv'):
    df = pd.DataFrame(data_points, columns=['Timestamp', 'Wind Speed', 'Wind Direction', 'Power Output', 'Rotor Speed'])
    df.to_csv(filename, index=False)
    print(f"Data saved to {filename}")

# 데이터 저장 시뮬레이션
save_data_to_csv(time_series_data)
```

이 예제에서는 SCADA 데이터를 CSV 파일로 저장하는 방법을 보여준다. CSV 형식은 간단하지만, 대규모 데이터셋에서는 성능상의 한계가 있을 수 있다.

② SQL 데이터베이스 (SQL Database)

SQL 데이터베이스는 구조화된 데이터를 효율적으로 저장하고 관리할 수 있는 시스템으로, 데이터의 검색과 처리 성능이 뛰어나다. SCADA 시스템에서는 관계형 데이터베이스를 사용하여 데이터를 체계적으로 저장하고, 다양한 쿼리를 통해 데이터를 분석할 수 있다.

```
# SCADA 데이터의 SQL 데이터베이스 저장 예시
def save_data_to_sql(data_points, database='scada_data.db'):
    conn = sqlite3.connect(database)
    c = conn.cursor()
    c.execute('''CREATE TABLE IF NOT EXISTS scada_data
                 (Timestamp TEXT, Wind_Speed REAL, Wind_Direction REAL,
Power_Output REAL, Rotor_Speed REAL)''')
    c.executemany("INSERT INTO scada_data VALUES (?, ?, ?, ?, ?)", data_points)
    conn.commit()
    conn.close()
    print(f"Data saved to {database}")

# 데이터 저장 시뮬레이션
save_data_to_sql(time_series_data)
```

이 예제에서는 SCADA 데이터를 SQL 데이터베이스에 저장하는 방법을 보여준다. SQL 데이터베이스는 대규모 데이터를 체계적으로 관리하고, 효율적으로 검색할 수 있는 강력한 도구이다.

③ HDF5 형식 (HDF5 Format)

HDF5(Hierarchical Data Format version 5)는 대용량 데이터의 저장과 관리를 위한 이진 파일 형식으로, 복잡한 데이터 구조를 저장하는 데 적합하다. HDF5는 효율적인 데이터 저장과 고속의 데이터 접근을 가능하게 하며, 대규모 SCADA 데이터를 관리하는 데 매우 유용하다.

```
import h5py

# SCADA 데이터의 HDF5 저장 예시
def save_data_to_hdf5(data_points, filename='scada_data.h5'):
    with h5py.File(filename, 'w') as hf:
        for i, data_point in enumerate(data_points):
            group = hf.create_group(f"data_{i}")
            group.create_dataset('Timestamp', data=data_point[0])
            group.create_dataset('Wind_Speed', data=data_point[1])
            group.create_dataset('Wind_Direction', data=data_point[2])
            group.create_dataset('Power_Output', data=data_point[3])
            group.create_dataset('Rotor_Speed', data=data_point[4])
    print(f"Data saved to {filename}")

# 데이터 저장 시뮬레이션
save_data_to_hdf5(time_series_data)
```

이 예제에서는 SCADA 데이터를 HDF5 파일 형식으로 저장하는 방법을 보여준다. HDF5는 매우 효율적인 데이터 저장 형식으로, 복잡한 데이터 구조를 관리하는 데 강력한 기능을 제공한다.

3) SCADA 데이터의 전처리 (Preprocessing of SCADA Data)

SCADA 데이터는 분석 전에 다양한 전처리 과정을 거쳐야 한다. 이러한 과정에는 데이터의 정규화, 결측값 처리, 이상치 제거 등이 포함된다. 전처리 과정은 데이터의 품질을 향상시키고, 분석 결과의 신뢰성을 높이는 데 필수적이다.

① 데이터 정규화 (Data Normalization)

데이터 정규화는 각 파라미터를 일정한 범위로 변환하여, 분석 과정에서 특정 파라미터가 지나치게 큰 영향을 미치지 않도록 하는 과정이다. 정규화는 주로 0과 1 사이의 범위로 데이터를 변환하는 방법이 사용된다.

```
from sklearn.preprocessing import MinMaxScaler

# 데이터 정규화 예시
def normalize_data(data_points):
    # 데이터프레임으로 변환
    df = pd.DataFrame(data_points, columns=['Timestamp', 'Wind Speed', 'Wind Direction', 'Power Output', 'Rotor Speed'])

    # 타임스탬프를 제외한 나머지 컬럼 정규화
    scaler = MinMaxScaler()
    df[['Wind Speed', 'Wind Direction', 'Power Output', 'Rotor Speed']] = scaler.fit_transform(df[['Wind Speed', 'Wind Direction', 'Power Output', 'Rotor Speed']])

    # 정규화된 데이터 반환
    return df

# 데이터 정규화 시뮬레이션
normalized_data = normalize_data(time_series_data)
print(normalized_data.head())
```

이 예제에서는 SCADA 데이터에서 타임스탬프를 제외한 나머지 변수들을 정규화하는 방법을 보여준다. 정규화는 데이터 분석 과정에서 변수 간의 영향을 균일하게 만들어 분석의 정확도를 높인다.

② 결측값 처리 (Handling Missing Values)

SCADA 데이터에는 센서 오류나 통신 문제로 인해 결측값이 발생할 수 있다. 이러한 결측값을 적절히 처리하지 않으면 분석 결과의 신뢰성이 떨어질 수 있다. 결측값 처리는 결측값을 삭제하거나, 평균값, 중앙값 등으로 대체하는 방법을 사용할 수 있다.

```
from sklearn.impute import SimpleImputer

# 결측값 처리 예시
def handle_missing_data(data_points):
    imputer = SimpleImputer(strategy='mean')
    data_array = np.array(data_points)[:, 1:].astype(float)  # 첫 번째 열은 타임스탬프이므로 제외하고 처리
    imputed_data = imputer.fit_transform(data_array)
    return imputed_data

# 데이터 결측값 처리 시뮬레이션
handled_data = handle_missing_data(time_series_data)
print(f"Data After Handling Missing Values:\n{handled_data}")
```

이 예제에서는 SCADA 데이터에서 결측값을 평균값으로 대체하는 방법을 보여준다. 결측값 처리는 데이터 분석의 정확성을 높이는 중요한 과정이다.

③ 이상치 제거 (Outlier Removal)

이상치는 데이터의 일반적인 패턴과 크게 벗어나는 값을 말하며, 분석 결과에 왜곡을 일으킬 수 있다. 이상치는 특정 기준을 설정하여 제거하거나, 다른 값으로 대체할 수 있다.

```
from scipy import stats

# 이상치 제거 예시
def remove_outliers(data_points):
    data_array = np.array(data_points)[:, 1:].astype(float)  # 첫 번째 열은 타임스탬프이므로 제외하고 처리
    z_scores = np.abs(stats.zscore(data_array))
    filtered_data = data_array[(z_scores < 3).all(axis=1)]
    return filtered_data
```

```
# 데이터 이상치 제거 시뮬레이션
filtered_data = remove_outliers(time_series_data)
print(f"Data After Outlier Removal:\n{filtered_data}")
```

이 예제에서는 Z-Score를 사용하여 이상치를 제거하는 방법을 보여준다. 이상치 제거는 데이터의 신뢰성을 높이고, 분석 결과의 왜곡을 방지하는 데 중요하다.

4) SCADA 데이터의 관리 및 저장 전략 (Management and Storage Strategies for SCADA Data)

SCADA 데이터는 대규모의 시계열 데이터를 포함하며, 이를 효율적으로 관리하고 저장하는 것이 중요하다. 데이터 관리 전략에는 데이터 압축, 분산 저장, 백업 및 복구, 그리고 데이터의 주기적인 정리 등이 포함된다.

① 데이터 압축 (Data Compression)

데이터 압축은 대규모 데이터를 저장할 때 필요한 저장 공간을 줄이기 위한 중요한 방법이다. 데이터 압축은 특히 장기적으로 데이터를 보관해야 하는 SCADA 시스템에서 매우 유용하다.

```
import gzip
import shutil

# 데이터 압축 예시
def compress_data(filename):
    with open(filename, 'rb') as f_in:
        with gzip.open(f"{filename}.gz", 'wb') as f_out:
            shutil.copyfileobj(f_in, f_out)
    print(f"Data compressed to {filename}.gz")

# 데이터 압축 시뮬레이션
compress_data('scada_data.csv')
```

이 예제에서는 SCADA 데이터를 gzip을 사용하여 압축하는 방법을 보여준다. 데이터 압축은 저장 공간을 절약하고, 데이터 관리의 효율성을 높인다.

② 분산 저장 (Distributed Storage)

분산 저장은 대규모 데이터를 여러 서버에 분산하여 저장함으로써 데이터의 가용성과 신뢰성을 높이는 전략이다. SCADA 시스템에서 분산 저장은 데이터 손실의 위험을 줄이고, 시스템의 성능을 향상시키는 데 도움이 된다.

```
# 분산 저장 시뮬레이션 예시 (간단한 개념 시뮬레이션)
def simulate_distributed_storage(data_chunks, servers):
    for i, chunk in enumerate(data_chunks):
        server = servers[i % len(servers)]
        print(f"Storing data chunk {i} on server {server}")

# 데이터 분할 및 분산 저장 시뮬레이션
servers = ['Server1', 'Server2', 'Server3']
data_chunks = np.array_split(time_series_data, 3)
simulate_distributed_storage(data_chunks, servers)
```

이 예제에서는 데이터를 여러 서버에 분산 저장하는 과정을 시뮬레이션한다. 분산 저장은 데이터의 가용성을 높이고, 시스템 장애 시 데이터 손실을 방지할 수 있다.

③ 백업 및 복구 (Backup and Recovery)

백업 및 복구 전략은 데이터 손실에 대비한 중요한 관리 방안이다. SCADA 데이터는 중요한 운영 데이터를 포함하고 있으므로, 주기적인 백업과 신속한 복구가 필수적이다.

```
import shutil

# 데이터 백업 예시
def backup_data(source_filename, backup_filename):
    shutil.copyfile(source_filename, backup_filename)
    print(f"Data backed up to {backup_filename}")

# 데이터 백업 시뮬레이션
backup_data('scada_data.csv', 'scada_data_backup.csv')
```

이 예제에서는 SCADA 데이터를 주기적으로 백업하는 방법을 보여준다. 백업 및 복구 전략은 데이터 손실의 위험을 최소화하고, 비상 상황에서 시스템 복구를 용이하게 한다.

④ 데이터의 주기적인 정리 및 아카이빙 (Periodic Data Cleanup and Archiving)

장기간 축적된 SCADA 데이터는 분석에 불필요한 데이터를 정리하고, 오래된 데이터를 아카이빙함으로써 시스템 성능을 유지할 수 있다. 주기적인 데이터 정리와 아카이빙은 데이터 관리의 효율성을 높인다.

```
# 데이터 아카이빙 예시
def archive_old_data(filename, archive_filename):
    shutil.move(filename, archive_filename)
    print(f"Data archived to {archive_filename}")

# 데이터 아카이빙 시뮬레이션
archive_old_data('scada_data_old.csv', 'archive/scada_data_old.csv')
```

이 예제에서는 오래된 SCADA 데이터를 아카이빙하는 방법을 보여준다. 데이터의 주기적인 정리와 아카이빙은 저장 공간을 확보하고, 시스템의 성능을 유지하는 데 중요하다.

4.1.3 데이터 수집 및 처리

해상풍력 터빈의 SCADA 시스템에서 데이터 수집 및 처리는 매우 중요한 역할을 한다. 데이터는 터빈의 성능과 상태를 평가하는 데 필수적이며, 이를 통해 터빈의 효율성을 극대화하고 유지보수 전략을 최적화할 수 있다. 이 절에서는 SCADA 시스템에서 데이터가 어떻게 수집되고 처리되는지, 그리고 이러한 과정에서 사용되는 주요 기술과 방법론에 대해 상세히 설명하겠다.

(1) 데이터 수집의 기본 개념 (Basic Concepts of Data Collection)

데이터 수집은 SCADA 시스템의 핵심 기능 중 하나로, 터빈의 다양한 센서와 장비로부터 실시간 데이터를 수집하는 과정을 포함한다. 데이터 수집은 터빈의 운영 상태를 정확하게 반영하기 위해 높은 정밀도와 신뢰성을 요구한다.

1) 데이터 수집의 주요 단계 (Key Stages of Data Collection)

데이터 수집은 일반적으로 데이터의 획득, 전송, 저장의 세 가지 주요 단계로 구성된다. 각 단계는 SCADA 시스템의 구성 요소와 상호작용하며, 효율적이고 안정적인 데이터 수집을 보장한다.

① 데이터 획득 (Data Acquisition)

데이터 획득은 센서 및 계측 장비로부터 실시간으로 데이터를 수집하는 단계이다. 데이터 획득은 매우 짧은 시간 간격으로 수행되며, 터빈의 기계적, 전기적, 환경적 상태를 정확하게 측정하는 데 중점을 둔다.

```
import random

# 데이터 획득 시뮬레이션
def acquire_data():
    wind_speed = random.uniform(3.0, 25.0)  # 풍속 (m/s)
    power_output = random.uniform(0, 5000)  # 출력 전력 (kW)
```

```
    rotor_speed = random.uniform(5, 15)       # 로터 속도 (rpm)
    temperature = random.uniform(-20, 40)    # 온도 (°C)
    return wind_speed, power_output, rotor_speed, temperature

# 데이터 획득 예시
acquired_data = acquire_data()
print(f"Acquired Data: Wind Speed = {acquired_data[0]} m/s, Power Output = {acquired_data[1]} kW, Rotor Speed = {acquired_data[2]} rpm, Temperature = {acquired_data[3]} °C")
```

이 예제에서는 센서로부터 풍속, 출력 전력, 로터 속도, 온도 데이터를 획득하는 과정을 시뮬레이션하였다. 데이터 획득은 터빈의 실시간 상태를 정확하게 반영하기 위해 필수적이다.

② 데이터 전송 (Data Transmission)

데이터 전송은 획득된 데이터를 SCADA 시스템의 중앙 서버로 전송하는 단계이다. 데이터 전송은 유선 또는 무선 네트워크를 통해 이루어지며, 데이터의 안정성과 신뢰성을 보장하기 위해 다양한 통신 프로토콜이 사용된다.

```
# 데이터 전송 시뮬레이션
def transmit_data(data):
    print(f"Transmitting Data: {data}")
    return "Transmission Successful"

# 데이터 전송 예시
transmission_status = transmit_data(acquired_data)
print(f"Transmission Status: {transmission_status}")
```

이 예제에서는 획득된 데이터를 중앙 서버로 전송하는 과정을 시뮬레이션하였다. 데이터 전송은 터빈의 데이터를 실시간으로 중앙 시스템에 전달하여, 운영 상태를 모니터링할 수 있게 한다.

③ 데이터 저장 (Data Storage)

데이터 저장은 전송된 데이터를 장기적으로 보관하는 단계이다. 데이터는 데이터베이스나 파일 시스템에 저장되며, 이후 분석과 모니터링을 위해 사용된다. 데이터 저장은 데이터의 무결성을 보장하고, 필요시 쉽게 접근할 수 있도록 해야 한다.

```
import sqlite3

# 데이터 저장 시뮬레이션
def store_data(data):
    conn = sqlite3.connect('scada_data.db')
    c = conn.cursor()
    c.execute('''CREATE TABLE IF NOT EXISTS turbine_data
                 (wind_speed REAL, power_output REAL, rotor_speed REAL,
temperature REAL)''')
    c.execute("INSERT INTO turbine_data VALUES (?, ?, ?, ?)", data)
    conn.commit()
    conn.close()
    print("Data stored in database.")

# 데이터 저장 예시
store_data(acquired_data)
```

이 예제에서는 획득된 데이터를 SQLite 데이터베이스에 저장하는 과정을 보여준다. 데이터 저장은 데이터를 장기적으로 보관하고, 필요시 접근할 수 있도록 보장하는 중요한 단계이다.

2) 데이터 수집 시스템의 구성 요소 (Components of Data Collection System)

데이터 수집 시스템은 다양한 하드웨어와 소프트웨어 구성 요소로 구성되며, 이들 간의 조화로운 상호작용을 통해 데이터 수집이 이루어진다. 주요 구성 요소로는 센서, 데이터 수집 장치(DAQ), 통신 네트워크, 중앙 서버 등이 있다.

① 센서 (Sensors)

센서는 터빈의 다양한 물리적 상태를 측정하는 장치로, 풍속, 풍향, 전류, 전압, 진동, 온도 등 다양한 파라미터를 모니터링한다. 센서는 매우 높은 정밀도와 신뢰성을 요구하며, 데이터 수집 시스템의 핵심 구성 요소이다.

```
# 센서 데이터 획득 예시
def get_sensor_data():
    wind_speed = random.uniform(3.0, 25.0)
    temperature = random.uniform(-20, 40)
    return wind_speed, temperature

# 센서 데이터 획득 시뮬레이션
sensor_data = get_sensor_data()
print(f"Sensor Data: Wind Speed = {sensor_data[0]} m/s, Temperature =
{sensor_data[1]} °C")
```

이 예제에서는 센서로부터 풍속과 온도 데이터를 획득하는 방법을 시뮬레이션하였다. 센서는 데이터 수집 시스템에서 가장 기본적인 데이터 제공자 역할을 한다.

② 데이터 수집 장치 (Data Acquisition Device)

데이터 수집 장치(DAQ)는 센서로부터 데이터를 수집하고, 이를 디지털 신호로 변환하여 SCADA 시스템에 전송하는 역할을 한다. DAQ는 센서와 SCADA 시스템 간의 인터페이스 역할을 하며, 데이터의 정확성과 신뢰성을 보장한다.

```
# 데이터 수집 장치 시뮬레이션
def daq_process(sensor_data):
    digital_data = [round(val, 2) for val in sensor_data]  # 센서 데이터를 디지털
신호로 변환
    print(f"Digital Data from DAQ: {digital_data}")
    return digital_data
```

```
# 데이터 수집 장치 처리 시뮬레이션
digital_data = daq_process(sensor_data)
```

이 예제에서는 센서로부터 획득된 아날로그 데이터를 디지털 신호로 변환하는 과정을 시뮬레이션하였다. DAQ는 데이터의 정확한 변환과 전송을 책임지는 중요한 장치이다.

③ 통신 네트워크 (Communication Network)

통신 네트워크는 데이터 수집 장치로부터 중앙 SCADA 시스템으로 데이터를 전송하는 경로를 제공한다. 유선 네트워크, 무선 네트워크, 또는 위성 통신이 사용될 수 있으며, 데이터의 신뢰성과 전송 속도를 보장하는 것이 중요하다.

```
# 데이터 전송 네트워크 시뮬레이션
def network_transmit(digital_data):
    print(f"Transmitting over Network: {digital_data}")
    return "Transmission Complete"

# 네트워크 전송 시뮬레이션
network_status = network_transmit(digital_data)
print(f"Network Status: {network_status}")
```

이 예제에서는 디지털 데이터를 통신 네트워크를 통해 전송하는 과정을 시뮬레이션하였다. 통신 네트워크는 데이터의 안정적인 전송을 보장하는 중요한 요소이다.

④ 중앙 서버 (Central Server)

중앙 서버는 수집된 데이터를 저장하고, 실시간 모니터링과 분석을 위한 플랫폼을 제공한다. 중앙 서버는 데이터를 효율적으로 처리하고, 분석 결과를 사용자에게 제공하며, 필요한 경우 제어 명령을 터빈으로 전송할 수 있다.

```
# 중앙 서버 데이터 저장 예시
def central_server_store(data):
    print(f"Storing data in central server: {data}")
    return "Data stored successfully in central server."

# 중앙 서버 저장 시뮬레이션
server_status = central_server_store(digital_data)
print(f"Server Status: {server_status}")
```

이 예제에서는 수집된 데이터를 중앙 서버에 저장하는 과정을 시뮬레이션하였다. 중앙 서버는 SCADA 시스템의 핵심 요소로, 데이터 저장과 처리를 담당하며, 터빈의 성능을 모니터링하고 분석하는 데 중요한 역할을 한다.

(2) 데이터 처리의 주요 단계 (Key Stages of Data Processing)

데이터 처리 과정은 수집된 SCADA 데이터를 분석 가능한 형태로 변환하고, 이를 기반으로 다양한 분석과 예측을 수행하는 일련의 단계로 구성된다. 주요 단계로는 데이터 정제, 데이터 변환, 데이터 분석 및 시각화 등이 있다.

1) 데이터 정제 (Data Cleaning)

데이터 정제는 수집된 SCADA 데이터에서 결측값, 이상치, 중복 데이터를 식별하고 처리하는 과정이다. 이 과정은 데이터의 품질을 향상시키고, 분석 결과의 신뢰성을 높이는 데 필수적이다.

```
from sklearn.impute import SimpleImputer
import numpy as np

# 데이터 정제 예시
def clean_data(data):
    # 결측값 처리
    imputer = SimpleImputer(strategy='mean')
    clean_data = imputer.fit_transform(np.array(data).reshape(-1, 1))
```

```
    # 이상치 처리 (간단한 예: 범위 제한)
    clean_data = np.clip(clean_data, 3.0, 25.0)  # 예를 들어 풍속 데이터의 경우

    print(f"Cleaned Data: {clean_data.flatten()}")
    return clean_data.flatten()

# 데이터 정제 시뮬레이션
raw_data = [20.5, np.nan, 3.5, 25.5, 15.0, np.nan, 22.0]
cleaned_data = clean_data(raw_data)
```

이 예제에서는 결측값을 평균값으로 대체하고, 풍속 데이터에서 허용 범위를 벗어난 이상치를 처리하는 과정을 시뮬레이션하였다. 데이터 정제는 정확한 분석을 위해 필수적인 단계이다.

2) 데이터 변환 (Data Transformation)

데이터 변환은 정제된 데이터를 분석에 적합한 형식으로 변환하는 과정이다. 이 과정에는 데이터의 정규화, 표준화, 차원 축소, 피처 엔지니어링 등이 포함된다. 데이터 변환은 분석의 효율성을 높이고, 머신러닝 모델의 성능을 향상시키는 데 중요하다.

```
from sklearn.preprocessing import StandardScaler

# 데이터 변환 예시
def transform_data(data):
    scaler = StandardScaler()
    transformed_data = scaler.fit_transform(data.reshape(-1, 1))
    print(f"Transformed Data: {transformed_data.flatten()}")
    return transformed_data.flatten()

# 데이터 변환 시뮬레이션
transformed_data = transform_data(cleaned_data)
```

이 예제에서는 데이터를 표준화하여 평균이 0이고 표준 편차가 1인 분포로 변환하는 과정을 보여준다. 데이터 변환은 다양한 분석 기법에 적합한 데이터 형식을 준비하는 데 중요한 단계이다.

3) 데이터 분석 (Data Analysis)

데이터 분석은 변환된 데이터를 바탕으로 다양한 분석 기법을 적용하여 터빈의 성능을 평가하고, 패턴을 식별하며, 예측을 수행하는 과정이다. 데이터 분석은 주로 통계 분석, 시계열 분석, 머신러닝을 통해 이루어진다.

```
import matplotlib.pyplot as plt

# 데이터 분석 예시: 히스토그램을 통한 데이터 분포 분석
def analyze_data(data):
    plt.hist(data, bins=10, alpha=0.7, color='blue')
    plt.title('Histogram of Processed SCADA Data')
    plt.xlabel('Value')
    plt.ylabel('Frequency')
    plt.show()

# 데이터 분석 시뮬레이션
analyze_data(transformed_data)
```

이 예제에서는 데이터의 분포를 분석하기 위해 히스토그램을 생성하는 방법을 시뮬레이션하였다. 데이터 분석은 데이터에서 유의미한 패턴을 발견하고, 터빈 운영의 효율성을 높이는 데 중요한 역할을 한다.

4) 데이터 시각화 (Data Visualization)

데이터 시각화는 분석된 데이터를 직관적으로 이해할 수 있도록 시각적으로 표현하는 과정이다. 시각화는 터빈 운영자에게 데이터를 쉽게 해석할 수 있도록 도와주며, 의사 결정 과정에서 중요한 역할을 한다.

```
# 데이터 시각화 예시: 시계열 데이터의 트렌드 분석
def visualize_data(time_series_data):
    timestamps = [i for i in range(len(time_series_data))]
    plt.plot(timestamps, time_series_data, color='green')
    plt.title('Trend of SCADA Data Over Time')
    plt.xlabel('Time')
    plt.ylabel('Value')
    plt.show()

# 데이터 시각화 시뮬레이션
visualize_data(transformed_data)
```

이 예제에서는 시계열 데이터를 시각화하여 시간에 따른 트렌드를 분석하는 방법을 보여준다. 데이터 시각화는 복잡한 데이터를 쉽게 이해하고, 효율적인 의사 결정을 도출하는 데 필수적이다.

(3) 데이터 수집 및 처리의 도전 과제 (Challenges in Data Collection and Processing)

데이터 수집 및 처리 과정에서 다양한 도전 과제가 발생할 수 있다. 이러한 도전 과제는 데이터의 신뢰성, 처리 속도, 저장 용량, 보안 문제 등과 관련이 있으며, 이를 효과적으로 해결하기 위한 전략이 필요하다.

1) 데이터 신뢰성 확보 (Ensuring Data Reliability)

데이터의 신뢰성은 SCADA 시스템의 성능을 평가하고, 운영 결정을 내리는 데 중요한 요소이다. 센서 오류, 통신 장애, 데이터 손실 등은 데이터의 신뢰성을 저하시킬 수 있으며, 이를 방지하기 위한 다양한 기술적 접근이 필요하다.

```
# 데이터 신뢰성 확보 예시: 센서 데이터 검증
def validate_data(data):
    if data[0] < 3.0 or data[0] > 25.0:
```

```
        return False
    if data[1] < 0 or data[1] > 5000:
        return False
    return True

# 데이터 검증 시뮬레이션
is_valid = validate_data(acquired_data)
print(f"Data Validity: {'Valid'if is_valid else 'Invalid'}")
```

이 예제에서는 센서 데이터의 범위를 검증하여 데이터의 신뢰성을 확인하는 방법을 보여준다. 데이터 신뢰성 확보는 SCADA 시스템의 안정적인 운영을 위해 필수적이다.

2) 실시간 처리의 속도 최적화 (Optimizing Real-Time Processing Speed)

실시간 데이터 처리는 SCADA 시스템의 핵심 요구 사항 중 하나이다. 데이터 수집과 처리가 지연되면 터빈의 운영 상태를 적시에 반영하지 못할 수 있으며, 이로 인해 성능 저하나 안전 문제가 발생할 수 있다. 이를 해결하기 위해 고속 처리 알고리즘과 최적화 기술이 필요하다.

```
# 실시간 처리 속도 최적화 예시: 데이터 처리 병렬화
import multiprocessing as mp

def process_data_in_parallel(data_chunk):
    # 데이터 처리 로직 (예: 변환, 분석)
    return transform_data(data_chunk)

def optimize_processing_speed(data):
    pool = mp.Pool(mp.cpu_count())
    result = pool.map(process_data_in_parallel, np.array_split(data, mp.cpu_count()))
    pool.close()
    return np.concatenate(result)
```

```
# 데이터 병렬 처리 시뮬레이션
optimized_data = optimize_processing_speed(cleaned_data)
print(f"Optimized Processed Data: {optimized_data}")
```

이 예제에서는 데이터를 병렬 처리하여 실시간 처리 속도를 최적화하는 방법을 시뮬레이션하였다. 실시간 처리 속도 최적화는 터빈의 상태를 신속하게 반영하여, 운영 효율성을 높이는 데 필수적이다.

3) 저장 용량 관리 (Managing Storage Capacity)

SCADA 시스템은 대규모의 시계열 데이터를 지속적으로 수집하고 저장하기 때문에, 저장 용량 관리가 중요한 과제가 된다. 저장 공간의 부족은 데이터 손실을 초래할 수 있으며, 이를 방지하기 위해 효율적인 데이터 압축, 정리, 아카이빙 전략이 필요하다.

```
# 저장 용량 관리 예시: 오래된 데이터 아카이빙
def archive_old_data(data, threshold_date):
    archived_data = [d for d in data if d[0] < threshold_date]
    print(f"Archived {len(archived_data)} data points older than {threshold_date}.")
    return [d for d in data if d[0] >= threshold_date]

# 데이터 아카이빙 시뮬레이션
current_data = time_series_data  # 시계열 데이터 사용
threshold = "2023-01-01 00:00:00"  # 예: 특정
remaining_data = archive_old_data(current_data, threshold)
print(f"Remaining Data Points: {len(remaining_data)}")
```

이 예제에서는 특정 날짜 이전의 데이터를 아카이빙하여 저장 공간을 확보하는 과정을 시뮬레이션하였다. 저장 용량 관리 전략은 데이터 손실을 방지하고, SCADA 시스템의 장기적인 운영을 보장하는 데 필수적이다.

4) 데이터 보안과 프라이버시 (Data Security and Privacy)

SCADA 시스템에서 수집된 데이터는 매우 민감하고 중요한 정보이므로, 이를 보호하기 위한 강력한 보안 조치가 필요하다. 데이터 암호화, 접근 제어, 네트워크 보안, 그리고 정기적인 보안 감사와 같은 전략이 사용된다.

```
from cryptography.fernet import Fernet

# 데이터 암호화 예시
def encrypt_data(data, key):
    f = Fernet(key)
    encrypted_data = f.encrypt(data.encode())
    print(f"Encrypted Data: {encrypted_data}")
    return encrypted_data

# 데이터 복호화 예시
def decrypt_data(encrypted_data, key):
    f = Fernet(key)
    decrypted_data = f.decrypt(encrypted_data).decode()
    print(f"Decrypted Data: {decrypted_data}")
    return decrypted_data

# 암호화 키 생성
key = Fernet.generate_key()
print(f"Encryption Key: {key}")

# 데이터 암호화 및 복호화 시뮬레이션
data_to_encrypt = "Wind Speed: 15.5 m/s, Power Output: 4500 kW"
encrypted_data = encrypt_data(data_to_encrypt, key)
decrypted_data = decrypt_data(encrypted_data, key)
```

이 예제에서는 SCADA 시스템에서 수집된 데이터를 암호화하고 복호화하는 방법을 시뮬레이션하였다. 데이터 보안은 SCADA 시스템에서 수집된 민감한 정보를 보호하고, 데이터 무결성과 프라이버시를 보장하는 데 필수적이다.

(4) 데이터 수집 및 처리의 최적화 (Optimization of Data Collection and Processing)

데이터 수집 및 처리의 최적화는 SCADA 시스템의 성능을 향상시키고, 운영 비용을 절감하며, 시스템의 안정성을 높이는 데 중요한 역할을 한다. 최적화는 하드웨어, 소프트웨어, 네트워크 전반에 걸쳐 이루어지며, 지속적인 모니터링과 피드백 루프를 통해 개선된다.

1) 센서 및 하드웨어 최적화 (Sensor and Hardware Optimization)

센서와 데이터 수집 장치의 최적화는 데이터 수집의 정확성과 효율성을 높이는 데 중요하다. 이를 위해 센서의 정밀도와 응답 시간을 개선하고, DAQ 시스템의 성능을 최적화하는 접근법이 필요하다.

```
# 센서 캘리브레이션 예시
def calibrate_sensor(raw_value, calibration_factor):
    calibrated_value = raw_value * calibration_factor
    print(f"Calibrated Sensor Value: {calibrated_value}")
    return calibrated_value

# 센서 캘리브레이션 시뮬레이션
raw_wind_speed = 15.0  # 예시 값
calibration_factor = 1.05  # 캘리브레이션 팩터
calibrated_wind_speed = calibrate_sensor(raw_wind_speed, calibration_factor)
```

이 예제에서는 센서 데이터를 정확하게 측정하기 위해 센서 캘리브레이션을 수행하는 과정을 시뮬레이션하였다. 센서 및 하드웨어 최적화는 데이터 수집의 정확성을 높이고, 장비의 수명을 연장하는 데 중요한 역할을 한다.

2) 소프트웨어 및 알고리즘 최적화 (Software and Algorithm Optimization)

소프트웨어 및 알고리즘 최적화는 데이터 처리 속도와 효율성을 향상시키는 데 필수

적이다. 이 과정에는 데이터 처리 파이프라인의 최적화, 머신러닝 알고리즘의 개선, 그리고 데이터베이스 쿼리의 효율성 향상이 포함된다.

```
# 데이터 처리 알고리즘 최적화 예시: 벡터화 적용
import numpy as np

def optimized_processing(data):
    # 벡터화된 데이터 처리 (예: 모든 값에 일정 비율 추가)
    processed_data = np.array(data) * 1.1
    print(f"Optimized Processed Data: {processed_data}")
    return processed_data

# 최적화된 데이터 처리 시뮬레이션
data_for_processing = [15.0, 20.5, 30.0, 10.0]
optimized_data = optimized_processing(data_for_processing)
```

이 예제에서는 벡터화 기법을 사용하여 데이터 처리 속도를 향상시키는 방법을 시뮬레이션하였다. 소프트웨어와 알고리즘의 최적화는 데이터 처리의 효율성을 극대화하고, 시스템의 성능을 개선하는 데 중요한 역할을 한다.

3) 네트워크 최적화 (Network Optimization)

네트워크 최적화는 데이터 전송 속도와 안정성을 높이는 데 중요하다. 이를 위해 네트워크 트래픽을 관리하고, 데이터 압축 기술을 적용하며, 최적의 네트워크 프로토콜을 선택하는 등의 전략이 사용된다.

```
# 네트워크 최적화 예시: 데이터 압축 후 전송
import zlib

def compress_and_transmit(data):
    compressed_data = zlib.compress(data.encode('utf-8'))
    print(f"Compressed Data Size: {len(compressed_data)} bytes")
```

```
        # 데이터 전송 시뮬레이션
        transmit_status = transmit_data(compressed_data)
        return transmit_status

    # 네트워크 최적화 시뮬레이션
    data_to_transmit = "Wind Speed: 15.5 m/s, Power Output: 4500 kW"
    network_status = compress_and_transmit(data_to_transmit)
```

이 예제에서는 데이터를 압축하여 네트워크 전송의 효율성을 높이는 방법을 시뮬레이션하였다. 네트워크 최적화는 데이터 전송의 속도와 신뢰성을 개선하고, 전송 비용을 절감하는 데 도움이 된다.

4) 지속적인 모니터링과 피드백 (Continuous Monitoring and Feedback)

지속적인 모니터링과 피드백 루프는 데이터 수집 및 처리 과정의 최적화를 유지하고 개선하는 데 필수적이다. 이를 통해 시스템의 성능을 지속적으로 평가하고, 개선할 수 있는 영역을 식별하여 대응할 수 있다.

```
# 시스템 모니터링 예시: 성능 지표 수집
def monitor_system_performance(data_rate, error_rate):
    print(f"Current Data Rate: {data_rate} records/sec")
    print(f"Current Error Rate: {error_rate}%")
    # 모니터링 결과에 따른 피드백 제공
    if error_rate > 2.0:
        print("High error rate detected. Initiating system diagnostics.")
    else:
        print("System performance is within acceptable limits.")

# 시스템 모니터링 시뮬레이션
monitor_system_performance(data_rate=500, error_rate=1.5)
```

이 예제에서는 데이터 수집 및 처리 시스템의 성능을 모니터링하고, 피드백을 제공하는 방법을 시뮬레이션하였다. 지속적인 모니터링과 피드백은 시스템의 성능을 유지하고, 문제 발생 시 신속하게 대응하는 데 중요한 역할을 한다.

4.2 해상풍력 데이터의 시계열 분석

해상풍력 발전소에서 수집된 데이터는 주로 시계열 데이터로 구성되며, 이러한 데이터의 분석은 발전소의 운영 효율성을 극대화하고, 유지보수 전략을 최적화하는 데 중요한 역할을 한다. 시계열 데이터의 특성을 이해하고, 이를 분석하는 과정은 SCADA 데이터의 활용 가능성을 극대화하는 핵심 요소 중 하나이다.

4.2.1 시계열 데이터의 특성

시계열 데이터는 시간의 흐름에 따라 순차적으로 수집된 데이터로, 특정 시점의 값을 기록하는 데이터 포인트들의 집합으로 구성된다. 시계열 데이터는 시간에 따라 변화하는 데이터를 분석하는 데 매우 유용하며, 이러한 데이터의 특성을 이해하는 것은 시계열 분석의 첫 번째 단계이다.

(1) 시계열 데이터의 기본 개념 (Basic Concepts of Time Series Data)

시계열 데이터는 일반적인 데이터와 달리 시간적인 의존성을 가진다. 이는 시계열 데이터의 특정 시점의 값이 이전 시점의 값에 영향을 받는다는 것을 의미하며, 이러한 시간적 의존성은 시계열 분석의 핵심적인 특징이다. 시계열 데이터의 주요 구성 요소로는 트렌드(Trend), 계절성(Seasonality), 주기성(Cyclicality), 그리고 불규칙성(Irregularity)이 있다.

1) 트렌드 (Trend)

트렌드는 시계열 데이터의 장기적인 방향성을 나타내며, 데이터가 시간이 지남에 따라 일정한 방향으로 증가하거나 감소하는 패턴을 말한다. 트렌드는 시계열 데이터에서 가장 기본적인 구성 요소 중 하나로, 데이터의 전반적인 경향성을 파악하는 데 중요한 역할을 한다.

```
import numpy as np
import matplotlib.pyplot as plt

# 트렌드 데이터 시뮬레이션
def generate_trend_data(length=100, slope=0.5):
    time = np.arange(length)
    trend = slope * time
    return time, trend

# 트렌드 시각화
time, trend = generate_trend_data()
plt.plot(time, trend)
plt.title('Trend in Time Series Data')
plt.xlabel('Time')
plt.ylabel('Value')
plt.show()
```

이 예제에서는 시계열 데이터에서 트렌드를 생성하고 시각화하는 방법을 보여준다. 트렌드는 데이터의 전반적인 방향성을 나타내며, 시계열 분석에서 중요한 역할을 한다.

2) 계절성 (Seasonality)

계절성은 시계열 데이터에서 일정한 주기로 반복되는 패턴을 나타낸다. 이는 데이터가 계절 변화나 주기적인 이벤트에 따라 일정한 간격으로 변동하는 것을 의미하며, 이러한 패턴은 시계열 데이터의 예측 가능성을 높이는 데 도움을 준다.

```
# 계절성 데이터 시뮬레이션
def generate_seasonality_data(length=100, amplitude=10, period=12):
    time = np.arange(length)
    seasonality = amplitude * np.sin(2 * np.pi * time / period)
    return time, seasonality

# 계절성 시각화
time, seasonality = generate_seasonality_data()
plt.plot(time, seasonality)
plt.title('Seasonality in Time Series Data')
plt.xlabel('Time')
plt.ylabel('Value')
plt.show()
```

이 예제에서는 시계열 데이터에서 계절성을 생성하고 시각화하는 방법을 보여준다. 계절성은 데이터가 주기적으로 변동하는 패턴을 나타내며, 예측 모델에서 중요한 역할을 한다.

3) 주기성 (Cyclicality)

주기성은 시계열 데이터에서 장기적인 주기로 반복되는 패턴을 나타내며, 계절성보다 더 긴 주기를 가진다. 주기성은 주로 경제적, 사회적 요인과 같은 외부 요인에 의해 발생하며, 데이터의 장기적인 변동성을 설명하는 데 사용된다.

```
# 주기성 데이터 시뮬레이션
def generate_cyclicality_data(length=100, amplitude=5, period=50):
    time = np.arange(length)
    cyclicality = amplitude * np.sin(2 * np.pi * time / period)
    return time, cyclicality
```

```
# 주기성 시각화
time, cyclicality = generate_cyclicality_data()
plt.plot(time, cyclicality)
plt.title('Cyclicality in Time Series Data')
plt.xlabel('Time')
plt.ylabel('Value')
plt.show()
```

이 예제에서는 시계열 데이터에서 주기성을 생성하고 시각화하는 방법을 보여준다. 주기성은 데이터의 장기적인 주기적 변동을 나타내며, 경제 데이터와 같은 특정 유형의 시계열 데이터에서 자주 나타난다.

4) 불규칙성 (Irregularity)

불규칙성은 시계열 데이터에서 설명할 수 없는 변동을 의미하며, 주로 노이즈 또는 비정상적인 이벤트로 인해 발생한다. 불규칙성은 시계열 데이터의 예측 정확도를 저하시킬 수 있으며, 이를 처리하는 방법이 시계열 분석에서 중요한 과제 중 하나이다.

```
# 불규칙성 데이터 시뮬레이션
def generate_irregularity_data(length=100, noise_level=3):
    time = np.arange(length)
    irregularity = noise_level * np.random.randn(length)
    return time, irregularity

# 불규칙성 시각화
time, irregularity = generate_irregularity_data()
plt.plot(time, irregularity)
plt.title('Irregularity in Time Series Data')
plt.xlabel('Time')
plt.ylabel('Value')
plt.show()
```

이 예제에서는 시계열 데이터에서 불규칙성을 생성하고 시각화하는 방법을 보여준다. 불규칙성은 데이터의 예측을 어렵게 만드는 요인이며, 분석 과정에서 이를 처리하는 방법이 중요하다.

(2) 시계열 데이터의 특징 (Properties of Time Series Data)

시계열 데이터는 시간에 따른 의존성, 자기상관, 비정상성 등의 특징을 가지며, 이러한 특징을 이해하는 것은 시계열 분석에서 필수적이다. 시계열 데이터의 이러한 특징들은 데이터의 구조를 파악하고, 적절한 분석 방법을 선택하는 데 중요한 역할을 한다.

1) 시간적 의존성 (Temporal Dependence)

시간적 의존성은 시계열 데이터의 각 데이터 포인트가 시간에 따라 이전 데이터 포인트에 의존하는 특성을 말한다. 이는 시계열 데이터에서 매우 중요한 특징으로, 데이터의 패턴을 파악하고 예측 모델을 구축하는 데 핵심적인 역할을 한다.

```
# 시간적 의존성 시뮬레이션
def generate_temporal_dependence_data(length=100, alpha=0.8):
    data = np.zeros(length)
    for t in range(1, length):
        data[t] = alpha * data[t-1] + np.random.randn()
    return np.arange(length), data

# 시간적 의존성 시각화
time, temporal_data = generate_temporal_dependence_data()
plt.plot(time, temporal_data)
plt.title('Temporal Dependence in Time Series Data')
plt.xlabel('Time')
plt.ylabel('Value')
plt.show()
```

이 예제에서는 시간적 의존성을 가진 시계열 데이터를 생성하고 시각화하는 방법을 보여준다. 시간적 의존성은 시계열 데이터 분석의 기본 개념 중 하나이며, 데이터의 패턴을 이해하는 데 필수적이다.

2) 자기상관 (Autocorrelation)

자기상관은 시계열 데이터에서 시간 간격이 있는 데이터 포인트들 간의 상관관계를 나타내는 지표이다. 자기상관이 높은 경우, 데이터의 특정 패턴이 반복되거나 일정한 주기로 나타날 수 있으며, 이는 시계열 데이터의 예측 가능성을 높인다.

```
from statsmodels.graphics.tsaplots import plot_acf

# 자기상관 시각화
plot_acf(temporal_data, lags=30)
plt.title('Autocorrelation of Time Series Data')
plt.show()
```

이 예제에서는 시계열 데이터의 자기상관을 시각화하는 방법을 보여준다. 자기상관은 데이터 포인트들 간의 관계를 분석하는 데 사용되며, 예측 모델을 구축하는 데 중요한 역할을 한다.

3) 비정상성 (Non-stationarity)

비정상성은 시계열 데이터의 평균, 분산, 또는 자기상관이 시간에 따라 변하는 특성을 의미한다. 이러한 비정상성은 시계열 데이터를 분석하고 예측하는 데 중요한 도전 과제 중 하나이다. 비정상성은 주로 트렌드, 계절성, 또는 구조적 변화로 인해 발생하며, 시계열 데이터에서 비정상성을 처리하는 방법으로는 차분(differencing), 로그 변환(log transformation), 또는 데이터 분할이 사용된다.

```
# 비정상 데이터 시뮬레이션
def generate_non_stationary_data(length=100, trend_slope=0.1):
    time = np.arange(length)
    trend = trend_slope * time
    noise = np.random.randn(length)
    non_stationary_data = trend + noise
    return time, non_stationary_data

# 비정상 데이터 시각화
time, non_stationary_data = generate_non_stationary_data()
plt.plot(time, non_stationary_data)
plt.title('Non-stationary Time Series Data')
plt.xlabel('Time')
plt.ylabel('Value')
plt.show()
```

이 예제에서는 비정상성을 가진 시계열 데이터를 생성하고 시각화하는 방법을 보여준다. 비정상성은 시계열 데이터를 예측하기 어렵게 만들며, 이를 처리하기 위한 다양한 방법이 필요하다.

(3) 시계열 데이터의 변환 및 전처리 (Transformation and Preprocessing of Time Series Data)

시계열 데이터의 분석을 위해서는 데이터의 특성에 맞게 변환하고 전처리하는 과정이 필수적이다. 이러한 변환 및 전처리 과정에는 차분(differencing), 정규화(normalization), 그리고 로그 변환(log transformation) 등이 포함된다. 이러한 방법들은 데이터의 비정상성을 제거하거나, 데이터를 분석하기에 적합한 형태로 만드는 데 사용된다.

1) 차분 (Differencing)

차분은 시계열 데이터의 비정상성을 제거하기 위한 가장 일반적인 방법 중 하나로, 데이터의 연속된 관측값 간의 차이를 계산하여 새로운 시계열 데이터를 생성하는 과정이다. 이를 통해 데이터의 트렌드나 계절성을 제거할 수 있다.

```
# 차분 시계열 데이터 생성
def difference(data):
    diff_data = np.diff(data)
    return diff_data

# 차분 시계열 데이터 시각화
diff_data = difference(non_stationary_data)
plt.plot(time[1:], diff_data)
plt.title('Differenced Time Series Data')
plt.xlabel('Time')
plt.ylabel('Value')
plt.show()
```

이 예제에서는 비정상 시계열 데이터에 차분을 적용하여 트렌드 요소를 제거한 후 시각화하는 방법을 보여준다. 차분은 비정상성을 제거하고 데이터를 정상 상태로 만드는 데 유용하다.

2) 로그 변환 (Log Transformation)

로그 변환은 시계열 데이터의 분산을 안정화하고, 데이터의 변동성을 줄이기 위해 자주 사용되는 방법이다. 로그 변환은 특히 데이터의 분포가 지수적 성장 또는 큰 폭의 변동을 보이는 경우에 유용하다.

```
# 로그 변환 시계열 데이터 생성
def log_transform(data):
    log_data = np.log(data)
    return log_data

# 로그 변환 시계열 데이터 시각화
log_data = log_transform(non_stationary_data + 1)  # 데이터 값이 0 이하일 경우
로그 변환이 불가능하므로 1을 더함
plt.plot(time, log_data)
```

```
plt.title('Log Transformed Time Series Data')
plt.xlabel('Time')
plt.ylabel('Log Value')
plt.show()
```

이 예제에서는 비정상 시계열 데이터에 로그 변환을 적용하여 변동성을 줄이고, 분산을 안정화하는 과정을 시뮬레이션하였다. 로그 변환은 데이터의 스케일을 조정하여 분석에 더 적합한 형태로 만든다.

3) 정규화 (Normalization)

정규화는 시계열 데이터의 값을 일정한 범위로 변환하여 분석 및 비교가 용이하도록 하는 과정이다. 정규화는 특히 여러 시계열 데이터 간의 비교 분석이나 머신러닝 모델에 데이터를 입력할 때 자주 사용된다.

```
from sklearn.preprocessing import MinMaxScaler

# 정규화 시계열 데이터 생성
def normalize_data(data):
    scaler = MinMaxScaler(feature_range=(0, 1))
    normalized_data = scaler.fit_transform(data.reshape(-1, 1)).flatten()
    return normalized_data

# 정규화 시계열 데이터 시각화
normalized_data = normalize_data(non_stationary_data)
plt.plot(time, normalized_data)
plt.title('Normalized Time Series Data')
plt.xlabel('Time')
plt.ylabel('Normalized Value')
plt.show()
```

이 예제에서는 비정상 시계열 데이터를 0과 1 사이로 정규화하여 분석에 적합한 형태로 만드는 과정을 시뮬레이션하였다. 정규화는 데이터의 스케일을 통일하여 분석의 효율성을 높인다.

(4) 시계열 데이터 분석의 기초 (Basics of Time Series Analysis)

시계열 데이터 분석은 데이터를 바탕으로 미래의 값을 예측하거나, 데이터의 구조와 패턴을 이해하기 위한 다양한 기법을 포함한다. 이러한 분석에는 기본적으로 시계열 데이터의 패턴을 식별하고, 예측 모델을 구축하며, 분석 결과를 해석하는 과정이 포함된다.

1) 패턴 식별 (Pattern Identification)

패턴 식별은 시계열 데이터의 트렌드, 계절성, 주기성, 불규칙성 등을 식별하여 데이터의 구조를 이해하는 과정이다. 이를 통해 데이터의 주요 특징을 파악하고, 예측 모델 구축에 필요한 정보를 얻을 수 있다.

```
# 시계열 데이터 패턴 식별 예시
def identify_patterns(data):
    trend = np.polyfit(time, data, 1)[0] * time  # 간단한 선형 트렌드 추정
    seasonality = data - trend
    plt.figure(figsize=(12, 6))
    plt.subplot(2, 1, 1)
    plt.plot(time, trend, label='Trend')
    plt.title('Trend in Time Series Data')
    plt.subplot(2, 1, 2)
    plt.plot(time, seasonality, label='Seasonality', color='orange')
    plt.title('Seasonality in Time Series Data')
    plt.show()

# 패턴 식별 시뮬레이션
identify_patterns(non_stationary_data)
```

이 예제에서는 시계열 데이터에서 트렌드와 계절성을 식별하는 과정을 시뮬레이션하였다. 패턴 식별은 시계열 데이터를 분석하고 예측하는 첫 번째 단계로, 데이터의 구조를 이해하는 데 필수적이다.

2) 예측 모델 구축 (Building Predictive Models)

예측 모델 구축은 시계열 데이터 분석에서 가장 중요한 단계 중 하나로, 과거 데이터를 바탕으로 미래의 값을 예측하는 모델을 만드는 과정이다. 이를 위해 ARIMA, SARIMA, Exponential Smoothing과 같은 다양한 시계열 모델이 사용된다.

```
from statsmodels.tsa.arima.model import ARIMA

# ARIMA 모델을 사용한 시계열 데이터 예측
def build_predictive_model(data, order=(1, 1, 1)):
    model = ARIMA(data, order=order)
    model_fit = model.fit()
    forecast = model_fit.forecast(steps=10)
    plt.plot(time, data, label='Observed')
    plt.plot(np.arange(len(data), len(data) + len(forecast)), forecast, label='Forecast', 
color='red')
    plt.title('Time Series Forecasting with ARIMA')
    plt.xlabel('Time')
    plt.ylabel('Value')
    plt.legend()
    plt.show()
    return forecast

# 예측 모델 구축 시뮬레이션
forecasted_values = build_predictive_model(diff_data)
```

이 예제에서는 ARIMA 모델을 사용하여 시계열 데이터를 예측하는 과정을 시뮬레이션하였다. 예측 모델 구축은 시계열 분석의 최종 목표 중 하나로, 미래의 데이터를 예측하고 운영 전략을 수립하는 데 중요한 정보를 제공한다.

3) 분석 결과 해석 (Interpreting Analysis Results)

시계열 분석의 결과를 해석하는 것은 데이터를 기반으로 의사 결정을 내리는 데 중요한 역할을 한다. 분석 결과는 주로 트렌드 분석, 예측값 비교, 오차 분석 등을 통해 해석되며, 이를 바탕으로 전략적 결정을 내릴 수 있다.

```
# 예측 결과 해석 예시: 실제값과 예측값의 비교
def interpret_results(actual_data, predicted_data):
    plt.plot(actual_data, label='Actual Data', color='blue')
    plt.plot(predicted_data, label='Predicted Data', color='red')
    plt.title('Comparison of Actual and Predicted Data')
    plt.xlabel('Time')
    plt.ylabel('Value')
    plt.legend()
    plt.show()

    # 오차 계산 (예: 평균 절대 오차)
    mae = np.mean(np.abs(np.array(actual_data) - np.array(predicted_data)))
    print(f"Mean Absolute Error (MAE): {mae}")

# 예측 결과 해석 시뮬레이션
actual_values = diff_data[-10:]  # 실제 데이터의 마지막 10개 값
predicted_values = forecasted_values
interpret_results(actual_values, predicted_values)
```

이 예제에서는 시계열 데이터의 실제값과 예측값을 비교하고, 그 차이를 시각화하여 해석하는 과정을 시뮬레이션하였다. 또한, 평균 절대 오차(MAE)를 계산하여 예측 모델의 정확성을 평가하였다. 이러한 분석 결과를 통해 시계열 모델의 성능을 평가하고, 모델을 개선할 수 있는 근거를 제공할 수 있다.

(5) 시계열 데이터의 한계와 도전 과제 (Limitations and Challenges of Time Series Data)

시계열 데이터 분석은 강력한 도구이지만, 데이터의 특성과 분석 방법에 따라 여러 한계와 도전 과제를 수반한다. 이러한 한계는 데이터의 품질, 비정상성, 노이즈, 그리고 모델링의 복잡성에서 비롯되며, 이를 효과적으로 극복하기 위한 접근법이 필요하다.

1) 데이터 품질 문제 (Data Quality Issues)

시계열 데이터의 품질은 분석의 결과에 직접적인 영향을 미친다. 데이터 품질 문제는 결측값, 이상치, 센서 오류 등에서 발생할 수 있으며, 이러한 문제를 해결하지 않으면 분석의 신뢰성이 저하될 수 있다.

```
# 데이터 품질 문제 처리 예시: 결측값 대체
def handle_missing_data(data):
    imputer = SimpleImputer(strategy='mean')
    clean_data = imputer.fit_transform(np.array(data).reshape(-1, 1))
    print(f"Cleaned Data: {clean_data.flatten()}")
    return clean_data.flatten()

# 데이터 품질 문제 처리 시뮬레이션
data_with_missing = [10, np.nan, 20, 25, np.nan, 30]
cleaned_data = handle_missing_data(data_with_missing)
```

이 예제에서는 결측값을 평균값으로 대체하여 데이터 품질 문제를 해결하는 과정을 시뮬레이션하였다. 데이터 품질 문제는 시계열 분석에서 자주 발생하며, 이를 효과적으로 처리하는 것이 중요하다.

2) 비정상성과 노이즈 (Non-stationarity and Noise)

비정상성과 노이즈는 시계열 데이터에서 분석의 정확성을 저해하는 주요 요인 중 하나이다. 비정상성을 처리하기 위해 차분이나 변환을 사용할 수 있으며, 노이즈를 줄이기 위해서는 필터링 기법이나 스무딩 기법이 사용된다.

```
# 노이즈 감소 예시: 이동 평균을 통한 스무딩
def smooth_data(data, window_size=3):
    smoothed_data = np.convolve(data, np.ones(window_size)/window_size,
mode='valid')
    print(f"Smoothed Data: {smoothed_data}")
    return smoothed_data

# 노이즈 감소 시뮬레이션
noisy_data = non_stationary_data + np.random.normal(0, 5, len(non_stationary_data))
smoothed_data = smooth_data(noisy_data)
```

이 예제에서는 이동 평균을 사용하여 시계열 데이터에서 노이즈를 감소시키는 방법을 시뮬레이션하였다. 노이즈와 비정상성을 처리하는 것은 시계열 데이터의 신뢰성을 높이는 데 중요하다.

3) 모델링의 복잡성 (Complexity of Modeling)

시계열 데이터의 모델링은 데이터의 패턴을 정확하게 반영하는 예측 모델을 구축하는 과정에서 많은 도전 과제를 수반한다. 특히, 데이터의 복잡한 패턴이나 다중 계절성을 다루는 경우 모델링의 복잡성이 크게 증가할 수 있다.

```
# 복잡한 모델링 예시: SARIMA 모델 적용
from statsmodels.tsa.statespace.sarimax import SARIMAX

def build_sarima_model(data, order=(1, 1, 1), seasonal_order=(1, 1, 1, 12)):
    model = SARIMAX(data, order=order, seasonal_order=seasonal_order)
    model_fit = model.fit(disp=False)
    forecast = model_fit.forecast(steps=12)
    plt.plot(data, label='Observed')
    plt.plot(np.arange(len(data), len(data) + len(forecast)), forecast, label='Forecast',
color='red')
    plt.title('Time Series Forecasting with SARIMA')
```

```
    plt.xlabel('Time')
    plt.ylabel('Value')
    plt.legend()
    plt.show()
    return forecast

# 복잡한 모델링 시뮬레이션
sarima_forecast = build_sarima_model(non_stationary_data)
```

이 예제에서는 계절성을 포함한 SARIMA 모델을 사용하여 복잡한 시계열 데이터를 예측하는 과정을 시뮬레이션하였다. 모델링의 복잡성은 데이터의 구조와 특성에 따라 달라지며, 이를 효과적으로 다루기 위한 기술이 필요하다.

4) 데이터의 대규모 처리 (Handling Large Scale Data)

해상풍력 발전소와 같은 환경에서는 대규모의 시계열 데이터가 지속적으로 생성된다. 이러한 대규모 데이터를 처리하고 분석하는 것은 저장 용량, 처리 속도, 그리고 분석의 효율성 측면에서 큰 도전 과제를 제시한다.

```
# 대규모 데이터 처리 예시: 데이터 샘플링
def sample_large_data(data, sample_rate=0.1):
    sampled_data = data[::int(1/sample_rate)]
    print(f"Sampled Data Length: {len(sampled_data)}")
    return sampled_data

# 대규모 데이터 처리 시뮬레이션
large_data = np.random.randn(1000000)
sampled_data = sample_large_data(large_data)
```

이 예제에서는 대규모 시계열 데이터의 일부를 샘플링하여 처리하는 방법을 시뮬레이션하였다. 대규모 데이터의 효율적인 처리는 시스템 자원의 제약을 고려한 전략적인 접근이 필요하다.

4.2.2 ARIMA와 SARIMA 모델

해상풍력 데이터와 같은 시계열 데이터를 분석하고 예측하기 위해서는 적절한 모델링 기법을 사용하는 것이 중요하다. ARIMA(Autoregressive Integrated Moving Average)와 SARIMA(Seasonal ARIMA) 모델은 시계열 데이터의 패턴을 분석하고 미래 값을 예측하는 데 자주 사용되는 통계적 모델이다. 이 장에서는 ARIMA와 SARIMA 모델의 원리와 적용 방법에 대해 심도 있게 다루겠다.

(1) ARIMA 모델의 이해 (Understanding the ARIMA Model)

ARIMA 모델은 시계열 데이터에서 자기회귀(AR), 차분(I), 이동평균(MA) 요소를 결합한 모델로, 시계열 데이터의 비정상성을 제거하고 예측을 수행하는 데 널리 사용된다. ARIMA 모델은 다음과 같은 요소로 구성된다.

- AR(p): p 차수의 자기회귀 부분으로, 현재 데이터가 이전 p개 데이터 포인트의 선형 결합으로 표현된다.
- I(d): d 차수의 차분을 통해 비정상성을 제거하고, 데이터를 정상성으로 변환한다.
- MA(q): q 차수의 이동평균 부분으로, 현재 데이터가 이전 q개 예측 오차의 선형 결합으로 표현된다.

1) ARIMA 모델의 수학적 표현 (Mathematical Representation of ARIMA Model)

ARIMA 모델은 다음과 같은 수식으로 표현될 수 있다.

$$y_t = c + \sum_{i=1}^{p} \phi_i y_{t-i} + \epsilon_t + \sum_{j=1}^{q} \theta_j \epsilon_{t-j}$$

여기서:

- y_t는 t 시점의 데이터 값이다.
- c는 상수(term)이다.
- ϕ_i는 i 차수의 자기회귀 계수이다.
- ϵ_t는 t 시점의 오차(term) 또는 노이즈이다.
- θ_j는 j 차수의 이동평균 계수이다.

이 수식은 ARIMA 모델이 과거 데이터 포인트와 예측 오차를 사용하여 현재 값을 예측하는 방법을 보여준다.

2) ARIMA 모델의 적용 절차 (Steps to Apply ARIMA Model)

ARIMA 모델을 적용하기 위해서는 다음과 같은 단계가 필요하다:

① 데이터의 정상성 확인 (Checking Stationarity of Data)

먼저, 시계열 데이터가 정상적인지 확인해야 한다. 데이터가 비정상적일 경우, 차분을 통해 정상성을 유도할 수 있다.

```
import numpy as np
import matplotlib.pyplot as plt
from statsmodels.tsa.stattools import adfuller

# 데이터 정상성 확인
def check_stationarity(data):
    result = adfuller(data)
    print(f'ADF Statistic: {result[0]}')
    print(f'p-value: {result[1]}')
    for key, value in result[4].items():
        print(f'Critical Value ({key}): {value}')

    if result[1] < 0.05:
        print("Data is stationary")
    else:
        print("Data is not stationary")

# 예시 데이터 정상성 확인
time_series_data = np.random.randn(100).cumsum()  # 비정상 시계열 데이터 생성
check_stationarity(time_series_data)
```

이 예제에서는 Augmented Dickey-Fuller(ADF) 검정을 사용하여 데이터의 정상성을 확인하는 방법을 보여준다. 정상성이 확인되지 않으면 차분을 통해 데이터를 정상화해야 한다.

② 모델 파라미터의 결정 (Determining Model Parameters)

ARIMA 모델의 p, d, q 파라미터는 데이터의 특성에 따라 결정된다. 일반적으로, 자기상관 함수(ACF)와 부분 자기상관 함수(PACF)를 사용하여 p와 q를 결정하며, 데이터의 차분 횟수로 d를 결정한다.

```
from statsmodels.graphics.tsaplots import plot_acf, plot_pacf

# ACF와 PACF 플롯을 통한 파라미터 결정
def determine_arima_parameters(data):
    plt.figure(figsize=(12, 6))
    plt.subplot(2, 1, 1)
    plot_acf(data, ax=plt.gca(), lags=20)
    plt.title('Autocorrelation Function (ACF)')

    plt.subplot(2, 1, 2)
    plot_pacf(data, ax=plt.gca(), lags=20)
    plt.title('Partial Autocorrelation Function (PACF)')

    plt.tight_layout()
    plt.show()

# ACF와 PACF 플롯 생성
determine_arima_parameters(time_series_data)
```

이 예제에서는 ACF와 PACF 플롯을 사용하여 ARIMA 모델의 p와 q 값을 결정하는 방법을 보여준다. ACF는 전체적인 상관성을 나타내고, PACF는 각 시점 간의 순수한 상관성을 보여준다.

③ ARIMA 모델의 구축 및 평가 (Building and Evaluating the ARIMA Model)

p, d, q 파라미터가 결정되면, ARIMA 모델을 구축하고 데이터를 예측할 수 있다. 모델의 성능은 주로 예측 오차(예: MSE, MAE)로 평가된다.

```
from statsmodels.tsa.arima.model import ARIMA
from sklearn.metrics import mean_squared_error

# ARIMA 모델 구축 및 평가
def build_arima_model(data, order=(1, 1, 1)):
    model = ARIMA(data, order=order)
    model_fit = model.fit()
    print(model_fit.summary())

    # 예측
    forecast = model_fit.forecast(steps=10)
    mse = mean_squared_error(data[-10:], forecast)
    print(f'Mean Squared Error: {mse}')

    # 시각화
    plt.plot(data, label='Observed')
    plt.plot(np.arange(len(data), len(data) + len(forecast)), forecast, label='Forecast',
color='red')
    plt.title('ARIMA Model Forecast')
    plt.xlabel('Time')
    plt.ylabel('Value')
    plt.legend()
    plt.show()
    return forecast

# ARIMA 모델 적용 예시
arima_forecast = build_arima_model(time_series_data)
```

이 예제에서는 ARIMA 모델을 구축하고 데이터를 예측하는 과정을 보여준다. 예측된 값과 실제 데이터를 비교하여 모델의 성능을 평가할 수 있다.

3) ARIMA 모델의 한계 (Limitations of ARIMA Model)

ARIMA 모델은 강력한 시계열 예측 도구이지만, 몇 가지 한계가 있다. 주로 다음과 같은 문제들이 발생할 수 있다.

- 비정상성 처리: ARIMA 모델은 데이터를 정상화해야 하며, 비정상성의 복잡한 패턴을 다루기 어려울 수 있다.
- 계절성 처리: ARIMA 모델은 계절성을 명시적으로 다루지 않으며, 계절성 데이터를 분석할 때는 확장된 모델이 필요하다.
- 복잡한 데이터 구조: ARIMA 모델은 복잡한 비선형 관계나 구조적 변화를 포착하는 데 한계가 있다.

이러한 한계로 인해 계절성이 강한 데이터나 복잡한 패턴을 가진 데이터에는 SARIMA 모델이 더 적합할 수 있다.

(2) SARIMA 모델의 이해 (Understanding the SARIMA Model)

SARIMA(Seasonal ARIMA) 모델은 ARIMA 모델을 확장하여 계절성 요소를 추가한 모델이다. SARIMA 모델은 계절성이 있는 시계열 데이터를 분석하고 예측하는 데 유용하며, ARIMA 모델의 한계를 보완한다. SARIMA 모델은 다음과 같은 추가적인 요소를 포함한다:

P: 계절성 자기회귀(Seasonal AR) 항의 차수.

D: 계절성 차분(Seasonal Differencing) 횟수.

Q: 계절성 이동평균(Seasonal MA) 항의 차수.

m: 계절 주기(Seasonal Period), 데이터의 계절성이 반복되는 주기.

1) SARIMA 모델의 수학적 표현 (Mathematical Representation of SARIMA Model)

SARIMA 모델은 다음과 같은 수식으로 표현될 수 있다.

$$(1-\sum_{i=1}^{p}\phi_i L^i)(1-\sum_{P=1}^{P}\varPhi_P L^{Pm})y_t=(1+\sum_{j=1}^{q}\theta_j L^j)(1+\sum_{Q=1}^{Q}\varTheta_Q L^{Qm})\epsilon_t$$

여기서:

- L은 시차 연산자(lag operator)이다.
- ϕ_i는 i 차수의 자기회귀 계수이다.
- $\varPhi_P$는 계절성 자기회귀 계수이다.
- θ_j는 j 차수의 이동평균 계수이다.
- $\varTheta_Q$는 계절성 이동평균 계수이다.
- m은 계절주기(Seasonal Period)이다.

SARIMA 모델은 기본 ARIMA 모델의 구조에 계절성을 추가한 것으로, 계절성을 가지는 시계열 데이터를 보다 효과적으로 모델링할 수 있다. SARIMA 모델은 계절 주기 동안 반복되는 패턴을 반영하여 데이터를 예측할 수 있다.

2) SARIMA 모델의 적용 절차 (Steps to Apply SARIMA Model)

SARIMA 모델을 적용하는 절차는 ARIMA 모델과 유사하지만, 계절성을 고려한 추가적인 단계가 필요하다. 아래는 SARIMA 모델을 적용하기 위한 주요 단계들이다.

① 계절성 확인 및 차분 (Identifying Seasonality and Differencing)

먼저, 데이터의 계절성을 확인하고, 필요한 경우 계절성 차분을 적용하여 데이터를 정상화한다. 계절성 차분은 계절 주기 mmm에 따라 데이터의 차이를 계산하여 계절성을 제거하는 과정이다.

```
# 계절성 차분 시계열 데이터 생성
def seasonal_difference(data, m=12):
    return data[m:] - data[:-m]

# 계절성 차분 예시
seasonal_diff_data = seasonal_difference(time_series_data, m=12)
plt.plot(seasonal_diff_data)
plt.title('Seasonally Differenced Data')
plt.xlabel('Time')
plt.ylabel('Value')
plt.show()
```

이 예제에서는 계절 주기가 12인 데이터를 계절성 차분하여 정상성을 유도하는 과정을 시뮬레이션하였다. 계절성 차분을 통해 데이터의 계절성을 제거하고, SARIMA 모델의 적용을 준비할 수 있다.

② 모델 파라미터의 결정 (Determining Model Parameters)

SARIMA 모델의 파라미터는 계절성과 비계절성 요소 모두를 고려하여 결정된다. ACF와 PACF를 통해 p, q, P, Q 파라미터를 결정하고, 데이터의 비계절성 및 계절성 차분 횟수 ddd와 DDD를 결정한다.

```
# SARIMA 모델 파라미터 결정 예시
def determine_sarima_parameters(data):
    plt.figure(figsize=(12, 6))
    plt.subplot(2, 1, 1)
    plot_acf(data, ax=plt.gca(), lags=20)
    plt.title('Autocorrelation Function (ACF)')

    plt.subplot(2, 1, 2)
    plot_pacf(data, ax=plt.gca(), lags=20)
    plt.title('Partial Autocorrelation Function (PACF)')
```

```
    plt.tight_layout()
    plt.show()

# SARIMA 파라미터 결정 시뮬레이션
determine_sarima_parameters(seasonal_diff_data)
```

이 예제에서는 SARIMA 모델의 파라미터를 결정하기 위해 ACF와 PACF 플롯을 사용하는 과정을 시뮬레이션하였다. 계절성 데이터를 포함한 시계열 데이터에서는 이 플롯들이 p, q, P, Q 값을 설정하는 데 중요한 정보를 제공한다.

③ SARIMA 모델의 구축 및 평가 (Building and Evaluating the SARIMA Model)

SARIMA 모델의 파라미터가 결정되면, 모델을 구축하고 데이터를 예측할 수 있다. SARIMA 모델의 성능은 주로 예측 오차(예: MSE, MAE)로 평가된다.

```
from statsmodels.tsa.statespace.sarimax import SARIMAX
from sklearn.metrics import mean_squared_error

# SARIMA 모델 구축 및 평가
def build_sarima_model(data, order=(1, 1, 1), seasonal_order=(1, 1, 1, 12)):
    model = SARIMAX(data, order=order, seasonal_order=seasonal_order)
    model_fit = model.fit(disp=False)
    print(model_fit.summary())

    # 예측
    forecast = model_fit.forecast(steps=10)
    mse = mean_squared_error(data[-10:], forecast)
    print(f'Mean Squared Error: {mse}')

    # 시각화
    plt.plot(data, label='Observed')
    plt.plot(np.arange(len(data), len(data) + len(forecast)), forecast, label='Forecast',
color='red')
```

```
    plt.title('SARIMA Model Forecast')
    plt.xlabel('Time')
    plt.ylabel('Value')
    plt.legend()
    plt.show()
    return forecast

# SARIMA 모델 적용 예시
sarima_forecast = build_sarima_model(seasonal_diff_data)
```

이 예제에서는 SARIMA 모델을 구축하고, 데이터를 예측하는 과정을 시뮬레이션하였다. 예측된 값과 실제 데이터를 비교하여 모델의 성능을 평가할 수 있다.

3) SARIMA 모델의 한계 (Limitations of SARIMA Model)

SARIMA 모델은 계절성을 효과적으로 처리할 수 있는 강력한 도구이지만, 몇 가지 한계가 있다.

- 복잡성: SARIMA 모델은 계절성과 비계절성 요소를 모두 포함하므로, 파라미터 설정과 모델 구축이 복잡해질 수 있다.
- 비선형성: SARIMA 모델은 주로 선형 관계를 가정하므로, 비선형 패턴을 포함하는 데이터에서는 성능이 제한적일 수 있다.
- 대규모 데이터: SARIMA 모델은 대규모 데이터 처리에 있어 계산 복잡성이 증가할 수 있으며, 모델 학습이 느려질 수 있다.

SARIMA 모델의 이러한 한계를 극복하기 위해 비선형 모델이나 하이브리드 모델이 사용될 수 있다.

(3) ARIMA와 SARIMA 모델의 비교 (Comparison between ARIMA and SARIMA Models)

ARIMA와 SARIMA 모델은 시계열 데이터 분석에 널리 사용되지만, 두 모델 간의 차이점과 사용되는 경우가 다르다.

1) 사용 용도와 적용 사례 (Use Cases and Applications)

- ARIMA 모델: 주로 비계절성 시계열 데이터를 분석하는 데 사용된다. 비정상성을 제거하고, 과거 데이터를 기반으로 예측하는 데 효과적이다.
- SARIMA 모델: 계절성을 포함한 시계열 데이터를 분석하는 데 적합하다. 계절 주기를 고려하여 데이터를 예측할 수 있으므로, 계절성 패턴이 있는 데이터에서 더 나은 성능을 발휘한다.

2) 모델 성능 비교 (Performance Comparison)

모델 성능은 데이터의 특성에 따라 다르며, 특정 데이터셋에서 어느 모델이 더 나은 성능을 보이는지는 실험적으로 평가해야 한다. 일반적으로, 계절성이 강한 데이터에서는 SARIMA 모델이 더 나은 성능을 보인다.

```
# ARIMA와 SARIMA 모델 성능 비교 예시
arima_forecast = build_arima_model(time_series_data)
sarima_forecast = build_sarima_model(seasonal_diff_data)

# 성능 평가 (예: MSE 비교)
arima_mse = mean_squared_error(time_series_data[-10:], arima_forecast)
sarima_mse = mean_squared_error(seasonal_diff_data[-10:], sarima_forecast)
print(f'ARIMA MSE: {arima_mse}')
print(f'SARIMA MSE: {sarima_mse}')
```

이 예제에서는 ARIMA 모델과 SARIMA 모델을 적용하여 두 모델의 예측 성능을 비교하는 과정을 시뮬레이션하였다. 모델의 성능은 주로 예측 오차로 평가되며, 데이터의 특성에 따라 어느 모델이 더 적합한지 결정할 수 있다.

(4) ARIMA와 SARIMA 모델의 확장 및 응용 (Extensions and Applications of ARIMA and SARIMA Models)

ARIMA와 SARIMA 모델은 다양한 방식으로 확장될 수 있으며, 복잡한 시계열 데이터를 분석하기 위해 다양한 응용 사례에서 사용된다.

1) 계층적 시계열 모델링 (Hierarchical Time Series Modeling)

계층적 시계열 모델링은 ARIMA나 SARIMA 모델을 여러 계층에서 적용하여, 지역적 또는 세부적인 패턴을 포착하는 방법이다. 이는 특히 여러 지역 또는 범주에 걸쳐 데이터를 분석할 때 유용하다.

2) 하이브리드 모델링 (Hybrid Modeling)

하이브리드 모델링은 ARIMA 또는 SARIMA 모델을 다른 시계열 모델이나 머신러닝 모델과 결합하여 더 높은 성능을 달성하는 방법이다. 예를 들어, ARIMA 모델과 LSTM(Long Short-Term Memory) 모델을 결합하여 비선형성을 더 잘 처리할 수 있다. 이를 통해 보다 정교하고 정확한 예측이 가능하다.

```
from keras.models import Sequential
from keras.layers import Dense, LSTM
from sklearn.preprocessing import MinMaxScaler

# 하이브리드 모델 구축 예시 (ARIMA + LSTM)
def build_hybrid_model(data):
    # 1. ARIMA 모델로 선형 부분 예측
    arima_model = ARIMA(data, order=(1, 1, 1))
    arima_fit = arima_model.fit()
    arima_residuals = arima_fit.resid  # 잔차(residual)를 사용하여 비선형 부분 모델링
```

```
# 2. LSTM 모델로 비선형 부분 예측
scaler = MinMaxScaler(feature_range=(0, 1))
scaled_data = scaler.fit_transform(arima_residuals.reshape(-1, 1))

X_train, y_train = [], []
for i in range(60, len(scaled_data)):
    X_train.append(scaled_data[i-60:i, 0])
    y_train.append(scaled_data[i, 0])
X_train, y_train = np.array(X_train), np.array(y_train)
X_train = np.reshape(X_train, (X_train.shape[0], X_train.shape[1], 1))

lstm_model = Sequential()
lstm_model.add(LSTM(units=50,return_sequences=True,
input_shape=(X_train.shape[1], 1)))
lstm_model.add(LSTM(units=50, return_sequences=False))
lstm_model.add(Dense(25))
lstm_model.add(Dense(1))

lstm_model.compile(optimizer='adam', loss='mean_squared_error')
lstm_model.fit(X_train, y_train, batch_size=1, epochs=1)

# 예측 결과 결합
arima_forecast = arima_fit.forecast(steps=10)
lstm_forecast = lstm_model.predict(scaled_data[-70:])
lstm_forecast = scaler.inverse_transform(lstm_forecast)

final_forecast = arima_forecast + lstm_forecast[-10:].flatten()

# 시각화
plt.plot(data, label='Observed')
plt.plot(np.arange(len(data), len(data) + len(final_forecast)), final_forecast, label='Hybrid
Forecast', color='red')
plt.title('Hybrid ARIMA + LSTM Model Forecast')
plt.xlabel('Time')
```

```
    plt.ylabel('Value')
    plt.legend()
    plt.show()

    return final_forecast

# 하이브리드 모델 적용 예시
hybrid_forecast = build_hybrid_model(time_series_data)
```

이 예제에서는 ARIMA와 LSTM 모델을 결합하여 하이브리드 예측 모델을 구축하는 방법을 시뮬레이션하였다. 이와 같이 두 모델의 장점을 결합하면 시계열 데이터의 선형적 및 비선형적 특성을 모두 고려한 예측이 가능하다.

3) 실시간 시계열 예측 (Real-Time Time Series Forecasting)

실시간 시계열 예측은 산업 자동화, 금융 거래, 스마트 그리드 등에서 중요한 역할을 한다. ARIMA와 SARIMA 모델은 실시간 데이터를 기반으로 연속적인 예측을 수행할 수 있으며, 이를 통해 즉각적인 의사 결정을 지원할 수 있다.

```
# 실시간 예측 예시: 새로운 데이터가 추가될 때마다 예측 업데이트
def real_time_forecasting(model, new_data):
    model.update(new_data)
    forecast = model.forecast(steps=1)
    return forecast

# 실시간 예측 시뮬레이션
for new_point in [1.5, 2.0, 1.8, 2.1]:
    forecast = real_time_forecasting(arima_fit, new_point)
    print(f"Real-time forecast with new data point {new_point}: {forecast}")
```

이 예제에서는 ARIMA 모델을 사용하여 실시간으로 데이터를 업데이트하고, 새로운 데이터를 기반으로 즉각적인 예측을 수행하는 방법을 시뮬레이션하였다. 실시간 시계열 예측은 변동이 빠른 환경에서 중요한 역할을 한다.

4) 빅데이터와의 통합 (Integration with Big Data)

시계열 분석은 빅데이터 환경에서 특히 중요하다. 해상풍력 발전소와 같은 환경에서, 센서에서 생성되는 대량의 시계열 데이터를 실시간으로 처리하고 분석하는 것은 필수적이다. ARIMA와 SARIMA 모델은 이러한 빅데이터 환경에 통합되어, 대규모 데이터를 효율적으로 분석하고 예측할 수 있다.

```
# 빅데이터 환경에서의 SARIMA 모델 적용 예시
import dask.dataframe as dd

def apply_sarima_on_bigdata(file_path):
    df = dd.read_csv(file_path)  # 대규모 데이터 읽기
    df['predicted'] = df.map_partitions(lambda part: SARIMAX(part['value'], order=(1, 1,
1), seasonal_order=(1, 1, 1, 12)).fit().predict())
    return df

# 빅데이터 시뮬레이션
# 여기서는 실제 파일을 사용하지 않으므로, 예제 시뮬레이션 코드만 제공
# large_data_forecast = apply_sarima_on_bigdata('large_timeseries_data.csv')
```

이 예제에서는 Dask를 사용하여 빅데이터 환경에서 SARIMA 모델을 적용하는 방법을 시뮬레이션하였다. 빅데이터 환경에서는 분산 처리가 가능하도록 설계된 도구를 사용하여, 대규모 시계열 데이터를 효율적으로 분석할 수 있다.

4.2.3 딥러닝 기반 시계열 예측: LSTM, GRU

딥러닝 기술은 복잡한 시계열 데이터를 분석하고 예측하는 데 있어 강력한 도구로 자리 잡았다. 특히, LSTM(Long Short-Term Memory)과 GRU(Gated Recurrent Unit)와 같은 순환 신경망(Recurrent Neural Networks, RNN)의 변형은 시간적 의존성이 있는 데이터를 효과적으로 처리할 수 있다. 이 장에서는 LSTM과 GRU를 중심으로 딥러닝 기반 시계열 예측 기법을 설명하겠다.

(1) 순환 신경망(RNN)의 기본 개념 (Basic Concepts of Recurrent Neural Networks)

순환 신경망(RNN)은 시간에 따라 변화하는 데이터의 패턴을 학습할 수 있도록 설계된 신경망이다. RNN은 이전 시점의 정보를 기억하여 현재의 예측에 반영할 수 있으며, 이는 시계열 데이터를 다루는 데 매우 유용하다.

1) RNN의 구조와 작동 원리 (Structure and Operation of RNNs)

RNN의 기본 구조는 입력과 출력을 연결하는 여러 개의 은닉층(hidden layers)으로 구성된다. RNN의 중요한 특징은 은닉층의 출력이 다음 시점의 입력으로 사용된다는 점이다. 이는 다음과 같은 수식으로 표현된다.

$$h_t = \sigma(W_{hh}h_{t-1} + W_{xh}x_t + b_h)$$

$$y_t = W_{hy}h_t + b_y$$

여기서:

- h_t는 t 시점의 은닉층 상태(hidden state)이다.
- x_t는 t 시점의 입력이다.
- y_t는 t 시점의 출력이다.
- W_{hh}, W_{xh}, W_{hy}는 가중치 행렬이다.
- b_h, b_y는 바이어스(bias)이다.
- σ는 활성화 함수(activation function)이다.

이 구조는 시계열 데이터의 시간적 패턴을 학습하는 데 적합하다.

2) RNN의 한계와 문제점 (Limitations and Challenges of RNNs)

RNN은 시간적 의존성을 처리하는 데 강력하지만, 긴 시퀀스의 데이터를 학습하는 데 몇 가지 문제를 겪는다. 주요 문제는 장기 의존성(long-term dependency) 문제와 기울기 소실(gradient vanishing) 문제이다.

- 장기 의존성 문제: RNN은 긴 시퀀스의 데이터를 처리할 때, 이전 시점의 정보가 소실될 수 있어 장기적인 의존성을 학습하기 어렵다.
- 기울기 소실 문제: 역전파(backpropagation) 과정에서 기울기가 점차 소실되면서, 초기 시점의 가중치가 효과적으로 업데이트되지 않는 문제가 발생할 수 있다. 이로 인해 RNN은 긴 시퀀스를 다루는 데 어려움을 겪는다.

이러한 한계를 극복하기 위해 LSTM(Long Short-Term Memory)과 GRU(Gated Recurrent Unit)와 같은 고급 순환 신경망 구조가 개발되었다.

(2) LSTM (Long Short-Term Memory)

LSTM은 RNN의 한계를 극복하기 위해 개발된 모델로, 긴 시퀀스의 데이터를 처리하는 데 적합하다. LSTM은 메모리 셀, 입력 게이트, 출력 게이트, 망각 게이트로 구성되어 있으며, 중요한 정보를 장기적으로 유지하고 불필요한 정보를 잊어버리는 메커니즘을 통해 장기 의존성 문제를 해결한다.

1) LSTM의 구조와 작동 원리 (Structure and Operation of LSTM)

LSTM의 핵심 구성 요소는 메모리 셀(cell state)이다. 메모리 셀은 정보를 유지하거나 잊어버리는 역할을 하며, 이를 조절하기 위해 세 가지 게이트를 사용한다.

- 입력 게이트 (Input Gate): 새로운 정보를 메모리 셀에 얼마나 저장할지를 결정한다.
- 망각 게이트 (Forget Gate): 이전 메모리 셀의 정보를 얼마나 잊을지를 결정한다.
- 출력 게이트 (Output Gate): 메모리 셀의 정보를 얼마나 출력할지를 결정한다.
- LSTM의 작동은 다음과 같은 수식으로 표현된다.

$$f_t = \sigma(W_f \cdot [h_{t\ \ 1},\ x_t] + b_f)$$

$$i_t = \sigma(W_i \cdot [h_{t\ \ 1},\ x_t] + b_i)$$

$$\hat{C}_t = \tanh(W_C \cdot [h_{t\ \ 1},\ x_t] + b_C)$$

$$C_t = f_t * C_{t\ \ 1} + i_t * \hat{C}_t$$

$$o_t = \sigma(W_o \cdot [h_{t\ \ 1},\ x_t] + b_o)$$

$$h_t = o_t * \tanh(C_t)$$

여기서:

- f_t는 망각 게이트의 출력이다.
- i_t는 입력 게이트의 출력이다.
- $\tilde{C}_t$는 새로운 메모리 셀 상태이다.
- C_t는 업데이트된 메모리 셀 상태이다.
- o_t는 출력 게이트의 출력이다.
- h_t는 현재 시점의 은닉 상태이다.
- W_f, W_i, W_C, W_v는 각각의 가중치 행렬이다.
- b_f, b_i, b_C, b_v는 각각의 바이어스이다.
- σ는 시그모이드 함수이며, tanh는 하이퍼블릭 탄젠트 함수이다.

이 구조는 LSTM이 긴 시퀀스의 데이터를 처리할 수 있도록 하며, RNN보다 더 안정적인 학습을 가능하게 한다.

2) LSTM의 적용 예시 (Example of LSTM Application)

LSTM은 금융 시계열 데이터, 기후 데이터, 주식 가격 예측 등 다양한 분야에서 활용된다. 다음은 LSTM을 사용하여 시계열 데이터를 예측하는 예시 코드이다:

```
import numpy as np
import tensorflow as tf
from tensorflow.keras.models import Sequential
from tensorflow.keras.layers import LSTM, Dense

# 데이터 준비
time_steps = 60
data_length = 1000
X_train = np.random.rand(data_length, time_steps, 1)
y_train = np.random.rand(data_length, 1)

# LSTM 모델 정의
model = Sequential()
model.add(LSTM(units=50,                                return_sequences=True,
input_shape=(X_train.shape[1], 1)))
model.add(LSTM(units=50))
model.add(Dense(1))

# 모델 컴파일
model.compile(optimizer='adam', loss='mean_squared_error')

# 모델 학습
model.fit(X_train, y_train, epochs=10, batch_size=32)

# 예측
predictions = model.predict(X_train)
```

이 예제에서는 LSTM을 사용하여 시계열 데이터를 예측하는 방법을 시뮬레이션하였다. 모델은 입력 시퀀스를 받아 출력값을 예측하며, 이 과정에서 LSTM의 게이트 메커니즘이 중요한 역할을 한다.

3) LSTM의 장점과 한계 (Advantages and Limitations of LSTM)

LSTM의 주요 장점은 긴 시퀀스에서 장기적인 의존성을 학습할 수 있다는 점이다. 이는 특히 데이터의 중요한 패턴이 긴 시간 동안 유지되는 경우에 매우 유용하다. 그러나 LSTM은 다음과 같은 몇 가지 한계도 가지고 있다.

- 복잡한 구조: LSTM은 일반적인 RNN보다 복잡한 구조를 가지며, 학습에 더 많은 시간이 소요될 수 있다.
- 메모리 소모: LSTM의 복잡한 구조로 인해, 메모리 소모가 많아 대규모 데이터 처리에 어려움을 겪을 수 있다.
- 모델 튜닝의 어려움: 게이트 수와 가중치 행렬이 많아, 모델의 튜닝이 어려울 수 있다.

(3) GRU (Gated Recurrent Unit)

GRU는 LSTM의 변형 모델로, RNN의 단점을 보완하면서도 더 간단한 구조를 제공한다. GRU는 LSTM과 유사한 기능을 수행하지만, 더 적은 파라미터로 효율적인 학습을 가능하게 한다.

1) GRU의 구조와 작동 원리 (Structure and Operation of GRU)

GRU는 LSTM과 마찬가지로 시계열 데이터의 장기 의존성을 처리할 수 있지만, 구조가 더 간단하다. GRU는 두 개의 게이트, 즉 리셋 게이트(reset gate)와 업데이트 게이트(update gate)로 구성된다. 이러한 간단한 구조는 GRU가 더 빠르게 학습할 수 있도록 돕는다.

GRU의 작동은 다음과 같은 수식으로 표현된다.

$$z_t = \sigma(W_z \cdot [h_{t-1}, x_t])$$

$$r_t = \sigma(W_r \cdot [h_{t-1}, x_t])$$

$$\tilde{h}_t = \tanh(W_h \cdot [r_t * h_{t-1}, x_t])$$

$$h_t = (1 - z_t) * h_{t-1} + z_t * \tilde{h}_t$$

여기서:

- z_t는 업데이트 게이트의 출력이다.
- r_t는 리셋 게이트의 출력이다.
- $\tilde{h}_t$는 새로운 은닉 상태이다.
- h_t는 현재 시점의 은닉 상태이다.
- W_z, W_r, W_h는 각각의 가중치 행렬이다.
- σ는 시그모이드 함수이며, tanh는 하이퍼볼릭 탄젠트 함수이다.

GRU는 리셋 게이트와 업데이트 게이트를 통해 이전 상태를 얼마나 기억할지를 결정하며, 이를 통해 학습 속도를 높인다.

2) GRU의 적용 예시 (Example of GRU Application)

GRU는 LSTM과 마찬가지로 시계열 예측에 사용되며, 특히 더 간단하고 빠른 학습이 필요한 경우에 적합하다. 다음은 GRU를 사용하여 시계열 데이터를 예측하는 예시 코드이다:

```
import numpy as np
import tensorflow as tf
from tensorflow.keras.models import Sequential
from tensorflow.keras.layers import GRU, Dense

# 데이터 준비
time_steps = 60
data_length = 1000
X_train = np.random.rand(data_length, time_steps, 1)
y_train = np.random.rand(data_length, 1)

# GRU 모델 정의
model = Sequential()
model.add(GRU(units=50,                                        return_sequences=True,
input_shape=(X_train.shape[1], 1)))
model.add(GRU(units=50))
model.add(Dense(1))

# 모델 컴파일
model.compile(optimizer='adam', loss='mean_squared_error')

# 모델 학습
model.fit(X_train, y_train, epochs=10, batch_size=32)

# 예측
predictions = model.predict(X_train)
```

이 예제에서는 GRU를 사용하여 시계열 데이터를 예측하는 방법을 시뮬레이션하였다. GRU 모델은 입력 시퀀스를 받아 출력값을 예측하며, 더 간단한 구조 덕분에 LSTM보다 학습이 빠를 수 있다.

3) GRU의 장점과 한계 (Advantages and Limitations of GRU)

GRU의 주요 장점은 LSTM보다 구조가 간단하고, 학습 속도가 빠르다는 점이다. GRU는 LSTM과 비슷한 성능을 유지하면서도 계산 비용이 적고, 메모리 소모가 낮다는 이점이 있다. 그러나 GRU에도 몇 가지 한계가 있다.

- 복잡한 패턴 처리: LSTM에 비해 상대적으로 간단한 구조로 인해, 매우 복잡한 장기 의존성을 처리하는 데는 LSTM보다 성능이 떨어질 수 있다.
- 적용 사례 제한: 모든 시계열 데이터에서 LSTM보다 성능이 뛰어난 것은 아니며, 특정 데이터셋에서는 LSTM이 더 적합할 수 있다.

(4) LSTM과 GRU의 비교 (Comparison between LSTM and GRU)

LSTM과 GRU는 모두 시계열 데이터의 장기 의존성을 처리하기 위한 강력한 도구이지만, 각각의 모델은 장단점이 있다. 이 두 모델의 비교를 통해, 어떤 상황에서 어떤 모델이 더 적합한지를 이해할 수 있다.

1) 구조적 차이 (Structural Differences)

- LSTM: LSTM은 메모리 셀, 입력 게이트, 망각 게이트, 출력 게이트로 구성되며, 복잡한 패턴을 처리하는 데 적합하다. 이러한 복잡한 구조는 더 높은 예측 정확도를 제공할 수 있지만, 계산 비용이 높고 학습 시간이 길어질 수 있다.
- GRU: GRU는 리셋 게이트와 업데이트 게이트를 사용하여 LSTM보다 간단한 구조를 가진다. 이로 인해 GRU는 더 빠르게 학습할 수 있으며, 메모리 소모가 적다. 그러나 LSTM이 더 복잡한 시계열 패턴을 처리하는 데 유리한 경우도 있다.

2) 성능 비교 (Performance Comparison)

LSTM과 GRU의 성능은 데이터셋에 따라 다를 수 있다. 다음은 LSTM과 GRU를 같은 데이터셋에서 적용하여 성능을 비교하는 코드 예시이다:

```
from sklearn.metrics import mean_squared_error

# LSTM 모델 성능 평가
lstm_predictions = model.predict(X_train)
lstm_mse = mean_squared_error(y_train, lstm_predictions)
print(f'LSTM Mean Squared Error: {lstm_mse}')

# GRU 모델 성능 평가
gru_model = Sequential()
gru_model.add(GRU(units=50,                    return_sequences=True,
input_shape=(X_train.shape[1], 1)))
gru_model.add(GRU(units=50))
gru_model.add(Dense(1))
gru_model.compile(optimizer='adam', loss='mean_squared_error')

gru_model.fit(X_train, y_train, epochs=10, batch_size=32)
gru_predictions = gru_model.predict(X_train)
gru_mse = mean_squared_error(y_train, gru_predictions)
print(f'GRU Mean Squared Error: {gru_mse}')
```

이 예제에서는 같은 데이터셋에서 LSTM과 GRU의 예측 성능을 비교하는 방법을 시뮬레이션하였다. 각 모델의 평균 제곱 오차(MSE)를 계산하여, 어떤 모델이 주어진 데이터셋에서 더 적합한지 판단할 수 있다.

3) 적용 사례와 선택 기준 (Application Scenarios and Selection Criteria)

LSTM과 GRU는 각각의 특성에 따라 다양한 시나리오에서 사용될 수 있다. 다음은 이 두 모델의 적용 사례와 선택 기준에 대한 설명이다.

- LSTM: 복잡한 장기 의존성이 중요한 데이터셋, 예를 들어 금융 시계열 데이터, 기후 데이터, 텍스트 데이터 처리 등에서 LSTM이 더 적합하다. LSTM은 보다 복잡한 패턴을 학습할 수 있는 능력이 있다.

- GRU: 계산 비용이 중요하거나, 학습 속도가 중요한 경우 GRU가 더 적합하다. GRU는 비교적 간단한 시계열 패턴을 학습하는 데 유리하며, 하드웨어 리소스가 제한된 환경에서 더 효율적으로 작동한다.

(5) 딥러닝 기반 시계열 예측의 응용 (Applications of Deep Learning-Based Time Series Forecasting)

딥러닝 기반 시계열 예측은 다양한 산업 분야에서 널리 응용되고 있다. 특히, LSTM과 GRU는 복잡한 시간적 패턴을 분석하고 예측하는 데 탁월한 성능을 발휘한다.

1) 금융 데이터 분석 (Financial Data Analysis)

LSTM과 GRU는 금융 시계열 데이터를 분석하고 예측하는 데 매우 유용하다. 주식 가격, 외환 시장, 금리 등 다양한 금융 데이터의 복잡한 패턴을 학습하여, 미래의 가격 변동을 예측할 수 있다.

2) 에너지 수요 예측 (Energy Demand Forecasting)

에너지 산업에서는 시계열 데이터를 기반으로 수요 예측이 중요하다. LSTM과 GRU는 전력 수요, 가스 수요 등의 예측에 활용될 수 있으며, 이를 통해 에너지 자원을 효율적으로 관리할 수 있다.

3) 기후 데이터 분석 (Climate Data Analysis)

기후 데이터는 복잡한 시간적 패턴을 가지며, LSTM과 GRU는 이러한 데이터를 분석하여 기후 변화, 강수량 예측, 온도 변화 등을 예측하는 데 사용될 수 있다.

4.3 머신러닝을 활용한 해상풍력 예측

해상풍력 예측은 풍력 발전의 효율성을 극대화하고 운영 비용을 최소화하는 데 중요한 역할을 한다. 머신러닝 기술은 해상풍력의 발전량을 예측하고, 예측 정확도를 향상시키는 데 효과적으로 활용될 수 있다.

4.3.1 풍력 예측 모델링 (Wind Prediction Modeling)

풍력 예측 모델링은 해상풍력 발전소의 효율적 운영을 위해 필수적이다. 머신러닝을 활용한 예측 모델은 복잡한 비선형성을 포착하고, 다양한 환경 요인과의 상관관계를 분석하여 예측 정확도를 높일 수 있다.

(1) 풍력 예측의 개요 (Overview of Wind Prediction)

풍력 예측은 주로 다음과 같은 요소에 의존한다.

- 풍속(Wind Speed): 풍력 발전의 주요 요소로, 발전량과 직접적인 상관관계가 있다.
- 풍향(Wind Direction): 터빈의 최적의 위치 조정에 중요하며, 발전 효율에 영향을 미친다.
- 기상 데이터(Meteorological Data): 기온, 습도, 기압 등의 기상 요소가 풍력 예측에 중요한 변수로 작용한다.

이러한 요소들을 기반으로, 머신러닝 모델은 과거 데이터를 학습하여 미래의 발전량을 예측할 수 있다.

1) 머신러닝을 활용한 예측 모델의 개념 (Concept of Machine Learning-Based Prediction Models)

머신러닝 모델은 과거 데이터를 학습하여 미래를 예측하는 데 사용된다. 주요 개념은 다음과 같다.

- 지도학습(Supervised Learning): 레이블이 있는 데이터를 사용하여 모델을 학습시킨다. 풍력 예측에서는 과거의 풍속, 풍향, 기상 데이터 등을 기반으로 발전량을 예측하는 것이 일반적이다.
- 비지도학습(Unsupervised Learning): 레이블이 없는 데이터를 분석하여 패턴을 발견한다. 군집 분석을 통해 유사한 풍력 발전 패턴을 그룹화하는 데 사용될 수 있다.
- 강화학습(Reinforcement Learning): 에이전트가 환경과 상호작용하면서 최적의 행동을 학습한다. 풍력 터빈의 최적 제어에 사용될 수 있다.

① 머신러닝 알고리즘의 선택 (Selection of Machine Learning Algorithms)

풍력 예측을 위해 다양한 머신러닝 알고리즘이 사용될 수 있다. 각 알고리즘은 데이터의 특성과 예측 목표에 따라 선택된다.

- 선형 회귀(Linear Regression): 간단한 예측 모델로, 선형 관계를 가정한다. 풍속과 발전량 간의 관계를 모델링하는 데 사용될 수 있다.

$$y = \beta_0 + \beta_1 x_1 + \beta_2 x_2 + \cdots + \beta_n x_n + \epsilon$$

여기서 y는 예측된 발전량, x_1, $x_2,\cdots,x_n$은 입력 변수(예: 풍속, 풍향), β_0, β_1, $\cdots$, β_n은 회귀 계수이다.

- 결정 트리(Decision Trees): 데이터를 분할하여 예측을 수행하는 트리 구조의 알고리즘이다. 비선형적인 풍력 발전 패턴을 학습하는 데 적합하다.

- 랜덤 포레스트(Random Forest): 여러 개의 결정 트리를 결합하여 예측 정확도를 높이는 앙상블 기법이다. 다양한 기상 조건에서 풍력 발전을 예측하는 데 유용하다.
- 서포트 벡터 머신(Support Vector Machines, SVM): 데이터의 경계를 분리하는 최적의 초평면을 찾는 알고리즘이다. 복잡한 비선형 관계를 가진 데이터를 처리할 수 있다.
- 신경망(Neural Networks): 복잡한 비선형 패턴을 학습할 수 있는 강력한 모델이다. 다층 퍼셉트론(MLP)부터 심층 신경망(DNN)까지 다양한 구조가 있으며, 해상풍력 예측에 널리 사용된다.

② 데이터 전처리 (Data Preprocessing)

풍력 예측의 성공은 데이터의 품질에 크게 의존한다. 따라서, 모델을 학습하기 전에 데이터를 적절히 전처리해야 한다. 주요 전처리 단계는 다음과 같다.

- 결측값 처리(Handling Missing Data): 결측값을 채우거나 제거하여 데이터의 일관성을 유지한다. 평균 대체, 선형 보간법 등이 사용될 수 있다.

```
from sklearn.impute import SimpleImputer
imputer = SimpleImputer(strategy='mean')
X_imputed = imputer.fit_transform(X)
```

- 데이터 정규화(Data Normalization): 입력 변수의 범위를 조정하여 모델 학습을 효율적으로 만든다. Min-Max 스케일링, Z-스코어 정규화 등이 일반적으로 사용된다.

```
from sklearn.preprocessing import MinMaxScaler
scaler = MinMaxScaler()
X_scaled = scaler.fit_transform(X)
```

- 특성 선택(Feature Selection): 모델 성능을 향상시키기 위해 예측에 중요한 변수만 선택한다. 피어슨 상관계수, 카이제곱 검정, L1 정규화 등이 사용될 수 있다.

```
from sklearn.feature_selection import SelectKBest, f_regression
X_selected = SelectKBest(score_func=f_regression, k=10).fit_transform(X, y)
```

③ 모델 학습 (Model Training)

모델 학습은 예측 모델을 데이터에 맞게 조정하는 과정이다. 학습 과정은 주어진 데이터를 사용하여 모델의 가중치를 최적화하는 것을 포함한다. 모델 학습의 주요 단계는 다음과 같다.

- 데이터 분할(Data Splitting): 데이터를 학습 세트와 테스트 세트로 나누어 모델의 성능을 평가한다. 일반적으로 70:30 또는 80:20 비율로 분할된다.

```
from sklearn.model_selection import train_test_split
X_train, X_test, y_train, y_test = train_test_split(X, y, test_size=0.2, random_state=42)
```

- 모델 학습(Model Fitting): 학습 데이터를 사용하여 모델을 학습시킨다. 예를 들어, 랜덤 포레스트 모델을 학습시키는 방법은 다음과 같다:

```
from sklearn.ensemble import RandomForestRegressor
model = RandomForestRegressor(n_estimators=100, random_state=42)
model.fit(X_train, y_train)
```

- 모델 검증(Model Validation): 교차 검증(cross-validation)을 통해 모델의 성능을 평가한다. 이는 데이터 과적합을 방지하고 일반화 성능을 평가하는 데 중요하다.

```
from sklearn.model_selection import cross_val_score
scores = cross_val_score(model, X_train, y_train, cv=5)
print(f'Cross-validation scores: {scores}')
```

④ 예측과 평가 (Prediction and Evaluation)

모델 학습이 완료되면, 테스트 데이터를 사용하여 예측을 수행하고 모델의 성능을 평가한다. 주요 평가 지표는 다음과 같다.

- 평균 제곱 오차(Mean Squared Error, MSE): 예측값과 실제값 간의 차이를 제곱하여 평균한 값이다. 값이 작을수록 예측 성능이 좋다.

$$MSE = \frac{1}{n}\sum_{i=1}^{n}(y_i - \hat{y}_i)^2$$

- R^2 스코어(R-squared Score): 모델이 전체 변동성을 얼마나 잘 설명하는지를 나타낸다. 1에 가까울수록 좋은 모델이다.

$$R^2 = 1 - \frac{\sum_{i=1}^{n}(y_i - \hat{y}_i)^2}{\sum_{i=1}^{n}(y_i - \bar{y})^2}$$

- 평균 절대 오차(Mean Absolute Error, MAE): 예측값과 실제값 간의 차이의 절대값을 평균한 값이다.

```
from sklearn.metrics import mean_squared_error, r2_score, mean_absolute_error
y_pred = model.predict(X_test)
mse = mean_squared_error(y_test, y_pred)
r2 = r2_score(y_test, y_pred)
mae = mean_absolute_error(y_test, y_pred)

print(f'Mean Squared Error: {mse}')
print(f'R² Score: {r2}')
print(f'Mean Absolute Error: {mae}')
```

이 예제에서는 학습된 모델을 사용하여 테스트 데이터에 대해 예측을 수행하고, 주요 성능 지표인 MSE, R^2 스코어, MAE를 계산하여 모델의 성능을 평가한다. 이러한 평가 지표는 모델의 예측 정확도와 일반화 성능을 측정하는 데 중요한 역할을 한다.

⑤ 모델 최적화 (Model Optimization)

모델 최적화는 학습된 모델의 성능을 더욱 향상시키기 위해 다양한 기법을 적용하는 과정이다. 주요 최적화 기법에는 하이퍼파라미터 튜닝, 모델 앙상블, 그리고 특징 공학이 포함된다.

- 하이퍼파라미터 튜닝(Hyperparameter Tuning): 모델의 하이퍼파라미터를 조정하여 성능을 최적화한다. 그리드 서치(Grid Search)나 랜덤 서치(Random Search)를 통해 최적의 하이퍼파라미터를 찾을 수 있다.

```
from sklearn.model_selection import GridSearchCV

param_grid = {
    'n_estimators': [50, 100, 200],
    'max_depth': [None, 10, 20, 30],
    'min_samples_split': [2, 5, 10]
}
grid_search = GridSearchCV(estimator=model, param_grid=param_grid, cv=5,
n_jobs=-1, verbose=2)
grid_search.fit(X_train, y_train)
best_params = grid_search.best_params_

print(f'Best parameters: {best_params}')
```

- 모델 앙상블(Model Ensemble): 여러 개의 예측 모델을 결합하여 성능을 향상시킨다. 예를 들어, 배깅(Bagging), 부스팅(Boosting), 스태킹(Stacking)과 같은 기법이 사용될 수 있다.

```
from sklearn.ensemble import VotingRegressor

# 서로 다른 모델을 결합하여 앙상블 생성
ensemble_model = VotingRegressor([('rf', model), ('svr', svr_model)])
ensemble_model.fit(X_train, y_train)
y_pred_ensemble = ensemble_model.predict(X_test)
```

- 특징 공학(Feature Engineering): 새로운 특징을 생성하거나 기존 특징을 변환하여 모델 성능을 향상시킨다. 특징 교호작용(Feature Interaction)이나 다항식 특징(Polynomial Features) 등이 사용될 수 있다.

```
from sklearn.preprocessing import PolynomialFeatures

poly = PolynomialFeatures(degree=2)
X_poly = poly.fit_transform(X)
```

⑥ 실제 사례 연구 (Real-World Case Studies)

머신러닝 기반 풍력 예측 모델은 실제 해상풍력 발전소에서 널리 활용되고 있다. 다음은 몇 가지 실제 사례 연구를 통해 이러한 모델이 어떻게 적용되고 있는지를 설명한다.

- 사례 연구 1: 북해 해상풍력 발전소
  북해의 해상풍력 발전소에서는 랜덤 포레스트와 신경망 모델을 결합한 하이브리드 모델을 사용하여 발전량을 예측하고 있다. 이 모델은 복잡한 기상 조건을 고려하여 예측 정확도를 높였다. 특히, 강풍과 같은 극한 조건에서의 발전량 변동성을 잘 포착할 수 있었다.
- 사례 연구 2: 동아시아 해상풍력 프로젝트
  동아시아의 해상풍력 프로젝트에서는 서포트 벡터 머신(SVM)을 사용하여 풍력 발전량을 예측하고 있으며, 기상 데이터와 함께 해양 조건 데이터를 결합하여 모델의 성능을 최적화하고 있다. SVM은 비선형적인 데이터 특성을 잘 포착하여 높은 예측 정확도를 달성하였다.

⑦ 머신러닝 모델의 배포와 유지관리 (Deployment and Maintenance of Machine Learning Models)

모델이 학습되고 최적화된 후에는 실제 환경에 배포하여 운영할 수 있어야 한다. 이 과정에는 모델의 지속적인 성능 모니터링과 업데이트가 포함된다.

- 모델 배포(Model Deployment): 학습된 모델을 클라우드 또는 로컬 서버에 배포하여 실시간 예측을 수행할 수 있도록 한다. REST API 또는 배치 예측(batch prediction) 형태로 구현될 수 있다.

```
import joblib

# 모델 저장
joblib.dump(model, 'wind_prediction_model.pkl')

# 모델 불러오기
loaded_model = joblib.load('wind_prediction_model.pkl')
```

- 모델 모니터링(Model Monitoring): 배포된 모델의 성능을 지속적으로 모니터링하여 예측 정확도를 유지한다. 성능 저하가 감지되면 모델을 재학습하거나 업데이트해야 한다.
- 모델 업데이트(Model Updating): 환경 변화나 데이터 분포의 변화에 따라 모델을 재학습하거나 새로운 데이터를 사용하여 업데이트해야 한다. 이를 통해 모델의 신뢰성과 정확도를 유지할 수 있다.

4.3.2 회귀 모델을 통한 풍력 예측

회귀 분석은 연속적인 목표 변수를 예측하는 데 사용되는 통계적 기법으로, 해상풍력 발전량 예측에 유용하게 활용될 수 있다. 회귀 모델은 풍력 예측을 위해 다양한 기상 데이터와 환경 변수를 입력으로 사용하여 발전량을 예측한다.

(1) 회귀 분석의 기본 개념 (Basic Concepts of Regression Analysis)

회귀 분석은 변수들 간의 관계를 모델링하여, 독립 변수들로부터 종속 변수를 예측하는 방법이다. 풍력 예측에서는 풍속, 풍향, 기온, 습도 등의 독립 변수를 사용하여 풍력 발전량(종속 변수)을 예측할 수 있다.

1) 선형 회귀 (Linear Regression)

선형 회귀는 가장 기본적인 회귀 기법으로, 독립 변수와 종속 변수 간의 선형 관계를 모델링한다. 선형 회귀 모델은 다음과 같은 수식으로 표현된다.

$$y = \beta_0 + \beta_1 x_1 + \beta_2 x_2 + \cdots + \beta_n x_n + \epsilon$$

여기서:

- y는 예측된 종속 변수(풍력 발전량)이다.
- x_1, $x_2, \cdots, x_n$은 독립 변수(풍속, 풍향 등)이다.
- β_0는 절편(intercept)이다.
- β_0, β_1, $\cdots$, β_n은 회귀 계수이다.
- ϵ은 오차 항이다.

선형 회귀는 간단하면서도 효율적인 예측 방법이지만, 변수들 간의 관계가 선형일 때만 잘 작동한다.

① 선형 회귀의 구현 (Implementation of Linear Regression)

선형 회귀 모델은 머신러닝 라이브러리인 scikit-learn을 사용하여 쉽게 구현할 수 있다. 다음은 선형 회귀를 사용하여 풍력 예측을 수행하는 예제 코드이다:

```
import numpy as np
import pandas as pd
from sklearn.model_selection import train_test_split
from sklearn.linear_model import LinearRegression
from sklearn.metrics import mean_squared_error, r2_score

# 데이터 준비
df = pd.read_csv('wind_data.csv')  # 풍력 데이터 로드
X = df[['wind_speed', 'wind_direction', 'temperature', 'humidity']]  # 독립 변수
y = df['power_output']  # 종속 변수

# 데이터 분할
X_train,  X_test,  y_train,  y_test  =  train_test_split(X,  y,  test_size=0.2,
random_state=42)

# 선형 회귀 모델 학습
model = LinearRegression()
model.fit(X_train, y_train)

# 예측 및 평가
y_pred = model.predict(X_test)
mse = mean_squared_error(y_test, y_pred)
r2 = r2_score(y_test, y_pred)

print(f'Mean Squared Error: {mse}')
print(f'R² Score: {r2}')
```

이 코드는 풍력 예측을 위해 선형 회귀 모델을 학습시키고, 테스트 데이터에 대한 예측 결과를 평가하는 방법을 보여준다. 평가 지표로는 MSE(Mean Squared Error)와 R^2 스코어가 사용된다.

② 선형 회귀의 한계 (Limitations of Linear Regression)

선형 회귀는 단순하고 해석이 쉬운 모델이지만, 다음과 같은 몇 가지 한계가 있다.

- 비선형성의 처리 부족: 선형 회귀는 독립 변수와 종속 변수 간의 관계가 선형일 때만 잘 작동한다. 데이터가 비선형적인 관계를 가지고 있는 경우, 예측 성능이 떨어질 수 있다.
- 다중공선성: 독립 변수들 간의 높은 상관관계가 존재할 경우, 회귀 계수의 추정이 불안정해질 수 있다.
- 과적합 문제: 과도한 변수 사용으로 인해 모델이 과적합될 수 있으며, 이는 새로운 데이터에 대한 일반화 성능을 저하시킬 수 있다.

(2) 다항 회귀 (Polynomial Regression)

다항 회귀는 선형 회귀의 확장된 형태로, 독립 변수와 종속 변수 간의 비선형 관계를 모델링할 수 있다. 다항 회귀는 독립 변수의 다항식을 사용하여 예측 성능을 향상시킨다.

1) 다항 회귀의 개념 (Concept of Polynomial Regression)

다항 회귀 모델은 독립 변수의 차수를 높여 비선형 관계를 학습할 수 있도록 한다. 다항 회귀는 다음과 같은 수식으로 표현된다.

$$y = \beta_0 + \beta_1 x + \beta_2 x^2 + \beta_3 x^3 + \cdots + \beta_n x^n + \epsilon$$

여기서:

- y는 예측된 종속 변수(풍력 발전량)이다.
- x는 독립 변수(예: 풍속)이다.
- β_0, β_1, $\cdots$, β_n은 회귀 계수이다.
- x^2, x^3, $\cdots$, x^n은 독립 변수의 다항식이다.
- ϵ은 오차 항이다.

다항 회귀는 독립 변수의 비선형 효과를 모델링하여, 보다 정확한 예측을 가능하게 한다.

① 다항 회귀의 구현 (Implementation of Polynomial Regression)

다항 회귀는 PolynomialFeatures를 사용하여 독립 변수의 차수를 높여 구현할 수 있다. 다음은 다항 회귀를 사용하여 풍력 예측을 수행하는 예제 코드이다:

```
from sklearn.preprocessing import PolynomialFeatures
from sklearn.pipeline import make_pipeline

# 다항 회귀 모델 생성
poly = PolynomialFeatures(degree=2)  # 2차 다항식
model = make_pipeline(poly, LinearRegression())

# 모델 학습
model.fit(X_train, y_train)

# 예측 및 평가
y_pred = model.predict(X_test)
mse = mean_squared_error(y_test, y_pred)
r2 = r2_score(y_test, y_pred)

print(f'Mean Squared Error: {mse}')
print(f'R² Score: {r2}')
```

이 예제에서는 다항 회귀를 사용하여 풍력 예측을 수행하고, 평가 지표로 MSE와 R^2 스코어를 계산하여 모델의 성능을 평가한다.

② 다항 회귀의 한계 (Limitations of Polynomial Regression)

다항 회귀는 비선형 관계를 모델링할 수 있는 강력한 도구이지만, 다음과 같은 한계가 있다.

- 과적합 문제: 높은 차수의 다항식을 사용할 경우, 모델이 과적합되어 일반화 성능이 저하될 수 있다.
- 계산 복잡성: 독립 변수의 차수를 높이면 모델의 복잡성이 증가하고, 계산 비용이 높아질 수 있다.
- 해석 어려움: 고차 다항식의 경우, 모델의 해석이 어려울 수 있으며, 회귀 계수의 물리적 의미를 파악하기 어렵다.

(3) 릿지 회귀와 라쏘 회귀 (Ridge and Lasso Regression)

릿지 회귀와 라쏘 회귀는 선형 회귀의 확장된 형태로, 과적합을 방지하고 모델의 일반화 성능을 향상시키기 위해 정규화를 추가한 회귀 방법이다.

1) 릿지 회귀 (Ridge Regression)

릿지 회귀는 회귀 계수의 크기를 제한하여 과적합을 방지한다. 이를 위해 비용 함수에 L2 정규화를 추가한다. 릿지 회귀의 수식은 다음과 같다.

$$\min_{\beta} \left\{ \sum_{i=1}^{n} (y_i - \hat{y}_i)^2 + \lambda \sum_{j=1}^{p} \beta_j^2 \right\}$$

여기서:

- y_i는 실제 종속 변수 값이다.
- $\hat{y}_i$는 예측된 종속 변수 값이다.
- λ는 정규화 강도를 조절하는 하이퍼파라미터이다.
- β_j는 회귀 계수이다.

릿지 회귀는 모델의 과적합을 방지하면서도, 모든 변수를 포함한 상태로 모델을 학습시킬 수 있다. 이는 회귀 계수의 크기를 최소화함으로써, 모델이 복잡해지는 것을 방지하는 역할을 한다. 릿지 회귀는 특히 다중공선성이 존재하는 데이터셋에서 유용하다.

① 릿지 회귀의 구현 (Implementation of Ridge Regression)

릿지 회귀는 scikit-learn의 Ridge 클래스를 사용하여 쉽게 구현할 수 있다. 다음은 릿지 회귀를 사용하여 풍력 예측을 수행하는 예제 코드이다:

```
from sklearn.linear_model import Ridge

# 릿지 회귀 모델 생성
ridge_model = Ridge(alpha=1.0)  # alpha는 정규화 강도를 의미

# 모델 학습
ridge_model.fit(X_train, y_train)

# 예측 및 평가
y_pred = ridge_model.predict(X_test)
mse = mean_squared_error(y_test, y_pred)
r2 = r2_score(y_test, y_pred)

print(f'Mean Squared Error: {mse}')
print(f'R² Score: {r2}')
```

이 예제에서는 릿지 회귀를 사용하여 풍력 예측을 수행하고, 평가 지표로 MSE와 R^2 스코어를 계산하여 모델의 성능을 평가한다.

② 릿지 회귀의 장점과 한계 (Advantages and Limitations of Ridge Regression)

릿지 회귀는 모델의 과적합을 방지하는 데 효과적이지만, 몇 가지 한계도 존재한다.

장점:

- 과적합 방지: 회귀 계수의 크기를 제한하여 모델이 과적합되지 않도록 한다.
- 모든 변수 사용: 모든 독립 변수를 포함한 상태로 모델을 학습시키므로, 중요한 변수를 제거하지 않는다.

- 다중공선성 해결: 다중공선성이 존재하는 데이터셋에서 안정적인 회귀 계수를 추정할 수 있다.

한계:

- 변수 선택 불가능: 릿지 회귀는 회귀 계수를 0으로 만들지 않기 때문에, 덜 중요한 변수를 제거할 수 없다.
- 해석의 어려움: 모델이 다중공선성을 해결하더라도, 회귀 계수의 해석이 여전히 어려울 수 있다.

2) 라쏘 회귀 (Lasso Regression)

라쏘 회귀는 릿지 회귀와 유사하지만, L1 정규화를 사용하여 일부 회귀 계수를 0으로 만들어 변수 선택(feature selection)을 가능하게 한다. 라쏘 회귀의 수식은 다음과 같다.

$$\min_{\beta}\left\{\sum_{i=1}^{n}(y_i-\hat{y}_i)^2+\lambda\sum_{j=1}^{p}|\beta_j|\right\}$$

여기서:

- y_i는 실제 종속 변수 값이다.
- $\hat{y}_i$는 예측된 종속 변수 값이다.
- λ는 정규화 강도를 조절하는 하이퍼파라미터이다.
- β_j는 회귀 계수이다.

라쏘 회귀는 불필요한 변수를 제거하고, 모델을 간단하게 만들면서도 예측 성능을 유지할 수 있다.

① 라쏘 회귀의 구현 (Implementation of Lasso Regression)

라쏘 회귀는 scikit-learn의 Lasso 클래스를 사용하여 쉽게 구현할 수 있다. 다음은 라쏘 회귀를 사용하여 풍력 예측을 수행하는 예제 코드이다:

```
from sklearn.linear_model import Lasso

# 라쏘 회귀 모델 생성
lasso_model = Lasso(alpha=0.1)  # alpha는 정규화 강도를 의미

# 모델 학습
lasso_model.fit(X_train, y_train)

# 예측 및 평가
y_pred = lasso_model.predict(X_test)
mse = mean_squared_error(y_test, y_pred)
r2 = r2_score(y_test, y_pred)

print(f'Mean Squared Error: {mse}')
print(f'R² Score: {r2}')
```

이 예제에서는 라쏘 회귀를 사용하여 풍력 예측을 수행하고, 평가 지표로 MSE와 R^2 스코어를 계산하여 모델의 성능을 평가한다.

② 라쏘 회귀의 장점과 한계 (Advantages and Limitations of Lasso Regression)

라쏘 회귀는 변수 선택을 가능하게 하는 강력한 도구이지만, 몇 가지 한계도 존재한다.

장점:

- 변수 선택: L1 정규화를 통해 회귀 계수 중 일부를 0으로 만들어 덜 중요한 변수를 제거할 수 있다.
- 모델 단순화: 덜 중요한 변수를 제거함으로써 모델을 단순화하고, 해석 가능성을 높인다.

- 과적합 방지: 정규화를 통해 모델이 과적합되지 않도록 한다.

한계:

- 과소적합 위험: 너무 많은 변수를 제거하면 모델이 과소적합(underfitting)될 수 있다.
- 변수의 수 제한: 높은 차원의 데이터에서 모든 변수를 사용하는 데 한계가 있을 수 있다.

(4) 엘라스틱 넷 (Elastic Net)

엘라스틱 넷은 릿지 회귀와 라쏘 회귀의 장점을 결합한 회귀 기법으로, L1과 L2 정규화를 함께 사용한다. 엘라스틱 넷은 릿지 회귀의 안정성과 라쏘 회귀의 변수 선택 능력을 모두 제공한다.

1) 엘라스틱 넷의 개념 (Concept of Elastic Net)

엘라스틱 넷은 L1 정규화와 L2 정규화를 모두 적용하여 회귀 계수를 조정하는 방법이다. 엘라스틱 넷의 수식은 다음과 같다.

$$\min_{\beta}\left\{\sum_{i=1}^{n}(y_i-\hat{y}_i)^2+\lambda_1\sum_{j=1}^{p}|\beta_j|+\lambda_2\sum_{j=1}^{p}\beta_j^2\right\}$$

여기서:

- y_i는 실제 종속 변수 값이다.
- $\hat{y}_i$는 예측된 종속 변수 값이다.
- λ_1, λ_2는 정규화 강도를 조절하는 하이퍼파라미터이다.
- β_j는 회귀 계수이다.

엘라스틱 넷은 변수가 많고 다중공선성이 존재하는 데이터셋에서 강력한 성능을 발휘할 수 있다.

① 엘라스틱 넷의 구현 (Implementation of Elastic Net)

엘라스틱 넷은 scikit-learn의 ElasticNet 클래스를 사용하여 쉽게 구현할 수 있다. 다음은 엘라스틱 넷을 사용하여 풍력 예측을 수행하는 예제 코드이다:

```
from sklearn.linear_model import ElasticNet

# 엘라스틱 넷 모델 생성
elastic_net_model = ElasticNet(alpha=0.1, l1_ratio=0.5)  # alpha는 정규화 강도,
l1_ratio는 L1과 L2 정규화의 비율

# 모델 학습
elastic_net_model.fit(X_train, y_train)

# 예측 및 평가
y_pred = elastic_net_model.predict(X_test)
mse = mean_squared_error(y_test, y_pred)
r2 = r2_score(y_test, y_pred)

print(f'Mean Squared Error: {mse}')
print(f'R² Score: {r2}')
```

이 예제에서는 엘라스틱 넷을 사용하여 풍력 예측을 수행하고, 평가 지표로 MSE와 R^2 스코어를 계산하여 모델의 성능을 평가한다.

② 엘라스틱 넷의 장점과 한계 (Advantages and Limitations of Elastic Net)

엘라스틱 넷은 릿지 회귀와 라쏘 회귀의 장점을 결합하여 더 강력한 모델을 제공하지만, 몇 가지 한계도 존재한다.

장점:

- 안정성: 엘라스틱 넷은 L2 정규화를 통해 모델이 더 안정적으로 학습되도록 하며, 다중공선성이 있는 데이터에서도 잘 작동한다.
- 변수 선택과 다중 변수 처리: L1 정규화를 통해 불필요한 변수를 제거하면서도, L2 정규화 덕분에 중요한 변수를 유지할 수 있다. 이는 높은 차원의 데이터에서도 효과적이다.
- 유연성: L1과 L2 정규화의 비율을 조정함으로써, 사용자가 원하는 방식으로 모델을 조정할 수 있다.

한계:

- 복잡성: L1과 L2 정규화의 비율을 조정하는 하이퍼파라미터 λ1\lambda_1λ1와 λ2\lambda_2λ2의 설정이 까다로울 수 있다.
- 과소적합 가능성: 정규화 강도가 너무 높으면, 모델이 과소적합될 가능성이 있다

4.3.3 앙상블 기법의 적용: 랜덤 포레스트, XGBoost

앙상블 기법은 여러 개의 예측 모델을 결합하여 더 강력하고 정확한 예측 모델을 구축하는 방법이다. 이 장에서는 해상풍력 예측에 적용할 수 있는 주요 앙상블 기법인 랜덤 포레스트와 XGBoost에 대해 다루겠다.

(1) 앙상블 기법의 기본 개념 (Basic Concepts of Ensemble Methods)

앙상블 기법은 여러 개의 개별 모델을 결합하여 더 나은 성능을 달성하는 접근법이다. 개별 모델의 단점을 상호 보완하여 예측 성능을 향상시킬 수 있다.

1) 배깅과 부스팅 (Bagging and Boosting)

배깅과 부스팅은 대표적인 앙상블 기법으로, 각각 개별 모델의 예측을 결합하는 방법에 따라 구분된다.

① 배깅 (Bagging)

배깅(Bagging, Bootstrap Aggregating)은 여러 개의 약한 모델을 독립적으로 학습시켜 그 예측을 결합하는 방법이다. 랜덤 포레스트(Random Forest)는 배깅의 대표적인 예로, 다수의 결정 트리 모델을 결합하여 예측한다.

과정:

- 주어진 데이터에서 여러 개의 부트스트랩 샘플(중복을 허용하여 샘플링한 데이터)을 생성한다.
- 각 샘플에 대해 별도의 모델을 학습시킨다.
- 모든 모델의 예측을 평균 또는 다수결 투표 방식으로 결합하여 최종 예측을 도출한다.

② 부스팅 (Boosting)

부스팅(Boosting)은 여러 개의 약한 모델을 순차적으로 학습시키고, 이전 모델의 오차를 보완하도록 다음 모델을 학습하는 방법이다. XGBoost는 부스팅의 대표적인 예로, 성능과 효율성이 뛰어나다.

과정:

- 첫 번째 모델을 학습시키고, 그 오차를 계산한다.
- 다음 모델은 이전 모델이 틀린 데이터에 대해 더 많은 가중치를 부여하여 학습한다.
- 모든 모델의 예측을 결합하여 최종 예측을 도출한다.

(2) 랜덤 포레스트 (Random Forest)

랜덤 포레스트는 배깅 기법을 기반으로 한 앙상블 알고리즘으로, 여러 개의 결정 트리를 학습시켜 예측을 결합한다. 랜덤 포레스트는 과적합을 방지하고, 높은 예측 성능을 제공하는 강력한 모델이다.

1) 랜덤 포레스트의 작동 원리 (How Random Forest Works)

랜덤 포레스트는 다수의 결정 트리를 학습시키고, 이들의 예측을 결합하여 최종 예측을 도출한다. 랜덤 포레스트의 주요 특징은 다음과 같다.

- 부트스트랩 샘플링: 원본 데이터에서 중복을 허용하여 여러 개의 샘플을 생성한다. 각 샘플은 원본 데이터보다 작을 수 있다.
- 랜덤 피처 선택: 각 결정 트리는 모든 피처를 사용하는 대신, 무작위로 선택된 피처의 하위 집합을 사용하여 학습한다.
- 다수결 투표: 회귀 문제에서는 예측 값을 평균하여 최종 결과를 도출하며, 분류 문제에서는 다수결 투표 방식을 사용한다.

랜덤 포레스트는 이러한 무작위성 덕분에 과적합을 방지하고, 높은 일반화 성능을 제공한다.

① 랜덤 포레스트의 수식적 표현 (Mathematical Representation of Random Forest)

랜덤 포레스트의 예측은 개별 결정 트리의 예측을 결합하여 다음과 같이 표현할 수 있다.

$$\hat{y} = \frac{1}{T}\sum_{t=1}^{T} h_t(x)$$

여기서:

- $\hat{y}$는 최종 예측 값이다.
- T는 생성된 결정 트리의 수이다.
- $h_t(x)$는 t번째 트리의 예측 함수이다.

② 랜덤 포레스트의 구현 (Implementation of Random Forest)

랜덤 포레스트는 scikit-learn의 RandomForestRegressor 또는 RandomForest Classifier 클래스를 사용하여 쉽게 구현할 수 있다. 다음은 랜덤 포레스트를 사용하여 풍력 예측을 수행하는 예제 코드이다:

```
from sklearn.ensemble import RandomForestRegressor
from sklearn.model_selection import train_test_split
from sklearn.metrics import mean_squared_error, r2_score

# 데이터 준비
X_train, X_test, y_train, y_test = train_test_split(X, y, test_size=0.2, random_state=42)

# 랜덤 포레스트 모델 생성
rf_model = RandomForestRegressor(n_estimators=100, random_state=42)

# 모델 학습
rf_model.fit(X_train, y_train)

# 예측 및 평가
y_pred = rf_model.predict(X_test)
mse = mean_squared_error(y_test, y_pred)
r2 = r2_score(y_test, y_pred)

print(f'Mean Squared Error: {mse}')
print(f'R² Score: {r2}')
```

이 예제에서는 랜덤 포레스트를 사용하여 풍력 예측을 수행하고, 평가 지표로 MSE와 R^2 스코어를 계산하여 모델의 성능을 평가한다.

2) 랜덤 포레스트의 장점과 한계 (Advantages and Limitations of Random Forest)

랜덤 포레스트는 강력한 예측 성능을 제공하지만, 몇 가지 한계도 존재한다.

장점:

- 과적합 방지: 여러 개의 트리를 무작위로 생성하여 과적합을 방지하고, 높은 일반화 성능을 제공한다.
- 해석 가능성: 각 피처의 중요도를 계산하여, 모델의 예측에서 어떤 피처가 중요한지 파악할 수 있다.
- 다양한 문제에 적용 가능: 분류와 회귀 문제 모두에 적용 가능하며, 비선형 데이터 처리에도 강하다.

한계:

- 높은 계산 비용: 트리를 많이 생성해야 하므로, 계산 비용이 높고 훈련 시간이 오래 걸릴 수 있다.
- 메모리 사용량: 많은 트리를 생성하므로 메모리 사용량이 많아질 수 있다.
- 모델 복잡성: 다수의 트리를 포함하기 때문에, 최종 모델이 복잡해지며 해석이 어려울 수 있다.

(3) XGBoost (Extreme Gradient Boosting)

XGBoost는 부스팅 기법을 기반으로 한 고성능 앙상블 모델이다. XGBoost는 높은 예측 성능과 효율성을 제공하며, 대규모 데이터셋에도 적용 가능한 장점을 가진다.

1) XGBoost의 작동 원리 (How XGBoost Works)

XGBoost는 여러 개의 약한 학습기(주로 결정 트리)를 순차적으로 학습시켜, 이전 모델의 오류를 보완하도록 설계된 모델이다. 주요 특징은 다음과 같다.

- 순차적 학습: 각 모델은 이전 모델이 잘못 예측한 데이터 포인트에 더 높은 가중치를 부여하여 학습한다.
- 가중치 조정: 부스팅 과정에서 각 데이터 포인트의 가중치를 조정하여, 모델이 점점 더 정확한 예측을 할 수 있도록 한다.
- 정규화: 과적합을 방지하기 위해 L1 및 L2 정규화를 포함한다.
- 병렬 처리: 학습 과정에서 병렬 처리를 지원하여, 훈련 속도를 크게 향상시킨다.

① XGBoost의 수식적 표현 (Mathematical Representation of XGBoost)

XGBoost의 예측은 각 단계에서 손실 함수를 최소화하기 위해 새로운 학습기를 추가하는 방식으로 이루어진다. 손실 함수는 다음과 같이 표현될 수 있다

$$L(\theta)=\sum_{i=1}^{n} l(y_i,\hat{y}_i)+\sum_{m=1}^{M}\Omega(h_m)$$

여기서:

- $L(\theta)$는 전체 손실 함수이다.
- $l(y_i,\hat{y}_i)$는 실제 값 y_i와 예측 값 $\hat{y_i}$ 간의 손실을 측정하는 함수이다.
- $\Omega(h_m)$는 모델 복잡성을 제어하는 정규화 항이다.

XGBoost는 매 단계에서 손실을 줄이기 위해 학습기를 추가하고, 정규화를 통해 모델의 과적합을 방지한다.

② XGBoost의 구현 (Implementation of XGBoost)

XGBoost는 xgboost 라이브러리를 사용하여 쉽게 구현할 수 있다. 다음은 XGBoost를 사용하여 풍력 예측을 수행하는 예제 코드이다:

```
import xgboost as xgb
from sklearn.model_selection import train_test_split
from sklearn.metrics import mean_squared_error, r2_score

# 데이터 준비
X_train, X_test, y_train, y_test = train_test_split(X, y, test_size=0.2, random_state=42)

# XGBoost 모델 생성
xgb_model = xgb.XGBRegressor(objective='reg:squarederror', n_estimators=100, learning_rate=0.1, max_depth=5, random_state=42)

# 모델 학습
xgb_model.fit(X_train, y_train)

# 예측 및 평가
y_pred = xgb_model.predict(X_test)
mse = mean_squared_error(y_test, y_pred)
r2 = r2_score(y_test, y_pred)

print(f'Mean Squared Error: {mse}')
print(f'R² Score: {r2}')
```

이 예제에서는 XGBoost를 사용하여 풍력 예측을 수행하고, 평가 지표로 MSE와 R^2 스코어를 계산하여 모델의 성능을 평가한다. XGBoost는 특히 대규모 데이터셋에서 높은 성능을 발휘한다.

2) XGBoost의 장점과 한계 (Advantages and Limitations of XGBoost)

XGBoost는 매우 강력한 앙상블 모델로, 다양한 데이터셋에서 뛰어난 성능을 발휘하지만, 몇 가지 한계도 존재한다:

장점:

- 높은 예측 성능: XGBoost는 정확한 예측을 제공하며, 많은 머신러닝 경진대회에서 우승한 모델로 유명하다.
- 정규화 및 과적합 방지: L1 및 L2 정규화를 통해 모델이 과적합되지 않도록 제어할 수 있다.
- 병렬 처리: 병렬 처리를 지원하여 대규모 데이터셋에서도 빠르게 학습할 수 있다.
- 유연성: 다양한 손실 함수와 평가 지표를 지원하며, 하이퍼파라미터 튜닝을 통해 최적화할 수 있다.

한계:

- 복잡성: XGBoost는 많은 하이퍼파라미터를 가지고 있어, 최적의 설정을 찾는 데 시간이 많이 걸릴 수 있다.
- 고비용 계산: 복잡한 모델이기 때문에 계산 비용이 높고, 메모리 사용량도 많을 수 있다.
- 해석 어려움: 모델이 복잡해질수록 예측의 이유를 해석하기 어려울 수 있다.

(4) 랜덤 포레스트와 XGBoost의 비교 (Comparison between Random Forest and XGBoost)

랜덤 포레스트와 XGBoost는 모두 강력한 앙상블 기법이지만, 각각의 특성과 성능은 다르다. 이 절에서는 두 모델의 주요 차이점을 비교하여, 특정 상황에서 어떤 모델이 더 적합한지 판단할 수 있도록 돕겠다.

1) 구조적 차이 (Structural Differences)

랜덤 포레스트:

- 각 트리는 독립적으로 학습되며, 부트스트랩 샘플링과 랜덤 피처 선택을 통해 무작위성을 도입한다.
- 트리 간의 상호작용이 없으며, 병렬 처리가 용이하다.

- 배깅을 통해 예측의 안정성과 성능을 향상시킨다.

XGBoost:

- 트리는 순차적으로 학습되며, 이전 트리의 오차를 보완하기 위해 새로운 트리가 추가된다.
- 트리 간의 상호작용이 있으며, 손실 함수와 정규화를 통해 성능을 최적화한다.
- 부스팅을 통해 강력한 예측 모델을 생성하며, 과적합을 방지하기 위해 정규화를 사용한다.

2) 성능 비교 (Performance Comparison)

랜덤 포레스트와 XGBoost의 성능은 데이터셋과 문제의 특성에 따라 다를 수 있다. 다음은 두 모델을 같은 데이터셋에서 적용하여 성능을 비교하는 코드 예시이다:

```
from sklearn.ensemble import RandomForestRegressor
import xgboost as xgb
from sklearn.model_selection import train_test_split
from sklearn.metrics import mean_squared_error, r2_score

# 데이터 준비
X_train, X_test, y_train, y_test = train_test_split(X, y, test_size=0.2, random_state=42)

# 랜덤 포레스트 모델
rf_model = RandomForestRegressor(n_estimators=100, random_state=42)
rf_model.fit(X_train, y_train)
rf_y_pred = rf_model.predict(X_test)
rf_mse = mean_squared_error(y_test, rf_y_pred)
rf_r2 = r2_score(y_test, rf_y_pred)
```

```
# XGBoost 모델
xgb_model = xgb.XGBRegressor(objective='reg:squarederror', n_estimators=100,
learning_rate=0.1, max_depth=5, random_state=42)
xgb_model.fit(X_train, y_train)
xgb_y_pred = xgb_model.predict(X_test)
xgb_mse = mean_squared_error(y_test, xgb_y_pred)
xgb_r2 = r2_score(y_test, xgb_y_pred)

print(f'Random Forest Mean Squared Error: {rf_mse}, R² Score: {rf_r2}')
print(f'XGBoost Mean Squared Error: {xgb_mse}, R² Score: {xgb_r2}')
```

이 예제에서는 랜덤 포레스트와 XGBoost의 예측 성능을 비교하며, 각 모델의 MSE와 R^2 스코어를 출력하여 성능 차이를 평가한다.

3) 적용 사례와 선택 기준 (Application Scenarios and Selection Criteria)

두 모델의 선택은 문제의 특성, 데이터셋의 크기, 목표 성능 등에 따라 달라질 수 있다. 다음은 랜덤 포레스트와 XGBoost의 적용 사례와 선택 기준에 대한 설명이다:

랜덤 포레스트:

- 빠른 구현: 랜덤 포레스트는 비교적 쉽게 구현할 수 있으며, 병렬 처리에 유리하여 학습 시간이 짧다.
- 복잡하지 않은 데이터셋: 트리 간의 독립성으로 인해, 랜덤 포레스트는 복잡하지 않은 데이터셋에서 효과적으로 작동한다.
- 해석 가능성: 피처 중요도를 통해 모델의 해석 가능성이 상대적으로 높다.

XGBoost:

- 복잡한 데이터셋: XGBoost는 복잡한 상호작용이 있는 데이터셋에서도 높은 성능을 발휘할 수 있다.
- 성능 최적화: 정규화, 손실 함수 조정 등 다양한 하이퍼파라미터를 통해 성능을 최적화할 수 있다.

- 대규모 데이터셋: 대규모 데이터셋에서 병렬 처리와 효율적인 메모리 사용을 통해 높은 성능을 발휘한다.

4.4 데이터 기반 운영 최적화

데이터 기반 운영 최적화는 풍력 발전 시스템의 효율성을 극대화하고 운영 비용을 최소화하기 위해 다양한 최적화 기법을 적용하는 과정이다. 이 장에서는 최적화 기법의 개요와 해상풍력 시스템에 적용할 수 있는 주요 방법들을 설명한다.

4.4.1 최적화 기법 개요

최적화는 주어진 목표를 달성하기 위해 자원이나 변수들을 조정하는 과정을 의미한다. 최적화 기법은 해상풍력 시스템에서 발전량을 최대화하거나 비용을 최소화하는 데 필수적인 도구이다.

(1) 최적화 문제의 정의 (Definition of Optimization Problems)

최적화 문제는 수학적으로 목표 함수(objective function)를 최대화하거나 최소화하는 문제로 정의된다. 일반적인 최적화 문제는 다음과 같이 표현될 수 있다.

$$\text{minimize (or maximize) } f(x) \quad \text{subject to } g_i(x) \le 0,\ h_j(x) = 0$$

여기서:

- $f(x)$는 최적화할 목표 함수이다.
- $g_i(x) \le 0$는 불평등 제약 조건(inequality constraints)이다.
- $h_j(x) = 0$는 평등 제약 조건(equality constraints)이다.

목표 함수는 풍력 발전의 효율성, 비용, 안정성 등을 포함할 수 있으며, 제약 조건은 자원의 제한, 환경적 요인 등을 나타낸다.

1) 목적 함수의 선택 (Selection of Objective Functions)

목적 함수는 최적화 문제에서 최종 목표를 나타내며, 다음과 같은 요소들을 고려하여 선택할 수 있다.

- 에너지 생산량: 발전량을 최대화하는 것이 일반적인 목표이다. 이는 풍력 터빈의 위치, 운영 조건 등을 최적화함으로써 달성될 수 있다.
- 운영 비용: 운영 및 유지보수 비용을 최소화하는 것이 또 다른 중요한 목표이다. 이는 비용 효율적인 유지보수 스케줄링, 자원 관리 등을 통해 이루어질 수 있다.
- 환경적 영향: 환경적 영향을 최소화하는 것도 목표 중 하나이다. 이는 해양 생태계 보호, 소음 최소화 등을 포함할 수 있다.

① 제약 조건의 설정 (Establishing Constraints)

제약 조건은 최적화 문제에서 고려해야 할 제한 사항을 정의한다. 해상풍력 시스템의 최적화에서 주요 제약 조건은 다음과 같다.

- 자원의 제한: 가용 자원(예: 풍력 터빈, 예산, 인력 등)의 제한을 반영한다.
- 환경적 규제: 환경 보호 규제에 따른 제한 사항을 포함할 수 있다.
- 기술적 제약: 풍력 터빈의 기술적 한계(예: 최대 출력, 내구성 등)를 반영한다.

(2) 선형 최적화와 비선형 최적화 (Linear and Nonlinear Optimization)

최적화 문제는 목표 함수와 제약 조건의 형태에 따라 선형 또는 비선형으로 나뉜다.

1) 선형 최적화 (Linear Optimization)

선형 최적화(Linear Programming, LP)는 목표 함수와 제약 조건이 모두 선형인 경우를 다룬다. 선형 최적화 문제는 다음과 같이 표현된다.

$$\text{minimize (or maximize) } c^T x \quad \text{subject to } Ax \leq b$$

여기서:

- c는 목적 함수의 계수 벡터이다.
- x는 결정 변수의 벡터이다.
- A는 제약 조건의 계수 행렬이다.
- b는 제약 조건의 상수 벡터이다.

선형 최적화는 해상풍력 시스템에서 자원 할당, 생산 스케줄링 등의 문제를 해결하는 데 유용하다.

① 선형 최적화의 구현 (Implementation of Linear Optimization)

선형 최적화 문제는 scipy 라이브러리의 linprog 함수를 사용하여 해결할 수 있다. 다음은 선형 최적화 문제를 해결하는 예제 코드이다:

```
from scipy.optimize import linprog

# 목적 함수 계수
c = [-1, -2]

# 제약 조건 계수
A = [[1, 1], [3, 1]]
b = [6, 9]
```

```
# 선형 최적화 문제 해결
result = linprog(c, A_ub=A, b_ub=b, bounds=(0, None))

print('Optimal value:', result.fun, '\nX:', result.x)
```

이 코드는 목적 함수를 최소화하는 xxx 값을 계산하며, 주어진 제약 조건을 만족하는 최적의 솔루션을 찾는다.

② 선형 최적화의 장점과 한계 (Advantages and Limitations of Linear Optimization)

선형 최적화는 다음과 같은 장점과 한계를 가지고 있다.

장점:

- 효율성: 선형 최적화는 비교적 효율적으로 계산할 수 있으며, 대규모 문제도 처리할 수 있다.
- 단순성: 선형 관계를 가정하기 때문에 문제를 수학적으로 해석하고 풀기 쉽다.
- 한계:
- 비선형성의 제한: 실제 문제에서 대부분의 관계는 비선형적이므로, 선형 최적화는 제한된 적용 범위를 가진다.
- 복잡한 제약 조건 처리의 어려움: 복잡한 제약 조건이나 여러 상호작용을 다루는 데 한계가 있을 수 있다.

2) 비선형 최적화 (Nonlinear Optimization)

비선형 최적화(Nonlinear Programming, NLP)는 목표 함수나 제약 조건이 비선형인 경우를 다룬다. 비선형 최적화 문제는 다음과 같이 표현된다.

$$\text{minimize (or maximize) } f(x) \quad \text{subject to } g_i(x) \le 0,\ h_j(x) = 0$$

여기서:

- $f(x)$는 비선형 목표 함수이다.
- $g_i(x)$는 비선형 불평등 제약 조건이다.
- $h_j(x)$는 비선형 평등 제약 조건이다.

비선형 최적화는 해상풍력 시스템에서 복잡한 상호작용을 고려한 최적화 문제를 해결하는 데 유용하다.

① 비선형 최적화의 구현 (Implementation of Nonlinear Optimization)

비선형 최적화 문제는 scipy 라이브러리의 minimize 함수를 사용하여 해결할 수 있다. 다음은 비선형 최적화 문제를 해결하는 예제 코드이다:

```
from scipy.optimize import minimize

# 목적 함수 정의
def objective(x):
    return x[0]**2 + x[1]**2

# 제약 조건 정의
def constraint(x):
    return x[0] + x[1] - 1

# 초기 값 설정
x0 = [0.5, 0.5]

# 제약 조건 사전 정의
con = {'type': 'eq', 'fun': constraint}
```

```
# 비선형 최적화 문제 해결
result = minimize(objective, x0, constraints=con, bounds=[(0, None), (0, None)])
print('Optimal value:', result.fun, '\nX:', result.x)
```

이 코드는 비선형 목적 함수와 제약 조건을 고려하여 최적화 문제를 해결한다.

② 비선형 최적화의 장점과 한계 (Advantages and Limitations of Nonlinear Optimization)

비선형 최적화는 선형 최적화보다 복잡하지만, 실제 문제를 더 잘 반영할 수 있다:

장점:

- 비선형 문제 처리: 비선형 관계를 포함한 복잡한 문제를 해결할 수 있다.
- 현실성: 실제 시스템의 복잡한 상호작용을 더 잘 모델링할 수 있다.

한계:

- 계산 복잡성: 비선형 문제는 계산 비용이 높고, 해결 시간이 오래 걸릴 수 있다.
- 지역 최적해 문제: 비선형 최적화는 지역 최적해(local minima)에 빠질 수 있어, 전역 최적해(global optimum)을 찾기 어려울 수 있다.

(3) 메타휴리스틱 기법 (Metaheuristic Techniques)

메타휴리스틱 기법은 최적화 문제를 해결하기 위해 고안된 고차원의 탐색 알고리즘이다. 이러한 기법들은 특정 문제에 국한되지 않고, 다양한 문제에 적용될 수 있는 일반적인 방법론을 제공한다. 특히, 전역 최적해를 찾기 위해 지역 최적해에 빠지지 않도록 설계된 것이 특징이다.

1) 유전 알고리즘 (Genetic Algorithm)

유전 알고리즘(Genetic Algorithm, GA)은 생물학적 진화의 원리를 기반으로 하는 메타휴리스틱 기법이다. 유전 알고리즘은 해집단(population)을 사용하여, 자연 선택(natural selection)과 유전적 연산(genetic operations)을 통해 최적해를 찾아간다.

기본 개념:

- 유전자 표현(Chromosome Representation): 해는 유전자(예: 이진수, 실수 등)로 표현된다.
- 적합도 함수(Fitness Function): 각 해의 성능을 평가하기 위해 사용되는 함수이다.
- 선택(Selection): 높은 적합도를 가진 해들이 다음 세대로 선택된다.
- 교차(Crossover): 두 부모 해의 유전자를 교환하여 새로운 자식을 생성한다.
- 변이(Mutation): 유전자의 일부를 무작위로 변경하여 다양성을 부여한다.

작동 원리:

- 초기 해집단을 생성한다.
- 각 해의 적합도를 평가한다.
- 적합도가 높은 해들을 선택하여 교차와 변이를 통해 새로운 해를 생성한다.
- 새로운 해집단으로 대체하고, 최적해를 찾을 때까지 반복한다.

① 유전 알고리즘의 구현 (Implementation of Genetic Algorithm)

유전 알고리즘은 DEAP과 같은 라이브러리를 사용하여 쉽게 구현할 수 있다. 다음은 유전 알고리즘을 사용하여 최적화를 수행하는 예제 코드이다:

```
import random
from deap import base, creator, tools, algorithms

# 적합도 함수 정의
def fitness(individual):
    x = individual[0]
    y = individual[1]
    return x**2 + y**2,
```

```
# 크롬 생성
creator.create("FitnessMin", base.Fitness, weights=(-1.0,))
creator.create("Individual", list, fitness=creator.FitnessMin)

# 등록 및 초기화
toolbox = base.Toolbox()
toolbox.register("attr_float", random.uniform, -5, 5)
toolbox.register("individual", tools.initRepeat, creator.Individual, toolbox.attr_float, n=2)
toolbox.register("population", tools.initRepeat, list, toolbox.individual)

toolbox.register("mate", tools.cxBlend, alpha=0.5)
toolbox.register("mutate", tools.mutGaussian, mu=0, sigma=1, indpb=0.2)
toolbox.register("select", tools.selTournament, tournsize=3)
toolbox.register("evaluate", fitness)

# 알고리즘 설정
population = toolbox.population(n=50)
NGEN = 40
CXPB, MUTPB = 0.5, 0.2

# 진화 과정
for gen in range(NGEN):
    offspring = toolbox.select(population, len(population))
    offspring = list(map(toolbox.clone, offspring))
    for child1, child2 in zip(offspring[::2], offspring[1::2]):
        if random.random() < CXPB:
            toolbox.mate(child1, child2)
            del child1.fitness.values
            del child2.fitness.values

    for mutant in offspring:
        if random.random() < MUTPB:
            toolbox.mutate(mutant)
            del mutant.fitness.values
```

```
        invalid_ind = [ind for ind in offspring if not ind.fitness.valid]
        fitnesses = map(toolbox.evaluate, invalid_ind)
        for ind, fit in zip(invalid_ind, fitnesses):
            ind.fitness.values = fit

        population[:] = offspring

    best_ind = tools.selBest(population, 1)[0]
    print("Best individual is: %s, %s" % (best_ind, best_ind.fitness.values))
```

이 코드는 유전 알고리즘을 사용하여 최소화 문제를 해결하며, 최적의 해를 찾기 위해 진화 과정을 반복한다.

② 유전 알고리즘의 장점과 한계 (Advantages and Limitations of Genetic Algorithm)

유전 알고리즘은 강력한 탐색 능력을 제공하지만, 몇 가지 한계도 존재한다:

장점:

- 전역 최적화: 유전 알고리즘은 전역 최적해를 찾을 가능성이 높으며, 다양한 문제에 적용할 수 있다.
- 복잡한 문제 해결: 비선형, 비연속적인 문제에서도 효율적으로 작동한다.
- 다양성 유지: 변이 연산을 통해 해집단의 다양성을 유지하여, 지역 최적해에 빠지지 않도록 한다.

한계:

- 높은 계산 비용: 많은 세대와 큰 해집단이 필요할 수 있어, 계산 비용이 높다.
- 해결 속도: 전통적인 최적화 기법에 비해 느리게 수렴할 수 있다.
- 파라미터 민감도: 교차율, 변이율 등 파라미터 설정에 민감하여, 최적의 파라미터를 찾기 어려울 수 있다.

2) 입자 군집 최적화 (Particle Swarm Optimization)

입자 군집 최적화(Particle Swarm Optimization, PSO)는 군집 지능(swarm intelligence)을 기반으로 한 메타휴리스틱 기법이다. PSO는 개체(입자)가 공간에서 이동하며 최적해를 찾는 방식으로 작동한다.

기본 개념:

- 입자(Particles): 각 입자는 가능한 해를 나타내며, 위치와 속도를 가진다.
- 속도 업데이트: 각 입자는 자신의 최적 위치와 군집의 최적 위치를 참조하여 속도를 업데이트한다.
- 위치 업데이트: 속도에 따라 각 입자의 위치가 업데이트된다.

작동 원리:

- 초기 입자 군집을 생성하고, 각 입자의 위치와 속도를 초기화한다.
- 각 입자의 적합도를 평가하고, 최적 위치를 업데이트한다.
- 각 입자의 속도와 위치를 업데이트한다.
- 최적해를 찾을 때까지 반복한다.

① 입자 군집 최적화의 구현 (Implementation of Particle Swarm Optimization)

입자 군집 최적화는 pyswarm과 같은 라이브러리를 사용하여 쉽게 구현할 수 있다. 다음은 PSO를 사용하여 최적화를 수행하는 예제 코드이다:

```
from pyswarm import pso

# 목적 함수 정의
def objective(x):
    return x[0]**2 + x[1]**2
```

```
# 경계 설정
lb = [-5, -5]
ub = [5, 5]

# PSO 최적화 문제 해결
xopt, fopt = pso(objective, lb, ub, swarmsize=50, maxiter=100)

print("Optimal value:", fopt, "\nX:", xopt)
```

이 코드는 PSO를 사용하여 비선형 최적화 문제를 해결하며, 최적의 해를 찾기 위해 입자 군집을 업데이트한다.

② 입자 군집 최적화의 장점과 한계 (Advantages and Limitations of Particle Swarm Optimization)

PSO는 특정 유형의 최적화 문제에서 강력한 성능을 제공하지만, 몇 가지 한계도 존재한다.

장점:

- 쉬운 구현: PSO는 간단한 알고리즘 구조로 인해 구현이 쉽다.
- 빠른 수렴: 초기 세대에서 빠르게 수렴할 수 있어, 계산 시간이 단축된다.
- 적용 가능성: 연속적인 문제뿐만 아니라 비연속적인 문제에도 적용할 수 있다.

한계:

- 전역 최적화의 어려움: PSO는 지역 최적해에 빠질 가능성이 있으며, 전역 최적해를 보장하지 않는다.
- 매개변수 민감도: 군집 크기, 속도 업데이트 규칙 등 매개변수에 따라 성능이 크게 달라질 수 있다.
- 복잡한 문제에서의 성능 저하: 고차원 문제나 복잡한 경계를 가진 문제에서 성능이 저하될 수 있다.

(4) 다목적 최적화 (Multi-Objective Optimization)

다목적 최적화(Multi-Objective Optimization)는 두 개 이상의 목표를 동시에 최적화하는 문제를 다룬다. 해상풍력 시스템에서 다목적 최적화는 에너지 생산량, 운영 비용, 환경 영향 등을 균형 있게 고려하여 최적의 운영 전략을 도출하는 데 중요하다.

1) 다목적 최적화의 개념 (Concept of Multi-Objective Optimization)

다목적 최적화는 여러 목표 함수가 상충하는 상황에서, 각 목표를 동시에 만족시키는 최적의 해를 찾는 문제를 해결한다. 이러한 문제는 보통 하나의 해가 아닌 여러 개의 해로 구성된 파레토 최적해 집합(Pareto Optimal Set)을 도출하게 된다.

파레토 최적성(Pareto Optimality): 어떤 해가 다른 해에 비해 모든 목표 함수에서 우수하지 않은 경우, 그 해를 파레토 최적해(Pareto Optimal Solution)라고 한다.

파레토 최적해 집합은 더 이상 개선할 수 없는 해들로 구성되며, 이들 사이에서는 어느 하나의 목표를 개선하려면 다른 목표를 희생해야 한다.

2) 파레토 최적화 (Pareto Optimization)

파레토 최적화는 다목적 최적화에서 모든 목표 함수 간의 균형을 고려하여 최적의 해를 찾는 과정이다. 파레토 최적화는 다음과 같이 정의된다.

- 파레토 전선(Pareto Front): 파레토 최적해 집합을 연결한 곡선 또는 표면으로, 각 점이 하나의 파레토 최적해를 나타낸다.
- 파레토 개선(Pareto Improvement): 한 목표를 개선하면서 다른 목표를 악화시키지 않는 방향으로 해를 이동하는 것을 의미한다.

3) 다목적 최적화 기법 (Multi-Objective Optimization Techniques)

다목적 최적화 문제를 해결하기 위한 여러 기법이 존재하며, 대표적인 방법으로는 다음과 같은 것들이 있다.

- 가중치 합(weighted sum): 각 목표 함수에 가중치를 부여하여 하나의 단일 목표 함수로 변환한 후, 이를 최적화한다.

$$f(x) = \sum_{i=1}^{m} w_i f_i(x)$$

여기서 w_i는 각 목표 함수 $f_i(x)$의 가중치이다.

- 목표 프로그래밍(Goal Programming): 각 목표의 바람직한 수준(목표)을 설정하고, 목표에서 벗어난 정도를 최소화하는 방법이다.
- 파레토 프론트 생성(Pareto Front Generation): 여러 해를 생성하고, 이들 해가 파레토 전선에 위치하도록 최적화하는 방법이다. 일반적으로 유전 알고리즘과 같은 진화적 알고리즘이 사용된다.

① NSGA-II (Non-dominated Sorting Genetic Algorithm II)

NSGA-II는 다목적 최적화 문제를 해결하기 위해 널리 사용되는 진화 알고리즘이다. NSGA-II는 파레토 전선을 생성하고, 이를 바탕으로 비지배 정렬(non-dominated sorting)을 수행하여 최적의 해를 찾는다.

- 비지배 정렬: 각 해를 파레토 전선에 따라 정렬하고, 우수한 해를 선택하는 과정이다.
- 군집 거리 계산(Crowding Distance Calculation): 해 사이의 다양성을 유지하기 위해 각 해 간의 거리를 계산하여, 유사한 해의 선택을 억제한다.

② NSGA-II의 구현 (Implementation of NSGA-II)

NSGA-II는 deap 라이브러리를 사용하여 구현할 수 있다. 다음은 NSGA-II를 사용하여 다목적 최적화를 수행하는 예제 코드이다:

```
from deap import tools, base, creator, algorithms
import random

# 목적 함수 정의
def objective(individual):
    x = individual[0]
    y = individual[1]
    return x**2, (y-2)**2

# 크롬 생성
creator.create("FitnessMin", base.Fitness, weights=(-1.0, -1.0))
creator.create("Individual", list, fitness=creator.FitnessMin)

# 등록 및 초기화
toolbox = base.Toolbox()
toolbox.register("attr_float", random.uniform, -5, 5)
toolbox.register("individual", tools.initRepeat, creator.Individual, toolbox.attr_float, n=2)
toolbox.register("population", tools.initRepeat, list, toolbox.individual)

toolbox.register("mate", tools.cxBlend, alpha=0.5)
toolbox.register("mutate", tools.mutGaussian, mu=0, sigma=1, indpb=0.2)
toolbox.register("select", tools.selNSGA2)
toolbox.register("evaluate", objective)

# 알고리즘 설정
population = toolbox.population(n=50)
NGEN = 40
CXPB, MUTPB = 0.5, 0.2

# 진화 과정
for gen in range(NGEN):
    offspring = algorithms.varAnd(population, toolbox, CXPB, MUTPB)
    fits = map(toolbox.evaluate, offspring)
    for fit, ind in zip(fits, offspring):
```

```
            ind.fitness.values = fit
        population = toolbox.select(offspring, k=len(population))

    fronts = tools.sortNondominated(population, len(population), first_front_only=True)
    best_ind = fronts[0][0]
    print("Best individual is: %s, %s" % (best_ind, best_ind.fitness.values))
```

이 코드는 두 개의 목표 함수를 최적화하기 위해 NSGA-II 알고리즘을 사용하며, 파레토 최적해 집합을 생성한다.

4) 다목적 최적화의 장점과 한계 (Advantages and Limitations of Multi-Objective Optimization)

다목적 최적화는 여러 목표를 동시에 고려할 수 있는 강력한 도구이지만, 몇 가지 한계도 존재한다.

장점:

- 균형된 해: 다양한 목표 간의 균형을 고려한 최적의 해를 찾을 수 있다.
- 현실적 문제 해결: 실제 문제에서는 여러 목표를 동시에 고려해야 하므로, 다목적 최적화가 매우 유용하다.
- 파레토 전선 생성: 여러 가능한 해를 동시에 제공함으로써, 다양한 선택지를 제공할 수 있다.

한계:

- 계산 복잡성: 다목적 최적화 문제는 계산적으로 복잡하며, 시간이 많이 걸릴 수 있다.
- 해석의 어려움: 파레토 전선에 위치한 여러 해 중에서 최종 선택을 하는 것은 사용자의 주관적인 판단에 의존할 수 있다.
- 목표 함수 가중치 설정: 가중치 합 방법에서 각 목표에 대한 가중치를 설정하는 것이 어려울 수 있다.

4.4.2 발전 효율 최적화 모델

발전 효율 최적화는 해상풍력 발전 시스템의 성능을 최대화하고, 운영 비용을 최소화하기 위한 중요한 과정이다. 이 장에서는 발전 효율 최적화를 위한 다양한 모델과 방법을 다루며, 각 기법의 원리와 적용 방법을 설명하겠다.

(1) 발전 효율의 정의 및 중요성 (Definition and Importance of Power Generation Efficiency)

발전 효율은 주어진 자원으로 최대한의 전력을 생산하는 능력을 의미하며, 해상풍력 발전소의 경제성과 환경적 지속 가능성을 높이는 데 중요한 요소이다.

1) 발전 효율의 수학적 표현 (Mathematical Expression of Power Generation Efficiency)

발전 효율 η는 실제 출력 전력 Pout과 사용된 자원 또는 입력 전력 Pin 간의 비율로 정의된다.

$$\eta = \frac{P_{out}}{P_{in}}$$

여기서:

- η는 발전 효율을 나타낸다.
- P_{out}은 실제 출력 전력이다.
- P_{in}은 입력 전력(풍력 터빈에 의해 사용된 바람의 에너지)이다.

이 효율성을 최적화하는 것은 해상풍력 발전소의 운영에서 가장 중요한 과제 중 하나이다.

2) 발전 효율 최적화의 중요성 (Importance of Optimizing Power Generation Efficiency)

발전 효율을 최적화하는 것은 해상풍력 발전소의 성과를 크게 향상시킬 수 있다. 발전 효율 최적화는 다음과 같은 이점을 제공한다.

- 에너지 생산량 증가: 발전 효율이 높아지면, 동일한 자원으로 더 많은 전력을 생산할 수 있다.
- 운영 비용 절감: 효율적인 운영은 불필요한 에너지 손실을 줄여 운영 비용을 낮출 수 있다.
- 환경적 영향 최소화: 효율적인 발전은 더 적은 자원을 사용하여 동일한 양의 전력을 생산할 수 있으므로, 환경적 영향을 줄일 수 있다.

(2) 발전 효율 최적화 모델의 유형 (Types of Optimization Models for Power Generation Efficiency)

발전 효율을 최적화하기 위해 다양한 수학적 모델과 알고리즘이 개발되었다. 이 절에서는 대표적인 발전 효율 최적화 모델들을 다룬다.

1) 경험적 모델 (Empirical Models)

경험적 모델은 과거의 데이터를 바탕으로 회귀 분석이나 통계적 방법을 사용하여 발전 효율을 예측하고 최적화한다.

① 회귀 모델 (Regression Models)

회귀 모델은 발전 효율을 설명하는 독립 변수들과 발전량 간의 관계를 모델링한다. 예를 들어, 풍속, 터빈의 회전 속도, 기온 등을 변수로 사용하여 발전 효율을 예측할 수 있다.

선형 회귀 모델:

$$\eta = \beta_0 + \beta_1 v + \beta_2 \omega + \beta_3 T + \epsilon$$

여기서:

- η는 발전 효율이다.
- v는 풍속이다.
- ω는 터빈의 회전 속도이다.
- T는 기온이다.
- β_0, β_1, β_2, β_3는 회귀 계수이다.
- ϵ은 오차 항이다.

② 머신러닝 모델 (Machine Learning Models)

경험적 데이터 기반의 머신러닝 모델은 비선형적인 데이터와 다차원적인 데이터를 처리하는 데 강점을 가지고 있다. 예를 들어, 랜덤 포레스트, 서포트 벡터 머신, 인공신경망 등이 발전 효율 최적화에 사용될 수 있다.

랜덤 포레스트 모델:

```
from sklearn.ensemble import RandomForestRegressor

model = RandomForestRegressor(n_estimators=100, random_state=42)
model.fit(X_train, y_train)
y_pred = model.predict(X_test)
```

2) 물리적 모델 (Physical Models)

물리적 모델은 풍력 터빈의 동역학과 기상 조건 등을 기반으로 발전 효율을 수학적으로 모델링한다. 이러한 모델은 시스템의 물리적 특성을 반영하여 보다 정확한 예측을 가능하게 한다.

① 에너지 변환 모델 (Energy Conversion Models)

에너지 변환 모델은 바람의 운동 에너지가 전기 에너지로 변환되는 과정을 수학적으로 표현한다. 대표적인 모델로는 베츠의 법칙(Betz's Law)이 있다.

베츠의 법칙:

$$P_{out} = \frac{1}{2}\rho A v^3 C_p$$

여기서:

- P_{out}은 출력 전력이다.
- ρ는 공기의 밀도이다.
- A는 로터 면적이다.
- v는 풍속이다.
- C_p는 파워 계수이다.

베츠의 법칙은 이론적으로 최대 59.3%의 바람 에너지가 전기로 변환될 수 있음을 나타낸다.

② CFD 기반 모델 (Computational Fluid Dynamics Models)

컴퓨테이셔널 유체역학(CFD) 기반 모델은 풍력 터빈 주위의 유체 흐름을 시뮬레이션하여 발전 효율을 예측한다. 이 모델은 터빈의 공기역학적 설계와 주변 환경의 영향을 고려할 수 있다.

CFD 시뮬레이션:

CFD 소프트웨어를 사용하여 터빈 주위의 공기 흐름을 시뮬레이션하고, 이를 바탕으로 발전 효율을 예측한다. 이 과정은 고성능 컴퓨팅 자원을 요구한다.

3) 최적화 알고리즘 (Optimization Algorithms)

발전 효율을 최적화하기 위해 다양한 최적화 알고리즘이 사용될 수 있다. 이 절에서는 대표적인 알고리즘을 다룬다.

① 선형 프로그래밍 (Linear Programming)

선형 프로그래밍은 선형 목표 함수와 제약 조건을 사용하여 발전 효율을 최적화하는 방법이다. 이 방법은 자원 할당 문제와 같은 간단한 최적화 문제에 적합하다.

선형 프로그래밍의 수학적 표현:

$$\text{maximize } \eta = c^T x \quad \text{subject to } A(x) \leq b$$

여기서:

- c는 목표 함수의 계수 벡터이다.
- x는 결정 변수 벡터이다.
- A는 제약 조건의 계수 행렬이다.
- b는 제약 조건의 상수 벡터이다.

② 비선형 프로그래밍 (Nonlinear Programming)

비선형 프로그래밍은 목표 함수 또는 제약 조건이 비선형인 경우에 적용되는 최적화 방법이다. 이 방법은 복잡한 상호작용을 포함한 문제를 해결하는 데 유용하다.

비선형 프로그래밍의 수학적 표현:

$$\text{maximize } \eta = f(x) \quad \text{subject to } g_i(x) \leq 0, \; h_j(x) = 0$$

여기서:

- $f(x)$는 비선형 목표 함수이다.
- $g_i(x)$는 비선형 불평등 제약 조건이다.
- $h_j(x)$는 비선형 평등 제약 조건이다.

③ 메타휴리스틱 알고리즘 (Metaheuristic Algorithms)

메타휴리스틱 알고리즘은 전역 최적화를 목표로 한 방법들로, 복잡한 최적화 문제에서 유용하다. 유전 알고리즘, 입자 군집 최적화, 시뮬레이티드 어닐링 등이 대표적이다.

가) 유전 알고리즘을 통한 최적화:

```
from deap import base, creator, tools, algorithms

# 유전자 및 적합도 함수 정의
def fitness(individual):
    x = individual[0]
    y = individual[1]
    return -((x - 3)**2 + (y - 2)**2),  # 최소화 문제를 최대화로 변환하기 위해 부
호 변경

# 크롬 생성
creator.create("FitnessMax", base.Fitness, weights=(1.0,))
creator.create("Individual", list, fitness=creator.FitnessMax)

# 등록 및 초기화
toolbox = base.Toolbox()
toolbox.register("attr_float", random.uniform, -10, 10)
toolbox.register("individual", tools.initRepeat, creator.Individual, toolbox.attr_float, n=2)
```

```
toolbox.register("population", tools.initRepeat, list, toolbox.individual)

toolbox.register("mate", tools.cxBlend, alpha=0.5)
toolbox.register("mutate", tools.mutGaussian, mu=0, sigma=1, indpb=0.2)
toolbox.register("select", tools.selTournament, tournsize=3)
toolbox.register("evaluate", fitness)

# 알고리즘 설정
population = toolbox.population(n=50)
NGEN = 40
CXPB, MUTPB = 0.5, 0.2

# 진화 과정
for gen in range(NGEN):
    offspring = algorithms.varAnd(population, toolbox, CXPB, MUTPB)
    fits = map(toolbox.evaluate, offspring)
    for fit, ind in zip(fits, offspring):
        ind.fitness.values = fit
    population = toolbox.select(offspring, k=len(population))

best_ind = tools.selBest(population, 1)[0]
print("Best individual is: %s, %s" % (best_ind, best_ind.fitness.values))
```

이 코드에서는 유전 알고리즘을 사용하여 발전 효율 최적화 문제를 해결하는 방법을 보여준다. 각 개체의 적합도는 발전 효율을 최대화하는 방향으로 계산되며, 교차와 변이 연산을 통해 최적의 해를 찾아간다.

나) 입자 군집 최적화(PSO):

입자 군집 최적화(PSO)는 해상풍력 발전의 발전 효율을 최적화하기 위한 또 다른 메타휴리스틱 알고리즘이다. PSO는 군집 지능을 모방하여 입자들이 최적해를 향해 이동하도록 설계되었다.

```
from pyswarm import pso

# 목적 함수 정의
def objective(x):
    return (x[0] - 3)**2 + (x[1] - 2)**2

# 경계 설정
lb = [-10, -10]
ub = [10, 10]

# PSO 최적화 문제 해결
xopt, fopt = pso(objective, lb, ub, swarmsize=50, maxiter=100)

print("Optimal value:", fopt, "\nX:", xopt)
```

이 코드는 PSO를 사용하여 발전 효율 최적화 문제를 해결하는 방법을 보여준다. 각 입자는 군집 내 다른 입자들과 상호작용하며 최적의 해를 찾아가며, 군집의 전체 움직임을 통해 전역 최적해를 탐색한다.

다) 시뮬레이티드 어닐링(Simulated Annealing):

시뮬레이티드 어닐링(Simulated Annealing, SA)은 물리학에서 금속의 냉각 및 결정화 과정을 모방한 최적화 알고리즘으로, 높은 자유도를 가진 초기 상태에서 점진적으로 최적 상태로 수렴해 나가는 방법이다.

```
from scipy.optimize import dual_annealing

# 목적 함수 정의
def objective(x):
    return (x[0] - 3)**2 + (x[1] - 2)**2

# 경계 설정
bounds = [(-10, 10), (-10, 10)]
```

```
# 시뮬레이티드 어닐링 최적화 문제 해결
result = dual_annealing(objective, bounds)

print("Optimal value:", result.fun, "\nX:", result.x)
```

이 코드에서는 시뮬레이티드 어닐링을 사용하여 발전 효율 최적화 문제를 해결하는 방법을 보여준다. 시뮬레이티드 어닐링은 초기 상태에서 불필요한 지역 최적해에 빠지지 않도록 자유롭게 탐색하고, 점차적으로 탐색 범위를 좁혀가며 최적의 해를 찾는다.

4) 하이브리드 최적화 모델 (Hybrid Optimization Models)

하이브리드 최적화 모델은 여러 최적화 알고리즘을 결합하여 각각의 강점을 최대한 활용하는 방법이다. 예를 들어, 유전 알고리즘과 시뮬레이티드 어닐링을 결합하거나, 머신러닝 기법과 물리적 모델을 통합하여 보다 정교한 최적화 모델을 구축할 수 있다.

① 유전 알고리즘과 PSO의 결합 (Combination of Genetic Algorithm and PSO)

유전 알고리즘(Genetic Algorithm, GA)과 입자 군집 최적화(Particle Swarm Optimization, PSO)는 각각 전역 최적화 문제를 해결하는 데 강력한 성능을 발휘하는 메타휴리스틱 알고리즘이다. 이 두 알고리즘을 결합한 하이브리드 접근법은 GA의 탐색 능력과 PSO의 빠른 수렴 속도를 결합하여 보다 강력한 최적화 성능을 제공한다.

가) 유전 알고리즘과 PSO의 결합 원리 (Principle of Combining GA and PSO)

유전 알고리즘은 자연 선택과 유전적 연산을 통해 해집단을 진화시키며, 새로운 해를 탐색하는 데 강점을 가진다. 반면, PSO는 입자들이 군집 내에서 최적해를 찾는 과정을 통해 빠르게 수렴할 수 있다. 이 두 알고리즘을 결합하면, GA의 초기 세대에서 다양한 해를 생성하고, PSO를 통해 최종 세대에서 이 해를 빠르게 최적화할 수 있다.

나) 결합 알고리즘의 단계 (Steps of the Combined Algorithm)

- 초기 해집단 생성 (Generation of Initial Population): 유전 알고리즘을 사용하여 초기 해집단을 생성한다. 각 개체는 랜덤하게 초기화되며, 이 초기 해집단은 문제 공간을 넓게 탐색할 수 있도록 한다.
- 유전 알고리즘을 통한 초기 진화 (Initial Evolution Using GA): 유전 알고리즘의 선택, 교차, 변이 연산을 통해 초기 해집단을 진화시킨다. 이 과정에서 다양한 해를 생성하여 탐색 공간을 넓힌다.
- PSO를 통한 최적화 (Optimization Using PSO): GA를 통해 얻은 해집단을 PSO의 초기 입자로 사용한다. PSO는 입자들의 위치와 속도를 업데이트하면서 전역 최적해를 향해 빠르게 수렴시킨다.
- 최종 해 선택 (Selection of Final Solution): PSO의 최종 결과에서 최적해를 선택한다. 이 해는 GA와 PSO의 결합된 탐색과 최적화 과정을 통해 얻어진 결과로, 전역 최적해에 가깝거나 그 자체일 가능성이 높다.

다) 유전 알고리즘과 PSO 결합의 장점 (Advantages of Combining GA and PSO)

- 탐색과 수렴의 균형: GA의 탐색 능력과 PSO의 빠른 수렴 속도를 결합함으로써, 전역 최적해를 효과적으로 탐색하고 빠르게 수렴할 수 있다.
- 다양성 유지: GA는 초기 해집단에서의 다양성을 유지하고, PSO는 군집의 상호작용을 통해 최적해로의 수렴을 촉진한다.
- 적응성 향상: 결합 알고리즘은 다양한 문제 유형에 대해 높은 적응성을 가지며, 복잡한 최적화 문제에서도 강력한 성능을 발휘할 수 있다.

라) 결합 알고리즘의 구현 (Implementation of the Combined Algorithm)

다음은 유전 알고리즘과 PSO를 결합하여 최적화를 수행하는 예제 코드이다:

```
import random
from deap import base, creator, tools, algorithms
from pyswarm import pso
```

```
# 유전자 및 적합도 함수 정의
def fitness(individual):
    x = individual[0]
    y = individual[1]
    return -((x - 3)**2 + (y - 2)**2),  # 최소화 문제를 최대화로 변환하기 위해 부
호 변경

# 크롬 생성
creator.create("FitnessMax", base.Fitness, weights=(1.0,))
creator.create("Individual", list, fitness=creator.FitnessMax)

# 등록 및 초기화
toolbox = base.Toolbox()
toolbox.register("attr_float", random.uniform, -10, 10)
toolbox.register("individual", tools.initRepeat, creator.Individual, toolbox.attr_float, n=2)
toolbox.register("population", tools.initRepeat, list, toolbox.individual)

toolbox.register("mate", tools.cxBlend, alpha=0.5)
toolbox.register("mutate", tools.mutGaussian, mu=0, sigma=1, indpb=0.2)
toolbox.register("select", tools.selTournament, tournsize=3)
toolbox.register("evaluate", fitness)

# 유전 알고리즘을 통한 초기 진화
population = toolbox.population(n=50)
NGEN = 10
CXPB, MUTPB = 0.5, 0.2

for gen in range(NGEN):
    offspring = algorithms.varAnd(population, toolbox, CXPB, MUTPB)
    fits = map(toolbox.evaluate, offspring)
    for fit, ind in zip(fits, offspring):
        ind.fitness.values = fit
    population = toolbox.select(offspring, k=len(population))
```

```
# PSO를 통한 최적화
def pso_fitness(x):
    return -fitness(x)[0]

lb = [-10, -10]
ub = [10, 10]
xopt, fopt = pso(pso_fitness, lb, ub, swarmsize=50, maxiter=100)

print("Optimal value:", fopt, "\nOptimal solution:", xopt)
```

이 예제에서는 유전 알고리즘을 통해 초기 해집단을 진화시키고, PSO를 통해 최적의 해를 찾는다. 이 결합된 접근법은 복잡한 최적화 문제에서 강력한 성능을 발휘할 수 있다.

마) 유전 알고리즘과 PSO 결합의 한계 (Limitations of Combining GA and PSO)

- 계산 비용 증가: 두 알고리즘을 결합함으로써 계산 비용이 증가할 수 있으며, 특히 대규모 문제에서는 실행 시간이 길어질 수 있다.
- 설정의 복잡성: 결합 알고리즘의 다양한 파라미터(예: 교차율, 변이율, 입자 수, 속도 등)를 최적화하기 위해 추가적인 설정이 필요할 수 있다.
- 조정의 필요성: 두 알고리즘 간의 상호작용을 최적화하기 위해 추가적인 조정과 튜닝이 필요할 수 있다.

② 머신러닝과 물리적 모델의 결합 (Combination of Machine Learning and Physical Models)

머신러닝과 물리적 모델의 결합은 해상풍력 발전 시스템의 발전 효율을 최적화하기 위해 점점 더 많이 사용되는 접근법이다. 이 방법은 머신러닝의 데이터 기반 학습 능력과 물리적 모델의 이론적 정확성을 결합하여, 보다 정밀하고 강력한 최적화 모델을 제공한다.

가) 물리적 모델의 역할 (Role of Physical Models)

물리적 모델은 시스템의 물리적 법칙과 관계를 기반으로 시스템의 동작을 설명하고 예측하는 모델이다. 해상풍력 발전 시스템에서는 터빈의 공기역학적 특성, 에너지 변환 효율, 기상 조건과의 상호작용 등을 정확하게 모델링하기 위해 물리적 모델이 사용된다.

나) 물리적 모델의 구성 요소 (Components of Physical Models)

에너지 변환 모델 (Energy Conversion Models): 바람의 운동 에너지가 터빈을 통해 전기로 변환되는 과정을 수학적으로 표현한다. 예를 들어, 베츠의 법칙(Betz's Law)은 이론적으로 최대 59.3%의 바람 에너지가 전기로 변환될 수 있음을 설명한다.

- 기상 모델 (Meteorological Models): 풍력 발전에 영향을 미치는 기상 조건을 모델링하며, 풍속, 풍향, 온도 등 중요한 기상 요소를 포함한다.
- 구조적 모델 (Structural Models): 터빈 구조의 물리적 특성을 모델링하며, 강도, 내구성, 진동 특성 등을 분석한다.

다) 물리적 모델의 한계 (Limitations of Physical Models)

물리적 모델은 시스템의 근본적인 물리적 특성을 정확히 반영할 수 있지만, 복잡한 상호작용을 모두 모델링하기 어려운 경우가 많다. 또한, 실제 데이터와의 불일치가 발생할 수 있으며, 이러한 이유로 복잡한 시스템에서는 예측의 정확성이 떨어질 수 있다.

라) 머신러닝의 역할 (Role of Machine Learning)

머신러닝 모델은 대량의 데이터를 기반으로 패턴을 학습하고 예측하는 능력을 가지고 있다. 이러한 모델은 복잡한 비선형 관계를 처리하는 데 강점을 가지며, 물리적 모델이 설명하기 어려운 상호작용을 학습할 수 있다.

마) 머신러닝 모델의 구성 요소 (Components of Machine Learning Models)

- 훈련 데이터 (Training Data): 머신러닝 모델이 학습하는 데 사용되는 데이터로, 입력 변수와 이에 대응하는 출력 변수로 구성된다.
- 특징 추출 (Feature Extraction): 입력 데이터에서 중요한 특징을 추출하여 모델의 학습 효율성을 높인다.
- 모델 학습 (Model Training): 머신러닝 알고리즘을 사용하여 데이터를 학습하고, 입력과 출력 간의 관계를 모델링한다.

사) 머신러닝의 한계 (Limitations of Machine Learning)

머신러닝 모델은 데이터의 양과 품질에 의존하며, 학습된 모델이 물리적 의미를 가지지 않는 경우가 많다. 또한, 일반화 능력이 부족할 수 있어, 새로운 데이터에 대한 예측 정확도가 떨어질 위험이 있다.

아) 머신러닝과 물리적 모델의 결합 (Combining Machine Learning and Physical Models)

머신러닝과 물리적 모델을 결합함으로써, 두 모델의 강점을 극대화하고 단점을 보완할 수 있다. 결합된 모델은 물리적 모델의 이론적 기반을 유지하면서, 머신러닝을 통해 실제 데이터와의 불일치를 줄이고 예측 성능을 향상시킬 수 있다.

자) 결합 모델의 유형 (Types of Combined Models)

1. 물리적 모델 보정 (Physics-Informed Machine Learning):

머신러닝 모델은 물리적 모델의 출력을 입력으로 사용하여 예측 성능을 개선한다. 예를 들어, 물리적 모델의 예측 결과에 머신러닝을 적용하여 오차를 줄일 수 있다.

2. 혼합 모델 (Hybrid Models):

물리적 모델과 머신러닝 모델이 각각 독립적으로 작동하며, 두 모델의 출력을 결합하여 최종 예측을 생성한다. 예를 들어, 물리적 모델이 제공하는 구조적 정보를 바탕으로 머신러닝 모델이 세부적인 조정을 수행한다.

3. 계층적 모델 (Hierarchical Models):

물리적 모델이 시스템의 주요 구조적 동작을 설명하고, 머신러닝 모델이 더 세부적인 현상을 모델링한다. 예를 들어, 물리적 모델이 터빈의 전반적인 동작을 예측하고, 머신러닝 모델이 특정 기상 조건에서의 변동을 모델링할 수 있다.

차) 결합 모델의 구현 예시 (Example Implementation of Combined Models)

다음은 머신러닝과 물리적 모델을 결합하여 발전 효율을 최적화하는 예제 코드이다.

```
import numpy as np
from sklearn.ensemble import RandomForestRegressor

# 물리적 모델의 예측 (예: 베츠의 법칙을 사용한 출력 예측)
def physical_model(wind_speed, rotor_diameter, air_density=1.225):
    swept_area = np.pi * (rotor_diameter / 2)**2
    power = 0.5 * air_density * swept_area * wind_speed**3 * 0.59  # 베츠 한계
    return power

# 실제 데이터 (예시)
wind_speed = np.array([5, 6, 7, 8, 9])
rotor_diameter = 120
physical_predictions = physical_model(wind_speed, rotor_diameter)

# 머신러닝 모델 학습 (예: 실제 발전량 데이터로 보정)
actual_power_output = np.array([200, 300, 400, 500, 600])  # 실제 데이터 예시
features = np.column_stack((wind_speed, physical_predictions))

model = RandomForestRegressor(n_estimators=100, random_state=42)
model.fit(features, actual_power_output)
```

```
# 새로운 데이터로 결합 모델 예측
new_wind_speed = np.array([7.5])
new_physical_prediction = physical_model(new_wind_speed, rotor_diameter)
new_features = np.column_stack((new_wind_speed, new_physical_prediction))
predicted_power_output = model.predict(new_features)

print("Predicted Power Output:", predicted_power_output)
```

이 예제에서는 물리적 모델(베츠의 법칙)을 사용하여 초기 예측을 수행하고, 머신러닝 모델(Random Forest)을 사용하여 실제 데이터를 기반으로 예측을 보정한다. 결합 모델은 물리적 모델의 이론적 정확성과 머신러닝의 데이터 기반 학습 능력을 결합하여 보다 정밀한 예측을 제공한다.

카) 결합 모델의 장점과 한계 (Advantages and Limitations of Combined Models)

장점 (Advantages)

- 예측 정확도 향상 (Improved Prediction Accuracy):
  물리적 모델의 정확성과 머신러닝의 학습 능력을 결합하여 예측 성능을 향상시킬 수 있다.
- 물리적 의미 보존 (Preservation of Physical Meaning):
  물리적 모델의 이론적 기반을 유지하면서도, 실제 데이터와의 불일치를 머신러닝으로 보정할 수 있다.
- 복잡한 상호작용 처리 (Handling Complex Interactions):
  물리적 모델로 설명하기 어려운 비선형적 상호작용을 머신러닝을 통해 학습할 수 있다.

한계 (Limitations)

- 모델 복잡성 증가 (Increased Model Complexity):
  두 가지 모델을 결합함으로써 모델의 복잡성이 증가하며, 구현과 유지보수가 어려워질 수 있다.

- 데이터 의존성 (Data Dependency):
  머신러닝 모델은 충분한 양질의 데이터가 필요하며, 데이터 품질에 따라 성능이 크게 좌우될 수 있다.
- 해석의 어려움 (Difficulty in Interpretation):
  결합 모델의 예측 결과를 해석하는 것이 어려울 수 있으며, 특히 머신러닝 모델의 블랙박스 특성으로 인해 예측의 원인을 이해하기 어려울 수 있다.

4.4.3 실시간 데이터 기반 운영 전략

실시간 데이터 기반 운영 전략은 해상풍력 발전소의 성능을 극대화하고, 운영 효율성을 높이기 위해 필수적인 요소이다. 이 장에서는 실시간 데이터를 활용하여 발전소의 운영을 최적화하는 다양한 전략과 기법을 체계적으로 다루겠다.

(1) 실시간 데이터의 역할과 중요성 (Role and Importance of Real-Time Data)

실시간 데이터는 발전소의 현재 상태를 정확히 파악하고, 즉각적인 운영 결정을 내리는 데 중요한 정보를 제공한다. 실시간 데이터의 중요성은 다음과 같은 요소들로 설명될 수 있다.

1) 운영 상태 모니터링 (Operational Status Monitoring)

실시간 데이터는 터빈의 동작 상태, 출력 전력, 기상 조건 등의 운영 변수를 지속적으로 모니터링하는 데 사용된다. 이를 통해 발전소의 운영 상태를 실시간으로 파악할 수 있다.

- 예시: 실시간으로 수집된 데이터는 터빈의 출력 전력, 블레이드 각도, 회전 속도 등을 모니터링하여, 비정상적인 상태가 감지될 경우 즉각적인 대응이 가능하게 한다.

2) 실시간 의사결정 지원 (Real-Time Decision Support)

실시간 데이터는 운영자가 즉각적인 의사결정을 내리는 데 필요한 정보를 제공한다. 예를 들어, 예상치 못한 기상 변화가 발생했을 때, 실시간 데이터는 운영자가 터빈의 동작 모드를 조정하거나 안전 조치를 취하는 데 도움을 준다.

- 예시: 강풍 경고가 발령될 경우, 실시간 데이터를 기반으로 터빈의 회전 속도를 줄이거나 블레이드 각도를 조정하여 손상을 방지할 수 있다.

3) 예방적 유지보수 (Predictive Maintenance)

실시간 데이터는 터빈 구성 요소의 상태를 지속적으로 모니터링하여, 잠재적인 고장을 조기에 감지할 수 있다. 이를 통해, 계획적인 유지보수를 수행하고, 예기치 않은 고장으로 인한 비용을 최소화할 수 있다.

- 예시: 베어링의 진동 데이터를 실시간으로 분석하여 비정상적인 패턴이 감지되면, 운영자는 고장이 발생하기 전에 베어링을 교체하거나 수리할 수 있다.

(2) 실시간 데이터 수집 및 관리 (Real-Time Data Collection and Management)

실시간 데이터 기반 운영 전략의 첫 번째 단계는 데이터를 효과적으로 수집하고 관리하는 것이다. 이 절에서는 실시간 데이터를 수집하고 관리하는 방법에 대해 설명한다.

1) 데이터 수집 기술 (Data Collection Technologies)

실시간 데이터는 다양한 기술을 통해 수집되며, 이러한 기술들은 데이터의 정확성과 신뢰성을 보장하는 데 중요한 역할을 한다.

① SCADA 시스템 (Supervisory Control and Data Acquisition Systems)

SCADA 시스템은 해상풍력 발전소의 다양한 운영 데이터를 실시간으로 수집하고, 중앙 제어 시스템에 전달한다. SCADA 시스템은 터빈의 회전 속도, 출력 전력, 블레이드 각도, 온도 등의 데이터를 실시간으로 모니터링하고, 이를 바탕으로 운영 상태를 제어한다.

구성 요소:

- 센서: 터빈의 각 부분에서 데이터를 수집한다.
- RTU(Remote Terminal Unit): 수집된 데이터를 중앙 제어 시스템으로 전송한다.
- HMI(Human-Machine Interface): 운영자가 실시간 데이터를 모니터링하고 제어할 수 있는 인터페이스를 제공한다.

② IoT 센서 네트워크 (Internet of Things Sensor Networks)

IoT 센서 네트워크는 다양한 센서를 통해 터빈의 실시간 데이터를 수집하고, 무선 네트워크를 통해 데이터를 전송한다. IoT 센서 네트워크는 기존 SCADA 시스템의 한계를 보완하고, 더 많은 데이터를 실시간으로 수집할 수 있다.

장점:

- 유연성: 다양한 센서를 쉽게 추가할 수 있어, 터빈의 세부적인 운영 데이터를 실시간으로 모니터링할 수 있다.
- 확장성: 네트워크를 확장하여 더 많은 데이터를 수집하고 분석할 수 있다.

2) 데이터 관리 및 처리 (Data Management and Processing)

실시간으로 수집된 데이터는 고속으로 처리되고 분석되어야 하며, 이를 통해 운영자는 즉각적인 결정을 내릴 수 있다. 데이터 관리 및 처리 기술은 이러한 과정을 효율적으로 지원한다.

① 클라우드 기반 데이터 처리 (Cloud-Based Data Processing)

클라우드 컴퓨팅은 실시간 데이터를 중앙화된 서버에서 처리하고, 대규모 데이터 분석을 가능하게 한다. 클라우드 기반 데이터 처리의 장점은 데이터의 저장 및 분석 용량이 거의 무제한이라는 점이며, 확장성 높은 데이터 관리가 가능하다.

예제 코드: AWS를 사용한 클라우드 데이터 처리

```
import boto3
from botocore.exceptions import NoCredentialsError

s3 = boto3.client('s3')

def upload_to_s3(file_name, bucket, object_name=None):
    try:
        s3.upload_file(file_name, bucket, object_name or file_name)
        print("Upload Successful")
    except FileNotFoundError:
        print("The file was not found")
    except NoCredentialsError:
        print("Credentials not available")

upload_to_s3('local_data.csv', 'windfarm-data-bucket')
```

② 엣지 컴퓨팅 (Edge Computing)

엣지 컴퓨팅은 데이터를 생성하는 장치 가까이에서 데이터를 처리하여 전송 지연을 최소화하고, 실시간 분석을 가능하게 한다. 이는 발전소의 터빈이 원격지에 위치한 경우에도 빠르고 효율적인 데이터를 처리할 수 있게 한다.

장점:

- 실시간성: 데이터가 수집된 위치에서 즉시 처리되어 분석 결과를 바로 사용할 수 있다.
- 네트워크 부담 경감: 모든 데이터를 중앙 서버로 전송할 필요가 없으므로 네트워크 트래픽을 줄일 수 있다.

(3) 실시간 운영 전략의 적용 (Application of Real-Time Operational Strategies)

실시간 데이터는 운영 전략의 즉각적인 적용을 가능하게 하며, 발전소의 운영 효율성을 극대화할 수 있다. 이 절에서는 실시간 운영 전략을 발전소 운영에 적용하는 방법을 다룬다.

1) 예측 유지보수 (Predictive Maintenance)

예측 유지보수는 실시간 데이터를 기반으로 장비의 상태를 평가하고, 고장을 예측하여 유지보수 일정을 최적화하는 전략이다. 이 전략은 장비의 수명을 연장하고, 운영 비용을 절감하는 데 중요한 역할을 한다.

① 데이터 기반 상태 평가 (Data-Driven Condition Assessment)

실시간 데이터는 터빈의 각 구성 요소의 상태를 지속적으로 평가하는 데 사용된다. 이 평가를 통해 장비의 이상 상태를 조기에 감지하고, 필요에 따라 유지보수 계획을 조정할 수 있다.

- 예시: 진동 데이터를 실시간으로 모니터링하여, 베어링의 마모 상태를 평가하고, 고장 발생 전에 교체 작업을 계획할 수 있다.

② 머신러닝을 활용한 고장 예측 (Fault Prediction Using Machine Learning)

머신러닝 모델은 실시간 데이터를 분석하여 장비의 고장을 예측하고, 이를 기반으로 최적의 유지보수 일정을 생성한다. 예를 들어, 랜덤 포레스트, 서포트 벡터 머신, 인공신경망 모델이 고장 예측에 사용될 수 있다.

예제 코드: 머신러닝을 사용한 고장 예측

```
from sklearn.ensemble import RandomForestClassifier
from sklearn.model_selection import train_test_split
from sklearn.metrics import classification_report

# 데이터 준비
X_train, X_test, y_train, y_test = train_test_split(X, y, test_size=0.2, random_state=42)

# 랜덤 포레스트 모델 생성
model = RandomForestClassifier(n_estimators=100, random_state=42)
model.fit(X_train, y_train)

# 예측 및 평가
y_pred = model.predict(X_test)
print(classification_report(y_test, y_pred))
```

2) 실시간 발전량 최적화 (Real-Time Power Output Optimization)

실시간 발전량 최적화는 실시간 데이터를 사용하여 발전소의 발전량을 최대화하는 전략이다. 이는 터빈의 회전 속도, 블레이드 각도, 발전 모드를 실시간으로 조정함으로써 달성된다.

① 피드백 제어 시스템 (Feedback Control Systems)

피드백 제어 시스템은 실시간 데이터를 기반으로 발전소의 출력 전력을 모니터링하고, 운영 변수를 조정하여 목표 출력 전력을 유지하는 데 사용된다. 예를 들어, 터빈의 회전 속도와 블레이드 각도를 조정하여 바람의 변화에 대응할 수 있다.

- 예시: 발전량이 설정된 목표치를 벗어나면, 피드백 제어 시스템이 블레이드 각도를 조정하여 바람의 속도에 따른 최적의 발전량을 유지할 수 있다.

② 모델 기반 제어 (Model Predictive Control, MPC)

모델 기반 제어(MPC)는 실시간 데이터를 사용하여 터빈의 동작을 예측하고, 이를 바탕으로 최적의 제어 신호를 생성하는 전략이다. MPC는 현재 상태와 미래의 예측을 결합하여 최적의 제어 결정을 내리는 데 사용된다.

예제 코드: 모델 기반 제어를 사용한 발전량 최적화

```
import numpy as np
from scipy.optimize import minimize

# 시스템 모델
def turbine_model(x, u):
    return x + 0.1 * u

# 목표 함수
def objective(u, x_current, x_target):
    x_future = turbine_model(x_current, u)
    return np.sum((x_future - x_target)**2)

# 초기 상태 및 목표 상태
x_current = np.array([10.0])  # 현재 발전량
x_target = np.array([15.0])   # 목표 발전량

# 최적화 문제 해결
result = minimize(objective, x0=[0.0], args=(x_current, x_target), bounds=[(-5, 5)])
optimal_u = result.x
print("Optimal control input:", optimal_u)
```

3) 실시간 기상 데이터 통합 (Integration of Real-Time Weather Data)

실시간 기상 데이터는 해상풍력 발전소의 운영 최적화에 중요한 요소이다. 기상 조건에 대한 빠른 대응을 통해 터빈의 성능을 최적화하고, 안전성을 강화할 수 있다.

① 기상 예보 기반의 운영 조정 (Weather Forecast-Based Operational Adjustments)

기상 예보 데이터는 터빈의 운영 모드를 사전에 조정하는 데 사용될 수 있다. 예를 들어, 강풍이 예측될 경우 터빈의 회전 속도를 조정하여 장비의 손상을 방지할 수 있다.

- 예시: 실시간 기상 데이터를 바탕으로 터빈의 회전 속도를 줄이거나, 터빈을 일시적으로 정지시켜 강풍으로 인한 손상을 방지한다.

② 풍속 및 풍향 분석 (Wind Speed and Direction Analysis)

실시간 풍속 및 풍향 데이터는 터빈의 블레이드 각도와 회전 속도를 조정하는 데 사용된다. 이는 바람의 변화에 따라 터빈의 최적 성능을 유지하는 데 중요한 역할을 한다.

- 예시: 풍향이 갑자기 변할 경우, 터빈의 블레이드를 회전하여 바람의 새로운 방향에 최적화된 각도를 유지한다.

(4) 실시간 데이터 기반의 효율적 자원 관리 (Efficient Resource Management Based on Real-Time Data)

실시간 데이터는 발전소의 자원을 효율적으로 관리하는 데 중요한 역할을 한다. 이는 운영 비용을 줄이고, 자원의 활용도를 극대화할 수 있는 전략을 포함한다.

1) 에너지 자원의 실시간 최적화 (Real-Time Optimization of Energy Resources)

실시간 데이터를 기반으로 에너지 자원을 최적화하여 발전소의 효율성을 높일 수 있다. 예를 들어, 실시간으로 수요와 공급을 분석하여 에너지 저장 시스템을 최적화할 수 있다.

- 예시: 실시간 수요 데이터와 풍력 발전량을 분석하여, 잉여 전력을 배터리 저장 시스템에 저장하고, 수요가 증가할 때 방출한다.

2) 유지보수 인력 및 자재 관리 (Maintenance Personnel and Materials Management)

실시간 데이터를 통해 유지보수 인력과 자재를 효율적으로 관리할 수 있다. 이는 유지보수 일정과 자재 공급을 실시간으로 조정하여, 운영 효율성을 높이는 데 기여한다.

- 예시: 실시간으로 수집된 장비 상태 데이터를 바탕으로 유지보수 일정을 조정하고, 필요한 자재를 사전에 준비하여 작업 시간을 최소화한다.

(5) 실시간 운영 전략의 사례 연구 (Case Studies of Real-Time Operational Strategies)

실시간 데이터 기반 운영 전략은 이미 여러 해상풍력 발전소에서 성공적으로 적용되고 있다. 이 절에서는 몇 가지 사례를 통해 이러한 전략의 실제 적용 방법과 효과를 살펴본다.

1) 사례 연구 1: 북유럽 해상풍력 발전소 (Case Study 1: Offshore Wind Farm in Northern Europe)

북유럽의 한 해상풍력 발전소에서는 실시간 데이터를 기반으로 터빈의 회전 속도와 블레이드 각도를 최적화하여, 발전 효율을 8% 향상시켰다. 또한, 실시간 기상 데이터를 활용하여 강풍 시 터빈을 안전하게 정지시켜 장비 손상을 방지하였다.

2) 사례 연구 2: 아시아 해상풍력 프로젝트 (Case Study 2: Offshore Wind Project in Asia)

아시아의 한 해상풍력 프로젝트에서는 실시간 상태 모니터링과 예측 유지보수를 통해 유지보수 비용을 15% 절감하였다. 이 프로젝트는 IoT 센서와 머신러닝 기반 고장 예측 모델을 활용하여, 터빈의 운영 상태를 실시간으로 모니터링하고 고장을 조기에 예방하였다.

머신러닝과 데이터 사이언스 활용

해상풍력발전과 인공지능

2024년 9월 30일 인쇄 발행

저 자 노재규, 강기원
발 행 인 송기수
발 행 처 도서출판 GS인터비전
편 집 처 도서출판 GS인터비전
편 집 인 공예서
표 지 디 자 인 도서출판 GS인터비전
인 쇄 처 트윈벨미디어
등 록 번 호 제 25100-2016-000050호
I S B N 979-11-5576-482-4(93560)

주 소 서울 은평구 증산로 15길 69, 2층
전 화 02-976-7898, 02-3272-7898.
팩 스 02-6468-7898
홈페이지 gsintervision.kr
E-Mail gsinter7@gmail.com

정 가 40,000원

축 사

교재발간을 축하드리며

먼저, 2018년(무술년)의 시작과 더불어 긴 시간의 작업을 마치고 모습을 드러낸 'LNG 연료추진선과 LNG벙커링'의 교재발간을 진심으로 축하드립니다. 세계 각국의 환경에 대한 관심 증가와 더불어 IMO(국제해사기구)에서도 해상 선박에서의 배기가스 규제를 지속적으로 강화하고 있습니다. 관련 산업계에서는 이러한 배기가스 규제에 대응할 수 있는 친환경 선박 기술 개발에 박차를 가하고 있고 많은 기술들이 상용화되고 있기도 합니다. 이 중에서도 LNG연료추진선은 환경규제에 대응하기 위한 대표적인 방안이라고 생각합니다.

목포해양대학교의 LINC+사업단에서는 이러한 산업계의 변화에 발맞추어 '액화가스추진선박 운용트랙'을 개설하고, 액화가스 운반, 관리, 해상 및 항만에서의 비상 대응 능력을 갖춘 인력을 양성하고 있습니다. 본 교재는 LNG공급, 관련법규, LNG연료추진선 설계 및 연료저장설비, LNG벙커링 등 폭이 넓으면서도 LNG추진 선박의 운용에 필수적인 내용을 담고 있어 융합트랙에서 육성하고자 하는 전문 인력의 교육에 유용하게 활용될 것입니다.

오랜 기간 동안 산업계에서 축적한 노하우를 제공해주신 이차수 님, 한국선급의 김종민 박사님, 교재개발 기획과 집필에 힘쓰신 한민수 교수님에게 그 동안의 수고에 대한 감사와 더불어 축하를 드립니다. LNC+사업단의 인재양성에 밑거름이 될 수 있는 교재를 집필해주신 분들의 노고에 다시 한 번 감사드립니다.

2018년 1월

목포해양대학교 LINC+사업단장 남택근

머리말

1

21세기에 들어와 전 세계적인 이슈가 되고 있는 기후환경 변화를 막고자 선박의 배출가스에 대한 엄격한 규제가 시행되고 있는 가운데 해운과 조선산업에서 새로운 변화가 일고 있다.

바로 LNG연료추진선의 등장이다. LNG추진선은 이미 북유럽에서 다수의 선박이 운항되고 있어 새롭게 개발된 선박은 아니다.

그러나 북유럽 일부지역이 아닌 전 세계를 항해하는 대형 장거리 화물선이나 여객선의 추진 방식이 LNG연료로 바뀐다는 것은 우리 해운 조선업계의 획기적인 변화를 의미한다.

관련 업계에서의 획기적인 변화는 이들 선박에 연료를 실어줄 LNG벙커링 사업이 전 세계적으로 활성화된다는 점이다. 세계적으로 LNG벙커링은 새로운 산업으로 자리를 잡아가고 있다. 우리나라도 새로운 벙커링 강국으로 자리매김 할 수 있을 것으로 기대된다.

그러나 우리는 아직 갈 길이 먼 것 같다. 선박의 설계, LNG벙커링 기자재 및 운항 전문가가 필요하지만 국내 관련 전문인력은 미미한 실정이다. 선원에 대한 교육 수요도 더욱 커질 것으로 전망되며, LNG추진선박 운용 및 LNG벙커링을 위한 전문인력 양성도 시급한 것으로 생각된다.

이 책은 국내 해양관련 대학의 학생과 앞으로 LNG연료추진선을 운용할 해운사 관계자 및 국내 기자재 업체 관계자 들을 위한 LNG추진선의 기초개념과 LNG벙커링에 초점을 맞추었다. 부족한 부분이 많으나 이 책이 관련업계 종사자들이 관련 분야의 전문가로 성장하는 데 디딤돌이 되기를 바라는 마음이다.

이 책의 집필에 함께해 주신 한급선급의 김종민 박사님, 국립목포해양대학 한민수 교수님 그리고 편집을 맡아 주신 GS인터비전 출판사의 송기수 대표님께 깊은 감사를 드린다.

2018년 1월

한진중공업 이 차 수 고문

LNG와의 첫 만남은 2009년 늦여름으로, LNG연료를 사용하는 엔진 인증과 관련된 아주 고된 시험이었다. 이 시험은 그해를 지나 다음해 봄까지 이어지고, 선급 입사를 통해 한층 더 강화된 LNG와의 인연으로 이어지는 계기가 되었다.

최근 '2020 Global Sulfur Cap'으로 인하여 LNG연료추진선에 대한 관심이 급격하게 높아지고 있으며, 관련 기술들에 대한 관심도 함께 높아지고 있다. 그렇지만 국내의 낙후된 LNG기반기술의 발전은 더딘 수준이라 관련 투자와 기술개발이 절실한 실정이다.

LNG연료추진선과 LNG벙커링은 침체에 빠진 우리 조선산업과 관련 기자재 산업의 새로운 기회가 될 것이다. 한편 경쟁관계에 있는 해외 국가들은 기술적·제도적으로 매우 앞서 나아가고 있어, 관련업계와 유관기관의 많은 관심이 필요한 시기이다.

이러한 현실에 한명의 선급인으로써 조바심을 가지고 있던 즈음 「LNG와 LNG벙커링」 저작에 참여하는 기회가 주어져 매우 기쁘고 행복했다. '一經之訓' 의 마음으로 밤낮을 가리지 않고 자료 수집과 집필에 몰두하신 이차수 고문님과 한민수 교수님의 성과물에 숟가락만 얹는 거 같고, 오히려 누가 될 거 같아 걱정이 앞서지만 이 책을 통해 LNG벙커링 산업에 관심을 갖는 인력들이 양성되길 희망하며, 제가 알고 있는 미약한 지식들이 국내 관련 산업 발전의 밑거름이 되길 기원한다.

항상 내 곁에서 지켜봐주는 사랑하는 아내와 연두에게 감사드리며, 이 책이 나올 수 있도록 도움을 주신 국립목포해양대학교 LINC+ 사업단 관계자들과 편집을 맡아 주신 GS인터비전 출판사의 송기수 대표님께 깊은 감사를 드린다.

2018년 1월

한국선급 김 종 민 박사

3

석유를 포함한 전 세계 에너지 산업은 계속 변화해가고 있으며, 선박과 해운 물류 산업도 환경친화적이고 안정적인 에너지원을 찾아 움직이고 있다. LNG연료추진선은 국제해사기구 IMO의 대기환경 규제 강화와 미국 및 EU의 ECA, SECA와 같은 환경규제가 강화되면서 그 수요가 급증하고 있다. 해양수산부에서는 친환경선박 및 해양기자재 산업 수요는 향후 15년간 71.5조원으로 추정하고 있으며, 국내 해운산업과 조선산업에 미칠 경제적 효과는 153조로 전망 할 정도로 그 기대감이 높다. 2017년 1월 이후 정부에서는 대기환경 규제를 충족하기 위한 방법으로 LNG연료추진선 도입을 정책적으로 추진하고 있으며, 그 방향으로 인센티브 확대, 인프라 구축, 법·제도 정비, 인증·기술개발 기반 구축 및 시범사업 추진을 단계적으로 진행해 나가고 있다. 이 책에서 소개된 바와 같이 국내 조선소에서는 해외로 LNG연료추진선의 건조와 인도를 마쳤고, 국내 연안용 LNG연료추진선박이 오늘도 화물을 선적하고 동해안을 항해하고 있다.

그러나 아직 넘어야 할 산도 많다. 그 대표적인 것이 벙커스테이션 확보라고 할 것이다. EU는 현재 13개 항만에서 LNG벙커링이 가능하지만 향후 2025년 까지 139개 항만으로 인프라를 확충할 계획이며, 싱가폴과 일본이 아시아의 LNG허브항을 준비하고 있다. 현재 우리나라는 LNG터미널과 탱크로리를 이용한 LNG수급이 전부이지만 더 늦기 전에 LNG벙커링 산업을 선점할 필요가 있다.

기존 선박과 LNG연료추진선의 가장 큰 차이는 LNG연료탱크의 선내 배치, LNG연료공급시스템(FSS), 이중연료엔진의 구성 이라고 볼 수 있으며, 이러한 선박 구성의 차이로 인해 이 책에서 소개된 LNG벙커링 작업이 선박과 항만의 안전을 위해 새롭게 배워야할 중요한 이슈라고 할 수 있다. 이 책에서는 LNG의 물성부터 LNG벙커링 방법과 절차 그리고 위험도 평가까지 LNG연료추진선박의 건조와 운용까지 모든 부분을 담으려 노력하였으며, 목포해양대학교 LINC+사업단 LNG트랙 참여 학생뿐만 아니라 모든 LNG연료추진선박 관련 산업분야 종사하는 사람 누구에게나 좋은 안전 지침서가 될 수 있길 기원한다.

마지막으로 이 책이 체계적으로 구성될 수 있도록 고민하시고 축적된 노하우를 그대로 담아내 주신 이차수 고문님과 한국선급 김종민 박사님께 감사의 말씀을 전합니다. 아울러 출판에 도움을 주신 GS인터비젼 출판사의 송기수 대표님과 교재저술을 지원해주신 목포해양대학교 LINC+ 사업단 남택근 단장님께 진심으로 감사드립니다.

2018년 1월

목포해양대학 한 민 수 교수

차 례

제1장
LNG시장 동향

1.1 세계 LNG시장 동향(Global Trends)

2016년 세계 LNG무역량은 258백만 톤에 달했다. 호주의 새로 건설된 액화설비와 말레이시아의 새로운 Train(생산설비)의 상업적 생산을 시작으로 공급이 증가하였다. 미국 사빈패스 LNG설비의 첫 2 Train 의 완공으로 미국 걸프 만의 LNG수출이 시작되었다. 또 대서양 연안의 앙골라도 LNG수출을 재개하였다.

그러나 그림 1-1에서와 같이 세계 LNG공급 증가는 기대에 미치지 못하였고, LNG는 여타 에너지 섹터와 마찬가지로 유가 하락과 아시아 중심의 수요 감소로 2014년부터 침체기에 돌입했다. 2017년 신규로 가동될 LNG프로젝트가 사상 최대가 될 것으로 예측하였으나 아시아에서 프로젝트 진행 지연 또는 중단 사태로 LNG공급이 원활하지 못했다. LNG수출은 일본과 한국시장은 약간 감소하였다. 그런데 중국, 인도 그리고 이집트와 같은 대형시장에 의해 다소 활력을 찾게 되었다.

LNG수입은 2015년부터 증가하기 시작하여 지금은 과거보다 더 빠른 속도로 증가하고 있다. 공급은 2017년에 태평양 연안의 새로운 설비와 추가설비 등의 생산 개시로 다시 증가하기 시작하였다.

중국, 인도, 파키스탄, 이집트 그리고 요르단과 같은 새로운 LNG수입국들도 LNG수요 증가를 뒷받침하고 있다. 또한 영국, 프랑스, 스페인 같은 풍부한 인프라를 가지고 있는 유럽시장으로 LNG공급이 증가 추세에 있다.

[Source: IHS Markit, IEA, IGU]

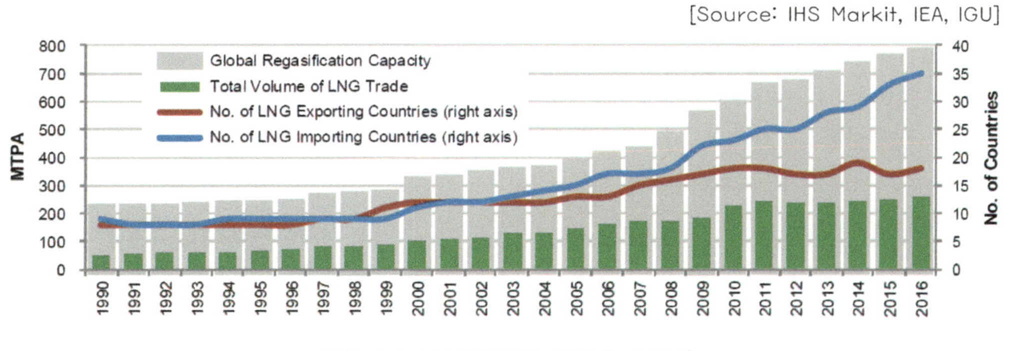

그림 1-1 LNG무역량 (1990-2016)

2010~2015년까지 중동은 세계 제일의 LNG수출 지역이었으나 2016년 들어 새로운 생산 설비의 가동으로 아시아-태평양지역이 두각을 나타내고 있다. 아시아-태평양지역 국가들은 2016년에 총 수출량의 28.6%를 수출했다. 반면에 중동국가는 35.3%를 수출했다. 카타르는 세계 총 수출량의 30%를 수출하여 아직 세계 최대의 수출국으로 남아 있다.

세계 LNG시장은 다시 회복기에 진입하고 있다. 현재 진행 중인 LNG프로젝트 기준으로 추정 시, 2020년에는 수급 균형을 이루며 이제부터 2020년 이후의 공급 차질에 대비해 경제성 있는 프로젝트부터 점차 투자가 재개될 것으로 예측된다.

1.2 셰일가스의 혁명(Shale Gas Revolution)

셰일 가스는 탄화수소가 풍부한 바다 속 진흙이 수평으로 퇴적하여 굳어진 암석층(혈암, shale)에서 개발 생산하는 천연가스이다. 전통적인 가스와는 달리 암반층에서 채취하기 때문에 천연가스라 부르며, 유전이나 가스전에서 채굴하는 기존 가스와 성분이 같기 때문에 난방용 연료나 석유화학 연료로 사용 가능하다.

셰일가스의 존재는 오랫동안 알려져 왔으나 가스를 암석층에서 채굴하여 상업적으로 이용하는 것이 불가능했었다. 그러나 21세기에 들어 가스의 가격이 오르고 수평 시추기술과 수압 파쇄공법(fracking)이라고 부르는 채굴기술의 발달로 대량 생산이 가능하게 되었다.

그림 1-2는 셰일가스 채굴 방법을 나타낸 것이다. 수평 시추기술은 셰일 층에 수평으로 시추관을 집어넣은 뒤 물, 모래, 화학약품 혼합액을 고압으로 뿜어내 암석을 깨뜨리고 가스를 추출하는 기술이다. 수압파쇄공법은 흔히 프래킹(fracking)이라 부른다. 미국에서 1998년 상용화했다. 모래와 화학 첨가물이 섞인 물을 높은 압력으로 혈암 층에 뿜어 바위를 뚫은 뒤 천연가스를 뽑아내는 방식이다.

기술혁신은 채굴단가를 낮추었고, 셰일가스를 더 수익성 있게 만들었다. 셰일가스는 경제적으로 약 50달러의 손익분기점까지는 석유보다 경제성이 뛰어나다는 것이 전문가들의 분석이다.

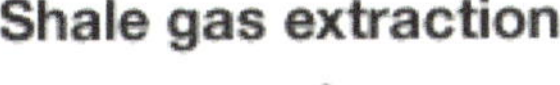

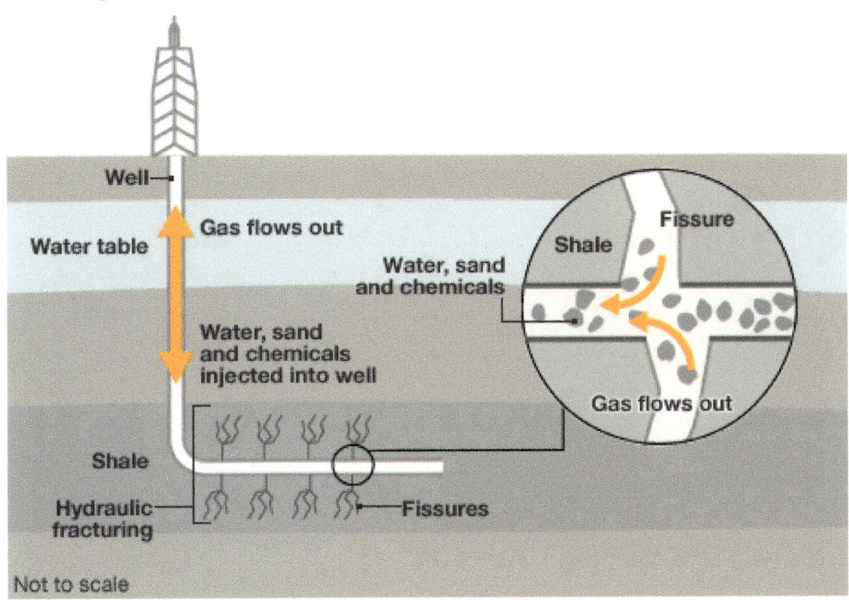

그림 1-2 셰일가스 채굴(Fracking)

셰일가스는 매장량도 무궁무진하다. 현재 확인된 매장량만해도 187조 5000억㎥. 전 세계가 60년간 사용할 수 있는 규모다. 채굴기술의 발전에 따라 더 늘어날 수도 있다.

셰일가스의 개발은 미국이 선두주자이며 자국내 생산이 급속히 증가하고 있다. 세계 최대의 천연가스 수입국가였던 미국이 연료 수출국가로 되었다. 미국은 LNG주 수입국 중의 하나였고 2007년에는 LNG수입시장의 약10%를 차지하였다. 그러나 2011년에는 LNG 수입이 약3%까지 감소하였다.

셰일가스는 다른 국가에서도 이용 가능하지만 미국만큼 그 채굴기술이 발달하지는 못했다. 예를 들면 그림 1-3 세계 셰일가스 매장량을 보면 중국은 미국보다 매장량이 더 많다. 이것을 개발한다면 중국은 천연가스와 LNG시장에 더 많은 영향을 줄 수도 있다. 그러나 지금까지 중국은 지속적인 천연가스 소비증가로 세계최대의 천연가스 수입국 중의 하나로 되고 있다.

그림 1-3은 세계 셰일가스의 매장지역과 예측 매장량을 나타낸 것이다.

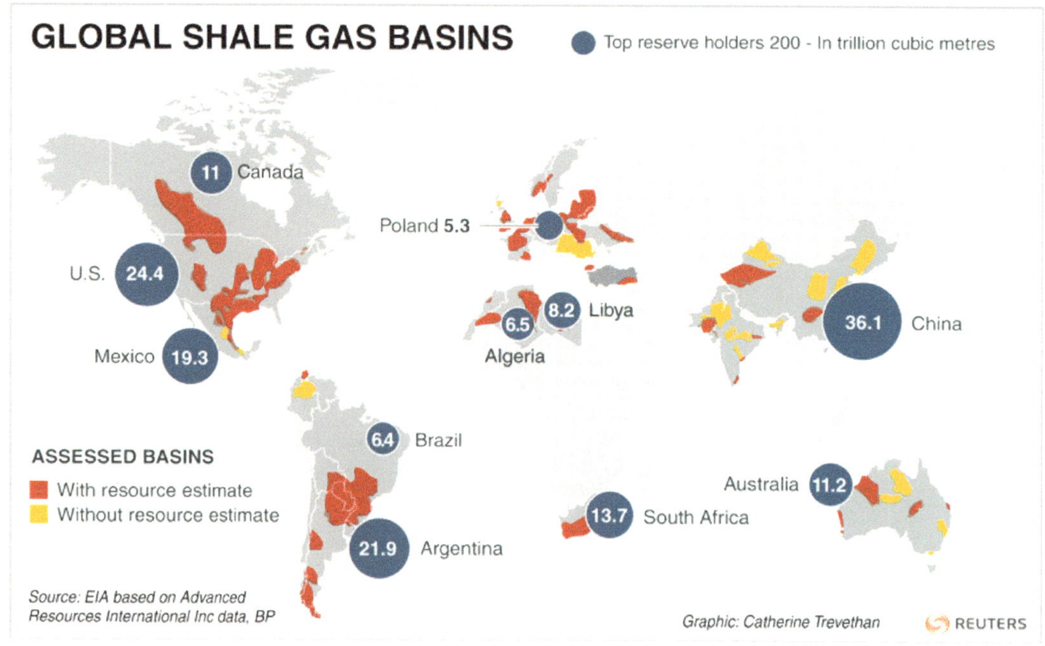

그림 1-3 세계 셰일가스 매장량

미국의 이 같은 셰일가스 공세가 계속되자 사우디아라비아를 비롯한 OPEC 회원국들의 반격이 시작됐다. 공급과잉 우려에도 불구하고 원유 판매가격을 낮춰 시장점유율 사수에 나선 것이다. 사우디아라비아는 원유 소비국들이 고유가를 이유로 천연가스나 신재생에너지 등 대체에너지의 비중을 늘리려 하면 적절한 증산으로 가격을 내렸다.

이것은 셰일가스가 기술혁신과 비용절감으로 '제2의 셰일 혁명'을 준비하고 있기 때문이다. 5년 전보다 셰일 생산에 드는 굴착 시간은 50% 단축됐고, 한 번에 팔 수 있는 굴착 거리도 2배 이상 길어졌다. 경험이 쌓이면서 채굴 관련 실용 기술이 좋아지고 있는 것이다. 셰일혁명은 기술개발을 통해 원유를 증산, 산유국의 고유가 정책을 저지했고, 결과적으로 소비자에게 저유가라는 선물을 준 것이다.

1.3 LNG수요 예측(LNG Demand)

LNG의 수요는 세계 에너지 수요로 대략 알 수 있으며 그 중 약 9.8%가 LNG로 공급한다. 2000~2015년에는 LNG공급이 매년 평균 6.2%의 빠른 속도로 성장하여 왔지만, 시장 점유율은 2010년 이후로 정체되어 왔다. 최근에 시장점유율 정체에도 불구하고 2020년부터는 LNG연료 분야에 추가적인 수요로 LNG시장에 새로운 성장을 이끌 것으로 예상하고 있다. LNG무역량은 2016년 258백만 톤에 이르렀고 미국과 호주로 이어지는 세계적인 새로운 LNG생산 프로젝트로 공급이 급증하였다.

미국의 Sabine Pass Trains 1 & 2는 상업용 생산을 시작하였고, 호주 Gorgon LNG Trains 1 & 2, Australia Pacific LNG, Gladstone LNG와 Queensland Curtis LNG도 상업용 가동을 시작했다. 중국의 LNG소비는 35%이상으로 급속히 증가했다. 같은 시기 일본과 한국은 핵연료, 석탄연료 그리고 기타 신재생에너지 등의 확대로 LNG소비 증가율이 떨어시고 있다. 그러나 세계적으로 LNG가격이 경쟁력 있는 범위에 있으므로 LNG수요는 지속적으로 증가할 것으로 예측하고 있다. FSRU(Floating Storage Regasification Units)와 LNG 벙커링이 LNG산업으로 형태를 갖추어 가고 있다. FSRU의 신조와 개조공사는 날로 증가하여 새로운 시장에 진입하고 있고, LNG수요의 한 축을 차지하고 있다.

LNG는 중요한 선박의 연료로 여겨지고 있다. 예를 들어, 선박의 연료를 천연가스로 바꾸는 것이 유리하다고 판단해서 네덜란드의 로테르담항과 벨기에의 지브르게항에는 LNG 연료공급 전용터미널을 설치하였다. 항만에서 LNG로 연료를 바꾸면 NOx는 90%, SOx와 PM(Particulate Matters;입자상 물질)은 100%까지 줄일 수 있다. 세계적인 LNG소비의 증가는 사람의 건강과 환경에 직접적이고 긍정적인 영향을 줄 것이다.

LNG의 사용은 두 가지 점에서 해운업계에서 많은 관심을 유발하여 왔다. 첫째 LNG는 기존 선박연료에 비해 SOx를 배출하지 않고 NOx나 미세먼지도 적게 배출하고, CO_2도 상대적으로 적게 배출한다. 이것은 기존 선박의 연료에 부과되는 환경비용을 줄일 수 있다.

둘째로, LNG에 대한 관심은 낮은 가격과 풍부해진 가스로 새로운 시장을 형성하려는 가스공급업자들의 필요에 의해 높아지게 되었다. 낮은 천연가스 가격은 상업운송에서 세계 어느 곳에서나 소매가가 낮을 때 싼 값에 매출을 높여 시장점유율을 획득하기 위한 강력한 수단이 된다. 천연가스가격이 유가 보다 낮은 환경에서도 상품가격에서 이점이 있는 반면에 생산비가 높고 운송하는 데 비용이 많이 들어 이러한 이점을 반감할 수 있다.

이러한 환경은 궁극적으로 선박 벙커링에 대한 잠재적인 LNG사용에 영향을 줄 수 있다. IMO는 2020년부터 선박연료의 황 함유량을 0.5%이하의 것을 사용하는 법안을 확정했다. LNG는 이러한 IMO의 기준을 만족할 수 있다. 그러나 LNG연료는 스크러버(scrubber)의 설치 또는 저유황연료를 사용하는 것에 비해 얼마나 경제성이 있는가에 따라 그 사용량이 결정될 것이다. 그리고 LNG를 연료로 공급할 수 있는 인프라의 개발도 새로운 연료로 교체하는 데 큰 영향을 줄 것이다.

세계 천연가스의 시장은 시장 규모와 추세 그리고 성장률 등의 분석을 통해 알 수 있다. 세계 LNG무역량은 매년 증가 추세에 있다. 특히 앞으로 5년 동안은 급속히 증가할 것으로 예상하고 있다. 호주와 인도네시아의 새로운 프로젝트 시작, 급속한 경제 성장, 친환경 연료의 수요 등이 LNG무역 증가의 주요 요인이 될 것이다.

이 기간 동안 천연가스 시장은 LNG의 수출 증가, 운송비용 하락, 기술 발전 그리고 새로운 시장 진입 등으로 더욱 활성화 될 것으로 예측된다. LNG무역의 높은 성장세에도 불구하고 세계 LNG시장의 성장을 가로 막는 몇 가지 장애물이 있다. 그 장애물은 공급과 수요의 불균형, 낮은 LNG가격 그리고 화석연료와 신재생에너지와의 경쟁력이다.

시장의 상황을 요약하면 아래 표와 같다.

표 1-1 현재 LNG시장 상황

시장 추세	성장 동력	장애 요소
· LNG수출 증가 · 낮은 운송 비용 · 새로운 시장 진입 · 기술의 개발	· 천연가스 액화량의 증가 · 아시아의 강한 경제성장 · 친환경연료로 수요 증가 · 세계 경제성장과 에너지 수요 증가 · 주요산업에서 천연가스 사용 증가	· 수요와 공급의 불균형 · 낮은 LNG가격 · 지역적 무역의 출현 · 화석연료, 신재생에너지와 경쟁 · 프로젝트 재정 압박 · 정부 정책의 영향

1.4 LNG가격 예측(LNG Price Development)

LNG는 1940년부터 상업적으로 생산되어 왔다. 'Stranded Natural Gas(미개발로 방치된 천연가스)'의 형태로 존재하다가 소비지와 연결된 파이프라인 건설과 이를 통하여 소비자에게 공급되었다. LNG의 시장은 소수의 수입업체(major player)에 의한 장기적(long term)이고 대량(large volume)의 계약으로 공급하는 것이 특징이었다. 이들 업체는 주로 정부기관이거나 정부소유기관으로 천연가스 공급망을 통해 소비자에게 공급했다. 따라서 LNG는 소비자에게 직접 팔지 않았으며, LNG의 'Spot market'도 한정되어 있었다.

LNG의 가격은 원유가와 밀접하게 연동되어 있었다. 천연가스는 원래 '부수가스전(associated field)'에서 생산되었으며, 가끔 유정에서 원유와 함께 생산되기도 했다. 원유와 가스의 생산비는 매우 비슷하였고 가격은 유가와 연동하여 결정되었다. 그러나 더 중요한 것은 LNG가 대체연료였다는 것이다. 대체연료는 단순히 가스나 기름을 발전용 또는 난방용으로 둘 다 동일한 목적으로 사용할 수 있는 것이다.

결과적으로, 생산 분야나 소비분야에서 비용이 비슷하게 들고 대체연료이므로 가스와 원유는 가격이 연동(유가 연동제)되어 왔다. 아래 그림 1-4는 1989년부터 2005년까지 천연가스와 원유의 가격의 나타낸다. 이 기간 동안 천연가스와 원유의 가격이 매우 밀접하게 연동되어 움직이는 것을 알 수 있다.

경제 논리에 따라, 천연가스와 원유의 가격은 그것이 대체연료이고 보완 관계에 있으므로 연동되어 움직인다. 일반적으로 천연가스와 원유의 가격을 그림 1-4에서 알 수 있듯이 유가연동제는 이러한 경제적 배경을 뒷받침하고 있다. 그러나 천연가스와 원유의 가격이 독립적으로 형성된 적이 있었다. 예를 들어, 2001년, 2003년, 2005년 천연가스 가격이 원유가격보다 높게 형성되었다. 더구나 과거 5년 동안 천연가스 가격이 원유가격과 독립적으로 움직이는 현상이 나타났다.

천연가스와 원유의 가격은 수요와 공급을 통해 연결 되어 있다. 시장 상황을 보면 과거 유가의 변화가 천연가스의 가격 변동을 유도했다. 그러나 천연가스 가격 변동이 유가의 변화에 큰 영향을 주지는 못하였다. 그 이유는 각각의 시장 크기 때문이다. 유가는 세계 시장에서 결정되었지만 천연가스 가격은 지역적으로 세분화 되어 있었다.

Source: Energy Information Administration, Short-Term Energy Outlook, various issues.

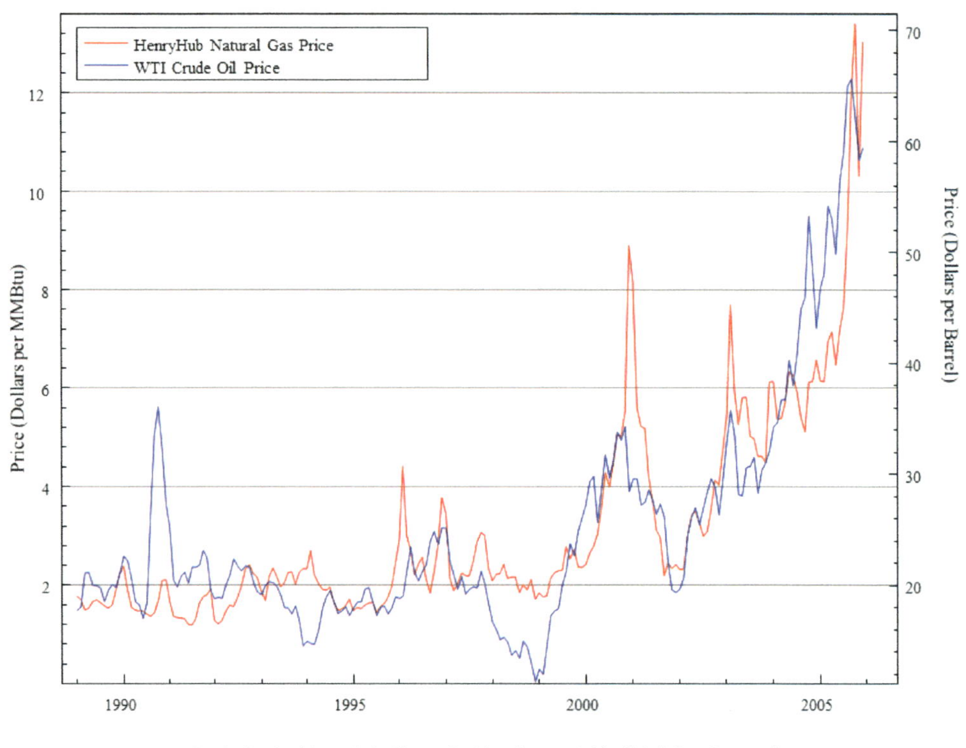

그림 1-4 천연가스와 원유의 가격 변화 (1989~2005)

LNG가격이 유가와 연동되지 않는 것에 더해, 지역별로 LNG가격 차이가 점점 커지고 있다. 그 이유는 한 Market에서 다른 Market으로 LNG를 이동할 수 있는 필요한 인프라가 부족한 것이다. 액화 천연가스(LNG)는 천연가스를 이동하는 주 수단이 된다. 대부분의 LNG인프라는 전용 운송계약에 의해 건설되었다. 이것 때문에 북아메리카와 유럽 같은 수요가 감소하는 국가에서 동북아시아, 중국, 인도 같은 수요가 증가하고 있는 국가로 재분배하는 데 많은 어려움이 있었다. 이것이 같은 시기에 미국에서는 역사상 가장 낮은 LNG가격을 형성할 때, 일본이나 한국 Market에서 LNG가격이 전형적으로 상승되는 상황을 만들었다.

해운 관점에서 볼 때, 관심은 “향후 LNG가격은 어떻게 변할 것인가?” “기존 연료와 비교해서 얼마나 경쟁력이 있는가?”가 될 것이다. MARPOL Annex VI에서 황산화물 배출 규제로 앞으로 MDO(Marine Diesel Oil)나 MGO(Marine Gas Oil)같은 증류유 수요가 증가할 것이지만, 현재로서는 오늘날 HFO가 상대적으로 가장 경쟁적인 연료이다. HFO는 원유가격의 0.7~0.8 정도의 비율로 가격이 형성되어 왔다. 따라서 LNG가격과 HFO가격을 추정할 때 천연가스와 원유가격을 추정해 보는 것이 편리하다.

단기적으로 가격변화를 예측하는 가장 적합한 것은 LNG와 HFO의 상대적인 가격차이다. LNG는 상대적으로 북미 시장에서는 현재와 유사하게 낮은 가격을 유지할 것이며, 유럽시장도 유사하게 형성될 것이다, 그러나 아시아 시장은 상대적으로 높은 가격을 유지할 것으로 예상하고 있다.

그림 1-5에서와 같이 장기적으로 볼 때, 예측하기란 매우 어려운 일이지만, 몇 가지 가정을 해 볼 수 있을 것이다. 천연가스와 원유의 매장량을 고려하면 원유의 사용량 보다 천연가스 사용량이 더 많아질 것은 명백하다. 그리고 원유는 원자재로 정제공정을 거친다. 이러한 정제과정은 에너지를 생산하는 데 LNG에 비해 추가비용이 더 들게 된다. 이것이 HFO 가격보다 LNG가격이 더 매력적일 것이라는 의미를 내포하고 있다.

연소 공학적 측면에서 천연가스가 원유보다 수소와 산소의 화학적 조성 비율이 엔진 내 연소에 유리하다. 연소할 때 GHG(Greenhous Gas)와 같은 유해배출물들이 HFO 같은 원유제품 보다 훨씬 적다. 이것은 에너지를 대량으로 소비하는 곳에서는 "LNG가 더 매력적인 연료가 될 것이다." 라는 것을 내포하고 있다. 기후변화에 대한 앞으로 국내외 정부의 정책에 따라 원유 관련 제품은 유해가스배출로 인한 세금부과와 징벌적인 규칙 등으로 원유 관련 제품의 경쟁적인 시장가격은 상쇄될 것이다.

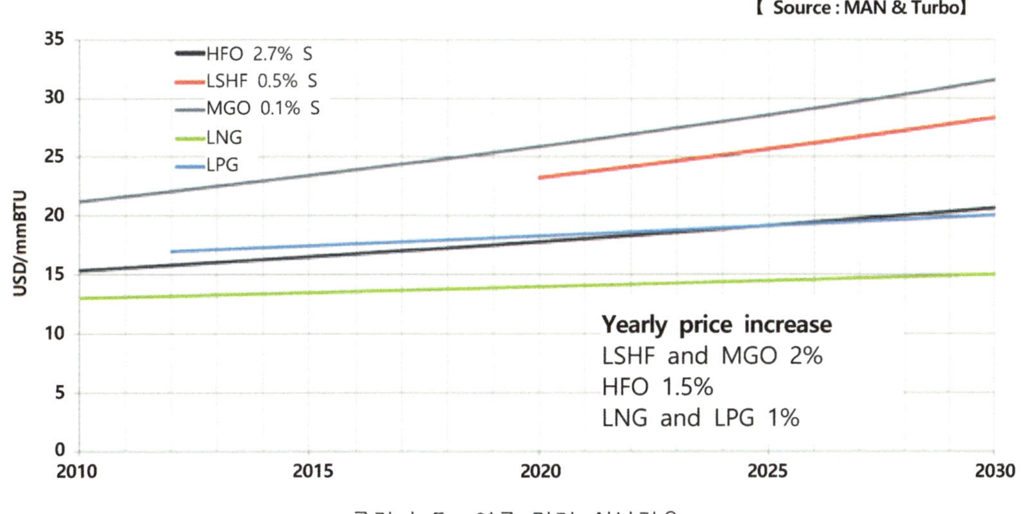

그림 1-5 연료 가격 시나리오

LNG의 세계시장은 급속도로 변하고 있다. 이 변화는 다른 시장에서의 수요변화와 연관하여 주요시장에서 LNG의 이용도가 증가한 것 때문이며, 이것은 지역 간의 LNG 및 천연가스의 가격 차이를 일부 시장에서 3배 또는 4배로 만들었다. 이런 차이는 한 시장에서 다른 시장으로 LNG를 충분히 공급할 인프라의 부족으로 당분간 지속될 것으로 보인다.

석유관련 제품의 높은 소비 증가가 예측되고 에너지 및 해운분야 이외의 다른 분야에서 수요 증가 때문에 천연가스와 LNG의 가격은 전통적인 선박의 연료 같은 원유 정제품에 비하여 장기적으로 유리할 것으로 예측된다.

1.5 규정을 만족하기 위한 선주의 전략

LNG연료 이외에 법규를 만족하기 위한 두 가지 대안이 고려되고 있다.

그 중 하나는 현재 사용하고 있는 HFO(Heavy Fuel Oil)를 SO_x를 걸려내는 scrubber를 추가하여 그대로 계속 사용하는 것이고, 또 하나는 저유황유(Low sulfur content type Marine Diesel Oil, LSMDO)를 사용하는 것이다.

선박 선주(owner)는 투자비, 운항비, 연료 가격 등을 고려하여 여러 가지 경제적인 측면에서 평가하여 선택하게 될 것이다.

1.5.1 Scrubber

SOx나 PM을 제거하는 SCR(Selective Catalytic Reduction) 또는 NOx의 배출을 줄여주는 EGR(Exaust Gas Recirculation) 같은 저감 기술을 적용할 수 있다. 이러한 장치를 설치하여 SECA와 ECA지역의 NOx Tier III의 규정을 만족할 수 있다.

Scrubber의 장점은 기존 HFO 같은 연료를 사용할 수 있다는 것과 이것을 사용함으로써 연료비를 절감할 수 있는 것이다. 또한 엔진을 바꾸지 않고 그대로 사용할 수 있는 장점도 있다.

그러나 장비 투자비용이 필요하고 운전 시 만들어지는 폐기물을 처리하는 비용도 발생한다. 현재 항만에는 이런 폐기물을 처리하는 시설도 부족하고 관련 법규도 없는 실정이다. 2011년 7월 IMO는 MARPOL Annex VI에 이러한 폐기물을 처리하는 처리설비에 관한 guideline을 만들었다.

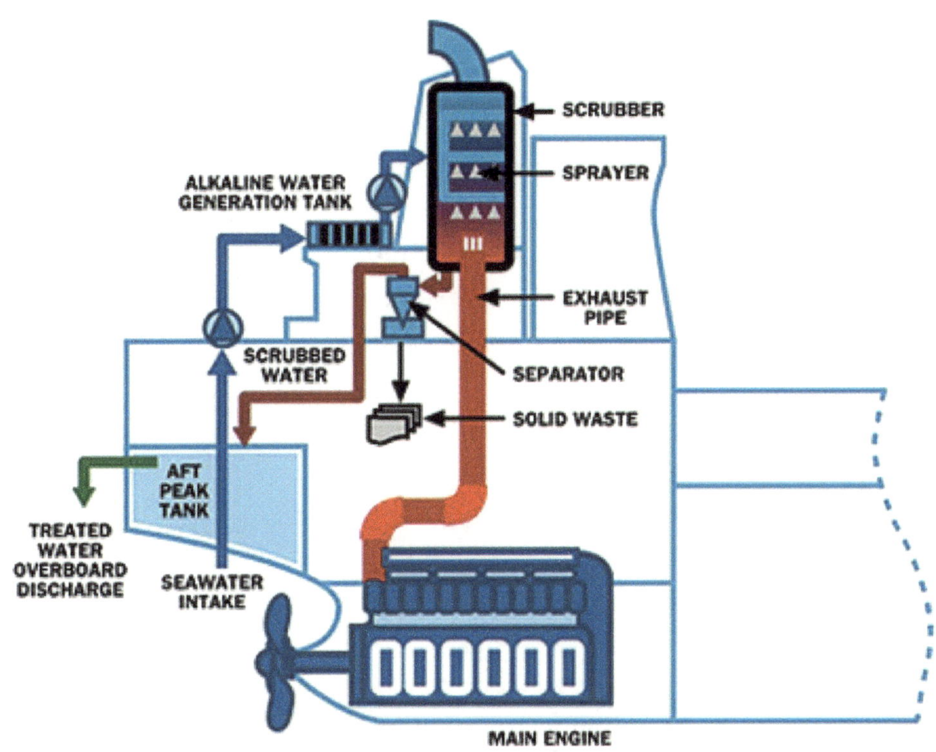

그림 1-6 Typical Marine Scrubber System

Scrubber의 또 하나의 단점은 CO_2의 배출은 저감할 수 없는 것이며, SECA를 만족하기 위해 사용되는 scrubber는 IMO의 승인을 받아야 한다. scrubber는 설치 공간이 필요하며, 어떤 경우에는 화물적재량이 감소할 수도 있다.

Scrubber를 사용하여 규정을 만족하는 데는 사용할 수 있는 장비도 쉽게 구할 수 있어야 한다. 그림 1-6은 대표적인 Scrubber와 엔진의 배치도이다.

1.5.2 Low Sulphur Marine Gas Oil(LSMGO) fuel type

상업용으로 사용되는 일반 연료유는 중질유(distillation residues)와 분별증류에 의한 제품(fractional distillation products) 두 가지로 구분할 수 있는 데, 중질유에서 나온 선박의 연료유는 보통 Heavy Fuel Oil(HFO)라고 하며, 점성이나 유황성분 함유량 등을 비교해 무거운 선박용 연료이다. 그리고 증류에 의한 정제유는 Marine Gas Oil(MGO)과

Marine Diesel Oil(MDO)로 나누어진다.

이론적으로 HFO를 탈황하여 황 성분을 0.1% 까지 줄일 수 있으나, SECA 규정을 만족할 수 있는 가장 현실적인 방법은 LSMGO를 사용하는 것이다.

0.1%이하의 황 성분을 포함한 LSMGO는 쉽게 이용할 수 있고 고속디젤엔진에 쓰는 디젤 연료와 유사한 특성을 가지고 있다. LSMGO의 점도는 2행정엔진에 사용하는 MDO와 HFO의 점도보다 낮아 엔진의 연료펌프와 관련 장비의 손상을 초래할 수 있다. 이런 손상을 방지하기 위해 일정 수준의 점도를 유지해야 하는 데 이를 위해 LSMGO는 냉각시켜야 한다. 엔진 연료의 점도는 2 cSt 보다 낮아서는 안되며 3 cSt 이상을 추천하고 있다.

그러나 LSMGO로 SOx와 PM의 배출을 저감할 수는 있지만 NOx와 GHG의 배출은 HFO의 연료와 마찬가지로 줄일 수 없다. NOx Tier III 배출 규정을 만족하기 위해서는 SCR이나 EGR시스템이 별도로 필요하다.

LSMGO의 장점은 엔진이나 연료탱크의 변경이 없어 초기 투자비가 아주 적거나 없다는 것이다. 그러나, LSMGO의 가격은 HFO보다 매우 비싸고 제조 설비가 부족하여 값은 앞으로 더 오를 것으로 예상하고 있다.

1.5.3 LNG

LNG를 연료로 사용하는 엔진은 그 신뢰성이 이미 입증되었다. LNG의 황성분은 거의 없어 환경친화적인 연료로 분류되어 SOx와 PM의 배출은 무시할 수준으로 낮다. NOx의 배출은 4-stroke, Otto cycle engine 80~90% 그리고 2-stroke engine은 10~20% 까지 낮출 수 있다. 그림 1-7에서 LNG가 환경친화적인 연료임을 알 수 있다.

LNG는 천연가스이며 대기압 하에서 -162℃에서 액체형태로 저장된다. 주성분은 Methane (CH_4)이며 탄화수소계 가스(Ethane, Propane, Buthane)와 소량의 다른 가스(Nitrogen, Hydrogen sulfide, Carbon dioxide)를 포함하고 있다. LNG의 성분은 그 생산지에 따라 다르다.

LNG는 극저온이기 때문에 극저온용 탱크에 저장된다. LNG는 자연발화온도가 매우 높기 때문에 연소하는 데는 'pilot fuel'이라 불리는 다른 발화원이 필요하다. 그리고 천연가스는 공기보다 가볍고 발화 범위(Flammable range)가 좁다.

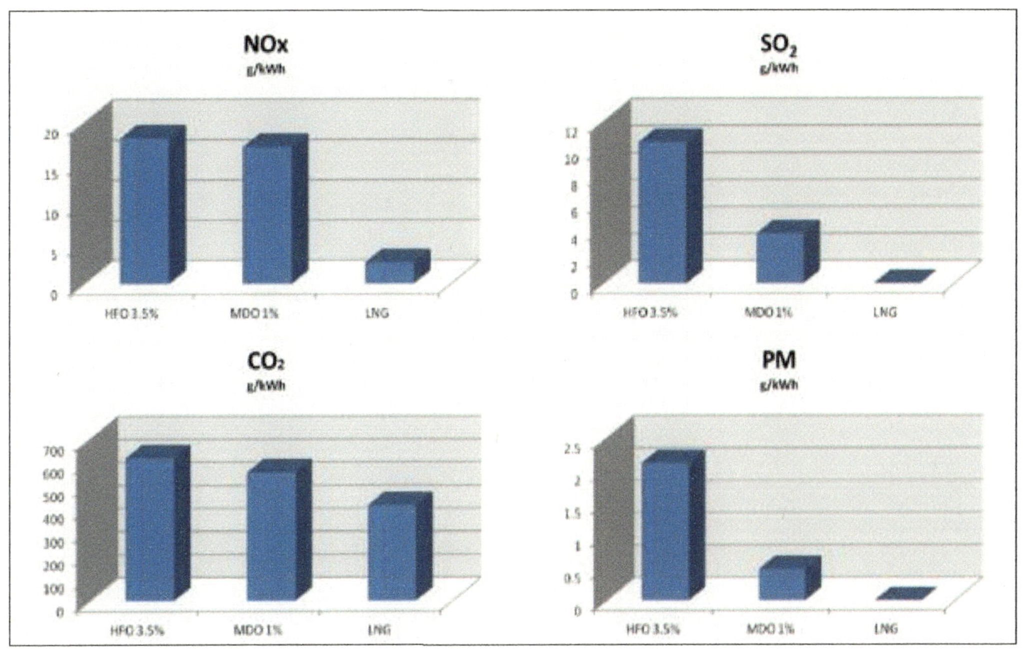

그림 1-7 연료별 NO_x, SO_x, PM, CO_2 배출 비교

그러나 메탄은 2-stroke Otto cycle dual fuel engine에서 메탄 슬립 현상 때문에 오히려 GHG가 되어 지구온난화를 부추기는 단점이 있다. 이 문제는 엔진공급업체가 메탄슬립에 대한 연구와 저감 기술 개발을 통해 앞으로 해결될 것으로 예측하고 있다. 따라서 LNG연료는 중장기적으로 가장 바람직한 연료가 될 것으로 해운 및 조선업계는 예측하고 있다.

제2장
LNG공급 체계
(LNG Supply Chain)

2.1 LNG연료 공급체계 개요

LNG의 공급이 경제적이고 효율적으로 이루어지면 쉽고 편리하게 LNG연료를 이용할 수 있다. 그러나 현재 전 세계적으로 LNG연료를 선박에 공급할 수 있는 LNG공급설비가 매우 부족하고 LNG공급체계도 확립되어 있지 않은 상황이다.

LNG연료를 공급할 해운산업에서 충분한 수요가 발생할 때까지 가스공급업자나 연료공급업자가 투자를 주저하고 있다. 한편 선주는 LNG벙커링 인프라가 부족하므로 LNG연료추진선의 발주 또는 LNG연료추진선으로 개조하는 데 망설이고 있다. 이것을 “Chicken & Egg Situation"이라고 부른다. 이러한 상황이 LNG연료 사용의 확산에 큰 장애물이 되고 있다.

LNG연료는 현재 해양설비 또는 육상의 수로 등에서 사용(inland ship)되고 있는 점에 주목해 볼 필요가 있다. 그림 2-1과 같이 스웨덴, 노르웨이 같은 나라에는 중소형 LNG 공급설비가 있지만 선박의 연료공급용으로 인프라 건설은 세계적으로 매우 초기단계에 있다.

[Source : CNSS]

그림 2-1 유럽의 LNG 공급설비 현황

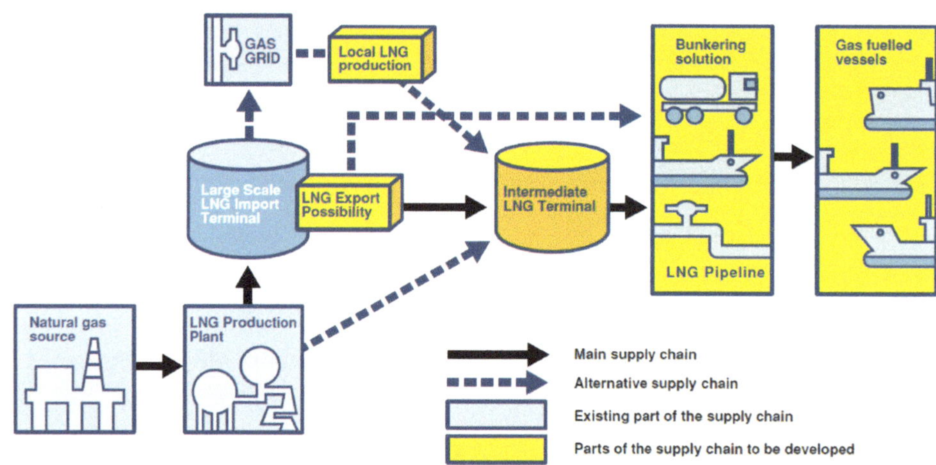

그림 2-2 LNG연료공급체계

LNG를 선박의 연료로 사용하거나 소비자가 사용할 때 LNG 수입터미널로부터 여러 단계를 거쳐 공급된다. LNG 수입터미널로부터 공급되는 여러 가지 공급체계를 그림 2-2에 나타냈다.

LNG공급체계는 표 2-1과 같이 소형, 중형, 대형으로 나누어 생각할 수 있다. LNG탱크로리는 대부분 동일한 크기로 약 40~80㎥이며 반면에 Bunker vessel과 터미널은 여러 가지 크기가 있다. LNG feeder vessel은 10,000~100,000 ㎥의 크기가 있으며, LNG를 공급할 위치, 벙커링 위치, 소비자의 형태, 벙커링 스테이션에서 필요한 용량 등에 따라 다르게 된다.

표 2-1 LNG터미널 및 선박의 분류

Activity/ Aspect	Large scale (대형)	Medium scale (중형)	Small scale (소형)
육상저장 탱크 용량	Import terminal > 100,000 ㎥	Intermediary terminal 10,000 ~ 100,000 ㎥	Intermediary terminal < 10,000 ㎥
선박크기, 적재용량	LNG Carrier 100,000~270,000 ㎥	LNG feeder vessel 10,000~100,000 ㎥	LNG bunker vessel/barge 1,000~ 10,000 ㎥
탱크로리			40 ~ 80 ㎥

[Source: DNVGL]

그림 2-3 노르웨이의 Risavika LNG Plant

또한 중간 터미널(Intermediary terminal)은 해상에서는 LNG feeder vessel에 공급하고 육상에서는 육상 가스공급망(Gas transmission network)으로 공급한다. 소형액화플랜트는 투자되는 비용이 적게 들 뿐만 아니라 소비지역 가까이에서 LNG를 공급할 수 있으므로 육상 공급망을 통하지 않고 소비자에게 공급할 수 있는 장점이 있어서 보통 이익이 발생하는 투자가 된다. 그림 2-3은 노르웨이의 Risavika LNG Plant이다. 유럽지역에서 LNG는 보통 이런 중소형 설비를 통해 산업체 또는 다른 소비자들에게 탱크로리 또는 선박으로 공급되고 있다.

2.1.1 주공급 체계(Main Supply Chain)

그림 2-4와 같은 공급체계는 장기적으로 공급과 수요가 충분히 증가하여 각 공급단계마다 비용이 안정되면 LNG를 선박에 공급하는 데 적합할 것으로 예측하고 있다. 공급체계에서 별도의 단계가 추가되면, 각 단계에서 이송에 의한 LNG액온도 상승으로 인해 품질에 악영향을 줄 수 있다.

그림 2-4 Main supply chain

천연가스는 기존의 대형터미널이나 신규계획 중인 터미널 또는 중소형 LNG생산설비로부터 공급된다. LNG 수입터미널은 LNG를 수입하여 저장하고 파이프라인을 통하여 그리드(grid)에 가스 상태로 기화하여 재분배한다.

그러나 천연가스는 해상용 연료로 사용하기 위해서는 액체 상태로 재분배되어야 한다. 이것은 선박과 트럭에 공급하기 위한 터미널의 설비가 갖추어져야 한다는 것을 의미한다. LNG 트럭의 로딩설비는 트럭으로 최종 소비자에게 운송할 수 있도록 설계되고 설치되어야 한다.

공급터미널에서 LNG를 적하하는 선박의 크기는 매우 다양하다. LNG공급터미널에서는 LNG bunker vessel과 LNG feeder vessel이 있다. 다른 형태로 LNG연료추진선에 LNG를 주입할 수도 있다. 트럭과 선박을 위한 LNG공급터미널의 설계는 미래에 대비하여 확장에 대한 고려도 필요하다.

2.1.2 다른 공급 체계(Alternative Supply Chains)

그림 2-5 공급체계는 크기가 작은 LNG연료추진선에 적합한 것으로 LNG탱크로리를 병열로 연결하여 약100 ㎥까지 공급할 수 있다. LNG탱크로리 공급설비가 충분하면 LNG수입터미널로부터 상당히 먼 거리까지 공급할 수 있다.

그림 2-5 Alternative supply chain (I)

그림 2-6 공급체계는 50 ㎥까지의 소형 LNG연료추진선에 적용될 수 있다. 대형 LNG수입터미널로부터 상대적으로 먼 거리에 있거나 트럭을 통한 공급설비가 잘 갖추어지지 않은 대형 LNG 수입터미널 인근에 있는 곳에 LNG연료를 공급할 수 있는 체계이다.

그림 2-6 Alternative supply chain (2)

그림 2-7 공급체계는 100 ㎥이상의 LNG가 요구되는 LNG연료추진선에 적합하며 LNG 벙커링 설비가 잘 갖추어져 있고 대형 LNG수입터미널로부터 먼 거리에 있는 곳에 LNG 벙커링에 적합한 공급체계이다.

그림 2-7 Alternative supply chain (3)

그림 2-8 공급체계는 전용LNG벙커링 설비를 갖춘 LNG수입터미널 또는 LNG생산설비에 직접 입항할 수 있는 능력을 가진 LNG연료추진선에 적용되는 체계이다.

현재는 이용할 수 있는 터미널은 거의 없으며 대형터미널은 대개 LNG연료추진선에 직접 LNG를 공급하는 설비를 가지고 있지 않다.

그림 2-8 Alternative supply chain (4)

2.2 중간터미널(Intermediate Terminal)

LNG생산지로부터 소비지까지의 거리가 LNG벙커링 선박이나 LNG탱크로리로 운송하기가 먼 경우에는 중간터미널이나 재분배터미널이 사용될 수도 있다. 소형페리, 항만용 예인선이나 어선 같은 소규모의 소비자에게 파이프라인을 통해 공급하는 지역의 벙커링에 사용되는 소규모의 LNG탱크도 중간터미널이 된다.

중간 LNG터미널은 LNG Bunker ship, LNG Feeder ship 또는 트럭으로 LNG를 공급한다. 경제적으로 LNG bunker vessel로 공급하는 적정한 운송거리는 약 100 NM(nautical mile, 185 km)까지로 잡고 있다. 일반적으로 공급 방법은 터미널의 크기나 용도에 따라 선택 된다.

또한, 중간터미널에서는 LNG bunker vessel, LNG feeder vessel, LNG탱크로리, 배관 등으로 최종소비자에게 공급된다. 중간터미널은 터미널의 용도와 목적에 따라 그 크기가 여러 가지이다. 대형 LNG수입터미널과는 달리 대형 항만에서의 LNG터미널은 저장용량이 대략 100,000 ㎥정도이고, 벙커링 안벽에서 파이프라인을 통해 예인선이나 어선 등에 공급하는 중간터미널은 그 저장 용량이 100㎥이하인 것도 있다.

기존의 중형 LNG저장 탱크는 보통 육상에 설치되어 있으나 벙커링터미널은 중간터미널로서 해상부유식 바지나 선박의 형태로 건설할 수도 있다. 이 경우는 LNG bunker vessel이나 중소형 LNG선이 접안하여 계류할 수 있는 설비를 갖추어야 할 것이다. 육상에 고정된 터미널에 비해 부유식 터미널은 투자비가 적게 들고 건설기간이 짧은 장점이 있다.

그림 2-9는 중간규모 LNG터미널에 LNG연료를 공급하는 방법으로, LNG feeder 선이나 Container 같은 이동저장탱크(mobile storage tank)를 통해 철도, 선박, 강, 도로를 통해 LNG를 공급할 수 있다.

그림 2-9 소형 LNG터미널(Nynäshamn, Sweden)

2.3 LNG벙커링선(LNG Bunker Vessel)

중소형 LNG운송선은 중간터미널에서 LNG의 재분배에 이용된다. 이것은 LNG선과 구분되어 LNG bunker vessel(LNG벙커링전용선)과 LNG feeder vessel(중소형LNG운송선)로 나눌 수 있다. 그림 2-10은 세계최초의 LNG벙커링 전용선이다.

LNG벙커링전용선은 일반 LNG운송선에 비해 작고 항만 내에서 조종성이 우수한 특징이 있다. 일반적으로 추진시스템은 두 대의 엔진 또는 두 대의 추진기를 사용하여 조종성능을 강화하고 비상시에 대체할 수 있는 보완기능(redundancy)을 가진다.

LNG벙커링 선박은 실제 환경에 따라 선박의 용량과 제원이 달라진다. 일반적으로 선박의 LNG연료 공급용량은 1,000~10,000 ㎥이며, 최근에는 20,000 TEU급의 LNG추진 초대형컨테이너의 연료공급을 위해 30,000 ㎥의 고용량 벙커링 선박의 건조가 고려되고 있다. 또한 다양한 선박에 폭넓은 서비스를 위해 LNG연료 함께 연료유를 공급할 수 있도록 연료유와 LNG를 함께 공급할 수 있는 LNG벙커링선박의 디자인도 개발되고 있다.

LNG벙커링선박은 친환경선박이 될 수 있도록 LNG추진엔진을 탑재하고 LNG연료로 추진한다. 높은 용량의 화물펌프와 고효율의 이송시스템은 빠르고 안전한 벙커링작업에 적합하다.

그림 2-10 LNG벙커링전용선(Engie Zeebrugge호)

2.4 중소형 LNG운송선(LNG Feeder Vessel)

중소형 LNG운송선은 지역적으로 LNG를 유통하기 위한 것이다. LNG는 대형수입터미널에서 적재하여 해안선을 따라 분포되어 있는 수요자(Receivers)에게 공급된다. 그 주된 수요자(Primary receivers)는 여러 가지 크기를 가진 중간 LNG저장탱크 또는 많은 양의 LNG 연료를 필요로 하는 대형선박이 된다. 중소형 LNG운송선의 용량이나 제원은 여러 가지 시장의 요구, 선박의 조종성능, 물의 깊이, 그 외 항만의 물리적 제한 조건 등에 따라 달라진다. 중소형LNG운송선의 대표적인 크기는 대략 7,000~30,000 ㎥가 될 것으로 예측된다.

탑재되는 장비들은 운송하고자 하는 LNG화물을 고려하여 가능한 한 유연하게 대처할 수 있도록 선택된다. 이것은 LNG저장탱크의 개수, 화물펌프, 이중연료엔진을 결정하는 데도 마찬가지다. 중소형LNG운송선의 연료는 주로 LNG화물의 증발가스와 LNG화물을 기화하여 사용하고 주 기관과 보조기관은 선박의 보완기능(redundancy)을 확보하기 위하여 이중연료엔진을 탑재한다. 중소형LNG운송선은 LNG를 중간LNG저장탱크에 공급하므로 근본적으로 선박의 조종성능이 뛰어나야 하므로 고용량의 Bow thruster, 고양력 Rudder 등이 설치된다. 중소형LNG운송선은 수심이 낮은 해안을 쉽고 안전하게 항해할 수 있고 계류작업도 가능한 한 예인선의 도움 없이 수행하는 것이 경제적이다.

그림 2-11 LNG Feeder Vessel(Coral Methane호)

2.5 LNG탱크로리

특수하게 설계된 탱크로리는 LNG운송에도 폭넓게 사용된다. LNG탱크로리는 보통 40~80 ㎥의 LNG를 운송할 수 있으며 그 용량을 제한하는 나라도 있다. LNG탱크로리는 보통 IMO type C tank의 형태로 화물이 적재된다.

트럭으로 LNG를 다른 저장탱크로 이송하는 데는 보통 두 가지의 방법이 이용된다. 하나는 탱크로리 내부 고 압력을 이용한 압력차에 의한 이송 방법이고, 또 하나는 펌프로 이송하는 방법이다. 탱크로리의 탱크 내 압력을 높이는 방법은 매우 느리기는 하나 많은 장비를 필요하지 않은 장점이 있고, LNG를 펌프로 이송하는 방법은 이송율이 높은 장점이 있다. 보통 LNG탱크로리의 이송 호스는 2~3인치 구경의 것을 사용한다. 세미트레일러형 LNG탱크로리의 경우 관련서류 및 안전절차서 작성 및 승인을 포함해서 약 2시간 정도 소요되므로 실제 LNG의 이송은 1시간 정도 걸린다. 아래 그림 2-12는 LNG연료추진 선박에 탱크로리로 LNG연료를 주입하는 광경이다.

트럭에 의한 LNG공급은 많은 양을 공급할 때, 비용측면에서 선박으로 공급하는 것보다 효율적이지 못하다. 탱크로리에 의한 적정 운송거리는 약 600 km까지로 보고 있다.

그림 2-12 LNG탱크로리

2.6 LNG Pipeline

LNG의 파이프라인에 의한 장거리 운송은 기술적으로 어렵고 비용이 많이 든다. 따라서 LNG저장탱크로부터 LNG벙커링스테이션까지 거리가 짧은 곳에 유용하다. 그리고 파이프라인을 사용하지 않을 때 파이프라인에서 발생하는 LNG의 증발도 고려해야 한다.

(source : Gasnor)

그림 2-13 LNG Pipe Line에 의한 연료공급

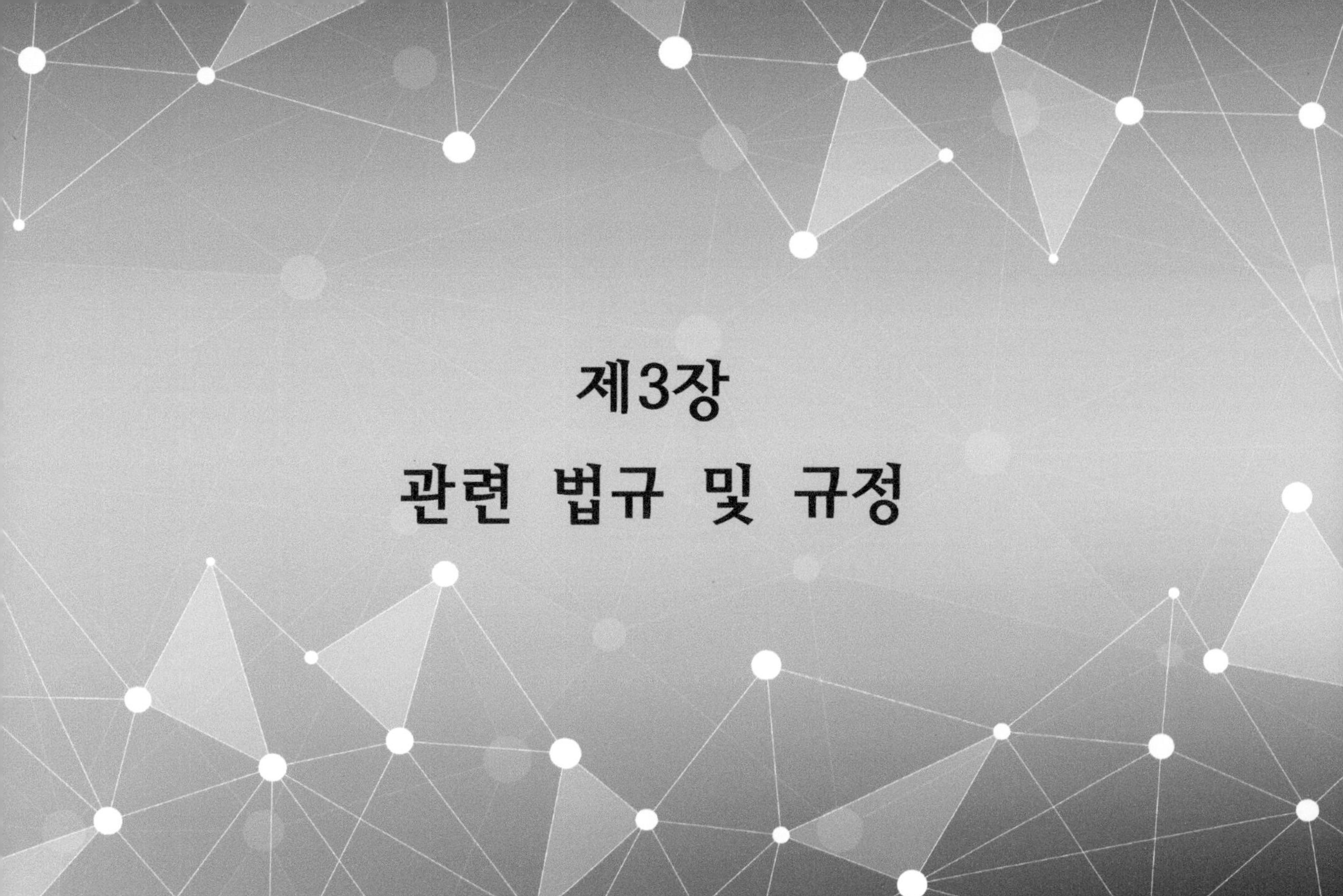

제3장
관련 법규 및 규정

3-1 MARPOL

3-2 SOLAS

3-3 IGC Code

3-4 IGF Code

3-5 Class Rules

3-6 EMSA

3-8 ISO

3-9 WPCI

3-10 SIGTTO

3-11 Bunkering Procedure

3-12 ISO 20519:2017

3-13 LNG BUNKER OPERATION REGULATIONS

3-14 선원의 교육 및 훈련

3.1 MARPOL

해운산업은 다른 운송 산업에 비해 환경 친화적이고 높은 에너지 효율로 넓게 인식되고 있었으나, 현재 해상운송은 점차 환경오염에 많은 영향을 주고 있다. 선박으로부터 나온 온실가스(GHG), 질소산화물(NOx), 황산화물(SOx), 휘발성 유기화합물(VOC), 오존 등 유해물질 들은 대기오염이나 기후변화에 나쁜 영향을 주고 있다. 특히 선박의 연료와 관계되는 SOx와 NOx는 쉽게 활성 산(Acid)으로 변화될 수 있기 때문에 물과 토양을 산성화 시키는 주요 원인이 되고 있다.

해운산업에서 대기 및 해양 환경에 영향을 주는 요소는 5가지로 구분하고 있는 데, SOx와 PM(Particulate matters)의 배출, NOx의 배출, CO_2의 배출 그리고 각종 고체 및 액체 쓰레기들이다. 환경문제에 관해서는 지역이나 국제적으로 깊은 관심을 가지고 있으며 많은 규제들을 만들어 내고 있다. 그 중 하나가 배출규제지역(Emission Control Area, ECA)의 지정과 강화되는 PSC(Port State Control) 환경 분야 검사항목 들이다.

IMO 해양오염방지협약(MARPOL 73/78)은 선박으로부터 기인한 해양 오염을 방지하기 위한 주요 협약이다. 이 협약은 6개의 기술적 부속서로 구성되어 있는 데, 그 중 부속서 VI는 선박에 의한 대기오염방지에 관한 규정이다. 여기에 SOx와 NOx 및 오존층 파괴물질 배출에 관한 규제 내용이 포함되어 있다. 표 3-1과 같이 SOx, NOx, CO_2 그리고 PM 배출에 대한 더 엄격한 기준과 함께 배출규제지역이 지정되어 있다. 또한 EU는 2050년까지 해양 분야에서 온실가스를 2005년 대비 약 50%까지 줄이는 목표를 세웠다. 이것은 해운분야에서도 국가 또는 세계적으로 유해 배출물을 줄여야 한다는 것을 의미한다.

표 3-1 유해물질 대기배출규제

NOx	MARPOL ANNEX VI : Tier III, ECA Zone 2016. 7. 1.
SOx	MARPOL ANNEX VI : 대양: 0.5% (2020) ECA Zone: 0.1%
CO_2	MARPOL ANNEX VI : EEDI(선박제조연비지수) 2012. 1. 1.
PM	MARPOL ANNEX VI : through limitations on the maximum sulphur content

[source: Andritz]

그림 3-1 유해물질 배출규제 지역 (ECA)

그림 3-1에서와 같이 배출규제지역(Emission Control Area, ECA)은 일반해역에서 요구하는 것보다 더 엄격하게 규제하도록 설정된 지리학상의 지역이다. 배출규제지역은 SOx, NOx 또는 둘 다 지정될 수 있다. SOx, NOx의 규제지역은 2012년 하와이를 포함한 미국 대부분의 연안과 캐나다 대부분의 연안을 포함하는 북아메리카 해역에 지정되었다. 이 지역의 범위는 해안으로부터 200 NM(nautical miles) 떨어진 거리까지이다.

발트해, 북해 그리고 영국해협은 SOx 규제지역으로 지정 및 검토되고 이 지역을 SECA (Sulphur Emission Control Area)로 부른다. 이것은 연료유의 황산화물 함유량을 최대 1% (2010. 7. 1.부터)에서 0.1% (2015. 1. 1. 이후)로 제한하는 것이다.

3.2 SOLAS

국제해상안전조약 SOLAS(International Convention for the Safety of Life at Sea)는 회원국들에게 그들의 선박에 대해 건조, 설비, 운영에 관한 최소안전기준을 만족하도록 요구한다. 이 협약의 VII장에는 위험화물을 운반하는 모든 선박은 IMDG code(International

Maritime Dangerous Goods Code)를 만족해야 한다.

연료로서의 LNG는 여기에 포함되지 않는다. LNG전용 운송선의 경우 IGC Code(International code for the construction and equipment of ships carrying liquefied gases in bulk)에 따른다.

3.3 IGC Code

IGC Code(International code for the construction and equipment of ships carrying liquefied gases in bulk)는 1986년 7월 1일 이후 건조되는 가스선 만 적용한다. 이 Code는 설계와 건조에 관한 국제기준을 제공한다.

3.4 IGF Code

LNG전용 운송선이 증발가스(BOG)를 연료로 쓰도록 허용하는 SOLAS 이외에 추진선에 대한 공식적인 IMO rule은 없다. 선박에는 발화점이 60℃보다 낮은 연료를 사용할 수 없다(SOLAS, II-2, part B - Prevention of fire and explosion).

Resolution MSC.391(95)으로 알려져 있는 IGF 코드는 LNG벙커링에 관한 사항은 포함되지 않았다. LNG연료추진선의 건조 및 건조 계획이 활발하게 이루어지는 있는 중에 IMO는 가스 또는 그 이외의 인화점이 낮은 연료를 사용하는 선박의 안전에 관한 국제규칙 "Adoption of the International Code of Safety for Ships Using Gases or Other Low-Flash Point Fuels" IGC code 책정을 위한 심의가 이루어져 2015년 6월 제95회 해상안전위원회 (MSC 95)에서 채택 되었다.

IGF Code는 SOLAS조약상 저인화점연료(인화점 60℃ 미만)을 사용하는 선박에 대한 강제규칙이며 국제항해에 종사하는 모든 여객선 및 500 GT 이상의 화물선(액화가스운반선은 제외)에 적용 된다. 적용 시점은 표 3-2 와 같다.

표 3-2 IGF Code의 적용 시점

신조선	2017년1월1일 이후에 건조계약이 체결된 선박 건조계약이 없는 경우, 2017년7월1일 이후에 기공하는 선박 2021년1월1일 이후에 인도 되는 선박
현존선	2017년1월1일 이후에 저인화점연료를 사용하기 위하여 개조하는 선박 2017년1월1일 이후에 저인화점연료를 사용이 허가된 선박으로 2017년1월 1일 이후에 저인화점연료 사용을 개시하는 선박

IGF code의 구성은 Part A(Ch. 2~3)에 모든 종류의 저인화점 연료를 사용하는 선박에 적용되는 일반 요건과 기능 요건이 규정되어 있다. Part A-1(Ch. 5~15)에는 천연가스를 연료로 하는 경우의 선박설계, 배치, 연료탱크, 연료공급장치 그리고 가스연소기관과 관련 안전설비 등의 상세 요건이 규정되어 있다. Part B-1(Ch.16)은 제조, 공작 그리고 시험에 관한 요건이 규정되어 있고, Part C-1(Ch.17~18)에는 훈련과 Operation에 관한 요건이 규정되어 있으며 Part D(Ch.19)에는 연수의 요건이 규정되어 있다.

그림 3-2 IGC Code와 IGF Code(IMO)

3.5 Class Rules

대양항해용 선박은 모두 선급협회(Classification Society)에 의해 만들어진 선급 규칙에 따라 건조 된다. LNG연료를 사용하는 추진시스템에 대한 안전과 기술적 안전성을 확보하기 위하여 추가적인 규칙을 개발하고 있다. 국제선급협회(International Association of Classification Societies, IACS)는 통일된 요건을 제정하고 있으며, M29가 'Control and safety systems for dual fuel diesel engine'관해 규정하고 있다. 2016년에는 'IACS Rec. 142, LNG Bunkering Guidelines'를 발행하였다.

3.6 EMSA

EMSA(European Maritime Safety Agency)는 유럽연합 내 LNG벙커링에 관한 공통적인 체크리스트, 가이드라인, 표준 등을 제공하는 것이 목적이다. 2013년 5월에는 'Study on standards and rules for bunkering of gas fuelled ships' 라는 제출서를 발행했다. 그 제출서에는 4가지 주요 내용이 포함되었다.

- LNG 벙커링에 관한 상세한 standard, regulation, guidelines 제공
- 현재의 요건과 기존 LNG관련 rule에 대한 gap analysis 제공
- LNG 벙커링에 관한 guideline과 standard에 대한 제안
- 상기 3가지 사항의 결과에 대한 회원국과 관련단체에 대한 설명

이 때 , EU내 Port와 Bunker operator 그룹과 선박과 페리 운영사 그룹의 두 그룹이 만들어졌으며 이 그룹은 EMSA에 행해지는 LNG관련 새로운 사업과 연구를 위한 자문그룹으로 활동하고 있다.

3.7 'Shore-to-Ship/Ship-to-Ship' Transfer Standard

'대양항해선박 법규'에는 이송에 관한 자료를 포함하지 않는다. 운용(operation)에 대한 지원이나 권고는 현재의 운영 표준이나 현장경험에서 가져온 것이다. 이런 것들은 SIGTTO (Society of International Gas Tanker & Terminal Operators)와 OCIMF(Oil Companies International Marine Forum)의 지침들을 근거로 한다.

OCIMF/SIGTTO의 'Ship to ship transfer guide(Liquified gases)'는 중요한 문서 중 하나로 이것은 원래 LPG 해상 이송을 위해 쓰여졌다. Shore to Ship bunkering에 관한 몇 가지 출판물이 있다.

- Safety in Liquefied gas Marine Transportation an terminal operators
- Shore to Ship interface safe working practices for LPG & Liquefied chemical gas cargoes
- LNG operations in port areas, ESD arrangements and linker ship to shore systems for liquified gas carriers

또한 적용가능 한 OCIMF 규정은 'ISGOTT(International safety guide for oil tankers and terminals)'이다.

LNG Ship to Ship bunkering에 대한 절차 'LNG bunkering procedure'의 연구는 Swedish maritime technology forum에서 수행되었다. Swedish maritime technology forum은 FKAB marine design, Linde Cryo AB, DNV, LNG GOT 그리고 White smoke AB사 등이 참여하였다.

3.8 ISO

ISO(International Organization for Standardization)은 국제표준, 기술보고서, 공개적 이용할 수 있는 사양서, 기술 수정과 가이드 등을 만들어 낸다. LNG 사용과 관련한 표준으로 아래와 같이 발행하였다.

- ISO 28460:2010 - LNG ship to shore interface and port operations
- ISO 13709:2003 - Centrifugal pumps for petroleum, petrochemical and natural gas industries
- ISO/DTS 18683:2015 - Guidelines for systems and installations for supply of LNG as fuel to ships
- ISO 20519:2017-Ships and marine technology-Specification for bunkering of liquefied natural gas fuelled vessels

3.9 WPCI

IAPH(International Association of Ports and Harbours)는 WPCI(World Port Climate Initiative) 내에 각자 항만의 환경의 부분에 특별히 초점을 두는 여러 국제 작업그룹을 가지고 있다. WPCI는 유럽의 'European sea port organization'과 EMSA의 지원을 받고 있다. 이들 그룹의 멤버는 주로 각국의 항만청이다. WPCI LNG작업그룹은 항만간의 조기 표준화 프로세서를 위한 포럼이 되도록 노력하고, 가이드라인을 개발하고 관련 인프라와 벙커링을 위한 안전 요건과 LNG연료사용과 관련한 법률적 문제 등 항만에 미치는 영향을 조사한다. WPCI는 다음 4가지 분야에 관여한다.

- 벙커링 체크리스트와 LNG벙커링 회사의 인가를 가이드라인 함
- 위험경계 접근을 위한 공통 지침 제시
- 대중에게 명확하고 편견 없는 정보 제공
- 항만간의 정보공유 역할

3.10 SIGTTO

SIGTTO는 LNG기반시설에 관련된 많은 사람들, 예를 들면 LNG연료추진선박의 선원이나 LNG공급업자 같은 사람들이 LNG물성이나 위험성에 대한 관련지식의 부족을 우려하고

있다. LNG연료추진선의 사고는 LNG산업에 지대한 영향을 미칠 수 있으나 현재까지 우려할 만한 사고는 없었다고 SIGTTO는 말한다. 특별히 관심을 두어야 할 분야는 LNG벙커링업자와 선원의 교육과 훈련, 동시작업 및 선박의 설계이다.

SIGTTO는 'Ship to Ship transfer guide(Liquefied gases)'의 제정에도 참여했다. 'LNG ship fuel advisory group'은 대형 LNG운반산업의 안전기준과 동등한 수준으로 천연가스의 사용을 독려한다. 'Advisory group'은 그룹 멤버들의 경험을 바탕으로 가스연료 산업의 관련자들을 지원하고, 주요 문제들을 정리하고 가이던스를 제공한다.

- IMO의 작업과 IGF Code의 작업에도 참여함
- ISO TC 67 working group 10의 part
- IGC Code 검토

3.11 Bunkering Procedure

현재는 LNG연료 벙커링에 대한 국제적인 가이드라인이나 표준은 없다. SIGTTO에서 발행한 몇몇의 LNG transfer 가이드라인이 이용할 수 있으나 이것은 LNG cargo transfer에 국한되어 있어서 LNG이송이 특정한 지역에서만 이루어지고, 훈련된 선원과 관련자들이 LNG를 다루고, 동시작업이 없는 점, 여객 등과 같은 제3의 대상을 고려하지 않은 점 등, LNG벙커링에 적용하기에는 적절하지 않다. 현존하는 'LNG transfer guideline'은 Ship-to-Ship 방식의 이송에 국한되어 있어서 Shore-to-Ship 그리고 Truck-to-Ship 방식에 대한 것이 고려되지 않았다. 현재 LNG관련 규정과 관련된 가장 중요한 국제적인 개발은 'IMO sub-committee' 에 의해 개발 되는 IGF Code와 'ISO Technical committee 67 working group 10'에 의한 LNG벙커링 가이드라인의 개발이다. ISO guideline의 목적은 선박과 벙커링설비간의 인터페이스, 연결과 분리, ESD(Emergency shutdown procedure) 그리고 LNG bunkering process control 등을 표준화하는 것이다. LNG벙커링 인터페이스는 LNG transfer area 뿐만 아니라, 매니폴더, 밸브, 안전 및 보안시스템, LNG벙커링 작업에 종사하는 인원을 포함한다.

현재 노르웨이 해역에서 운항 중인 많은 소형 LNG연료추진선은 트럭이나 지역벙커링스테이션에서 벙커링을 하고 있다. 일반적인 조건하에서는 법규와 Risk assessment(analysis)를 근거로 허가되고, 특별한 조건하에서는 'Norwegian Directorate for Civil Protection and local fire brigade'에 의해 허가를 받는다. 네덜란드는 'LESAS 프로젝트' 진행 중 중소형 LNG공급체계의 확립과 해운업계 및 자동차 등의 LNG연료 사용을 위한 법규, Code, Standard에 대한 검토를 해 왔다. GL 선급은 'Federal Ministry of Transport'를 대신하여 'Building and Urban development(Feasibility study for bunkering liquefied gas within German port)'에 대한 현재의 법규와 독일 항만 내에서의 LNG의 안전한 벙커링을 위한 안전요건을 검토하는 연구를 맡았다. 이 연구 결과의 하나가 'Draft report on safety operation for LNG bunkering within port' 이다.

2013년 3월에 EMSA는 'Study on standard and rules for bunkering of gas fuelled ships' 라는 GL 선급에 의해 수행된 연구보고서를 발표했다. 검토 목적은 현존하는 규칙, 현재 개발 중인 LNG연료추진선의 벙커링에 관한 법규 등을 평가하고 LNG벙커링을 관리하는 유럽 법령을 위한 가능한 요건을 설정하는 것이다.

결론적으로 현재 개발한 'ISO TC 67 WG 10 PT1 LNG bunkering guideline'이 국제표준으로 가장 중요한 것으로 여겨진다. 이것은 기능적 요건과 안전 요건을 포함하여 일반위험성평가(Common risk assessment) 방법을 고려한 것으로 LNG를 연료로 사용하는 선박의 벙커링에 대한 국제표준으로 자리 잡을 것으로 보인다.

3.12 ISO 20519:2017

새로운 ISO standard(ISO 20519:2017 New standard for the safe bunkering of LNG-fuelled Ships)가 2017년 초에 발표되었다. 이 표준은 연료추진선이 안전하고 지속 가능한 방법으로 벙커링을 할 수 있도록 방향을 제시해 줄 것이다. 이 표준은 IMO의 IGF Code를 지원하기 위하여 만들어 졌다. LNG벙커링은 LNG연료추진선에 LNG연료를 공급하는 특별한 형태의 작업이다. 여기에는 LNG공급자, 항만, 안전관련 관계자 및 관청 등 여러 이해당사자(stakeholder)가 관련이 되어 있다.

LNG연료추진선의 수요가 증가하고 있으므로 실제적이고 비용이 낮고 효율적이고 안전한 벙커링작업이 요구되고 있어서 LNG벙커링을 안전하게 수행하기 위한 국제적인 표준이 시급히 필요하게 되었다. 이 새로운 'ISO 20519, Ships and marine technology - Specification for bunkering of liquefied natural gas fuelled vessels'표준은 LNG벙커링 업계 관련자들에게 큰 도움을 줄 것이다.

이 ISO standard에는 LNG벙커링 이송시스템과 장비들에 대한 요건을 규정하고 있으며 IGC Code에서 다루지 않는 요건도 포함하고 있다.

최근에 LNG를 연료로 쓰는 선박 들은 점점 커지게 되고 운항거리도 길어지며 방문하는 항만의 수도 늘어나고 있다. 그 결과 관련하는 이해 당사자들도 급속히 늘어나고 있는 실정이다.

3.13 LNG BUNKER OPERATION REGULATIONS

항만 내에서의 모든 LNG벙커링작업은 항만법과 규정에 따라야 한다. 항만에서 벙커링작업을 수행하기 위해서는 아래 조건을 만족해야 한다.

- LNG벙커링선은 항만의 승인을 받을 것
- LNG연료추진선은 IGF code를 만족할 것
- 터미널은 항만 당국이 승인한 safety management system을 구비할 것
- 모든 벙커링작업은 항만의 승인을 받을 것

LNG벙커링선박(Bunker vessel)의 기준

- IGC Code에 따라 건조
- Green Bunkering Concept에 따라 검사
- STCW와 ISO Standard 20519:2017에 따라 적절한 인증과 훈련을 받을 것

LNG연료추진선(Receiving vessel)의 기준

- IGF Code를 만족할 것
- ISM 메뉴얼에 따라 수행되는 벙커링 절차서를 선박에 구비할 것
- ISO Standard 20519:2017을 만족할 것

터미널 기준

- 승인된 안전 메뉴얼에 따라 수행되는 벙커링 절차서를 구비할 것

벙커링 스테이션에서 위험구역의 등급 설정은 강제사항으로 SRVFS 2004:7과 IEC 60079-10, IEC 60092-502에 따라 결정 된다.

표 3-3 LNG fuel 관련 Standard

Standards	Name	Theme
ISO	ISO28460	Installation & equipment for liquefied natural gas-ship to shore interface & port operation
	ISO TC 67 WG 10	Guideline for system & installation for supply of LNG as fuel to ships
	ISO 10976	Refrigerated light hydrocarbon fluids. Measurement of cargoes on board LNG carriers
EN	EN 1160	Installation and equipment for liquefied natural gas. General characteristic of liquefied natural gas and cryogenic materials
	EN 1473	Installation and equipment for liquefied natural gas – Design of Onshore installations
	EN 1474-3	Installation and equipment for liquefied natural gas – Design and testing of marine transfer system – Part 3: offshore transfer systems
SIGTTO		LNG ship to ship transfer Guidelines
		ESD Arrangements & linked ship / shore systems for liquefied gas carriers
		LNG transfer Arms and Manifold Draining, Purging and Disconnection Procedure
		LNG STS Transfer guide
		Liquefied gas carriers – Your Personal safety guide
		Liquefied Gas Fire Hazard Management

3.14 선원의 교육 및 훈련

국제항해에 종사하는 일반상선의 선원의 교육과 훈련은 IMO의 STCW(Standards of Training, Certification and Watchkeeping for Seafarers)협약에 따르고 있다. 그러나 IGF Code 적용 선박에 종사하는 선원의 교육과 훈련에 관한 관련 법규는 포함되어 있지 않다. STCW 협약의 개발에 대한 담당은 'IMO Sub-committee STCW'이다.

'IMO Resolution MSC.391(95) Chapter 8'에 아주 기본적인 운항과 훈련에 관한 요건이 있으며, 이 요건은 강제사항이 아니므로 선원의 교육과 훈련에 관한 사항은 회원국에 달려있다. 지금까지 IGF 적용 선박을 운항하는 모든 회원국은 이 guideline을 이용하고 있다. 해운업은 국제적인 사업이므로 선원의 교육과 훈련을 하고자 하는 해운사들에게는 IGF선박의 선원들을 교육하고 훈련시킬 일반적이고 국제적인 표준이 필요하다. 2017년 1월 1일부터 적용되는 IGF Code에는 IGF선박의 선원은 STCW Convention과 ICF Code에 따라 교육을 받도록 규정되어 있다.

IGF선박과는 달리, LNG벙커링선박의 선원의 훈련과 자격에 대해서는 STCW협약에 관련법규(Regulation V/1-2)에 이미 규정되어 있고, 모든 회원국은 이 협약에 규정된 대로 따르고 있으며 일부 회원국은 이보다 더 높은 표준을 적용하고 있다.

LNG벙커링 선박에서 화물과 화물장치에 관한 특별한 '임무와 책임(Specific assigned duties)'을 다할 수 있도록 선원들은 가스선 화물처리작업에 대한 기초교육(Basic training)을 받고 특별증서(Special certificates)를 보유하여야 한다. 이 자격증을 획득하기 위해서는 선원은 기초교육을 받고 적어도 3개월간의 회원국이 인증하는 항해기간을 거쳐야 한다. 화물과 화물의 처리에 관계되는 중간책임의 위치에 있는 선원은 심화교육(advanced training)을 받고 특별한 증서를 보유하여야 한다. 부가하여 적어도 3개월간의 가스운반선의 항해근무 또는 3번의 Loading operation과 3번의 discharging operation을 포함하여 다른 가스선에서 '교육생(Supernumerary capacity)'으로 한 달 이상 근무하여야 한다. 이 선원은 또한 회원국이 승인하는 'Advanced training course'에 참가하여야 한다. Advanced certificate를 받기 위하여 훈련이나 항해에 참가하는 모든 선원은 'Basic training certificate'를 보유하고 있어야 한다.

LNG벙커링 작업은 두 단계로 이루어진다. 한쪽은 연료를 공급하고 또 다른 한쪽은 그것을 수급하는 것이다. 양쪽의 작업자는 협업을 해야 하며, 그래서 양쪽 모두 교육 훈련을 받아야 한다.

가장 중요한 위험 요소는 벙커링을 하고 있는 선박에 관련된 것이라 생각된다. 벙커링 선박, 터미널 그리고 탱크로리의 종사자들은 매일 또는 하루에도 여러 번 벙커링 작업을 할 수도 있다. LNG연료추진선의 품질과 그곳에 종사하는 선원의 훈련은 안전한 벙커링을 위해 무엇보다 중요하다.

(1) LNG연료추진선의 선원들을 위한 교육

- Familiarisation Courses : 이것은 선박의 소유주, 관리자 그리고 STCW의 대상이 아닌 관련자 들이 받을 것으로 예상되는 선박과 장비에 대한 친화과정
- Basic Training Course : LNG연료추진선에 근무하는 모든 선원들을 대상으로 천연가스에 대한 안전과 그 취급 방법을 교육
- Advanced Training Course : 가스연료시스템 운용과 벙커링 작업에 관련되는 모든 사관과 기술자 선원 들을 위한 교육
- 각종 장비들에 대한 교육 : 선박에 설치된 장비들에 대한 장비제조업체로부터 받는 교육

(2) LNG벙커링선박 종사자를 위한 교육

법규적인 측면에서 LNG벙커링선박은 LNG를 화물로 운송하는 LNG운반선으로 분류된다. 그래서 LNG벙커링선박은 IGC Code 하의 STCW의 요건이 적용되며, 일부 요소는 IGF Code를 교육 훈련요건을 적용 받을 수도 있다.

(3) LNG터미널 종사자를 위한 교육

LNG수입터미널과 중소형 액화플랜트의 종사자는 LNG의 위험요소(Hazards) 및 운영과 유지보수 절차에 대한 교육을 법적으로 받도록 되어있다

(4) 탱크로리 종사자를 위한 교육

탱크로리 운전자는 그들에 대한 업계표준은 없지만 교육훈련이 필요하다. 전체 프로세서를 이해하는 이론교육과 수많은 탱크로리의 종류가 있으므로 탱크에 관한 교육, 실제 LNG주입과 같은 실습교육 등 하루 정도의 교육이면 적절할 것이다.

표 3-4 IGF Code 초급 중급 교육안

IGF 코드 적용선박 기초교육(Basic course)	IGF 코드 적용선박 상급교육(Advanced training course)
IGF 코드 적용선박의 안전 운항에 대한 기여(선박운항특성과 형태, 연료계통과 연료저장시스템	IGF 코드 적용 선박에서 사용되는 연료와 관련된 모든 조작의 감시와 안전한 수행 능력
IGF 코드 적용 선박에서의 위험 방지를 위한 예방 조치	IGF 코드 적용선박에 탑재된 연료의 물리적, 화학적 특징에 대한 친숙도
근로 위생과 안전 예방 및 조치의 적용	위험 방지를 위한 예방조치
IGF 코드 적용 선박에서의 소화 작업 수행	IGF 코드 적용 선박에서의 직업 위생과 안전 예방 조치 및 방법의 적용
비상대응	
IGF 코드 적용 선박에서 발견된 연료 유출로부터 환경오염을 방지하기 위한 예방조치	IGF 코드 적용 선박에서의 연료 분출로부터 환경 오염을 방지하기 위한 예방 조치
	법적 요건을 준수한 감시와 관리
	IGF 코드 적용 선박의 추진 설비와 기관 시스템 및 업무 안전 장비에 대한 작동
	IGF 코드 적용 선박에서의 연료 확보, 적재 및 안전한 연료수급 계획 및 감시
	IGF 코드 적용 선박의 소화 및 소방 예방 및 관리에 대한 지식

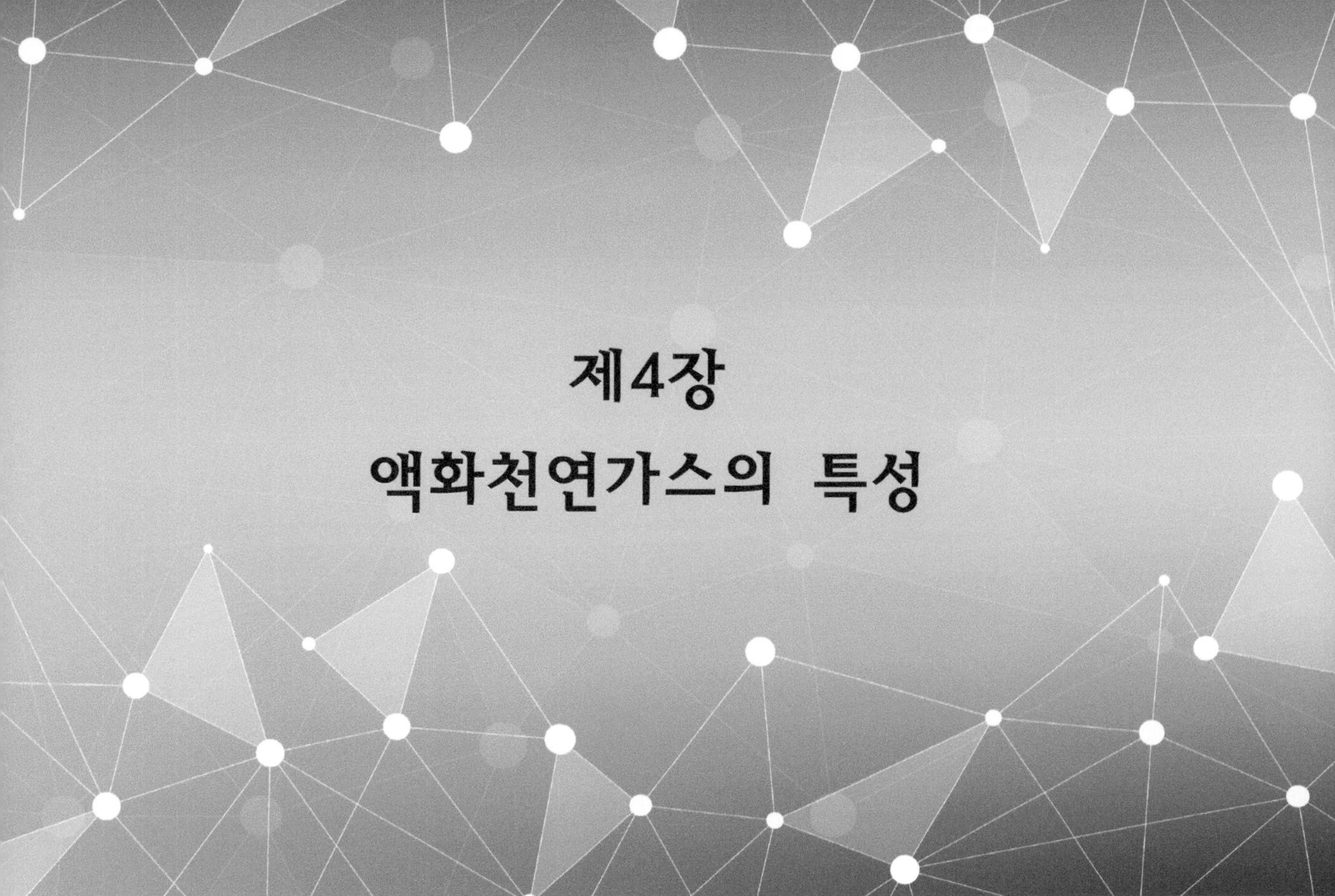

제4장
액화천연가스의 특성

4.1 LNG의 일반적 특성
4.2 LNG의 특성
4.3 가연성
4.4 LNG물리적 성질
4.5 LNG산업에 사용되는 소재

4.1 LNG의 일반적 특성

LNG(Liquefied Natural Gas)를 시작하는 사람은 먼저 LNG의 화학적 특성 및 물리적 특성에 대한 지식을 가지고 시작하는 것이 좋다. LNG의 화학적 특성과 물리적 특성은 LNG를 정확히 이해하는 데 필수적이기 때문이다. LNG위험에 대한 오해는 흔한 일이며 이것은 그 특성에 대한 불완전한 정보에서 비롯된다.

LNG는 천연가스를 저장과 운송 등을 용이하게 하기 위하여 액체형태로 전환한 것이다. 천연가스를 액화하면 그 부피가 약 1/600로 줄어든다. 천연가스의 조성에 따라 다르겠지만 천연가스는 대기압 상태에서 약 -162℃에서 액화된다. LNG는 온도가 극히 낮은 극저온(cryogenic)의 액체이다. 비교해보면 기상관측 이래 자연환경에서는 현재까지 -89.4℃가 최저 온도로 기록되어 있고, 도심에서는 -71.2℃로 기록 되었다고 한다. 그러므로 극저온 액체 상태로 유지되기 위해서는 보온병 같은 특수 저장 용기에 담아야 한다.

LNG는 무색, 무취, 무독성, 불연성, 비부식성의 액체이다. 그림 4-1과 같이 푸른빛을 내며 연소하는 천연가스는 액화된 상태로 수입하고 공급업체가 가스로 기화시켜 각 가정에 공급한다. 가정에서 사용하는 천연가스는 냄새가 나는 데, 공급하기 전에 냄새가 나는 부취제를 첨가했기 때문이다. 이 냄새로 인해 가스 누출을 쉽게 감지할 수 있다.

LNG의 가스와 액체의 주요 특성은 화학적 조성, 비등점, 밀도와 비중, 인화성, 발화 및 불꽃온도 등이다.

그림 4-1 천연가스의 불꽃

4.2 LNG의 특성

4.2.1 화학적 조성(Chemical composition)

천연가스는 지구상에 수백만년 전 매장된 유기물질로 생성되었다. 원유와 천연가스, 이런 연료들은 수소와 탄소의 원자의 결합으로 구성되어 있기 때문에 탄화수소들(Hydrocarbons)로 알려져 있는 화석연료로 구성되어 있다.

화학적 조성(LNGchemical composition)은 산지나 생산 과정에 따라 달라진다. 그것은 메탄, 에탄, 프로판, 부탄 그리고 소량의 중탄화수소계 화합물 및 불순물로 이루어져 있다. 특히 질소와 황성분, 물, 이산화탄소, 황화수소 등은 가스전에서 생산되는 가스에 존재할 수도 있으나 이들은 액화 전에 제거된다. 천연가스의 주 성분은 메탄(Methane)이며 보통 85%이상 포함되어 있다. 메탄의 화학식은 CH_4이며 그림 4-2와 같이 하나의 탄소와 4개의 수소로 결합되어 있다. 표 4-1은 탄화수소계 화합물의 구성 성분을 나타낸다.

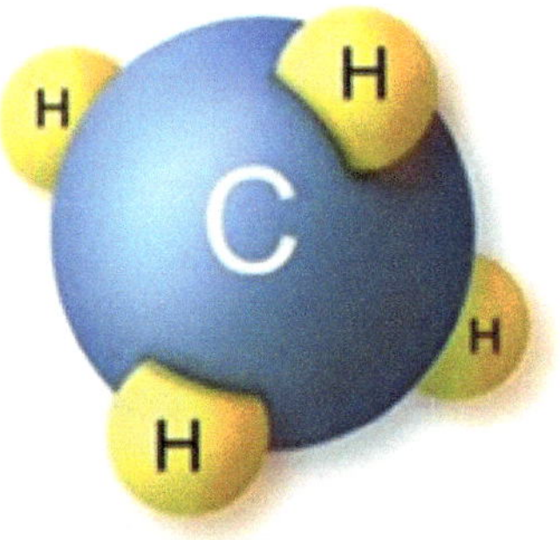

그림 4-2 메탄의 분자식

표 4-1 탄화수소계 화합물 구성성분 및 분자구조

	화학식	함유량(저)	함유량(고)
메탄(Methane)	CH_4	87%	99%
에탄(Ethane)	C_2H_6	< 1%	10%
프로판(Propane)	C_3H_8	> 1%	5%
부탄(Butane)	C_4H_{10}	> 1%	> 1%
질소(Nitrogen)	N_2	0.1%	1%
기타 탄화수소화합물		미량	미량

```
    H          H   H          H   H   H          H   H   H   H
    |          |   |          |   |   |          |   |   |   |
H - C - H  H - C - C - H  H - C - C - C - H  H - C - C - C - C - H
    |          |   |          |   |   |          |   |   |   |
    H          H   H          H   H   H          H   H   H   H

 METHANE       ETHANE          PROPANE              N-BUTANE
```

LNG는 간혹 LPG(Liquefied Petroleum Gas, 액화석유가스)와 혼동하기도 한다. LPG는 상온에서 적당한 압력을 가하면 액상으로 되는 주로 프로판가스와 부탄가스의 혼합물이다. 미국, 캐나다, 일본의 LPG는 주로 프로판으로 구성되고, 대부분 유럽국가의 LPG는 프로판 성분이 50%미만이다. 또한 일부 국가에서는 상당한 양의 프로필렌이 포함되어 있다.

4.2.2 비등점(Boiling point)

비등점은 가스가 액으로 상태변화를 할 때 가장 중요한 특성 중에 하나이다. 이것은 액이 증발하는 온도 또는 대기압 상태에서 액이 증발가스로 급속히 변화되는 그 온도로 정의된다. 순수한 물의 비등점은 100℃이다.

LNG의 비등점은 그 구성성분에 따라 다르지만 대기압 상태에서 보통 -162℃로 본다. 그림 4-3과 같이 저온의 LNG가 더운 공기 또는 물과 접촉하면 그 경계에서 증발하기 시작한다. 그것은 표 4-2에서 보는 바와 같이, 주변 온도가 LNG의 비등점 보다 높기 때문이다. 그림 4-4는 LNG의 비등점과 압력과의 관계를 나타낸 것이다.

표 4-2 가스의 비등점(Boiling point)

물질	비등점(Celsius: ℃)	비등점(Fahrenheit: ℉)
물	100	212
부탄(Butane)	-0.5	31
암모니아(Ammonia)	-33	-27
프로판(Propane)	-42	-44
LNG	-162	-259
산소(Oxygen)	-183	-298
질소(Nitrogen)	-195	-319
수소(Hydrogen)	-252	-422
헬륨(Helium)	-270	-454

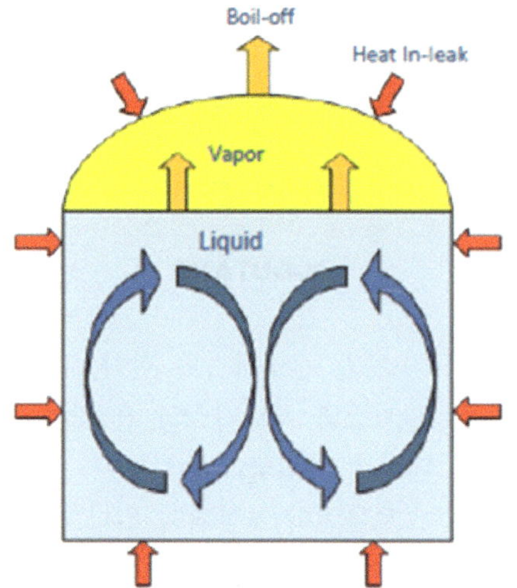

그림 4-3 LNG의 증발현상

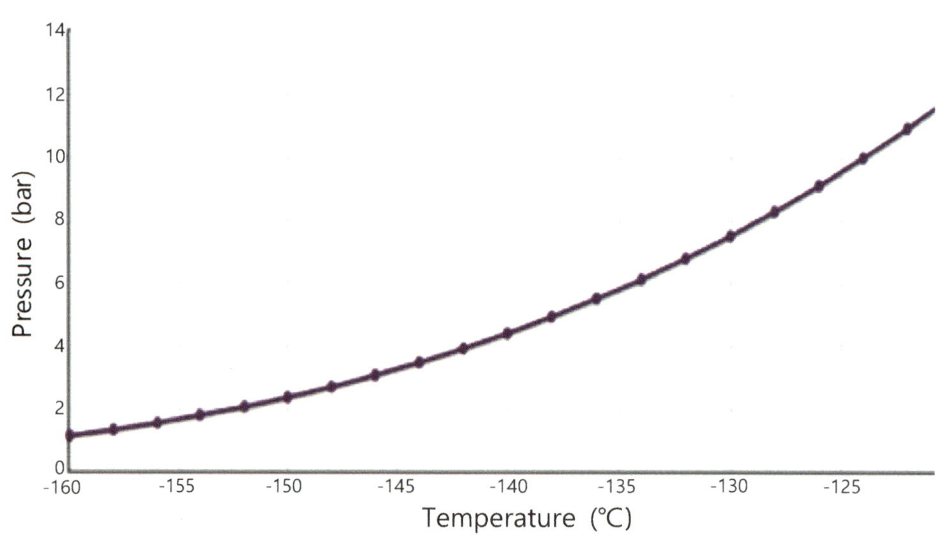

그림 4-4 LNG의 비등점과 압력과의 관계

액화는 천연가스를 냉각하여 액으로 바꾸는 공정이다. 이 때 가스의 부피는 1/600까지 줄어든다. 액체 상태의 LNG는 다시 천연가스로 바꾸어 소비자에게 공급된다. LNG재기화는 LNG온도를 높여 기체형태로 바꾸는 공정이다.

4.2.3 밀도와 비중(Density & Specific gravity)

밀도는 단위 부피당의 중량이며, 절대량이다. LNG는 순수 메탄만으로 구성된 것이 아니기 때문에 LNG의 조성에 따라 조금씩 다르게 된다. LNG의 밀도는 대개 430 kg/m³ ~ 470 kg/m³ 정도이다. 물의 밀도의 약 절반 정도 된다. 그러므로 액체인 LNG는 물 위에 뜨게 된다. 일반적으로 선박설계에는 470 kg/m³ , 선체구조설계는 500 kg/m³ 을 기준으로 한다.

비중은 상대적인 양이다. LNG액체의 비중은 15.6℃에서 물의 밀도에 대한 LNG밀도의 비율이다. 가스의 비중은 15.6℃에서 공기의 밀도에 대한 가스의 밀도의 비율이다. 비중이나 상대적인 밀도가 공기보다 충분히 작으면 가스는 개방된 공간이나 환기가 잘 되는 밀폐된 공간에서 쉽게 확산된다. 대기 온도에서 메탄의 비중은 0.554이다. 따라서 공기보다 가볍다.

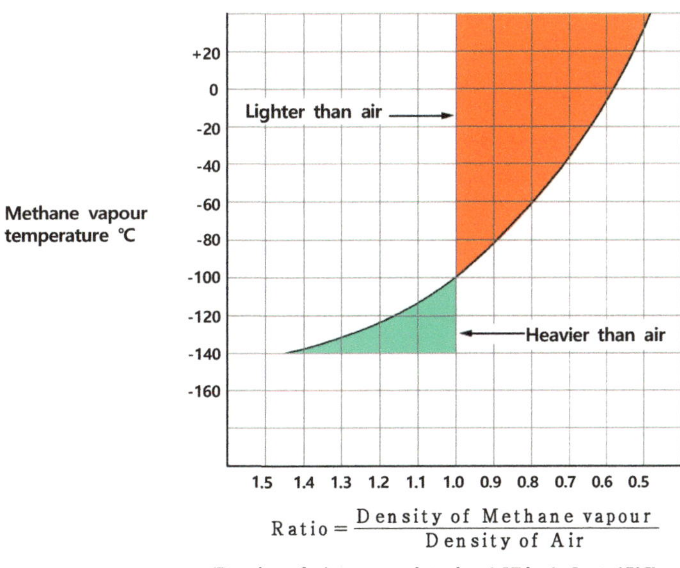

그림 4-5 메탄가스의 상대밀도

대기조건에서 LNG는 증발하여 가스가 된다. LNG가 증발할 때 저온의 가스는 공기 중의 습기를 응축시킨다. 누출된 가스가 데워지고 공기와 희석과 동시에 확산되기 전 백색의 구름을 형성하기도 한다.

상대습도가 55%보다 높으면, 가연성 구름은 완전히 눈에 보이는 가스구름(Vapor cloud) 속에 존재하게 된다. 상대 습도가 55% 보다 낮으면 가연성 구름은 눈에 보이는 구름의 바깥에 존재하게 된다. 이것은 발화원이 눈에 보이는 구름으로부터 멀리 있어도 발화 될 수 있다는 것을 의미한다.

LNG증발 가스(BOG)는 대기압, 비등점에서의 온도에서 상대 밀도는 약 1.8이다. 누출 초기에는 LNG증발 가스는 공기보다 무거워서 땅 주변에 머문다는 것을 의미한다. 그러나 메탄 증발 가스는 급속히 데워져서 약 -112℃의 온도에 도달하면 천연가스의 상대 밀도는 1.0 보다 작게 되어 공기 중에 뜨게 된다.

대기 온도에서 천연가스는 비중이 약 0.6정도로 된다. 이것은 천연가스 증기가 공기보다 가볍다는 것을 의미하며, 공기 중에 쉽게 뜨게 된다.

-112℃ 이하의 저온의 증기는 뜨지 않고 데워질 때까지 낮은 곳에 축적된다. 따라서 누출된 LNG는 밀폐된 공간이나 낮은 공간에 공기와 치환되어 위험지역을 형성한다. LNG 증기의 증발율은 누출된 LNG의 양, 외기조건, 누출된 장소, 즉, 제한된 장소, 넓은 장소, 낮은 곳 또는 높은 곳, 육상 또는 해상인지에 따라 달라진다.

위험을 피하기 위한 또 하나의 방법은 호스를 사용하여 누출된 LNG에 물을 뿌리는 것이다. 물을 뿌리면 LNG가 급속히 증발하여 공기 중으로 날아가기 때문이다. LNG는 지면보다 수면에서 5배가량 빨리 증발한다.

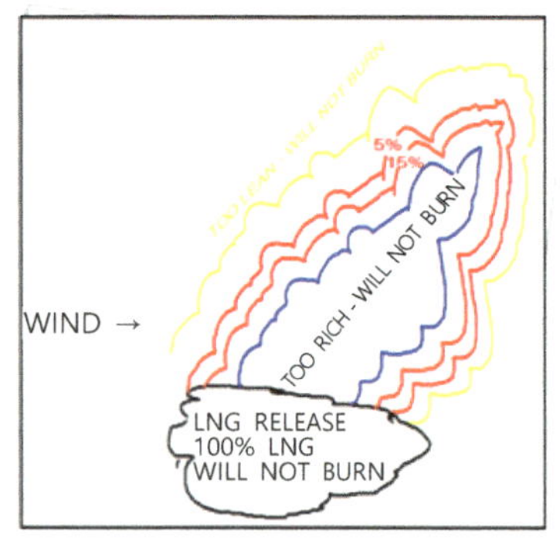

그림 4-6 메탄가스의 증기구름

4.3 가연성(Flammability)

가연성은 천연가스가 에너지원으로서 바람직한 특성이면서 안전에 대해서는 위험인자이다. 천연가스는 가연성이지만 LNG는 액체내의 산소의 부족으로 불이 붙지 않는다. LNG는 저장용기로부터 누출되면 증발하기 시작하는데 언제 불이 붙게 되는지가 중요한 관심사가 된다.

4.3.1 연소범위(Flammability limits)

그림 4-7과 같이 LNG가 연소하기 위해서는 다음 세 가지가 필요하다.

- 연료(가연성가스 또는 증발가스)
- 공기(산소 또는 산화제)
- 발화원(스파크, 불꽃, 고온표면)

이것을 'Fire triangle'이라고 한다. LNG증발가스로부터 화재가 일어나기 위해서는 몇 개의 인자가 필요하다. 특히 연료와 산소는 가연혼합기체가 형성되기 위해서는 특정 범위에 있어야 한다. 가연 범위는 발화원이 있으면 연소할 수 있는 가스나 증발가스의 농도 범위를 말한다. 가연범위는 연소하한(Lower Flammable Limit : LFL)과 연소상한(Upper Flammable Limit : UFL)이 있다.

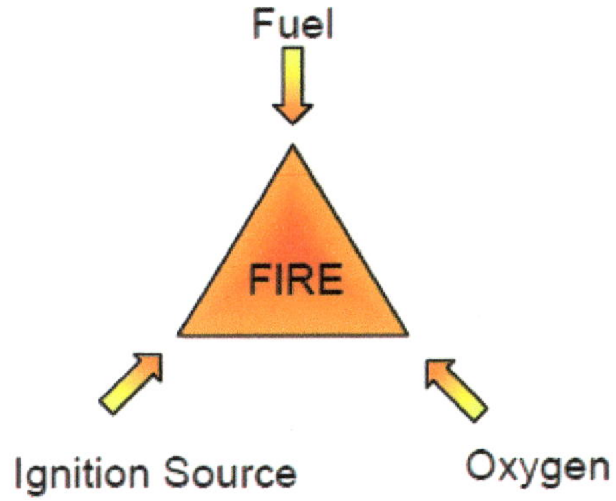

그림 4-7 화재의 3요소(Fire triangle)

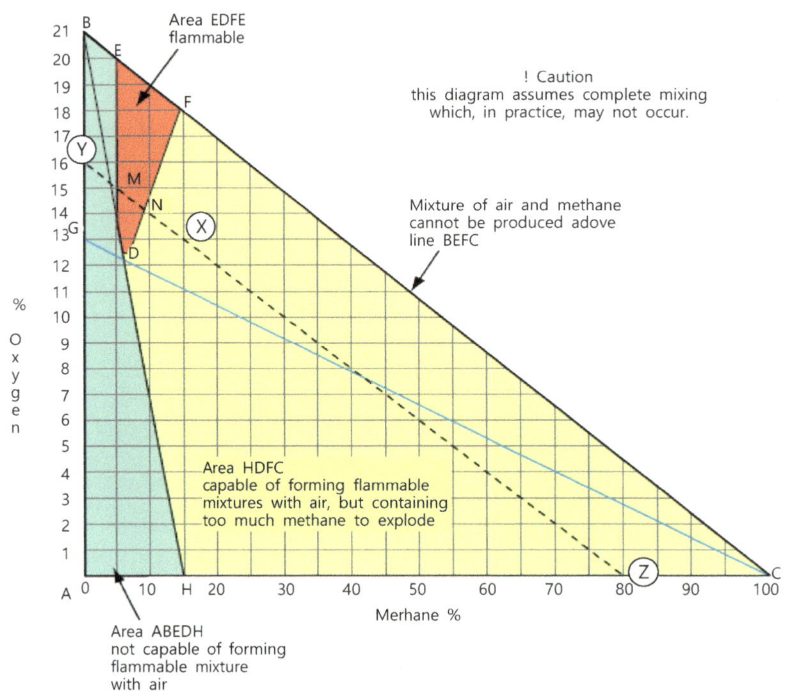

그림 4-8 LNG의 연소 범위

그림 4-8은 LNG의 연소범위를 나타낸 것이다. 메탄의 가연범위는 5%(LFL)~15%(UFL) 사이에 있다. 이 범위를 벗어나면 발화하지 않는다.

우리 주변의 많은 재료들은 가연성이며 각 재료들의 가연범위를 알아 두는 것도 좋다. 아래 표 4-3에 LNG가연범위를 다른 연료와 비교하여 표시하였다.

표 4-3 탄화수소계 연료의 연소범위 [출처: NFPA Fire Protection Handbook]

연료	가연범위 하한(LFL)	가연범위 상한(UFL)
메탄 (Methane)	5%	15%
부탄(Butane)	1.86%	7.6%
등유(Kerosene)	0.7%	5%
프로판(Propane)	2.1%	10.1%
수소(Hydrogen)	4%	75%
아세틸렌(Acetylene)	2.5%	82%

재료의 연소범위가 넓으면 비상시에 더 위험하게 된다. 예를 들면, 수소와 아세틸렌은 매우 넓은 연소범위를 가지고 있어서 약 2~80% 범위에서 언제든지 발화할 수 있다. 밀폐된 저장탱크나 용기 내에는 메탄의 비율이 100%이다. 통풍이 잘 되는 곳에 탱크에서 누출된 소량의 LNG는 신속하게 혼합되고 확산되어 공기 중의 메탄의 농도가 5% 보다 낮게 된다. 빠르게 혼합되기 때문에 누출된 곳의 아주 작은 범위에서만 발화할 수 있는 농도를 가지게 된다. 모든 LNG터미널에 있는 설비에는 LNG누출을 감지하기 위한 여러 장치들이 있다.

4.3.2 발화온도(Ignition & Flame Temperature)

자연발화온도(Auto ignition temperature)는 공기 중의 증발가스가 스파크나 불꽃 없이 자연적으로 발화할 수 있는 가장 낮은 온도이며, 공기와 가스의 혼합율 또는 압력과 같은 인자에 따라 변한다. 공기 중에 메탄이 10%정도 있을 때 자연발화온도는 약 540℃이다. 발화는 자연발화온도 보다 높은 온도에서 짧은 시간에 고온에 노출됨으로서 일어난다.

표 4-4는 일반적인 연료의 자연발화온도를 나타낸다.

디젤유와 가솔린은 발화온도가 LNG보다 낮다. 실제로 LNG의 자연발화온도는 그 조성에 따라 다르다. LNG에 탄화수소계 화합물의 농도가 높으면 자연발화온도는 낮아진다. 더구나 LNG증발가스는 가스의 농도가 연소범위 내에 있고 스파크, 불꽃, 정전기와 같은 발화원이 있으면 즉시 발화하게 된다.

LNG는 매우 높은 화염온도를 가지고 있다. 달리 말하면 LNG는 빨리 불이 붙고 다른 연료보다 좋은 열원을 가지고 있다는 것이다. LNG속 메탄의 화염온도는 1,330℃정도 된다. 이에 비해 가솔린은 1,027℃로 LNG가 더 높은 온도를 낸다는 것이다. 또한 LNG연소속도는 12.5 ㎡/min로 가솔린의 4.0 ㎡/min보다 매우 빠르다.

LNG는 연소할 때 더 많은 열을 만들어 낸다. 가솔린은 연소열량이 43.4 MJ/kg인데 비해 LNG는 50.2 MJ/kg이기 때문이다. LNG는 연소할 때 이산화탄소와 수증기를 배출한다.

표 4-4 자연발화온도

	천연가스	디젤유	가솔린
자연발화온도	599℃	260~371℃	226~471℃

4.3.3 온도(Temperature)

LNG는 그 조성에 따라 증발온도가 있고, 대기압에서 -163℃ 에서 -57℃사이에 있다. 증기압에 따른 증발온도의 변화는 약 1.25 $\times 10^{-4}$ ℃/Pa이다. LNG의 온도는 일반적으로 'ISO 8310'에 따라 동/동합금열전도계(copper/copper nickel thermocouples) 또는 백금저항열전도계(platinum resistance thermometers)를 이용하여 측정한다.

4.3.4 점도(Viscosity)

LNG의 점도는 그 조성과 온도에 따라 다르고, -160℃에서 보통 1.0 $\times 10^{-4}$ Pa.sec에서 2.0 $\times 10^{-4}$ Pa.sec사이에 있으며, 거의 물의 1/10에서 1/5정도 된다.

4.4 LNG물리적 성질(physical properties)

4.4.1 증발가스의 물성(LNG physical properties)

LNG는 증발성 액체로 단열이 잘된 탱크에 저장된다. 외부에서 탱크로 침투한 열은 액체를 기체 상태로 증발시킨다. 이것을 BOG라 부른다. 증발가스의 성분은 LNG액체의 성분과 같다. 예를 들면 LNG증발가스는 20%의 질소, 80%의 메탄, 미량의 에탄을 포함할 수 있다. 증발가스의 질소함유량은 LNG에서 함유량의 약 20배가 될 수 있다.

LNG가 증발할 때, 질소와 메탄이 먼저 증발하게 된다. -112℃의 순수메탄과 -85℃의 질소가 20% 포함된 메탄 증발가스는 공기보다 더 무겁다. 보통 상온에서의 증발가스의 밀도는 공기의 약 0.6 정도 된다.

4.4.2 LNG유출(Spillage of LNG)

LNG가 사고로 땅에 유출(Spillage of LNG)되면 증발을 시작하는 초기 지연시간 이후 급격한 증발을 야기한다. 그 후에 증발율이 주변공기와 지면의 온도 특성에 따라 급속히 일정한 값으로 떨어진다.

우선, 화물탱크로부터 누설된 극저온 LNG를 생각해보자. 이 액체는 이미 대기압 상태로 되어 있다. 유출이 되어 대기온도 상태에서 지면 또는 해수에 접촉하게 되면 LNG와 접촉하는 재료 즉 지면 또는 해수와의 온도차이가 LNG쪽으로 열전달을 일으키게 된다. 그 결과 LNG는 열을 흡수하여 급격한 증발이 일어나게 된다.

만약에, 누출되는 부분이 지면상에 pool을 형성하고 있다면 지면으로부터의 열 흡수가 상대적으로 적어 온도차는 크지 않을 것이다. 결국 안정되어 온도차가 작게되면 LNG증발율도 점진적으로 낮아지게 되고, 이러한 환경 하에서 LNG는 완전히 증발할 때까지 비등(boil-off)을 계속하게 된다.

바다에 누출하게 되면 바닷물의 강한 대류에 의해 온도차가 초기 증발 시와 같은 상태를 유지하여 증발율도 더 높게 될 것이다. 이 경우에는 대량의 저온 증발가스가 생성된 후 대기로 확산되어 공기 중의 수증기를 응축하게 된다. 이 과정에서 눈으로 볼 수 있는 백색의 구름이 형성 된다.

그러나 압력용기로부터 LNG의 초기 누출은 위의 설명과 다르게 된다. 이 경우 누출된 LNG는 대기 온도와 가깝게 되며, 누출 시 높은 압력은 급격히 주변 압력으로 떨어진다. 그 결과 급격히 증발이 일어나게 되고 증발에 필요한 열은 주로 LNG자체에서 공급된다. 이것을 '순간 증발(flash evaporation)'라고 부르며 압력의 변화에 따라 많은 양의 LNG가 이러한 방법으로 순간적인 증발(flash off)을 일으키게 된다. 이러한 방식으로 나머지 LNG도 대기압 하에서 그 액화온도 또는 그 이하로 급속히 냉각된다. 이 과정에서 누출되는 고압의 LNG는 작은 방울형태로 대기 중에 분출하게 된다. 이 작은 방울들은 대기로부터 열을 빼앗아 공기 중의 수증기를 응축하여 백색의 구름을 형성하게 된다. LNG방울들은 곧 가스로 기화되고 이 과정에서 수증기는 더 냉각되어 오랫동안 백색의 구름을 유지된다.

가스가 대기 중으로 방출됨으로서 초래되는 위험은 공기와 혼합되어 가연성가스로 되는 것이다. 그렇게 형성된 백색의 가스구름은 가연 범위 내에 있으면 발화원에 의해 폭발을 일으키게 된다. 공기와 증발가스의 혼합에 의한 위험 이외에 저온의 LNG가 사람의 피부에 동상을 입힐 수도 있고 각종 기기의 재료에 저온취성을 일으킬 수도 있다.

4.4.3 RPT

그림 4-9 급격한 상변화 (RPT)

LNG의 위험 중의 하나는 급격한 상변화(Rapid Phase Transition, RPT)에 의한 폭발이며, 이것은 차가운 LNG가 물과 접촉할 때 발생한다. 극저온의 LNG가 물과 접촉할 때 물이 가지고 있는 열이 단시간에 LNG로 전달되면 LNG는 과열상태로 되고 조건에 따라 순간적으로 비등하여 액상에서 기상으로의 급격한 상변화에 의해서 폭발이 일어나게 된다.

액상으로 있던 LNG가 순간적으로 대기압으로 방출됨으로써 평형상태가 깨어지고 이때 발생하는 상변화로 폭발현상을 나타내는 경우가 있다. 이런 현상을 증기 폭발이라고도 한다. 극저온의 LNG가 사고로 인해 탱크 밖으로 누출되었을 때에도 조건에 따라 급격한 기화에 수반되는 증기폭발을 일으킨다. 이 증기폭발은 폭발의 과정에 착화를 필요로 하지 않으므로 화염의 발생은 없으나 증기폭발에 의해 공기 중에 기화한 가스가 가연성인 경우에는 증기폭발에 이어서 가스 폭발이 발생할 위험이 있다.

4.4.4 BLEVE

그림 4-10 비등 액체팽창증기운 폭발(BLEVE)

비등액체팽창증기폭발(Boiling Liquid Expanding Vapor Explosion, BLEVE)은 LNG가 비등점 또는 그 부근에서 어떤 압력을 받고 있을 때 저장시스템의 파괴로 급격히 방출하면 극도로 빠른 속도로 증발이 일어난다. 이런 격렬한 팽창은 화재에 의해서 일어난 경우에는 화구(fire ball)를 만들게 되며, 화재에 의한 경우가 아니라면 증기운(vapor cloud)이 생겨서 증기운 폭발로 발전하게 된다. 일반적으로 BLEVE는 폭발이 일어날 때까지 단계적으로 진행된다. 처음에 가연성 액체 탱크 주변에 화재가 발생하게 되면 외부 열에 의해 탱크 외벽이 가열된다. 이때 탱크내부에서는 액체가 차지하고 있는 부분의 탱크 내벽의 온도는 액체에 의해 냉각되지만, 액체 자체의 온도가 상승하면서 탱크 내부 압력이 빠르게 올라간다.

외부의 화염이 커져서 탱크 내부에서 기체가 차지하고 있는 부분의 탱크외벽까지 닿게 되면 탱크의 금속부분의 강도가 약해지고 최종단계에서 탱크가 파열되면서 급격한 폭발이 일어나게 된다.

4.4.5 LNG화재의 유형

(1) 액면화재(Pool fire)

액체(액화가스포함)의 인화성 물질이 누출되어 주변 바닥에 고여 있는 상태에서 액체가 기화하여 발화원에 의해 점화된 현상이다.

그림 4-11 액면화재 (Pool fire)

(2) 고압분출 화재(Jet fire)

배관, 저장 탱크 등에서 연속적으로 누출되는 고압의 인화성물질이 누출원 근처의 발화원에 의하여 점화되는 현상으로 연속적인 복사열이 발생한다.

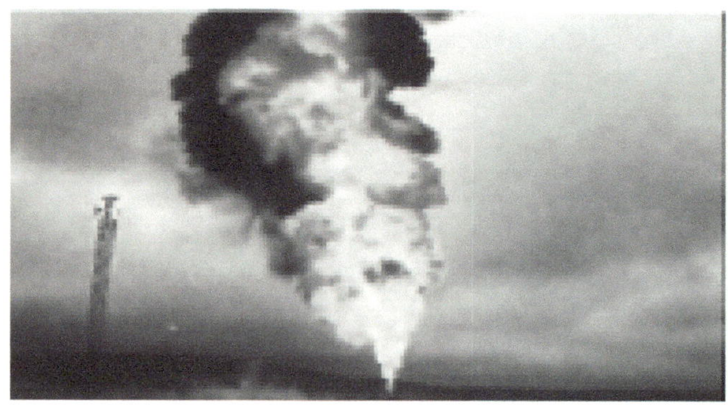

그림 4-12 고압분출 화재(Jet fire)

(3) 화구(Fire ball)

LNG나 액화가스류 화재에서 흔히 발생하며, BLEVE에 의하여 공중에 공 모양의 화염 덩어리가 생성되는 현상이다.

그림 4-13 고압분출 화재(Jet Fire)

(4) 증기운 화재(Flash fire, Vapor cloud fire)

누출된 인화성 물질이 공기 중으로 확산되어 구름형태로 떠다니다가 물질의 폭발한 단계 이하로 희석되기 전에 발화원을 만나면서 화재가 발생하는 현상이다.

그림 4-14 증기운 화재(Flash fire)

4.5 LNG산업에 사용되는 소재

대부분의 재료들은 극저온에 노출되면 취성파괴를 일으킨다. 특히 탄소강은 극저온에서 파괴인성이 매우 낮은 편이다. LNG에 직접 접촉되는 재료는 취성파괴에 대한 저항력이 인정되어야 한다.

표 4-5는 LNG에 직접 접촉하는 소재를 나타내는 것이며, LNG에 직접 접촉하여도 문제가 없는 주요 재질과 그 용도를 정리하였다.

표 4-5 LNG에 직접 접촉하는 소재

재질	용도
스테인리스강	탱크, 로딩암, 볼트와 너트, 파이프와 부착물, 펌프, 열교환기 등.
니켈합금강, 페로니켈합금강	탱크, 볼트와 너트 등.
36%니켈강(Invar)	파이프, 탱크 등.
알루미늄합금강	탱크, 열교환기 등.
구리와 구리합금	봉인, 보호막 등.
합성고무	봉인, 가스켓 등
철근콘크리트	탱크
탄소섬유	봉인, 패킹박스
풀루오로에칠렌프로필렌(FEP)	전기절연
폴리테트라풀루오로에칠렌(PTFE)	봉인, 보호막, 패킹박스 등
스텔라이트	지지면

한편, 표 4-6은 LNG에 직접 접촉하지 않는 소재를 나타낸 것이다.

표 4-6 LNG에 직접 접촉하지 않는 소재

재질	용도
저합금 스테인리스강	볼베어링
콜로이드콘크리트	방벽
철근콘크리트	탱크
목재(발사, 합판, 코르크)	단열.
엘라스토머(탄성고무)	마스틱, 접착재
유리섬유	단열
폴리염화비닐	단열
폴리스틸렌	단열
폴리우레탄	단열
퍼라이트	단열

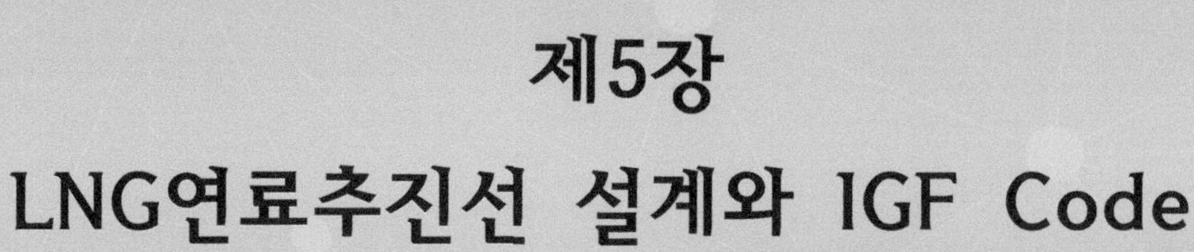

제5장 LNG연료추진선 설계와 IGF Code

5.1 LNG연료추진선의 개발 배경

IMO의 해양오염방지조약(MARPOL 73/78) 부속서 IV '선박으로부터 대기오염 방지규칙'은 선박으로부터 배출되는 질소산화물(NOx)와 황산화물(SOx)를 규제하고 있다. 본 부속서는 2005년 5월 19일에 발효되었으나 그 후 NOx와 SOx와 함께 단계적으로 강화되어 왔다.

특히 2016년부터 시행되는 NOx Tier III규제에 대응하기 위해서는 현재 선박 기관의 구조를 대폭적으로 변경해야 한다. SOx 규제도 마찬가지다. 그림 5-1과 5-2와 같이 ECA 규제가 한층 강화되고 있다.

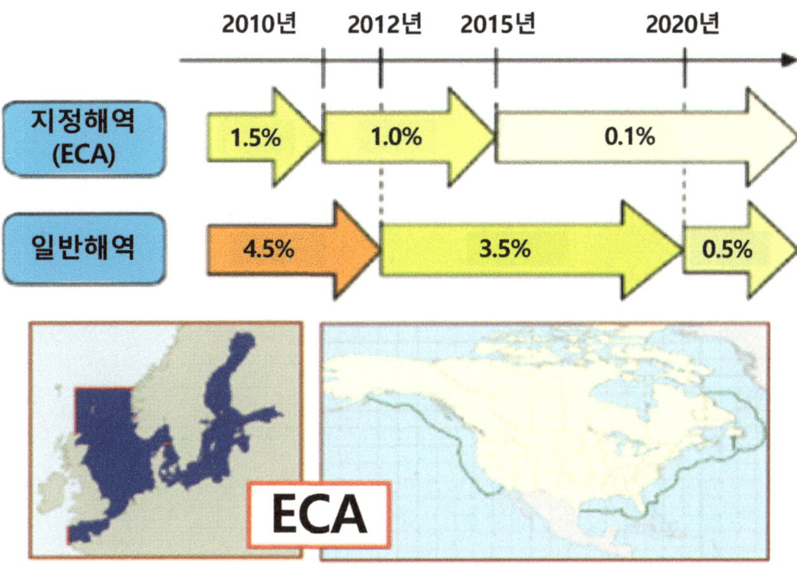

그림 5-1 SOx 규제

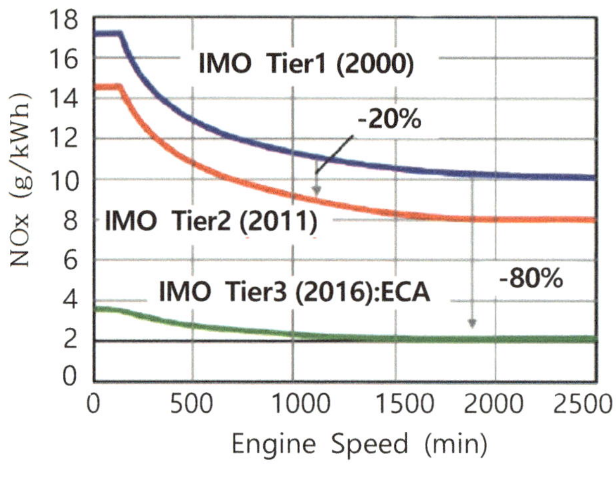

그림 5-2 NO_x 규제

IMO의 제 62차 해양환경보호위원회(MEPC 62) 에서 GHG 저감대책으로 'MARPOL 부속서 IV'의 개정안 채택 심의가 행해지고 400GT이상 국제항해에 종사하는 선박을 대상으로 '에너지효율설계지수(Energy Efficiency Design Index : EEDI)'의 계산 및 '선박에너지효율관리계획(Ship Energy Efficiency Management Plan : SEEMP)'이 강제화 되었다. 신조선을 대상으로 하는 EEDI 규제 값은 가이드라인에 설정된 선종별 기준(reference line)으로 저감율을 표시하고, 2013년부터 4단계로 규제가 강화되고 있다.

표 5-1 환경부하 저감기술

저감대상	기술	저감율 등
NO_x	선택적환원장치(SCR)	80%이상
	배기가스재순환(EGR)	조합으로 80%이상 저감가능
	물 이용기술(에멀션연료, 급기가습, 물분사)	
	천연가스사용(LNG)	80 ~ 90% 저감
SO_x	배기가스세정장치(Scrubber)	IMO(EGCS guideline) 적합품
	저유황연료 사용(Low Sulphur Fuel)	유황분 0.1% 이하
	천연가스 사용(LNG)	유황분 거의 0%
GHG	선형개량, 에너지절감장치(ESD) 부착 등	10 ~ 20% 저감
	공기윤활법(Air Bubble), 폐열회수시스템(WHRS)	최대 10% 내외 저감
	천연가스 사용(LNG)	20 ~ 25%

표 5-1에서 알 수 있는 바와 같이 천연가스를 사용하는 추진시스템을 선박에 적용하는 것은 NOx, SOx 그리고 GHG를 대폭적으로 저감할 수 있는 기술이다. 이와 같이 연료비가 경제적이고, 환경부하 저감에 큰 효과가 있으므로 천연가스연료추진선의 실현을 위해 여러 가지 시도가 이루어지고 있는 것이다.

5.2 국내외 LNG연료추진선 현황

최근 국제해운 분야에서 환경부하저감 등을 목적으로 LNG연료추진선에 대한 관심이 높아지고 있다. 지금까지 액화가스운송선에서는 이중연료(duel fuel)사용하는 보일러 또는 디젤 기관을 장착하여 화물탱크로부터 나오는 증발가스(BOG)를 연료로 사용하고 있으며, LNG연료추진선의 건조는 액화천연가스운송선 이외에도 가스를 연료로 적극적으로 이용할 것으로 기대된다.

LNG를 연료로 사용하는 선박은 내항 페리를 중심으로 노르웨이에서 상당수의 운항실적이 있으며, 외항 대형선의 실적은 아직 없다. LNG운송선은 1964년 첫 운항을 시작한 이래 BOG를 추진시스템의 연료로 사용하여 왔다. 수많은 LNG운송선이 큰 문제없이 주 추진기관인 스팀터빈에 LNG연료를 사용해 왔다.

이러한 LNG운송선을 제외하고는 표 5-2에서 보는 바와 같이 2000년 초반까지는 아주 소량의 선박이 LNG를 연료로 사용해 왔으며, 소수의 LNG연료추진 카페리에 대한 기초연구 및 엔지니어링이 시행되었다. 그 중에서 CNG(Compressed Natural Gas)를 사용하는 중대형 카페리 연구 및 LNG연료를 사용하는 여객선(독일), 카타마란형 고속페리(영국)의 연구가 시작되었다.

캐나다의 운송성에서 M/V Klatawa와 자매선인 M/V Kulleet을 운송하고 있었고, 두 페리는 146명의 승객과 26대의 승용차를 운송할 수 있으며, Vancouver 근처 Fraser River에서 운항되었다.

M/V Klatawa는 1982년에 건조되어 1985년에 CNG 연료추진선으로 개조되었다. 두 대의 'Caterpillar 3406-B'엔진을 갑판 상에 설치하였으며, 이중연료사용이 가능하도록 개조되었다. 8기의 알루미늄 재질의 CNG 원통형 탱크가 갑판상에 독립된 두 구획에 설치되었고, 가스의 저장탱크와 관련 배관 및 엔진은 선박의 안전을 고려하여 주 갑판상에 설

표 5-2 2000년 이전 천연가스연료추진 선박

Type of vessel	Location	Year	Engine	Storage
"Accolade II" Bulk carrier	Adelaide, Australia	1982	Dual Fuel 2 engines	CNG
"Klatawa" Car/passenger ferry, 26 cars, 146 passengers	Vancouver, Canada	1985	Dual Fuel 2 engines	CNG
"Kulleet" Car/passenger ferry 26 cars, 146 passengers	Vancouver, Canada	1988	Dual Fuel 2 engines	CNG
Canal boat	Amsterdam, Netherlands	1992	Dual Fuel 1 engine	CNG
Canal boat	Amsterdam, Netherlands	1994	Dual Fuel 1 engine	CNG
Tourist boat	St. Petersburg, Russia	1994	Dual Fuel 2 engine	CNG
	Moscow	1999	Dual Fuel 2 engines	CNG
"Elisabeth River I", Passenger ferry, 149 passengers	Norfolk, Virginia, USA	1995	Gas engine 2 engines	CNG
"Glutra" Car/passenger 100 cars, 300 passengers	Molde, Norway	2000	Gas engine 4 gen. sets	LNG

치하였다. 이 선박은 하루에 2차례 육상공급설비(250 bar로 저장)로부터 약 160 bar의 압력으로 선박의 연료 탱크에 주입하였다(소요시간 3~4분). 4년의 운항 후, 연간 운항비 절감액을 평가 결과 8년 만에 투자비용을 회수 가능한 것으로 나타났다. 더구나, 엔진의 수명(Life time) 증가로 엔진 유지보수비용도 감소한 것으로 나타났다.

M/V Kulleet는 1988년에 CNG 연료추진선으로 개조되었는데, M/V Klatawa로부터 얻은 경험으로 강재 CNG 저장 용기를 적용하여 투자비를 줄였고, 투자비 회수기간도 5년으로 단축되었다.

1964년 이래, 많은 LNG운송선이 LNG증발가스를 연료로 사용하여 운항되고 있으나 아직 LNG연료로 인한 사고가 발생한 기록은 없다. 이것은 천연가스가 안전한 연료라는 것을 말해준다. LNG운송선의 안전에 관한 문제는 국제표준인 'IGC Code (International Code for the Construction of Equipment of Ships Carrying Liquefied Gases in Bulk)'의 규정에 따르고 있다. 앞으로는 LNG연료추진선은 IGF Code에 따라 건조될 것이다.

이 당시 선급들은 이 IGC Code 기준으로 LNG연료 사용에 대한 요건을 개발했다. 특히 DNV는 'Gas Fuelled Engine Installation'란 기준을 만들었다. 노르웨이는 1989년에 처음으로 천연가스연료에 대한 연구를 수행 되었으나, 이때는 고비용 때문에 모두 부정적인 결과를 발표했다. 그러나 1997년에 와서 노르웨이의 서해안을 중심으로 LNG연료가 경제적인 비용으로 이용 할 수 있다고 생각했다. 이 시기 노르웨이 정부는 LNG연료추진 페리 건조를 위한 기금을 조성했다.

노르웨이의 항만국(Norwegian Maritime Directorate, NMD)는 선박과 승객의 안전을 규제 관리하는 조직이다. NMD는 여객선에 LNG연료를 사용하는 것과 관련하여 "만약 사고가 나서 수용할 수 없는 결과를 낳으면 LNG를 연료로 쓰지 못하게 할 생각"견해를 가지고 있었다. 그러나 NMD는 '사고로 인해 초래되는 결과가 수용할 수 있는 수준 이하로 낮출 수 있다고 판단'했고, LNG추진여객선의 안전에 관한 법령 개발을 시작했다.

이와 동시에 최초의 LNG추진페리선(M/V Glutra)을 설계하고 건조하게 되었다. 페리를 운항해보고 경험에 따라 관련 법령을 수정하였으며, 이 법령은 3년 후인 2000년 8월에 완성되었다.

이 법령의 주요 요건은 :

- 연료저장탱크, 발전설비, 트랜스미션 프로펠러에 대한 Redundancy
- 적어도 2개의 엔진룸으로 분리, 연료공급시스템의 분리
- 선내 모든 가스 배관의 이중관 사용
- 화재 또는 폭발이 일어나더라도 선박이나 승객의 생명을 위협하지 않을 것이며 또한 선박이 조종되고 항구로 돌아 갈수 있어야 함.
- 가스가 존재하는 모든 곳에 가스누설 탐지 가능, 경보장치는 LEL(Lower Explosion Limit)의 20%에서 작동, Automatic shut down은 60% LEL에서 작동

(1) "Glutra"호

LNG연료를 선박의 추진에 이용한 선박은 2000년에 노르웨이에서 건조된 카페리 'Glutra'호(길이 94.8 m)가 최초다. 'Glutra'호는 노르웨이의 서부연안지역을 운항하는 노르웨이 표준형 페리로 'Double Ended Type(선박의 선수·미에 각각 추진기를 가진 선박)'이다. 승객 100명 외에 트레일러 8대, 승용차 42대를 운송할 수 있다. 이 선박의 제원과 일반 배치도는 표 5-3과 그림 5-3에 나타내었다.

표 5-3 'Glutra' 호의 주요 제원

Main dimensions	
Length Bredth Depth Dead weight Service speed	94.80 m 15.70 m 5.15 m 640 ton 12 knots
Capacities	
Private cars Passengers	100 300
Engines	
4 Mitsubishi GS12R-PTK, 12 cylinder V Lean Burn Pre-chamber spark ignited gas engine	675 kW per unit
LNG fuel system	
2 AGA CRYO vacuum insulated cryogenic tanks	32 m^2 per unit
Propellers	
2 Schottle Twin propeller STP 1010 Propeller diameter	1000 kW 2.15 m
Electric transmission	
24- Pulse Siemens system	
Electric installation/alarms	
ABB	

[source : Wärtsilä]

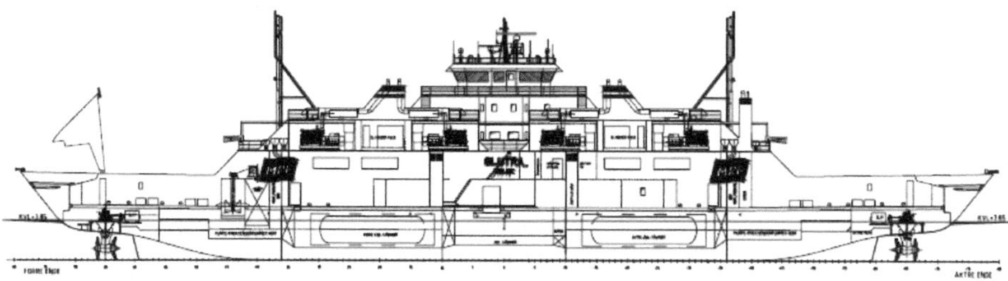

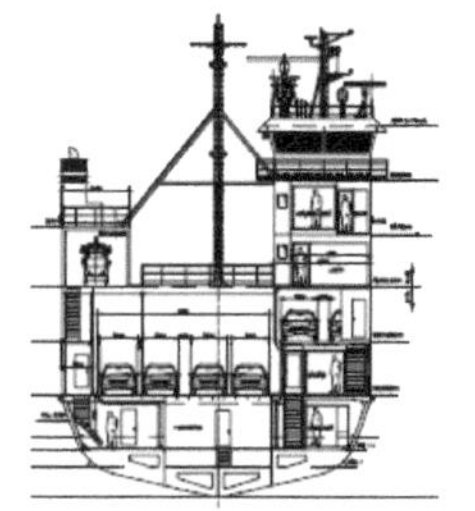

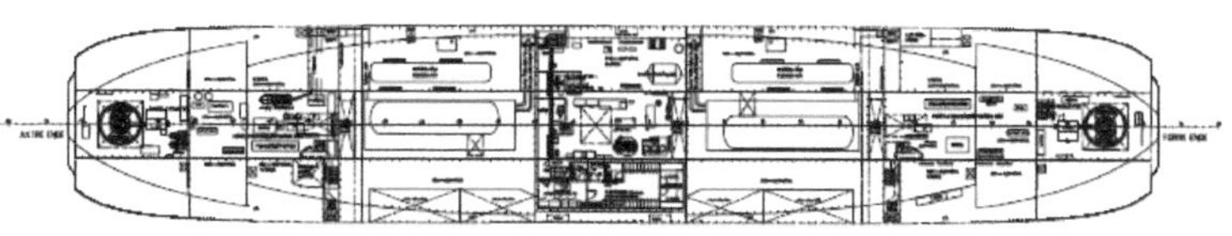

그림 5-3 'Glutra' 호의 일반배치도

[source : Wärtsilä]

그림 5-4 Glutra' 호

이 선박은 노르웨이의 Aker Yards group사인 Langsten Yard에서 건조 되었다. 건조는 1년정도 소요되었고, 선가는 디젤추진페리와 비교해 약 30%정도 더 들었다. 노르웨이의 서부 해역 'Solsnes -Afarnes' 간을 운항하며 왕복 약 35분 소요된다.

그림 5-4는 Glutra의 모습이다. LNG연료공급시스템은 선박의 주갑판 하부에 밀폐된 곳에 배치되었고, 두 구획으로 분리되어 각 구획에 하나의 LNG탱크와 증발기가 설치되었다. 증발된 가스는 이중관을 통해 4 barg의 압력으로 엔진으로 공급된다.

각각의 LNG탱크로리 크기는 당시 LNG탱크로리트럭이 한 번에 주입할 수 있는 32 m^3 이며, 그림 5-5와 같이 벙커링은 4~5일마다 승객이 없는 야간에 약 한 시간 정도 소요된다. 이 때 그림 5-6과 같이 탱크로리트럭은 선측에 있는 해치를 통해 벙커링 스테이션에 연결된다.

근거리용 페리는 전기추진방식을 많이 채용하는데, Glutra호도 마찬가지다. 그 당시 발전기엔진 선정 시에 대당 500~800 kW정도가 이용 가능했고 발전기를 선박의 적정한 위치에 배치할 수 있는 장점이 있어 전기추진시스템이 선정되었다.

각각 675 kW 용량의 발전기 4대가 주갑판 상부의 독립된 공간에 설치되었는데, 이것은 폭발의 결과에 대한 엄격한 요건을 만족하기 위한 적절한 방법이었다. 폭발에 대한 해석 결과, 엔진룸의 두 창틀이 있는 문(Sashed door)이 폭발 후 열려 다른 엔진룸에 영향을 주지 않고 폭발압력을 방출하는 것으로 나타났다.

그림 5-5 ‘Glutra’호의 야간 탱크로리에 의한 LNG주입

그림 5-6 ‘Glutra’호의 LNG벙커링 스테이션 (선측)

(2) 'BIT VIKING'호

이 프로젝트는 25,000 DWT 정유제품운송선을 LNG연료추진선으로 개조하는 공사로, 선주인 Tarbit Shipping, GL선급 그리고 엔진제조업체인 Wärtsilä 사가 2010년 4월에 개조공사에 대한 협의를 시작했다.

LNG선박 경험이 많은 GL선급이 이 개조 프로젝트의 선급으로 선정되었다. 여러 가지 새로운 장비들은 2011년에 제작을 시작해서 Sweden의 Landskrona조선소로 공급되었다. Bit Viking호는 8월에 조선소에 도착하여 개조공사를 시작하였다.

LNG연료사용을 위한 새로운 장비들이 선박에 탑재되었다. 선급은 개조과정에서 배관 밸브, 안전장치 그리고 LNG탱크 등 각종 장비들의 제작 및 설치에 대한 모니터링, 안전성, 사용재료의 적정성, 최적의 용접 기술 적용과 같은 역할을 했다. 이 선박은 노르웨이 Stavanger소재 Risavika조선소로 이동하여 LNG관련 배관 설치 및 장비들의 검교정을 완료했다.

그림 5-7과 같이 처음으로 LNG를 담기 위해 선수부 갑판에 있는 -192℃의 액화질소(LN_2)를 사용하여 LNG연료탱크를 냉각(cool-down)하였다. 그 후 엔진테스트를 위해 -162℃의 LNG를 성공적으로 적재하였고, 2011년 10월말에 마침내 공식적인 시운전을 성공적으로 완료했다. 개조공사 협의를 시작한 지 약 18개월이 걸린 셈이다.

이 선박은 연료를 LNG로 변경함으로써 GHG 배출을 약 20~25% 줄였고 NOx는 약90%, SOx는 100%, 분진배출은 약 99%까지 저감시켰다. 현재 노르웨이 Stavanger소재 Risavika 해안의 육상LNG공급설비로부터 정기적으로 LNG연료를 주입하여 Oslo와 Kirkenes사이의 노르웨이 해안을 운항하고 있다.

이 선박의 개조는 많은 분야에서 새로운 지평을 열었다고 할 수 있다. 6실린더 Wärtsilä 46 박용엔진을 Wärtsilä 50 DF(이중연료)로 바꾼 첫 사례이고, Wärtsilä 50 DF엔진을 설치하여 주 추진기관 직결구동방식 추진시스템을 적용한 첫 사례이기도 하다. LNG저장탱크와 LNG연료공급시스템(FGSS: Fuel Gas Supply System)은 그림 5-8의 개념도와 같이 Wärtsilä 사가 개발한 'LNG-Pac'시스템을 탑재했다.

그림 5-7 'Bit Viking'호의 액화질소로 Precooling하는 장면

[source: Wärtsilä AS]

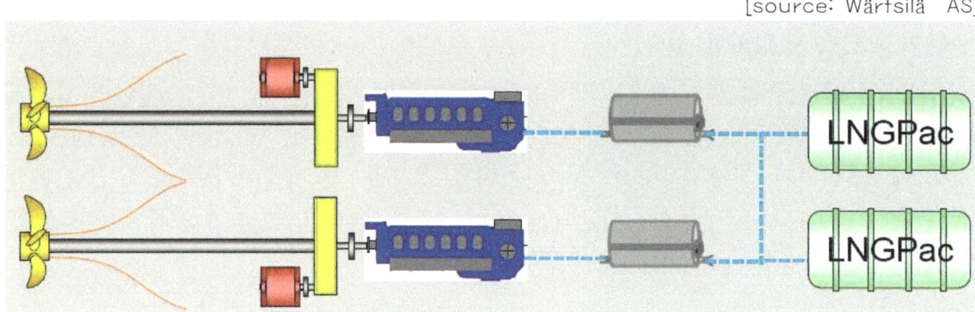

그림 5-8 'Bit Viking'호의 LNG추진시스템 개념도

[source: Tarbit Shipping AS]

그림 5-9 LNG연료추진선 'Bit Viking'호

연료용 LNG는 각각 500 m³용량을 가진 2개의 탱크(double wall, IMO Type C)에 저장되며, 12일 동안 사용할 수 있다. 탱크는 상부갑판의 화물구역에 탑재되었다. 유류연료(fuel oil)는 Back-up용 또는 비상 시 'Take-me-home'용으로 사용된다.

참고로, 그림 5-9 Bit viking호의 개조 내용은 다음과 같다.

- 선박의 디자인 Up-grade(Wärtsilä Ship Design, Norway)
- 2개의 원통형 LNG저장탱크 (double wall, IMO Type C)
- 가스공급 배관
- 밀폐형 가스밸브유닛(GVU: Gas Valve Unit)
- 주기관을 이중연료엔진으로 교체
- N_2 공급시스템 추가
- 엔진 배출가스시스템 개조
- 출력측정을 위한 Torque Meter

- 선박의 Automation up-grade
- 추진기관용 소프트웨어 up-grade
- 선박 전압시스템 up-grade
- 가스와 화재 감지시스템 추가
- 소화설비 up-grade
- 선원대상 LNG관련사항 교육

5.3 LNG연료추진선의 개념 설계(Concept Design of LNG Fueled Vessel)

LNG연료추진선을 구성하는 주된 요소로서 LNG연료 탱크, 가스연료기관, 가스연료공급시스템 그리고 벙커링시스템 등이 있다. 세계적으로 천연가스연료에 대한 기대가 높은 만큼 각 요소기술에 대한 개발이 진행되고 있으며, 설계자는 다양한 선택을 할 수 있게 되었다. LNG연료추진선의 개념설계는 이러한 요소 들을 최적으로 선택하여 합리적인 시스템을 구성하는 것이 그 목적이다.

LNG운송선과 LNG연료추진선은 LNG를 연료로 사용한다는 점에서는 동일하나 본질적으로 다른 점은 그 선박의 주체가 무엇인가 하는 점이다. LNG운송선은 그 이름과 같이 화물로서의 LNG가 주체이다. 선내의 LNG적재 공간을 최대한 확보하는 것으로 하역장치와 LNG연료시스템을 겸한 복잡한 시스템으로 구성되어 있다. 이와 같은 관점에서 LNG연료추진선의 개념설계에 있어서 요점사항은 다음과 같다

5.3.1 LNG연료추진선박 개요

2000년대 중반 유럽의 해운업은 환경적인 과제에 대응하는 해결책의 하나로 LNG를 선택했다. 선박연료 LNG화의 선구자인 노르웨이 연안 항로 실적을 발판으로 유럽해운업이 적합하다는 것이 확인되었고, 또한 선박의 LNG화를 가능하게 하기 위한 필요한 연료공급 체제에 대하여 검토해왔다.

당시 노르웨이에서는 선박연료의 LNG화에 특히 어울리는 선종으로 Ro-Ro선, Ropax선, 차량운반선을 선정하였는데, 이러한 이유는 이 선박들은 장기적이고 정기적인 운항을 하고 있어 연료수급 항이 한 개 또는 두 개의 항으로 한정할 수 있으므로 계속적인 LNG 연료 이용이 가능하였다.

Ro-Ro선이나 Ropax선은 북해나 발트해 지역이 큰 해운분야인 점을 들어 해당 선박 370척을 선정하여 분석하였으며, 그 결과를 바탕으로 LNG연료추진선박의 건조를 시작했다. 당시 LNG연료추진선박 추진시스템의 설치에 대한 안전 규칙이 노르웨이에서 제정되었고 노르웨이 LNG연료추진선박의 운항 기록은 매우 양호한 것으로 나타났다.

선박 연료탱크에 LNG를 적재하는 것은 기름을 적재하는 것과는 연료의 특성상 그 절차가 다르다. 첫 번째는 LNG가 온도와 압력에 영향을 받는 증발성 액체라는 점이고, 두 번째는 LNG가 -162℃의 극저온의 액체라는 것이다. 따라서 이런 특성은 인체에 위험하며, 일반 강재구조나 파이프 등에 접촉하면 저온취성 파괴되는 위험이 있다.

마지막으로 일반 기름은 발화온도가 60℃보다 높고 쉽게 대기 중으로 날아가기 때문에 위험구역을 형성하지 않는다는 점이다.

그러나 LNG는 증발가스가 밀폐된 공간에 폭발성의 구름을 형성하여 위험하게 된다. 이것이 LNG연료를 적재할 때 증발가스에 대한 특별한 처리가 필요한 이유이다.

그래서 LNG저장 탱크로부터 증발가스를 외부로 배출시키지 않거나, 증발가스를 LNG벙커링 선박이나 터미널에 돌려보내는 방식으로 LNG를 주입하는 방법이 개발되어 왔다. 벙커링에 사용된 배관들은 벙커링이 완료된 시점에서 배관 내 LNG는 탱크 속으로 유입되고 가스는 질소가스를 사용하여 제거(inerting)되어야 한다.

배관 내에 남아 있는 LNG는 증발하고 팽창되어 배관과 연결되어 있는 공간을 채우게 된다. 그 공간이 작다면, 압력이 증가하여 위험하게 될 것이고 그것으로 인해 배관이 폭발하거나 밸브에 손상을 일으킬 수 있다.

압력 증가로 인해 위험이 예상되는 곳, 즉 LNG탱크나 배관계통에는 과도한 압력을 완화시킬 수 있도록 안전밸브를 통해 가스를 외부로 배출시켜야 한다. 안전밸브는 배출된 가스가 위험 구역을 형성하지 않도록 적절한 장소에 설치하여야 한다. 일반적으로 안전밸브는 선박의 위험구역으로부터 떨어져서 환기구(vent mast)를 통해 배출 되도록 설치해야 한다.

스테인리스강으로 만든 드립트레이(Drip tray), 브레이크어웨이 커플링(Break-away coupling), 호스의 연결을 해제하기 전에 밸브를 자동으로 차단하는 커플링 등을 설치해서 위험에 대처하고 있다.

LNG연료추진선과 LNG연료공급선박 또는 육상LNG공급 설비와의 통신은 언제나 중요하다. 특히 벙커링이 진행되는 동안에는 더욱 중요하게 된다. 벙커링 중에는 육상설비 또는 LNG공급선박의 담당자들의 부적절한 절차나 실수로 인해 항상 위험에 처할 상황이 잠재되어 있기 때문이다. 벙커링을 진행 중에 벙커링 장소 주변의 보안이나 안전도 위험을 줄이는 데 필요하다.

5.3.2 설계개념(Design concept)의 결정

LNG연료추진선의 시스템 구성요소는 다양한 선택의 여지가 있고, 각각 장단점이 있다. 가장 적절한 선택을 위해서는 그 선박을 어떻게 사용할 것인가를 명확히 할 필요가 있다. 예를들어 항해하는 전 해역에서 천연가스를 주 연료로 사용하여 운항할 선박인가, 아니면 일부 해역만 천연가스를 연료로 사용할 것인가에 따라 선박의 디자인은 크게 달라질 수 있다.

천연가스로 운항할 항해거리가 길면 길수록 LNG연료탱크는 크게 되고, 화물적재공간이 줄어드는 것은 쉽게 알 수 있다. 또한 이중연료를 사용하는 선박에서 연료유를 연료로 사용하는 해역에서 사용하지 않는 LNG연료는 운항 중에 LNG탱크 내에서 계속적으로 증발하는 천연가스를 어떻게 처리할 것인가도 매우 중요하다. 때로는 증발량을 즉시 처리하기 위한 추가 장치가 필요한 경우도 있다.

다시 말하자면, LNG연료추진선의 개념을 결정하는 데는 그 사용자인 선주가 "왜 LNG연료를 사용하려고 하는 지"를 명확히 해야 한다. CO_2 배출을 줄임으로써 지구환경 보존과 배출가스 규제해역에 적합하도록 하는 것, 그리고 연료가격의 변동에 적절히 대응하여 경제적인 연료를 사용할 목적 등, 어떻게 LNG연료추진선을 운항하는가 하는 계획이 수립되어야 한다. 또한 LNG연료 수급 빈도가 낮으면 자연히 LNG연료탱크는 크게 되고, 여기에 공급시설에 맞는 벙커링시스템이 갖추어져 있어야 하므로 "LNG연료를 어디서 보급할 것인가"도 선주의 의향을 파악해야 할 필요가 있다.

현재 LNG연료추진선이 세계적으로 보편화되어 있다고 말하기는 어려운 상황으로 표준적인 LNG연료시스템은 존재하지 않기 때문에 선주와 사양 결정을 위한 협의는 백지상태에서 이루어진다. LNG연료추진선의 개념설계는 선주와 협력적인 관계를 구축하여 명확한 공통인식을 가지고 반복적인 협의를 하는 것이 필수적이다.

5.3.3 LNG연료탱크의 선정

개념설계 첫 단계로 LNG연료탱크의 크기를 계산할 필요가 있다. LNG연료탱크의 크기는 화물적재 공간에 가장 직접적으로 영향을 미치기 때문이다. LNG연료탱크의 크기는 LNG연료 수급 빈도를 고려하여 항속거리와 엔진의 연비에 의해 결정된다.

여기서 문제가 되는 것은 어떤 방식의 LNG연료탱크를 적용할 것인가 일 것이다. 액화가스탱크는 주로 독립형과 멤브레인 방식의 두 종류로 분류할 수 있고, 독립형은 A, B, C형으로 분류 된다. 이러한 방식 중에서 LNG탱크로 주로 이용되는 것은 독립형 B, C형 및 멤브레인방식이다. 최근에는 독립형 A형도 LNG탱크로 개발되고 있다. 각자의 방식은 장단점이 있으며, 가장 알기 쉬운 특징은 화물용량의 제한이다. 일반적으로 대형이라면 독립형 A·B형 또는 멤브레인방식, 소형이라면 독립형 C형을 이용하게 된다.

독립형 C형은 그 특성상 용적효율이 단점으로 부각되어 왔으므로 대형탱크로 채용된 사례가 적은 편이다. 기술적으로는 탱크 1개당 10,000 ㎥정도까지는 제작 가능하나 실제적으로는 3,000 ㎥를 경계로 독립형 B형이나 멤브레인을 선택하는 경향이 있다.

이 용량 제한은 LNG연료탱크를 복수로 배치하여 회피하는 것도 가능하다. 복수의 탱크로 하면 한 개의 탱크에 문제가 생기면 나머지 하나로 운항 가능하기 때문에 보완(redundancy) 관점에서도 이점이 있다. 독립형 C형은 원통형의 탱크로 하는 것이 일반적이며, 독립형 A·B형이나 멤브레인 방식은 방형형상(prismatic shape)으로 하는 것이 가능하다. 이 때문에 선내 구획에 탱크를 배치하는 것은 사각지(dead space)를 작게 발생하는 독립형 A·B형이나 맴브레인 방식이 유리하다.

설계압력 면에서는 IGF Code에 규정이 있으며, 독립형 B형과 멤브레인 방식에 70 kPa (0.7 barg)을 초과하는 설계압력을 설정하는 것은 원칙적으로 금지되어 있다. 독립형 C형은 제한은 없으나 1,000 kPa(10 barg)까지 설정할 수 있는 것이 특징이다.

이 탱크설계압력의 상한은 증발가스(BOG) 처리와 밀접한 관계가 있다. LNG는 -162℃ 정도로 냉각하여 액화하고 있으며, 탱크 외부로부터 열의 침입에 의해 LNG연료탱크 내부에는 항상 천연가스가 증발을 계속하고 있다. 이렇게 증발한 천연가스가 LNG연료탱크 내에 밀폐되면 탱크 내압이 상승한다. 독립형 탱크 C형을 채용하여 설계압력을 높게 하면 일정 기간 증발가스를 탱크 내에 보존하는 것이 가능하다. 반면에 독립형 A·B형이나 맴브레인 방식은 증발가스를 장기간 보존할 수 없으므로 증발가스를 연료로 소비하는 등의 방법으로 증발가스를 계속적으로 처리해야 할 필요가 있다.

한편으로, 탱크의 선정은 LNG연료의 이송 방식과 관련 된다. 이송방식의 하나로서 잠수식 펌프(submerged pump)라고 불리는 액중에서 이용 가능한 펌프를 LNG연료 탱크 내에 배치하여 이 펌프로 LNG를 이송하는 것이 있다.

이 방식은 탱크의 방식에 관계없이 적용 가능하며, 펌프를 LNG액 내에 배치하기 때문에 펌프 고장 시 보수하기가 어렵다는 단점이 있다.

이런 문제점을 피하기 위한 방법으로 LNG연료탱크 내에 압력을 가하여 이 압력으로 LNG연료를 이송하는 방법도 있다. 이 방법은 LNG연료탱크 내에 펌프를 설치할 필요는 없으나, 탱크 내 압력이 적어도 500 kPa(5barg) 정도까지 높여야 할 필요가 있기 때문에 이 방법은 독립형 C형을 채용하는 것이 필수적이다.

이와 같이 LNG연료탱크를 선정하기 위해서는 LNG라고 하는 액체저장설비 관점뿐만 아니라 LNG연료 시스템의 일부로서 다양한 관점에서 최적화 된 것을 선택하는 것이 중요하다.

5.3.4 LNG연료탱크의 배치

탱크 용량과 방식이 결정되면 다음은 LNG연료탱크를 어느 곳에 배치하는가를 결정한다. LNG연료탱크의 용적에 따라 화물적재 공간을 가능한 한 줄어들게 하지 않도록 배려할 필요가 있다. LNG의 체적당 발열량은 중유에 비하여 대략 절반 정도 된다. 중유연료와 같은 항속거리를 확보하기 위해서는 대략 2배 정도의 체적을 가진 LNG연료탱크를 설치할 필요가 있다.

또한 연료저장 탱크방식에서는 탱크형상의 자유도가 낮은 원통형이나 구형의 탱크를 사각(rectangular)의 구획에 배치하는 것은 큰 단점으로 된다. 여기에 탱크룸(tank room) 또는 탱크의 단열구조 등과 같은 부속품을 배치하기 위한 공간을 확보해야 한다. 이와 같이 LNG연료탱크는 그 특성상 화물공간을 줄어들게 할 우려가 있다.

가장 이상적인 것은 상갑판 상에 LNG연료탱크를 설치하는 것이다. 예를 들면, 유조선과 같이 탱커선은 비교적 넓은 갑판면적을 가지고 있기 때문에 화물적재공간의 손실 없이 LNG연료탱크를 배치할 수 있으며, 개조공사에 의한 LNG연료 변경 시에도 LNG연료탱크의 설치가 비교적 용이하다. 그렇지만 실제로는 상갑판에 설치는 어려운 경우가 많다. 예를 들면 산적화물선, 컨테이너선 등은 상갑판에 하역용의 화물해치(Cargo hatch)가 점유하고 있어서 LNG연료탱크의 설치는 사실상 불가능하다. 또한 자동차운반선 등은 상갑판의 면적은 있으나 높이가 높아서 무게중심(KG)이 높아지게 되고 LNG연료탱크를 상갑판에 배치하면 복원성이 나빠지기 때문에 설치가 불가능하다.

또한 IGF Code에는 선박이 충돌하여 좌초를 일으키는 경우에 LNG연료탱크가 손상되는 확률을 낮추기 위해 외판으로부터의 이격거리 요건이 규정되어 있다. 이것도 LNG연료탱크 배치의 자유도를 악화시키는 원인이 된다.

위와 같이 LNG연료탱크 배치에는 제약조건이 많다. 그 결과 일단 탱크용량과 방식을 결정되면 자연적으로 배치 장소가 결정되기 때문에 화물적재 공간을 최대한으로 확보하기 위한 고민의 여지는 거의 없다. 그러므로 그 선박의 운용 목적에 맞게 화물 공간 손실이 최소한으로 되도록 LNG연료탱크의 용량과 방식을 선정할 필요가 있다.

5.3.5 BOG의 처리

앞서 서술한 바와 같이, LNG연료추진선은 증발가스 처리방식도 매우 중요한 요소이다. 천연가스는 -162℃정도에서 액화되며, 주성분인 메탄의 비등점은 -161.5℃이다. LNG연료탱크는 단열구조에 의해 외부로부터의 열침투는 억제되나, 그래도 무시할 수 없는 속도로 증발가스가 발생한다.

증발가스를 LNG연료탱크 내부에 보유하고 있으면 탱크의 내압이 상승하고, 결국 탱크의 설계 강도를 초과하게 된다. 따라서 최대설계압력이 낮은 독립형 A·B형과 멤브레인형 탱크는 물론이고 설계압력이 높은 독립형 C형 탱크라도 언젠가는 설계압력에 도달하게 될 것이다.

증발가스처리 방법 첫 번째로 거론되는 것으로 “증발가스를 엔진의 연료로 소비하는 것”이다. 증발가스는 천연가스 그 자체이기 때문에 이것이 가장 합리적이고 경제적인 방법이다. 그렇지만 엔진의 연료소비속도가 증발가스 발생속도에 따라가지 못하면 압력상승은 변화가 없으므로 양자의 밸런스를 이루는 조건으로 가능하다.

밸런스를 이루지 못하는 조건 중의 하나는 엔진에 비하여 LNG연료가 너무 많은 것이다. 증발가스 발생속도를 지배하는 주된 조건 중의 하나는 저장탱크의 표면적이며, 탱크가 크게 되면 자연히 증발가스 발생속도가 빠르게 된다. 따라서 선박의 크기에 비하여 LNG연료탱크가 너무 크면 엔진부하를 높여도 밸런스를 이룰 수 없다.

실제운항을 고려하면 밸런스를 맞추지 못하는 경우도 있다. 예를 들면 감속운항을 하여 엔진의 부하가 낮은 경우나 이중연료선박에서 연료유 모드로 운항할 때는 연료가스 소모가 없는 경우를 고려해야 한다.

또 엔진과 연료공급시스템의 조합에 따라서는 증발가스를 어떤 엔진에도 연료로 이용할 수 있는 것은 아니다. 예를 들면, 주기에 고압 2행정 디젤엔진을 채용한 경우, 주기에는 대략 30 MPa (300 barg)로 압력을 올린 천연 가스를 공급할 필요가 있다. LNG연료추진선에는 그림 5-10과 같이 통상 LNG를 고압 펌프로 승압하여 기화하는 방식이 이용된다. 이 시스템과 별도로 기화한 증발가스를 30 MPa로 승압하기 위해서는 고압용 압축기가 필요하며 대형이고 소비전력이 크기 때문에 LNG연료추진선에 적용하는 것은 현실적으로 적합하지 않다. 그래서 예를 들면 발전기용 저압 엔진만으로 밸런스를 맞추도록 시스템을 구성해야 한다.

상기와 같은 이유로 증발가스 처리능력이 부족한 경우는 별도의 처리 수단을 설치할 필요가 있다. 한 예로 일부 LNG운송선에 설치되어 있는 것과 같은 재액화장치를 설치하는 방법이 고려될 수 있다. 이것은 증발가스를 다시 액화하여 LNG를 저장탱크로 돌려보내는 방법이다.

또 하나는 가스소각장치(Gas Combustion Unit ; GCU)를 고려해 볼 수 있다. GCU는 증발가스를 소각하여 안전한 상태로 대기 중에 방출하는 장치이다. 이러한 기기 자체가 초기비용, 운용비용 측면에서 손실로 되기 때문에 탱크방식의 선정 시 포함하여 종합적으로 평가함으로서 적절한 시스템으로 구성하는 것이 중요하다.

증발가스 처리방법은 연료로 소비하는 것이 가장 경제적이며, 증발가스 처리속도와 연료소비속도가 밸런스를 이루는 시스템으로 하는 것이 가장 이상적인 LNG연료추진선이라 할 수 있으며, 이러한 것이 현실적으로 어려우면 보조 설비를 설치하여 증발가스처리시스템(BOG management system)을 구축한다.

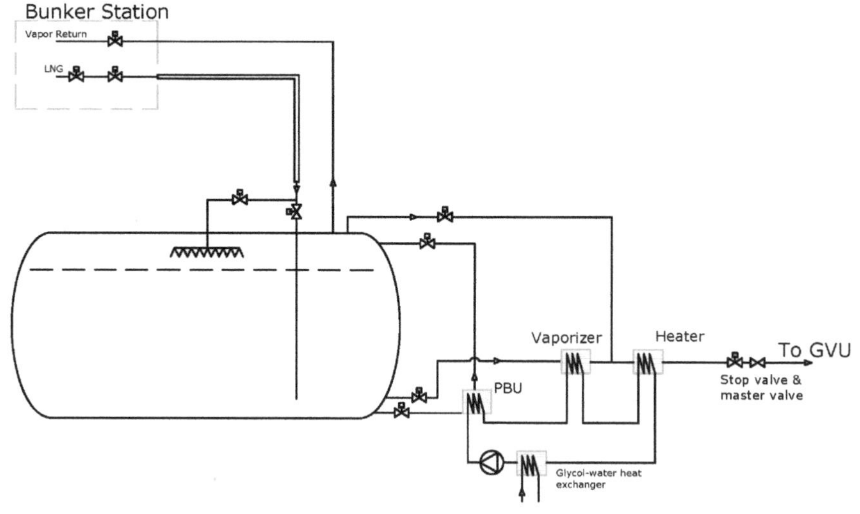

그림 5-10 고압 LNG연료공급시스템

5.4 LNG연료의 선박 내 저장

LNG연료추진선을 실현하는 데 가장 중요한 것은 선박의 내에 천연가스를 저장하는 것이다. 천연가스를 저장하는 방법으로는 압축가스(CNG) 또는 액화가스(LNG) 형태로 저장할 수 있으며, CNG탱크는 용적효율이 낮아 대형상선에는 LNG로 한정되고 있다. LNG로 저장해도 필요한 연료의 용적은 기존에 사용하던 기름의 약 2배가 된다.

현재 LNG연료추진선에 설치되고 있는 것은 'IMO Type C'으로 분류되는 압력용기 방식의 원통형 탱크가 주류를 이루고 있다. 대용량 연료저장이 요구되는 대형 외항선은 어느 정도 화물 공간을 희생하여 탱크설치 공간을 확보하여야 하므로 화물적재량이 줄어 들 수 있다. 거주구가 선박의 중앙에 있는 15,000 TEU이상의 초대형컨테이너선의 경우는 거주구 하부의 공간을 활용할 수 있으나 안전성에 대한 정밀한 검토가 필요할 것으로 판단된다.

5.4.1 LNG연료추진선의 연료저장탱크 적용 사례

(1) Passenger Ferry 'Viking Grace' (그림 5-11과 5-12 참조)

- 인도일자 : 2013년
- 제원 : L × B × T = 214 m × 31.8 m × 6.8 m
- 주기관 : Dual fuel engine, 전기추진방식, 2축선
- 연료탱크 : 2 × 200 m³ Type C LNG연료탱크 선미개방갑판에 설치

(Source: Wärtsilä)

그림 5-11 'Viking Grace'의 LNG연료탱크 배치

(Source: Wärtsilä)

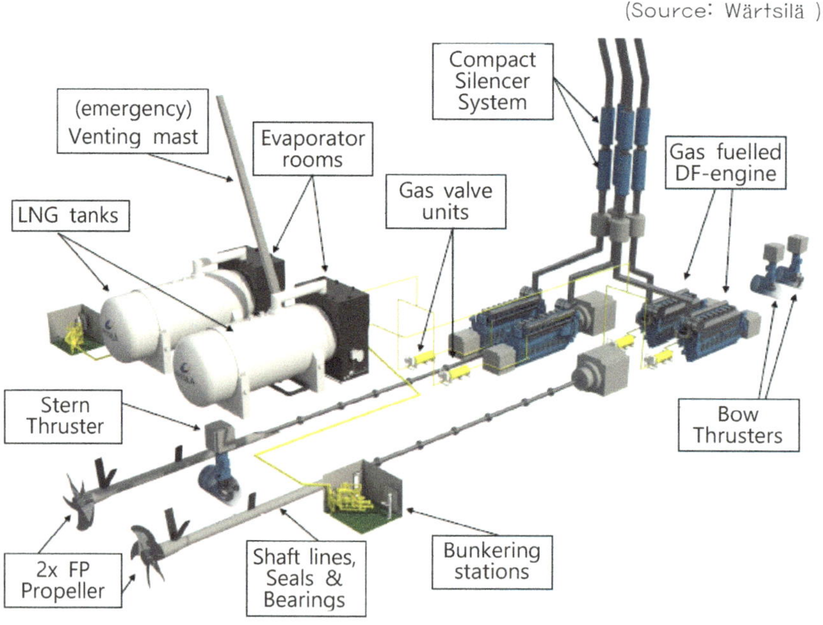

그림 5-12 'Viking Grace'의 LNG연료 시스템

5.4.2 OSV 'Viking Energy'(그림 5-13과 5-14 참조)

- 인도일자 : 2003년
- 제원 : L × B × T = 94.9 m × 20.4 m × 7.9 m
- 주기관 : Dual fuel engine, 전기추진방식, Azimuth propulsion
- 연료탱크 : 1 × 220 ㎥ Type C LNG연료탱크 중앙부 갑판하부에 설치

(Source: Wärtsilä)

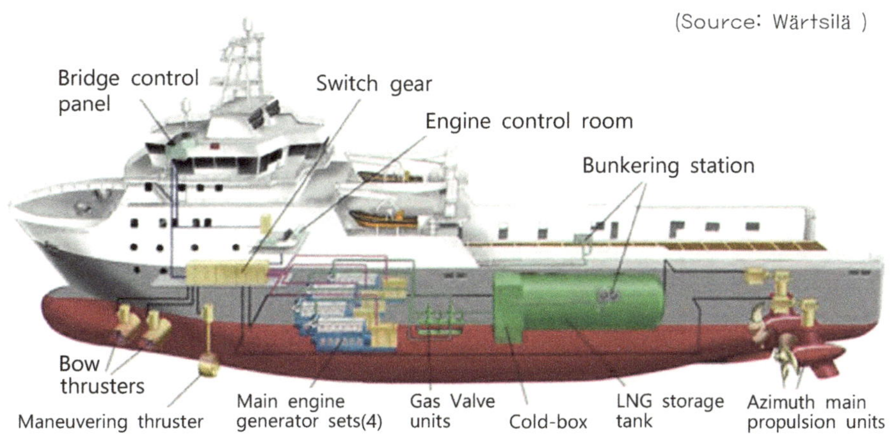

그림 5-13 'Viking Energy'의 LNG연료탱크 배치도

(Source: Wärtsilä)

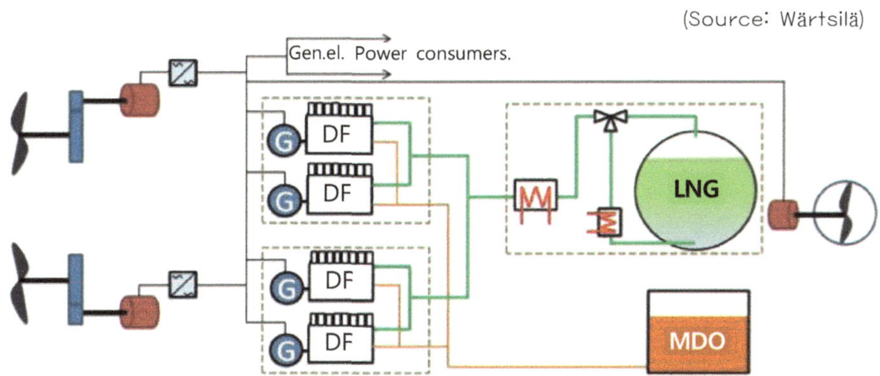

그림 5-14 'Viking Energy'의 LNG연료공급시스템 구성도

5.5 IGF Code의 설계관련 주요 요건

IGF Code Part A 및 Part A-1의 "LNG연료추진선 설계에 요구되는 주요한 요건"을 아래에 소개한다.

5.5.1 기능 요건(Ch.3)

IGC Code 3장은 저인화점 연료를 사용하는 선박이 갖추어야 하는 요건이 규정하고 있으며, 이것에 따라 적절한 연료시스템 (배관, 구조, 제어, 감시, 안전장치 등) 및 설비 (통풍장치, 가스감지, 화재감지, 소화 장치 등) 의 설계, 시공 및 조작, 그 뒷장에는 구체적인 요건이 규정 되어 있다. 주된 기능요건을 아래에 열거 한다.

- 기존선박(연료유선박)과 동등의 안전성 및 신뢰성을 확보할 것.
- 저인화점연료의 사용과 관련된 위험을 최소화 할 것.
- 연료장치의 단순 고장에 대해서도 충분한 안전성을 확보할 것.
- 위험장소를 최소화 할 것.
- 가연성 가스가 쌓이지 않도록 미리 회피할 것.
- 안전상 필요한 경우를 제외하고 가스 방출을 하지 않을 것.

5.5.2 LNG연료탱크 위치(Ch.5)

LNG연료탱크는 충돌이나 좌초 등에 의해 선체의 손상으로부터 보호하기 위하여 선체외판으로부터 그림 5-15에 표시하는 최소거리 이상 떨어져 선박의 내측에 설치하여야 한다. 이러한 규정 중, 특히 하계만재흘수선을 기준으로 최소거리를 B/5 또는 11.5 m 중, 적은거리로 하는 요건은 선박의 설계에 큰 제한이 된다. '대체설계 및 배치방법(Alternative Design and Arrangement)'으로는 연료탱크의 선측 투영면의 범위에 있는 타 선박의 충돌확률 (f_{CN})을 계산으로 구하고, 그 값이 기준치(여객선 0.02, 화물선 0.04) 이하로 하면 하계만재흘수선에서, B/5 또는 11.5 m 보다도 현측에 가까운 배치를 할 수 있고 보다 유연한 선체배치 설계가 가능하다.

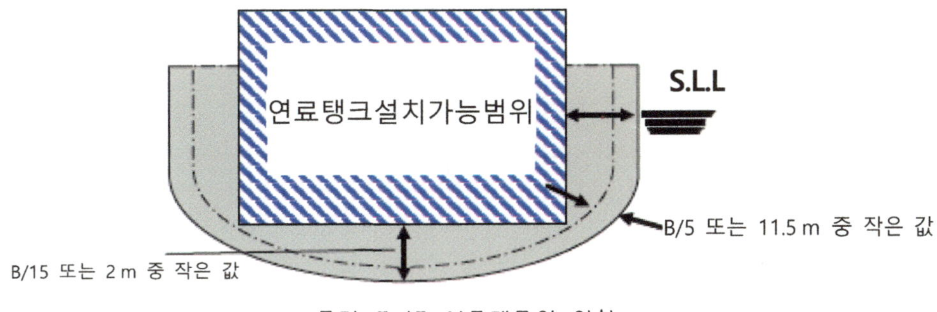

그림 5-15 연료탱크의 위치

(1) 개방갑판상에 설치하는 연료탱크

- 외적요인에 의한 손상으로부터 보호하기 위하여 탱크커버를 설치해야 한다.
- 탱크의 냉각 및 화재방지를 목적으로 워터 스프레이(water spray)를 설치해야 한다.
- 누출한 액체가 잔류 가능하도록 드립 트레이(drip tray)를 설치해야 한다.
- 가스안전구역과의 경계는 A-60급의 방화구조로 한다. (단, 화재의 위험이 없는 구획은 A-0급)

(2) LNG연료탱크의 갑판하부(폐위구역) 설치(Ch.6)

갑판 하부의 폐위구역에 LNG연료탱크를 설치할 때 탱크에 접속되는 LNG연료배관, 밸브, 탱크계장 기기 등도 그 폐위구역 내 배치하는 경우 그러한 접속부로부터 LNG 또는 가스 누출을 가정하여 탱크 접속부는 탱크연결공간(Tank connection space 또는 Tank room)이라 부르는 밀폐구역 내에 배치할 필요가 있다.

연료추진선접속공간의 주요 요건은 아래와 같다.

- 가스기밀(gas tight)로 할 것
- 가스접속부로부터 누출된 LNG를 안전하게 수용할 수 있을 것(저온재료사용).
- 누출 시 압력이 끊어지도록(isolation) 설계할 것(vent 또는 안전밸브 설치)
- 개방 갑판상에서 독립된 교통수단 또는 볼트 체결 해치를 설치할 것
- 시간당 30회의 배기통풍장치를 설치할 것
- Fail safe형 자동 댐퍼를 설치할 것

- 가스감지기를 설치할 것.
- 화재감지기를 설치할 것.
- 탱크연결공간에 설치하는 전기설비는 IEC에 규정되어 있는 위험장소의 분류상, 1종 위험장소의 방폭기준에 적합한 것으로 할 것. 또한 그림 5-16과 같이 tank connection room 내에서 LNG 또는 가스 누출한 경우의 안전장치로 LNG연료탱크의 연료관 접속부에는 탱크밸브라고 칭하는 자동차단밸브를 설치하여 다음의 경우에 자동적으로 차단하고 LNG 또는 가스 누출에 의해 일어나는 피해를 막을 필요가 있다.
  - ✓ 탱크연결공간 내에는 40% LEL을 초과하는 가스를 감지한 때.
  - ✓ 탱크연결공간의 빌지웰의 온도가 낮아질 때
  - ✓ 가스연료탱크로부터 가스연료기관을 수용하는 기관구역까지의 덕트 내 2개의 감지기로서 40% LEL을 초과하는 가스를 감지한 때
  - ✓ 연료조정실 내에서 2개의 감지기에서 40% LEL을 초과하는 가스를 감지한 때

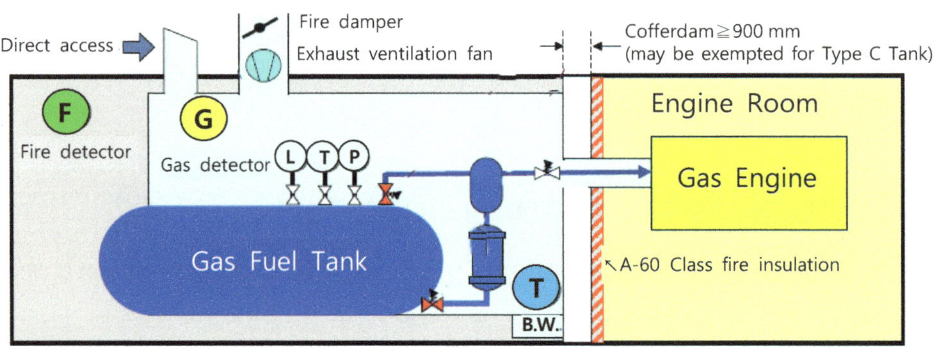

그림 5-16 Tank connection space 요건

5.5.3 LNG연료의 공급(Ch.8)

선상의 연료수급장소에 있는 벙커링 스테이션은 LNG연료를 탱크로 공급할 때 LNG 또는 가스 누출을 가정하여 자연통풍이 충분히 이루어질 장소에 배치할 것과, 폐위 또는 반폐위구역에 배치하는 경우는 가스 누출 시의 위험도 평가를 시행한다.

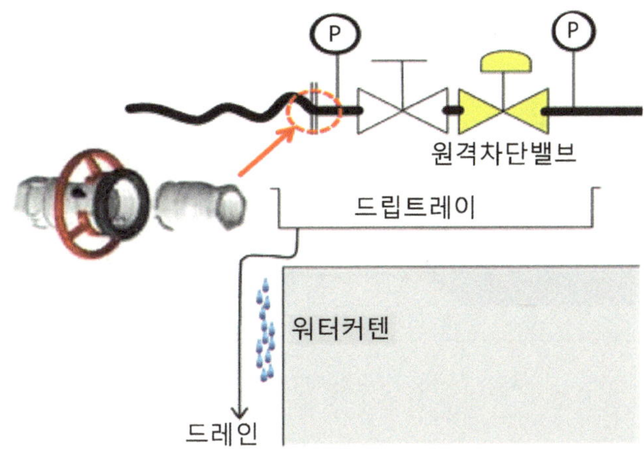

그림 5-17 연료보급장치의 요건

필요에 따라서는 통풍장치와 가스감지기를 설치한다. 또한 그림 5-17과 같이 LNG가 공급배관의 접속부로부터 누출한 경우 선체구조를 저온손상으로부터 보호하기 위하여 대상부는 드립트레이와 워터 커텐(Water curtain) 설치가 요구 된다. 연료보급관 장치는 아래 요건을 만족해야한다.

- 원격폐쇄밸브의 설치 (제어장소로부터 원격폐쇄, 연료탱크 고액위 시 자동폐쇄)
- 호스/암의 접속부는 dry connect type coupling으로 할 것.
- 선륙간의 통신수단을 설치할 것.
- 보급배관의 drain 및 purging설비를 설치할 것.

5.5.4 가스연료관 장치의 설치(Ch.9)

LNG연료탱크로부터 가스연소엔진을 설치하는 구역으로 들어가는 가스연료관장치는 거주구역, 업무구역 그리고 제어장소 등의 가스안전 장소에 직접 설치하는 것은 인정되지 않으며 그림 5-18과 같이 tank connection space, 가스연료조정실, duct 또는 이중관 내에 설치하고, 이러한 위험장소에는 통풍장치, 가스감지장치 그리고 방폭형 전기기기를 설치하여 가스 누설 시 안전을 확보할 필요가 있다.

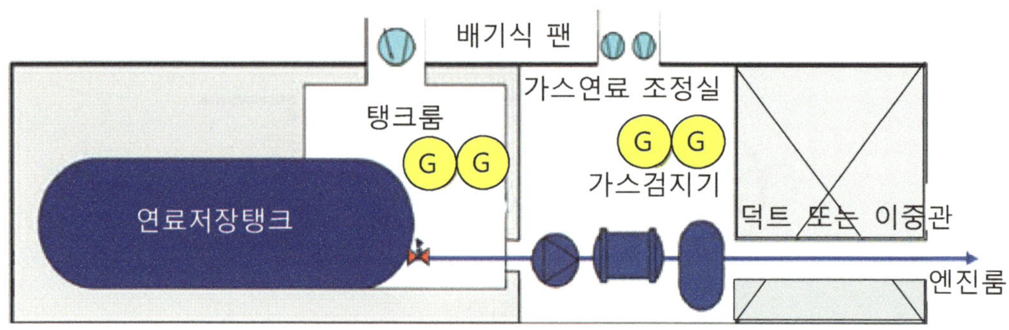

그림 5-18 기관실 외 가스연료관장치

DF엔진을 설치하는 기관실 구역에는 가스연료공급관장치로부터 가스가 누설한 경우에도 안전하다고 볼 수 있는 가스안전구역과 가스연료공급과 점화원을 배제함으로서 화재에 대한 안전성을 확보하는 ESD보호 기관구역으로 나누어 각각의 기관구역에 요구되는 안전요건이 규정되어 있다.

5.5.5 가스안전 기관구역(Ch.9)

기관실 내의 가스연료 배관은 가스기밀(gas-tight) 된 이중관 또는 duct 내에 설치하고, 가스시스템에 단일 고장이 발생하여도 기관실 내에 가스가 누출되지 않도록 하는 개념이다. 이중관 또는 duct space 내는 아래 그림 5-19에 표시한 것과 같이, 가스가 누설한 경우도 안전하게 선외로 방출할 수 있도록 배기식 팬(fan)으로 상시 통풍을 하든가 또는 밀폐된 내부 배관(inner pipe)의 가스연료보다 높은 압력의 inert gas로 채울 필요가 있다.

또 가스누설이나 통풍장치의 정지 등의 이상 상태가 발생한 경우에도 기관구역 내로의 가스연료공급을 정지하기 위하여 가스연료 마스터밸브를 구역마다 설치하는 것과 가스연료를 사용하는 각 기관에 이상이 발생한 경우, 그 기관으로의 가스연료공급을 정지하기 위한 더블블록 블리드밸브(double block bleed valve)를 그림 5-20과 같이 기관마다 설치할 필요가 있다. 가스연료 마스터밸브 및 더블블록 블리드밸브의 자동차단조건을 표 5-4에 나타냈다.

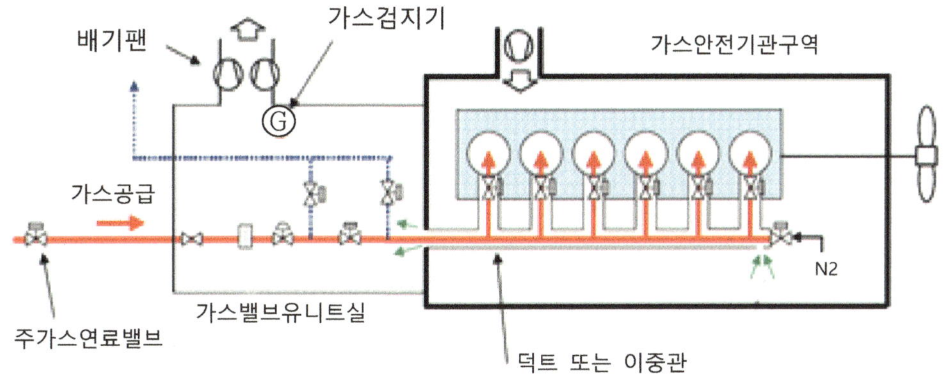

그림 5-19 가스연료구역의 가스연료관 배치

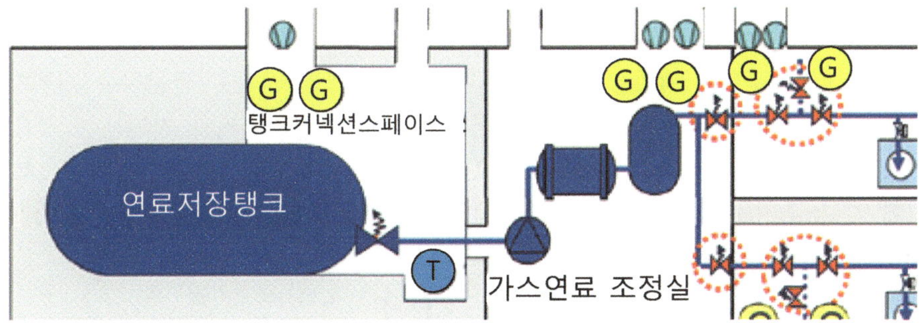

그림 5-20 Master gas fuel valve /Double block and bleed valve의 자동차단조건

표 5-4 Master gas fuel valve /Double block and bleed valve의 자동차단요건

차단밸브	자동차단의 조건
Master gas fuel valve와 Double block and bleed valve	• 기관구역의 가스연료용 덕트, 이중관내 2개의 가스감지기에서 60% LEL을 초과하는 가스감지 • 기관구역의 가스연료관용 덕트, 이중관내의 환기손실 • 연료탱크에서 기관구역에 이르는 덕트 내에서 환기의 상실. • 기관의 비상정지(수동)
Double block and bleed valve	• 기관의 각종제어밸브의 작동매체(제어유, 공기, 전기 등)의 이상, • 기관의 자동정지 (연소불량, 실화, 과속도, 윤활유압력저하, oil mist 검출 등)

5.5.6 ESD보호기관구역(Ch.9, 15)

기관실 내의 가스연료관은 이중관구조로 할 필요는 없고 단관(single wall pipe)으로 배치하며 기관실 내에 가스가 누설한 경우, 연료의 공급 및 발화원으로 되는 전기기기(비방폭형)를 차단하는 것으로 기관실 내의 화재나 폭발에 대한 안전을 확보하는 개념이다.

이 개념은 가스 누설 등의 문제가 발생한 기관구역은 전기기기가 차단되는 것으로 하며 이와 같은 경우에도 선박의 추진력 및 중요한 전력이 확보되도록 일반적으로는 복수의 기관구역에 각각 추진 및 발전용의 기관을 설치할 필요가 있다. (그림 5-21과 5-22 참조)

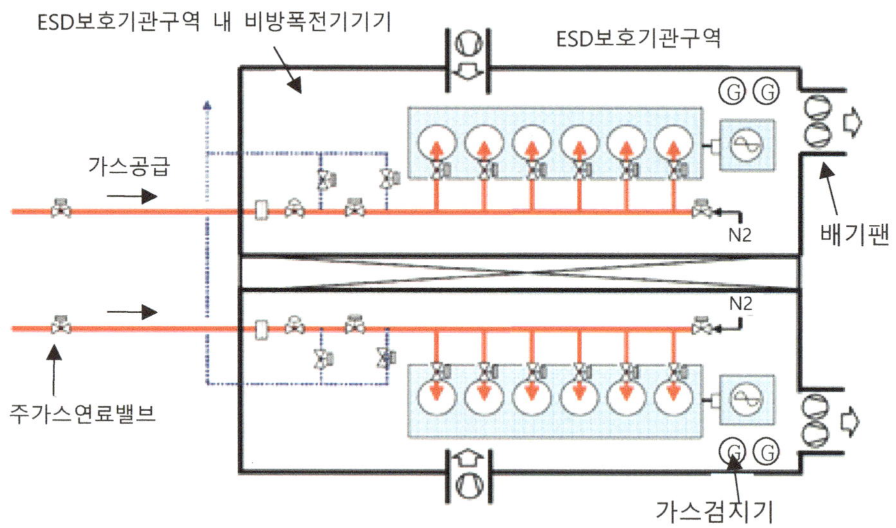

그림 5-21 ESD보호 기관구역(I)

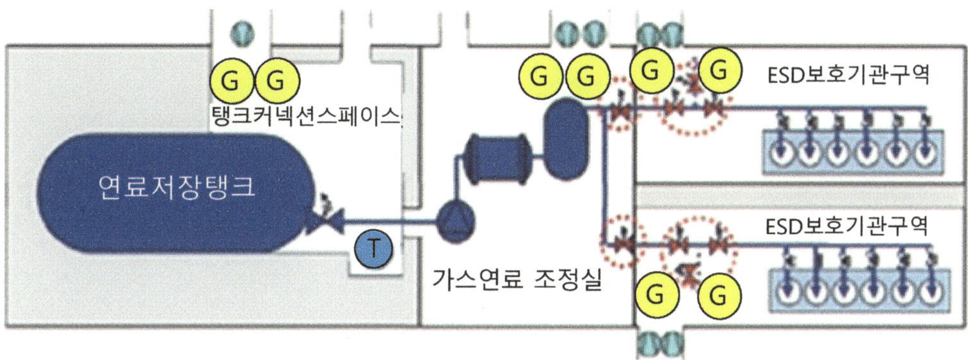

그림 5-22 ESD보호 기관구역(2)

표 5-5 Master gas fuel valve /Double block and bleed valve의 자동차단요건

차단밸브	자동차단의 조건
Master gas fuel valve와 Double block and bleed valve	• 기관구역 내의 2개의 가스감지기에서 40% LEL을 초과하는 가스감지 • 기관구역 내의 환기의 상실 • 연료탱크에서 기관구역에 이르는 덕트 내에서 환기의 상실. • 기관의 비상정지(수동)
Double block and bleed valve	• 기관의 각종제어밸브의 작동매체(제어유, 공기, 전기 등)의 이상, • 기관의 자동정지 (연소불량, 실화, 과속도, 윤활유압력저하, 오일미스트 검출 등)

제6장
LNG추진선의 연료저장설비
(Fuel Storage System)

6.1 LNG연료탱크의 type

LNG연료탱크는 1차방벽(Primary barrier), 2차방벽(Secondary barrier), 단열시스템(Thermal insulation)과 그 지지구조(Support structure)로 구성된다.

이들 저장시스템은 독립형과 일체형으로 구분되며, 독립형은 완전 자기지지형(self supported)이며 선박의 선체구조와는 독립되어 있다. 일체형은 LNG연료의 하중이 직접 선박의 선체로 전달되는 구조이다. 그림 6-1은 IMO의 화물저장설비의 분류를 나타낸 것이다.

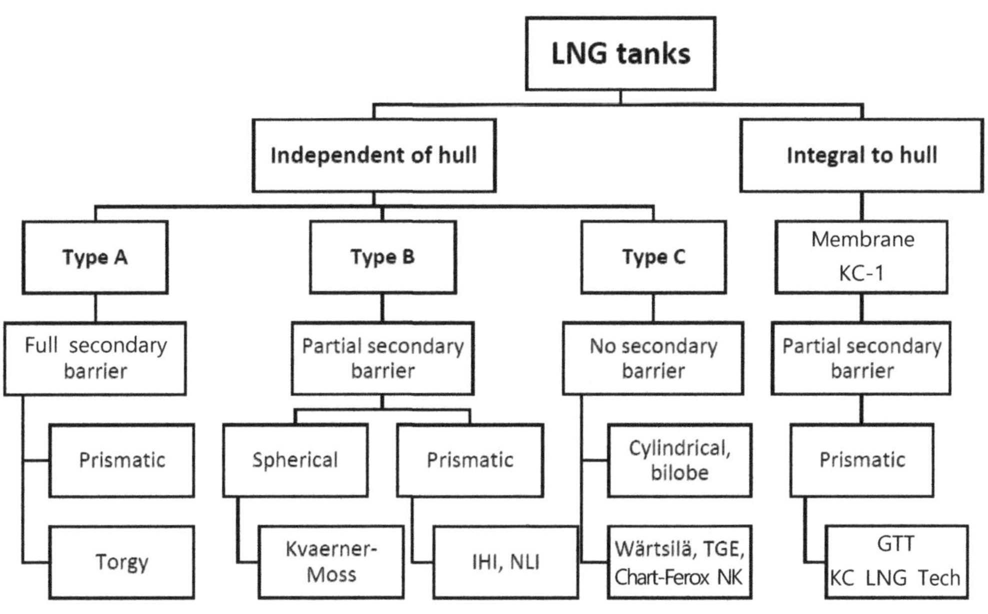

그림 6-1 IMO의 화물저장설비의 분류

6.1.1 독립형 탱크(Independent Tanks)

독립형 화물탱크는 화물적재 시 압력을 선체로 전달하지 않는다. 따라서 탱크의 중량만 탱크 지지구조(cradle 또는 support)로 전달된다. 독립형탱크는 전후, 좌우 그리고 상하로 움직이지 않게 특별히 디자인된 지지구조 및 chock 등으로 지지된다.

독립형 탱크는 A, B, C의 3가지 type으로 나눈다. 독립형 탱크 type A는 독립형 탱크 중에서 구조강도가 가장 약한 화물탱크 type이다. 그래서 완전 2차방벽을 설치한다.

독립형 type B는 type A보다 더 강한 구조강도를 가지고 있으며, 부분 2차방벽을 설치한다. 독립형 type C는 2차방벽이 필요 없는 압력탱크이다.

(1) 독립형 탱크 Type A(Independent tanks type A)

독립형 탱크 type A는 사각형 형상(prismatic tank)으로 Ni강, 고망간강 또는 알루미늄 재료로 건조된다. 이러한 재료 들은 선급의 승인을 받은 고품질의 재료 들이다. 이 type의 탱크는 주로 LNG나 LPG, 암모니아 운송선에 사용된다.

설계압력은 0.7 barg 이하로 한다. 통상 상용 압력은 0.25 barg이다. 탱크가 선체의 지지구조(wooden block) 위에 놓여지고 탱크는 여러 방향으로 자유롭게 수축 또는 팽창할 수 있다. 이 type의 화물탱크는 완전이차방벽이 설치되어야 한다. LPG운송선은 최저온도 -48℃에서 설계되며, 화물탱크 인접 선체는 저온강으로 건조된다.

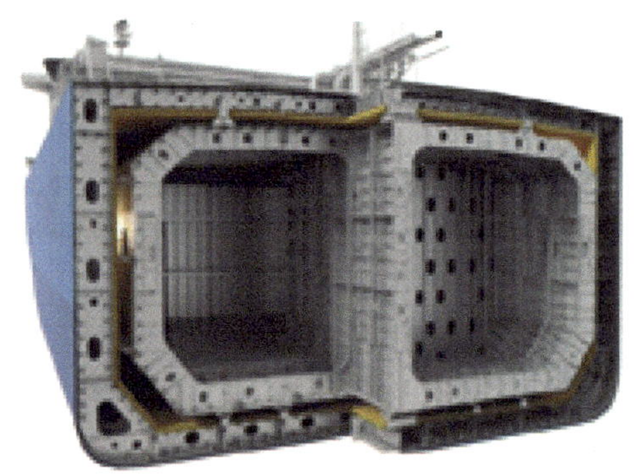

그림 6-2 독립형 Type A 탱크 (LNT A-BOX)

(2) 독립형 탱크 Type B(Independent tanks type B)

독립형 탱크 type B는 그 형상이 prismatic tank 또는 spherical tank로 설계된다. 이 탱크는 type A tank 보다 더 견고하다. 이 type의 탱크는 대형 또는 중형의 LNG운송선에 적용 되었다. 탱크의 재료는 주로 알루미늄 합금강을 쓴다. 이 탱크는 구속 없이 자유롭게 팽창할 수 있도록 지지구조 위에 놓여진다.

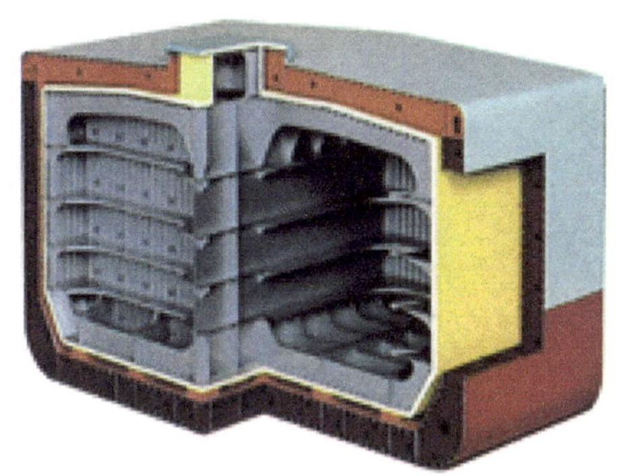

그림 6-3 독립형 Type B 탱크
(IHI SPB Tank)

탱크는 액체의 free space를 줄이기 위해 중앙부에 종격벽(centerline bulkhead)을 설치한다. 탱크는 polyurethane 또는 perlite로 단열한다. 화물 펌프는 submerged pump 또는 deepwell pump type의 것을 설치한다.

Moss-Rosenberg patent인 구형탱크는 알루미늄 또는 9% 니켈강으로 제작된다.

이 탱크는 탱크의 중앙부에 cargo tank skirt라는 구조에 의해 지지된다. 주갑판 위에 방수용 커버가 있다. 탱크는 submerged pump가 설치된다. 단열재로 Polyurethane이 사용된다.

(3) 독립형 탱크 Type C(Independent tanks type C)

독립형 탱크 type C는 구형(spherical tank) 또는 원통형(cylinder tank)으로 제작된다. 탱크의 재료는 7~9% 니켈강, 스테인리스강 등이 사용된다. 이 type의 탱크는 안전성이 뛰어나기 때문에 2차 방벽을 설치하지 않으며, 압력식 또는 저온압력식 액화가스운송선에 적용된다.

이 탱크는 saddle support 위에 설치되며, 하역펌프로 submerged 또는 deepwell pump를 설치한다. 선체의 손상으로 화물창이 침수할 때 화물탱크가 뜨는 것을 방지하기 위하여 화물탱크의 위쪽에 anti-floatation key가 설치된다.

탱크의 설계온도가 -10℃보다 낮으면 단열을 하여야 한다. 일반적으로 단열재는 polyurethane 또는 polystyrene이 사용된다. 단열시공은 화물탱크의 표면에 polyurethane 또는 polystyrene를 뿌리거나 화물탱크 표면에 polyurethane 또는 polystyrene panel을 붙이기도 한다.

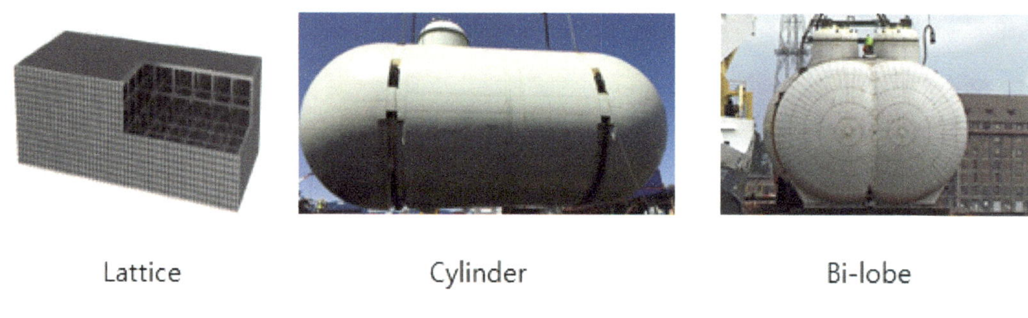

Lattice　　Cylinder　　Bi-lobe

그림 6-4 독립형 Type C 탱크

그림 6-5 독립형 Type C 형 LNG연료탱크

단열재의 두께는 단열재의 품질과 화물의 온도에 따라 다르다. 이 단열재의 두께는 LNG선의 경우 400~450 mm 두께의 폴리우레탄폼 재질의 단열재를 붙인다.

6.1.2 멤브레인 탱크(Membrane Tank)

멤브레인 탱크는 두 개의 멤브레인을 설치하며 하나는 2차방벽으로 작용한다. 반면에 세미 멤브레인 탱크는 하나의 멤브레인을 설치한다. 멤브레인 탱크는 공통적으로 free liquid space를 줄이기 위한 중앙부 종격벽이 없다. 대신에 탱크의 천장으로 올라 갈수록 좁아지는 트렁크 구조로 만든다.

(1) GTT Membrane NO96 Tank

멤브레인 시스템의 화물탱크는 invar강(36% Ni강), 또는 스테인리스강으로 된 얇은 판으로 된 멤브레인을 설치한다. 이런 강재의 특징은 열팽창계수가 극히 적은 재료들이다.

멤브레인 판의 두께는 0.5 ~ 1.2 mm이다. 선체와 2차 방벽 사이에 단열재를 설치한다. 단열재는 나무상자에 perlite를 넣은 것을 사용(GTT NO96)하거나 polyurethane foam panel(GTT mark III)을 사용한다. 선체는 화물의 중량을 지지하고, 멤브레인은 열팽창을 흡수한다. 화물탱크의 설계압력은 대개 0.25 barg로 설계하고, 2차 방벽을 설치한다.

화물의 온도가 -55℃ 이상은 선체를 2차 방벽으로 이용할 수도 있으며, 화물탱크 인접 선체는 저온강을 사용해야 한다. 종종 화물탱크 주변 선체가 ballast tank 또는 cofferdam이 될 수도 있다.

화물의 온도가 -55℃ 보다 더 낮은 화물탱크는 2차 방벽이 단열재 사이에 설치된다.

프랑스의 GTT NO96 멤브레인 시스템은 동일한 36% invar강을 1차 방벽(primary barrier)과 2차 방벽(secondary barrier)으로 사용한다. 이 시스템의 단열(insulation)은 perlite를 채운 사각의 나무상자를 사용한다.

(2) GTT Membrane Mark III Tank

프랑스의 GTT mark III 멤브레인 시스템은 1차방벽을 스테인리스강을 사용하고 2차방벽은 tri-flex를 사용한다. 1차방벽은 열팽창을 흡수하기 위하여 특별한 모양(주름)을 가진 스테인리스강판을 사용하는데, 그 두께는 1.2 mm의 것을 사용한다. 단열은 polyurethane foam panel을 사용한다.

그림 6-6 멤브레인 연료탱크 (GTT)

표 6-3 LNG연료탱크의 종류

종류	독립형 type A	독립형 type B	독립형 type C	멤브레인형
형상				
설계 증기압	<0.07 MPa	<0.07 MPa	0.3~0.5 MPa	<0.025 MPa
2차방벽	완전2차방벽	부분이차방벽	불요	완전2차방벽
LNG선 실적	LNT-A 탱크	Moss 탱크, SPB 탱크	Cylinder 탱크, Bi-lobe 탱크	GTT Mark III,
LNG연료 추진선실적	없음	없음	다수	있음
용적효율	좋음	구형: 나쁨 방형: 좋음	나쁨	좋음
그 외	고비용	높은 신뢰성	높은 신뢰성	슬로싱문제

최초의 Technigaz mark I 시스템(GTT mark III 시스템의 초기버전)은 2차 방벽을 합판을 사용하였고 단열재로는 balsa wood를 사용했다.

LNG연료추진선의 연료저장용으로 사용 가능한 탱크는 독립형 탱크(Type A, B, C)와 멤브레인 탱크가 있으며, 그 종류와 특징을 종합하면 표 6-3과 같다.

6.2 LNG연료탱크의 주요 요건

LNG연료탱크는 IGF Code의 연료저장시스템(Fuel Containment System) 요건에 따라 설계되고 건조된다.

LNG는 극저온의 액체로 탱크에 저장된다. 그러나 외부로부터 열 침입으로 LNG는 증발이 일어나게 되고 결국 탱크 내부의 압력이 상승하게 된다. 여기서 탱크 내의 압력을 조절하기 위해서 증발하는 가스는 탱크로부터 배출되어야 한다.

LNG의 증발은 줄일 수 없으므로 외부로 가스배출을 최소화하기 위한 특별한 압력탱크가 사용될 수 있다. 이것은 내부 압력을 견디면서 가스를 배출해야하는 시간을 지연 시키는 것이다. 그러나 LNG연료추진선에서는 LNG가 탱크로부터 엔진으로 서서히 빠져나가므로 압력은 탱크의 설계압력 이하로 유지할 수 있어서 가스를 외부로 방출할 필요가 없다. 선박이 오랜 기간 동안 정지 상태에 있을 때는 가스를 탱크 외부로 배출 할 수도 있다.

현재 LNG연료탱크용으로 여러 가지 형상의 탱크들이 개발되고 있으며, 그들은 각각 고유의 특징을 가지고 있으며 선박의 종류와 크기, 그리고 조작 형태에 따라 달리 적용되고 있다.

LNG연료탱크는 대부분 선체와는 별개의 구조이며, 선체의 안쪽에 설치되며 선체와는 독립적으로 작용한다. LNG연료탱크는 보통 2개 또는 그 이상의 연료탱크가 설치되는 데 연료탱크가 설치되는 이 공간을 hold space라 부른다. 연료탱크의 형상에 따라 얼마의 hold space의 공간을 연료탱크가 차지할 것인가가 LNG연료추진선박의 개념설계에 매우 중요한 인자가 된다.

LNG연료탱크는 극저온의 액체를 저장하는 용기로 그런 낮은 온도에서 견딜 수 있기 위해서는 스테인리스강이나 알루미늄 또는 니켈 성분이 많이 포함된 강재를 사용하여 건조하며, 특별한 방식의 단열을 필요로 하고, 탱크의 수축에 대한 특별히 고안된 탱크 지지 구조가 설치된다.

LNG의 증발가스는 공기보다 온도가 높아지면 쉽게 연소하고 무게가 가벼워 쉽게 확산되므로 적절한 배기장치와 특별한 안전장치가 필요하다. 현재 LNG연료탱크는 Type C 압력형 탱크 이외에 IMO IGC Code에 정의된 Type A 또는 type B의 자기 지지형 탱크(self supporting tank)를 근간으로 개발하고 있으나, 압력 제어 및 2차방벽 등의 문제로 초대형 컨테이너선 같이 많은 양의 LNG연료를 필요로 하는 선박용 연료탱크는 앞으로 기술적이며 경제적인 해법을 찾아야 할 것을 보인다. 그러나 Type C 압력형 탱크는 현재 대부분의 소량의 LNG연료를 적재하는 선박에 설치되어 그 안전성과 경제성이 입증되고 있다.

6.3 가스연료탱크의 2차방벽 요건

IGF Code에 따라 저온식이고 탱크의 설계압력(MARVS)이 0,7 barg이하로 건조되는 LNG연료추진선의 연료탱크는 완전 2차 방벽(Full secondary barrier) 또는 부분 2차 방벽(Partial secondary barrier)을 설치해야 한다.

2차 방벽(secondary barrier)은 연료탱크 또는 연료탱크의 외부에 설치되는 일종의 선체로, 연료탱크와 선체사이의 단열시스템(insulation)의 내측 또는 연료탱크 주변 선체 내에 설치된다.

연료탱크 주변의 선체가 2차 방벽으로 이용된다면 그것은 ballast tank, 선측, cofferdam 등이 될 것이다. 연료탱크 인접의 선체구조를 2차 방벽으로 사용된다면 그 선박은 -55℃ 이하의 화물을 운송할 수 없다.

1차 방벽인 연료탱크로부터 LNG가 누출했을 때 이차방벽이 적어도 15일 동안 누출된 화물을 담고 있어야 하며, 선박이 30° 경사한 경우에도 2차 방벽은 그 역할을 해야 한다.

2차 방벽은 연료탱크로부터 LNG의 누출이 예상되는 경우에 요구된다. 탱크 강도와의 관계는 표 6-4와 같다.

표 6-4 연료탱크 강도와 2차방벽과의 관계

연료탱크의 종류		2차 방벽의 요건
독립형	Type A	탱크에 균열이 발생하여 다량의 LNG가 누출되어도 이것이 직접 선체에 접촉하지 않도록 완전 2차 방벽이 요구된다.
	Type B	파괴기구해석을 하여 탱크의 파괴가 일어나지 않는다는 것을 확인하면 탱크 내 LNG의 소량 누출에 대처할 만큼의 부분 2차 방벽이 요구된다.
	Type C	완전한 강도설계에 의해 탱크의 균열과 누설이 발생하지 않는 것으로 가정하므로 2차 방벽은 요구되지 않는다.
멤브레인		멤브레인 탱크는 단열재를 매개로 인접하는 선체구조로 지지되는 멤브레인에 의해 구성되는 비자기지지형의 탱크이다. 완전 2차 방벽이 요구되며, 탱크로부터 LNG의 누출은 멤브레인으로 방지하며 그 연료의 하중은 단열재를 매개로 선각으로 전달된다.

표 6-5 설계온도와 사용 가능한 재료

재료	최저사용 온도 ℃
저온강 (Low temperature steel)	- 48
5% 니켈강 (5% Ni-Steel)	- 104
9% 니켈강 (9% Ni-Steel)	- 163
36% 니켈강 (Invar steel)	- 163
스테인리스강 (Austenitic stainless steel)	- 196

화물탱크의 최대허용압력(Maximum Allowable Release Valve Setting, MARVS)라고 하며, 연료탱크 제작업체에서 제공하는 사양서(specifications)에 따라 설정된다.

각 탱크의 최대허용압력과 부압(vacuum)은 선박의 적합증서(Certificate of Fitness)에 기재된다. US Coast Guard는 압력탱크의 안전을 위하여 IMO보다 더 엄격한 규정을 적용한다. 이것은 IMO와 USCG의 최대허용압력 값이 서로 다르다는 것을 의미한다.

독립형 탱크의 hold space나 멤브레인시스템의 1차 방벽(연료탱크)과 2차 방벽사이의 공간(inter barrier space)에는 선박 내의 다른 빌지시스템(bilge system)과는 별도로 빌지시스템을 설치한다. 빌지시스템은 화물탱크에서 누출이 발생하면 누출된 액을 퍼내는 역할을 한다. 이 시스템은 또한 수증기가 응축되어 생긴 물을 퍼내는 역할도 한다.

대기압 상태에서 가연성 액체를 저장하는 연료탱크는 hold space와 inter barrier space에는 반드시 dry air나 질소가스를 채워 불활성화해야한다.

모든 종류의 연료탱크는 정압과 부압(vacuum)을 고려하여 설계되며 연료탱크는 반드시 용접이음 부위(welded joint)와 재질의 품질(steel quality)의 인증서와 선체 강도에 대한 계산서가 반드시 있어야 한다.

저온의 액화가스를 저장하는 연료탱크의 재료는 표 6-5와 같다.

6.4 LNG연료추진선박의 종류에 따른 연료탱크의 특징

일반적으로 대형 LNG운송선의 화물탱크로 채용하고 있는 것은 독립형 Type B (Moss Type, SPB Type)와 멤브레인 탱크(GTT Mark III, NO96)이다. 표 6-6과 같이 LNG연료

표 6-6 LNG연료추진선의 선종에 따른 연료탱크의 종류와 배치

선종	연료탱크의 종류	탱크 배치
페리, 로로선, PCC 등	Type C	기관실 선수측 (횡방향)
대형컨테이너선	Type B 또는 멤브레인	거주구 하방
산적화물선	Type C	기관실 선수측 또는 상부
VLCC, 중소형유조선 등	Type C	화물구역 상부

추진선의 연료탱크는 독립형 Type C를 많이 설치하고 있다.

대형 외항선에서 항속거리를 약 20,000 마일로 한 경우 일반적으로 3,000~7,000 ㎥의 탱크 용적이 필요하게 된다. 특히 20,000 TEU급 초대형 컨테이너선은 왕복 약 18,000 ㎥의 LNG연료가 필요하다.

규칙상 LNG연료탱크를 기관실에 설치하는 것은 허가되지 않으며, 화물 공간의 손실도 최소한으로 할 필요가 있기 때문에 선박의 설계 시에 그와 같은 대용량의 탱크를 설치할 공간을 확보하는 것이 과제이다.

페리, 로로선, PCC 등은 독립형 Type C 탱크를 설치하는 것이 많으며, 이와 같은 선종에는 기관실의 선수 측에 설치 공간의 확보가 용이하기 때문에 해당 공간에 탱크로리를 횡 방향으로 설치하는 것이 일반적이다. 또한 대형컨테이너선의 경우는 거주구 하부에 독립형 Type B 또는 멤브레인 탱크를 설치하는 설계가 검토되고 있다.

공간 확보가 어려운 선종은 산적화물선(Bulk carrier)이다. 이런 선종은 화물 공간을 어느 정도 희생하는 것은 어쩔 수 없다. 그러나 화물 공간에 영향을 주지 않는 방법으로 거주구를 올려서 기관실 상부의 갑판 상에 설치 공간을 확보하는 것도 하나의 방법이다.

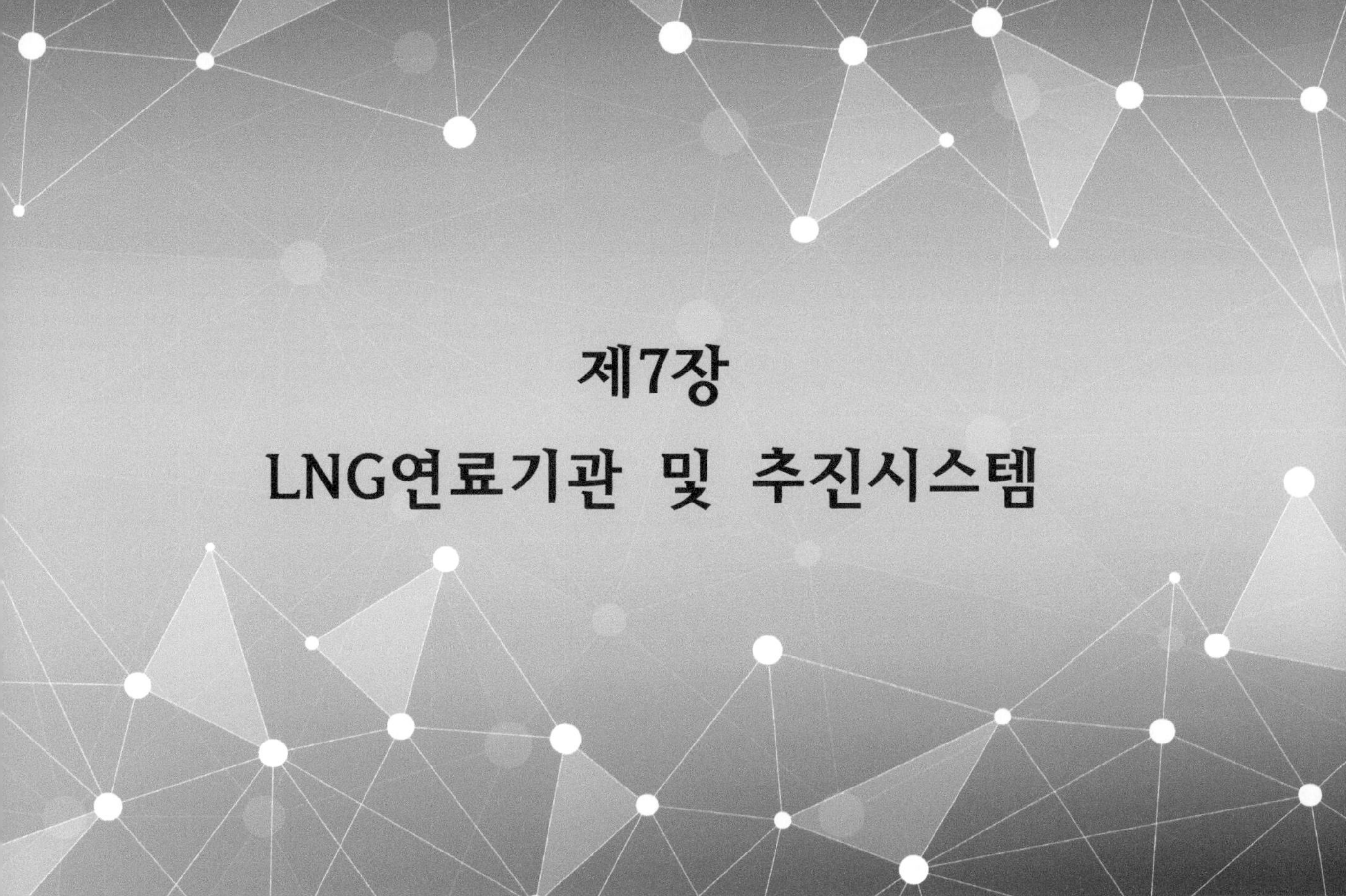

제7장 LNG연료기관 및 추진시스템

7.1 LNG연료기관의 출현 배경 및 환경부하 저감

7.1.1 출현 배경

가스엔진의 역사는 의외로 오래 되었다. 1785년에 제임스 와트가 근대적인 증기기관을 발명한 20년 후에 증기의 대체로 진공식 피스톤엔진으로 석탄가스 연소를 이용한 것이 발명되었다. 그것이 최초의 내연기관이다. 그 후 석탄가스의 생성방법이 발명되고 가정의 연료용, 난방용, 조명등이나 가로등용으로 이용하였고, 그 석탄가스를 연소하여 사용하는 가스엔진이 소형원동기로 보급되었다.

19세기후반 4행정 압축팽창엔진이 개발되었고 이어 불꽃점화장치의 발명으로 가스엔진의 성능은 비약적으로 향상되었다. 20세기에 들어와서 석유의 굴착기술과 정제기술 등이 개량되었고, 연료의 취급과 관리가 수월해져 보다 효율이 높은 디젤엔진이 가스엔진으로 대체되어 사용되었고, 제2차 세계대전 후 중동 등지에서 대량으로 저가의 석유가 생산되면서 내연기관이 급속히 보급되었다.

이때 석유시추 리그(rig)에서 석유와 함께 산출되는 천연가스를 유효하게 사용하기 위하여 산출된 가스를 디젤엔진의 급기에 혼합하여 연소하였다. 이것이 최초의 이중연료엔진이다. 그 이후 많은 이중연료엔진이 개발되었고 LNG선의 보급에 따라 증발가스를 적극적으로 소비할 수 있는 가스엔진이 요구되었다.

가스와 디젤의 전환이 가능한 4행정 이중연료엔진(4 stroke dual fuel engine)이 1990년대 후반에 개발되었다. 이 엔진은 디젤 운전용 연료밸브 이외에 가스운전 시에 가스연료를 점화할 수 있는 pilot 연료밸브를 갖추고 있으며, 디젤과 가스의 전환을 자유롭게 할 수 있게 되었다.

2000년대 들어 환경유해물질 저감에 대한 목소리가 높아지고, 천연가스 연료에 의한 환경대응을 추구하는 선박이 주로 유럽을 중심으로 개발되었다. 천연가스 연료는 당초 고정된 항로를 가진 단거리 페리에 적용되었다. 가스연료공급 인프라와 저장설비 및 공급장치의 기술발전에 따라 해양개발선이나 근거리 탱커선 등에 보급되기 시작했다.

최근 개발되어 보급되고 있는 엔진은 대부분 이중연료엔진 (Duel fuel engine)이다. 이런 엔진은 가스연료와 기존의 석유계통 선박연료 둘 다 사용 가능하다. 이 엔진은 주 연료로 LNG를 사용하고 LNG연료시스템에 고장이 발생하면 연료유를 대체 사용하는 것이 가능하다.

7.1.2 환경부하 저감

LNG의 주성분인 메탄은 탄소와 수소의 비가 낮기 때문에 같은 발열량 일때 생성되는 CO_2가 20%이상 감소한다. 특히 불꽃점화방식의 가스전용기관에서는 배기가스 중의 SOx와 PM도 100% 삭감이 가능하고 NOx는 90%이상 저감이 가능하다.

LNG연료공급 인프라 정비 및 가격 등 해결해야 할 과제가 많으나 온실가스 저감을 포함하여 환경 대책에 적합한 연료라고 할 수 있다.

7.2 LNG연료기관의 종류와 특징

LNG연료기관의 종류에 관해서는 아래와 같이 종류별로 나눌 수 있다. 우선 가스만을 연료로 하는 가스전용기관(Gas only engine)과 가스와 연료유 둘 다 사용하는 이중연료기관(Dual fuel engine)이 있다.

또한 적용되는 연소사이클에 따라 오토사이클(Otto cycle)과 디젤사이클(Diesel cycle)로 나눌 수 있으며, 또 2행정기관(2-stroke engine)과 4행정기관(4-stroke engine)으로 나눌 수 있다.

7.2.1 Otto Cycle 기관

이 엔진은 엔진의 실린더 내부로 공급되는 가스연료를 저압상태로 공급하여 희박 예혼합 연소방식(lean-burn premixed combustion concept)을 구현할 수 있게 구성한 것이다.

실린더 라이너의 하단에 소기구가 형성되며, 실린더 라이너의 상단에는 배기밸브가 장착되며, 실린더 헤드에는 점화원이 장착된 엔진으로서, 실린더 라이너의 중간에 형성된 저압가스 공급포트와, 저압가스 공급포트에 연결된 저압가스라인과, 저압가스 공급포트에 장착된 가스밸브 등으로 구성되어 있다.

실린더를 왕복 운동하는 피스톤이 하사점에 위치할 때에 상부 소기구를 통해 연소공기가 유입되어 소기과정을 거치고, 피스톤 상부 소기구를 폐쇄하였을 때에 저압가스 공급포트를 통해 저압가스가 실린더 내부로 유입되어 피스톤에 의해 압축된다.

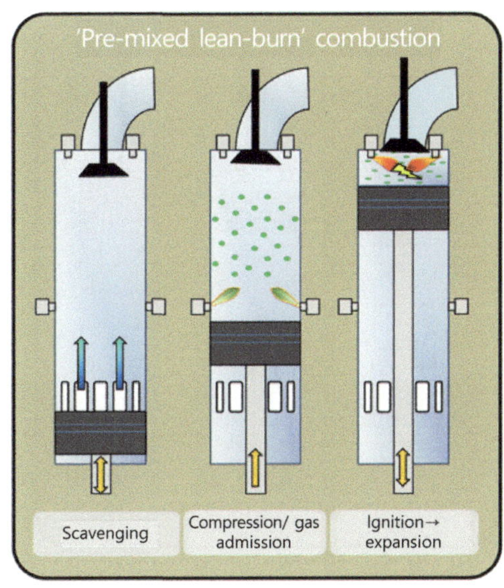

그림 7-1 Lean-burn Otto cycle combustion process(low pressure gas injection)

연소공기를 압축하기 전에 저압상태의 가스를 연소공기로 분사함으로써, 연소공기가 피스톤의 상승으로 가압되면서 가스와 혼합되어 예혼합 연소의 과정을 거치게 된다. 따라서 희박연소가 가능해진다. 오토 사이클(Otto Cycle)의 특성인 희박 연소 및 정적연소가 진행됨으로써, 동일한 압축비를 가진 디젤 사이클보다 높은 효율을 가지게 되어 CO_2를 저감시키는 효과가 있으며, 또한 연소속도가 빨라 NOx의 발생을 줄일 수 있어 친환경적이다.

실린더 내부에 저압가스를 공급함에 따라 diesel cycle엔진과 같이 고압가스를 공급하기 위한 고가의 가스펌프가 필요하지 않다. 따라서 경제적이라는 장점과 더불어 엔진 보조 장비의 축소와 함께 출력을 향상시킬 수 있다.

가스로서 천연가스 또는 바이오 가스를 연료로 사용할 수도 있고 가스의 공급이 원활하지 못할 경우에는 순수 액체 연료를 사용할 수 있다.

7.2.2 Diesel Cycle 기관

2행정 대형 엔진은 디젤 연료 또는 이중 연료(가스 및 오일)를 사용하는 엔진이다. 기존의 2행정 대형 가스엔진은 연소공기가 실린더 라이너의 아래쪽에 위치한 소기구를 통해

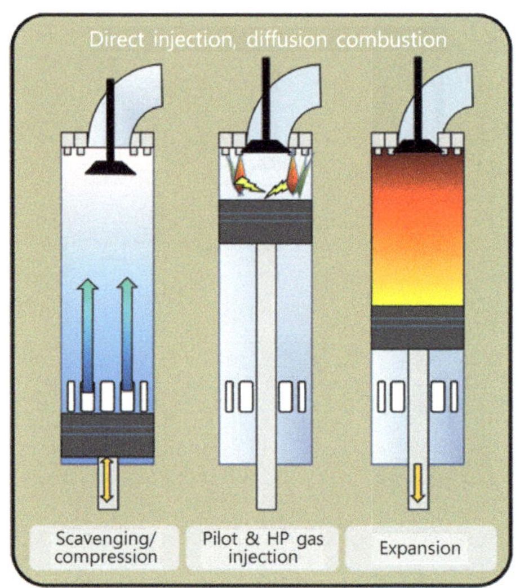

그림 7-2 Diesel cycle combustion process(high pressure gas injection)

공급되어 배기가스를 밀어내는 과정인 소기(scavenging)과정을 거치므로, 연소공기에 가스를 분사하여 혼합가스를 실린더 내부로 공급하면 배기가스와 혼합되어 배기구를 빠져나가게 되므로 배기밸브가 닫힌 이후에 고압으로 가스를 분사하도록 구성되어 있다. 이와 같이 실린더 내부로 고압의 가스를 공급하기 위해서는 가스를 고압으로 압축하기 위해 가스펌프가 반드시 필요하다.

또한 분사된 가스는 실린더 내부에 있는 공기와 접촉해 확산연소과정을 거치게 됨에 따라 디젤 사이클과 동일한 연소현상을 가지게 되어 NOx의 발생량이 증가하게 되는 단점이 있다.

현재 개발된 선박용 LNG연료기관은 다음과 같이 종류에 따라 대별할 수 있다.

(1) 가스전용 4행정기관(4-Stroke Gas only Engine)

주기관으로 채용할 경우, 가스연료공급정지 시 보완장치(redundancy) 확보를 위해 대체수단으로 보조 추진시스템을 갖추도록 IGF Code에서 요구한다. 그리고 LNG저장설비도 두 개 이상을 요구하고 있다.

불꽃점화기관, 예를 들면 가솔린 엔진에서 점화 플러그의 불꽃으로 착화하기 전에 연소실 벽에 생긴 과열 부분(즉 점화플러그의 끝, 배기밸브, 연소실 퇴적물 등에 의해 혼합 가스가 착화하는 것)에서 유발되는 노킹(knocking)을 방지하기 위하여 연소제어와 메탄가(Methane Number, MN)에 대한 고려가 필요하다. 이 기관은 CO_2 저감 뿐 아니라 IMO NOx Tier III 규제를 만족한다. 현재는 이 엔진은 Rolls Royce사와 Mitsbishi사가 공급하고 있다.

(2) 가스전용 4행정 오토사이클기관(4-Stroke Gas only Engine, Otto Cycle)

이 기관은 대형페리, PSV(platform supply vessel) 또는 주로 ECA지역을 항해하는 선박 채용 실적이 많다. 가스공급압력이 5 barg이며 비교적 중소형의 LNG연료탱크 Type C로 축압방식(Pressure-built-up)방식의 공급 장치와 조합한 간단한 시스템이다. 프로펠러 토크 변동이 크다고 생각될 때에는 노킹 방지 관점에서 기관의 출력에 여유를 가지는 것이 좋다.

(3) 이중연료 4행정기관(4 Stroke Dual Fuel Engine)

주 기관으로 채용한 경우, 가스연료공급 정지 시에는 연료유 운전으로 자동 전환되기 때문에 보조추진시스템은 필요하지 않다. LNG저장탱크도 하나의 탱크로 가능하다. 연료가스 공급압력은 5 barg정도로 낮으며 조기착화와 노킹 방지를 위해 연소제어와 LNG의 메탄가를 고려해야 할 필요가 있다. 가스연소 시에는 CO_2 저감에 더해서 IMO NOx Tier III규제를 만족한다. 이 기관의 대표적인 공급업체는 Wärtsilä , MAN Diesel & Turbo, MAK, 카와사키중공업, 니가타 원동기, DAIHATSU사 등이 있다.

(4) 이중연료 4행정 오토사이클기관(4 Stroke Dual Fuel Engine, Otto Cycle)

이 기관은 LNG선, 대형 페리, PSV와 같은 ECA구역 내를 항해하는 선박에 적용 실적이 많다. 가스공급이 대략 5 barg이다. LNG선은 화물탱크에서 발생하는 증발가스를 연료가스로 콤프레서로 가압하여 공급할 때는 소비전력이 비교적 낮다.

그리고 페리나 PSV 등과 같이 비교적 중소형의 LNG연료탱크 Type C를 탑재하는 경우, 축압방식(Pressure Built Up, PBU)의 연료공급장치와 결합하면 간단한 시스템이 된다.

프로펠러 직결구동의 경우에는 토크 변동이 크게 되고 노킹 발생 시에도 자동적으로 가스연료에서 중유연료로 전환이 가능하기 때문에 운항상 문제가 없는 것으로 예상된다.

(5) 이중연료 2행정기관(2 Stroke Dual Fuel Engine)

이 기관을 주 기관으로 채용하는 경우, 가스공급 정지 시에는 연료유 운전으로 자동 전환되는 기능이 있기 때문에 보조추진시스템은 요구되지 않는다. 또한 LNG탱크설비도 한 탱크만으로 가능하다. 연료가스의 공급압력은 16 barg정도로 비교적 높고 조기착화 및 노킹방지를 위해 동일프레임 디젤사이클 기관보다 평균유호압력(Pme)를 억제할 필요가 있고 최대출력을 약 80%정도 De-rating하고 있다. 이 때문에 연료유 운전 디젤사이클 시의 연소효율과 연비율이 다소 떨어진다. 또한 메탄가도 주의하여야 할 필요가 있다. 가스연소 시는 CO_2 저감과 더불어 IMO NOx Tier III 규제도 만족한다. 이 엔진은 Wärtsilä 사가 공급하고 있다.

(6) 이중연료 2행정 오토사이클기관(2 Stroke Dual Fuel Engine, Otto Cycle)

이 기관을 LNG선에 채용할 경우, LNG화물탱크로부터 발생하는 증발가스를 연료가스로 콤프레서로 가압하여 공급이 가능하다. 가스연료 공급압력이 16 barg로 비교적 높은 편이나 소비전력은 크지 않다. 다만 저속 범위에서 증발가스처리설비를 고려할 필요가 있다. 대양을 항해하는 선박에 채용하는 경우에는 ECA해역 외에서는 중유연료를 사용하면 비교적 연료소비율이 높기 때문에 본 기관의 특징을 고려하여 선정할 필요가 있다.

또한 LNG연료탱크 Type C를 탑재하는 경우에도 축압 방식의 공급장치 만으로는 어렵기 때문에 별도의 LNG공급 펌프나 가압, 가열 공급장치가 필요하다. 대형의 LNG연료탱크 Type A·B 등을 탑재하는 선박의 경우는 증발가스의 처리설비 설치도 고려해야 한다. 이중연료 2행정 직분사기관에 비해 최대출력을 억제해야 하기 때문에 동등의 출력을 얻으려면 크기가 커지는 것도 고려해야 한다.

오토사이클 기관의 공통적인 큰 과제는 약 1~2%의 메탄슬립(미연소메탄의 배출)로 이것을 개선하기 위한 기술을 계속적으로 개발 중이다. 메탄의 온난화계수는 CO_2 대비 25배인 것으로 알려져 있다.

(7) 이중연료 2행정 직분사기관(2-Stroke Dual Fuel Engine)

주기관으로 채용하는 경우, 가스연료 공급정지 시는 연료유 운전으로 자동 전환되므로 보조 추진기는 요구되지 않는다. LNG탱크 설비도 하나의 탱크로 가능하다. 연료가스 공급압력은 300 barg로 초고압이기 때문에 연료시스템 설계가 비교적 어렵다.

디젤사이클을 사용하고 있으므로 조기착화, 노킹의 발생이 없고 메탄가에 대한 염려도 없다. 또 연료유 운전 시 연소효율과 연비에 대한 최적화가 가능하다.

단, 가스연소 시에 CO_2 저감은 어렵고, IMO NOx Tier III를 만족하지 못하기 때문에 EGR(Exhaust Gas Recirculation) 또는 SCR(Selective Catalytic Reduction) 등 배출가스 처리장치를 추가로 설치할 필요가 있다. 이 엔진은 MAN Diesel & Turbo사가 개발하였으며, Mitsbishi사도 같은 방식을 적용하여 개발하였다.

대양을 행해하는 선양에 적용할 경우에는 ECA해역 외에서 중유연료를 사용할 때도 디젤사이클의 최적 소비율로 운항할 수 있다. 또 LNG연료탱크 Type C를 탑재하는 경우도 축압방식 공급장치와 조합이 가능하지 않기 때문에 별도의 LNG공급 펌프와 고압의 가압 및 가열장치가 필요하다. 대형의 연료탱크 Type A·B를 탑재하는 선박의 경우는 증발가스 처리설비도 고려할 필요가 있다.

표 7-1은 LNG연소기관의 특징을 비교한 것이다.

표 7-1 LNG연소기관의 비교

Type	4 stroke gas engine	4 stroke DF engine	2 stroke DF engine
Ignition	Spark plug	Pilot oil	
Gas supply pressure	4~5 bar	4~5 bar	300 bar
NOx Tier III	Conformable	Conformable	SCR, EGR, etc
SOx ECA	Conformable	Pilot oil : Low sulfur fuel oil	
Methane slip	1~ 2%	1~ 2%	Nil
Gas fuel quality	≧ 80 methane number	≧ 80 methane number	No specific requirement
Record	Good	Good	Nil
Remarks	Knocking concern. Propulsion back up system required.	Knocking concern. Fuel consumption on FO mode (low compression ratio).	Safety assessment for HP system required.

7.3 LNG연료 적용 시 설계상 유의사항

7.3.1 메탄가(Methane Number, MN)

오토사이클기관은 LNG연료의 특성과 발열량에 의해 기관의 운전 제한이 생길 가능성이 있다. 어떤 기관은 100% 부하까지 운전하기 위해서는 연료가스의 메탄가가 80이상 필요하다. 또 메탄가가 60이하로 낮으면 운전 상한은 약 80%부하로 제한되어야 한다.

LNG선과 같이 화물증발가스를 연료로 사용할 때는 메탄리치가스(methane rich gas)로 인해 높은 메탄가를 가지게 되어 운전이 제한되는 일은 거의 없으나 LNG연료추진선에서는 LNG를 가스화해서 공급 시 LNG의 생산지, 조성에 따라 메탄가를 고려할 필요가 있다.

또 멤브레인 탱크 또는 Type A·B 탱크 같은 대형의 LNG연료탱크를 설치한 경우에는 장기간 LNG연료를 소비하지 않으면 증발가스 발생에 의해 가스를 방출한 결과 메탄가가 낮아지는 경우도 마찬가지다.

일본에서는 자국에 수입하고 있는 LNG를 기초로 메탄가를 분석한 바가 있다. 그것을 표 7-2에 나타낸다. 메탄가가 80이하인 것도 있으나 통상 선박의 상용운전부하는 85%정도로 부하 제한을 해야 할 만큼 영향을 주지는 않는다.

표 7-2 터미널별 LNG연료의 조성과 메탄가 [source :Marintek]

Typical LNG composition in volime %								
LNG export terminals	C1	C2	C3	C4	C5+	N2	LHV[MJ/kg]	MN
Arun (Indonesia)	89,33	7,14	2,22	1,17	0,01	0,08	49,4	70,7
Arzew (Algeria)	87,4	8,6	2,4	0,05	0,02	0,35	49,1	72,3
Badak (Indonesia)	91,09	5,51	2,48	0,88	0	0,03	49,5	72,9
Bintulu (Malaysia)	91,23	4,3	2,95	1,4	0	0,12	49,4	70,4
Bonny (Nigena)	90,4	5,2	2,8	1,5	0,02	0,07	49,4	69,5
Das Island (Emirates)	84,83	13,39	1,34	0,28	0	0,17	49,3	71,2
Lumut (Brunei)	89,4	6,3	2,8	1,3	0,05	0,05	49,4	69,5
Point Fortin (Trinidad)	96,2	3,26	0,42	0,07	0,01	0,01	49,9	87,4
Ras Laffan (Qatar)	90,1	6,47	2,27	0,6	0,03	0,25	49,3	73,8
Skida (Algeria)	91,5	5,64	1,5	0,5	0,01	0,85	49	77,3
Snohvit (Norway)	91,9	5,3	1,9	0,2	0	0,6	49,2	78,3
Withnell (Australia)	89,02	7,33	2,56	1,03	0	0,06	49,4	70,6

LNG연료를 사용하는 선박에 대해서 유의할 점은 정기검사를 위한 입거 시를 고려해야 한다. 선박의 경우, 2.5년 내지 5년마다 정기입거검사가 의무화 되어있다. 대개의 국내외 수리조선소에는 가스처리설비가 없는 실정이다. 이 때문에 입거기간 중의 안전 확보를 위해 입거 전에 어떤 방법으로든 gas free 작업(선박 수리를 위해 탱크 내부의 임시수리, 검사, 점검 등을 위하여 사람이 탱크 안으로 들어가서 작업을 하기 위하여 LNG연료탱크 및 LNG공급 관련 배관시스템 내의 가스를 공기로 치환하는 작업)을 해야 할 필요가 있다.

7.3.2 가스기관에서 일어날 수 있는 오류 또는 문제점

가스기관에서 일어날 수 있는 오류 또는 문제점은 다음과 같은 것이라고 생각된다.

(1) 배관으로부터 가스의 누출

가스누출에 대해서는 IMO IGF Code나 선급규칙에 가스누출에 대한 대책을 최우선으로 생각하고 있으며 고압(약 300 barg)의 연료공급시스템을 채용하는 경우, 가스누출 방지 관점에서 특히 고압 배관 기기의 접속부에 대한 주의가 필요하다.

(2) 노킹 현상(knocking)

노킹은 가솔린기관이나 천연가스기관과 같은 내연기관의 실린더 내에서의 이상 연소에 의해 망치로 두드리는 것과 같은 소리가 나는 현상이다. 가솔린과 공기의 혼합가스는 실린더 속에서 불꽃에 의해 점화되어 미연소 혼합가스에 불꽃이 전해지며, 이때 미연소 혼합가스의 압력과 온도가 빠르게 상승하여 자연폭발을 일으키는 것을 말한다.

노킹을 일으키면 내연기관의 출력이 급격히 저하되며, 또 기관의 과열, 배기밸브나 피스톤의 고장, 피스톤과 실린더가 녹아 붙는 등의 원인이 된다.

LNG선에 설치된 이중연료기관의 운항 실적에 의하면 공급되는 가스의 발열량 변화에 의해 노킹이 생기는 사례가 확인되었다. 이것은 증발가스가 비중이 가벼운 메탄이 먼저 증발하게 되고 증발이 계속적으로 진행되면 비중이 무거운 성분도 증발하게 되어 발열량이 변하기 때문이라고 생각된다. 동일한 현상을 LNG연료추진선의 기관에서도 일어날 수 있다.

(3) 메탄 슬립(Methane Slip)

메탄슬립은 엔진의 실린더 내에서 타지 않은 메탄이 그대로 대기 중에 방출되는 현상이다. 메탄은 CO_2에 비해 약 25배의 온실가스효과가 있기 때문에 가스기관의 사용으로 CO_2배출량을 낮춘다고 해도 그 일부가 메탄의 배출로 인해 상쇄된다.

4행정 가스전용 기관이나 이중연료 기관에서 주로 발생하고 있으며 기관 제조사의 보고에 의하면 메탄 슬립이 생겨도 약 20%의 온실가스 저감 효과는 있다고 한다.

7.4 LNG연료공급시스템(Fuel Gas Supply System, FGSS)

7.4.1 적용 규칙

(1) LNG연료 공급 시스템이 갖추어야 할 법적 요건

LNG연료 공급시스템은 연료의 누출이 최소화 되도록 배치하여야 하며, 운용과 검사를 위해 안전하게 접근이 가능해야 한다. 연료이송을 위한 배관시스템은 가스 또는 액이 누출하여도 선박이나 주위 환경, 인체 등에 위험을 주지 않도록 설계하여야 한다. 기관실 외부의 연료용 배관은 누출 시 선박과 인명에 손상을 최소화할 수 있도록 설치되고 보호되어야 한다.

(2) 연료공급의 보완(redundancy)에 관한 규칙

하나의 연료만을 사용하는 경우 한 시스템의 이상으로 인한 작동 중지를 일으키지 않도록 연료탱크로부터 관련 장치(consumer)로 가는 모든 관로는 분리되어야 하며, 완전한 보완장치(redundancy)를 가지고 배치되어야 한다.

하나의 연료만(single fuel)을 사용할 경우 연료저장용 탱크는 두 개 또는 그 이상으로 분리하여야 하고, 그 탱크는 독립된 구역에 설치하여야 한다.

Type C tank는 한 탱크에 tank connection space를 완전히 두 개로 분리하여 설치하면 하나의 탱크로도 가능하다.

(3) 가스공급시스템의 안전기능에 관한 규칙

연료탱크의 적재용 배관(loading line)은 가능하면 탱크에 가깝게 밸브를 설치한다. 밸브는 정상 운용 중에도 작동 가능해야 하며, 원격조종이 가능해야 한다. 탱크밸브는 비상모드(ESD)가 작동되면 자동으로 동작되어야 한다.

각각의 가스 소비장치(gas consumer)의 주 가스공급배관(main gas supply line)에는 수동정지밸브와 자동으로 작동하는 'fuel gas master valve'를 설치한다. 그 밸브는 기관실의 외부 배관의 한 부분에 설치하고, 가능하면 가스 가열용 장치에 가깝게 설치한다. fuel gas master valve는 ESD가 작동되면 자동으로 가스공급을 정지한다.

수동 작동정지밸브(manually operated stop valve) 또는 수동/자동 작동밸브(combined manually and automatically operated valve)는 운용자가 쉽게 접근할 수 있도록 설치한다. 저압용 가스공급장치(low pressure gas supply system)일 때는 아래의 경우, 이들 밸브는 TCS(Tank connection space) 내부에 설치할 수도 있다.

- air lock이 설치되어 있는 출입문을 통해 TCS로 출입이 가능할 때
- TCS 외부로부터 수동으로 밸브를 잠글 수 있을 때
- Master gas fuel valve가 가스 가열용 장치의 downstream에 위치할 때

Automatic master gas fuel valve는 기관실 내부, 엔진제어실, 기관실의 외부의 탈출구의 안전 위치, 그리고 항해 갑판에서 작동 가능해야 한다. 각 가스 소비장치(gas consumer)에는 'double block and bleed valve'를 배치한다.

(source : JIME)

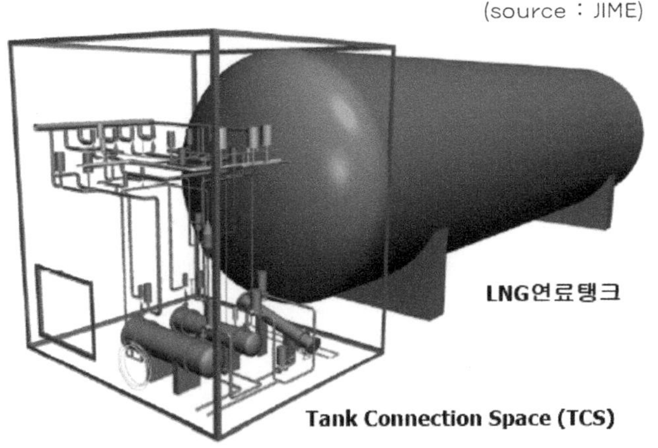

그림 7-3 Tank Connection Space(TCS)의 예

(4) 기관실 구역 외부의 연료 분배를 위한 규칙

선박의 폐위구역을 연료관이 통과할 때 그 관은 이중관(2차 방벽)으로 보호 되어야 한다. 이 관은 배출 가능한 덕트(duct)나 이중관(double wall pipe)을 사용할 수 있다. 이 덕트나 이중관 시스템은 시간당 30번의 환기(30 air change)가 가능하고 가스감지기도 설치한다.

그림 7-4와 7-5는 기관실 연료공급 체계화 이중연료관의 단면을 나타낸 것이다.

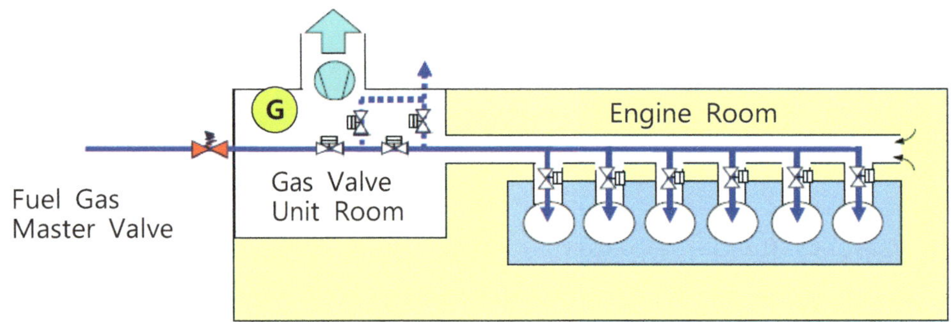

그림 7-4 기관실 연료공급

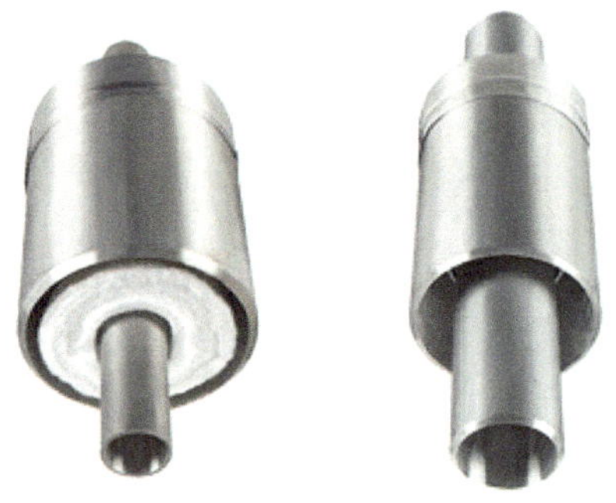

그림 7-5 이중관(double wall pipe)

(5) 가스안전 기관구역에 LNG연료 공급 시 규칙

가스안전기관구역의 연료 배관은 아래 조건을 만족하는 이중관 또는 덕트로 완전히 에워싸야 한다.

- 가스 배관은 내부 배관에 가스연료가 통과하는 이중연료관을 사용한다. 이 이중관 사이의 공간은 불활성가스를 채워 가스연료 압력보다 높은 압력으로 가압한다.
- 내부 파이프가 고압의 가스를 담고 있으면 시스템은 master gas valve가 차단되면 master gas valve와 엔진사이의 관내에는 자동적으로 불활성 가스로 purge 한다.
- 덕트의 배출구는 개방갑판 상에 설치한다.

(6) ESD로 보호된 기관구역으로 가스연료공급 시 규칙

가스연료공급시스템 내부의 압력은 1.0 MPa(10barg)보다 낮아야 하며, 가스연료공급라인은 1.0 MPa 보다 높아야 된다.

(7) Compressor와 Pump에 관한 규칙

Compressors 또는 pump가 갑판 또는 격벽을 통과하는 축에 의해 구동되는 경우에 격벽의 개구는 가스기밀(gas tight)로 막아야 한다.

Compressors 또는 pump는 그 목적에 적합해야 하며, 모든 장비와 기관은 적절하게 테스트되고 선박에 적합한 것이어야 한다.

(8) Pressure Built-Up heat exchanger를 위한 규칙

Type C tank가 PBU형 열교환기(heat exchanger)에 의해 압력을 받고 있을 때 단일탱크는 적어도 독립된 두 개의 열교환기를 설치한다. 단일 탱크 이외에는 하나의 열교환기를 설치한다. 열교환기의 총 용량은 탱크 내의 필요한 압력을 유지하기에 충분한 것이어야 한다.

7.4.2 저압용 가스공급시스템(Low Pressure Fuel Gas Supply System)

천연가스연료를 공급하는 가스연료엔진의 가스 공급압력은 일반적으로 4행정기관의 경우 0.5~0.6 MPa(5~6 barg)정도의 비교적 낮은 압력으로 공급하나, 2행정기관의 경우는 30 MPa(300 barg)정도의 고압이 필요하고 그 시스템이 매우 복잡하다. 그림 7-6은 연료공급 시스템의 개념도이다.

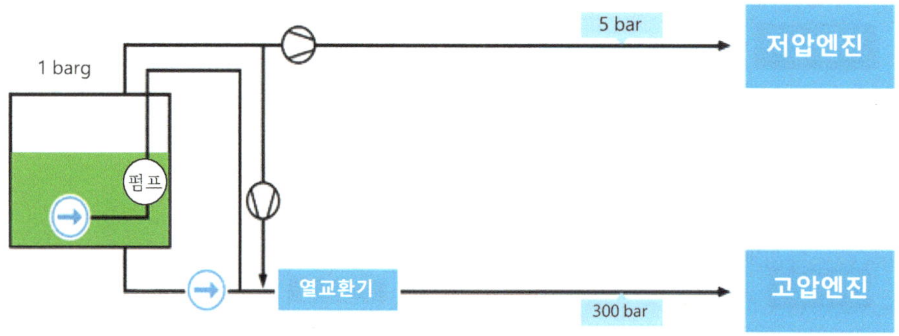

그림 7-6 LNG연료공급시스템 개념도

(1) LNG가압증발기

이중진공단열방식의 압력식 LNG연료탱크는 탱크 내의 압력을 이용하여 LNG를 압축하고, LNG의 소모에 따라 연료탱크 내의 액면이 낮아지고 탱크 내 압력이 서서히 낮아지게 된다. 가압증발기는 탱크 내 압력을 일정하게 유지하기 위하여 설치된다.

[source: Wärtsilä]

그림 7-7 저압용 LNG연료공급시스템

연료탱크 하부에서 뽑아 낸 LNG에 열원을 이용하여 기화하고 가스를 연료탱크의 상부로 보내서 탱크 압력을 일정하게 유지한다. 고저 차이에 의한 LNG의 배출이기 때문에 연료탱크 내의 액위보다 낮게 가압증발기를 설치한다. 연료탱크 내의 압력에 위해 압출된 LNG는 주기화기를 통해 기화된 후에 가스 엔진으로 가스를 공급한다.

육상 천연가스설비의 가압증발기에서 LNG처리 능력은 주기화기의 1/20정도인 경우가 많다. 선박용으로 사용할 경우 용량의 여유가 있는 것을 선정할 필요가 있다. 여기에 가스전용기관의 경우는 LNG주기화기가 작동 불가 시 가압증발기로 기화한 가스로 운전하는 것도 검토되고 있다. 그림 7-8과 7-9는 단열방법에 따른 연료탱크의 계통도를 보여주고 있다.

(source : JIME)

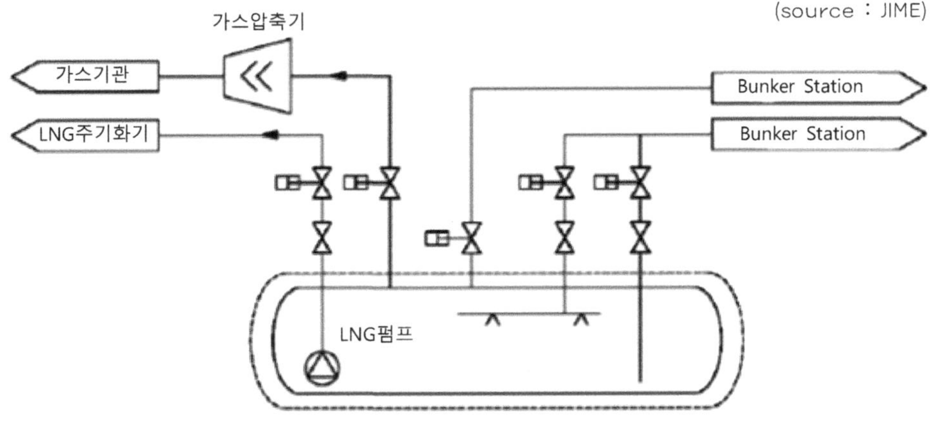

그림 7-8 외부단열식탱크 연료공급 계통도

(source : JIME)

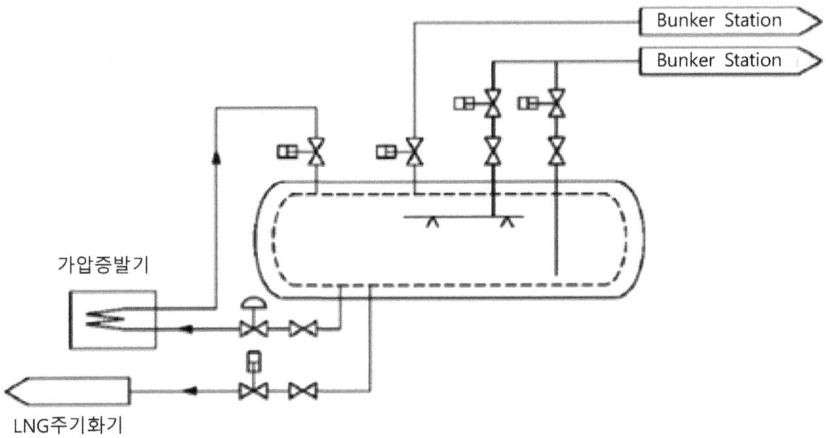

그림 7-9 진공단열식탱크 연료공급 계통도

(2) LNG주기화기(Main vaporizer)

연료탱크로부터 압출된 LNG를 기화하여 가스기관에서 소비하는 연료를 공급하는 장치이다. 기화기의 종류에는 open rack식, 중간열매체식, submerged combustion식, 공기식 그리고 온수식 등이 있다.

선박의 가스연료시스템용으로는 에너지절약형이며 유지 보수가 쉬운 온수식이 많이 사용 된다. 구조적으로는 shell & tube 방식이 있고, 원통용기의 중간에 스테인리스강제의 전열관 코일이 배치되어 있다.

원통용기에는 온수를, 튜브 내에는 LNG를 흘러 보내 열교환기를 통해 LNG를 기화하기 때문에 원통형온수식 기화기라고 부른다. 가압증발기도 LNG주기화기와 동일한 구조로 하여 가압증발기와 LNG주기화기용의 전열관 코일을 동일한 원통 내에 배치한 복합형 기화기도 있다.

LNG위성기지 같은 데는 직립형 기화기를 일반적으로 설치하나 가스연료선박에는 횡치방식의 기화기를 설치한다. 그림 7-10과 7-11과 같이 선박에는 설치 공간이나 수리 등을 고려해서 횡치형 또는 직립형을 선택하는 것이 좋다.

(source : JIME)

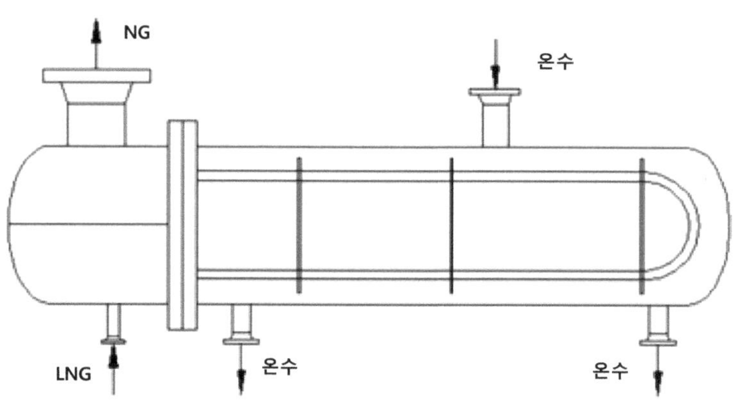

그림 7-10 횡치형 LNG기화기

(source : JIME)

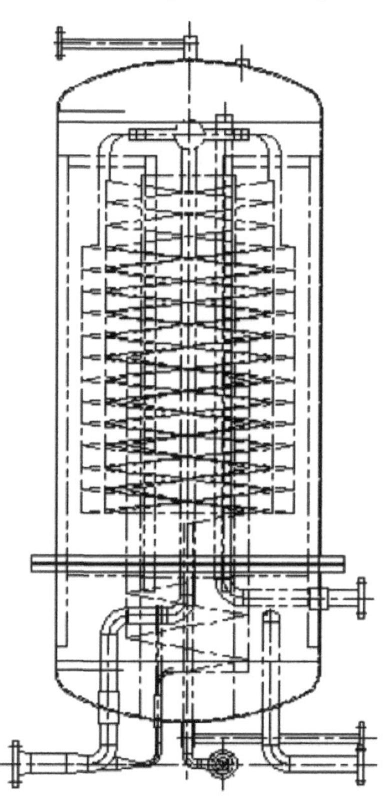

그림 7-11 직립형 LNG기화기

(3) Gas Heater

진공단열방식의 경우에는 가스히터를 설치하는 수도 있다. LNG주기화기의 가스 출구는 설계온도가 상온으로 설정되어 있는 경우에는 가스히터는 필요 없다.

외부단열탱크에는 탱크 내에서 자연 발생한 BOG를 가스압축기에서 가압하여 가스기관으로 보내기 때문에 가압되어 온도가 올라간 가스를 냉각할 목적으로 가스히터가 사용된다.

(4) Water/Glycol system

가압증발기, LNG주기화기 및 가스히터의 열원으로 되는 온수(Water/glycol, 이하 W/G)의 온도를 제어하는 시스템이다.

주 구성품은 W/G heater, W/G pump, W/G tank, Temperature control valve 등이다. W/G에는 에틸렌글리콜 수용액이 사용 되고, LNG주기화기 등에 열을 배출한 W/G는 W/G heater에서 엔진 냉각수와 열교환이 이루어지며, 30~40℃로 가열된다. W/G 펌프는 redundancy를 고려하여 하나의 시스템에 2개씩 설치한다.

가스기관을 운전 중에 W/G시스템이 정지하면 기화기 중에서 W/G가 결빙하고 일정 온도의 가스를 공급할 수 없기 때문에 W/G펌프의 운전신호와 W/G온도저하 신호, LNG압출밸브 자동정지의 인터록(inter lock)이 필요하다.

또한 기화기 등의 전열코일이 파손된 경우에는 W/G에 가스가 혼입할 수 있기 때문에 W/G 탱크에는 가스감지기를 설치한다.

W/G탱크는 시스템의 운전 시와 정지 시에 W/G의 체적변화를 흡수할 수 있도록 팽창탱크의 기능으로 설치되므로 통상 대기개방형이다. W/G탱크의 설치장소는 W/G에 가스가 혼입되지 않도록 W/G탱크를 압력용기로 해서 질소가스로 승압하여 항상 가스압력보다 높게 유지한다.

7.4.3 고압용 가스공급시스템(High Pressure Fuel Gas Supply System)

(1) ME-GI 엔진의 연료가스 공급 조건

표 7-3은 ME-GI엔진의 100% 부하 시 연료공급 조건을 표시하고 있다. 천연가스는 45℃, 300 barg 사양이다. 또한 에탄은 셰일가스 생산 시 함께 생산되며 미국에서는 저가 연료로 주목을 받고 있다. 에탄의 연소에는 400 barg의 압력이 요구된다.

표 7-3 ME-GI와 ME-LGI엔진의 연료공급 조건

	ME-GI		ME-LGI			
연료 종류	LNG	Ethane	Methanol	Ethanol	LPG	DME
공급 압력	300 barg	400 barg	8 barg	8 barg	40 barg	30 barg
연료 상태	Gas		Liquid			
공급 온도	45 ∓ 10℃		2 ~ 60℃			

(2) LNG고압펌프시스템

그림 7-12는 고압펌프를 사용한 연료공급시스템이다. -162℃의 LNG를 고압펌프를 이용하여 액 상태로 승압한 후에 기화기에 의하여 가스화하여 ME-GI 엔진으로 공급한다. 그림 7-13은 일본의 Mitsui조선에서 개발한 고압펌프의 외관이다. LNG고압펌프는 여러 공급업체가 있으며 기본적으로 크랭크식 수평왕복동식 펌프를 채용한다. LNG를 승압하는 실린더의 cold end부는 외부로부터 열 침투를 차단하기 위하여 진공자켓을 외부에 가지고 있는 타입이다.

펌프는 엔진의 필요 압력에 따라 구동모터의 회전수로 토출유량을 조절한다. 모터는 전동모터 또는 유압모터를 사용한다. 그러나 USCG(U.S. Coast Guard)가 요구하는 천연가스연료시스템의 설계기준에 따르면 연료공급시스템이 설치되어 있는 천연가스 펌프실 또는 압축기실은 위험구역(Hazardous area zone 0)으로 구분되어 방폭모터도 포함하여 일체의 전동기를 설치할 수 없다. 이 경우에는 유압모터를 이용하거나 격벽봉인(bulkhead seal)을 이용하여 펌프와 전동모터를 격리해야한다. 펌프의 LNG토출온도는 -140℃ 정도이기 때문에 기화기의 고열원측의 유체에는 동결을 방지하기 위해서 G/W를 사용하는 것이 일반적이다.

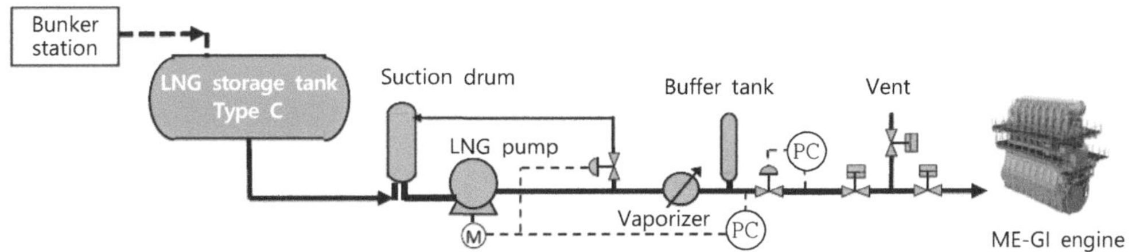

그림 7-12 LNG고압펌프 방식 예

[source : Mitsui조선]

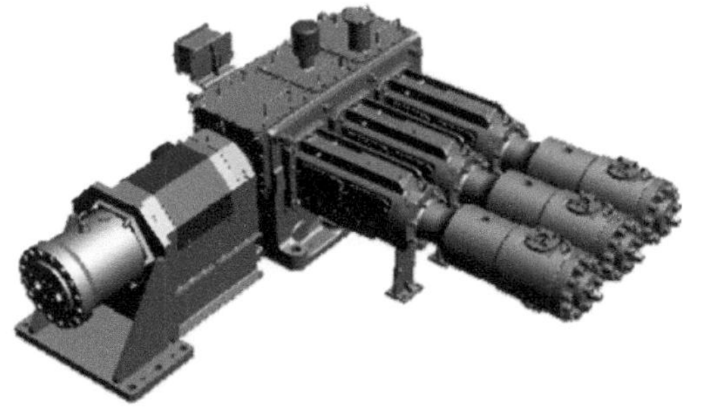

그림 7-13 LNG고압펌프(유압모터 구동방식)

IGF Code에는 연료공급시스템의 안전기능으로 엔진의 통상 정지 시 및 긴급 시 연료 master valve와 직열로 배치한 2개의 차단밸브 닫고 동시에 이 사이의 가스를 배출하는 breed valve를 배치하는 double block & breed valve (DBBV)의 설치가 의무화 되어 있다.

펌프방식은 고압가스압축기를 사용하는 경우에 비하면 소요동력이 적게 드는 것이 유리하다.

(3) 펌프와 기화기로 구성된 LNG연료공급시스템

ME-GI 엔진용의 LNG연료공급시스템은 펌프와 기화기로 고압의 가스연료를 주엔진인 ME-GI 엔진으로 공급하고, BOG compressor 또는 LNG공급펌프와 기화기로 저압의 가스연료를 DF발전기엔진으로 공급하거나 또는 선박의 종류, 항해의 형태 그리고 선박의 배치 등에 따라 이러한 시스템들의 조합으로 구성하기도 한다.

그림 7-14의 흐름과 같이 LNG연료탱크 속에는 여러 가지 기능을 가지고 있는 LNG펌프가 있다. 이 펌프는 LNG spray system의 일부로 6 barg의 cold LNG를 PVU(Pressure Valve Unit)내 설치된 HP pump로 보낸다.

LNG를 기화하는 데 필요한 열은 주기관의 고온 cooling water system으로부터 이용할 수 있다. 그리고 주기관의 jacket water는 glycol water를 가열하고 이 glycol water는 기화기로 보내 cold LNG를 가열할 수 있다. 이 때 LNG온도는 -162℃에서 45℃까지 상승한다.

그림 7-15에서 보는 바와 같이 LNG가스연료는 PUV와 소형의 고압 compressor를 거쳐 ME-GI엔진으로 보내진다.

(source: MAN Diesel & Turbo)

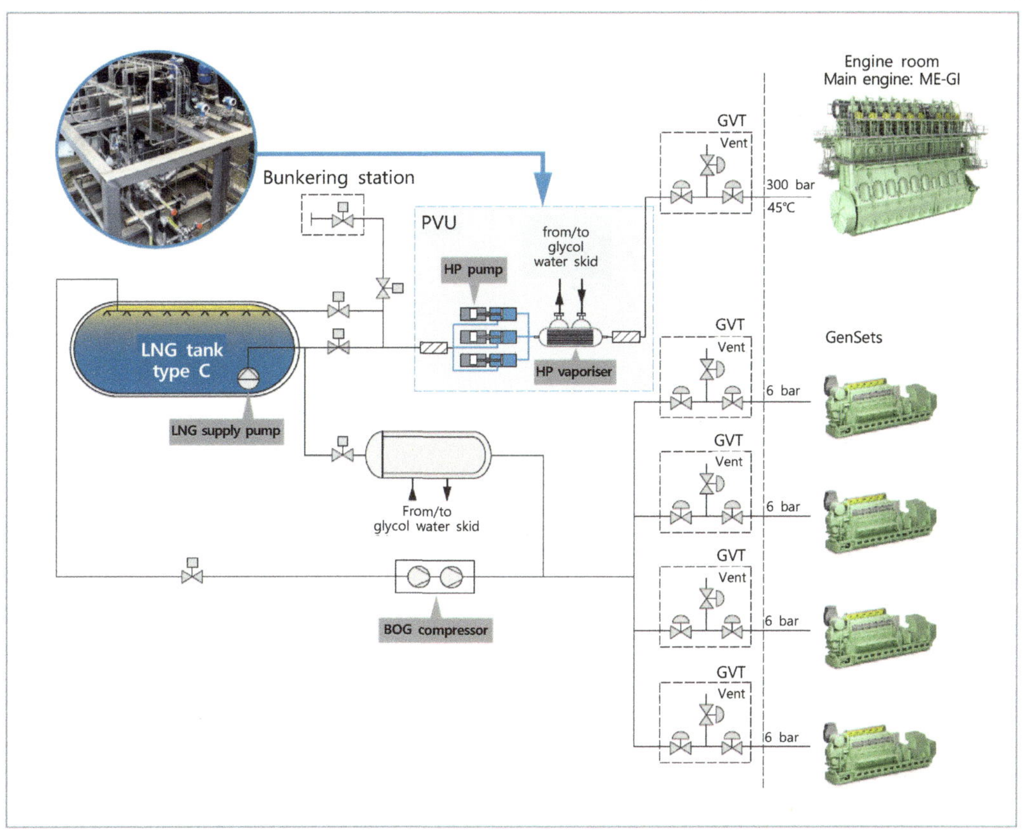

그림 7-14 고압펌프와 기화기로 구성된 LNG연료공급시스템 예

(source: MAN Diesel & Turbo)

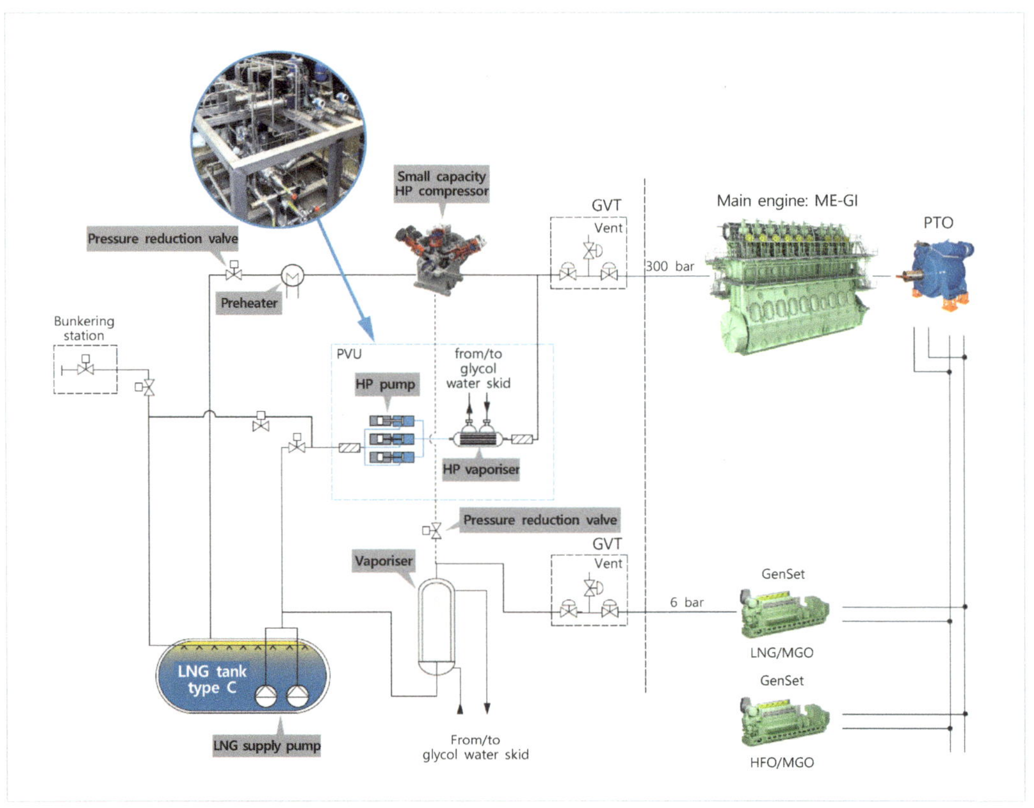

그림 7-15 소형 Compressor로 구성된 LNG연료공급시스템 예

7.4.4 LNG연료탱크의 부속설비

(1) 안전밸브(Safety Valve)

진공단열방식 탱크에는 conventional type이 사용되고, 외부단열식 탱크의 경우는 conventional type 또는 pilot type 안전밸브를 설치한다. 진공단열방식 탱크의 진공부에도 연료가 유입할 때를 대비해서 vent장치에 연결된 안전밸브를 설치한다.

LNG탱크에는 적어도 2대의 안전밸브를 설치한다. 안전밸브가 고장 시에는 물리적인 인터록에 의해 한 대 만의 안전밸브를 분리하는 것이 IGF Code의 요구사항이다.

즉, 하나의 안전밸브를 분리하여 수리할 수 있도록 하고 있다.

(2) 액면계측장치(Level gauging system)

진공단열방식탱크는 탱크의 상부와 하부의 압력 차이를 계측하여 LNG밀도로 액면 높이를 환산하는 간접 방식이 일반적으로 사용된다. LNG밀도는 온도의 상승과 연료 소비에 따라 변하므로 정확한 값을 파악하기는 어렵기 때문에 액위(liquid level)를 정밀하게 계측하기는 어렵다. 비교적 용량이 큰 진공단열방식탱크의 경우에는 레이더식 액면계를 설치하는 경우도 있다.

외부단열식 탱크의 경우에는 LNG운송선의 화물탱크에 사용되는 플로트식과 레이더식의 액면계를 사용하며 항해 중에 플로트를 끌어 올려야 하는 타입은 적합하지 않다.

(3) 과충전 제어(Overflow control)

연료의 과충전 제어는 액면경보장치와 과충전 방지장치가 필요하다. 액면경보장치는 다른 액면지시장치와는 별도로 작동하도록 설치하는 것이 IGF Code의 요건이다.

외부단열방식 탱크의 경우에는 LNG운송선의 화물탱크에 사용하는 플로트식 액면경보장치를 사용한다.

(4) 압력계측장치

현장지시용으로 플로트관식 압력계를, 원격지시용으로 전기식 압력발신기가 사용된다. 압력의 감시 장소에는 연료탱크의 고압경보, 필요에 따라서는 저압경보의 것도 설치가 필요하다.

(5) 온도계측장치

연료탱크에는 온도 계측장치를 설치한다. 육상의 위성터미널의 진공단열식 탱크에는 통상 온도계측장치가 설치되어 있지 않다. 외부단열방식의 탱크에는 공급된 LNG양을 정확히 파악하기 위해서도 온도계측장비가 필요하다.

7.4.5 가스연료공급시스템의 배치

(1) 진공단열탱크

그림 7-16과 같이 방식의 탱크는 TCS라고 부르는 스테인리스강제의 상자를 탱크의 외벽에 용접하여 붙인 것이 일반적으로 이용된다. TCS 내에는 탱크 밸브, 가압증발기, LNG 주기화기, 가스 heater등이 설치된다.

배관 등의 접속부로부터 누출된 LNG를 TCS 내에 가두어 두기 위하여 이 구획을 구성하는 탱크, 즉 TCS의 구조 재질은 연료탱크와 동일한 재질의 것으로 한다.

연료탱크가 갑판 하부에 설치된 경우는 TCS는 기밀구조(gas tight)로 하여야 한다. TCS로 출입을 개방갑판에서 직접하는 경우에는 탱크와 TCS가 설치된 구획을 비위험장소(non dangerous zone)로 할 수 있다. 단, 비위험장소 내를 통과하는 LNG 또는 가스의 배관은 이중관 구조로 하여야 한다.

TCS로의 출입을 개방갑판으로부터 직접하지 않는 경우는 볼트 체결 해치(hatch)를 TCS에 설치해야 한다. 이 구획은 위험장소(dangerous zone)로 된다.

연료탱크가 개방갑판상에 설치된 경우에는 TCS의 기밀성은 요구되지 않는다. 다만, LNG누출로부터 선체구조를 보호하기 위하여 drip tray를 설치한다. 그리고 연료탱크에는 워터 스프레이(water spray system)를 설치한다.

(source : Wärtsilä)

그림 7-16 LNG연료탱크와 TCS

(source : Wärtsilä)

그림 7-17 LNG연료탱크의 갑판하부에 설치 예

TCS 내부 bilge well에는 고액면경보, 온도저하경보, 가스감지경보 그리고 화재감지경보 등의 감시시스템이 필요하다. 경보의 종류에 따라서는 탱크 밸브나 가스공급밸브의 자동차단을 시행한다.

(2) 외부단열탱크

외부단열방식의 LNG연료탱크는 탱크 돔(dome)을 통하여 탱크의 내 외로 배관이 관통하고 이음부로부터 LNG누출 관점에서 탱크본체와 탱크 돔은 다른 구획에 설치한다.

그림 7-18의 모식도와 같이 갑판하부에 설치한 경우에는 연료탱크를 탱크 hold space에 배치하고 탱크 돔은 탱크 hold space의 직상부에 설치된 가스연료 control room으로 연결된다. 가스 control room으로 들어가는 탱크 돔의 관통부는 금속 bellows 등으로 기밀성을 유지한다. 탱크 hold space는 건조공기(dry air)에 의하여 구획 내를 건조(drying) 상태로 유지하여 tank saddle support에는 결빙을 방지한다. 이 구획은 위험구역으로 된다.

가스연료 control room에는 가스압축기, LNG주기화기, 가스히터, W/G펌프, W/G히터, W/G 탱크 등을 설치한다. 이 가스연료 control room은 시간당 30회 이상의 환기를 할 수 있는 배기식 통풍장치를 설치한다.

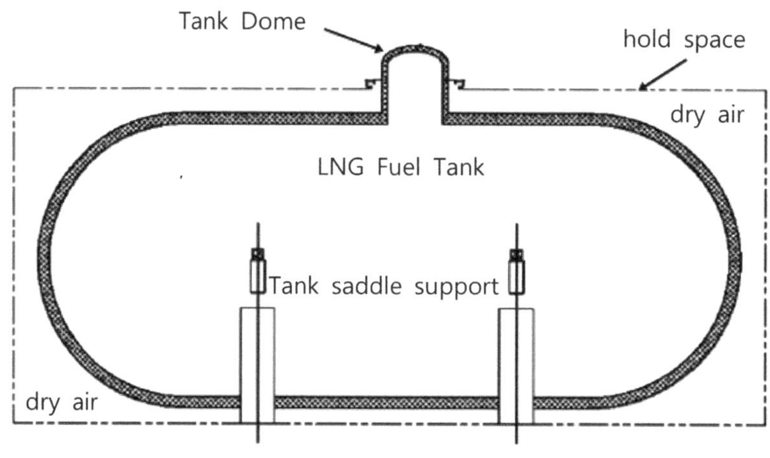

그림 7-18 외부단열방식 탱크 설치 예

연료탱크를 갑판 상에 설치하는 경우에도 탱크의 단열재를 보호할 목적으로 밀폐구획에 배치하여 건조공기에 의한 환경제어를 할 필요가 있다. 탱크 돔은 LNG운송선의 화물탱크와 같이 폭로부(weather deck)에 돌출시켜 배치하고 LNG의 누출에 의한 선체의 보호를 위하여 drip tray를 설치한다.

가스연료를 공급하기 위한 가스압축기, LNG주기화기 등은 별도의 장소에 설치하는 가스연료 control room 내에 설치한다.

7.4.6 벙커링 스테이션(Bunkering Station)

벙커링 스테이션은 외부로부터 LNG연료를 받는 장소이며, 벙커링의 방법에 따라 한 쪽 현 또는 양현에 설치한다. 탱크의 설계압력이 높게 설정되어 있는 경우는 연료탱크 내부의 스프레이관으로 LNG를 살포하여 LNG연료 보급 시 탱크 내의 압력 상승을 억제할 수 있기 때문에 liquid line만 설치해도 된다. 그러나 연료탱크의 설정압력이 낮은 경우는 연료탱크 내의 가스를 연료공급 측에 반송하는 gas return line을 설치해야 한다.

벙커링 작업의 전 후에는 연료공급관의 air purge 또는 gas free를 시행하기 때문에, 이 때 필요한 질소가스는 선박 내 또는 선외 설비로부터 공급된다. 벙커링작업은 안전한 장소에서 원격조작에 의해 제어 가능하며, 그 장소에서 탱크의 압력이나 탱크의 액위 등을 감시한다.

벙커링 스테이션에서부터 연료탱크까지 배관은 거주구나 업무구역을 통과해서는 안된다. 그 외의 안전구역을 통과하는 경우에는 이중관이나 가스기밀(gas tight)의 덕트 내에 배치한다. 그러나 LNG배관은 단열이 필요하며, 단열재의 바깥쪽에 외부관 또는 덕트를 설치한 경우에는 단열재의 점검이나 보수가 어렵게 된다. LNG배관을 진공단열 이중관으로 하면 좋으나 가격이 비싸고 직경이 커지게 되어 적용하기 어렵다.

이러한 이유로 외관과 내관 사이에 질소가스를 충전하고 외관의 외측에 단열을 시공한 LNG연료관을 사용한 사례가 있다.

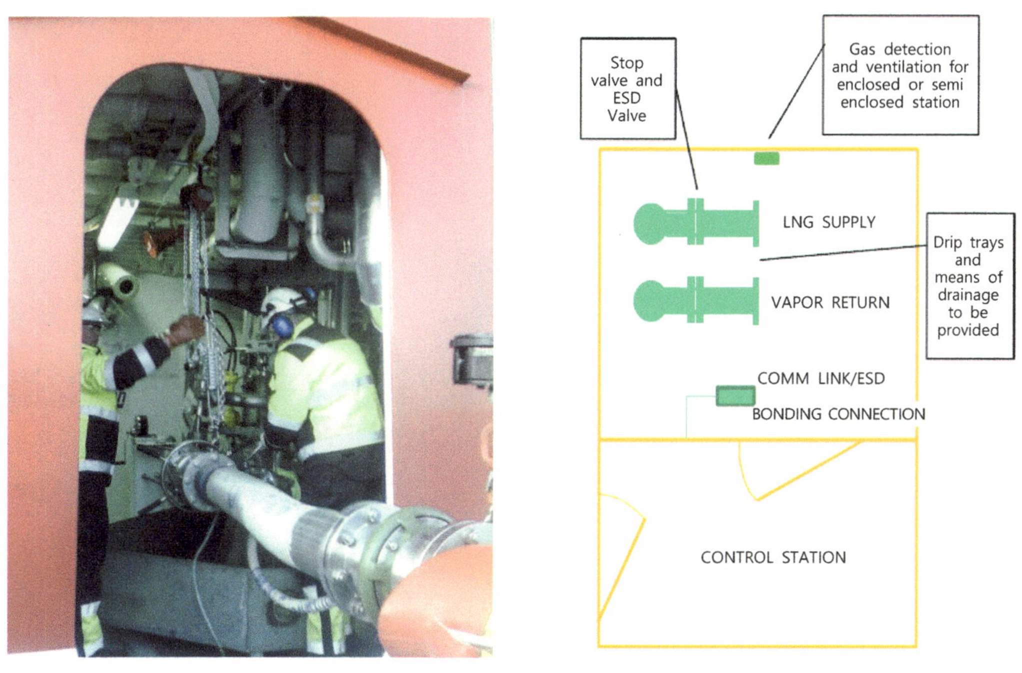

그림 7-19 LNG벙커링 스테이션

제8장
LNG벙커링 시스템
(LNG Bunkering System)

8.1 용어의 정의

▶ 대기압 탱크(Atmospheric tanks)

IGC code 또는 IGF code에 명시된 type A, B 그리고 멤브레인 탱크

▶ 벙커링 설비조직(Bunkering Facility Organization : BFO)

벙커링 설비의 운영을 담당하는 조직

▶ 선박이탈커플링(Breakaway Couplings : BRC)

선박이탈커플링은 LNG이송설비의 끝단에 장착되는 안전커플링으로, 지정된 하중 또는 거리를 벗어나면 자동적으로 차단밸브가 닫히고 이송관이 선박에서 분리된다.

(source: DIXON VALVE)

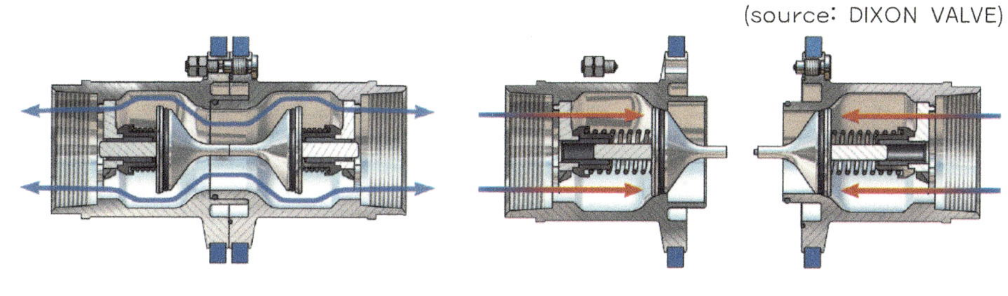

그림 8-1 Breakaway Coupling

▶ 벙커링 설비(Bunkering facility)

벙커링설비는 일반적으로 LNG저장설비와 LNG이송설비로 구성된다. LNG벙커링 설비는 회수되는 가스를 처리할 수 있도록 가스 회수관과 관련기기를 설치할 수도 있다.

▶ 건 분리(Dry disconnect)

이것은 두 선박간 또는 선박과 육상설비간의 이송시스템을 분리할 때 적용되는 것으로, 주 목적은 LNG나 천연가스가 대기 중으로 방출되는 것을 막는 것이다. 건 분리는 분리 전에 시스템 내의 액체를 저장탱크 내로 보내고 불활성가스로 관내를 채운 후(inerting), 시스템을 분리하거나 접속할 수 있게 된다.

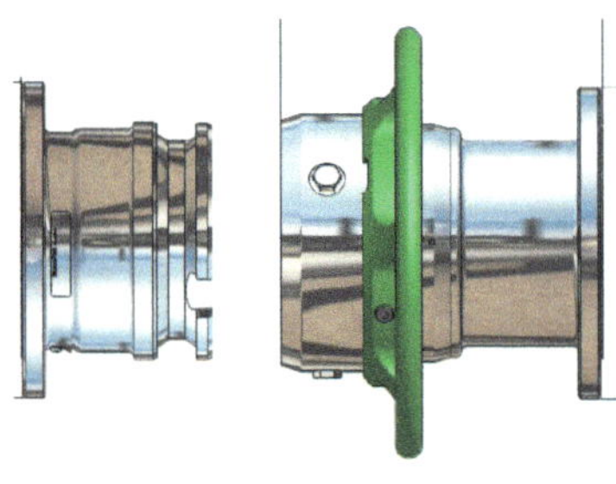

그림 8-2 Dry Disconnect Coupling (DDC)

▶ 비상차단(Emergency Shut-Down: ESD)

이것은 LNG이송시스템의 한 부분으로 설치되며 LNG의 흐름을 차단하거나 비상 시 이송시스템의 손상을 막기 위한 수단이다.

ESD는 두 부분으로 구성된다.

- ESD-stage 1 : 고압 또는 저압의 LNG탱크의 압력 경보, 선박과 LNG벙커링 설비 또는 두 선박 간의 과도한 이격을 감지하도록 설계된 케이블 또는 다른 수단들로부터 신호가 있을 때, 또는 다른 시스템으로부터 경보가 있을 때 LNG이송 프로세서를 제어방식으로 정지시키는 것이다.
- ESD-stage 2 : 이송시스템을 분리(de-coupling)하는 것으로 선박과 LNG벙커링설비 또는 두 선박 간을 분리시킬 때 작동하는 것이다. 분리(de-coupling) 메커니즘에는 LNG이송관 내의 LNG를 수용할 수 있도록 고안된 신속차단밸브(quick closing valve)가 장착된다.

▶ 비상풀림커플링(Emergency Release Coupling: ERC)

ERC는 일반적으로 ESD-stage 2 시스템과 연결된다. 이것은 미리 설정된 힘보다 과도한 힘이 걸리거나 비상 시 수동 또는 자동제어에 의해 작동된다.

(source : KLAW LNG)

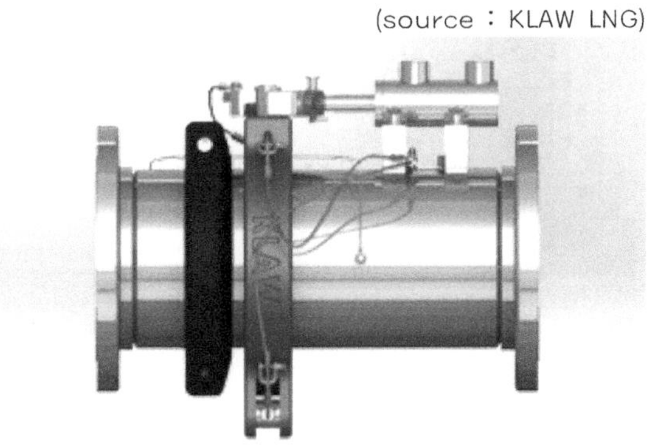

그림 8-3 Hydraulic Emergency Release Coupling

▶ 비상풀림시스템(Emergency Release System : ERS)

LNG공급설비로부터 이송시스템간의 신속한 분리와 두 선박을 안전하게 분리할 수 있도록 한다.

(source : KLAW LNG)

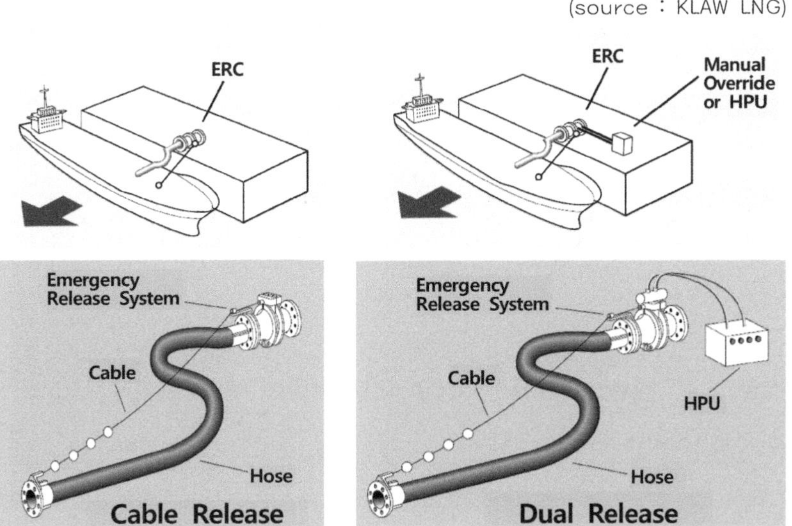

그림 8-4 Emergency Release System

▶ 플래시 가스(Flash gas)

LNG이송 중 마찰이나 압력저하에 기인하여 높아지는 온도 때문에 인수선박(Receiving Vessel)의 LNG탱크 내 급격히 생성되는 증발가스를 말한다.

▶ 위험요소 및 운용성 평가(Hazard and Operability study: HAZOP)

LNG벙커링 시 인명과 장비 등에 대한 위험성을 파악하여 평가하고, 위험도는 높지않지만 설계된 벙커링 능력을 저해할 소지나 운영상의 문제점을 파악하기 위하여 수행한다.

▶ 위험도 식별 평가(Hazard Identification study: HAZID)

관련분야 전문가들이 모여 위험 요소들을 찾아내 이에 대한 방지 및 대응책을 검토하는 것으로 '조기위험평가'라고도 불린다.

▶ 위험 구역(Hazardous zones)

LNG벙커링 관련 위험 구역은 IGF Code 및 IGC Code에 정의된 hazardous area zone 1 또는 zone 2를 의미한다.

▶ IAPH(International Association of Port and Harbours)

국제항만협회

▶ IGC Code(International Code for the Construction and Equipment of Ships Carrying Liquefied Gases in Bulk)

산적 형태의 액화가스를 운송하는 선박의 구조와 장비에 관한 국제코드, IMO Resolution MSC.370(93)

▶ IGF Code(The International Code Of Safety For Ships Using Gases Or Other Low-Flashpoint Fuels)

저인화점 연료 또는 가스를 연료로 사용하는 선박의 안전에 관한 국제코드, IMO Resolution MSC.391(95)

▶ 가스 회수관(Vapour return line)

가스 회수관은 LNG연료추진선과 LNG벙커링 설비를 연결하는 배관설비로 벙커링 작업 중 과도하게 발생한 증발가스를 LNG벙커링 선박의 화물탱크로 회수하거나 태우기 위해 소각기(GCU)로 보내는 배관 설비를 말하며, LNG연료탱크의 압력조절에도 사용된다.

▶ LNG이송시스템(LNG transfer system)

이 시스템은 LNG연료추진선 매니폴더와 LNG벙커링선 매니폴드 사이의 LNG이송 및 증발가스 처리에 사용되는 모든 장치를 말하며, 다음과 같은 것들이 있다.

- 로딩암과 그 지지구조
- 호스, 스위벨(swivel), 밸브, 커플링
- 비상풀림커플링(ERC)
- 단열 플랜지
- 신속접속해제커플링(QC/DC)
- LNG 및 가스처리시스템과 그 제어 및 감시시스템
- 통신시스템
- ESD시스템(선박간 또는 선박-육상 설비간 링크)

증발가스용 압축기나 블로어(blower)는 이송시스템의 설계에 따라 포함될 수도 있으며, LNG벙커링선의 압력조절을 위해 사용하는 재액화장치는 LNG이송시스템으로 고려하지 않는다.

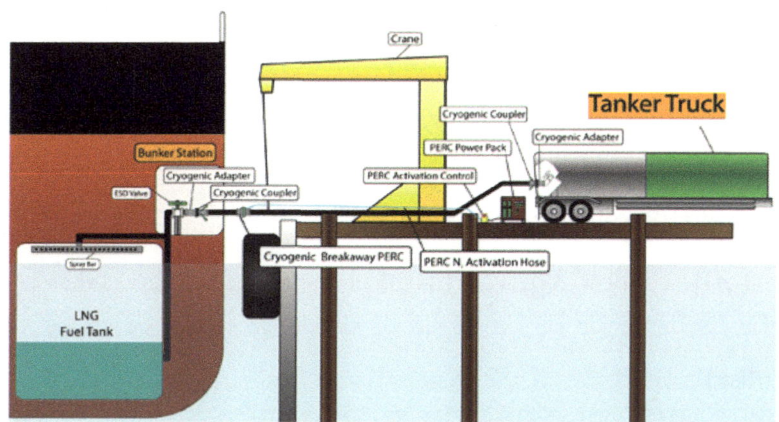

그림 8-5 LNG Transfer System

▶ MARVS(Maximum Allowable Relief Valve Setting)

안전밸브의 최대허용 설정압력을 말한다.

▶ 담당자(Person In Charge : PIC)

LNG벙커링 작업의 전체 운영을 담당하는 사람을 가리킨다.

▶ 개인 보호장구(Personal Protective Equipment : PPE)

벙커링 작업에 종사하는 사람이 착용해야하는 개인용 보호 장구를 말한다.

▶ 정성적 위험도 평가(Qualitative Risk Assessment: Q_{ual}RA)

'저/중/고', '중요하지 않음/중요함/매우 중요함' 또는 '1~10/1~5'와 같은 수치로 기술적 영역으로 분리하거나 순위를 통한 위험성의 상대적인 척도를 사용하는 위험도 평가의 한 방법을 말한다.

▶ 정량적 위험도 평가(Quantitative Risk Assessment: QRA)

지정된 규제위험 기준과 비교하여 수치적인 위험도를 계산하는 공식화된 통계적인 위험 평가 방법을 말한다.

▶ 인수선박(Receiving ship)

LNG벙커링 선박 또는 LNG탱크로리, 육상설비로부터 LNG연료를 받는 선박을 말하며, LNG연료추진선을 의미한다.

▶ 인수선박 운용사(Receiving Ship Operator : RSO)

인수선박 운용사는 벙커링 작업 시 인수선박의 운용을 맡고 있는 선박회사를 말한다.

▶ 위험도 (Risk)

위해사건 발생빈도와 그 사건 결과의 심각성의 조합을 나타낸다.

▶ 위험성 매트릭스(Risk matrix)

원인과 결과의 결합된 형태의 위험성 매트릭스 툴이며 위험성평가 시 기초화하는 데 이용된다. 다양한 결과를 카테고리화 하는데 있어서 포함되는 개념이다. 사람, 재산, 환경 그리고 명성도와 같은 영향도 평가 시에도 적용된다.

▶ 안전구역(Safety Zone)

안전구역은 벙커링설비, 인수선박의 벙커링스테이션 그리고 LNG이송시스템 주변구역으로, 이 구역은 벙커링 작업 시 잠재적인 발화원이 통제되어야 하고 허가 받은 사람만이 출입이 가능한 구역이다.

▶ 보안구역(Security Zone)

보안구역은 타 선박의 교통이나 다른 행위들이 통제되어야 하는 벙커링 설비나 인수선박 주변구역으로, 타 선박이 출입하는 것을 방지하고 벙커링 중 타 선박과의 일정한 거리를 유지해야 하는 구역이다. 이 구역은 안전구역보다는 크게 될 것이다. 'Exclusion zone'이라고도 한다. 이 보안구역은 장소에 따라 달라질 수 있으며 관할 항만 당국에 의해 결정될 수도 있다.

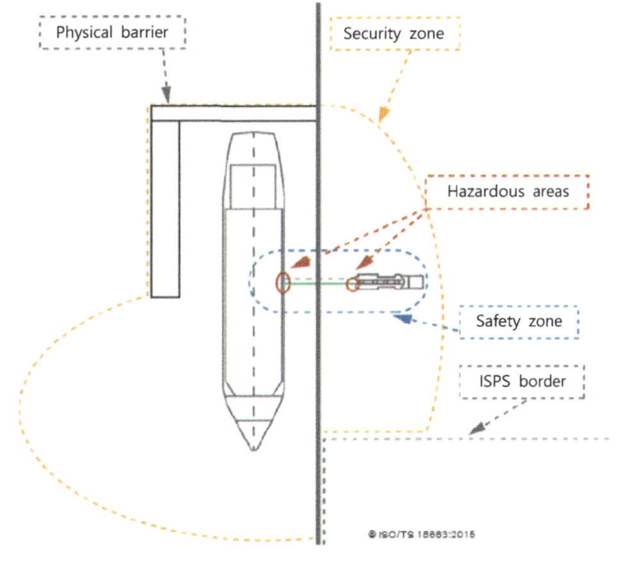

그림 8-6 안전구역과 보안구역

▶ SIGTTO(Society of International Gas Tanker and Terminal Operators)

국제 가스탱커 및 터미널 운영자협회

▶ STCW(International Convention on Standards of Training, Certification and Watchkeeping for Seafarers, 1978)

선원훈련, 자격증명 및 당직근무에 관한 협약

▶ 동시작업(Simultaneous Operation : SIMOPS)

LNG벙커링 작업이 화물의 적하 또는 양하 작업, 위험화물의 적하 또는 양하작업, 여객의 승선 또는 하선, 연료유의 벙커링 등과 같이 LNG벙커링 작업을 혼란스럽게하거나 영향을 미치는 작업이 동시에 이루어지는 것을 말하며, 이 경우에는 특별한 주의(또는 관계 관청의 승인이 필요)가 필요하다.

그림 8-7 Simultaneous Operation

8.2 가스연료공급시스템의 필요성

LNG벙커링의 정의는 적은 양의 LNG를 가스엔진 또는 이중연료엔진으로 추진하는 선박에 연료로 공급하는 것이다. LNG벙커링은 기본적으로 항만 내 또는 해상에서 이루어진다.

선박을 운영하는 선주나 용선주는 LNG연료의 이점에 대해 관심이 높아지고 있으며, 세계적인 추세로 인식되고 있다. 그러나 풀어야 할 과제도 적지 않다.

천연가스는 현재 이용할 수 있는 연료 중에 가장 깨끗한 연료로, 보일러나 엔진으로 연소해도 SOx, NOx, CO_2 그리고 PM 등 유해물질을 석유계 연료보다 월등히 적게 배출하므로 환경오염에 대한 규제를 만족한다. 그리고 세계적인 매장량도 석유보다 많은 것으로 알려져 있다. IEA(International Energy Agency)는 LNG를 앞으로 250년 동안 사용할 수 있을 만큼 충분한 매장량이 있다고 한다.

LNG를 연료저장 탱크에 적재하는 것은 천연가스의 특성 때문에 기존 연료유와는 다른 프로세서를 가지고 있다. 첫째는 LNG는 쉽게 증발하는 액체이다. 이것은 온도와 압력에 따라 액체의 상태가 변한다는 것을 의미한다. 둘째는 LNG는 -162℃의 극저온의 액체이다. 따라서 인체나 선박의 구조 또는 배관 계통과 접촉하면 손상의 위험성이 있다. 마지막으로 기존 연료유에서 발생하는 증발 가스는 flash point가 60℃이상으로 위험구역을 형성하지 않아서 간단히 대기 중에 배출하면 문제는 없으나, LNG증발가스는 폐위된 구역에서 폭발성 구름을 형성할 수 있으므로 위험하게 된다. 이러한 LNG의 특성 때문에 벙커링을 할 때 LNG와 그 증발가스에 대한 특별한 처리가 요구된다.

LNG저장 탱크에 LNG를 적재하는 방법은 적재 중에 발생하는 LNG증발가스를 탱크에 축압(accumulation)하여 저장하거나, LNG벙커링선박 또는 터미널로 돌려보내는 것으로 개발되어 왔다. 그리고 적재가 완료된 후 이송관에 남은 LNG는 탱크로 드레인(drain)하고, 나머지 가스는 질소가스를 이용하여 제거하여야 한다.

폐쇄된 밸브사이의 배관 내에 남아 있는 LNG는 증발하고 팽창하여 공간을 채우게 된다. 만약 이 공간이 작으면 증발가스의 압력이 위험한 수준까지 증가하여, 배관을 파손시키거나 밸브에 손상을 준다.

LNG저장탱크, 배관시스템 같은 압력이 증가할 우려가 있는 곳에는 안전밸브를 설치하여 과도한 압력을 방출하여 이 들을 보호한다. 안전밸브의 배출구는 작업구역에 위험구역을 만들지 않도록 작업구역에서 적절히 떨어진 곳에 설치한다.

LNG는 극저온 상태로 적재된다. 그래서 특별한 장비와 절차가 필요하다. 선박의 작업자가 LNG와 접촉하면 동상을 입게 되고, 작은 양의 LNG누출에도 선체구조에 심각한 손상을 일으킬 수도 있다. 스테인리스강재의 드립 트레이(drip tray), break-away coupling, 연결 해제 전에 봉인되는 특수의 호스연결 장치(dry disconnect coupling) 등이 LNG누출 방지 또는 승선원과 선박을 보호 할 수 있도록 설치된다.

LNG인수선박(receiving ship)과 벙커링 설비 또는 선박간의 통신은 언제나 중요하지만, 벙커링 작업 중에는 위험요소가 잠재해 있기 때문에 극히 중요하다. 그래서 벙커링 작업은 작업자는 설비나 선박을 잘 이해하고 적절한 절차에 따라 진행해야 한다.

벙커링 작업구역 주변에 보안구역과 안전구역을 설정하여, LNG 또는 가스의 누출로 위험상태가 확산 되어 가는 것을 사전에 막고 작업자, 관련설비 및 선박을 LNG위험으로부터 보호해야 한다.

LNG의 특성표를 부록 1에 첨부하였다. 이 특성들은 일반 연료유의 벙커링과는 달리 LNG벙커링에 매우 중요하게 고려해야 할 요소들이다.

8.3 LNG벙커링 방법

이 절에서는 4가지의 전형적인 LNG연료공급방식에 대해 알아보고자 한다.

벙커링에 걸리는 시간은 벙커링 설비로부터 이송되는 이송률(transfer rate)에 따라 달라진다. 여러가지 펌프 사이즈, 공급 압력 등은 벙커링 환경과 필요에 따라 결정될 것이다. 테스트 절차, 증발가스(BOG 또는 플래시가스) 처리방식, 퍼징(pursing)과 드레인(drain) 방법, 벙커링 전·후 절차 등과 같은 변수들이 영향을 준다. 표 8-1은 LNG연료공급방식별 장단점을 비교한 것이다.

표 8-1 LNG연료공급방식별 장단점 비교

방법	장점	단점
Truck-to-Ship(TTS) LNG truck connected to the receiving ship on the quayside, using a flexible hose, assisted typically by a hose handling manual cantilever crane	• Operational flexibility • Limited infrastructure requirements • Possibility to adjust delivered volumes(nr of trucks) to different client needs. • Possibility to adapt to different safety requirements. • Possibility to serve different LNG fuel users on point -to-point delivery	• Limited capacity of trucks: approximately 40-80 m^3 is likely to dictate multi-truck operation. • Limited flow-rates (900 - 1200 l/hr) • Significant impact on other operations involving passengers and/or cargo. • Limited movement on the quay-side, mostly influenced by the presence of the bunker truck(s). • Exposure to roadside eventual limitations(permitting, physical limitations, traffic related, etc.)
Ship-to-Ship(STS) LNG is delivered to the receiving ships by another ship, boat or barge, moored alongside on the opposite side to the quay. LNG delivery hose is handled by the bunker	• Generally does not interfere with cargo/passenger handling operations. Simultaneous Operations(SIMOPS) concept is favoured. • Most favourable option for LNG bunkering, especially for ships with a short port turnaround time. • Larger delivery capacity and higher rates than TTS method. • Operational flexibility – bunkering can take place alongside, with receiving ship moored, at anchor or at station.	• Initial investment costs involving design, procurement, construction and operation of an LNG fuelled vessel /barge. • Significant impact in life-cycle cost figures for the specific LNG bunker business. • Limited size for bunker vessel, conditioned by port limitations. • LNG bunker vessel regarded to transport "dangerous foods" – requiring special permitting to operate within

Shore-to-Ship LNG is either bunkered directly from a small storage unit (LNG tank) of LNG fuel, small station, or from an import or export terminal. Pipelines from the terminal to the bunker station on the quay side take the LNG. Also known as "Pipeline-to-Ship – PT	• Possibility to deliver larger LNG volumes, at higher rates. • Good option for ports with stable, long-term bunkering demand.	• From operational perspective it may be difficult to get the LNG fuelled receiving ship to the Terminal. • Proximity of larger LNG terminal may not be easy to guarantee. • Calculation of available LNG for delivery, in small storage tanks, can be difficult unless pre-established contract exists.
ISO Container-to-Ship LNG can also be delivered to the receiving ship by embarkation of ISO containerized LNG tanks. If the receiving ship is pre-fitted with LNG connections the fuel can then be used	• Absence of interface bunkering operations • Simplification by exempting operations from hoses and other operational aspects. • Potential advantages from intermodal possibilities. • leveraging of intermodal transportation	• Connections onboard need to comply with strict construction regulations. • Limited volumes available in 20-40 m^3 containers. • Only suitable for a limited type of ships. • Requires pre-installation of LNG fuel installation.

8.3.1 선박간의 벙커링(Ship To Ship LNG bunkering : STS)

많은 양의 LNG를 공급할 때 일반적으로 사용하는 방법이다. 현재 건조 중이거나 계획되고 있는 LNG벙커링 전용선박의 용량은 약 3,000~7,500 ㎥ 정도이다. 현재 LNG 벙커링선은 중소형전용LNG터미널, 중소형LNG선의 접안이 가능한 국제표준 LNG터미널, 대형 LNG선으로부터 Ship-to-Ship에 의한 방식 등으로 LNG를 공급 받고 있다.

(1) Type C 탱크 간의 LNG이송

LNG연료탱크는 탱크의 상부 또는 하부에 LNG주입관을 설치하거나 두개를 동시에 설치한다. 이 배관을 통해 탱크의 상부(스프레이 노즐) 또는 하부에 직접 LNG를 주입한다. 상부 배관을 통해 LNG를 스프레이 하여 탱크 내의 증발가스를 냉각시켜 압력과 온도를 낮추는 역할을 한다. 상부 스프레이관은 초기 연료탱크의 냉각(cooldown)용으로도 이용된다. 상부와 하부에 모두 주입관을 설치하면 연료탱크 내에 남은 LNG와 주입되는 LNG를 적절히 섞어 주는 장점도 있다.

LNG는 증발하는 액체이므로 연료탱크의 압력은 정박, 운항 또는 벙커링작업 중에도 연료탱크의 설계압력을 초과하지 않도록 지속적으로 제어되어야 한다. 압력을 감시하기 위해서 연료탱크 내의 가스층에 압력계를 설치한다. 또한 탱크 내에 두개의 안전밸브(pressure relief valve)를 설치하여 비상시 벤트마스트(vent mast)로 배출한다.

LNG연료탱크 내의 온도는 벙커링 중 변한다. LNG연료탱크에 단열이 되어 있지만 탱크 표면을 통해 지속적인 열 침투가 이루어진다. 어떤 연료공급시스템에서는 압력을 가하여 직접 엔진으로 가스를 보내기도 하는 데 이 때 요구되는 압력을 위하여 LNG탱크 내에 히팅코일을 설치하여 가열할 때 온도가 상승한다.

가열과 반대현상으로 LNG증발의 냉각효과(cooling effect)도 발생한다. 가스는 탱크 내 가스나 LNG가 부피가 줄어들면 그것을 채우기 위해 LNG액체와 증기가 더 낮은 포화온도와 포화압력에서 평행상태를 유지하면서 LNG가 증발한다.

따라서 탱크로부터 LNG가 아주 천천히 소모되거나 소모되지 않으면 탱크 내로 열전달로 인하여 탱크의 온도와 가스 압력이 증가한다. 반면 증발가스가 빠른 속도로 소모되면 LNG탱크 온도는 낮아지게 된다. 이러한 현상은 증기제어프로세서에 지대한 영향을 미치므로 소모되는 LNG온도와 LNG탱크 내의 온도 차이를 아는 것이 매우 중요하다.

연료로 소모되는 LNG와 저장탱크 내 LNG의 서로 다른 특성 때문에 가스의 제어는 매우 신중하게 해야 한다. 대부분의 경우 벙커링 시 상대적으로 높은 LNG연료탱크 내의 LNG 온도 보다 더 낮은 LNG를 공급 받게 된다. 두 LNG액체의 온도 차가 크게 되면 그것의 포화증기압도 달라질 것이다.

온도가 낮은 공급 측의 LNG탱크와 온도가 상대적으로 높은 인수 측 LNG탱크의 가스층 공간을 LNG이송을 시작하기 전에 직접 서로 연결하게 되면 인수 측 탱크는 가스의 응축으로 인해 급격히 압력이 떨어지게 된다

유사하게 상대적으로 낮은 온도의 LNG(cold LNG)가 온도가 높은 탱크(warm tank)로 이송될 때 LNG가 데워지므로 많은 양의 플래시가스(flash gas)가 발생하기도 한다.

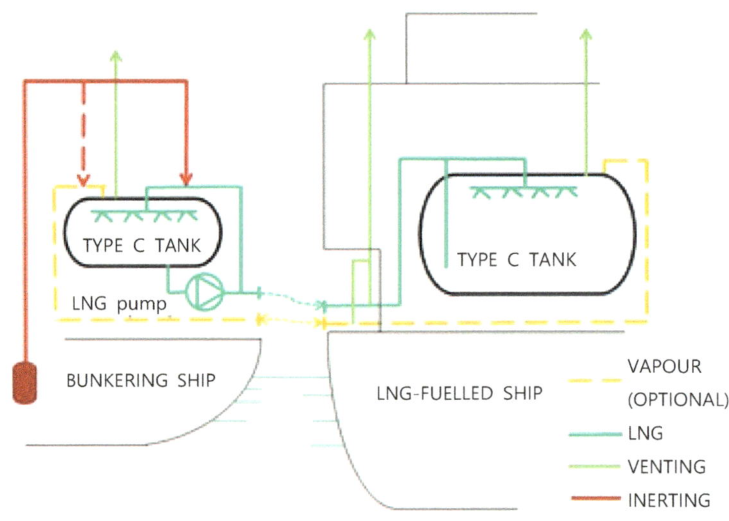

그림 8-8 Type C 압력탱크 간의 LNG이송

벙커링 시 가스의 제어는 엄중하므로 공급과 인수 측의 시스템의 능력과 LNG탱크 내의 환경에 따라 여러 가지 방법으로 처리될 수 있을 것이다.

그림 8-8은 전형적인 LNG벙커링 방법을 나타낸다.

(2) 두 탱크가 유사한 온도에서의 LNG이송의 경우

두 탱크 사이의 LNG온도가 유사하다면 벙커링에 이용할 수 있는 몇 가지 옵션이 있다. 인수선의 LNG탱크가 LNG로 채워지면 LNG는 같은 양의 가스를 배출하게 된다. 가스는 과도한 압력을 방지하기 위하여 액체로 응축되거나 인수탱크로부터 배출될 필요가 있다. 동일하게 LNG공급측 탱크로부터 LNG가 이송되므로 배출된 LNG공간은 부압(vacuum)이 되지 않도록 동일한 부피의 가스로 치환된다. 두 탱크의 가스는 가스 회수관(vapour return line)으로 인수탱크의 가스를 공급탱크로 회수함으로써 제어할 수 있다. 이것은 두 탱크가 동일한 압력을 가지고 있을 때 또는 압력을 제어할 방법이 있을 때 가능하다. 또 하나의 옵션은 인수탱크의 tank top에서 LNG를 스프레이(top spray)하는 방법과 배출되는 가스를 재액화하거나 연료로 소비하거나 공급 측 탱크압력을 유지하기 위하여(부압방지를 위하여) LNG를 별도로 증발(vaporizing)시키는 것이다.

(3) 공급 측 LNG온도가 인수 측 LNG온도보다 낮을 때

공급 측 탱크내의 LNG온도가 인수 측 탱크 내 남아 있는 LNG온도보다 낮을 때 두 탱크는 서로 다른 압력을 가질 것이고 가스회수관에 가스제어가 되지 않는다면 가스회수관을 사용하는 것은 피해야 한다. 대신에 tank top 스프레이 방법으로 인수 측 탱크에 채워 가스를 냉각하고 응축시켜 압력을 제어하는 것이다. Bottom fill line은 너무 많은 가스가 응축되는 것을 방지하기 위하여 필요 시 사용할 수 있다. 벙커링 되는 LNG의 양에 따라 그리고 탱크 내 환경에 따라 인수탱크 내부 압력을 제어하기 위하여 상기 방법에 더하여 일부 가스를 소비하거나 재액화하기도 한다. 마찬가지로 어떤 경우는 LNG공급탱크 내의 압력을 유지하기 위하여 LNG를 증발시킬 필요도 있다.

(4) 공급 측 LNG온도가 인수 측 탱크의 온도보다 높을 때

공급 측 탱크의 LNG가 인수 측 탱크에 남아있는 LNG보다 온도가 높을 때, 온도가 높은 LNG가 탱크 내에서 급격한 증발을 일으킬 수 있고, 그 결과 탱크 내 압력이 높아질 수 있다. 인수 측 탱크에 이 압력을 처리하지 않거나 어떤 방법으로 급격히 증가하는 가스를 처리하지 않으면 온도가 높은 LNG를 받을 수 없게 된다. 공급 측의 탱크와 인수 측 탱크의 환경과 공급시스템과 인수시스템의 능력, 벙커링 되는 LNG의 양에 따라 달라진다.

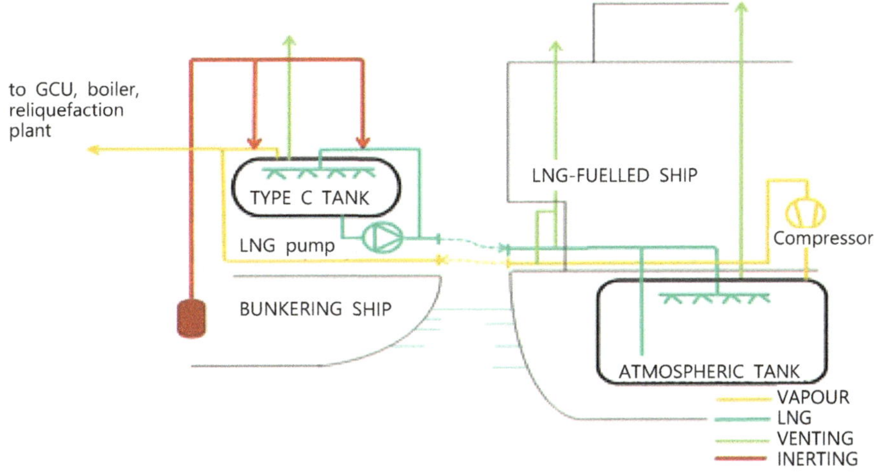

그림 8-9 Type C 압력탱크와 대기탱크 간의 LNG이송

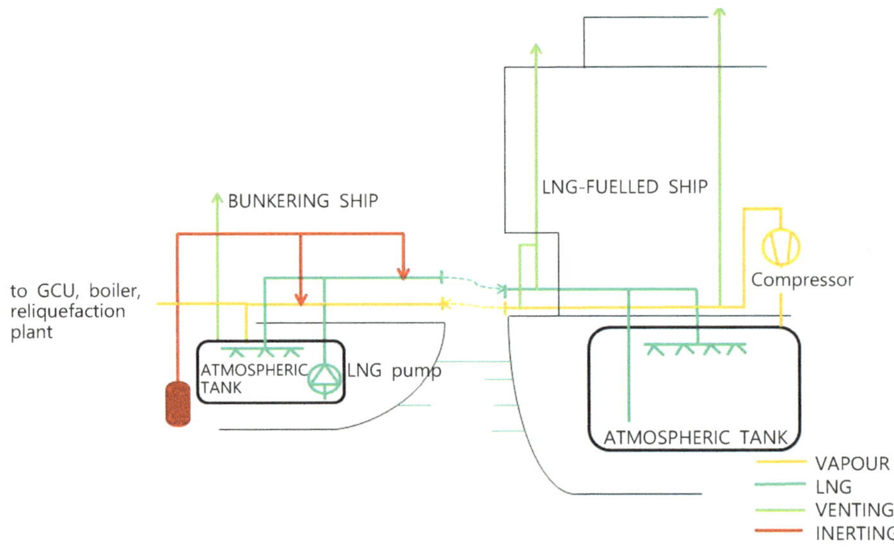

그림 8-10 대기탱크 간의 LNG이송

이 경우, 압축기는 옵션이다. 공급 측에 저압 대기형 탱크(atmospheric tank) 또는 압력형 탱크를 사용하면 일반적으로 압축기가 필요하지 않다.(배출펌프를 사용한다) 벙커링 중 많은 양의 플래시가스가 발생하거나 공급탱크와 인수탱크 간의 압력차가 가스의 free flow를 허용하지 않는 경우에는 압축기를 사용한다.

8.3.2 LNG탱크로리와 선박간의 벙커링(Truck To Ship LNG bunkering : TTS)

LNG벙커링 작업은 표준 LNG탱크로리로부터 이루어진다. (일반적으로 40 m^3 용량의 것을 사용) 요구되는 벙커용량에 따라 선박 당 한대 이상의 탱크로리가 필요할 수 도 있다.

LNG벙커링에 걸리는 시간은 탱크로리의 이송 능력에 달려 있지만 이송 능력은 상대적으로 매우 작은 편이다. 공용 매니폴더(common manifold) 또는 안벽 쪽에 영구적으로 설치한 버퍼스테이션(buffer station)을 사용하여 여러 대의 탱크로리를 동시에 배치하여 벙커링 능력을 증가시킬 수도 있다.

그림 8-11 "Viking Grace"호 LNG탱크로리에 의한 벙커링

이 LNG벙커링 방법은 여러 가지 타입의 선박과 다양한 지역에서 벙커링 할 수 있는 매우 융통성이 있는 방법이다. 항만 배치 상황에 따라 탱크로리를 LNG인수선에 가까이 주차할 수 있어 이송배관 길이가 짧아지며, 이것은 배관을 통해 LNG로 전달되는 열전달을 최소화 할 수 있다. 또한 배관의 압력 저하(pressure drop)와 배관의 손상에 의한 LNG의 잠재적 누출을 최소화할 수 있다.

이 방법으로 이송할 수 있는 가장 적절한 양은 약 200 ㎥이하로 인식되고 있으며, 상업용으로 사용할 때 시간이 매우 오래 걸리는 단점이 있다. 때로는 Ro-Ro페리선의 경우 LNG탱크로리를 선박의 주 화물 갑판에서 직접 벙커링을 할 수 있다. 이 벙커링 방법은 기존의 Ro-Ro페리선의 연료유 벙커링에서 나온 것이다.

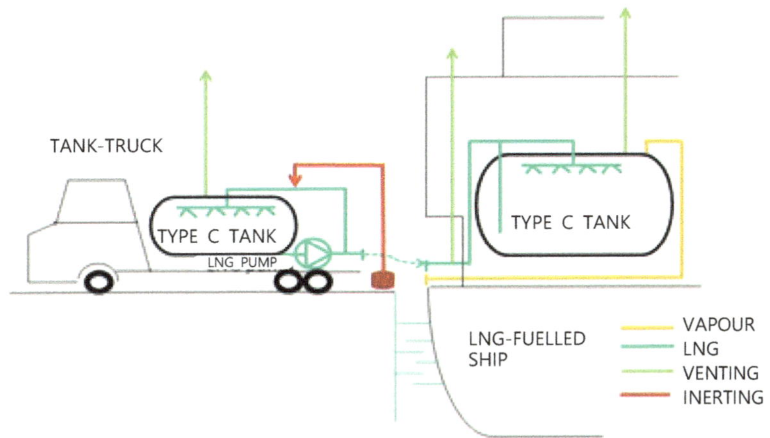

그림 8-12 LNG탱크로리와 선박 간의 LNG이송

8.3.3 LNG터미널과 선박간의 벙커링(Terminal To Ship LNG bunkering)

근거리용 페리나 로로선 OSV 등은 육상에 설치된 벙커링 설비가 사용될 수도 있다. 이 경우 LNG벙커링은 배관 그리드나 플렉시블 호스, 로딩암 등을 통해서 선박으로 이송한다. 이 경우 LNG저장탱크는 가능한 한 벙커링터미널에 가까운 것이 좋다. 또한 비상 시 LNG 이송을 중단하거나 ESD를 수동으로 작동시킬 수 있도록 사람을 배치해야한다.

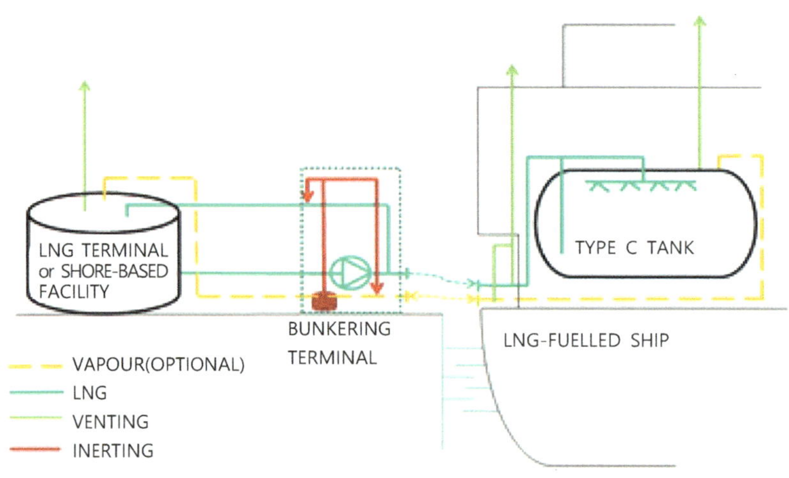

그림 8-13 LNG터미널과 선박간의 LNG이송

8.3.4 컨테이너식 LNG탱크

이동식 탱크에 의한 벙커링 방법도 사용 가능하다. (IGF Code 18.4.6.3과 18.4.6.4. 참조). 인수탱크 내로 LNG이송 대신 LNG컨테이너를 선박에 적재하여 연료공급을 한다. 각 컨테이너는 엔진에 공급되는 배관, 안전밸브용 벤트마스트로 연결되고 또한 불활성가스공급시스템(Inert gas system)으로 연결된다. Feeder Container선으로 운송되는 ISO LNG컨테이너 탱크의 경우 표준 컨테이너 사이즈 type C LNG탱크로 이루어져있다. 연결시스템도 LNG탱크에 부착되어 있다.

페리선 같은 곳에 사용하는 탱크로리는 선박의 갑판 상 특정한 위치, 즉 일반적으로 IMDG 구역에 고박되고 LNG연료공급시스템에 적절한 호스로 연결된다. 이러한 이동용 LNG연료탱크로 사용되는 특수한 탱크로리와 그 연결시스템은 IGF Code, 국내 관련법 그리고 국제 표준에 따라 승인을 받아야 한다.

그림 8-14 최초의 Roll-off LNG연료 탱크를 장착한 'Searoad Mersey II'

8.4 LNG벙커링시스템 요건(LNG Bunkering System Requirement)

8.4.1 적재 제한(Loading limitation)

▶ 벙커링 온도(Loading temperature)

대기압 하에서 천연가스는 -162℃에서 액화된다. LNG의 온도가 올라가게 되면 증기압은 올라가고 LNG의 밀도는 낮아진다. 이런 물리적 변화가 저장탱크의 용량이나 압력 등에 영향을 미치기 때문에 벙커링 작업 전 면밀히 고려되어야 한다.

▶ Filling Limit

LNG탱크의 적재는 IGF Code에서 정하는 최대허용 용적까지로 제한된다. 이것을 filling limit라 하며, 탱크의 기하학적 부피의 %로 나타낸다. 이 filling limit는 loading limit와는 다르다. 최대허용 적재용적(maximum filling limit)은 MARVS 설정 압력에서의 LNG기준온도(reference temperature)에서 탱크의 기하학적 volume의 98%이다. 더 많이 적재하려면 'case by case'로 선급의 승인을 받아야 한다. 참고로 MOSS Type의 LNG운송선은 99.5% 까지 적재가 가능하도록 선급의 승인을 받았다.

▶ Reference Temperature

reference temperature는 안전밸브의 설정압력에서 LNG의 포화증기압에 해당하는 온도가 된다. 예를 들면, 안전밸브가 0.7 barg에 설정되어 있으면 reference temperature는 -154.7℃가 된다. 이 온도는 천연가스가 0.7 barg의 압력에서 액의 상태로 존재하는 온도이다.

▶ Loading Limit

loading limit는 연료탱크에 적재할 수 있는 액의 부피이다. 이것은 기하학적 탱크 부피의 백분율(%)로 나타낸다. 이 limit는 loading temperature와 filling temperature의 각 density의 비율에 따라 달라진다.

LNG연료추진선의 loading limit는 보통 연료탱크의 type이나 안전밸브의 설정 값 등에 따라 85~95% 범위에 있다.

$$LL = FL\,(\frac{\rho_R}{\rho_L})$$

LL= loading limit

FL= filling limit

ρR = reference temperature에서 LNG밀도

ρL = loading temperature에서 LNG밀도

▶ Loading limit에 미치는 온도와 압력의 영향

loading limit와 관련하여 압력과 온도의 영향을 이해하기 위해서는 우선 LNG와 증발가스가 연료저장탱크에서 연료로 쓰이지 않은 상태를 생각해 보면 된다. 이 경우에 LNG탱크는 폐회로 시스템으로 포화상태(saturated condition)가 된다. 즉 liquid와 vapour가 평형상태에 있게 된다. 탱크에 단열을 했더라도 어느 정도의 열은 탱크 안으로 침투하게 되어 liquid와 vapor의 온도는 상승하게 된다. 반면에 liquid와 vapor는 포화상태로 유지된다.

▶ Heel

벙커링 전에 탱크에 남겨진 LNG의 양을 일반적으로 heel이라고 부른다. 이 적은 양의 LNG는 벙커링(refill) 전에 LNG탱크를 저온상태로 유지하기 위한 것이다. 필요한 heel의 양은 벙커링과 항해 스케줄, 엔진의 가스소모량, 외부로부터 열침입량, 선박의 운동, 탱크의 크기 그리고 형상 등을 고려하여 계산된다. 초기설계 단계에서는 대략 5%정도로 가정한다.

▶ Usable Capacity

일반적으로 연료로 사용할 수 있는 용량은 LNG의 loading limit에서 heel 값을 뺀 기하학적 탱크 총용량의 백분율로 표시한다.

온도가 상승하면 liquid의 밀도는 낮아진다. 만약 탱크가 꽉 차게 되면 증기가 차지하는 공간이 좁아지게 된다. 액체의 밀도가 낮아져서 그 부피가 증가하면서 증발가스가 차지하는 공간의 부피가 줄어든다. LNG의 온도의 변화로 인한 이 가스층의 공간이 줄어 결국 증발가스의 압력이 상승하게 된다.

만약 탱크의 온도가 허용한도를 초과하면 증발가스의 압력은 안전밸브가 열릴 때까지 증가하게 된다. 이때의 온도가 reference temperature가 된다. reference temperature에서 LNG의 밀도가 loading temperature에서 밀도보다 더 낮기 때문에 loading limit 공식에서 알 수 있듯이 loading limit는 언제나 filling limit보다 낮게 된다.

MARVS를 높게 설정하면 LNG의 reference temperature는 증가하는 데, 이것은 탱크의 안전밸브가 열리는 압력에 도달하는 시간을 늘리는 이점이 있다. 그러나 reference temperature가 높기 때문에 그 온도에서의 LNG의 밀도는 낮아지게 되고, loading temperature와 reference temperature간의 온도 차는 MARVS를 낮게 설정했을 때보다 더 커지게 된다.

그림 8-15, 8-16은 초기 loading 상태와 시간이 흐른 후 filling limit에 도달한 상태를 예로 표시하였다.

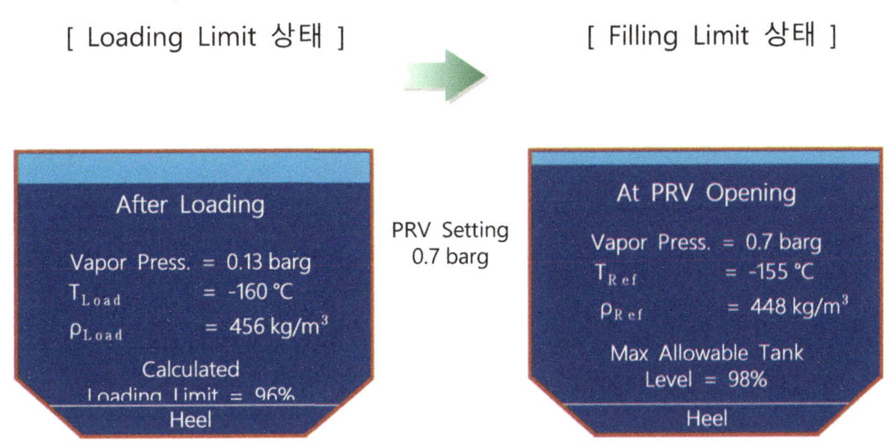

그림 8-15 저온식 탱크의 Loading Limit

안전밸브의 압력을 높게 설정할 수 있는 압력형 탱크가 오랜 시간 더 온도가 올라간다(warm-up)는 것이다. 그러나 압력형 탱크의 loading limit는 훨씬 낮다는 것이다. loading limit를 낮게 해야 holding time이 길어지게 된다.

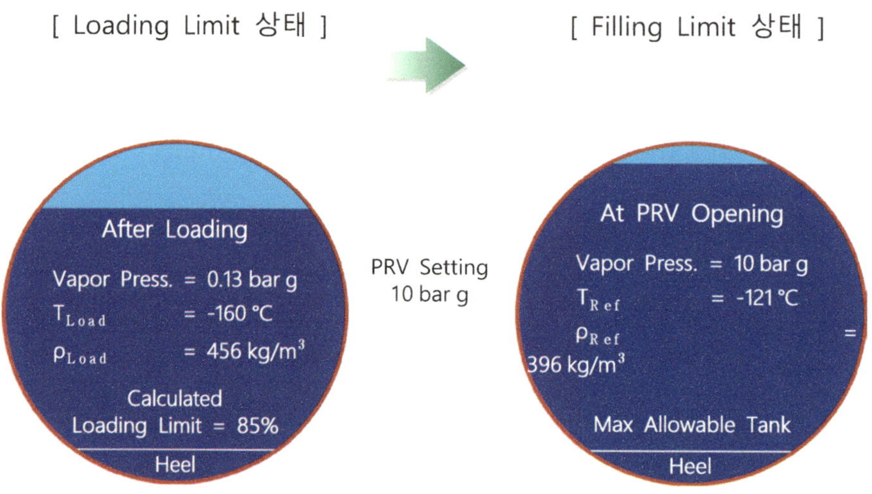

그림 8-16 압력형 탱크의 Loading Limit

8.4.2 선박간의 적합성(Vessel compatibility)

안전한 벙커링을 위한 첫 단계는 LNG연료공급선박 또는 관련 설비와 인수선박이 서로 적합성이 있는 지를 확인하는 것이다. 적합성은 광범위하게 확인되어야 한다. LNG벙커링은 매우 복잡하기 때문에 적합성을 확인하는 것이 유류 벙커링보다 훨씬 더 중요하다. 선박과의 적합성 평가는 벙커링 작업을 시작하기 전에 수행하여야 한다. 일반적으로 적합성은 벙커링 작업을 시작하기 전 벙커링 절차의 일부로써 당사자간 합의하고 서면으로 확인해야 한다. 이러한 것을 실행하기 위한 가장 쉬운 방법은 check list를 만들어 일일이 점검해 가면서 벙커링 작업 개시 전 적합성을 확인하는 것이다.(부록 2 IAPH 표준 Check list 참조)

적합성은 다음과 같은 사항 들을 고려하여 확인하여야 한다.

- 인수선박이 안전하게 계류할 수 있고, 손상을 방지하기 위하여 fender 또는 선박간, 선박과 LNG연료공급설비간의 적절한 간격이 유지 되어야 한다. 선박 길이에 제한이 있는 지 확인한다. 선박의 계류(mooring)는 예상되는 풍속, 조류, 기상상태뿐만 아니라 주변을 지나는 선박들로부터 발생되는 파도 등으로 인한 선박의 위치를 유지할 수 있도록 충분히 견고하게 하여야 한다.
- 그림 8-17과 같이 선박 또는 설비의 건현은 호스를 두 선박의 상대운동을 수용할 수 있도록 LNG연료 공급측과 인수 측의 플랜지에 적절한 slack을 가지고 연결할 수 있을 만큼 충분하여야 한다.
- Manifold 배치, 드립 트레이, 누출대비시스템, 호스연결 부위 등을 확인하여야 한다. 가스누출을 최소화하기 위한 hose breakaway같은 ERS가 설치되어 있는지 확인한다. Manifold에서 전기적인 스파크 같은 것을 방지하기 위한 시스템이 갖추어져 있는지도 확인해야 한다.

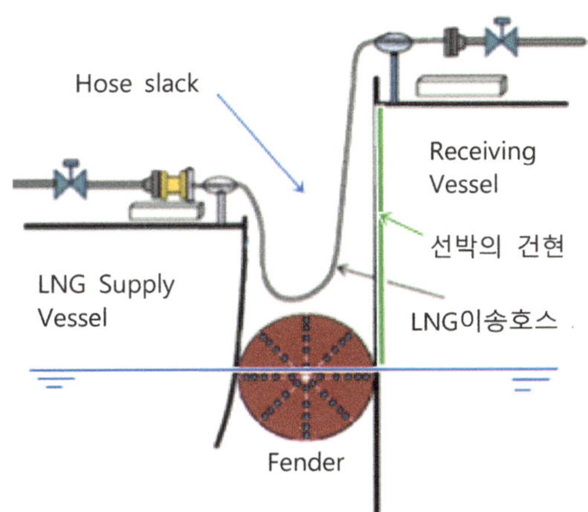

그림 8-17 Hose slack과 Fender

그림 8-18 Emergency Release System

- 연료공급 측과 인수선박 양측 모두 ESD connection이 잘 호환되는 지 확인한다.
- 위험구역의 크기와 범위가 연료공급측과 인수선박이 서로 적합한지를 확인한다. 목표는 발화원이 연료공급측과 인수선박의 위험구역에서 벗어나게 하는 것이다.
- 공급측의 연료 부피, 압력, 온도가 인수선박 LNG탱크에 적합한지 확인한다.
- 인수선박이 vapor return(증발가스회수)을 해야 하면 공급 측에서 vapor return이 가능 여부와 적합성을 확인한다.
- Inerting과 purging 능력이 양측 즉, 연료공급측과 인수선박에 있는 지 확인한다.
- 통신 장비 또는 통신 시설이 서로 호환성이 있는 지 확인한다. 공급 측이나 인수선박 모두 벙커링작업을 모니터링할 수 있고, 벙커링작업이 끝난 후 ESD를 초기화할 수 있는지 확인한다.
- 전기적 격리 배치(electrical isolation arrangement)가 적합한지도 확인한다.

8.5 LNG연료추진선의 벙커링작업시 관련사항(Opreation Issue of Receiving Vessel)

LNG연료를 받을 때 인수선박은 LNG연료에 적합한 여러 가지 절차를 수행할 필요가 있다. 이 절차는 통신과 모니터링, ESD, 저온에 대한 주의사항, inerting과 purging, 소화 그리고 전기적 절연과 접지 등도 포함된다.

8.5.1 통신과 모니터링(Communications and monitoring)

연료공급측과 인수선박간의 통신은 안전한 LNG벙커링 작업에 매우 중요하다. 통신은 벙커호스를 연결하기 전 모두 설정되고, 벙커링 작업이 끝나고 호스의 연결을 해제한 후 종료하여야 한다. 연료공급측과 인수선박간 통신은 서로 같은 언어를 사용하고, 모두 이해할 수 있어야 한다.

현재 표준화가 되어 있지 않더라도 연료공급측과 인수선박간의 모든 통신은 확인되고 테스트하여야 한다.

벙커링 작업 관련자 들이 사용하는 무선장비와 통신장비 들은 아래 사항 들을 고려해야 한다.

- 벙커링작업 중에 안전구역 내에서 사용하는 무선장비는 위험구역 내에서도 사용할 수 있도록 디자인 되어야 하며, 본질 안전(intrinsically safe)의 것이어야 한다.
- 안전구역에서 사용하는 본질 안전이 아닌 무선장비, 휴대폰, 휴대용 전자장비 등은 이 구역에서 제거되어야 한다.

통신시스템과 함께 모니터링시스템도 설치되어야 한다. 모니터링시스템은 양측 각자의 시스템을 사용할 수 있다. 데이터링크는 ESD system과 integral part 또는 독립시스템으로 사용할 수 있다. Integral system은 가스감지기, 화재감지기, 연기 감지기로부터 또는 수동조작으로부터 알람을 받으면 벙커링 작업이 자동적으로 shut-down된다.

8.5.2 비상차단(Emergency Shutdown, ESD)

manifold valve 차단, pump 정지, tank filling valve 차단 등에 의해 벙커링작업을 빠르고 안전하게 정지하는 것은 아주 기본적이고 안전상 확실한 방법이다.

ESD는 연료공급측과 인수선박 양측으로부터 작동할 수 있어야 하고 signal은 양측에서 동시에 ESD를 작동할 수 있어야 한다. ESD의 작동으로 가스나 LNG가 누출되어서는 안된다.

ESD가 작동하는 경우는 다음과 같다.

- 가스감지 시
- 화재 감지 시
- 연료공급측 또는 인수선박 양측에서 수동으로 작동 시
- 과도한 선박 움직임
- 전력 소실(정전 등)
- 인수 tank의 만재
- 이송시스템 내 비정상적인 압력
- 탱크 내 과도한 압력
- 그 외 설계자나 법규에 따라 정해지는 원인

8.5.3 주의 사항(Special precaution)

LNG의 유출이 일어날 수 있는 곳의 선체구조나 갑판구조는 극저온에 적합하거나 극저온으로부터 보호되어야 한다. 누출된 LNG를 일시적으로 담을 수 있고 선체구조의 손상을 방지하기 위해 드립 트레이가 흔히 사용된다. 드립 트레이는 예상되는 누출 LNG를 담을 수 있는 충분한 용량을 가져야 하며, 스테인리스강재 같은 극저온에 적합한 재료로 만든다.

극저온 배관과 장비들은 일반적으로 단열을 하여 저온이 선체에 전달되지 않도록 한다. 이러한 것들은 벙커 스테이션에 더욱 중요하게 적용된다.

8.5.4 Inerting과 purging

벙커링을 시작하기 전에 bunker hose와 다른 bunker line을 inerting과 purging을 해야 한다. 가연성 혼합가스의 폭발을 방지하기 위하여 inert gas, N_2 gas등으로 공기를 밀어 내어 bunker line 내 산소의 농도를 1%이하가 되도록 inerting을 수행한다. Purging은 vapor purge line으로 수행하며, 탱크에서 가스를 밀어 내거나, 적은 양의 LNG를 bunker line을 통해 서서히 밀어 낸다. Gassing-up은 gas filling이라고도 하며, inert gas를 상온의 천연가스로 밀어 내는 과정이다. Bunker line을 inerting과 purging을 한 후, line은 서서히 냉각(cool down)된다. 이 과정은 저온에 의한 급격한 수축으로 인한 손상을 방지하기 위하여 수행한다. Bunker line이 냉각되면 LNG의 이송을 시작할 수 있다.

벙커링 후 LNG가 호스나 배관 내에 남아 있지 않도록 bunker line을 drain하는 것도 매우 중요하다. 만약 LNG가 호스나 배관 내에 남아있으면 LNG는 열을 흡수하여 증발하고, 압력이 높아져서 호스나 배관을 터지게 할 수도 있다.

호스나 배관 내부 LNG를 drain하는 방법은 연료탱크 밸브를 열어 두고 관내의 LNG를 기화하도록 하는 것이다. 이렇게 하면 가스와 LNG는 연료탱크 내로 흘러들어 간다. Purging으로 호스나 배관 내 가스나 LNG를 연료탱크로 밀어 낼 수도 있다.

벙커링이 완료되고 LNG를 드레인한 후 가연성 혼합가스가 호스나 배관 내 남아 있지 않도록 LNG bunker line을 inerting해야 한다. 이 inerting은 bunker line의 연결을 해제하기 전에 수행한다. 일반적으로 N_2 gas가 bunker line으로부터 상온의 천연가스를 밀어 내는 데 이용된다. 배관 내 남아 있는 천연가스는 대기 중에 방출되지 않도록 벙커링 설비나 인수선박에서 소각장치나 보일러 등으로 잘 처리해야 한다. 그림 8-19는 벙커링 기본적인 절차를 나타낸다.

그림 8-19 LNG bunker hose와 배관 내 Inerting과 purging 순서

8.5.5 안전과 소화(Safety and firefighting)

IGF Code 11장 'Fire Safety'에 LNG연료추진선의 화재에 대한 보호 요건이 있다. 드립 트레이와 벙커 스테이션에는 소화설비를 설치하고 수동으로 쉽게 작동할 수 있도록 해야 한다. 벙커 스테이션 근처 선원이 쉽게 접근할 수 있는 지역은 휴대용 소화장비(dry chemical fire extinguisher)를 비치한다. 폐위 또는 반폐위구역으로 된 벙커 스테이션에는 고정식 화재 감지기와 가스감지기를 설치한다.

많은 양의 LNG가 누출될 수 있는 곳, 즉 벙커 스테이션과 호스 직하부의 선박 선측 외판에는 water curtain이 설치된다.

LNG화재의 진화는 쉬운 일이 아니다. 완전히 LNG화재를 진화한다고 해도 LNG pool이 생성되어 가스는 계속적으로 증발되며, 재 점화할 경우 더 큰 화재로 번질 수 있다. 화재진압의 가장 중요한 초기 단계는 연료탱크, 배관, 기관실 그리고 거주구 등을 냉각하는 것이다. 이것은 화재의 확산을 막고 선박의 손상을 줄이는 것이다. 연료탱크 외부 화재는 연료탱크의 과도한 가스배출을 유도할 수 있다.

호스, 소화모니터 그리고 살수시스템(deluge system) 등으로 많은 양의 물을 뿌리는 것이 냉각 방법으로 추천된다. Dry chemical도 LNG화재를 진화하는 데 유용하다.

그러나 가스누출의 원천을 차단하지 않고는 점점 위험해 질 수 있다. 분출되는 가스가 둘러막힌 공간이나 선박의 폐위된 공간으로 퍼져 폭발이 일어나는 것을 방지하는 것이 매우 중요하다. 화재진압은 'Bunkering operation emergency response plan'의 주요 사항 중 하나로 벙커링에 관련된 사람들은 화재가 일어나면 해야 할 일들에 대해 철저히 교육을 받아야 한다.

8.5.6 전기적 격리(Electrical Isolation)

저인화점을 가진 가연성 LNG를 이송하는 선박은 전기적 아크(arc)로부터 발생하는 발화에 대하여 추가적인 주의가 필요하다. 아크가 발생하는 원인은 LNG벙커 호스에서 정전기 발생과 안벽, 잔교, 탱크로리 그리고 벙커링 선박 등과 같은 LNG공급설비와 선박 사이의 정전기장에 의한 전위 차이에 의한 것이다.

일반적으로 이러한 전위 차이를 동등하게 하기 위해 선박과 설비 간 접지 케이블을 연결하여 접지한다. 그러나 접지케이블이 전위를 동등하게 하는 데 완전히 효과적인 것은 아니므로 케이블이 손상을 입거나 끊어지면 아크를 일으킬 기회가 더 증가하게 된다.

아크를 방지하는 효과적인 방법은 선박과 공급설비를 벙커호스의 끝단에 insulating flange

(Source:SIGTTO)

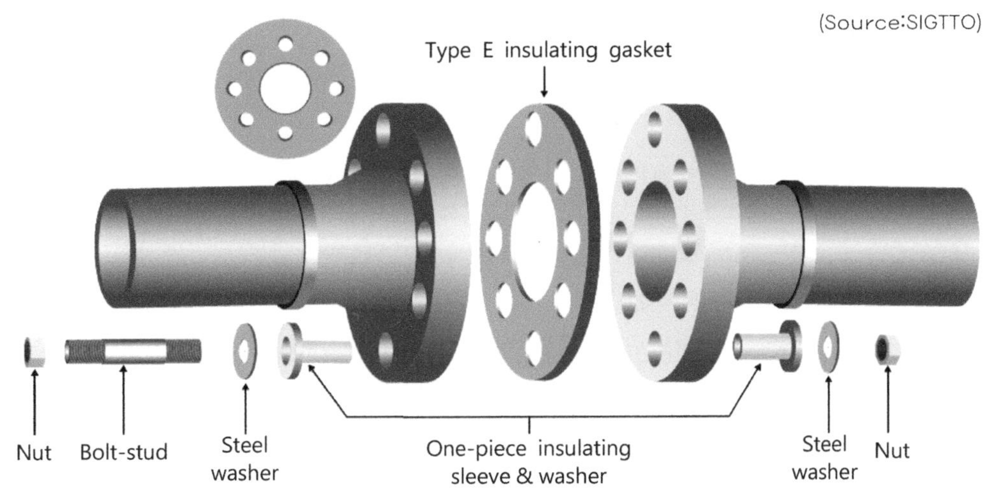

그림 8-20 Typical Isolating Flange

를 사용하여 격리하는 것이다. 예를 들어 그림 8-20과 같이 insulating flange는 선박과 공급설비 사이에 전위 차이가 있더라도 insulation gasket를 삽입하여 아크를 방지한다.

또 하나의 방법은 insulating flange가 없는 짧은 insulating hose를 사용하는 것이다. 그러나 나머지 hose는 전기적으로 연결된다. 선박 전체를 전기적으로 격리하기 위해서는 mooring line, gangway, crane과 물리적으로 연결된 것들도 전기적으로 격리한다.

8.6 LNG연료 저장을 위한 준비 작업

8.6.1 Initial Gassing-up

LNG연료탱크를 완전히 비우고 gas free로 한 후 또는 최초로 LNG연료를 적재하기 전 탱크를 inerting하여 공기를 제거한다. 일반적으로 N_2가스를 사용하는 데, LNG연료공급선박에 N_2 generator나 N_2저장 탱크가 없다면 육상의 트럭이나 N_2공급설비로부터 받는다. 선박에 충분한 양의 N_2가 있다고 하더라도 비상 시 또는 N_2공급시스템의 고장으로 N_2가스를 공급 받을 수 없을 때를 대비하여 외부로부터 받을 수 있는 공급관을 설치한다.

LNG벙커링은 적절한 inerting, gassing-up, cool down을 한 후에만 할 수 있다. 연료탱크는 질소가스(N_2 gas)로 inerting을 한다. 탱크를 inerting한 후 inert gas는 천연가스로 밀어 낸다. 이 과정을 gassing-up 또는 gas filling이라고 한다.

inert 가스는 육상 설비로 돌려보내거나 vent를 통해 배출한다. 이 때 vent에서 천연가스가 감지되면 gassing-up 작업은 중단된다. 이때 inert gas를 대기 중으로 방출할 수 있는지를 권한이 있는 당국(Agency)에 확인해야 한다. 그 후에 연료탱크는 받을 LNG온도 상태로 서서히 냉각(cool down)한다.

초기 cool down은 일반적으로 LNG를 탱크 내에 분무하여 탱크와 관련배관을 LNG를 이용하여 서서히 냉각시킨다. 이 과정은 탱크의 열응력을 최소화하고 균일하게 냉각되도록 정상적인 벙커링보다 느린 속도로 진행한다. Cool down에 걸리는 시간은 탱크의 크기에 따라 다르지만 보통 12시간에서 18시간 정도 소요된다. Cool down의 절차는 spray nozzle 사용 방법, bottom filling 방법 등과 함께 탱크 제작자가 제공한다. 탱크가 지정된 온도로 냉각되면 지정된 level 까지 LNG를 채운다.

항해 중에는 선박의 연료 탱크에는 탱크를 저온으로 유지할 수 있는 어느 정도의 LNG를 가지고 있어야 한다(heel). 탱크 내 압력은 LNG의 소모 또는 증발되는 가스를 제어하여 허용압력 이하로 유지한다.

8.6.2 Draining과 Stripping

선박이 검사 또는 수리를 위해 조선소로 들어갈 때는 항만 또는 조선소에 따라 요건이 다를 수 있다. 탱크의 stripping은 탱크 내 압력을 올려서 외부 탱크로 보내거나 stripping pump을 이용할 수 있다. stripping 후 탱크에 남아 있는 잔류 LNG는 선박의 vaporizer로 고온의 천연가스를 탱크 내에 순환시켜 제거한다. stripping이 끝난 후 질소가스로 inerting을 한다. 검사 등을 위해 사람이 들어 갈 때는 탱크는 공기로 치환하여 gas free상태로 purging한다.

8.6.3 롤오버현상(Rollover)

LNG벙커링 시 연료탱크에 새로운 LNG를 채울 때, 서로 다른 생산지로부터 온 밀도가 다른 LNG가 혼합되면, 밀도가 높은 LNG는 바닥에 가라앉고, 가벼운 LNG는 위쪽으로 올라간다. 만약 선박이 정지된 상태에서 탱크 내 sloshing이나 혼합이 일어나지 않으면 탱크 바닥의 LNG는 열을 흡수하여 밀도가 감소하고 압력은 증가한다.

그러나 상층부의 압력은 증발가스로 인해 유지된다.

만약 밀도차이가 크게 되거나 탱크 내의 액의 혼합이 급격히 일어나면 바닥에 있는 높은 증기압을 가진 LNG는 위로 떠오르게 되고 탱크 상층부의 압력이 낮은 곳으로 올라간다. 이 현상을 롤오버(Rollover)라 하며, 이 현상은 급격한 증발을 일으켜서 일시에 많은 양의 증발가스를 만들 수 있으며, 안전밸브의 작동으로 대량의 가스가 대기 중으로 방출될 위험도 있다.

SIGTTO의 연구에 의하면 밀도가 다른 층을 형성하는 성층화(stratification)는 밀도차가 1 kg/㎥이상 나고 적재 속도(filling rate)가 아주 낮으면 일어날 수 있다고 한다. 이러한 현상은 터미널에서 탱크의 움직임이 없을 때 일어날 수 있으며, 운항 중에는 선박 운동에 의해 탱크 내 액이 계속적으로 혼합되므로 이런 현상이 일어날 확률이 적다.

LNG연료를 재충전할 때 LNG연료 탱크에 남아 있는 연료와 같은 온도 및 밀도를 가진 LNG를 충전할 확률은 높지 않다. 따라서 벙커링 중에 LNG를 철저히 섞어 주는 것이 중요하다. LNG의 층이 성층화되는 것을 최소화하기 위해서는 top spray line과 bottom filling line을 적절히 사용하여 남아 있는 연료와 재충전하는 연료를 혼합해야 한다. 예를 들어 충전되는 LNG가 남아 있는 LNG보다 밀도가 더 낮으면 탱크 바닥에 있는 bottom filling line를 통해 충전해야 한다.

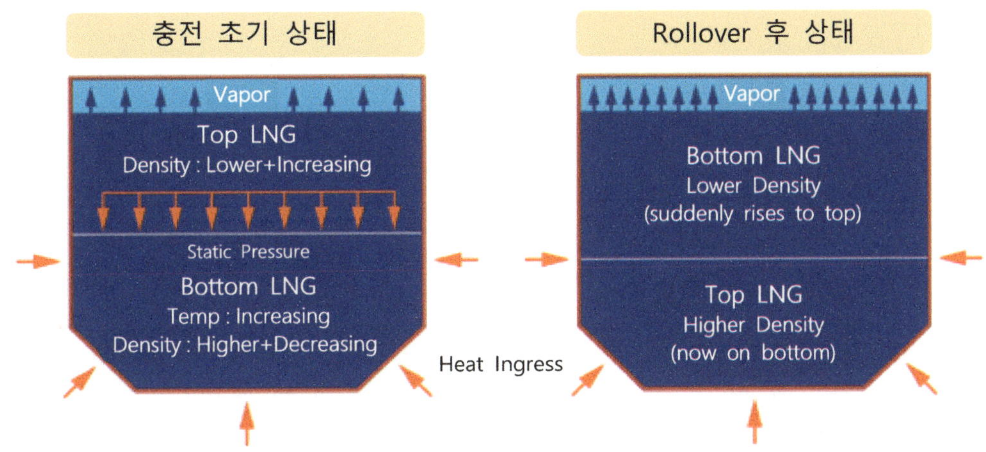

그림 8-21 Rollover 현상

8.7 동시 작업(Simultaneous Cargo Operation, SIMOPS)

상업적으로 선주나 터미널 운영자에게는 시간을 절약하거나 효율을 높이기 위해 벙커링과 승객의 승선 또는 하선, 화물의 적재 또는 하역 작업을 동시에 수행해야 할 수도 있다.

통상의 벙커링 작업 중에는 모든 장비들이 작동할 때 가연성 혼합가스가 존재해서는 안된다. 그러나 어떤 경우에 가스가 대기 중에 방출될 수 있고 그 주변을 폭발 환경으로 만들 수 있다. 위험구역 내에서는 이 가스의 연소 가능성을 없애기 위해 발화원이 있으면 안된다.

그러나 화물 적재 또는 승객의 승하선 등은 통제할 수 없는 발화원이 존재할 가능성이 있다. 가스위험구역 또는 그 인근에서 일어나는 화물 작업은 특히 조심해야 한다.

예를 들면, 선박의 LNG벙커 스테이션 근처에서 콘테이너 적재 또는 하역을 할 경우에 콘테이너가 다른 물체와의 접촉에 의해 스파크가 일어날 확률이 매우 높다. 그리고 여객선의 경우는 LNG벙커 스테이션의 반대 쪽 gangway를 설치하여 승하선을 하므로 컨테이너 하역 보다 발화원의 생성 가능성이 다소 덜하긴 하지만, LNG의 누출로 인해 인명의 손상을 줄 우려가 있다.

따라서 동시작업(SIMOPS)은 위험도 평가 과정에서 평가되고, risk level을 결정하여야 한다.

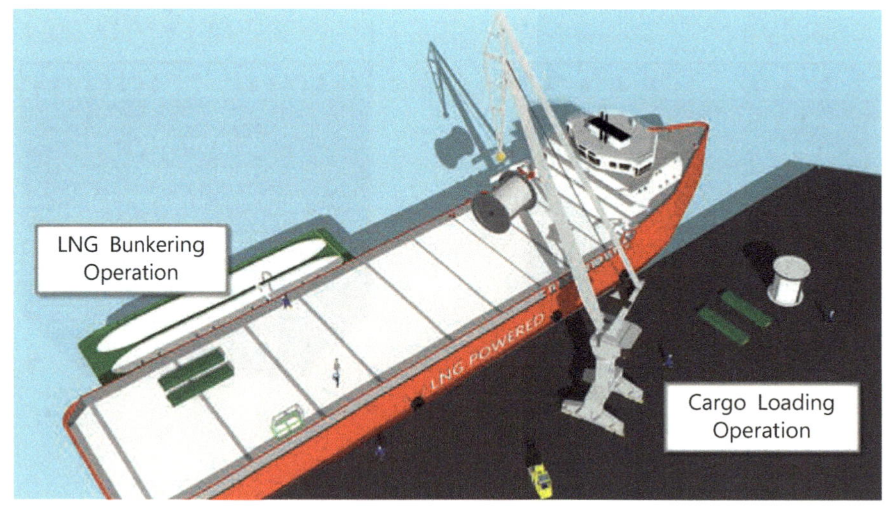

그림 8-22 LNG벙커링과 동시 화물적재(SIMOPS)

8.8 LNG연료추진선의 벙커링 장비(Special equipment for receiving ship)

8.8.1 벙커 스테이션

연료유를 사용하는 선박과 마찬가지로 LNG연료추진선은 육상의 LNG연료공급 설비, 탱크로리, LNG벙커링선박 또는 바지(barge) 등으로부터 호스 또는 로딩암 등을 통해 LNG 연료를 충전을 할 수 있도록 벙커링 스테이션을 설치한다. 이 벙커링 스테이션에는 선박의 연료공급시스템과 연료탱크를 연결하는 장치를 설치한다. LNG의 위험성 때문에 벙커링 스테이션의 요건은 연료유 벙커링 보다 훨씬 복잡하다.

벙커링 스테이션에는 LNG의 액 또는 가스가 누출하여 공기와 가연성의 혼합가스를 만들어 발화할 수 있는 위험이 언제나 존재한다. 따라서 벙커링 스테이션의 위치와 배치는 벙커링 작업의 위험도(risk level)를 결정하는 데 매우 중요한 인자가 된다. 이 구역은 위험지역(hazardous area)이 된다.

벙커링 스테이션의 위치에 따라 특별한 장치가 요구되기도 한다. 예를 들어 선박의 종류에 따라 벙커링 스테이션이 개방갑판의 하부에 설치된다면 선체 외판에 수밀문을 설치한다. 그리고 인접한 안전구역과는 격리하고 에어로크(air lock)를 설치하여 안전 구역으로의 출입은 에어로크를 통해서 한다.

벙커링 작업 중 누출될 수 있는 가스를 배출할 수 있도록 적절한 환기장치가 필요하다. 벙커링 스테이션이 선박의 선체 내에 설치되면 기계적 환기장치가 요구된다.

폐위 또는 반폐위된 공간은 누출된 가스를 감지할 수 있도록 고정식 가스감지기를 설치한다. 벙커링작업의 통제 및 제어는 매니폴드에서 멀리 떨어진 곳에서 할 수 있다.

그림 8-23, 8-24 그리고 8-25는 LNG연료 연료추진선의 벙커링 사례와 벙커링 스테이션의 배치도를 보여주고 있다.

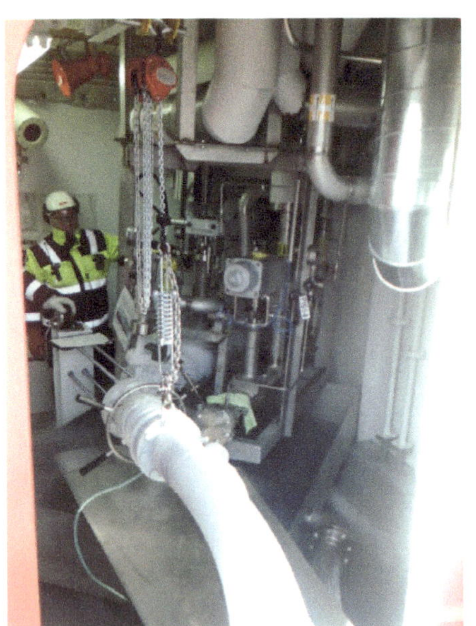

그림 8-23 Ferry "Viking Line"의 Bunker Station

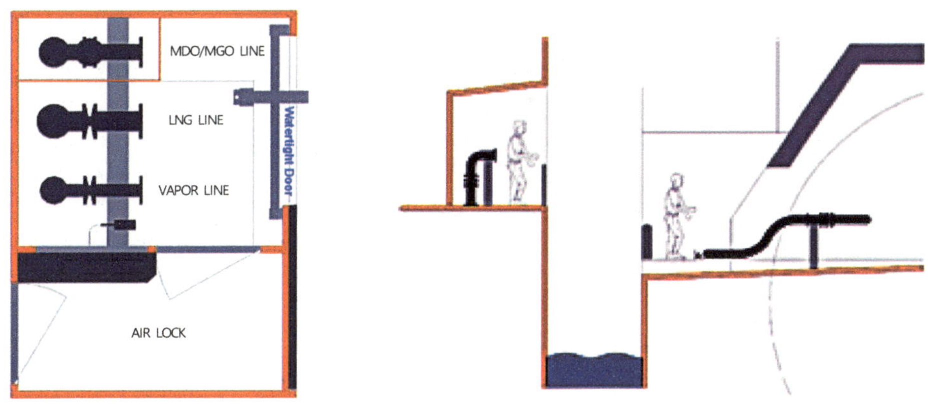

그림 8-24 Bunker Station 배치도

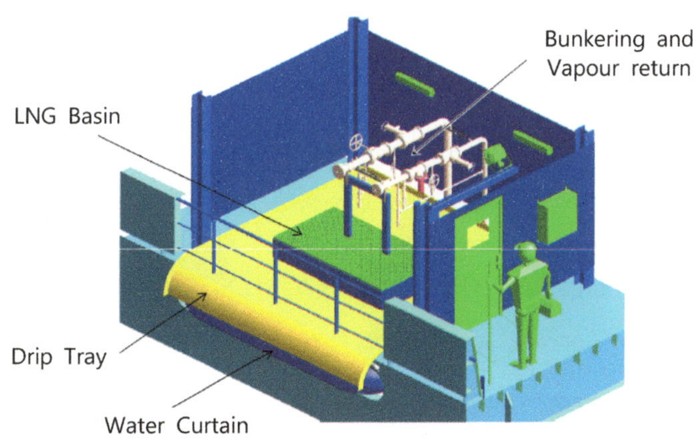

그림 8-25 Open Type Bunker Station 배치도

8.8.2 Bunker Piping System

Bunker piping system은 연료탱크에서 벙커링 스테이션 사이를 연결하는 LNG이송관(LNG transfer pipe) 또는 가스회수관(vapor return line)으로 구성되어 있다.

벙커링 호스는 이송되는 LNG의 설계 유량(design flow rate)에 따라 크기가 결정된다. 설계 유량은 LNG연료탱크의 용량, 압력, 온도 및 가스회수 능력(vapor return capability), 유속의 허용치 그리고 벙커링 시간 등을 고려하여 결정된다.

어떤 선박은 operating profile에 따라 짧은 벙커링 시간을 요구할 수도 있다. 연료탱크의 용량과 벙커링 주기에 따라 다르겠지만 대개 선주는 flow rate를 최대화하려고 할 것이다. 만약 가스회수관을 설치하여 연료탱크에서 발생하는 가스를 공급선박 또는 설비로 돌려보내면 flow rate를 높일 수 있다. 이때 벙커링 전 연료탱크를 냉각(pre-cooling)시켜 놓으면 flow rate를 높일 수 있다.

모든 배관, 밸브, fitting류 그리고 관통부품 등 LNG와 접촉하는 모든 LNG piping system을 구성하는 구성품은 극저온에 적합해야 한다. LNG 또는 그 가스가 누출될 가능성을 최소화하기 위해 배관의 연결 부위를 가능한 한 최소화해야 한다. 이를 위해 적용 가능한 곳은 모두 용접 이음으로 한다.

LNG 또는 그 가스가 누출할 가능성이 있는 모든 연결 부위는 선박 구조에 손상을 방지할 수 있도록 LNG에 적합한 재질로 된 충분한 용량의 그림 8-26과 같이 드립 트레이 또는 spray protection을 설치한다.

LNG이송에 사용되는 모든 배관, 밸브, fitting류는 design temperature -165℃를 기준으로 설계한다. 이런 것들은 대개 스테인리스강재로 제작하고 design temperature 보다 더 낮은 온도에서 충격시험을 하여 안전성을 확인한다.

벙커링 라인은 선원들이 극저온에 노출되는 것을 막고 열의 침입을 최소화하기 위하여 단열을 시공한다. 단열재는 polyurethane foam 또는 다른 단열재를 사용하거나 진공으로 단열을 하기도 한다. Manifold에 사용되는 플랜지는 LNG연료추진선용으로는 아직 표준화된 것이 없다.

그림 8-26 Drip Tray

규정에 따르면 LNG 또는 그 가스 배관은 거주구역, 서비스구역 그리고 제어구역 등을 통과할 수 없다. 그러나 기관실 같은 어떤 폐위 구역은 배관이 이중관(double wall)구조이거나 내부 가스를 배출 가능한 덕트 또는 배관은 통과 할 수 있다.

이중관은 2개의 중공관으로 구성되어 있으며, 내부 배관은 LNG 또는 가스가 통과한다. 그 외부 공간에는 inert gas를 충진하여 내부 배관 보다 약간 높은 압력을 유지한다. 알람이 설치된 모니터링시스템으로 inert gas 압력이 떨어지는 지를 감시한다. 배기시스템(ventilation system)은 내부 배관에서 누출이 발생하면 안전구역으로 가스가 흘러가지 않도록 공기구역(두 중공관 사이 공간)의 압력을 대기압보다 낮게 유지한다. 이곳에 누출된 천연가스를 감지하기 위해 알람이 설치된 모니터링시스템을 설치한다.

ESD system은 선박의 안전을 위하여 필수적인 것으로 보통 hardwired system으로 되어 있다. ESD system은 비상 시 LNG의 이송을 차단하는 것이다. 일반적으로 ESD system은 수동 또는 자동으로 작동하며, 벙커링작업 전 반드시 시험해야 한다.

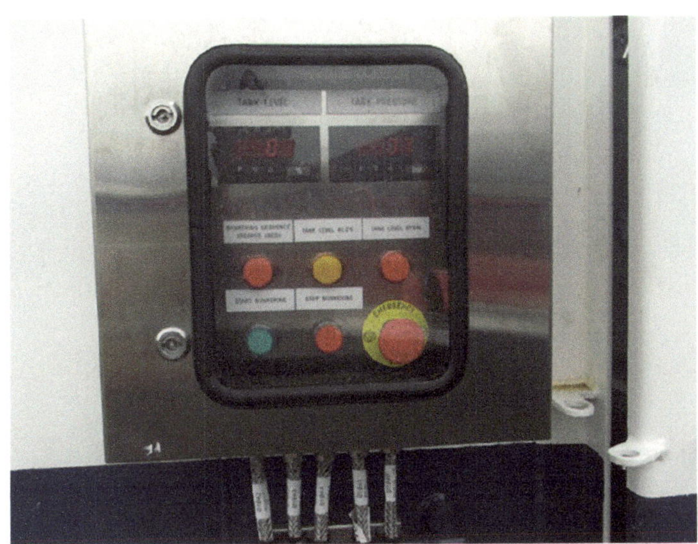

그림 8-27 ESD System

제9장
LNG벙커링 절차
(LNG Bunkering Procedure)

LNG벙커링은 LNG연료추진선에 사용할 LNG를 이송하는 과정을 말하며, 최근 환경규제와 함께 선박 연료로 LNG사용이 증가하고 있어 세계적으로 LNG벙커링 관련 기술이 개발되고 있다. 이에 대응하여 LNG벙커링 작업에 요구되는 책임, 절차 그리고 장비 등에 관한 가이드라인과 벙커링 시 위험평가와 장비 그리고 그것의 운용에 관한 최소한의 요건이 필요하게 되었다.

이러한 추세에 발맞추어 ISO에서 국제표준으로 ISO 20519:2017(E) 'Ships and marine technology – Specification for bunkering of liquefied natural gas fuelled vessels'를 2017년 2월에 발표하였다.

이 표준은 현존하는 항만과 터미널 checklist, 그 운영자용 절차서, 산업가이드라인, 관할지역의 법규 등의 요건을 기본적으로 만족하도록 디자인되었다. 특히, 이 표준은 LNG이송에 관련된 당사자들의 책임, LNG벙커링 절차, SIMOPS, 유지하여야 할 안전거리 그리고 QRA와 HAZID에 관한 가이드라인을 제시하고 있다.

그림 9-1 탱크로리에 의한 LNG벙커링 광경

9.1 LNG벙커링 절차와 가이드라인의 구조

LNG벙커링은 벙커링 설비로부터 LNG연료추진선박으로 LNG연료를 이송하는 과정을 말한다. 벙커링설비와 선박 사이에서 이루어지는 첫 벙커링작업은 다음과 같은 순서로 이루어진다.

Risk Assessment	• Safety and Risk Assessment Phase • HAZID & HAZOP, QRA, Safety & Security zones
Bunkering Management Plan	• Safety and Risk Assessment Conculusions • Administrative authorisation & Contractual agreement
Compatibility Asessment	• Safety and Risk Assessment applied • Selection of equipment, Training, Checklist
Pre bunkering phase	• Preparation for safe bunkering
Connection	• Inerting, coupling and testing
Bunkering phase	• Monitoring and management of LNG transfer
Disconnection	• Purging, draining, safe storage of hose and couplings
Post bunkering phase	• End of bunkering operation

그림 9-2 LNG벙커링 절차

9.2 LNG벙커링운영계획서(LNG Bunker Management Plan, LNGBMP)

LNGBMP(LNG Bunker Management Plan)은 기술적 측면이나 경제적 측면에서 벙커링 방법, 이송속도, 온도, 이송 LNG 및 저장탱크의 압력 등을 관련자들이 인정할 수 있도록 작성되어야 한다.

이 계획서에는 효율적이고 안전한 벙커링 작업에 필요한 모든 정보, 증서, 절차서 그리고 check list 등이 포함되어야 하며, LNG인수선박 작업자의 그림 9-3과 같은 'safety management system'의 일부로 포함되어 작업 시 참고하여야 한다.

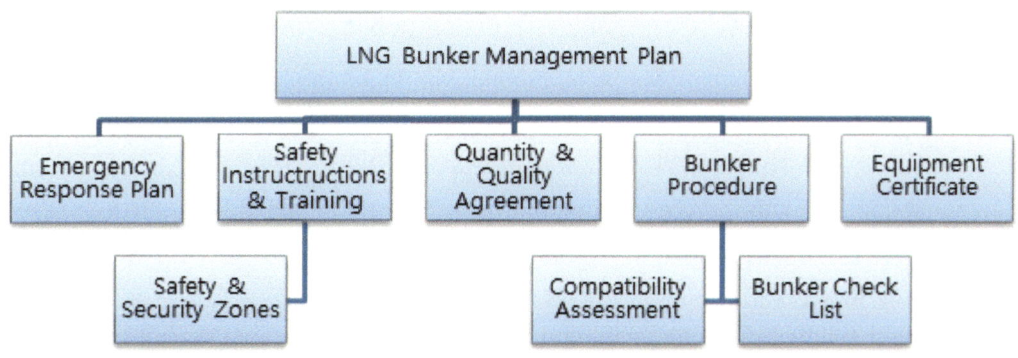

그림 9-3 LNG bunker management plan 내용

9.3 LNG벙커링 시스템의 기술적 요건

LNG와 가스 이송시스템은 LNG나 그 가스의 누출을 피할 수 있도록 설계되고, 벙커링은 절차서에 따라 수행하여야 한다. 이 이송시스템(trasfer system)은 LNG누출로 인한 작업자, 인수선박, 벙커링 설비 그리고 주변 환경 등에 손상을 입히지 않도록 설계되어야 한다. LNG누출이 발생하면 법적인 조항들은 작업자, 선체 구조, 선박 장비 등을 극저온으로부터 보호할 수 있도록 규정되어야 한다. 동시에 발생할 수 있는 가스에 의한 위험(폭발, 화재발생 등)도 관련기기 및 이송시스템의 효과적인 배치를 통해 최소화해야 한다.

벙커링설비나 인수선박에 구비된 purge 가스로 가스의 누출 없이 배관을 효과적으로 purge할 수 있는 특별한 수단을 제공하여야 한다. 벙커링 매니폴더, 벙커링설비 등 이송 시스템에 연결되는 것들을 포함한 LNG이송시스템 사고로 인해 액 또는 가스가 누출되면 적절한 수단에 의해 감지되어야 한다.

(1) 로딩암과 호스의 배치

이송장비는 다음과 같이 설치되어야 하다.

- LNG이송 전 LNG 및 가스 이송관을 purging 한 후 inerting 한다.
- LNG이송이 완료된 후 이송시스템에 drain, purging, inerting을 순차적으로 시행 한다.
- LNG와 가스 이송시스템(로딩암과 호스 등)은 해상 LNG벙커링용을 설치한다.
- 설계는 ISO/TS 18683의 테이블1과 테이블2에 따라야 한다.
- 호스와 로딩암은 minimum temperature -196 ℃ 의 화물(LNG와 액체질소)을 고려하여 특별히 설계되고 건조되어야 한다.
- 분리 밸브(isolating valve) 사이에 남아 있는 LNG로 인해 호스나 로딩암이 과압이 걸리지 않도록 안전밸브를 설치하여야 한다(예를 들면, ERS가 작동할 때).
- 호스나 로딩암 매니폴더는 작업 중에 걸릴 수 있는 하중, 인수선박과 공급선박 또는 육상설비 간의 상대운동에 의한 하중, 호스 리프팅 장비(crane)의 하중 등을 고려하여 설계하여야 한다.
- 로딩암과 선박의 매니폴더는 ERC의 중량도 고려하여 설계되어야 한다.

이송시스템을 선정할 때 특히 다음과 같은 것을 고려해야한다.

- 인수선박과 공급선박 또는 육상벙커링설비 간 잠재적인 운동
- 이송시스템 운용범위(operating envelope)
- 호스 최소 굽힘반경(minimum bending radius)
- ESD시스템 기능성(Functionality)
- 이송관 내 pursing과 drain수단
- 재질 선정과 구조 지지

- connector 형식
- 전기적 절연
- 접지시스템
- ESD작동 시 잠재적 서지압력(surge pressure)를 고려한 시스템 설계
- 플래시가스 처리시스템
- Pressure relief를 위한 최적 배치

(2) 호스

호스는 EN 1474-2, EN 12434 그리고 BS 4089 같은 관련 표준을 만족해야 한다. 이송호스는 테스트, 사용온도 그리고 사용압력 등과 같은 제조업자의 취급설명서를 엄격히 따라야 한다. 벙커링 호스에 대한 관련서류는 'LNG bunker management plan'에 포함되어야 하고 아래 사항이 포함된 서류가 인수선박에 보관되어야 한다.

- Hose identification number
- 최초 서비스를 시작한 날짜
- Initial test certificate와 모든 테스트 레포트, 증서 등

극저온용 호스는 1년에 한번 hydrostatic test를 받아야 하고, 검사 중에 결함이 발견되면 호스는 전량 교체해야 한다.

(3) 조양 장치 또는 지지 장치

조양(lifting)용 장치는 이송용 호스와 관련 장비를 취급할 수 있는 충분한 용량을 가져야 한다. 호스는 허용 굽힘 반경을 만족하는 적절한 방법으로 지지되어야 한다. 호스는 직접 지면에 닿도록 해서는 안되며, 인수선박과 공급선박 또는 육상설비 간의 상대운동에 대비한 충분한 slack을 가지도록 배치한다. 조양과 지지 장치는 전기적 절연이 되어야하고 ERC나 안전장치의 작동을 방해해서는 안된다.

(4) 커플링과 연결 플랜지

LNG bunkering connection에 대한 ISO 표준은 현재 개발되고 있으며, LNG벙커링에 사용되는 커플링은 ISO EN 16904:2016과 1474-3 또는 적용 가능한 표준에 따라 디자인해야 한다.

LNG연료이송시스템은 인수선박과 공급선박 또는 설비 간의 전류(galvanic current)를 방지하기 위하여 비전도체의 재질로 절연된 플랜지를 사용한다. 절연플랜지는 일반적으로 인수선박의 이송관의 끝에 설치한다.

크기나 모양이 다른 관을 연결하기 위해 spool piece를 사용할 때 벙커링 준비단계에서 테스트하고 설치한다. 이송 전에 inerting이나 가스기밀(gas tight)을 확인할 수 있도록 누출시험을 시행한다.

그림 9-4 탱크로리 측 커플링

(5) 누출가스 또는 액의 감지

폐위 또는 반폐위구역의 벙커 스테이션은 최소한 아래와 같은 안전장치를 설치해야한다.

- 가스 또는 액의 누출을 즉각적으로 감지할 수 있도록 가스감지기는 증발가스의 확산 속도를 고려하여 적절한 장소에 설치하며, 온도 감지센서는 드립 트레이에 설치하거나 가스감지기 또는 온도센서를 적절히 조합하여 설치한다.
- 조타실 또는 작업통제실에서 벙커링 작업을 감시하기 위하여 CCTV도 설치한다. CCTV는 매니폴더 부분을 볼 수 있고, 가능하면 호스의 움직임도 볼 수 있도록 설치한다.

그림 9-5 가스 감지

가스감지기는 인수선박에서 누출을 모니터링 할 수 있도록 ESD 시스템에 연결되어야 한다. 위험한 지역, 가스감지기가 설치되어야 하는 곳은 가스 확산분석을 통해 확인할 수 있다.

(6) ESD system(Emergency Shut Down System)

벙커링설비와 인수선박 둘 중 하나의 ESD시스템이 작동하면 벙커링 설비와 인수선박에서 동시에 작동할 수 있는 linked ESD시스템이 설치되어야 한다. 펌프, 가스회수 압축기는 ESD작동 시 서지압력(surge pressure)을 고려하여 설계해야 한다. 벙커링배관도 ESD 밸브와 ERC의 비상차단에 의한 서지압력을 견딜 수 있도록 설계되고 배치되어야 한다.

ESD작동 시, 인수선박과 벙커링 설비에 있는 매니폴더 밸브와 벙커링작업에 관련된 펌프 또는 압축기는 shut down 된다. ESD 작동으로 밸브 사이 배관에 LNG가 빠져가지 못하고 갇혀서는 안된다. 자동 감압시스템(automatic pressure relief system)이 설치되어야 하며, 이 시스템은 가스를 대기 중으로 방출하지 않고 안전구역으로 가스를 배출할 수 있도록 설계되어야 한다.

Valve closing time은 알람이 울리기 시작한 시점에서 ESD밸브가 완전히 닫힐 때까지 벙커링율, 파이프 사이즈 등에 따라 다르지만, IGF Code(16.7.3.7)에 따라 최대 5초 이내로 해야 한다.

ESD 수동작동 위치는 벙커스테이션의 외부에 위치해야 하며 매니폴드 지역을 명확히 볼 수 있는 곳이어야 한다.(CCTV로도 가능하다) LNG연료의 이송은 이송시스템과 관련 안전시스템이 정상적인 벙커링작업 환경이 갖추어질 때 까지 작업을 재개하여서는 아니 된다. ESD와 ERC actuator의 모든 전기장치는 선급협회의 형식승인(type approval)을 받아야 한다. ESD hardware와 그 구성요소가 육상설비의 한 부분일 경우는 산업표준(industry standard)에 따라 설계하고 테스트하여야 한다.

(7) ERC(Emergency Release Coupling)

로딩암과 호스에는 비상연결해제 시 LNG의 누출을 최소화되도록 ERC가 설계되고 설치되어야 한다. ERC는 수동 또는 자동 작동이 가능하고 이송시스템의 작동 범위를 넘어서면 자동 분리되어야 한다.

Breakaway coupling(BRC)은 축력과 전단력 값을 확인하기 위하여 형식 승인을 받아야 한다. ERC는 연결해제 후에 self closing shut off valve의 수밀도(tightness)를 체크해야 한다.

ERC 커플링은 조류, 파고 그리고 풍속 등이 가장 수용할 수 있는 나쁜 환경을 기초로 설계되고 설치되어야 한다. ERC 시스템은 최대허용작업범위를 초과하면 ERC 시스템이 작동한다. 호스의 연결부 끝에 dry disconnecting type의 커플링이 설치되면 ERC의 작동 이후에 벙커시스템의 서지압력을 피하기 위한 수단이 있어야 한다. 'Full operating instructions', 테스트, 검사 스케줄, 필요한 레코드 그리고 제한조건 등이 선박의 operating manual에 상세히 기재되어야 한다.

수동 작동방식의 ERC가 설치되면 ERC 원격제어 수단이 인수선박과 공급설비 양측의 육안으로 모니터링 할 수 있는 적절한 보호구역 내에 위치하여야 한다.

호스와 그 지지구조가 결합된 시스템은 ERC의 분리 후에 이송용 호스를 제어하고 처리할 수 있는 능력을 가지고 있어야 한다. 더불어 ERC의 해제로 인한 충격을 흡수할 수 있어야 한다. 이 시스템은 가능한 한 호스, 호스지지구조, 커플링 등이 선박의 선체나 벙커링 설비 금속구조와 접촉하지 않도록 하여야 하고, 접촉 부위에서 스파크의 위험, 인명이나 기계의 손상이 없어야 한다.

(8) 통신시스템(Communication system)

백업을 가진 통신시스템이 인수선박과 벙커링 설비 양측에 설치되어야 한다. 위험구역과 안전구역에 설치되는 통신시스템의 구성품은 IEC 60079에 따라 형식승인을 받아야 한다.

(9) 벙커링 이송률(Bunkering transfer rate)

최대 LNG이송률은 다음을 고려하여 조절하여야 한다.

- Bunker station manifold의 최대허용 flow rate
- LNG인수선박의 배관과 탱크 열응력을 고려한 최대허용 cool-down rate
- Bunkering 중 발생하는 플래시가스의 처리
- LNG설비로부터 공급되는 LNG의 온도
- 인수선박의 연료탱크 내에 남아 있는 LNG의 온도
- 인수선박과 공급설비 압력

벙커링 중에 플래시가스가 발생하는 것을 대기 중에 방출하지 않고 적절히 제어해야 한다.

- 이용할 수 있는 가스 공간을 고려하여 양측 탱크의 PBU
- 추가 증발가스를 보일러나 GCU 또는 가스 엔진으로 연소
- 압력을 제어하기 위하여 인수탱크에 LNG스프레이로 가스 공간을 냉각
- 증발가스의 재액화(Reliquefaction)

배관 시스템 내의 LNG속도는 정전기의 발생이나 마찰열의 발생, 비선형 유동에 의한 증발가스 발생 등을 피하기 위하여 12 m/sec를 초과해서는 안 된다.

(10) 가스회수관(Vapour return line)

가스회수관은 인수탱크 내의 압력을 제어하기 위하여 또는 벙커링 시간을 단축하기 위하여 사용된다. 이것은 특히 대기압형 LNG연료저장탱크(atmospheric pressure fuel storage tank)에 적용할 수 있다(IMO type A·B, membrane tank).

통상의 벙커링 작업에서 발생하는 플래시가스의 양에 영향을 주는 주요 인자는 다음과 같다.

- 이송시스템의 냉각(cool down)
- 공급설비와 인수탱크간의 condition의 차이, 특히 인수탱크의 온도
- 이송률(ramp up, full flow, ramp down, topping up)
- 공급설비와 인수탱크간의 파이프라인에 침입한 열
- Pumping 에너지

(11) 조명(Lighting)

조명은 벙커 스테이션 구역을 비추어야 한다. 특히 위험구역 내 설치된다면 적용되는 위험구역 장비요건을 만족해야 한다. 조명은 특히 다음과 같은 벙커링 작업구역에 적절히 설치해야 한다.

- LNG bunker 호스
- 인수선박과 공급선박/설비의 Connection 장비들과 커플링들
- ESD시스템 call point
- 통신시스템
- 소화장비
- 벙커링작업에 종사하는 사람들의 통로, gangway
- Vent mast 등

9.4 LNG벙커링 시스템의 기능적 요건(Functional Requirement)

9.4.1 벙커링 전 단계(Pre-bunkering phase)

벙커링 준비단계는 인수선박과 공급선박/설비간의 LNG벙커링 오더(order)를 위한 첫 통신과 벙커스테이션과 벙커라인 연결로 시작된다. 벙커링 준비단계의 목적은 인수선박과 공급선박/설비간의 이송시스템의 안전한 연결과 그 확인이다.

9.4.2 기능적 요건

벙커링준비 단계에서는 아래의 기능요건을 고려해야 한다.

- 위험도 평가를 수행하고, 그 결과대로 실시하였는지
- LNG bunker management plan을 작성했는지, 또 그것이 선박에 적절한 것인지
- 벙커링시스템의 안전성 및 적합성 체크(compatibility check)
- 벙커링작업에 관한 정보를 관련 당국에 통보했는지
- 관련 당국으로부터 허가를 받았는지
- 인수선박과 공급선박/설비간의 이송률, 증발가스처리, 적재제한 등과 같은 경계조건에 대한 합의가 되었는지
- 벙커링단계에서 LNG의 안전한 이송이 이루어지도록 벙커링시스템과 안전시스템 등의 초기점검 여부 확인

9.4.3 일반적 요건

(1) 작업인원 및 관리인원

벙커링 중 안전구역 내의 인원은 필수인원만으로 제한한다. 작업구역 근방의 모든 인원은 LNG Bunker management plan에 따라 적절한 보호복(PPE)을 입어야 하고 개인용 가스감지기를 휴대하여야 한다.

(2) 적합성 검토(Compatibility assessment)

벙커링작업 개시 전 인수선박과 공급설비간의 적합성 평가를 하여야 한다. 적합성 평가는 관리자와 담당자가 적절한 checklist를 가지고 진행한다. 최소한 아래 장비들은 벙커링 개시 전에 체크하여야 한다.

- 통신장비(하드웨어 및 소프트웨어)
- ESD시스템
- Bunker connection
- ERS, ERC
- 가스회스관
- N_2 가스시스템
- 선박계류장치
- 벙커 스테이션의 위치
- 이송시스템의 manifold의 규격
- ERS의 위치
- 밸브의 개폐 속도
- HAZOP의 결과

9.4.4 이송 준비(Preferation for bunker transfer)

(1) 환경

날씨, 해상상태, 기온 그리고 가시성에 영향을 주는 안개 등을 안전한 작업에 문제가 없는 지를 확인한다.

(2) 선박 또는 트럭의 계류

인수선박은 벙커링 중 과도한 상대운동이 일어나지 않도록 공급설비/선박에 계류한다.

STS방식의 벙커링 중 과도한 운동이나 연결부위에 과도한 힘이 걸리지 않도록 공급선박은 적합성을 확인 한 후 계류한다. 공급선박의 계류도 날씨, 조류, 바람 그리고 파도 등의 날씨조건을 고려해야 한다.

TTS방식의 벙커링 시, LNG탱크로리는 트럭이 움직이지 않도록 고정하여야 한다. 탱크로리에 연결된 모든 발화원은 안전구역과 위험구역 등을 고려하여 Bunkering management plan/procedure에 따라 처리한다. 벙커링 시스템의 연결이나 분리 중 탱크로리 엔진은 정지한다.

(3) 통신(communication)

인수선박과 공급설비/선박간의 통신은 벙커링작업 전 완벽하게 준비하고 확인한다. 벙커링작업에 관계하는 모든 인원은 가시/가청 신호의 의미를 인지하고 있어야 한다. 통신 에러가 발생하면 벙커링작업을 중지하고 통신이 재개될 때까지 작업을 시작해서는 안된다.

(4) 이송조건(transfer condition)확인

아래 사항에 대해 벙커링 시작전 확인하여야 한다. 이송조건을 LNG bunkering management plan에 기재한다.

- 이송시간, 공급되는 LNG의 압력과 온도, 인수선박의 LNG연료 탱크 내 압력, 과도한 가스증발을 방지할 있도록 인수선박이 처리할 수 있는 LNG의 최대온도
- 인수선박 LNG연료탱크의 액의 높이, 온도와 압력을 확인하고 checklist에 기록
- Loading limit, 이송율, 펌프의 최대압력 그리고 안전밸브 등 인수탱크의 filling limit는 MARVS에 따라 다르며, cold LNG의 팽창을 고려하여 IGC Code 나 IGF Code에 따라 결정된다.

(5) 개인 보호 장구(Individual safety equipment, PPE)

LNG벙커링 작업에 관련된 모든 사람은 적절한 보호복을 입어야 한다. 보호복은 모든 작업자 수에 맞게 준비가 되어 있는지, 적합한 것인지, 사용하기가 불편하지 않은지를 확인해야 한다.

(6) 선박의 선체구조 보호

LNG의 누출로 인한 인수선박의 hull, deck 또는 구조가 극저온의 LNG에 의해 저온취성으로 파괴 되는 것을 방지하기 위하여 적절한 보호 수단(IGF Code 요건)이 있어야 한다.

- 선박의 선체외판을 보호하기 위한 Water curtain.
- Deck를 보호하기 위한 LNG의 저온을 견딜 수 있는 적절한 재질의 바닥 깔판 등을 호스 하부에 설치
- LNG의 저온을 견딜 수 있는 적절한 재질의 드립 트레이를 파이프 커플링 하부에 설치, 누출한 LNG를 일시적으로 보유.

(7) 안전구역의 설정 및 표시

벙커 스테이션의 안전구역 경계를 명확히 표시한다. 안전구역(safety zone)과 위험구역(hazardous zone)에 설치되는 비방폭형 장치들은 전체 벙커링 과정에서 전기적으로 절연이 되어야 한다. 벙커링 중 필요하지 않은 무선장치나 휴대폰은 꺼야한다.

(8) 전기적 절연

인수선박의 manifold, 연료이송관 사이의 LNG이송 호스나 로딩암에는 단일 절연 플랜지를 설치한다. 이 플랜지는 인수선박과 공급설비 사이의 갈바닉 전류(galvanic current)의 흐름을 차단한다. 인수선박과 공급설비/선박간의 금속이 직접 접촉하는 것은 절연체를 삽입하여 피해야 한다. 탱크로리로 벙커링을 할 경우에는 안벽에 접지를 하여 정전기의 발생을 피한다. 탱크로리가 직접 선박에 주차하여 벙커링을 할 경우에는 선박의 갑판에 접지한다.

(9) ERS

ERS시스템에 구성된 ERC 기능을 가지는 모든 타입의 커플링은 시뮬레이션 테스트를 실시한다. 벙커링을 시작하기 전 모든 구성요소들이 만족스러운지 시스템 테스트 통해 확인한다.

(10) Emergency Release Coupling(Break away coupling)

커플링의 연결 해제는 수동 또는 자동으로 할 수 있으며, ERS 시스템의 작동은 ERC(ESD 2)의 해제 전에 ESD(ESD 1)를 작동시켜야 한다. 가능하면 단계적인 작동지침을 영구적으로 ERC장비에 부착하고, 작업에 종사하는 모든 인원은 교육을 하고 시스템 사용에 익숙하도록 한다.

ESD 2의 작동 시는 비상사태나 선박의 운동으로 인해 이송라인에 과하중이 걸려 Break away coupling이 갑작스럽게 작동할 때 이송호스가 선박의 선체나 사람을 다치지 않도록 적절한 지지구조를 설치한다.

(11) ESD 테스트

인수선박과 공급설비/선박은 벙커링 시작하기 24시간 전 ESD의 테스트를 실시한다. 담당자는 테스트가 성공적으로 이루어졌음을 공지하고, 이러한 테스트는 벙커링 절차서에 따라 문서화해야 한다.

(12) 호스 또는 로딩암의 접속 전 육안검사

벙커호스와 그 접속시스템은 찢어지거나 마모 등을 육안으로 검사한다. 결함이 발견되면 벙커링작업은 취소되고, 호스를 교체한다.

(13) LNG와 가스의 누출감지시스템 작동

LNG가 누출되면 가스감지시스템이 작동하며, 온도센서가 벙커스테이션에 드립트레이 하부에 부착된다. 센스의 기능을 체크하고 테스트한다.

(14) 이송시스템의 준비

벙커링 설비의 배관은 가능하면 인수선박과 연결 전에 inerting과 cool down을 한다. 만약 접속 전에 inerting과 cool down이 위험하다고 판단되면 연결 후에 수행한다. 인수선박과 벙커링 설비의 연결상태를 육안으로 확인하고 필요하면 조치를 취한다. 벙커링 작업 중에 LNG나 가스의 누출은 허용되지 않는다.

(15) Pre-bunkering checklist

LNG bunkering management plan에 모든 관련자가 사용할 checklist 가 포함되고 이 checklist에는 적용될 벙커링 절차, 사용될 장비 그리고 이송될 LNG의 양과 질 등이 충분히 검토되어 포함되어야 한다.(부록 2 IAPH Check list 참조)

9.4.5 벙커링시스템 연결

(1) 연결(Connection)

커플링, 호스 같은 이송시스템에 연결되는 장비는 연결 전 테스트(leakage test)하고 그 결과를 승인을 받아야 한다. 이송시스템은 이송 중에 작용하는 모든 하중은 운전 범위 안에 있어야 한다.

(2) 플랜지와 접속부의 표면 청소

이송시스템을 접속할 때 플랜지의 접속부에 습기가 제거되어야 하고 접속부의 표면은 청결하여야 한다. 필요하면 압축공기로 청소한다.

(3) 호스의 최소굽힘반경

호스는 호스의 관련 표준에 따라 최소 허용굽힘반경을 초과하지 않도록 적절하게 지지한다. Host rest, saddle, guidance system 등 이송시스템과 함께 사용되는 장치들은 테스트를 하고 승인을 받아야 한다.

LNG이송호스는 일반적으로 갑판에 직접 놓지 않고 갑판으로 저온이 전달되지 않도록 한다. 안벽과의 마찰로부터 최소한 나무판 같은 것으로 적절한 보호가 필요하다. 호스는 인수선박과 공급설비/선박간의 모든 운동을 cover할 수 있도록 충분한 여유(slack)를 가지고 배치한다.

(4) 이송관의 purging

이송시스템을 연결한 후 이송관 내 습기나 산소가 남지 않도록 이송관을 purging한다. 벙커링 중 극저온으로 냉각되는 모든 부분에 purging용으로 질소가스가 사용된다. Purging/inerting용으로 사용될 inert gas가 인수선박의 LNG탱크에 남아 엔진의 구동에 영향을 줄 수도 있으므로 inert gas의 양에 주의를 기울어야 한다. 보통 inert gas 양은 bunker line의 전체 부피의 5배 정도 주입한다. 이 양은 이송시스템의 디자인에 따라 최소화 할 수 있다.

(5) 이송관의 압력테스트

이송시스템 inerting 중 벙커링 절차에 따라 압력테스트를 수행한다. 최소한 연결부의 누설시험은 벙커링설비에서 인수선박의 ESD밸브까지 실시한다.

9.5 벙커링 단계(Bunkering Phase)

벙커링 단계는 인수선박(receiving vessel)의 벙커스테이션과 벙커링설비의 물리적인 연결 후에 인수선박 또는 탱크로리, 육상 벙커링 설비에서 LNG이송밸브의 개방이 안전하게 완료되면 시작된다. 연이어 이송관의 cool down, LNG이송, toping-up, 그리고 벙커링 설비의 밸브를 닫음으로서 끝을 맺는다.

9.5.1 기능적 요건(Functional requirement)

- 전 이송과정에서 이송시스템에 적절한 ESD와 ERS시스템이 가동된다.
- 이송시스템의 접속 후에 적절한 cool down절차가 진행된다.
- 플래시 가스나 증발가스는 이송작업 중에 대기로 방출하지 않는다.
- 벙커링작업 중에 이송관, 이송시스템과 탱크의 상태는 계속적으로 모니터링 된다.

9.5.2 일반적 요건(General requirement)

(1) ERS

ERS의 컨트롤시그널과 액추에이터는 작동 여부를 확인하고 테스트한다. ERS의 기계적 해제장치는 벙커링 시작 전 작동가능상태로 준비된다.

(2) ESD연결테스트

Linked ESD시스템이 연결되었는지 확인하고 테스트를 한다. 그리고 항상 작동가능상태로 준비한다. ESD 테스트에는 warm ESD test와 cold ESD test의 두 종류가 있다.

Warm ESD테스트 : ESD시스템은 manifold의 연결 및 ESD link후 테스트한다. 테스트는 인수선박과 벙커링 설비간에 시스템이 제대로 연결되었는지 확인하기 위하여 작업(warm ESD1) 시작 전에 실시한다. Warm ESD1시그널의 개시는 인수선박 또는 벙커링설비 중 어느 한 곳에서 실시한다.

(3) 이송시스템의 냉각(Cool Down)

가능한 한 이송라인의 cool down은 이송시스템의 요건과 벙커링 절차에 따라, 냉각에 의해 수축 되면서 일어날지 모르는 잠재적 누출에 주의를 기울이면서 수행한다. 인수선박과 벙커링설비간에 연결부위는 모니터링 되고 필요하면 조인다. 탱크에 요구압력을 주기 위하여 펌프를 사용하면 시작 전에 운전 온도 내로 냉각하여야 한다.

Cold ESD테스트 : cool down 작업 후 가능하면 cold test를 수행해야 한다. ESD밸브가 cold condition에서 제대로 작동하는지 확인한다.

(4) LNG이송(Main bunker transfer)

이송시스템의 적절한 cool down 후, 이송율은 LNG벙커링 절차에 따라 합의된 용량까지 증가시킬 수 있다. 이송절차는 계속적으로 모니터 되어야 한다. 시스템이 operating limit를 벗어나면 LNG이송은 즉시 중단된다.

(5) 압력 온도 감시

인수탱크의 온도와 압력은 과압을 방지하고, 부차적으로 가스가 안전밸브나 vent mast를 통해 배출되는 것을 방지하기 위해 벙커링 과정에서 감시되고 제어된다.

(6) 증발가스 제어

증발가스처리방법은 탱크의 타입, 시스템의 타입, 시스템 조건에 따라 다르며, 적합성 체크 중 서로 협의한다. 대기압 탱크는 증발가스회수관이 이용되지만, 회수되는 가스의 압력을 제어하기 위해서 재액화장치(reliquefaction plant) 또는 축압할 수 있는 보조설비 등이 이용된다. 만약, 인수탱크가 type C의 압력형이라면 증발가스회수관의 이용과 축압 방식을 사용할 수 있다.

또한, TTS(truck to ship)방식으로 벙커링을 하거나 증발가스회수관이 없을 때에는 분무장치(diffuser)를 이용하여 탱크의 상부에서 LNG를 스프레이하여 가스를 냉각하여 압력을 조절할 수도 있다. 이렇게 하면 플래시가스 발생으로 인해 높아진 압력은 낮아져 벙커링작업 중에 압력조절이 가능하다.

(7) 탱크의 Topping-Up

탱크의 topping-up은 담당자가 탱크의 액의 level을 면밀히 주시하면서 탱크 내의 액의 level이 규정된 높이에 도달하면 LNG의 이송속도를 적절하게 낮추어 간다. 담당자는 탱크의 loading limit와 압력에 주의를 기울려야 한다. topping-up 중에도 과압에 의해 안전밸브가 열리는 것을 피해야 한다.

(8) 측정 장비의 선택

벙커링 중 LNG양의 측정에 사용되는 장치에 의한 이송시스템의 안전에 관한 영향도 고려해야 한다. 측정 방법과 장치는 서지압력, 과도한 플래시가스의 발생 그리고 압력저하 등 LNG의 흐름을 방해하는 것을 최소화해야 한다.

9.6 벙커링 완성(Bunkering Completion Phase, Post Bunkering Phase)

벙커링 완료 후 단계(Post bunkering phase)는 최종 topping-up이 완료되고 LNG벙커링 설비의 밸브가 모두 잠겨진 후 시작되고 인수선박과 공급 설비간에 안전하게 분리가 되면 끝난다. 이 때 모든 관련서류의 작성도 완료된다. 이 단계는 인수선박과 공급설비간 이송시스템의 LNG누출없이 안전한 분리를 확인하는 것이다.

9.6.1 기능적 요건

벙커링 완료 단계에서는 아래 기능적 요건을 고려해야 한다

- 가스나 LNG가 대기 중으로 누출하지 않고 draining, purging, inerting을 순서대로 수행한다.
- 이송시스템의 장비들이 안전하고 견고하게 보관되었는지 확인한다.
- 계류장치를 풀고 선박이나 설비를 안전하게 분리한다.

9.6.2 Drain, purging, inerting 순서

이송시스템이 분리되기 전에 이송시스템이 안전한 상태에 있는 지를 확인하는 단계이다. 인수선박과 공급선박/설비 양측의 이송 배관 내가 불활성 상태로 되어 있지 않으면 커플링을 분리해서는 안된다.

- 공급선 차단(Shut down of supply)
- 안전 격리 (Safe isolation of supply)
- 시스템 내에 LNG를 남김없이 드레인
- 이송시스템 내의 가스 purging
- 이송시스템의 커플링 안전하게 분리
- 이송시스템 장비 내에 습기나 산소가 들어가지 않도록 안전한 보관

(1) LNG탱크로리로부터 LNG벙커링

Purging과, inerting을 순서대로 수행하며, 모든 purging된 가스는 인수선박 탱크로 돌려 보낸다.

(2) 공급선박으로부터 LNG벙커링

Purging과, inerting을 순서대로 수행하며, 모든 purging된 가스는 공급선박 탱크로 돌려 보낸다.

(3) 육상LNG공급설비으로부터 LNG벙커링

Purging과, inerting을 순서대로 수행하며, 모든 purging된 가스는 육상설비로 돌려 보낸다.

9.6.3 관련서류의 작성(Post bunkering documentation)

벙커링작업을 완료하고 나면 작업이 정해진 절차에 따라 안전하게 수행되었는지 LNG bunkering management plan에 있는 checklist에 따라 점검하고 checklist를 완성한다. 인수선박 담당자는 BDN(Bunker Delivery Note)을 받아 서명한다.

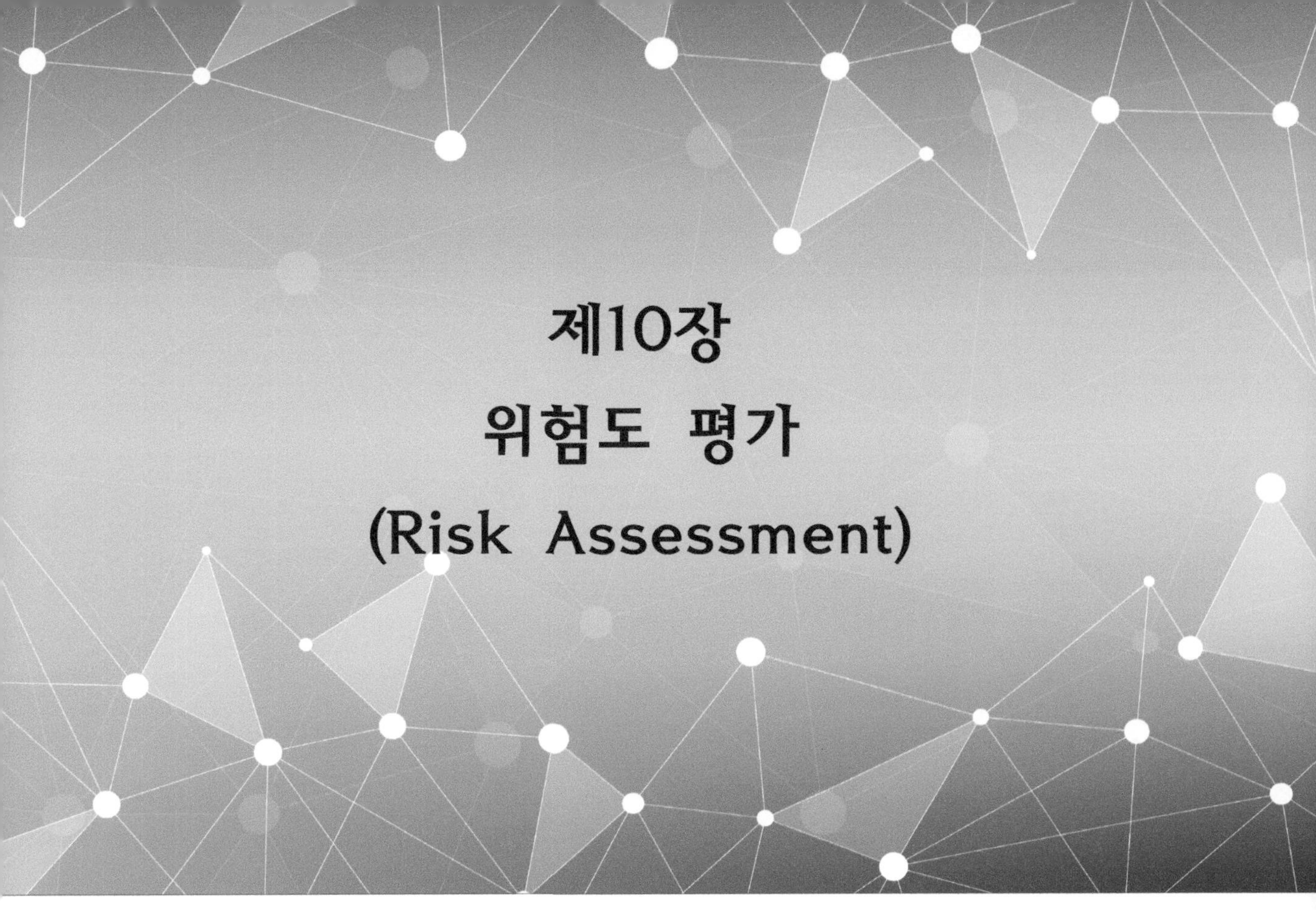

제10장 위험도 평가 (Risk Assessment)

10.1 LNG벙커링 작업 시 위험도 평가

LNG벙커링 작업 시 위험도평가는 ISO/TS 18683:2015 'Guidelines for systems and installations for supply of LNG as fuel to ships'에 따라 수행한다. 이것은 LNG를 선박의 연료로 사용하는 것에 대한 것이며, 위험도 평가의 적용과 이용에 관한 상세한 가이드를 제공하는 잘 알려진 표준을 기준으로 한다. LNG벙커링작업 위험도 평가의 목표는 수행하는 작업의 안전을 객관적으로 평가하는 데 있다.

위험도 평가의 목적은 먼저 환경과 사람에 대한 위험을 보여주는 것이고, 마지막으로 벙커링작업을 하는 주변에 요구되는 안전구역과 보안구역에 대한 정보를 제공하여 벙커링 작업에 관련된 사람들이 이해하고 숙지할 수 있도록 하는 것이다. 이러한 목표를 달성하기 위해서는 위험도 평가는 최소한 아래 작업을 고려해야 한다.

- 선박의 도착, 접근, 계류 등 그 작업 전과 그 시점에서 준비작업
- 작업의 준비, 장비의 연결과 시험
- LNG이송과 증발가스 처리작업
- LNG이송작업 완료 및 장비의 연결 분리작업
- 동시작업(SIMOPS)

10.1.1 위험도 평가의 방법(Risk Assessment Approach)

(1) 정성적 위험도 평가(Qualitative Risk Assessment: QualRA)

정성적 위험도 평가는 ISO/TS 18683에 따라 새로운 벙커링 작업 절차를 수행하기 전에 평가한다. 벙커링 작업이 아래 3개의 표준 시나리오 중 하나에 따르면 기능적 요건과 차이가 없다. 고려되는 정성적인 접근방법은 설계 목표를 만족하기에 충분하다.

표준벙커링은 3가지 시나리오로 나눌 수 있다.

- 선박간 벙커링(Ship to Ship: STS)
- 탱크로리와 선박간 벙커링(Truck to Ship: TTS)
- 육상설비와 선박간의 벙커링(Pipeline to Ship: PTS)

(2) 정량적 위험도 평가(Quantitative Risk Assessment: QRA)

정량적 위험도 평가는 Q_{ual}RA의 보충물로 다음과 같은 경우에 수행한다.

- 벙커링이 표준형이 아닐 때
- Design, arrangement & operation이 가이드라인과 다를 때
- 벙커링을 다른 작업과 함께 수행할 때

QRA는 전체적인 위험 수준 판단, 디자인 평가, 안전구역 그리고 보안구역을 줄이는데 더 많은 통찰력이 요구되는 곳에 적합하다. QRA 요건은 일반적으로 Q_{ual}RA의 결과를 기초로 관할관청이나 항만당국에 의해 정해진다.

(3) LNG벙커링 위험도 평가의 최소범위

Q_{ual}RA만 요구 되든 Q_{ual}RA와 QRA가 함께 요구되든 위험도 평가는 최소한 다음과 같은 세부사항을 포함해야 한다.

- 벙커링 작업이 잠재적으로 어떻게 위험을 야기할 것인가; 이것은 주변 환경에 치명적인 재앙을 초래할 수 있는 잠재적 사건/사고에 대한 체계적인 식별 (systematic identification)이다.
- 피해의 잠재적 심각도; 이것은 다수의 사망자나 환경의 파괴를 일으킬 수 있는 가장 심각한 케이스의 결과를 말한다.
- 피해의 가능성
- 위험의 계량
- 기능적 요건을 충족시킬 방법

더불어, 위험도 평가는 안전구역을 결정하는 데 이용될 시나리오를 찾아내야 한다. Q_{ual}RA와 QRA에 접근하는 일반적인 방법은 ISO/TS 18683을 참고한다. 위험 평가는 경험이 많은 자격자나 적절한 자격을 가진 업체에 의해 수행되어야 한다.

(4) 위험 기준

정성적 위험과 정량적 위험에 대한 기준은 ISO/TS 18683에 소개 되어 있으며, 적정한 기준을 설정하는 정보는 관련 당국(RO)에 의해 주어진다. 위험평가를 시작하기 전에 위험

의 기준은 이해 당사자들 간에 합의를 이루어야 한다.

(5) 정성적(QualRA)위험평가에서 위험 수준

정량적 위험평가에서 리스크 레벨은 일반적으로 리스크 매트릭스(risk matrix)를 포함하고, 심각한 결과(consequence)와 빈도(liklyhood)의 조합과 연관된 리스크 레벨을 통해 나타낸다. 예를 들면, 리스크 수준은 더 낮출 필요가 없을 정도로 충분히 낮아야 하고, 경감(mitigation)이 고려되어야 하는 레벨에서 또는 경감이 요구되는 고위험 레벨 일수도 있다.

주목해야 할 중요한 포인트는 리스크 레벨이 모든 잠재적 인위적이거나 자연발생적인 사고(accidents/incidents)가 아니라 한 개 또는 그 이상의 것을 나타낸다. 이것은 리스크 평가가 모든 잠재적인 인위적이거나 자연발생적인 사고로부터 나오는 리스크레벨의 전반적인 것을 표시하지 않는다는 것이다. 오히려 고려되는 인위적이거나 자연발생적인 사고의 상대적인 순위를 나타낸다. 만약 전반적인 리스크 레벨이 요구된다면 그때는 QRA를 이용하여 결정할 수 있다.

(6) 정량적(QRA)위험평가에서 위험 기준

정량적 위험도 평가에서 리스크 기준은 일반적으로 개인적 위험과 사회적 위험(그룹리스크)을 나타낸다. 그리고 이것들은 치명적 또는 해로움 등에 관련되어 있다. 많은 수의 사람들이 벙커링 작업 중 노출되어 있는 곳에서 개인적 위험과 사회적 위험 모두 평가되어야 한다. 이것은 개인에 대한 리스크가 낮은 수준일지라도 많은 사람들에게 해를 줄 수 있는 단순한 인위적이거나 자연발생적인 사고가 많은 사람들에게 리스크를 줄 수 있기 때문이다.

리스크평가 기준은 “년간(per annum base)으로 표현”되어야 한다. Hazard가 상대적으로 짧은 시간 내에 지속된다면, 년간으로 표현되는 기준은 적절하지 않을지 모른다. 이것은 리스크가 년간으로 일정하게 분포되지 않고 간헐적으로 최고치에 도달할 수 있기 때문이다.

(7) SIMOPS의 위험 평가

벙커링 작업이 벙커링에 의해 영향을 받을 수 있는 다른 작업과 동시에 이루어질 때 사용자에 의해 요구되는 리스크 레벨을 유지할 수 있어야 한다. 필요하다면 추가로 위험성 평가를 수행해야 한다. 동시 작업(simultaneous operation)에 대한 리스크 평가는 다음과 같은 작업에 대하여 벙커링 작업과 동시에 수행할 때 실시하는 것을 고려해야 한다.

- Cargo handling
- Ballast operations
- 승객의 승선과 하선
- 위험화물의 양하 및 선적
- 화학제품의 양하 및 선적
- 기타 low flash point 제품의 양화 및 선적
- LNG이외의 다른 연료의 벙커링

동시작업은 안전구역 내에서 일어나는 작업들에 대해 검토 된다. 선박 내 시스템의 테스트 같은 기술적인 작업, 즉 mooring 상태 변경, 화재방지장치나 발전기 시스템의 테스트 등은 벙커링 작업과 동시에 수행해서는 안된다.

(8) LNG벙커링작업의 일반적인 위험도 평가 지침서

벙커링 프로세서에 요구되는 위험평가의 범위는 벙커링 방법과 관련설비에 따라 다르다. 위험 평가는 크게 HAZID와 HAZOP 두 부분으로 구분된다. 이들 실행은 적절하고 상세한 위험평가의 결과를 얻을 수 있도록 전문 지침서에 따라 실행할 것을 권고한다.

(9) HAZID

Hazard identification process는 각 위험에 대한 특성을 이해할 수 있도록 오퍼레이터에게 상세한 내용을 제공하고, 각각의 hazard(위험요소)에 대한 필요한 제어 방법을 표시해야 한다. HAZID의 결과는 위험 등급과 추가적인 보호조치와 분석을 위한 권고를 포함해야 한다.

HAZID는 최소한 ISO/TS 18683에 있는 범위를 포함해야 한다. LNG벙커링 오퍼레이션을 위한 HAZID를 실행하기 위한 지침서는 이 부록에 상세히 기록되어 있다.

(10) HAZOP(Hazard and Operability Study: 위험과 운전분석)

HAZOP study는 설계 의도에 따라 수행하는 장비의 능력을 확인하여 원인과 결과를 나타내기 위한 planned process나 operation의 조직적이고 체계적인 진단이다. 이것은

사고발생을 방지하는 데 적절한 대응책(safe guard)을 확인하는 것이 목적이다. HAZOP을 실행하기 위한 지침서는 이 부록에 상세히 기록되어 있다.(부록 IAPH 벙커링 절차서)

10.1.2 안전구역과 보안구역(Safey and security zones)

Safety zone과 Security zone은 ISO/TS 18683에 따라 벙커링 작업이 이루어지는 지역에 설정된다. Safety zone과 Security zone은 모두 벙커링이 이루어지는 동안 외부인의 출입이 제한되고 상시 모니터링 된다.

Safety zone의 설정 목적은 기본적으로 필요한 인원(필수인원)만 허용되고 잠재적인 발화원을 통제하기 위한 지역을 설정하는 것이다. 필수인원은 벙커링 작업을 모니터하고 통제하는 데 필요한 인원이다.

Security zone의 목적은 선박이나 항만 내 교통을 통제하고 모니터하는 지역을 설정하는 것이다. 더불어 Safety zone과 Security zone은 연료 누출과 발화가능성의 낮은 빈도로 최소화하고, 물리적으로 분리함으로써 개인과 자산을 보호할 수 있도록 한다.

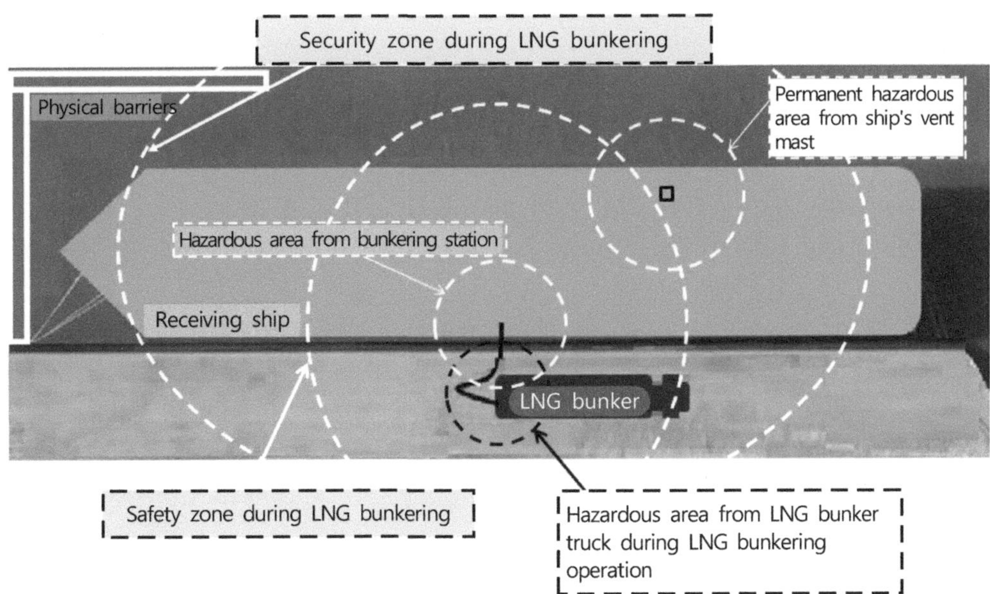

그림 10-1 Safety zone과 Security zone

(1) 위험구역의 등급(Hazardous area classification)

벙커링 관련한 위험구역(Hazardous area)은 아래에 규정된 zone 1과 zone 2를 말한다.

- IGF code, regulation 12.5, LNG연료추진선
- IGC code, regulation 1.2.24, LNG벙커링선
- 벙커링 후 가스가 존재할 수 있는 장소.

최소 위험 구역 크기는 다음의 범위 내로 정한다.

- 개방 갑판 또는 갑판상의 반 폐위 공간위의 가스 탱크 배출구, 가스/증기 배출구, 벙커/공급 매니폴드 밸브, 기타 가스 밸브, 가스 배관 플랜지 그리고 탱크 개구부의 안전밸브 등으로 부터 3 m 이내
- 개방 갑판 위 가스 벙커/공급 매니폴드 주변 spillage coaming의 3 m 그리고 높이는 2.4 m 이내
- 반 폐위 식 벙커링 스테이션은 주위 공간의 1.5 m 이내

벙커링관련 위험구역은 LNG탱크로리 또는 해안의 벙커링설비 부근 지역도 포함된다. 위험평가의 결과와 벙커링과정의 상세(equipment, transfer flow rate and pressure)에 따라 이러한 위험구역의 범위는 증가될 수도 있다.

위험구역은 IEC 60079-10에 따라 승인 받은 전기 장치만 쓸 수 있다. 그 이외의 전기 장치는 벙커링작업 전에 무전압상태(de-energised)로 해야 한다.

(2) 안전구역(safety zone)

안전구역에는 벙커링작업 중 다음과 같은 제한이 적용된다.

- 흡연 금지
- Naked light, 휴대폰, 카메라, 기타 인증되지 않은 휴대용 장비들은 엄격히 금지된다.
- 벙커링 작업에 필수 조양장치가 아닌 검증 받지 않은 crane과 조양장치
- 탱크로리를 제외한 자동차의 출입 금지

- 항만 당국에 의해 허가 받은 선박을 제외한 다른 선박
- 그 이외의 발화 가능성이 있는 발화원은 제거
- 안전구역 출입은 승인 받은 인원만 가능

(3) 안전구역의 범위 결정

안전구역은 다음과 같이 2 가지 방법으로 결정한다.

① 결정론적 방법(Deterministic approach)

Safety zone은 'maximum credible release scenario'의 가연성 범위를 기초로 설정한다. ISO/TS 18683에 safety zone의 설정에 관한 'deterministic approach'를 참고한다. safety zone의 설정을 위한 요구조건은 당국 또는 당해 관청(local authority)에 의해 정해질 수도 있다.

가연범위(Flammable extent)는 대기 중 가스 확산으로 LFL(lower flammable limit)에 도달하는 거리이다. LNG의 LFL은 공기 중의 천연가스의 약 5%이다.

최소한 다음과 같은 정보가 'maximum credible release scenario'에 고려되어야 한다.

- 방출되는 연료의 물성
- 벙커링 지역의 날씨(풍속, 습도, 대기온도, 연료가 유출되는 곳의 표면온도 등).
- 증발가스나 가스가 방출되는 지역의 표면 거칠기(땅 또는 해면)
- 구조적이고 물리적인 특징
- 방출량, 방출지점, 가용잔량, 증기 발생율, 방출 높이

벙커스테이션으로부터 수 미터 높이에 위치하는 거주구와 같이 사람이 그 상부위치에 있을 수 있으므로, 방출 높이는 계산된 안전구역의 범위에 지대한 영향을 줄 수 있으므로 Safety zone의 수직 범위는 특별히 고려되어야 한다.

선박이나 빌딩 같은 대형 구조물, 절벽이나 경사진 지면 같은 지형지물은 가스의 확산을 제한하거나 유도하기도 한다. 이것도 safety의 설정에 반영되어야 한다. 이것을 놓치면 부적절한 안전구역이 지정되거나 가스의 누출로 영향을 받을 수 있는 지역을 제외할 수도 있을 것이다. 어떤 경우 zone의 모양과 범위를 결정하는데 CFD(Computational Fluid Dynamics) 같은 진보된 모델링 테크닉을 사용할 수도 있다. Safety zone의 설정

에 이용된 기술과 관계없이 적절한 자격을 가지고, 경험이 있는 사람에 의해서 적용되어야 한다.

ISO/TS 18683에는 2 가지 'maximum credible release scenario'의 예제를 제공하는데, 여기에는 Safety zone의 설정에 가장 큰 LFL 범위가 사용되었다.

- Liquid bunkering line에서 emergency shut down valve 사이 누출에 의한 유해범위(trap inventory)
- 방출을 차단하고 공급압력을 유지하기 위한 emergency valve가 잠기지 않고 각종 전장 및 계장 장비의 연결부로부터 지속적인 누출(continuous release)

Safety zone을 설정하기 위해서는

- ISO/TS 18683의 방출 case 상기 A and B 또는
- 'maximum credible release scenario'가 사용된다.

② 확률적 방법(Probabilistic approach)

안전구역(Safety zone)을 설정하는 또 하나의 방법으로 QRA가 이용된다. 이 방법은 가끔 확률론적 또는 위험도에 기반한 접근법(probabilistic or risk base approach)을 적용하기도 한다. 이 이론에서 이러한 방법은 위험구역(hazardous area)보다 낮은 안전구역(safety zone) 또는 0 m의 safety zone을 만들 수도 있어서 부적절하다.

안전구역(safety zone)은 적어도 위험구역(hazardous area)까지 또는 벙커링 장비로부터 관할청(authority)에 의해 지정된 최소거리까지 도달 되어야 한다.

QRA의 중요점은 누출 결과와 발생빈도(likelyhood) 둘 다 고려하고, 사람들의 위치, 발화의 확률, 경감수단의 효율 그리고 비상 시 행동 등을 고려하는 것이다.

(5) 보안구역(security zone)

보안구역은 선박/항만 운용을 기초로 설정된다. 구역 설정에 벙커링 작업을 위험하게 할 수 있거나 비상상황을 유발할 수 있는 활동과 설비에 주의를 기울여야 한다. 보안구역(security zone)을 설정할 때 다음과 같은 것을 고려한다.

- 다른 선박의 움직임
- 주변 교통의 상황
- 크레인과 그 외의 loading /unloading operation
- 건조 또는 수리작업
- Utility와 통신, 인프라

10.2 안전평가 방법

LNG벙커링의 안전을 확보하기 위하여 벙커링 작업 시 발생 가능한 외부 위험과 벙커링 과정에서 초래될 수 있는 환경적인 위험들은 모두 평가 되어야 한다. 예상되는 위험을 확인하기 위하여 항만에서 운영되는 LNG선박을 평가해야 한다. LNG인프라의 위험 평가는 가장 위험한 상태의 시나리오를 설정하고 항해와 관련된 안전성 검토를 위한 HAZID를 작성하는 것이다. 이러한 평가 목적은 결과에 대한 보고서를 작성과 경험을 교환하고 해운회사, 항만 또는 터미널 운영사 등과 같은 관계사(stakeholder)들이 선박 연료를 LNG로 바꾸고 새로운 시장을 형성하는 데 그 목적이 있다.

10.2.1 HAZID 평가 사례

HAZID의 목적은 LNG벙커링선박에서 LNG를 LNG연료추진선으로 공급하는 벙커링작업에 대해 LNG벙커링과 관련한 주요 위험을 확인하기 위한 것이다. 위험도평가를 위해 LNG벙커링선박과 LNG연료추진선박으로 LNG추진컨테이너선을 각각 선정하였다. 이것은 CNSS(Clean North Sea Shipping)의 지원으로 수행된 연구 결과로 TGE의 LNG벙커링선박과 GL의 본 연구수행을 위해 설계한 가스 연료 추진 Container feeder선을 대상으로 하였으며 장소는 함부르크 항을 대상으로 수행되었다.

이 벙커링선박은 LNG와 MGO를 운송하고 처리할 수 있도록 디자인 되었다. 그리고 LNG와 MGO를 동시에 LNG연료추진선에 공급할 수 있다. 이 LNG벙커링선박은 기존 로딩암과는 조금 다른 LNG와 MGO의 이송을 위한 배관과 모든 관련시스템을 결합한 이송암을 장착하였다. 이송암은 작업반경이 약 20 m이며 선박의 구조적로 지지되어 장착 되어 있다. 연료주입 시 두 선박간의 운동은 자동조정제어시스템에 의해 제어된다. 이 벙커링 선박은 LNG추진컨테이너선에 연료를 주입한다.

LNG연료추진선의 벙커스테이션은 선미루갑판 상의 거주구 블록 양측에 설치되었다. 이것은 벙커스테이션이 화물구역에 설치되지 않아 화물의 양하역 작업에 방해가 되지 않을 뿐 아니라 LNG연료탱크와의 거리도 짧은 장점이 있다.

10.2.2 HAZID 결과

가능성이 있는 LNG벙커링의 본질적인 위험요소를 확인하기 위하여 연구 시에 다양한 조건들이 검토 되었다. 벙커링 중에 일어날 수 있는 모든 결정적인 사고들이 가정 되어 반영되고 검토되었다.

한편, FMEA 팀은 start-up, shut-down, ESD 중에 발생할 수 있는 위험은 통상 LNG 벙커링 시보다 같거나 낮은 것으로 결론을 내렸다. LNG벙커링 중에 심각한 위험이 일어날 수 있는 곳에도 조사하였다.

HAZID에서 여러 고장유형을 평가하기 위하여 그들의 발생 가능성 뿐만 아니라 예상되는 결과를 이해하는 것은 필수적이다. HAZID 결과의 평가를 위하여 평가 절차에 따라 발견된 이상기능(위험요소)의 우선순위가 정해진다. IEC 60812에 있는 위험도 매트릭스에 의한 평가가 적용되었다. 식별된 이상기능은 사고의 심각도와 발생 가능성에 따라 매트릭스로 나타내었다. 이 결과는 안전구역과 위험구역을 확인하는데 유용하다. 그러나 위험한 상태(criticality)에 대한 보편적인 정의(definition)가 없다는 것에 주목해야 한다. 위험한 상태는 개개의 프로젝트에 참여한 분석가에 의하여 일반적으로 정의 된다. 따라서 참여한 분석가의 전문분야와 경력 등에 의해 그 정의가 서로 다를 수 있다.

위험의 심각성(severity)은 5단계로 분류된다. 순위 5가 치사성, 시스템 손상 등을 감안하여 가장 심각한 위험을 나타낸다. 발생확률은 매트릭스의 Y축에 오름차순으로 나타낸다. 이 위험도 식별 연구에서는 41개의 고장(failure)이 식별되었고, 발생율, 심각도, 시스템 고장의 감지는 두 단계로 수행한다.

1단계는 안전수단을 강구하지 않고 수행한다. (초기 등급평가 - 그림 10-2 참조)

2단계는 모든 이용 가능한 안전대책(safeguard)을 강구한 후 수행한다. (감시, 안전밸브, 경고, 긴급차단시스템 등을 고려하여 수행-수정 등급평가 - 그림 10-3 참조)

			Probability of Occurence				
			1	2	3	4	5
			not possible	> 100 Years	10 to 100 Years	1 to 10 Years	< 1 Year
Severity	1	No effect				1	
	2	Disturbed operation			2	1	6
	3	Damage or breakdown of system			4	4	1
	4	Injured people major damage of other system		1	7	3	2
	5	Fatalities loss of other systems		6	2		1

그림 10-2 Distribution of failure(initial rating)

			Probability of Occurence				
			1	2	3	4	5
			not possible	> 100 Years	10 to 100 Years	1 to 10 Years	< 1 Year
Severity	1	No effect			1	1	1
	2	Disturbed operation		1	5	1	8
	3	Damage or breakdown of system		4	4	2	1
	4	Injured people major damage of other system		1	5	2	
	5	Fatalities loss of other systems		2	2		

그림 10-3 Distribution of failures(revised rating)

식별된 모든 고장들은 안전수단을 고려한 수정 매트릭스에 포함한 후에 LNG벙커링 중 고장 또는 LNG누출이 가장 치명적인 영향을 주는 곳을 확인 할 수 있다. 위험상태 매트릭스(criticality matrix)에서 고장은 고장리스트에서 대조 확인(cross check) 한다.

고장 리스트(failure list)에는 개개의 위험중요도(Risk Priority Number, RPN)가 목록화 되어 있으며 이것은 FMEA에서 위험도를 수치화 한 것으로, 개선의 우선순위를 정하기 위해 각 고장유형을 '심각도 × 발생도 × 검출도'로 계산하며 이 수치가 높을수록 중요하게 고려되어야 한다는 것을 보여준다.

이 대조확인(cross check) 또한 심각도, 발생도 그리고 고장 검출도를 고려한다. 이 결과는 사람의 상해를 포함하여 다량의 LNG누출이 일어 날 수 있는 가장 심각한 상태를 표시한다. 그러나 사람의 상해를 포함한 사고의 발생도는 일반 유류의 벙커링과 동일하게 고려하였다.

매트릭스에는 5개의 고위험 이상 기능을 강조하여 표시하였으며 이것은 수용불가 위험으로 관련 이벤트를 아래에 표시한다.

(1) 벙커링작업 중 호스연결이 끊어지면 많은 양의 LNG가 누출된다.

위험완화조치로는 호스연결 중에 이런 사고의 가능성을 낮추기 위해 QC/DC 장치가 고려된다. 더욱이 "긴급차단시간(Emergency shut down times)은 가능한 한 짧게 해서 LNG누출량을 최소화"해야 한다.

(2) 벙커링작업 중 통신문제는 매우 위험한 상황을 초래할 수 있다.

이 장치의 고장에 의한 피해는 중간정도(moderate)이지만 발생빈도는 높다(frequent). 이런 고장은 일반 벙커링작업 수준과 크게 다르지 않은 것으로 생각한다. 위험완화조치로는 벙커링 절차서와 체크리스트를 통해 충분히 사전 확인해야 한다.

(3) 선원들의 낙상사고는 일반 유류벙커링과 동일하게 고려된다(발생 빈도와 사고의 심각성은 동일).

위험 완화조치로는 LNG벙커링선박에서 LNG연료추진선박으로 벙커링을 담당하는 선원을 안전하게 옮길 수 있어야 한다.

(4) 터미널에서 큰 물건 들이 벙커링선박으로 떨어지는 사고는 LNG저장탱크에 손상을 주지는 않으나 배관에 손상을 입힐 수 있다.

위험완화조치로는 이송라인 연결 중에 사고 가능성을 줄이기 위해 QC/DC장치를 고려한다. 그리고 LNG누출을 최소화하기 위해 긴급차단시간을 가능한 한 짧게 한다.

(5) 주변을 지나는 선박과 LNG벙커링선박과의 선측 충돌(90°)은 LNG저장탱크의 손상이 예상된다.

위험완화조치로는 벙커링작업구역 지정이나 교통제한구역의 지정 등으로 충돌 가능성을 낮출 수 있다.

위험분석결과 가장 위험한 상황에서는 많은 양의 LNG누출이 예상되고, 이 상황은 LNG 벙커링 선박의 선측 충돌로 인한 화물탱크 손상 시에 발생한다. LNG분배과정에서 예상되는 위험을 평가하고 충돌의 영향을 평가하기 위해 상세한 항해분석(Navigational study)도 실시한다.

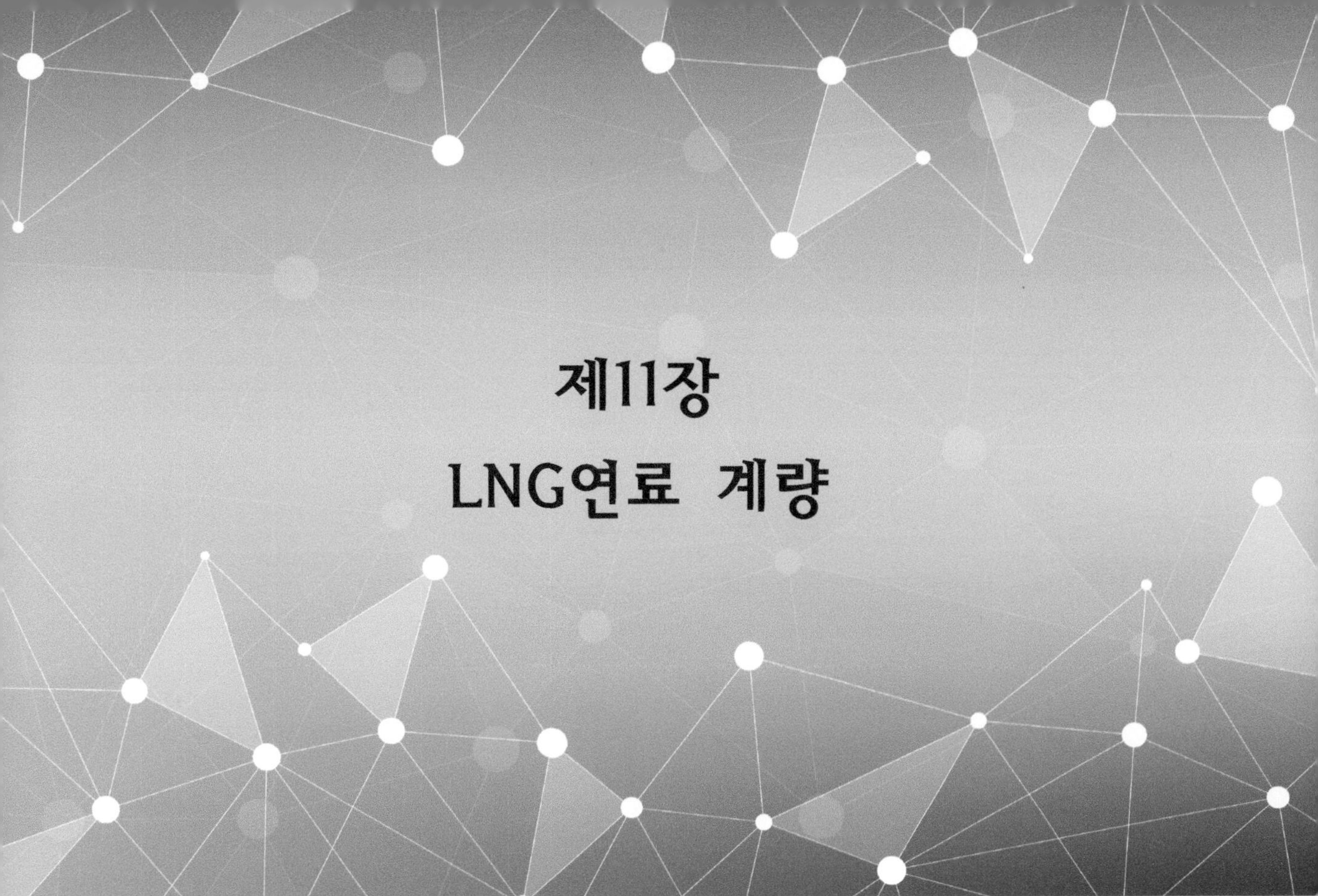

제11장 LNG연료 계량

11.1 연료가격

11.2 정밀계량

11.3 연료의 사양과 품질

11.1 연료가격

액체화물을 수송하는 선박의 화물탱크에 적재한 화물을 선박에서 터미널로 이송할 때 이송된 양을 계측하는 것은 그 정확도에 따라 큰돈이 관련되기 때문에 화물의 판매자, 구매자 그리고 수송자 모두에게 매우 중요하다.

이를 위해 설치되는 정밀계량장치가 'Custody Transfer System'이며 LNG선에는 1960년대 미국의 아폴로 우주선의 연료계량장치의 기술을 CTS에 적용한 것이 그 시초가 되었다고 한다.

LNG연료가격은 보통 연료의 에너지 함량과 연관이 되어 있다. LNG는 $/kJ 또는 $/MMBTU 단위의 열량 단위를 기준으로 그 가격이 매겨진다. 가끔은 kJ/kg 또는 BTU/lb 단위의 가격으로 판매되기도 한다.

그러나 LNG양은 물리적으로 부피(volume) 또는 질량(mass)으로 측정된다. 에너지 함량은 벙커링을 하는 시점에서 연료 온도를 측정하여 밀도를 교정한다면 부피를 기초로 하는 LNG판매는 보다 정밀할 것이다.

질량에 의한 측정은 밀도를 교정할 필요가 없기 때문에 복잡하지는 않다. 그러나 LNG 화학적 조성은 가스가 생산되는 초기 생산지에 따라 다르고, 비등으로 인해 밀도와 함께 화학적 조성도 바뀔 수 있다.

따라서 측정대상의 에너지 함량은 항만 또는 항만 내 공급업체에 따라 다를 수 있고, 같은 공급업체라도 날짜 마다 다를 수 있으며, 심지어 벙커링의 시작점과 완료시점에서도 다를 수 있다.

그래서 정확한 가격을 결정하기 위해서는 벙커링 시점에서 정확한 에너지 함량을 아는 것이 무엇 보다 중요하다. LNG공급업체와 매수자 사이의 인도한 연료의 양과 가격을 거래하는 것을 '천연 가스 상거래 측정(Custody transfer for natural gas liquids)'이라고 부른다.

[source: Emerson]

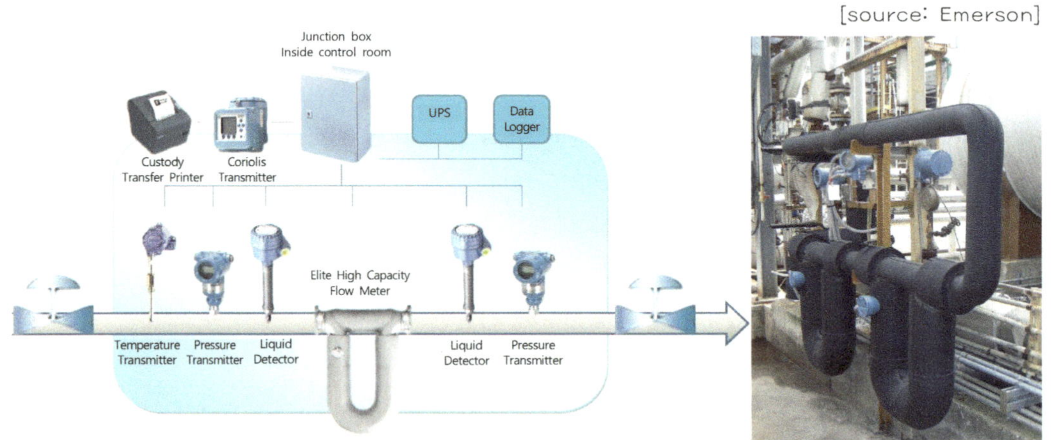

그림 11-1 Custody Transfer System

11.2 Custody Transfer

적절한 정밀계량은 에너지 함량과 이송된 LNG의 양을 측정하는 것이다. 공급된 정확한 양을 알기 위해서는 LNG의 총 부피와 총질량이 필요하다.

일반적으로 LNG추진선 보다는 LNG공급업체(LNG벙커링선 또는 탱크로리, 육상공급설비 등)가 이송된 LNG의 양과 LNG의 물성을 측정하는 장치를 설치한다.

일반 벙커링에서, 이송된 총부피를 결정하기 위해서는 탱크 내의 LNG부피 측정은 벙커링 전과 후에 실시한다.

탱크로리 같은 용량이 작은 탱크에서는 이송된 총 질량을 결정하기 위해서는 무게를 측정하는 것이 가능할지 모른다.

또 다른 정밀계량 방법은 LNG공급 배관에 Coriolis (mass) flow meter 또는 ultrasonic (volumetric) flow meter를 사용하여 계속적으로 측정(continuous metering)하는 것이다.

Flow meter는 ±0.25%까지 정밀하지만 연속 측정의 정밀도는 측정 장비의 적절한 교정에 달려 있다.

측정 방법은 여러 가지가 있고 그 방법에는 몇 가지 특성이 있다.

연료공급 측의 탱크가 매우 크고 그 탱크가 LNG이송량 측정에 사용된다면, 측정 장비의 부정확성은 탱크의 크기 때문에 더 확대 될 것이다.

만약 공급선박에서 벙커링 중에 LNG를 그 선박 자체의 엔진의 연료로 소모한다면 소모된 양은 총 이송량에서 제외해야 한다.

유사하게, 연료공급선박의 동일한 LNG탱크로 한 번에 한 척 이상의 LNG추진선에 공급한다면, 측정은 이송된 양을 결정하기 위하여 LNG추진선의 탱크에서 수행하거나 또는 액은 벙커링 중에 연속적으로 계량(metering)되어야 할 것이다.

만약 LNG의 물성이 벙커링 과정에서 충분히 변하게 되면 벙커링 전, 벙커링 중, 벙커링 후에도 정밀한 가격을 결정할 수 있도록 에너지 함량을 측정해야 할 수도 있다.

이것은 적절한 시간 간격으로 연료의 온도와 밀도를 측정하고 에너지 함량을 교정함으로서 할 수 있다. 더 정밀한 방법은 가스 성분 분석기(gas chromatograph)를 이용하여 연료의 화학적 조성을 분석하는 것이다.

[source: Emerson]

그림 11-2 가스 크로마토그래프

11.3 연료의 사양과 품질(Fuel specifications and quality)

기름연료와 유사하게 LNG연료의 사양은 custody transfer의 목적과 LNG추진선의 엔진과의 적합성을 확인하기 위하여 공급업체와 소비자(LNG추진선)가 합의해야 할 필요가 있을 것이다.

따라서, 업계는 그런 절차가 있다. IMO와 ESSF(European Sustainable Shipping Forum)는 LNG조성을 상호 확인하는 데 사용하는 표준 LNG BDN(Bunker Delivery Note)를 제시하고 있다. 이 문서는 IGF Code에도 포함되어 있다. ISO/TS 18683:2015에는 sample BDN이 포함되어 있다.

11.3.1 경년(시) 변화(Aging)

LNG연료가 소모되지 않고 탱크 내에 있으면 특성이 변하게 된다. 이것을 aging이라고 하는 데, 바람직한 것은 아니다.

LNG는 외부 열의 침입으로 인해 데워지므로 더 가볍고 증발성이 더 강한 성분은 먼저 기화되고, 무거운 성분은 액의 형태로 남게 된다. 이것은 LNG의 밀도를 증가시킬 뿐만 아니라 연료의 칼로리 값과 품질을 변하게 할 수 있다.

LNG벙커링 중에 vapor return을 이용하는 선박은 동일한 효과가 일어난다. 가벼운 가스는 탱크로부터 먼저 제거되므로 더 무거운 LNG가 남게 된다. 탱크 내에 있는 LNG가 선박의 엔진에 적절한지를 확인하기 위해서 이러한 변화를 고려하는 것도 중요하다.

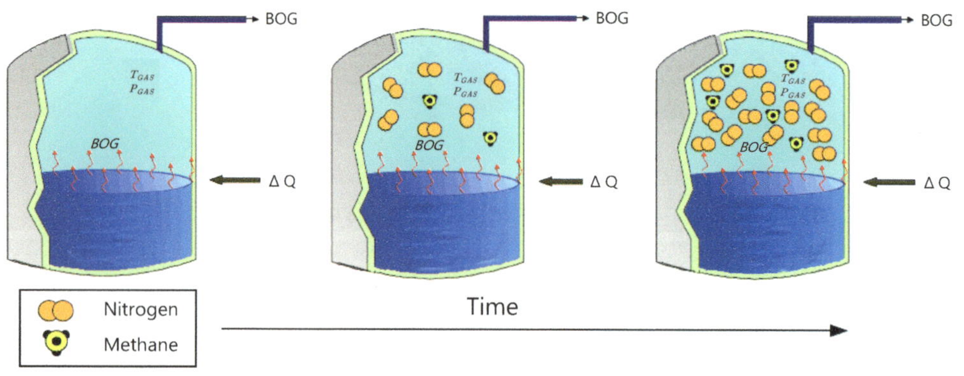

그림 11-3 LNG연료의 aging

11.3.2 Wobbe Index

가스 조성의 변화는 가스연료선박 엔진의 연소효율과 에너지 함량의 변화를 일으킬 수 있다. 따라서, 에너지 함량은 충분히 숙지하여야 한다.

Wobbe Index (I_w)는 여러 가지 가스의 연소 에너지를 비교하는 데 사용되며, 일반적으로 공칭 온도(0℃, 32℉)와 압력(1 atm, 14.695 psia)에서 측정된다.

Wobbe Index (I_w)는 다음과 같이 계산한다.

$$Iw = \frac{Vc}{\sqrt{Gs}}$$

V_c : 저위 또는 고위 발열량 (MJ/N㎥, BTU/scf)
G_s : 공기에 대한 비중 (specific gravity)

여러 가지 가스의 Wobbe Index를 비교할 때 비교하는 가스의 발열량을 일관(고위 또는 저위 발열량)되게 적용하는 것이 중요하다. 가스 생산지 간의 Wobbe Index의 변화가 5% 미만 까지는 소비자에게는 큰 차이가 없다.

11.3.3 LNG의 연소 품질

메탄가는 LNG의 조성으로 결정된다. 이것은 내연기관에서 기화된 LNG의 연소 품질의 지표가 되며, Otto cycle gas engine의 엔진 노킹에 관계가 있다.

연료의 메탄가가 너무 낮으면 엔진은 과도한 노킹현상으로 손상을 입을 수도 있으며, 노킹현상을 피하기 위하여 엔진 운전을 조정하게 되면 엔진 효율에도 상당한 손실이 있을 수 있다. 가스연료엔진 제작자들은 보통 엔진에 최소한으로 요구되는 메탄가를 공지한다.

메탄가를 계산하는 방법은 엔진 제작사에 따라 다소 차이가 있을 수 있다. 그래서 실제 탑재된 엔진을 위한 정밀한 계산 방법을 사용하는 것이 중요하다.

참고로, 순수메탄(pure methane)은 높은 노킹 저항값을 가지고 있어서 메탄가를 100으로 잡는다. 반면에 수소(hydrogen)는 낮은 노킹 저항값을 가지고 있어서 순수메탄과 비교하여 0으로 잡는다.

80% 메탄과 20%의 수소로 구성된 가스는 메탄가가 80이 된다. 일반적으로 이중연료엔진(Otto cycle gas mode)은 메탄가를 최소 80을 요구하고 가스전용엔진(gas only engine)은 최소 70을 요구한다.

Wobbe Index와 달리, 메탄가는 연료의 에너지 함량을 결정하는 데 사용할 수는 없다. 이것은 연료가 많은 양의 질소와 같은 불활성 가스로 구성되어질 수 있기 때문이다. 이 불활성 가스는 메탄가에 영향을 주지 않지만, 가스의 고위발열량에는 영향을 준다. 이것은 Wobbe Index에 영향을 주며 에너지 함량에 차이를 나타낸다.

사용되는 연료가스 장치(Fuel gas system)에 따라 엔진으로 공급되는 가스의 조성은 LNG의 조성과 매우 다를 수 있다. 예를 들면 LNG에 질소 성분이 적으면 즉, 1% 미만이고 연료가스가 연료탱크에서 가스 상태(boil-off gas)로 공급되면 질소 성분은 20%까지 높아질 수 있다.

만약 기화된 LNG가 연료로 사용되면 LNG의 메탄가는 aging의 한 과정으로 시간이 지나면서 낮아지게 된다. 따라서 공급 받은 LNG연료는 시간이 지나면서 규격에 미달되는 연료가 될 수도 있다.

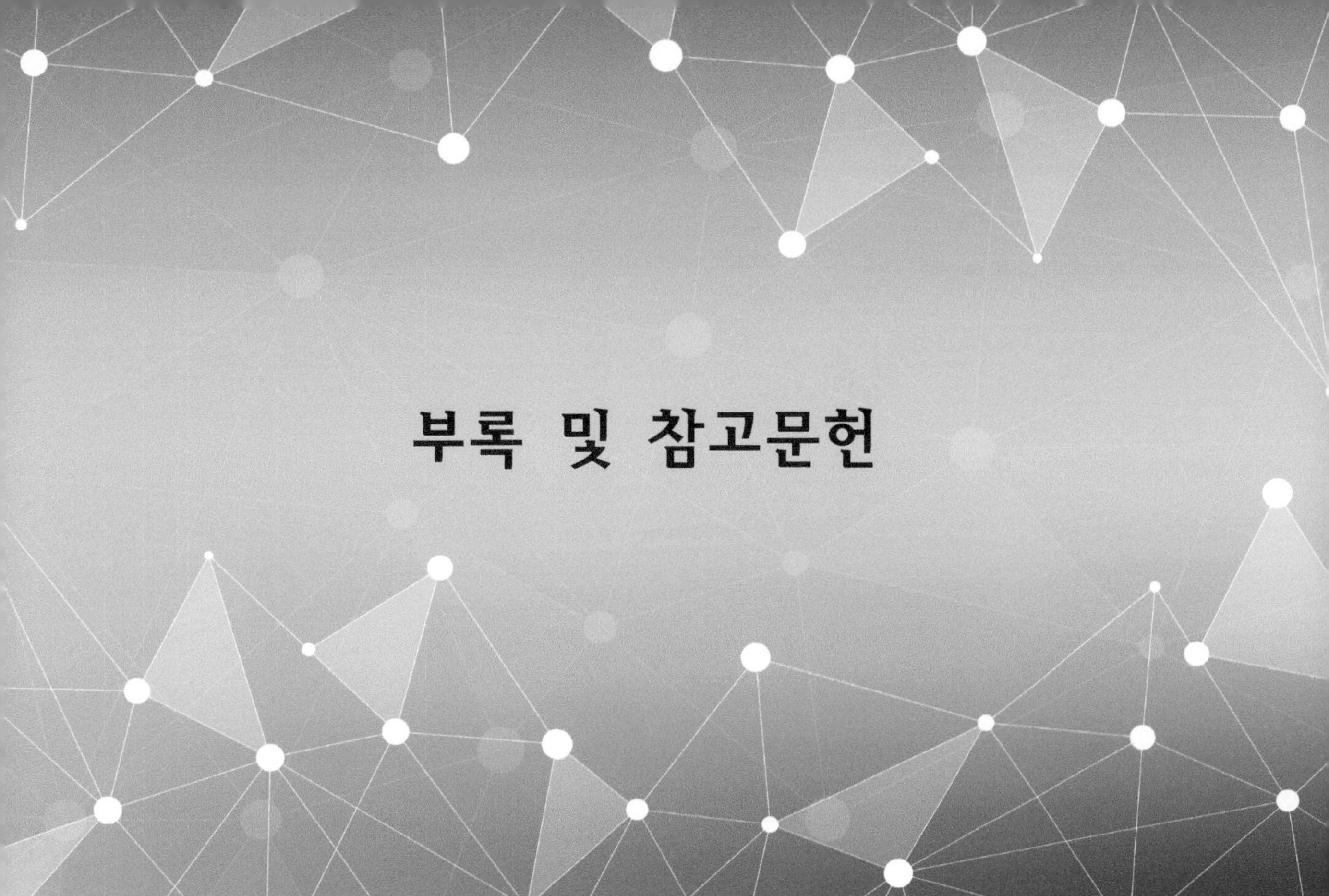

부록 및 참고문헌

부록1 LNG물성 자료

Typical LNG Chemical Components and Composition

Component Name	Chemical Formula	Composition (Molar Percentage)	Average Composition* (Molar Percentage)
Methane	CH_4	84% to 99%	90.4%
Ethane	C_2H_6	0.1% to 14%	6.4%
Propane	C_3H_8	0% to 4%	1.8%
Butane	C_4H_{10}	0% to 2.5%	0.9%
Nitrogen	N	0% to 1.8%	0.5%
Other	–	< 1%	0%

**Average composed from various worldwide source compositions*

Typical LNG Heating Values, Methane Number and Wobbe Index

Property	Value	Average Value*
Higher Calorific Value (Higher Heating Value)	52,990 kJ/kg to 55,280 kJ/kg (22,780 BTU/lb to 23,770 BTU/lb)	54,182 kJ/kg (23,294 BTU/lb)
Lower Calorific Value (Lower Heating Value)	47,870 kJ/kg to 49,760 kJ/kg (20,580 BTU/lb to 21,390 BTU/lb)	48,924 kJ/kg (21,034 BTU/lb)
Methane Number	70 to 100	83
Lower Wobbe Index	48 MJ/Nm^3 to 51.5 MJ/Nm^3	50 MJ/Nm^3

**Average composed from various worldwide source compositions*

Typical LNG Density

Temperature	Density Range	Average Density*
-180°C (-292°F)	449.0 kg/m³ to 500.8 kg/m³ (28.0 lb/ft³ to 31.3 lb/ft³)	482.5 kg/m³ (30.1 lb/ft³)
-175°C (-283°F)	442.3 kg/m³ to 494.3 kg/m³ (27.6 lb/ft³ to 30.9 lb/ft³)	476.0 kg/m³ (29.7 lb/ft³)
-170°C (-274°F)	435.4 kg/m³ to 487.7 kg/m³ (27.2 lb/ft³ to 30.4 lb/ft³)	469.3 kg/m³ (29.3 lb/ft³)
-165°C (-265°F)	428.3 kg/m³ to 481.1 kg/m³ (26.7 lb/ft³ to 30.0 lb/ft³)	462.6 kg/m³ (28.9 lb/ft³)
-160°C (-256°F)	421.1 kg/m³ to 474.3 kg/m³ (26.3 lb/ft³ to 29.6 lb/ft³)	455.6 kg/m³ (28.4 lb/ft³)
-155°C (-247°F)	413.6 kg/m³ to 467.5 kg/m³ (25.8 lb/ft³ to 29.2 lb/ft³)	448.5 kg/m³ (28.0 lb/ft³)
-150°C (-238°F)	405.8 kg/m³ to 460.4 kg/m³ (25.3 lb/ft³ to 28.7 lb/ft³)	441.2 kg/m³ (27.5 lb/ft³)
-145°C (-229°F)	397.8 kg/m³ to 453.2 kg/m³ (24.8 lb/ft³ to 28.3 lb/ft³)	433.8 kg/m³ (27.1 lb/ft³)
-140°C (-220°F)	389.5 kg/m³ to 445.8 kg/m³ (24.3 lb/ft³ to 27.8 lb/ft³)	426.2 kg/m³ (26.6 lb/ft³)

Average composed from various worldwide source compositions

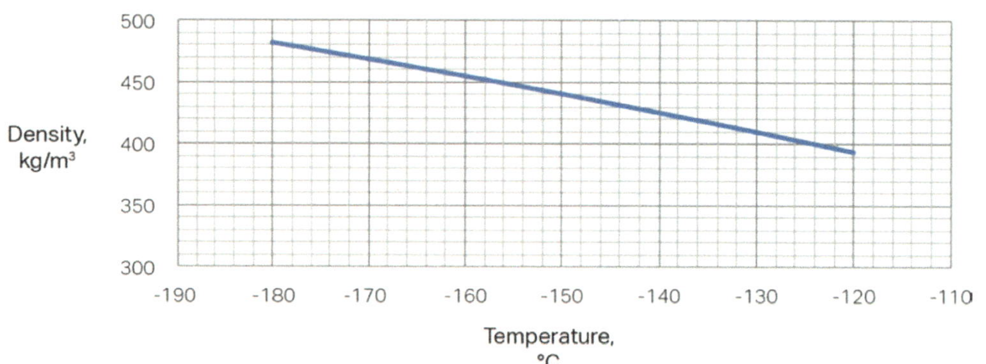

100 Percent Methane Saturated Properties

Liquid Temperature		Vapor Pressure (Boiling Pressure)		Saturated Liquid Density		Average Density	
°C	°F	bar (gauge)	psi (gauge)	kg/m³	lb/ft³	kg/m³	lb/ft³
-166	-266.8	-0.33	-4.74	420.4	26.24	1.3	0.08
-164	-263.2	-0.19	-2.82	417.6	26.07	1.5	0.10
-162	-259.6	-0.04	-0.62	414.8	25.89	1.8	0.11
-160	-256.0	0.13	1.87	412.0	25.72	2.1	0.13
-158	-252.4	0.32	4.69	409.2	25.54	2.4	0.15
-156	-248.8	0.54	7.86	406.4	25.37	2.7	0.17
-154	-245.2	0.79	11.40	403.6	25.19	3.1	0.19
-152	-241.6	1.06	15.33	400.8	25.02	3.5	0.22
-150	-238.0	1.36	19.68	398.0	24.85	3.9	0.25
-148	-234.4	1.69	24.47	395.2	24.67	4.4	0.28
-146	-230.8	2.05	29.73	392.4	24.50	4.9	0.31
-144	-227.2	2.45	35.47	389.6	24.32	5.5	0.34
-142	-223.6	2.88	41.73	386.8	24.15	6.1	0.38
-140	-220.0	3.35	48.53	384.0	23.97	6.8	0.42
-138	-216.4	3.85	55.88	381.2	23.80	7.5	0.47
-136	-212.8	4.40	63.82	378.4	23.62	8.2	0.51
-134	-209.2	4.99	72.36	375.6	23.45	9.0	0.56
-132	-205.6	5.62	81.53	372.8	23.27	9.8	0.61
-130	-202.0	6.30	91.36	370.0	23.10	10.7	0.67
-128	-198.4	7.02	101.87	367.2	22.93	11.7	0.73
-126	-194.8	7.80	113.07	364.4	22.75	12.7	0.79
-124	-191.2	8.62	125.00	361.6	22.58	13.8	0.86
-122	-187.6	9.49	137.68	358.8	22.40	14.9	0.93
-120	-184.0	10.42	151.13	356.0	22.23	16.1	1.00

부록2 EXAMPLE OF LNG BUNKER CHECKLIST (Issued by International Association of Ports and Harbors)

부록 2.1 LNG Bunker Checklist for Truck to Ship

부록 2.2 LNG Bunker Checklist for Ship to Ship

LNG Bunker Checklist Truck to Ship

PART A: Planning Stage Checklist

This part of the checklist should be completed in the planning stage of an LNG bunker operation.
It is a recommended guideline for the, in advance, exchange of information necessary for the preparation of the actual operation.

Planned date and time: ______________________

Designated LNG bunker location: ______________________

LNG receiving ship: ______________________

LNG supplying bunker truck: ______________________

	Check	Ship	LNG Truck	Terminal	Code	Remarks
1	Competent authorities have granted permission for LNG transfer operations for the specific location and time.				P	
2	The terminal has granted permission for LNG transfer operations for the specific location and time.				P	
3	Competent authorities have been notified of the start of LNG bunker operations as per local regulations.					Day/time notification: ________ Day time notified: ________

4	The terminal has been notified of the start of LNG bunker operations as per terminal requirements.					Day/time notification: ______ Day time notified: ______
5	Competent authorities requirements are being observed.					e.g. Port byelaws.
6	Local terminal requirements are being observed.					e.g. Terminal regulations
7	All personnel involved in the LNG bunker operation have the appropriate training and have been instructed on the specific LNG bunker equipment and procedures.	For the Ship:	For the Truck	For the Terminal		
8	The bunker location is accessible for the LNG supplying tank truck and the total truck weight does not exceed the maximum permitted load of the quay or jetty.					

9	The bunker operation area can be sufficiently illuminated					
10	All LNG transfer and gas detection equipment is certified, in good condition and appropriate for the service intended.	For the Ship:	For the Truck			
11	The procedures for bunkering, cooling down and purging operations have been agreed upon.				A	Reference to procedures::
12	The system and method of electrical insulation have been agreed upon by ship and truck.				A	Method:
13	The restricted area on the shore has been agreed upon by ship, truck and terminal				A	Safety zone: ______ mtr / ft
14	Regulations with regards to ignition sources can be observed.	For the Ship:	For the Truck	For the terminal		
15	All in local requirements required firefighting equipment is ready for immediate use.	For the Ship:	For the Truck	For the terminal		If applicable

For registration of the, in the planning, involved representatives:.

Ship	LNG Truck	Terminal
Name	Name	Name
Rank	Position	Position
Date	Date	Date
Time	Time	Time

PART B: Pre Transfer Checklist

(This mandatory part should be completed before actual transfer operations start)

Date and time: ____________________

Designated LNG bunker location: ____________________

LNG receiving ship: ____________________

LNG supplying tank truck: ____________________

	Check	Ship	LNG Truck	Terminal	Code	Remarks
16	Part A is used prior and preparatory of the actual operation	For the Ship:	For the Truck	For the Terminal		If applicable
17	Present weather and wave conditions are within the agreed limits.				A R	
18	The LNG receiving ship is securely moored. Regulations with regards to mooring arrangements are observed. Sufficient fendering is in place.				R	
19	There is a safe means of access between the ship and shore. When mandatory, there is a safe emergency escape route between ship and shore				R	
20	All mandatory firefighting equipment is ready for immediate use	For the Ship:	For the Truck	For the Terminal		
21	The bunker operation area is sufficiently illuminated.				A R	
22	The ship and truck are able to move under their own power in a safe and non-obstructed direction.	For the Ship:	For the Truck		R	
23	Adequate supervision of the bunker operation is in place both on the ship and at the LNG tank truck and an effective watch is being kept at all time.					
24	An effective means of communication between the responsible operators and supervisors on the ship and at truck has been established and tested. The communication language has been agreed upon.				A R	VHF / UHF Channel: ____ Language: ____ Primary System: ____ Backup System: ____
25	The emergency stop signal and shutdown procedures have been agreed upon, tested,				A	Emergency Stop Signal:

	Check	Ship	LNG Truck	Terminal	Code	Remarks
	and explained to all personnel involved. Emergency procedures and plans and the contact numbers are known to the persons in charge.					______________
26	The predetermined restricted area zone has been established. Appropriate signs mark this area.				A	
27	The restricted area is free of unauthorized persons, objects and ignition sources.				R	
28	External doors, portholes and accommodation ventilation inlets are closed as per operations manual.				R	At no time they should be locked
29	The gas detection equipment has been operationally tested and found to be in good working order.					
30	Material Safety Data Sheets (MSDS) for the delivered LNG fuel are available.				A	
31	Regulations with regards to ignition sources are observed.				R	
32	Appropriate and sufficient suitable protective clothing and equipment is ready for immediate use.					
33	Personnel involved in the connection and disconnection of the bunker hoses and personnel in the direct vicinity of these operations make use of sufficient and appropriate protective clothing and equipment.					
34	A (powered) emergency release coupling {(P)ERC} is installed and is ready for immediate use					If applicable
35	The water spray system has been tested and is ready for immediate use.					If applicable.
36	Spill containment arrangements are of an appropriate material and volume, in position, and empty.					
37	Hull and deck protection against low temperature is in place.					If applicable.
38	Bunker pumps and compressors are in good working order.				A	If applicable.
39	All control valves are well maintained and in good working order.					
40	Bunker system gauges, high level alarms and high-pressure alarms are operational, correctly set and in good working order.					
41	The ship's bunker tanks are protected against inadvertent overfilling at all times, tank content is constantly monitored and alarms are correctly set.				R	Intervals not exceeding ________ minutes
42	All safety and control devices on the LNG installations are checked, tested and found to					

	Check	Ship	LNG Truck	Terminal	Code	Remarks
	be in good working order.					
43	Pressure control equipment and boil off or re-liquefaction equipment is operational and in good working order.					If applicable
44	Both on the ship and at the tank truck the ESDs, automatic valves or similar devices have been tested, have found to be in good working order, and are ready for use. The both ESD systems are linked. The closing rates of the ESDs have been exchanged.				A	ESD Ship: __________ seconds ESD Truck: __________ seconds
45	Initial LNG bunker line up has been checked. Unused connections are closed, blanked and fully bolted.					
46	LNG bunker hoses, fixed pipelines and manifolds are in good condition, properly rigged, supported, properly connected, leak tested and certified for the LNG transfer.					
47	The LNG bunker connection between the ship and the truck is provided with dry disconnection couplings.					If applicable.
48	The LNG bunker connection between the ship and the LNG bunker truck has adequate electrical insulating means in place.					
49	Dry breakaway couplings in the LNG bunker connections are in place, have been visually inspected for functioning and found to be in a good working order.				A	
50	The tank truck is electrically grounded and the wheels are chocked.					
51	The tank truck engine is off during the connection and disconnection of the LNG bunker hoses.					
52	The tank truck engine is switched off during purging or LNG transfer.					Unless the truck engine is required for the purging or transfer of LNG.
53	If mandatory the ship's emergency fire control plans are located externally.					Location: __________
54	An International Shore Connection has been provided.					If applicable
55	Competent authorities have been informed that bunker transfer operations are commencing and have been requested to inform other vessels in the vicinity.					Date /time of the notification __________

PART C: LNG Transfer Data

(This part should be completed before actual transfer operations start)

Agreed starting temperatures and pressures

Note the agreed Physical Quantity Unit (PQU): ☐ m3 ☐ Tonnes ☐ ______

	Ship		Truck		
LNG tank: start temperature:					°C / °F*
LNG tank: start pressure:					bar / psi* (rel)
LNG tank: available (rest) capacity					PQU

*: delete as appropriate

Agreed bunker operations

Note the agreed Physical Quantity Unit (PQU): ☐ m^3 ☐ Tonnes ☐ ______

	Tank 1	Tank 2	
Agreed quantity to be transferred:			PQU
Starting pressure at the manifold:			bar / psi* (rel)
Starting rate:			PQU per hour
Max transfer rate:			PQU per hour
Topping up rate:			PQU per hour
Max pressure at manifold:			bar / psi* (rel)

*: delete as appropriate

Agreed maximums and minimums

	Maximum	Minimum	
Pressures during bunkering:			bar / psi* (rel)
Pressures in the LNG bunker tanks:			bar / psi* (rel)
Temperatures of the LNG:			°C / °F*
Filling limit of the LNG bunker tanks:			%

*: delete as appropriate

Declaration

We, the undersigned, have checked the above items in chapter I parts A, B and C in accordance with the instructions and have satisfied ourselves that the entries we have made are correct.

We have also made arrangements to carry out repetitive checks as necessary and agreed that those items coded 'R' in the checklist should be re-checked at intervals not exceeding ______ hours.

If, to our knowledge, the status of any item changes, we will immediately inform the other party.

Ship	LNG Truck	Terminal
Name	Name	Name
Rank	Position	Position
Signature	Signature	Signature
Date	Date	Date
Time	Time	Time

Record of repetitive checks								
Date								
Time								
Initials for ship								
Initials for truck								
Initials for terminal								

Guideline for completing this checklist

The presence of the letters 'A' or 'R' in the column entitled 'Code' indicates the following:

- A ('Agreement').
  This indicates an agreement or procedure that should be identified in the 'Remarks' column of the checklist or communicated in some other mutually acceptable form.
- R ('Re-check').
  This indicates items to be re-checked at appropriate intervals, as agreed between both parties, at periods stated in the declaration.
- P ('Permission')
  This indicates that permission is to be granted by authorities.

The joint declaration should not be signed until both parties have checked and accepted their assigned responsibilities and accountabilities. When duly signed, this document is to be kept on board of the LNG receiving vessel conform applicable regulations or company requirements.

Part D: After LNG Transfer Checklist

(This part should be completed after transfer operations have been completed)

	Check	Ship	LNG Truck	Terminal	Code	Remarks
57	LNG bunker hoses, fixed pipelines and manifolds have been purged and are ready for disconnection.				A	
58	Remote and manually controlled valves are closed and ready for disconnection.				A	
59	After disconnection the restricted area has been deactivated. Appropriate signs have been removed.				A	
60	Competent authorities have been notified that LNG bunker operations have been completed.					Time of notification __________ hrs
61	The terminal has been notified that LNG bunker operations have been completed.					Time of notification: __________ hrs
62	Competent authorities have been informed that bunker transfer operations have ceased and have been requested to inform other vessels in the vicinity.					
63	If applicable near misses and incidents have been reported to competent authorities.					Report nr: __________

Declaration

We, the undersigned, have checked the above items in chapter II in accordance with the instructions and have satisfied ourselves that the entries we have made are correct.

Ship	LNG Truck	Terminal
Name	Name	Name
Rank	Position	Position
Signature	Signature	Signature
Date	Date	Date
Time	Time	Time

Guideline for completing this checklist

The presence of the letters 'A' or 'R' in the column entitled 'Code' indicates the following:

- A ('Agreement').
  This indicates an agreement or procedure that should be identified in the 'Remarks' column of the checklist or communicated in some other mutually acceptable form.

- R ('Re-check').
  This indicates items to be re-checked at appropriate intervals, as agreed between both parties, at periods stated in the declaration.

- P ('Permission')
  This indicates that permission is to be granted by authorities.

The joint declaration should not be signed until both parties have checked and accepted their assigned responsibilities and accountabilities. When duly signed, this document is to be kept at least one year on board of the LNG receiving vessel.

LNG Bunker Checklist
Truck to Ship

GUIDELINES

GENERAL

The responsibility and accountability for the safe conduct of operations while a ship is performing an LNG bunkering is shared jointly between the ship's master, the LNG bunker truck operator and, if applicable, the terminal representative. Before the LNG bunker operations commence, the ship's master, the LNG bunker truck operator and, if applicable, the terminal representative should:

- Agree in writing on the transfer procedures, including the maximum loading or unloading rates;
- Agree in writing on the action to be taken in the event of an emergency, and
- Complete and sign the LNG bunker checklist Truck to Ship.

The term "terminal" must be understood as any organization responsible of the location of the bunkering

For Inland navigation, the term "ship" must be understood as an inland waterway vessel and the term "ship's master" must be understood as the boat master according to navigational regulations

For the checks which are not applicable for all ships, "if applicable" is added in the last column. The "if applicable" marked checks are not mandatory, users can skip these checks by mentioning N.A. in the remark column.

STRUCTURE OF THE CHECKLIST

The LNG Bunker Checklist – Truck to Ship comprises of four parts.

The first part: **PART A: Planning Stage Checklist** addresses the considerations to be made during the planning stage of LNG bunker operations. This part of the checklist can be used as a guideline for an exchange of knowledge and agreements on safety items during the planning stage of a LNG bunkering. The advised time of processing this part of the checklist is during the order placement for the bunkering.

The second part: **Part B: Pre Transfer Checklist**, identifies the required physical checks and elements that are verified verbally just before the LNG bunkering commences. The safety of operations requires that all relevant statements are considered and the associated responsibility and accountability for compliance is accepted, either jointly or singly. Where either party is not prepared to accept an assigned accountability, a comment must be made in the remarks column and due consideration should be given to assessing whether operations can proceed. Where a particular item is considered to be not applicable to the ship, the LNG bunker truck or to the planned operation, a note to this effect should be entered in the 'Remarks' column.

The third part: **Part C: LNG Transfer Data** contains the transfer data to be agreed upon. In this section the information on temperature, density, volume, transfer rate, pressure and the physical quantity unit to be used for the LNG bunkering, are exchanged and agreed upon.

The final part of the checklist **Part D: After LNG Transfer Checklist** contains the considerations to be made after the LNG bunker operations for the disconnecting of the bunker connections and finishing the total operations.

USAGE OF THE TRUCK TO SHIP LNG BUNKERING CHECKLIST

The following guidelines have been produced to assist in the joint use of LNG Bunker Checklist – Truck to Ship:

The ship's master and all under his command must adhere strictly to these requirements throughout the ships's stay alongside. The LNG bunker truck operator and, if applicable, the terminal representative must ensure that truck personnel and if applicable shore personnel do likewise. Each party commits to co-operate fully in the mutual interest of achieving safe and efficient operations.

The ship's master, the LNG bunker truck operator and, if applicable, the terminal representative, can designate responsible persons in charge of bunkering operations and authorize them to complete and sign the LNG bunker checklist.

Responsibility and accountability for the statements within the LNG Bunker Checklist – Truck to Ship is assigned within the document. The acceptance of responsibility is confirmed by ticking or initialling the appropriate box and finally signing the declaration at the end of the checklist. Once signed, this details the minimum basis for safe operations that has been agreed upon through the mutual exchange of critical information.

Some of the checklist statements are directed to considerations for which the ship has sole responsibility and accountability. For some checklist statements either the LNG bunker truck or terminal has sole responsibility and accountability. Some checklist statements assign a joint responsibility and accountability. Greyed-out boxes are used to identify statements that generally may not be applicable to one party, although the ship, truck or terminal may tick or initial such sections if they so wish.
Where mentioned in the box; "for the ship", "for the truck" or "for the terminal", the involved parties only check and sign for their own responsibilities
The assignment of responsibility and accountability does not mean that the other party is excluded from carrying out checks in order to confirm compliance. It is intended to ensure clear identification of the party responsible for initial and continued compliance throughout the ship's stay at the bunker location.

The ship's master should personally check all considerations lying within the responsibility of the LNG fuelled ship. Similarly, all considerations which are the LNG bunker truck or, if applicable, the terminal's responsibility should be personally checked by the LNG bunker truck operator or, if applicable, the terminal representative. In fulfilling these responsibilities, representatives should assure themselves that the standards of safety on both sides of the operation are fully acceptable.
This can be achieved by means such as:

- Confirming that a competent person has satisfactorily completed the checklist;
- Sighting appropriate records;
- By joint inspection, where deemed appropriate.

Before the start of operations, and from time to time thereafter for mutual safety, the LNG bunker truck operator and, if applicable, a member of the terminal's staff and, where appropriate, a responsible ship's officer, may conduct an inspection of the ship and truck to ensure that the vessel and truck are effectively managing their obligations, as accepted in the LNG Bunker Checklist – Truck to Ship. Where basic safety requirements are found to be out of compliance, either party may require that the LNG bunker operations are stopped until corrective action is satisfactorily implemented.

CODING OF ITEMS

The presence of the letters 'A', 'P' or 'R' in the column entitled 'Code' indicates the following:

A 'Agreement' - This indicates that the referenced consideration should be addressed by an agreement or procedure that should be identified in the 'Remarks' column of the checklist or communicated in some other mutually acceptable form.

P 'Permission' - In the case of a negative answer to the statements coded 'P', no operations are to be conducted without the written permission from the appropriate authority.

R 'Re-check' - This indicates items to be re-checked at appropriate intervals, as agreed between both parties and stated in the declaration.

The joint declaration should not be signed until all parties have checked and accepted their assigned responsibilities and accountabilities.

EXPLANATION OF THE CHECKS

Part A: Planning Stage Checklist

1 **Competent authorities have granted permission for LNG transfer operations for the specific location and time.**
Port authority may be consulted about which other authorities need to approve the bunker operations for the specific location, time and parties involved.

2 **The terminal has granted permission for LNG transfer operations for the specific location and time.**
Port authority may be consulted if in doubt of whom to contact at the terminal.

3 **Competent authorities have been notified of the start of LNG bunker operations as per local regulations.**
Port authority may be consulted if in doubt of whom to contact as per local regulations.

4 **The terminal has been notified of the start of LNG bunker operations as per terminal regulations.**
The terminal may be consulted if in doubt about the terminal regulations.

5 **Competent authorities requirements are being observed.**
Ports have specific port regulations and port byelaws. Port authority may be consulted if in doubt about the local regulations. In states that are signatories to SOLAS, the ISPS Code requires for seagoing vessels that the Ship Security Officer and the Port Facility Security Officer co-ordinate the implementation of their respective security plans with each other.

6 **Local terminal requirements are being observed.**
The terminal may be consulted if in doubt about the terminal regulations.

7 **All personnel involved in the LNG bunker operation have the appropriate training and have been instructed on the particular LNG bunker equipment and procedures.**
Although all personnel that are involved in LNG bunker operations should comply with mandatory training requirements, they should also be familiarized with the specific LNG bunker equipment and procedures for this bunker operation. For this item, the involved parties only check and sign for their own responsibilities

8 **The bunker location is accessible for the LNG supplying tank truck and the total truck weight does not exceed the maximum permitted load of the quay or jetty.**
If in doubt contact the terminal or the port authority to inquire about the maximum permitted load of the place in question.

9 **The bunker operation area can be sufficiently illuminated.**
The manifold areas, both on board and ashore, should be safely and properly illuminated during darkness. If this requirement is not met, additional lightening must be provided.

10 All LNG transfer- and gas detection equipment is certified, in good condition and appropriate for the service intended.
A list of certification dates, expiry dates and next upcoming intermediate certification dates for the bunkering used equipment should be provided and exchanged. The validation of the certificates has to be performed before LNG bunkering commences. For this item, the involved parties only check and sign for their own responsibilities

11 The procedures for bunkering, cooling down and purging operations have been agreed upon.
The procedures for the intended LNG bunker operation should be pre planned. They should be discussed and agreed upon by the ship, truck and if applicable shore representatives prior to the start of the operations. Agreed arrangements should be formally recorded and signed by the ship, LNG bunker truck and if applicable the terminal representatives. Any change in the agreed procedure that could affect the operation should be discussed by the involved parties and agreed upon. After agreement by the involved parties, the substantial changes should be laid down in writing as soon as possible and in sufficient time before the change in procedure takes place.

12 The system and method of electrical insulation have been agreed upon by ship and truck.
The system and method of electrical insulation in de LNG bunker connection should be pre planned. They should be discussed and agreed upon by the ship, truck and if applicable shore representatives prior to the start of the operations.

13 The restricted area on the shore has been agreed upon by ship, truck and terminal.
The risk assessment for the LNG bunkering of the LNG fuelled ship provide safety distances and a restricted area. The restricted area are required in the ship's operational documentation. If applicable restricted area requirements from the LNG bunker truck operator, terminal operator and local authorities should be taken into account and incorporated.
The requirements for the restricted area around the LNG bunker location on board of the ship and on the shore should be exchanged, agreed upon and designated between the parties involved in the LNG bunkering.

14 Regulations with regards to ignition sources can be observed.
These include but are not limited to smoking restrictions and regulations with regards to naked light, mobile phones, pagers, VHF and UHF equipment, radar and AIS equipment.
Smoking on board the ship may only take place in places specified by the master in consultation with the truck and terminal representative.
No smoking is allowed on the shore except in places specified by the terminal representative in consultation with the master and truck operator.
For this item, the involved parties only check and sign for their own responsibilities
Places that are directly accessible from the outside should not be designated as places where smoking is permitted. Buildings, places and rooms designated as areas where smoking is permitted should be clearly marked as such.

A naked light or open fire comprises the following: flame, spark formation, naked electric light or any surface with a temperature that is equal to or higher than the minimum ignition temperature of the products handled in the operation.
The use of naked lights or open fires on board the ship is prohibited in the exclusion zone, unless all applicable regulations have been met and it has been agreed upon by the port authority, LNG tank truck operator, the ship's master and the terminal representative.

In the exclusion zone:

- Telephones should comply with the requirements for explosion-proof construction.
- Mobile phones and pagers should not be used unless approved for such use by a competent authority.

- Damaged units, even though they may be capable of operation, should not be used.
- The use of portable electrical equipment and wandering leads is not allowed during LNG bunkering and the equipment should be excluded from the zone.
- Telephone cables in use in the ship/shore communication system should preferably be routed outside the exclusion zone. Wherever this is not feasible, the cable should be so positioned and protected that no danger arises from its use.

- Unless the master, in consultation with the truck operator and terminal representative, has established the conditions under which the installation may be used safely, fixed VHF/UHF and AIS equipment should be switched off or on low power (1 watt or less) and the ship's main radio station should not be used during the ship's stay in port, except for receiving purposes. The main transmitting aerials should be disconnected and earthed.
- Portable VHF/UHF sets should be of a safe type which is approved by a competent authority.
- VHF radio-telephone sets may only operate in the internationally-agreed wave bands.
- Satellite communications equipment may be used normally, unless advised otherwise.
- The ship's radar installation should not be used unless the master, in consultation with the truck operator and the terminal representative, has established the conditions under which the installation may be used safely.
- Window type air conditioning units should be disconnected from their power supply.

15 All in local requirements required firefighting equipment is ready for immediate use.

Firefighting equipment on board should be correctly positioned and ready for immediate use.
Adequate and suitable units of fixed or portable equipment should be stationed conform ship's operational documents. The ship's fire main systems should be pressurised or be capable of being pressurised at short notice.
For this item, the involved parties only check and sign for their own responsibilities
For seagoing vessels a set of fire control plans should be permanently stored in a prominently marked weather-tight enclosure outside the deckhouse for the assistance of shore side fire fighting personnel. A crew list should also be included in this enclosure.

If applicable both ship and shore should ensure that their fire main systems can be inter-connected in a quick and easy way utilising, if necessary, the international shore fire connection.

Underneath the items of the planning stage checklist, a register form is included for the registration of the representatives involved in the planning.

Part B: Pre Transfer Checklist

16 Part A is used prior and preparatory of the actual operation

PART A: Planning Stage Checklist addresses the considerations to be made during the planning stage of LNG bunker operations. This part of the checklist can be used as a guideline for an exchange of knowledge and agreements on safety items during the planning stage of a LNG bunkering. The advised time of processing this part of the checklist is during the order placement for the bunkering.
The use of Part A is not mandatory. In this item, the involved parties only check if Part A is used for their own planning

17 Present weather and wave conditions are within the agreed limits.

There are numerous factors that will help determine whether LNG bunker operations should continue. Discussion between the ship, the truck operator and if applicable the terminal should identify limiting factors which could include:

- Wind speed/direction and the effect on the bunker connections.

- Wind speed/direction and the effect on mooring integrity.
- Wind speed/direction and the effect on gangways.
- Swell effects at exposed locations on mooring integrity or gangway safety.

Such limitations should be clearly understood by all parties. The criteria for stopping bunkering, disconnecting hoses or arms and vacating the berth should be written in the 'Remarks' column of the checklist.
The bunker operations should be suspended on the approach of an electrical storm.
In case of a strong gale warning or deteriorating weather conditions emergency towing pennants should be prepared and a proper look out to the mooring lines is required.

18 The LNG receiving ship is securely moored. Regulations with regards to mooring arrangements are observed. Sufficient fendering is in place.
In answering this question, due regard should be given to the need for adequate fendering arrangements. The ship should remain adequately secured in her moorings. Alongside piers or quays, ranging of the ship should be prevented by keeping all mooring lines taut. Attention should be given to the movement of the ship caused by wind, currents, tides or passing ships and the operation in progress.
Wire ropes and fibre ropes should not be used together in the same direction (i.e. as breast lines, spring lines, head or stern lines) because of the difference in their elastic properties.

Once moored, ships fitted with automatic tension winches should not use such winches in the automatic mode. Irrespective of the mooring method used, the emergency release operation in case of an emergency should be agreed upon, taking into account the possible risks involved.
Anchors not in use should be properly secured.

19 There is a safe means of access between the ship and shore.
The access should be positioned as far away from the LNG bunker manifolds as practicable.
The means of access to the ship should be safe and may consist of an appropriate gangway or accommodation ladder with a properly secured safety net fitted to it.
Particular attention to safe access should be given where the difference in level between the point of access on the vessel and the jetty or quay is large, or is likely to become large.
When shore access facilities are not available and a ship's gangway is used, there should be an adequate landing area on the berth so as to provide the gangway with a sufficient clear run of space and so maintain safe and convenient access to the ship at all states of tide and changes in the ship's freeboard.
A lifebuoy should be available on board the ship near the gangway or accommodation ladder.
The access should be safely and properly illuminated during darkness.
Persons who have no legitimate business on board, or who do not have the master's permission, should be refused access to the ship.
The LNG truck operator or if applicable the terminal should control access to the jetty or berth in agreement with the ship.

In addition to the means of access, a safe and quick emergency escape route should be available both on board and ashore. On board the ship, it may consist of a lifeboat ready for immediate use, preferably near the accommodation of the ship

20 All mandatory firefighting equipment is ready for immediate use
Firefighting equipment on board should be correctly positioned and ready for immediate use.
Adequate and suitable units of fixed or portable equipment should be stationed conform ship's operational documents. The ship's fire main systems should be pressurised or be capable of being pressurised at short notice.
For seagoing vessels a set of fire control plans should be permanently stored in a prominently marked weather-tight enclosure outside the deckhouse for the assistance of shore side firefighting personnel. A crew list should also be included in this enclosure.

The LNG bunker truck mandatory firefighting equipment should be correctly positioned and ready for immediate use.

If applicable both ship and shore should ensure that their fire main systems can be inter-connected in a quick and easy way utilising, if necessary, the international shore fire connection.

If applicable firefighting equipment on the shore should be correctly positioned and ready for immediate use. The shore fire main systems should be pressurised or be capable of being pressurised at short notice. For this item, the involved parties only check and sign for their own responsibilities

21 **The bunker operation area is sufficiently illuminated.**
The bunker location should be safely and properly illuminated during darkness.

22 **The ship and truck are able to move under their own power in a safe and non-obstructed direction.**
The ship should be able to move under its own power at short notice, unless the ship has been granted permission to immobilise by the Port Authority. Certain conditions may have to be met for permission to be granted. All involved parties of the LNG bunkering should be informed and agree.
The LNG bunker truck should be able to move under its own power at short notice. It should be possible in case of an emergency to remove the shocks under the wheels immediately.
For this item, the involved parties only check and sign for their own responsibilities

23 **Adequate supervision of the bunker operation is in place both on the ship and at the LNG tank truck and an effective watch is being kept at all time.**
The LNG bunker operation should be under constant control and supervision on the ship and at the LNG bunker vessel. Supervision should be aimed at preventing the development of hazardous situations. However, if such a situation arises, the controlling personnel should have adequate knowledge and the means available to take corrective action.
The controlling personnel on the ship and at the truck should maintain effective communications with their respective supervisors.
All personnel connected with the operations should be familiar with the dangers of the substances handled. At all times during the ship's stay at the bunker location, a sufficient number of personnel should be present on board the ship and near the LNG bunker truck to deal with an emergency.

24 **An effective means of communication between the responsible operators and supervisors on the ship and at the truck has been established and tested. The communication language has been agreed upon.** Communication should be maintained in the most efficient way between the responsible officer on duty on the ship and the LNG truck operator.
When telephones are used, the telephone both on board and ashore should be continuously manned by a person who can immediately contact his respective supervisor. Additionally, the supervisor should have a facility to override all calls. When RT/VHF systems are used, the units should preferably be portable and carried by the supervisor or a person who can get in touch with his respective supervisor immediately. Where fixed systems are used, the guidelines for telephones should apply.
The selected primary and back-up systems of communication should be recorded on the checklist and necessary information on telephone numbers and/or channels to be used should be exchanged and recorded.
The telephone and portable RT/VHF systems should comply with the appropriate (explosion proof) safety requirements.

25 **The emergency stop signal and shutdown procedures have been agreed upon, tested, and explained to all personnel involved. Emergency procedures and plans and the contact numbers are known to the persons in charge.**
The agreed signal to be used in the event of an emergency arising ashore or on board should be clearly understood by shore and ship personnel and the truck operator.
An emergency shutdown procedure should be agreed upon between ship and the LNG bunker truck and

should be formally recorded and signed by both the ship and LNG bunker truck representative. The agreement should state the circumstances in which operations have to be stopped immediately. Due regard should be given to the possible introduction of dangers associated with the emergency shutdown procedure.

26 **The predetermined restricted area has been established. Appropriate signs mark this area.**
The risk assessment for the LNG bunkering of the LNG fuelled ship provide safety distances and exclusion zones. The safety zones are addressed in the ship's operational documentation. If applicable safety zone requirements from the LNG bunker truck operator, terminal operator and local authorities should be taken into account and incorporated.
The requirements for the safety zone around the LNG bunker location on board of the ship and on the shore should be established and clearly marked.

27 **The restricted area is free of unauthorized persons, objects and ignition sources.**
Prior to operations all unauthorised persons should be directed to leave the marked exclusion zone. Unauthorised objects or ignition sources should be removed from the zone. During bunker operations this should be re-checked at regular intervals.

28 **External doors, portholes and accommodation ventilation inlets are closed as per operation manual.**
External doors, windows and portholes in the accommodation should be closed during LNG bunker operations when required in the operational documentation of the ship. These doors should be clearly marked as being required to be closed during such operations, but at no time should they be locked.
This requirement does not prevent reasonable access to spaces during operations, but doors should not be left open unattended.
Engine Room vents may be left open. However, consideration should be given to closing them where such action would not adversely impact the safe and efficient operation of the engine room spaces served.

29 **The gas detection equipment has been operationally tested and found to be in good working order.**
The equipment provided should be capable of measuring natural gas.
Suitable equipment should be available to calibrate the gas detection and measuring equipment.
A bump test (quick test on proper working) or calibration should be carried out before the operation commences.
Span gas should be available to enable calibration of gas detection equipment. Fixed gas detection equipment should be calibrated for natural gas prior to commencement of operations. The alarm function should have been tested and the details of the last test should be exchanged.
Portable gas detection instruments, suitable and calibrated for natural gas, capable of measuring flammable levels, should be available.

30 **Material Safety Data Sheets (MSDS) for the delivered LNG fuel are available.**
MSDS should be available on request to the LNG fuelled ship, terminal and LNG bunker truck.
As a minimum, such information sheets should provide the constituents of the product by chemical name, name in common usage, UN number and the maximum concentration of any toxic components, expressed as a percentage by volume or as ppm, as appropriate.

31 **Regulations with regards to ignition sources are observed.**
These include but are not limited to smoking restrictions and regulations with regards to naked light, mobile phones, pagers, VHF and UHF equipment, radar and AIS equipment.
Smoking on board the ship, if allowed, may only take place in places specified by the master in consultation with the truck and terminal representative.
Smoking on the shore, if allowed, may only take place in places specified by the terminal representative in consultation with the master and truck operator.
Places, which are directly accessible from the outside, should not be designated as places where smoking is permitted. Buildings, places and rooms designated as areas where smoking is permitted are clearly marked as such.

A naked light or open fire comprises the following: flame, spark formation, naked electric light or any surface with a temperature that is equal to or higher than the minimum ignition temperature of the products handled in the operation. There are no naked lights or open fires in the restricted area.

In the restricted area:

- Battery operated hand torches (flashlights) should be of a safe type which is approved by a competent authority Telephones comply with the requirements for explosion-proof construction.
- Mobile phones and pagers are not used unless approved for such use by a competent authority.
- Damaged units, even though they may be capable of operation, are not used.
- The use of portable electrical equipment and wandering leads is not allowed during LNG bunkering and the equipment should be excluded from the zone.
- Telephone cables in use in the ship/shore communication system are routed outside the exclusion zone. Wherever this is not feasible, the cable is positioned and protected in such way that no danger arises from its use.
- Unless the master, in consultation with the truck operator and terminal representative, has established the conditions under which the installation may be used safely, fixed VHF/UHF and AIS equipment should be switched off or on low power (1 watt or less) and the ship's main radio station should not be used during the ship's stay in port, except for receiving purposes. The main transmitting aerials should be disconnected and earthed.
- Portable VHF/UHF sets are of a safe type that is approved by a competent authority.
- VHF radio-telephone sets will only operate in the internationally-agreed wave bands.
- Satellite communications equipment may be used normally, unless advised otherwise.
- The ship's radar installation is not in use, unless the master, in consultation with the truck operator and the terminal representative, has established the conditions under which the installation may be used safely.
- Window type air conditioning units are disconnected from their power supply.

32 **Appropriate and sufficient suitable protective clothing and equipment is ready for immediate use.**
Suitable protective equipment, eye protection and protective clothing appropriate to the specific dangers of LNG, should be available in sufficient quantity for operational personnel, both on board and ashore for the truck operator.
Storage places for this equipment on board of the ship should be protected from the weather and be clearly marked.
Personnel required to use a breathing apparatus during operations or emergency response should be trained in its safe use. Untrained personnel and personnel with facial hair should not be selected for activities involving the use of breathing apparatus.

33 **Personnel involved in the connection and disconnection of the bunker hoses and personnel in the direct vicinity of these operations make use of sufficient and appropriate protective clothing and equipment.**
All personnel directly involved in the operation should utilise appropriate equipment and clothing whenever the situation requires.

34 **A (powered) emergency release coupling {(P)ERC} is installed and is ready for immediate use.**
If applicable an emergency release coupling is installed and ready for immediate use. This (P)ERC can be activated by ESD or by forces on- or movements of the bunker connection outside a predetermined range. The (P)ERC should be of a dry disconnect type, during the emergency release the line will be closed by a valve on both sides of the coupling. After an emergency release of the coupling, a check of the system, and after solving the problem that caused the release, the coupling can be reinstalled. A freefall of the coupling after an emergency release should be avoided.

35 The water spray system has been tested and is ready for immediate use.
Water spray systems should be regularly tested. Details of the last tests should be exchanged.
During operations the systems should be kept ready for immediate use.

36 Spill containment arrangements are of an appropriate volume, in position, and empty.
The ship's manifolds should ideally be provided with fixed and for LNG suitable drip trays. In the absence of fixed containment, suitable portable drip trays should be used.
All drip trays should be emptied in an appropriate manner whenever necessary.

In all cases LNG must be prevented to affect the deck in case of a spill. This can, for example, be achieved by using a low temperature resistance gutter, suitable drip trays or pouring water on deck. When LNG is handled the scuppers may be kept open, provided that an ample supply of water is available at all times in the vicinity of the manifolds.

37 Hull and deck protection against low temperature is in place.
When a hull or deck protection is required in the ship's operational documentation, it shall be used conform the operational documentation.

38 Bunker pumps and compressors are in good working order.
Agreement in writing should be reached on the maximum allowable working pressure in the LNG bunker line system during operations.

39 All control valves are well maintained and in good working order.
All ship and tank truck LNG transfer system control valves and their position-indicating systems should be regularly tested. Details of the last tests should be exchanged.

40 Bunker system gauges, high level alarms and high-pressure alarms are operational, correctly set and in good working order.
Ship and LNG bunker truck LNG transfer system gauges and alarms should be regularly checked to ensure they are in good working order.
In cases where it is possible to set alarms to different levels, the alarm should be set to the required level.

41 The ship's bunker tanks are protected against inadvertent overfilling at all times, tank content is monitored constantly and alarms are correctly set.
Owing to the reliance placed on gauging systems for LNG bunker operations, it is important that such systems are fully operational and that back-up is provided in the form of an independent overfill alarm arrangement. The alarm should provide audible and visual indication and should be set at a level which will enable operations to be shut down prior to the tank being overfilled. Under normal operations, the bunker tank should not be filled higher than the level at which the overfill alarm is set.
Individual overfill alarms should be tested at the tank to ensure their proper operation prior to commencing bunkering unless the system is provided with an electronic self-testing capability which monitors the condition of the alarm circuitry and sensor and confirms the instrument set point.

42 All safety and control devices on the LNG installations are checked, tested and found to be in good working order.
Automatic shutdown systems are designed to shut the liquid valves and trip the bunker pumps if the liquid level or pressure in the bunker tank should rise above the maximum permitted levels. These levels must be accurately set and the operation of the device should be tested before bunker operations commence. If the ship and LNG bunker truck shutdown systems are to be inter-connected, then their operation must be checked before LNG transfer begins.

43 Pressure control equipment and boil off or re-liquefaction equipment is operational and in good working order.
Pressure control is one of the most critical processes during LNG bunker operations. It is important that

such systems are fully operational and that back up is provided in case of a failure of the system.

There are many pressure control systems: spray lines in the top of the tank, vapour return, re-liquefaction, CNG storage or vapour processing. The used pressure control system should be exchanged and be agreed upon. It should be verified that re-liquefaction and boil off control systems, if required, are functioning correctly prior to commencement of operations.

The pressure alarms should provide audible and visual indication and should be set at a level which will enable operations to be shut down prior to the opening of the PV valves to avoid natural gas emission. Under normal operations, the pressure in the bunker tank should not exceed the pressure limits in the ship's operational documentation.

Individual high and low pressure alarms should be tested at the tank to ensure their proper operation prior to commencing bunkering unless the system is provided with an electronic self-testing capability which monitors the condition of the alarm circuitry and sensor and confirms the instrument set point.

44 **Both on the ship and at the tank truck the ESDs, automatic valves or similar devices have been tested, have been found to be in good working order, and are ready for use.**
The closing rates of the ESDs have been exchanged.
Automatic shutdown valves may be fitted in the ship and the systems of the LNG bunker truck. Among other parameters, the action of these valves can be automatically initiated by a certain level being reached in the tank being loaded, either on board or ashore.
The closing rate of any automatic valves should be known and this information should be exchanged.
Where automatic valves are fitted and used, the cargo-handling rate should be so adjusted that a pressure surge evolving from the automatic closure of any such valve does not exceed the safe working pressure of either the LNG bunker system.
A written agreement should be made between the ship and tank truck operator indicating whether the cargo-handling rate will be adjusted or alternative systems will be used. The safe cargo-handling rate should be noted in the agreement.

Where possible, ship and truck emergency shutdown systems should be tested before commencing the LNG bunkering.

45 **Initial LNG bunker line up has been checked. Unused connections are closed, blanked and fully bolted.**
Before connection both the ship and truck LNG bunker systems must be isolated and empty, checked and found to be safe to remove blank flanges.
Both ship and truck LNG bunker systems should be isolated from other ship and truck systems.
Unused bunker line connections should be closed and blanked. Blank flanges should be fully bolted and other types of fittings, if used, properly secured.

46 **LNG bunker hoses, fixed pipelines and manifolds are in good condition, properly rigged, supported, properly connected, leak tested and certified for the LNG transfer.**
Hoses should be in a good condition and properly fitted and rigged so as to prevent strain and stress beyond design limitations.
All flange connections should be fully bolted and any other types of connections should be properly secured.
It should be ensured that the hoses and pipelines are constructed of a material suitable for the substance to be handled, taking into account its temperature and the maximum operating pressure. LNG Bunker hoses should be indelibly marked so as to allow the identification of the products for which they are suitable, specified maximum working pressure, the test pressure and last date of testing at this pressure, and, if used at temperatures other than ambient, maximum and minimum service temperatures.

47 **The LNG bunker connection between the ship and the LNG bunker truck is provided with dry**

disconnection couplings.
The LNG bunker connection should be provided with means to avoid release of LNG or natural gas during regular disconnection after the bunkering.

The means should provide protection against:
- Spill or emission due to unexpected and uncontrolled release of product from the bunker system during disconnecting in case the bunkering system is not properly emptied after use.
- Injury to personnel due to pressure in the system suddenly being released in an uncontrolled manner during disconnecting.

48 **The LNG bunker connection between the ship and the LNG bunker truck has adequate electrical insulating means in place.**
Unless measures are taken to break the continuous electrical path between ship and truck pipework provided by the ship/truck hoses, stray electric currents can cause electric sparks at the flange faces when hoses are being connected and disconnected.
The passage of these currents is usually prevented by an insulating flange inserted at the ship line to the manifold and/or in the line of the truck. Alternatively, the electrical discontinuity may be provided by the inclusion of one length of electrically discontinuous hose in each hose string.
It should be ascertained that the means of electrical discontinuity is in place, that it is in good condition and is not being by-passed by contact with an electrically conductive material.

49 **Dry breakaway couplings in the LNG bunker connections are in place, have been visually inspected for functioning and found to be in a good working order.**
To mitigate on an event which approaches the limits of the design-operating envelope of the bunker connection, means should be in place to ensure that the mechanical integrity of the LNG bunker connection is not compromised. These means should provide protection against:
- Spill or emission due to unexpected and uncontrolled release of product from the bunker system due to overstretching the bunker connection.
- Injury to personnel due to pressure in the system suddenly being released in an uncontrolled manner.

The dry breakaway coupling will break due to forces on- or movements of the bunker connection outside a predetermined range. The coupling should be of a dry disconnect type, during the emergency break the line will be closed by a valve on both sides of the coupling. After the emergency break of the coupling, and when the problem that caused the break is solved, the broken parts should be replaced. A freefall of the coupling after an emergency break should be avoided.

50 **The tank truck is electrically grounded and the wheels are chocked.**
Before the connection of the LNG bunker line, the LNG bunker truck must be electrically grounded to an suitable earth wire connection point. To avoid an inadvertent movement of the tank truck the wheels should be chocked.

51 **The tank truck engine is off during the connection or disconnection of the LNG bunker hoses.**
In all cases the engine should be switched of during connection or disconnection of the bunker line.

52 **The tank truck engine is switched off during purging or LNG transfer.**
During the LNG bunkering or purging, the tank truck engine must be switched off, unless the running of the engine is necessary for running the bunker pomp or compressor.

53 **The ship's emergency fire control plans are located externally.**
For seagoing vessels a set of fire control plans should be permanently stored in a prominently marked weather-tight enclosure outside the deckhouse for the assistance of shore side fire-fighting personnel. A crew list should also be included in this enclosure.

54 **An International Shore Connection has been provided.**

If applicable both ship and shore should ensure that their fire main systems can be inter-connected in a quick and easy way utilising, if necessary, the international shore fire connection.

55 **Competent authorities have been informed that bunker transfer operations are commencing and have been requested to inform other vessels in the vicinity.**
When local regulations or the port byelaws enforce the notification of vessels in the direct vicinity, these ships have to be informed of the LNG bunker activity. When the involved parties are not obliged to inform ships in the vicinity, they can, upon reporting the commence of the LNG bunker operations, advise the port authority to do so.

Part C: LNG Transfer Data

In order to agree upon the quantity of LNG that is to be transferred, parties should agree upon a 'Physical Quantity Unit'; e.g. cubic meters, tonnes.

Agreed starting temperatures and pressures
Parties should agree upon the LNG transfer data and the condition of the LNG and atmosphere in the truck tank and ship's bunker tanks.

Agreed bunker operations
Parties should agree upon the LNG bunker procedure

Agreed maximums and minimums
Parties should agree upon all maximum and minimum LNG pressures and fuelling limits.

Part D: After LNG Transfer Checklist

57 **LNG bunker hoses, fixed pipelines and manifolds have been purged and are ready for disconnection.**
Before the bunker connection is disconnected, it must be ensured that no liquid is left in the bunker system. The pressure in the bunker connection should be released into the ship's bunker tank or into the tank of the truck as per ship's operational manual.

58 **Remote and manual controlled valves are closed and ready for disconnection.**
Before the bunker connection is disconnected, it must be ensured that all valves are closed, or operated as per ship's operational manual.

59 **After disconnection the restricted area has been deactivated. Appropriate signs have been removed.**
After the disconnection and securing of the LNG bunker connection, the restricted area can be deactivated and the signs can be removed. The status of the restricted area can be restored to the status required in the ship's operational manual.

60 **Competent authorities have been notified that LNG bunker operations have been completed and have been requested to inform other vessels in the vicinity.**
Where required, authorities should be informed of completion of the LNG bunker operation
When local regulations or the port byelaws enforce the notification of vessels in the direct vicinity, these ships have to be informed of completion of the LNG bunker activity. When the involved parties are not obliged to inform ships in the vicinity, they can, upon reporting the completion of the LNG bunker operations, advise the port authority to do so

61 **The terminal has been notified that LNG bunker operations have been completed.**
Where required, the terminal should be informed of completion of the LNG bunker operation.

62 **If applicable, near misses and incidents have been reported to competent authorities.**
Authorities must be informed of near misses and incidents directly when the event occurs.

Abbreviations and definitions

Bunker operation area:	The area with operational LNG bunker activity. Including connections on both side of the bunker line, the bunker line and the bunker control and watch keeping area.
ESD	Emergency Shut Down Device
Leak tested	Procedure to check the integrity of the LNG bunker line up
Line up	The system of all pipes, hoses, bunker arms, connections and valves that are positioned and used for an LNG bunker transfer
(P)ERC	(Powered) Emergency release Coupling
Physical Quantity Unit (PQU)	The predetermined unit for the agreement on the quantity to bunker
Purging	To blow or pressurise a line up with Nitrogen to leak test, dry and inert the line up before bunkering or to empty, and gas free the line up before disconnecting.
Rel:	Relative, In this document used to agree the mentioned pressures are relative (overpressure) and not absolute
restricted area	The safety zone where ignition sources are not allowed
Terminal	In this document terminal also referred to any organization responsible of the location of the bunkering
Topping up	The last phase of the LNG bunkering where the maximum filling percentage is nearly reached. During this phase the bunker rate is reduced

LNG Bunker Checklist
Ship to Ship

PART A: Planning Stage Checklist

This part of the checklist should be completed in the planning stage of an LNG bunker operation.
It is a recommended guideline for the, in advance, exchange of information necessary for the preparation of the actual operation.

Planned date and time: ______________________

Port and Berth: ______________________

LNG receiving ship: ______________________

LNG bunker vessel: ______________________

	Check	Ship	Bunker Vessel	Terminal	Code	Remarks
1	Competent authorities have granted permission for LNG transfer operations for the specific location and time.				P	
2	The terminal has granted permission for LNG transfer operations for the specific location and time.				P	
3	Competent authorities have been notified of the start of LNG bunker operations as per local regulations.					Time notified: ________ hrs
4	The terminal has been notified of the start of LNG bunker operations as per terminal regulations.					Time notified: ________ hrs
5	Competent authorities requirements are being observed.					e.g. Port byelaws.
6	Local terminal requirements are being observed.					e.g. Terminal regulations
7	All personnel involved in the LNG bunker operation have the appropriate training and have been instructed on the particular LNG bunker equipment and procedures.	For the Ship:	For the Bunker Vessel	For the Terminal		
8	The ship's and LNG bunker vessel's class approved bunker plan and operations manual are available.					
9	The ship and LNG bunker vessel have agreed upon the mooring and fendering arrangement.				A	

	Check	Ship	Bunker Vessel	Terminal	Code	Remarks
10	The LNG bunker vessel has obtained the necessary permissions to go alongside the LNG receiving ship.					
11	The bunker operation area can be sufficiently illuminated.				A	
12	All LNG transfer and gas detection equipment is certified, in good condition and appropriate for the service intended.	For the Ship:	For the bunker vessel		A	
13	The procedures for bunkering, cooling down and purging operations have been agreed upon by ship and LNG bunker vessel.				A	
14	The system and method of electrical insulation have been agreed upon by ship and LNG bunker vessel.				A	
15	The restricted area has been agreed upon and designated.				A	Restricted Area: ____________ ____________
16	Regulations with regards to ignition sources can be observed.	For the Ship:	For the Bunker Vessel	For the Terminal	A	
17	All mandatory firefighting equipment is ready for immediate use.	For the Ship:	For the Bunker Vessel	For the Terminal		

For registration of the, in the planning, involved representatives:.

Ship	LNG Bunker Vessel	Terminal
Name	Name	Name
Rank	Position	Position
Date	Date	Date
Time	Time	Time

PART B: Planned Simultaneous Activities

(If applicable this part should be completed before actual transfer operations start)

Date and time: ______________________

Port and Berth: ______________________

LNG receiving ship: ______________________

LNG bunker vessel: ______________________

	Check	Ship	Bunker Vessel	Terminal	Code	Remarks
18	Planned simultaneous bunker operations of other fuels during LNG bunkering are in accordance with ship's approved operational documentation.					If applicable.
19	Planned simultaneous cargo operations during LNG bunkering are in accordance with the ship's approved operational documentation.				A	If applicable.
20	Competent authorities have granted permission for simultaneous bunker and/or cargo operations whilst LNG bunkering.				P	If applicable.
21	Safety procedures and mitigation measures for simultaneous activities, as mentioned in the ship's approved operational documentation, are agreed upon and are being observed by all parties involved.				A R	If applicable.

PART C: Pre Transfer Checklist

(This part should be completed before actual transfer operations start)

	Check	Ship	Bunker Vessel	Terminal	Code	Remarks
22	Part A is used prior and preparatory of the actual operation	For the Ship:	For the Bunker Vessel	For the Terminal		If applicable
23	Present weather and wave conditions are within the agreed limits.				A R	
24	The ship and the LNG bunker vessel are securely moored. Regulations with regards to mooring arrangements are observed. Sufficient fendering is in place.				R	
25	There is a safe means of access between the ship and the LNG bunker vessel.				R	
26	All mandatory firefighting equipment is ready for immediate use	For the Ship:	For the Bunker Vessel	For the Terminal		
27	The bunker operation area is sufficiently illuminated.				A R	
28	The ship and LNG bunker vessel are able to move under their own power in a safe and non-obstructed direction.	For the Ship:	For the Bunker Vessel		R	
29	Adequate supervision of the bunker operation by responsible officers is in place, both on the ship and at the LNG bunker vessel.					
30	An effective means of communication between the responsible operators and supervisors at the ship and LNG bunker vessel has been established and tested. The communication language has been agreed upon.				A R	VHF / UHF Channel: ____ Language: ________ Primary System: ________ Backup System: ________
31	The emergency stop signal and shutdown procedures have been agreed upon, tested, and explained to all personnel involved. Emergency procedures and plans and the contact numbers are known to the persons in charge.				A	Emergency Stop Signal: ________
32	The predetermined restricted area has been established. Appropriate signs mark this area.				A	
33	The restricted area is free of other ships, unauthorized persons, objects and ignition sources.				R	

	Check	Ship	Bunker Vessel	Terminal	Code	Remarks
34	Safety procedures and mitigation measures for the prevention of falling objects are agreed upon and are being observed by all parties involved.				R	
35	On the ship an effective deck watch is established.					The deck watch pays particular attention to moorings, fenders and simultaneous activities.
36	Both on the ship and LNG bunker vessel an effective LNG bunker watch is established.					The LNG bunker watch pays particular attention to hoses, manifold, and bunker controls.
37	External doors, portholes and accommodation ventilation inlets are closed as per operations manual.				R	At no time they should be locked
38	The gas detection equipment has been operationally tested and found to be in good working order.					
39	Material Safety Data Sheets (MSDS) for the delivered LNG fuel are available.				A	
40	Regulations with regards to ignition sources are observed.				R	
41	Appropriate and sufficient suitable protective clothing and equipment is ready for immediate use.					
42	Personnel involved in the connection and disconnection of the bunker hoses and personnel in the direct vicinity of these operations make use of sufficient and appropriate protective clothing and equipment.					
43	A (powered) emergency release coupling {(P)ERC} is installed and is ready for immediate use					If applicable
44	The water spray system has been tested and is ready for immediate use.					If applicable.
45	Spill containment arrangements are of an appropriate material and volume, in position, and empty.					
46	The hull and deck protection against low temperature is in place.					If applicable.
47	Bunker pumps and compressors are in good working order.				A	If applicable.
48	All control valves are well maintained and in good working order.					
49	Bunker system gauges, high level alarms and high-pressure alarms are operational, correctly set and in good working order.					
50	The ship's bunker tanks are protected against inadvertent overfilling at all times, tank content				R	Intervals not exceeding

	Check	Ship	Bunker Vessel	Terminal	Code	Remarks
	is constantly monitored and alarms are correctly set.					________ minutes
51	All safety and control devices on the LNG installations are checked, tested and found to be in good working order.					
52	Pressure control equipment and boil off or re-liquefaction equipment is operational and in good working order.					
53	The vapour connections are properly connected and supported.					If applicable.
54	Both on the ship and at the LNG bunker vessel the ESDs, automatic valves or similar devices have been tested, have found to be in good working order, and are ready for use. The both ESD systems are linked The closing rates of the ESDs have been exchanged.				A	ESD Ship: ________ seconds ESD LNG bunker vessel: ________ seconds
55	Initial LNG bunker line up has been checked. Unused connections are closed, blanked and fully bolted.					
56	LNG bunker hoses, fixed pipelines and manifolds are in good condition, properly rigged, supported, properly connected, leak tested and certified for the LNG transfer.					
57	The LNG bunker connection between the ship and the LNG bunker vessel is provided with dry disconnection couplings.					
58	The LNG bunker connection between the ship and the LNG bunker vessel has adequate electrical insulating means in place.					
59	Dry breakaway couplings in the LNG bunker connections are in place, have been visually inspected for functioning and found to be in a good working order.				A	
60	The ship's emergency fire control plans are located externally.					Location: ________
61	An International Shore Connection has been provided.					
62	Competent authorities have been informed that bunker transfer operations are commencing and have been requested to inform other vessels in the vicinity.					

PART D: LNG transfer data and simultaneous operations

(This part should be completed before actual transfer operations start)

Agreed starting temperatures and pressures

Note the agreed Physical Quantity Unit (PQU): ☐ m3 ☐ Tonnes ☐ ______

	Ship		LNG supplying bunker vessel		
LNG tank:start temperature:					°C / °F*
LNG tank: start pressure:					bar / psi* (rel)
LNG tank: available (rest) capacity					PQU

*: delete as appropriate

Agreed bunker operations

	Tank 1	Tank 2	
Agreed quantity to be transferred:			PQU
Starting pressure at the manifold:			bar / psi* (rel)
Starting rate:			PQU per hour
Max transfer rate:			PQU per hour
Topping up rate:			PQU per hour
Max pressure at manifold:			bar / psi* (rel)

*: delete as appropriate

Agreed maximums and minimums

	Maximum	Minimum	
Pressures during bunkering:			bar / psi* (rel)
Pressures in the LNG bunker tanks:			bar / psi* (rel)
Temperatures of the LNG:			°C / °F*
Filling limit of the LNG bunker tanks:			%

*: delete as appropriate

Agreed simultaneous LNG bunker / Oil bunker operations

(Note that for oil bunker operations a separate bunker checklist should be completed)

Oil bunker activity	Ship	Bunker vessel	Terminal

Agreed simultaneous LNG bunker / Cargo operations

Cargo activity	Ship	Bunker vessel	Terminal

Restrictions in LNG bunker / Cargo operations

Restricted activity	Ship	Bunker vessel	Terminal

Declaration

We, the undersigned, have checked the above items in Parts B, C and D in accordance with the instructions and have satisfied ourselves that the entries we have made are correct.

We have also made arrangements to carry out repetitive checks as necessary and agreed that those items coded 'R' in the checklist should be re-checked at intervals not exceeding ______ hours.

If, to our knowledge, the status of any item changes, we will immediately inform the other party.

Ship	Bunker vessel	Terminal
Name	Name	Name
Rank	Position	Position
Signature	Signature	Signature
Date	Date	Date
Time	Time	Time

Record of repetitive checks								
Date								
Time								
Initials for ship								
Initials for bunker vessel								
Initials for terminal								

Guideline for completing this checklist

The presence of the letters 'A' or 'R' in the column entitled 'Code' indicates the following:

- A ('Agreement').
  This indicates an agreement or procedure that should be identified in the 'Remarks' column of the checklist or communicated in some other mutually acceptable form.
- R ('Re-check').
  This indicates items to be re-checked at appropriate intervals, as agreed between both parties, at periods stated in the declaration.
- P ('Permission')
  This indicates that permission is to be granted by authorities.

The joint declaration should not be signed until both parties have checked and accepted their assigned responsibilities and accountabilities. When duly signed, this document is to be kept at least one year on board of the LNG receiving vessel.

PART E: After LNG Transfer Checklist

(This part should be completed after transfer operations have been completed)

	Check	Ship	Bunker Vessel	Terminal	Code	Remarks
63	LNG bunker hoses, fixed pipelines and manifolds have been purged and are ready for disconnection.				A	
64	Remote and manually controlled valves are closed and ready for disconnection.				A	
65	After disconnection the restricted area has been deactivated. Appropriate signs have been removed.				A	
66	Competent authorities have been notified that LNG bunker operations have been completed and have been requested to inform other vessels in the vicinity.					Time notified: ________ hrs
67	The terminal has been notified that LNG bunker operations have been completed.					Time notified: ________ hrs
68	Near misses and incidents have been reported to competent authorities.					Report nr: ________

Declaration

We, the undersigned, have checked the above items in Part E in accordance with the instructions and have satisfied ourselves that the entries we have made are correct.

Ship	Bunker vessel	Terminal
Name	Name	Name
Rank	Position	Position
Signature	Signature	Signature
Date	Date	Date
Time	Time	Time

Guideline for completing this checklist

The presence of the letters 'A' or 'R' in the column entitled 'Code' indicates the following:

- A ('Agreement').
  This indicates an agreement or procedure that should be identified in the 'Remarks' column of the checklist or communicated in some other mutually acceptable form.
- R ('Re-check').
  This indicates items to be re-checked at appropriate intervals, as agreed between both parties, at periods stated in the declaration.
- P ('Permission')
  This indicates that permission is to be granted by authorities.

The joint declaration should not be signed until both parties have checked and accepted their assigned responsibilities and accountabilities. When duly signed, this document is to be kept at least one year on board of the LNG receiving vessel.

참고문헌

1. ClassNK 春季技術セミナー "ガス燃料船の実用化とNKの取り組み", 2012.
2. GL report "LNG Powering the Future Shipping", July 2012.
3. Wärtsilä "WÄRTSILÄ ENVIRONMENTAL SERVICES: CASE: UNIQUE CONVERSION OF BIT VIKING", Marintec China , 29 November - 2 December 2011, Shanghai, China
4. OGP Draft 116903 "Characteristics of LNG, Influencing the Design and Material Selection ", 2012-10-15.
5. GIIGNL's Technical Study Group "LNG Information Paper No. 1", 2009
6. USMRC seminar "Flammable Cryogenic Liquid Carriers", Mar 19, 2016
7. "船舶の省エネ化 ―代替エネルギー利用―" 建設の施工企画 2011. 1. 吉田正彦저
8. "The Norwegian LNG Ferry" PAPER A-095 NGV 2000 YOKOHAMA
9. "4 ストロークガス機関向けLNG 燃料供給システムの概要について", 大森千歳, 日本マリンエンジニアリング学会誌 第51巻 第 1 号 (2016)
10. LNG BUNKERING PROCEDURES IN PORTS AND TERMINALS IN THE SOUTH BALTIC SEA REGION, MT LNG, 2013
11. CONCEPT DESIGN OF LNG BUNKERING SUPPLY VESSEL,CNSS-LNG FUELLED SHIPS AS A CONTRIBUTION TO CLEAN AIR IN HARBOURS, CNSS, May, 2013.
12. IGU World LNG Report -2017 Edition
13. "The Relationship Between Crude Oil and Natural Gas Prices", Jose A. Villar
14. Natural Gas Division Energy Information Administration, Energy Information Administration, Office of Oil and Gas, October 2006.
15. "Accurate determination of LNG quality unloaded in Receiving Terminals", Angel Benito, Enagás, S.A.
16. "Gas as a marine fuel - an introductory guide", Society for Gas as a Marine Fuel, 2014
17. ME-GI 用高圧燃料ガス供給システム, Journal of the JIME Vol. 51, No. 1 (2016)

18. Activities of ClassNK - LNG Fuelled Ships - , LNG-Fuelled Vessel Technologies Seminar, July 2014, ClassNK
19. Lecture Notes on LNG Fueled Vessels Design Training, Dr Evangelos K. Boulougouris, Mr Leonidas E. Chrysinas, University of Strathclyde Glasgow.
20. Cost-Optimised Designs of ME-GI, MAN Diesel & Turbo.
21. SLOW STEAMING TO 2020: INNOVATION AND INERTIA IN MARINE TRANSPORT AND FUELS, Antoine Halff, AUGUST 2017, Columbia University in the City of New York.
22. Application of WinGD X-DF engines for LNG fuelled vessels, WinGD February 2017.
23. Study on the Completion of an EU Framework on LNG-fuelled Ships and its Relevant Fuel Provision Infrastructure, Analysis of the LNG market development
24. in the EU, CE Delft, TNO. December 2015 revised November 2017 / 1.
25. Feasibility Study Report on the LNG bunkering hub development plan at the Port of Yokohama, December 2016, The Steering committee for LNG bunkering at the port of Yokohama.

찾아보기

1

2

4

A

B

C

D

E

F

G

H

I

W

ㄱ

ㄴ

ㄷ

ㅁ

ㅂ

ㅅ

본 교재는 교육부와 한국연구재단의 재원으로 지원을 받아 수행된 목포해양대학교 사회맞춤형 산학협력 선도대학(LINC+) 육성사업의 교재입니다.

(LNG fueled ship and it's LNG Bunkering)

LNG 연료추진선과 LNG 벙커링

2018년 2월 15일 초판 인쇄
2021년 11월 19일 3 쇄 발행

저 자 이차수·김종민·한민수
발 행 인 송기수
발 행 처 도서출판 GS인터비전
편 집 처 도서출판 GS인터비전
편 집 자 공예서 · 최연주
인 쇄 처 트윈벨미디어
등록번호 제 25100-2016-000050호
I S B N 979-11-5576-227-1 (93530)

주 소 서울 은평구 증산로 15길 69 2층
전 화 02-976-7898, 02-3272-7898.
팩 스 02-6468-7898
홈페이지 gsintervision.co.kr
E-Mail gsinter7@gmail.com

정 가 27,000원

이차수 李次洙

1983년 부산대학교 조선공학과 졸업
1996년 현대중공업 특수선계획부 과장
액화가스선 기술영업
2016년 한진중공업 기술영업팀 상무
LNG연료추진컨테이너선 개발
세계최초 LNG벙커링선 개발/수주
DNV선급, BV선급, ClassNK, Korea Technical Committee 위원
한국 LNG벙커링협의체 운영위원
현) KOSEC 기술이사
현) 목포해양대학교 겸임교수

김종민 金鍾珉

1998년 전북대학교 우주항공공학과 졸업
2011년 한국기계연구원 선임연구원
2014년 전북대학교 항공우주공학과 공학박사
현) 기술표준원 LNG벙커링 선박 기자재 전문위원회의 전문위원
현) 한국선급 책임연구원

한민수 韓民洙

1997년 목포해양대학교 기관학과 졸업
2002년 주)한진해운
LNG수송선 일기사
2009년 목포해양대학교 응용역학·재료공학 공학박사
현) 한국마린엔지니어링학회 연구이사, 해양환경안전학회 기술이사, 한국표면공학회 사업이사
현) 목포해양대학교 교수
저서 : 해기사를 위한 재료역학, 도서출판 신우당